5G 이동통신 기술과 서비스

김현욱 저

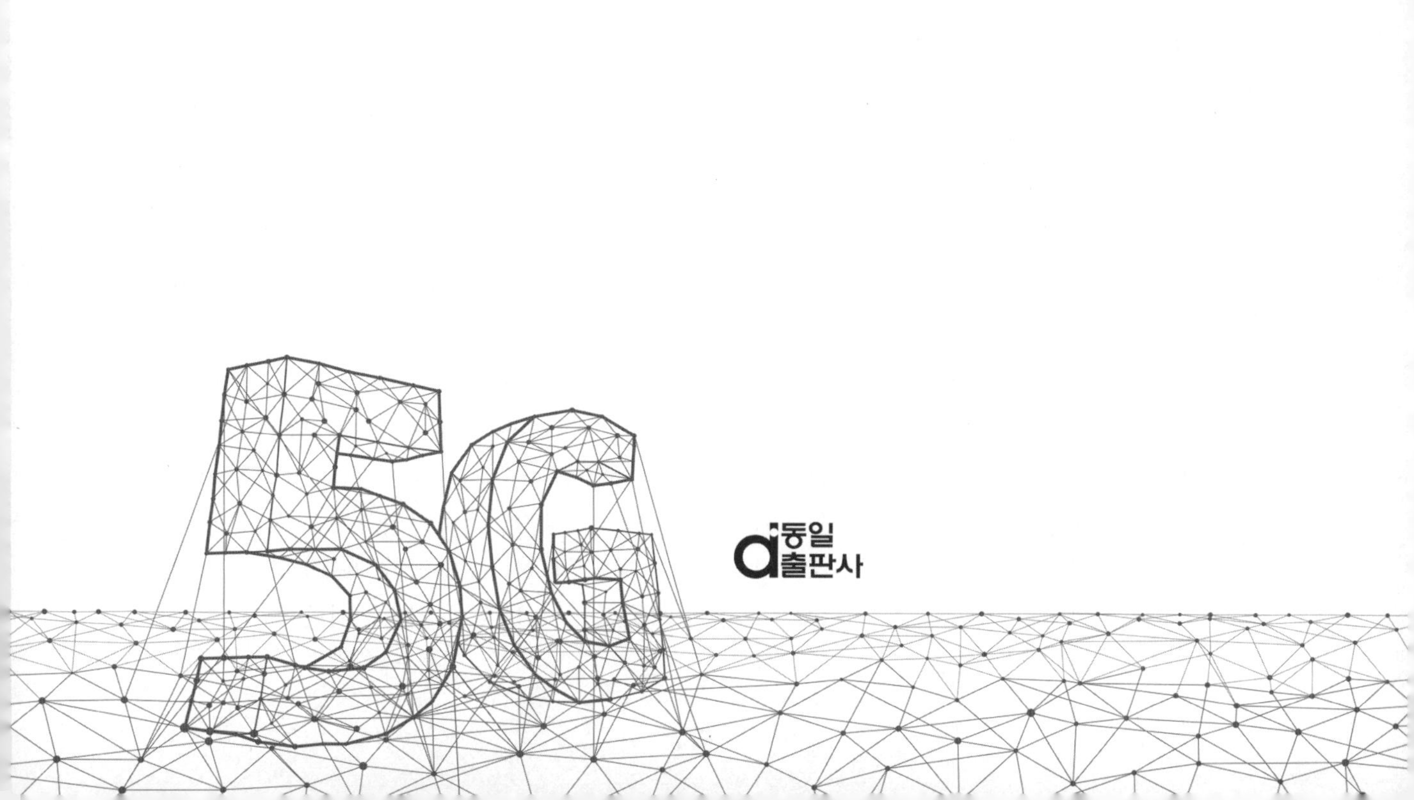

동일출판사

감사의 글 acknowledgement

5G 이동통신이 활성화되고 있지만, 기술이 복잡하여 전체적으로 기술과 서비스를 이해하기 위해서 많은 어려움이 있습니다. 5G 이동통신 기술은 과거 2G, 3G, 4G를 기반으로 개발되었기 때문에 이전 기술을 이해해야만 어느 정도 접근할 수 있습니다.

본서는 5G 기술을 어느 정도 쉽게 기술하여 이동통신과 관련된 사람뿐만 아니라 일반인도 5G 기술과 사업을 이해할 수 있도록 하였습니다. 저자는 과거 다양한 이동통신 기술을 개발했고, 상용화를 통하여 실제 느끼고 경험한 사실을 기반으로 작성했습니다.

또한, 저자는 5G 이동통신 이외에 다수의 신기술을 활용한 사업화 경험을 기반으로 추가 서적(IoT, AR/VR, eCommerce, AI 등)도 기획하고 있습니다. 향후에도 많은 관심 부탁드립니다. 본 서적이 발간되기까지 주위에 많은 분들이 자문과 지지를 해 주셨는데, 이분들께 감사드립니다.

본 서가 발간되기까지 도와주신 분들은 임종태, 변재완, 김헌배, 이종봉, 이성범, 김희덕, 김경준, 양중근, 이준우, 김성일, 문병호, 김진형, 배성수, 윤상현, 강봉호, 임형진, 이문희, 정일옥, 김정택, 염희웅, 민복기, 주범수, 이창우, 정종태, 조성훈, 박준석, 조원득, 김형기, 이재훈, 최윤석, 임준석, 윤재명, 김민용, 고현절, 윤석근, 김희두, 엄재홍, 김용선, 어응규, 심상규, 양정웅, 고대건, 성경택, 이창욱, 최용욱, 구본석, 전병철, 신동헌, 김순진, 하태곤, 최병혁, 문병철, 김태훈, 이정훈, 이철희, 두호진, 김득화, 조재웅, 윤영섭, 김주한, 유현길, 민경기, 조진균, 이봉문, 이종혁, 정헌구, 임두루, 노재영, 임의택, 백운달, 신민수, 김수철, 이충성, 문지한, 최규훈, 박순구, 조동원, 진대연, 박윤기, 정재웅, 이상우, 손상목, 정대성, 채상호, 김보은, 김정표, 김재훈, 송재훈, 박문서, 김기동, 김상준, 이성익, 김영중, 박태준, 김종현, 최은석, 남기선, 최양준, 송호용, 유지봉, 전대인, 고현철, 유봉국, 양성준, 강민석, 김현기, 신주용, 정성한, 박효순, 함성식, 권오주, 임병근, 양승모, 이삼구, 김성섭, 박웅렬, 임준우, 하충만, 하병우, 한규영, 윤석진, 김상표, 양묘근, 성재모, 민병준, 김도형, 윤영신, 김남건, 김경태, 주병선, 정병록, 정태국, 이정용, 김철우, 박동일, 조성호, 조성민, 신동명, 최용규, 박지원, 강남기, 오성흔, 오석표, 손광준, 박시우, 강재현, 조채환, 천형주, 김승빈, 김경석, 최영조, 이관석, 김용태, 박성수, 윤종철, 김병철, 박지철, 장용재, 김영곤, 정기모, 김현중, 박주령, 김희철, 김병수, 심상우, 양시빈, 정종민, 류명환, 김성진, 백승윤, 최진태, 홍승표, 김기철, 조현덕, 이준성, 위인환, 양옥렬, 김정민, 서장원, 윤성룡, 이태형, 이석건, 김영락, 이동학, 이병인, 이도영, 임재우, 이현호, 윤종필, 이윤승, 박상진, 곽승환, 이기원, 김민형, 최준혁, 노해강,

신철원, 이상범, 김도용, 이원주, 김영훈, 김종석, 정우성, 박천민, 원창연, 김경민, 왕성호, 정희석, 서동희, 오상석, 김석태, 송양섭, 박진열, 권해문, 박용완, 황승익, 한대희, 김지훈, 황석희, 송병욱, 정찬욱, 이필우, 성효경, 최성호, 이성호, 김도완, 김형석, 원정현, 양진욱, 장호식, 정준용, 정해관, 안은영, 최안나, 김영완, 고우리, 황인성, 이동영, 오종인, 서나미, 김남구, 홍문식, 김필성, 강유경, 김봉환, 문병성, 박윤근, 어수안, 김재홍, 박종인, 김영우, 조삼모, 탁현욱, 정훈주, 김동현, 조현석, 유재명, 조형준, 조상현, 이영준, 김재동, 김기돈, 김원태, 하헌범, 노재헌, 김재원, 이태호, 박찬상, 정정문, 황승진, 차종호, 최 혁 등입니다. 책 발간에 도움을 주신 분들께 감사드립니다.

마지막으로 이 책이 나오기까지 지속적으로 지지와 격려를 해준 사랑하는 나의 가족, 특히 새로운 도전에 힘을 주고 꼼꼼하게 원고를 교정해 준 나의 인생 동반자 이나경에게 감사드립니다.

머리말 Preface

이동통신서비스는 어느 순간부터 우리 생활에 필수품이 되었고, 사용자는 많은 정보를 휴대폰으로부터 받고 있다. 이동통신 산업은 다른 산업과 다르게 과거 30년간 급성장되었고, 지금도 다양한 신기술이 도입되어 사용자에게 편리성을 제공해 주고 있다.

국내에는 1984년에 1세대 이동통신인 AMPS가 도입된 이후, 2세대인 CDMA, 3세대인 UMTS, 4세대인 LTE, 5세대인 NR 등이 순차적으로 도입되었다. 이러한 과정을 거치면서 국내의 이동통신 기술, 단말기, 통신장비와 서비스 등은 전세계 최고 수준에 도달했다.

특히, 1996년에 CDMA를 세계 최초로 국내에 도입한 이후, 관련된 이동통신 기술이 축적되어 연관된 산업과 융합되어 발전되고 있다. 서비스 측면에서는 다수의 혁신적인 서비스가 개발되어 전세계 Reference Model이 되고 있다.

3세대까지 이동통신 기술은 유럽과 미국이 주도했지만, 4세대 이동통신부터는 유럽이 주도하는 기술이 전세계 표준이 되었다. 이것은 유럽방식이 미국방식보다 Eco System이 훨씬 더 컸기 때문이고, 기술적인 우수성이 문제는 아니었다.

이동통신 기술은 통신장비, 단말기, 관련된 서비스 등 사업의 본질과 관련된 산업을 발전시키고, 더 나아가서 차량, 유통, 교육, 건설, 공장 등 많은 산업분야에 영향을 주고 있다. 이동통신은 기존 산업분야에서 사용의 편리성을 제공하거나 효율을 증대시키고 있다,

이동통신 기술은 개인에게 다양한 정보 제공 수단에서 점진적으로 이동하는 차량과 대규모 공장지역 등에서 사람과 관련된 이외의 목적에 많이 사용되어 적용 범위가 확대되고 있다. 이러한 관점에서 이동통신은 사회, 경제의 인프라 역할을 하고 있다.

과거 이동통신 기술대비 5G 기술은 더 빠른 데이터 속도, 많은 IoT 디바이스 수용, 저지연 통신 기능 등을 제공하여 미래의 다양한 서비스 제공에 활용될 것으로 전망된다. 5G 기술은 1980년대부터 정의된 이동통신 이론, 3G, 4G 등의 규격을 근간으로 정의되었기 때문에 배경 기술에 대한 이해도 필요하다.

5G는 기존의 이동통신과 다르게 통신분야가 아닌 다른 산업(제조, 공공안전, 차량, 미디어 등)의 디지털 혁신을 급격히 촉진시키고 있다. 따라서 5G가 기존 산업에 미치는 영향이 커서 주요 국가에서 많은 관심을 가지고 있다.

또한 5G는 전세계 단일 표준으로 진행되어 하나의 기술로 많은 국가가 경쟁을 하고 있다. 5G 기술은 국내를 포함하여 미국, 중국, 유럽 등이 경쟁적으로 기술을 개발하고 있고, 향후 국내에서도 기술 주도권 확보가 필요한 상황이다.

5G는 기존 이동통신 대비 넓은 주파수 폭을 사용하기 때문에 리소스 제한없이 다양한 서비스 제공, QoS가 다른 서비스 제공, 매우 많은 IoT 디바이스 수용 등의 특징이 있다. 이처럼, 5G 기술은 기존 대비 사용자에게 더 편리한 생활을 제공해주고, 다른 산업 분야에 디지털 혁신으로 효율이 좋아질 것으로 기대된다.

본 서에는 이동통신 역사, 주요기술, 다수의 서비스도 언급하여 5G 기술, 서비스와 산업을 이해하는 배경을 제공했고, 5G 기술과 서비스를 어느 정도 쉽게 설명하여 일반인도 이해할 수 있도록 했다.

독자는 본 서를 통하여 과거의 이동통신, 5G 기술과 서비스를 이해하여 국내 이동통신 기술 발전에 기여하고, 더 나아가 해외에서 국내의 제품, 서비스, 솔루션 등의 경쟁력 강화에 도움이 되었으면 한다.

목 차 Contents

Chapter 01

이동통신 개요

1. 이동통신 역사 ···· 10
   1) 전기통신 ···· 10
   2) 이동통신 역사 ···· 13

2. 이동통신 Eco System ···· 53
   1) 개요, 시장 ···· 53
   2) 사업자 ···· 59
   3) 이동통신 장비회사 ···· 68
   4) 이동통신 단말기 제조사 ···· 70

3. 국내 이동통신, 단말기 역사 ···· 75
   1) 국내 이동통신 역사 ···· 75
   2) 국내 단말기 발전과정 ···· 109

4. 이동통신 기술 ···· 130
   1) 표준화 ···· 130
   2) 전파, 주파수 ···· 144
   3) 무선 채널환경 ···· 155
   4) Multiple Access ···· 163
   5) 변조 ···· 174
   6) 이동통신망 구조 ···· 178
   7) 호처리 절차 ···· 202
   8) 특수 무선망 ···· 227
   9) 단말기 기술 ···· 235
   10) IoT 디바이스 수용 ···· 252
   11) 단말기 호환성 검증 ···· 265

Chapter 02

5G 이동통신 기술

1. ITU 요구사항, 시장 ···· 274
1) ITU 요구사항 ···· 274
2) 적용된 신기술 ···· 287
3) 시장 ···· 293

2. Core Network 기술 ···· 302
1) 5G 이동통신망 구조 ···· 302
2) Core Network 기술 ···· 308

3. Access 기술 ···· 321
1) 5G 기지국 구조 ···· 321
2) 5G 주파수 ···· 323
3) Physical Layer ···· 336
4) 무선구간 호처리 ···· 349

Chapter 03

5G 이동통신 서비스

1. 5G 이동통신 서비스 개요 ···· 358

2. 초고속 통신 ···· 371
1) 초고속 멀티미디어 서비스 ···· 371
2) AR/VR/MR/XR 서비스 ···· 377
3) FWA ···· 390

3. IoT 서비스 ···· 392
1) Massive, Critical IoT ···· 392
2) Intelligent Connectivity ···· 401

4. 저지연 통신 기반 서비스 ···· 402
1) URLLC 개요 ···· 402
2) 자율 주행차 ···· 405
3) Tactile Internet ···· 410

메모 memo

chapter 01

이동통신 개요

01 이동통신의 개요

1 이동통신 역사

1) 전기통신

(1) 정의

통신(Communication)이란 지리적으로 떨어져 있는 두 지점 간의 정보를 전달하는 것이다. 통신에서 정보를 전달하는 수단과 방법에 따라 사람이 직접 전달, 봉화, 깃발, 우편, 전기적인 신호 등의 전달방법이 있다.

전기통신(Telecommunication)이란 전기적 방법을 활용하여 문자, 음성, 영상 등의 정보를 전달하는 방법이며, 전기통신을 위한 시스템은 송신기, 전달 매개체, 수신기 등 3 가지 주요요소가 있다.

송신기는 정보를 받아 신호로 변환하는 장치이고, 전달 매개체는 신호를 전달하는 중간장치 (신호 변환장치, 교환기, 관련된 단말 장치 등), 수신기는 신호를 받아 목적에 맞게 정보를 변환하는 장치이다.

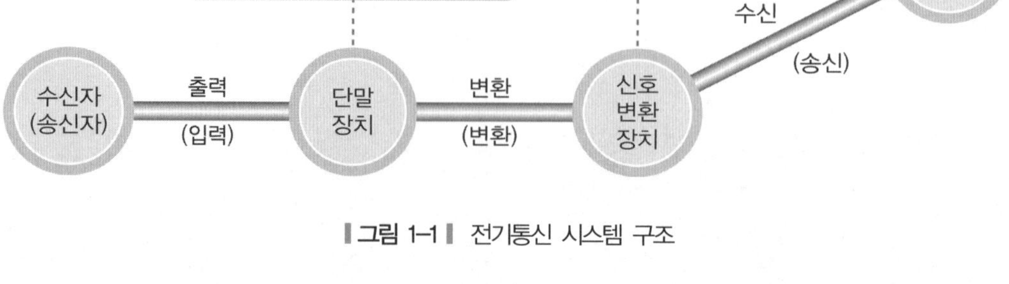

그림 1-1 전기통신 시스템 구조

송신기와 수신기에서 처리되는 정보의 변환 예는 송신기에서 음성신호를 전기신호로 바꾸거나 수신기에서는 전기신호를 다시 음성으로 바꾸는 경우가 해당된다.

전기통신 기술은 정보를 교환하기 위하여 적용되는 전기, 전자적 방식을 의미한다. 여기에서 정보란 어떤 기준에 의하여 정리되고 기록된 데이터이며, 데이터는 단순한 관찰이나 측정을 통하여 수집된 사실이나 값이다.

즉, 전기통신이란 송신자와 수신자가 전송 매체인 통신로를 이용하여 상호 간에 데이터(정보)를 주고받는 행위이고, 통신기술은 통신을 위해 적용된 기술이다.

데이터(Data)는 현실 세계에서 관찰, 측정, 조사 등을 통하여 수집된 사실(Fact)이나 측정값(Value)으로 정리되지 않는 자료이다. 예를 들면, 데이터는 체온, 강우량, 기압 등의 숫자나 문자열 등이다.

정보(Information)는 현실 세계에서 발생된 여러 데이터를 가공, 처리하여 특정 기준에 의하여 정리되고 기록된 자료로 약속이나 관습에 따라 의미가 부여된 것이다. 예를 들면, 정보는 운동하기 좋은 날씨, 정상 체온, 폭우 예측 등이다. 추가로 지식(Knowledge)이란 정보 상호간 관련된 집합적 체계이다.

(2) 유선통신 역사

전기를 활용한 통신의 시작은 Samuel Morse(사무엘 모르스)가 1844년 전선을 통하여 신호를 전달하면서 시작되었다. 이때, 통신대상은 음성신호를 전달하는 것이 아니고, Morse Code(모르스 부호)가 전송되었다.

Morse Code는 짧은 발신 전류(•)와 긴 발신 전류(–)을 적절히 조합하여 알파벳(문자)과 숫자를 표기하는 방법이다. 다수의 Morse Code 조합으로 다양한 언어 표현이 가능하다.

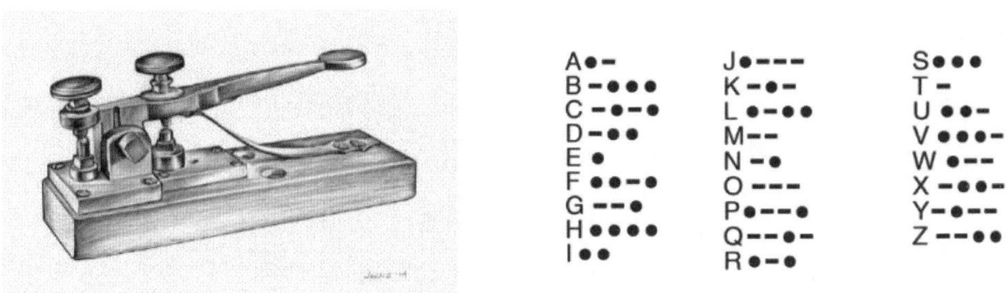

▌그림 1-2▐ Morse 단말기와 Morse Code

이후, 본격적인 유선통신의 시작은 1876년 Alexander Graham Bell(알랙산더 그라햄 벨, 간단히 벨이라고 함)이 전화기(음성통신이 가능한 장치)를 발명하면서 시작되었다. 전화(Telephone)란 전기통신의 하나로써 음성의 음파를 전기선(전류가 통하는 도체) 또는 전파를 활용하여 멀리 떨어진 곳에 신호를 전달하고, 수신측에서는 전기신호를 다시 음성으로 바꾸어서 통화하는 통신수단이다.

Alexander Graham Bell은 1879년 전화회사인 'Bell Telephone Company'를 미국에서 설립하여 전화통신망을 구축했고, 이후 음성전화기가 보급되기 시작했다. 1885년에 Bell Telephone Company는 장거리 전화서비스를 제공하는 자회사인 AT&T(American Telephone and Telegraph Company)를 설립했다.

그림 1-3 Alexander Graham Bell과 자신이 발명한 전화기

Alexander Graham Bell이 음성 전화기를 사업화한 이후, 유선 통신기술이 급격히 발전되어 음성뿐만 아니라 다양한 미디어 정보교환이 가능한 현대 통신기술로 발전되었다.

우리나라에 전기통신이 도입된 것은 1885년에 청나라 자본과 덴마크의 기술로 구축된 인천에서 서울 간 전신시설이 설치되면서 시작되었다. 이후, 일제시대와 6.25 전쟁기간에는 전기통신의 발전이 없었지만, 1960년부터 국내에서 본격적으로 통신기술이 개발되었다.

전기통신 기술은 1962년부터 시작된 경제개발 5개년 계획 추진과 더불어 정부에서 통신기술 기반 확충을 위한 노력이 뒷받침되면서 본격적으로 발전되기 시작했다.

1962년에는 자동식 전화교환기가 국내에서 생산되었고, 1965년에는 텔렉스 교환기가 설치되었으며, 1967년에는 마이크로웨이브 통신망이 개설된 데 이어, 1970년에는 위성통신 지구국이 개통되었다. 1971년에는 서울과 부산 간 장거리 전화가 개통되었으며, 1979년에는 전자식 교환기가 운용되었다.

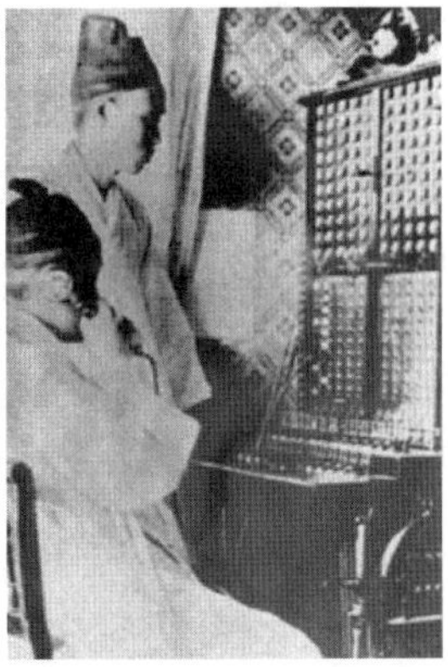

▌그림 1-4▐ 국내 전기통신 초기

2) 이동통신 역사

(1) 무선통신

무선통신(Wireless Communication)은 지리적으로 떨어진 다수의 지점간 전기선로(즉, 유선)없이 전파를 이용하여 상호간 정보를 송수신하는 기술이다. 무선통신은 전자기파(전파)를 이용한 통신방법과 기타방법(음파, 초음파, 적외선 등)을 모두 포함하는 의미이다.

일반적으로 무선통신은 원래의 데이터(Baseband 신호)를 고주파 대역으로 이동시켜서 상대방에게 전송하고, 수신측에서는 다시 원래의 데이터로 바꾸어서 통신이 이루어진다.

무선통신 역사는 이탈리아의 전기공학자인 Guglielmo Marconi(굴리엘모 마르코니)가 1896년에 무선통신 기술을 개발했고, 이후 Guglielmo Marconi가 1897년에 영국 런던에서 'Marconi' 무선전신 회사를 설립하면서 무선통신이 시작되었다.

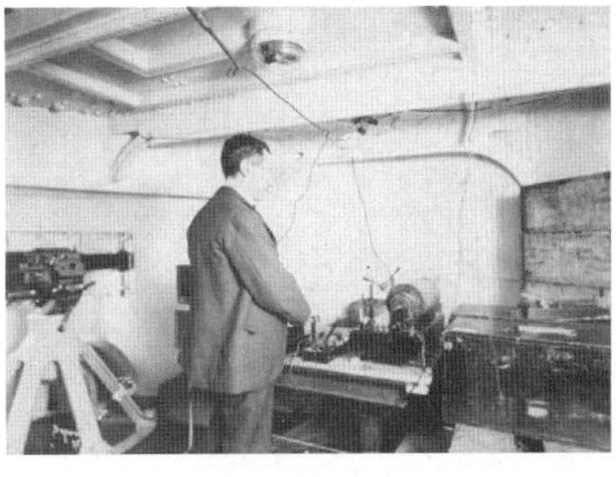

▌그림 1-5▐ Guglielmo Marconi와 초기 선박 무선통신

초기 Guglielmo Marconi가 발명한 무선 전화기술은 영국에서 해상에 있는 선박과 육상 사이 또는 선박 상호간 통신에 주로 사용되었다.

이후, Guglielmo Marconi는 1902년에 영국과 캐나다간 무선통신에 성공했고, 1918년에는 무선을 이용한 음성전송 기술이 개발되었다. 1920년대 TV가 발명된 이후, 1940년대와 1950년대를 거치면서 위성통신, 효과적인 무선기술을 이용한 음성통신 등의 기술이 개발되었다.

1947년 Bell Labs(벨 연구소)는 Transistor와 같은 소형의 전자부품을 개발하여 휴대용 단말기에 적용함으로써 개인간 무선통신이 활성화되기 시작했다. Bell Labs는 AT&T 등이 설립한 연구소로써 1930년부터 약 2000년까지 혁신적인 전기, 전자, 컴퓨터 기술 등을 개발했다.

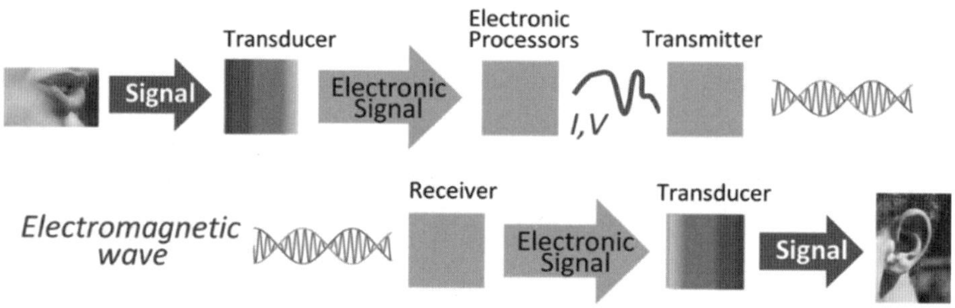

▌그림 1-6▌ 전파를 활용한 음성통신 절차

전파를 활용한 음성통신 절차를 보면, 사람의 목소리(아날로그)를 디지털 신호로 변환한 다음, 고주파 영역으로 변조하여 상대방에게 전송한다. 상대방은 전파신호를 안테나로 수신하여 저주파 대역으로 낮춰서 디지털을 아날로그 음성으로 변환하여 상대방 음성을 듣게 된다.

1960년대와 1970년대에는 무선통신이 군대, 경찰에서 많이 사용되었다. 이때까지는 송수신이 가능한 하나의 기지국이 사용되었고, 차량이나 큰 휴대용 단말기가 사용되었다. 1980년대에는 주파수 효율이 좋은 셀룰라 이동통신 기술이 개발되었고, 기반기술은 현재도 사용되고 있다.

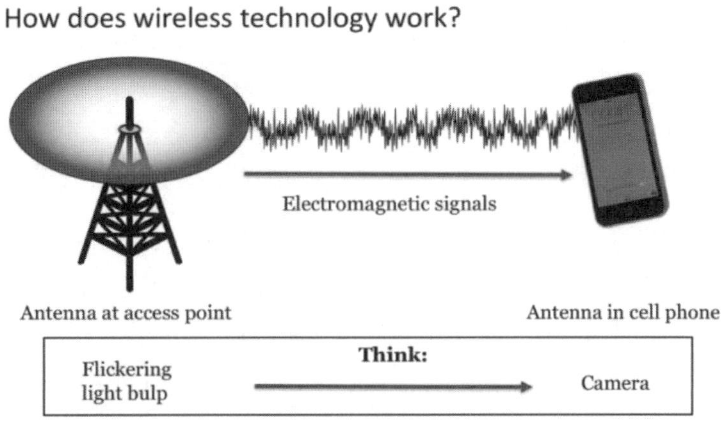

▌그림 1-7▐ 전자파를 활용한 이동통신 개념도

이동통신은 기지국과 단말기간 전자파(Electromagnetic Signals)를 송수신하여 정보를 교환하는 것으로 전자파는 전구(기지국)의 불빛이 있다면 먼 거리에 있는 카메라(단말기)가 불빛을 감지하는 것과 비슷한 원리이다.

이동통신 기술은 유선통신에서 발전되었기 때문에 기존 유선통신망에서 전파를 송출하는 기지국이 도입되고, 코어망에서 이동성을 관리하는 기능 등이 추가된 것이다.

유선전화의 경우, 해당 전화번호의 전화기 위치는 정해져있어서 교환기에서 전화를 걸 때 쉽게 해당 위치로 신호를 보낼 수 있었다. 하지만 이동전화의 경우, 단말기가 계속 이동중인 상태이기 때문에 전화를 받기 위해서는 단말기의 위치를 코어망에서 알고 있어야 한다.

(2) 1세대 이동통신

이동통신이란 정보가 전송되는 매체로 전파를 이용하여 단말기가 이동하면서 통신이 가능한 기술이다. 무선통신의 사전적 의미는 전파, 음파, 초음파 등을 이용하여 통신하는 방식으로 무선통신은 송수신기가 각각 고정된 방식과 송수신기가 이동하면서 통신하는 방식이 모두 포함된 의미이다.

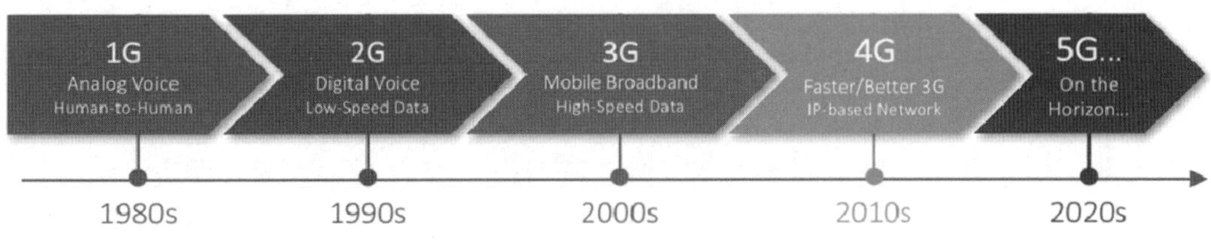

▌그림 1-8▐ 이동통신 세대별 특징(출처: Ofinno Technologies)

이동통신은 1980년대에 시작되어 아날로그 방식인 1세대, 디지털 기술을 적용하여 1세대보다 주파수 효율을 높이고 SMS(Short Message Service) 등이 가능한 2세대, 효과적인 방식으로 Packet Data 서비스가 제공되는 3세대, Packet Data 속도를 증가시킨 4세대, 그리고 4세대 대비 데이터 속도증가, 많은 IoT 디바이스 수용, 저지연 통신 등을 강화한 5세대로 진화하고 있다.

이동통신 기술은 약 10년 주기로 진화를 하고 있다. 통신망을 통하여 송수신되는 정보 종류에서 음성(Circuit Data)과 데이터(일반적으로 Packet Data를 칭함)는 서로 정보의 특성이 달라서 통신망에서 처리되는 절차는 다르다.

음성신호(또는 음성정보)는 데이터 보다 송수신 속도는 낮지만 실시간 전송이 보장되어야 하고, 데이터는 빠른 속도가 보장되어야 하지만 실시간 전송이 보장되지 않아도 된다. 만약, 음성신호가 실시간이 보장되지 않을 경우, 통신 상대방이 정상적으로 음성을 이해하지 못하게 된다.

이동통신 역사를 보면, 1975년 미국 Motorola(모토로라)사의 Martin Cooper(마틴 쿠퍼)가 셀룰라(Cellular) 개념이 적용된 이동통신 방법을 기반으로 이동전화기를 개발했고, 이후 1978년에 AT&T는 기존 셀룰라 방식에서 다양한 신기술(주파수 재활용, Handover, Multipath Fading 대응 등)을 추가하여 셀룰라 방식의 이동전화 서비스를 시범 운용했다.

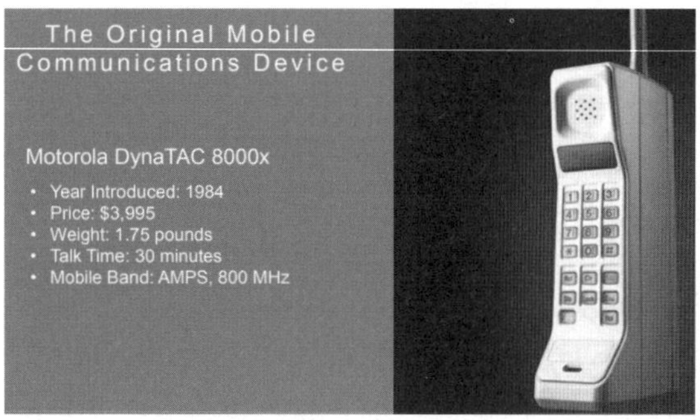

그림 1-9 최초 이동통신 단말기 DynaTAC 8000x(출처 : National Instruments)

Motorola사에서 개발한 최초의 휴대용 이동통신 단말기는 NMT(Nordic Mobile Telephone) 기술이다. NMT는 북유럽 국가(예, Sweden, Norway, Denmark, Finland) 위주로 개발된 1세대 이동통신 기술이다.

이후, 1세대 이동통신을 세계 최초로 상용화한 회사는 일본의 NTT로써 1979년에 도쿄에서 서비스를 시작했다. 당시 일본은 전자기술이 뛰어났으며 독자적으로 이동통신 기술을 정의하여 상용 서비스를 제공했다.

1세대 이동통신의 본격적인 대량 상용화는 1983년에 미국에서 AMPS(Advanced Mobile Phone System) 방식을 사용하여 시작되었다. 1세대 아날로그 이동통신 기술인 AMPS는 Bell Labs에서 개발되었으며 한국(1984), 이스라엘(1986), 호주(1987) 등으로 급격히 확산되었다.

▌그림 1-10▐ AMPS 기반 Motorola사의 DynaTAC 8000X 단말기(1984년)

AMPS 방식은 북미지역에서 기지국 송신 주파수 대역을 869~894MHz, 단말기 송신 주파수 대역을 824~894MHz로 사용했고, 채널폭을 30KHz로 사용하는 아날로그 방식이다. 북미에서 사용되었던 AMPS 주파수 대역은 국내에서 당시 이동통신 사업자인 한국이동통신서비스주식회사에서도 동일하게 사용했다.

당시 기지국에서 송신하는 주파수 대역을 단말기가 송신하는 주파수 대역보다 높은 주파수 대역을 사용한 이유는 일반적으로 주파수가 높을수록 전파 감쇄가 많은데, 상대적으로 고출력이 가능한 기지국에 높은 주파수를 할당한다.

감쇄(Attenuation, 줄어들어서 없어짐)란 전파 에너지가 공간을 진행하며서 에너지가 점점 약해져서 어느 순간 없어지는 것을 의미하고, 감쇠란 힘이나 세력이 줄어들어서 약해진다는 뜻으로 전파는 감쇠 또는 감쇄가 될 수 있다.

기지국은 유선으로 공급되는 전원을 사용하여 고출력으로 전파를 송출할 수 있지만, 단말기는 배터리를 사용하기 때문에 배터리 수명을 고려하여 상대적으로 고출력 송신이 어렵다.

이러한 원리로 FDD(Frequency Division Duplex, 송수신에 각각 다른 주파수 사용) 방식을 사용하는 대부분의 이동통신 사업자는 단말기에서 송신하는 주파수 대역보다 기지국에 높은 주파수 대역을 할당한다.

하지만, 과거 일본은 CDMA(CodeDivision Multiple Access) 방식에서 자국 제조사를 보호하기 위하여 주파수를 반대로 운영한 경우도 있었다. 즉 주파수를 반대로 하면 일본 이외의 장비나 단말기 제조사가 일본시장에 맞게 새롭게 관련된 기기를 개발해야 되기 때문이다.

▌그림 1-11▐ 이동통신 기지국 예

이동통신은 기본적으로 기지국의 Resource(송신출력, 전원공급 등)가 단말기 Resource보다 많기 때문에 고출력이 가능한 주파수 대역을 기지국에서 사용한다. 또한 기지국에는 복잡한 기능을 구현하고 가능한 한 단말기는 간단한 기능만 구현한다.

1세대 이동통신은 미국뿐만 아니라 영국은 TACS(Total Access Communication Service), 스칸디나비아(스웨덴, 노르웨이, 핀란드 등) 반도지역은 NMT(Nordic Mobile Telephone) 등 지역별로 독자적인 이동통신 방식을 개발했다.

전세계적으로 1세대 이동통신은 1980년 후반부터 가입자가 급격히 증가했으며, 사용자가 많아지면서 아날로그 통신의 고유 특성인 채널용량의 한계와 이로 인한 통화품질이 떨어지는 문제가 있었다. 또한 여러 나라에서 다양한 방식의 기술이 사용되어 다른 국가에서는 사용할 수 없는 어려움이 있었다.

(3) 1세대 이동통신 배경기술

초기 무선통신은 단말기가 기지국을 이동하면서 연속적인 서비스를 받을 수 있는 Handover가 지원되지 않아 기지국의 서비스 반경을 늘려야 했지만, 1세대 아날로그 이동통신은 Handover가 적용된 셀룰라 방식이 사용되었다.

일반적인 의미에서 무선통신은 고정된 송신기와 수신기간 통신하는 방식을 의미하고, 이동통신은 무선통신의 한 종류이지만 고정된 기지국과 다수의 이동 가능한 단말기를 활용하는 방식이다.

이동통신은 주어진 주파수 폭에서 주파수 재사용으로 효율을 극대화하기 위해서는 커버리지가 작은 다수의 기지국을 구축해야 하고, 휴대폰이 기지국을 이동하면서 연속적인 서비스를 받을 수 있는 Handover 기술이 구현되어야 한다.

이동통신을 'Cellular Communication'이라고도 하는데, Cellular에서 Cell(셀)은 이동통신에서 하나의 기지국이 관할하는 지역을 의미한다. 즉, Cell과 기지국은 같은 개념이다.

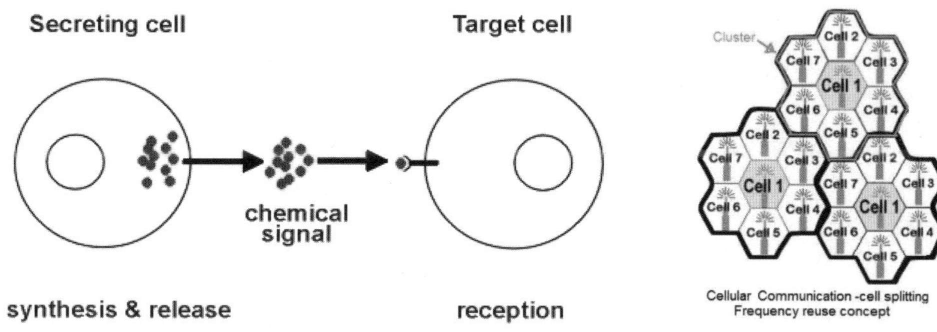

‖ 그림 1-12 ‖ 생물학적 Cell간 통신, 이동통신 Cell 구조

Cellular Communication의 유래는 생물학적으로 Cell(세포)간 양방향 통신을 Inter-Cellular Communication이라고 하는데, 여기에서 Cell과 Cellular Communication이 유래되었다. 대부분 생물학적 Cell은 단방향 통신인데, 이동통신은 기본적으로 양방향 통신이므로 Cell Communication보다는 Cellular Communication이라고 한다.

이러한 유래에서 이동통신과 Cellular Communication은 같은 의미이고, 하나의 기지국을 Cellular가 아닌 Cell이라는 용어가 사용된다. Cellular라는 용어에는 기본적으로 양방향 통신이란 의미가 포함되어 있다. 또한 이러한 의미에서 이동통신 단말기를 'Cellular Phone'이라고도 한다.

이동통신 단말기는 휴대폰, 휴대전화, 셀룰라 폰, 모바일 폰, 이동전화 단말기 등으로 표현될 수 있지만, 핸드폰이란 용어는 적절하지 않다. 핸드폰이란 별도의 장치 없이 손 자체가 통신기능이 있는 단말기란 뜻으로 용어와 사용목적이 다르다. 따라서 해외에서는 핸드폰이란 용어는 사용되지 않는다.

핸드폰이란 용어는 1990년후반에서 2000년대 초반 일본(1세대와 2세대 이동통신 선진 기술 보유)에서 이동통신 단말기를 핸디폰(Handy Phone)이라 불렀고, 이 용어가 국내에 들어오면서 핸드폰으로 사용되었다.

이동통신 무선구간에서 핵심적인 기술 중에 하나는 주파수 사용 효율을 증대시키는 것이다. 주파수 사용 효율성을 높이기 위해서는 필수적으로 주파수 재사용과 기지국을 이동하면서 연속적으로 서비스를 받을 수 있는 Handover 기술, 전력제어 등이 필요하다.

하나의 기지국이 관할하는 지역을 셀이라고 하는데, 주파수 사용 효율을 더 높이기 위하여 하나의 기지국을 몇 개의 섹터(Sector)로 나누어서 운용하는 경우가 많은데, 이 경우 하나의 섹터를 셀이라고도 한다.

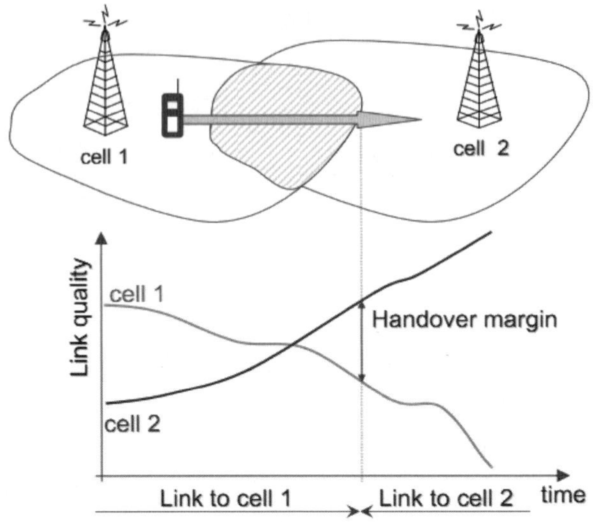

▌그림 1-13▐ Handover 처리 과정 예

Handover는 셀간 이동시 서비스를 제공하는 기지국이 바뀌는 동작을 의미하며, 동일한 서비스를 연속적으로 받기 위해서는 정교한 Handover 기술이 필요하다. Handover는 주로 단말기에서 수신되는 각 기지국의 전계강도(또는 전파세기)를 기준으로 결정된다.

단말기가 Cell 1에서 Cell 2 방향으로 이동시, Cell 1의 전파세기는 점점 약해지고 Cell 2의 전파세기는 강해지기 시작한다. 단말기는 이러한 전파세기를 기지국에 알려주고 적절한 시점에 단말기와 연결되는 기지국을 Cell 1에서 Cell 2로 이동하게 된다.

Handover는 Handoff와 동일한 의미이며, Handoff는 미국위주의 이동통신 방식인 AMPS, CDMA에서 사용되는 용어이고, Handover는 유럽 위주의 방식인 GSM, UMTS, LTE, NR 등에서 사용되는 용어이다.

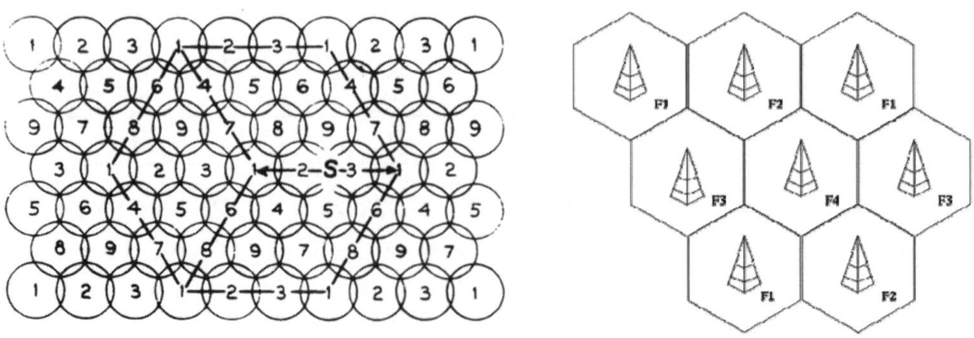

▌그림 1-14▐ 이동통신에서 Cell 구조 발전

이동통신기술은 미국의 Bell Labs(벨 연구소)에서 1970년대부터 연구가 시작되었으며, 초기부터 셀(하나의 기지국 또는 하나의 섹터) 개념이 도입되었으며, 처음에는 원모양 셀을 연구했으나 최종적으로 육각형(벌집모양) 셀로 발전되었다.

원형 셀은 주변 다른 원과 전파 중첩지역이 생겨서 Handover 시기를 결정하는데 어려움이 있었으나, 육각형 셀은 이런 문제를 어느 정도 해결할 수 있다. 물론 이론적으로 육각형이지만 실제 전파환경은 회절, 반사 등으로 발생되는 Multipath Fading 등으로 정확한 육각형이 되지 않는다.

초기의 셀은 하나의 기지국을 의미했으나 더 많은 트래픽을 처리하기 위하여 하나의 셀(기지국)을 3개 이상의 섹터로 나누어서 서비스를 제공하고 있다. 섹터간 이동도 Handover 라고 한다.

Bell Labs는 전화기를 발명한 Alexander Graham Bell이 설립한 미국 통신회사인 AT&T와 Western Electric(전자장비 회사, 주로 AT&T에 통신장비 공급)이 1925년에 공동으로 설립한 연구소이다.

Bell Labs는 전자소자인 Transistor, Laser, CCD(Charge Coupled Device), 정보이론, 이동통신 기술, 컴퓨터 언어인 C, C++ 등 혁신적인 기술을 많이 개발한 연구소이다. 2000년 이전까지 Bell Labs는 전세계 최고의 전기, 전자, 컴퓨터 기술을 개발하는 연구소였다.

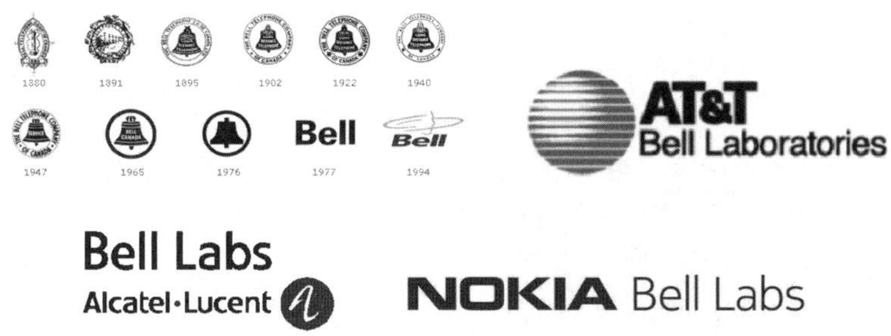

▌그림 1-15▐ Bell Labs 변천사

하지만, 2000년을 넘어서면서 벤처의 활황으로 작은 회사(예, Qualcomm)에서 많은 신기술이 개발되었고, 당시 Bell Labs를 보유하고 있던 통신장비 회사인 Lucent(이전 AT&T의 통신장비 사업부문)의 경영이 악화되어 현재까지도 뚜렷한 신기술 개발을 못하고 있다.

초기 AT&T 소속의 Bell Labs는 Lucent 소속으로 바뀐 이후, Lucent가 프랑스의

Alcatel에 인수되면서 Alcatel-Lucent소속으로 변경된 다음, 최종적으로 Alcatel-Lucent를 인수한 Nokia에서 Bell Labs를 보유하고 있다.

이동통신에서 다수의 셀로 나누는 이유는 한정된 주파수 자원을 재사용하기 위해서이다. 인접하는 셀은 다른 주파수를 사용하여 주파수간 간섭을 없애거나 줄이고, 인접하지 않는 셀에 같은 주파수가 사용된다.

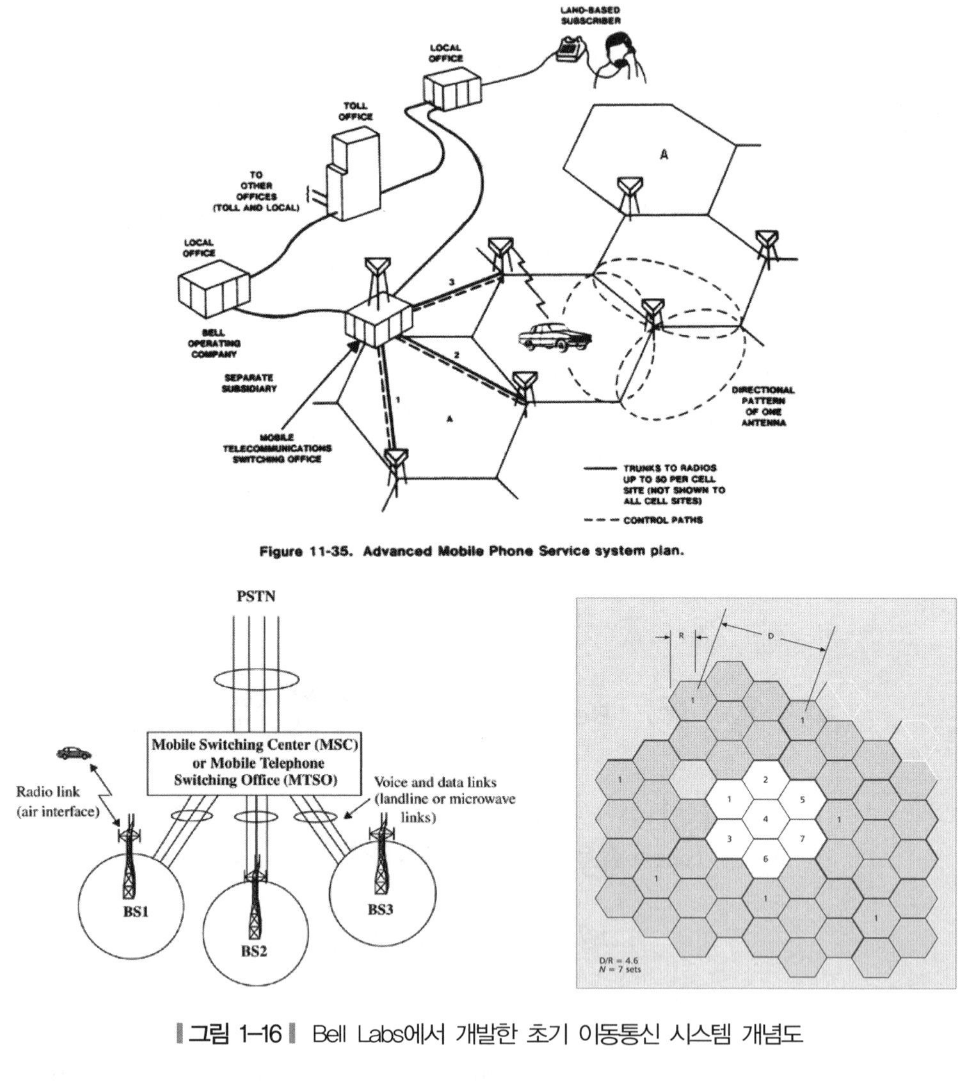

▎그림 1-16▎ Bell Labs에서 개발한 초기 이동통신 시스템 개념도

이동통신기술은 단말기가 지역을 이동하면서 서비스를 받기 때문에 단말기 이동성 관리, 인증과 암호화와 같은 보안 등 매우 복잡한 기술이 적용된다. 이동통신기술은 지속적으로 신기술이 적용되면서 1G(세대) 이후 2G, 3G, 4G, 5G 등으로 진화하고 있다. 여기에서 'G'는 Generation(세대)를 의미하는데, 주로 통신속도를 높이는 방향으로 기술이 발전되

고 있다.

1980년대부터 2000년대까지 AMPS는 북미를 포함한 많은 국가에서 주된 이동전화 시스템으로 사용되었다. 하지만, 2000년 이전에 많은 국가에서 AMPS 서비스를 중단했고, 미국에서도 2008년에 더 이상 AMPS를 지원하지 않았고, AT&T와 Verizon 같은 주요 회사에서 AMPS 서비스를 중단했다.

Year	Mobile system
1981	Nordic Mobile Telephone(NMT)450
1982	American Mobile Phone System(AMPS)
1985	Total Access Communication System(TACS)
1986	Nordic Mobile Telephony(NMT)900

그림 1-17 1세대 이동통신 기술과 개발연도

1990년부터 1세대 이동통신은 가입자의 폭발적 증가로 인한 채널 용량의 한계, 제한적인 로밍, 통신비밀이 보장되지 않아서 도청이 가능한 문제 등으로 새로운 통신방식에 대한 이슈가 대두되었다. 따라서 제2세대 이동통신은 시스템(주로 무선구간)의 용량 증가, 네트워크 간 로밍, 통신비밀 등의 문제를 해결하기 위하여 아날로그에서 디지털 방식으로 전환하게 되었다.

로밍이란 다른 사업자의 이동통신망에서도 가입한 지역의 이동통신 사업자 서비스를 동일하게 받는 것을 의미한다. 일반적으로 로밍이란 해외에서 해외의 다른 사업자를 통하여 국내와 동일한 서비스를 받는 것을 뜻하지만, 실제로는 국내에서 사업자를 바꿔서 서비스 받는 것도 로밍이라고 한다.

예를 든다면, 서울지역에서 SKT로 서비스를 받다가 강원도 시골지역에서 KT망으로 서비스 받는 것을 로밍이라고 한다. 물론 국내는 각 사업자가 모두 전국을 대상으로 서비스하기 때문에 국내 사업자간 로밍은 없다.

(4) 2세대 이동통신

2세대 이동통신은 아날로그 방식의 1세대 대비 디지털 통신을 도입하여 무선구간 주파수 사용 효율을 높인 것이 가장 큰 특징이다. 2세대 이동통신 기술은 크게 GSM(Global Systems for Mobile)과 CDMA(Code Division Multiple Access)로 나눠지며, 이때부터 GSM을 지지하는 유럽과 CDMA를 추진하는 미국간 기술방식에 대한 경쟁이 시작되었다.

AMPS 이후, 유럽에서도 다수의 아날로그 방식이 개발되었지만, 각 시스템간 다른 변조 방식, 주파수 대역, 채널 대역폭 등을 사용함으로써 상호 호환성이 없었다. 이러한 호환성 문제로 인하여 이동통신 시스템의 표준화 필요성이 제기되면서 유럽에서 GSM 시스템이 탄생하게 되었다.

통신에서 시스템이란 통신망 전체를 의미하기도 하고, 일부 통신장비에 사용되는 소규모의 H/W 모듈도 시스템이라고 한다. 따라서 시스템이란 용어는 문맥에 맞게 이해해야 한다. 예를 들어 이동통신 시스템이란 이동통신 전체 장비와 관련된 기술, 휴대폰까지 서비스가 제공되는 전체 구조를 의미한다.

GSM 기술은 ETSI(European Telecommunications Standards Institute, 유럽지역 통신기술 표준화 단체) 위주로 표준화가 시작되었으나 이후 전세계로 확장하자는 의미에서 3세대부터는 ETSI가 주축이 되어 만든 3GPP(3rd Generation Partnership Project)가 전세계 이동통신 규격을 주도하고 있다.

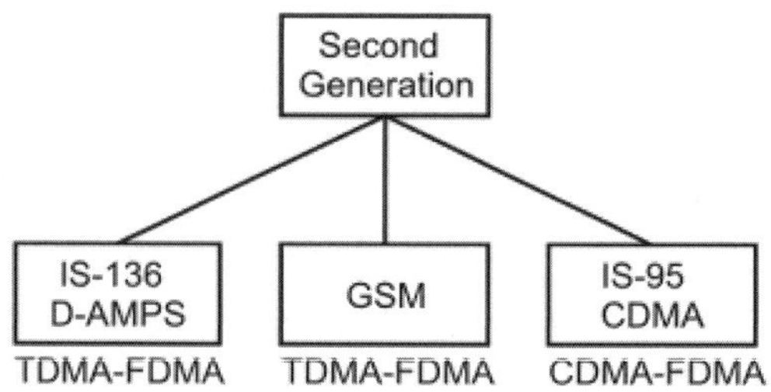

	AMPS	D-AMPS	GSM	CDMA
Operating Spectrum Frequency	800 MHz	800 & 1900 MHz	900 & 1800 MHz (Europe) 800 & 1900 MHz (US)	800 & 1900 MHz
Channel Width	30 kHz	30 kHz	200 kHz	1.25 MHz
Users Per Channel	1	3	8	About 20
Channel Separation	Frequency	Frequency and Time	Frequency and Time	Frequency and Code
Network Architecture	IS-41	IS-41	GSM-MAP	IS-41

▌그림 1-18▐ 주요 2세대 이동통신 기술방식 비교

디지털이동통신 기술의 발전으로 2세대는 음성서비스와 함께 데이터 서비스가 도입되었다. 데이터를 효과적으로 전송하기 위하여 2.5세대 통신기술이 나왔으며, 대표적인 데이터 전송 방식이 유럽에서 시작된 GPRS(General Packet Radio Service), EDGE

(Enhanced Data Rates for Global Evolution) 방식과 CDMA 진영에서 제시된 IS-95-B 등이 있다.

물론 1세대 아날로그 채널로 데이터 전송이 가능하지만, 별도의 장비가 필요하고 데이터 속도가 매우 느린 단점이 있었다.

2 세대 방식은 TDMA(Time Division Multiple Access)와 CDMA 등의 기술을 기반으로 유럽에서 시작된 GSM, 미국의 IS-95(CDMA), IS-136(D-AMPS) 그리고 일본의 PDC (Public Digital Cellular) 기술 등이 있었다.

IS-95는 미국 TIA(Telecommunications Industry Association, 미국의 통신기술 표준화 협회)에서 정의한 이동통신 무선구간 프로토콜(즉, 미국표준)로써 CDMA 기술을 사용한다. 2세대 이동통신으로 한정해서 보면, 미국식 CDMA 방식은 IS-95와 동일한 의미이다.

결국, 2세대 이동통신은 기술이 하나로 통일되지 못했고, 크게 GSM과 CDMA 방식으로 기술이 나눠지게 되었다. GSM은 유럽, 아프리카, 동남아시아 등을 위주로 서비스되었고, CDMA 방식은 미국, 한국, 호주, 일본 등에서 서비스를 제공했다.

당시, 미국에는 다수의 이동통신 사업자가 있어서 일부 사업자는 CDMA가 아닌 GSM 방식으로 서비스를 제공하기도 했었다. 마찬가지로 일부 북유럽 사업자는 CDMA 방식으로 서비스를 제공했다.

▌그림 1-19▐ 초기 GSM 단말기(Nokia, Motorola, Ericsson, Alcatel)

GSM을 초기 서비스할 때, GSM 단말기를 제조하는 주요회사는 Nokia, Ericsson, Alcatel, Motorola 등이 있었다. 당시 이 회사들은 단말기뿐만 아니라 통신장비도 개발해서 이동통신 사업자에 공급했었다.

Ericsson과 Alcatel은 GSM 단말기까지 개발했으나 UMTS부터는 더 이상 단말기를 개발하지 않고 통신장비 사업에 집중했다. Ericsson(스웨덴 회사)의 경우, 단말기 부문을 SONY와 합작하여 Sony-Ericsson이란 이름으로 단말기를 출시했고, 이후 SONY-Ericsson은 다시 SONY에 합병되었다.

Alcatel(프랑스 회사)의 경우, 단말기 사업부를 중국 회사에 매각하여 단말기 사업을 중단했고 통신장비 사업에 집중하다가 결국 통신장비 사업부는 최종적으로 Nokia에 매각되었다.

하지만 당시 Nokia(핀란드 회사)는 GSM 단말기 기술과 시장을 주도했고, Motorola역시 혁신적인 GSM과 CDMA 단말기를 개발했다. Nokia는 2세대, 3세대 이동통신에서 단말기와 통신장비 시장을 주도했다. 특히 이동통신 단말기 시장의 경우, Nokia는 2000년대 중반까지 전세계 시장의 약 40%까지 점유하는 절대 강자였다.

Motorola(당시 미국회사)도 2세대, 3세대 이동통신 분야에서 단말기와 통신장비를 개발했다. 당시 단말기 시장에서는 혁신적인 기술로 경쟁의 우위를 확보했지만, 통신장비 시장에서는 점유율이 높지 않았다.

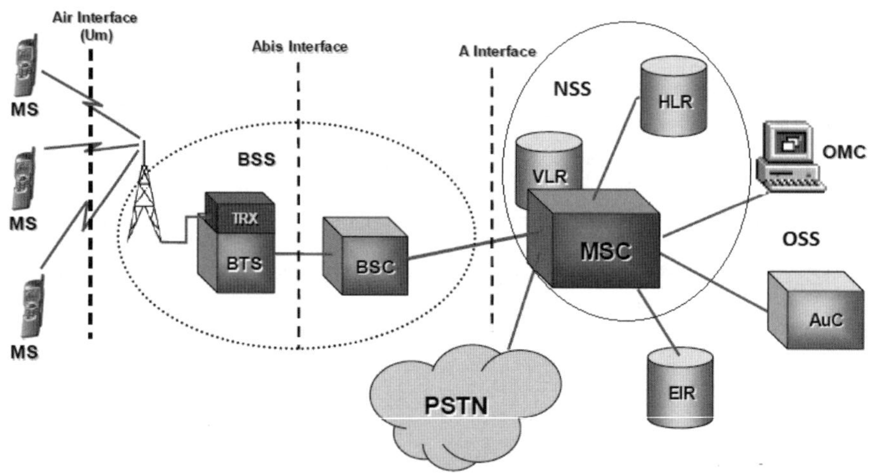

▌그림 1-20▐ GSM 망 구성도

GSM은 초기부터 인증, 암호화 등을 위하여 단말기와 분리되는 스마트 카드인 SIM(Subscriber Identity Module)을 사용했다. SIM은 단말기 소유자와 가입자를 구분하는 의미도 있고, 보안을 강화하는 의미도 있다.

단말기 소유자와 가입자(이동통신 사업자에 등록된 SIM 소유자)를 구분한다는 의미는 하나의 SIM으로 다양한 단말기를 사용할 수 있다는 뜻이다. 이것은 이동통신 가입자가 전자제품 매장에서 TV를 구매하듯이 단순히 단말기를 구매해서 사용할 수 있는 것과 유사한 의미이다.

이동통신 단말기에 사용되는 스마트 카드인 SIM은 UMTS(Universal Mobile Telecommunications System)에서 몇 가지 기능을 추가하여 USIM(Universal Subscriber Identity Module)이라고 불렀으며, 이후 4G, 5G에서도 USIM이라고 한다.

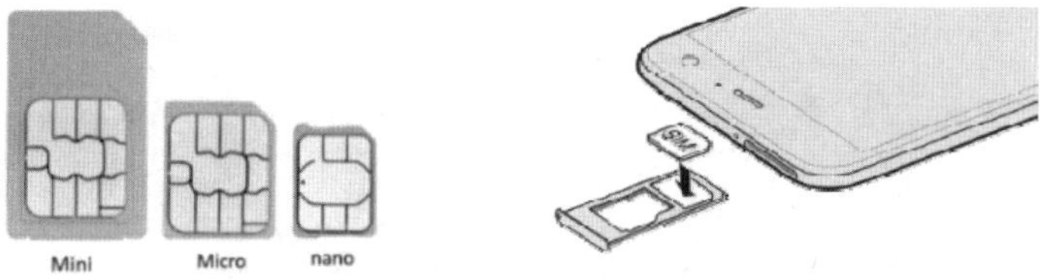

▌그림 1-21▐ SIM 종류와 단말기 장착 예

단말기 소유자와 가입자가 분리되면, 단말기 유통방식이 다르고 가입자를 등록하는 방법이 정의되어야 한다. 또한 코어망에는 단말기 일련번호(IMEI) 등을 관리하는 EIR (Equipment Identity Register) 장비가 있어야 한다.

보안기술 측면에서 볼 때, 보안을 담당하는 부분인 SIM이 휴대폰과 H/W적으로 분리되면 보안성이 강화되는 의미가 있다. 이외에도 SIM 자체의 강력한 보안체계가 있다. 예를 들어 SIM에 외부의 H/W 공격(레이저, X-Ray 등을 통한 칩 해킹)이 있을 경우, 자체적으로 칩 기능을 정지시키는 기능이 있다.

대부분 GSM 단말기는 크기가 큰 SIM을 사용했으나 Apple이 국제 규격과 달리 자체적으로 작은 크기를 SIM을 도입하면서 최근에 대부분 SIM(또는 UISM)은 소형이다.

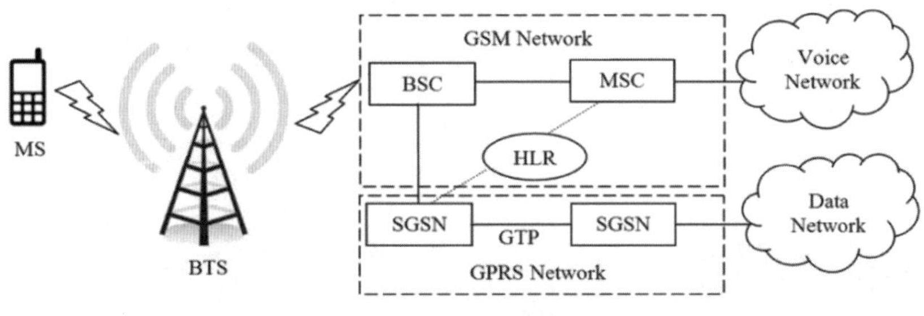

▌그림 1-22▐ GSM/GPRS 망 구성도

GSM은 음성통화 위주의 이동통신 망구조여서 이후 데이터 통신에 대한 니즈가 발생되면서 ETSI는 데이터 전용 무선 프로토콜인 GPRS(General Packet Radio Service) 기술을 정의했고, GPRS의 구조는 GSM망과 연동되어 GSM은 Circuit Data, GPRS는 Packet Data를 처리하는 구조로 정의되었다.

통신망에는 Circuit Switched 방식과 Packet Switched 방식이 있는데, Circuit Switched 방식은 Circuit Data(즉, 음성)를 보내는 채널과 교환장치이며, Packet Switched는 Packet Data를 송수신하는 장치(또는 방법)이다.

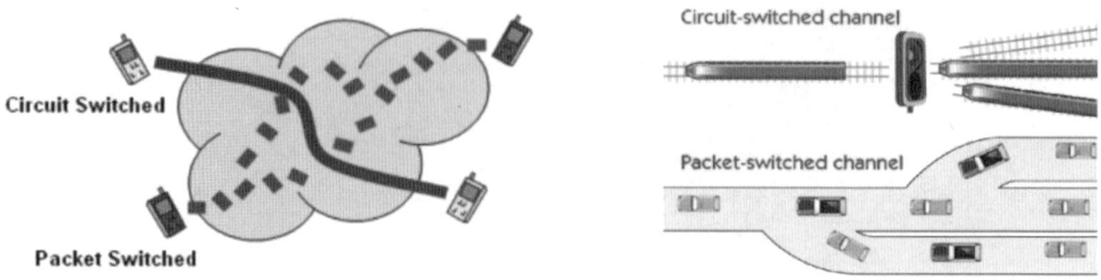

▌그림 1-23▐ Circuit Switched Channel과 Packet Switched Channel 비교

Circuit Switched 방식과 Packet Switched 방식은 처리방법이 다르기 때문에 GSM과 GPRS처럼 별도의 통신망을 사용한다. Circuit Switched 방식은 송신측과 수신측에 전용으로 할당된 통신채널이 사용되고, Packet Switched 방식은 송수신 대상 데이터(이때, Packet 단위로 전송)가 나눠져서 각각 다른 통신채널로 전송되는 방식이다.

Circuit Switched 방식은 철도와 기차에 비유될 수 있고, Packet Switched 방식은 고속도로와 자동차로 비유될 수 있다. 이것은 철도에 다니는 기차와 고속도로를 달리는 차량이 같은 길(철도나 도로)로 다닐 수 없는 원리와 유사하다.

물론 AMPS에는 아날로그 채널을 활용한 데이터 전송 기술이 있었고 GSM, CDMA(IS-95)에서도 데이터 전송은 가능하지만 전송속도가 낮고, 주파수 사용 효율이 좋지 않았다. 유사한 예로 전화선을 이용한 아날로그 방식의 데이터 전송은 1980년대 전화선과 모뎀을 이용한 채팅기술이 있었다.

▌그림 1-24▐ GSM 방식의 교환기(MSC), 기지국(BS)과 기지국 안테나 예

이렇게 음성위주의 Circuit Data Network와 데이터 위주의 Packet Data Network으로 구분되는 이동통신망 구조는 이후 등장하는 3세대 이동통신망에도 그대로 적용되었다. 물론 GSM이나 IS-95를 활용하여 Packet Data 서비스를 제공할 수 있었으나 통신망을 보완해야 하고, 고객이 원하는 수준의 데이터 처리 성능(속도, Delay 등)은 보장되지 않았다.

즉, 이동통신망에서 음성(저속, 실시간)과 데이터(고속, 비 실시간)는 서로 특성이 다르기 때문에 처리하는 절차가 달라서 망을 분리하는 구조로 발전되었다. 하지만, LTE(Long-Term Evolution)부터는 회선망(ciruit switched)은 없어지고 데이터망만 사용하는 구조가 되었다.

음성(Speech 또는 Voice)은 원래 데이터(Raw Data)의 데이터 양이 크기만, 음성의 압축률이 매우 높기 때문에 저속전송이 가능하다. 일반적으로 음성신호 압축은 사람의 목구멍(Vocal Track)을 수식으로 모델링하는 방법을 사용한다.

반면 음향(Audio)은 음악과 같은 고품질이 소리로써 MP3, MP4 등이 있으며, 일반적으로 음향은 사람의 귀(Ear)를 모델링하며, 음성 대비 데이터 양이 크고 고속으로 전송되어야 한다.

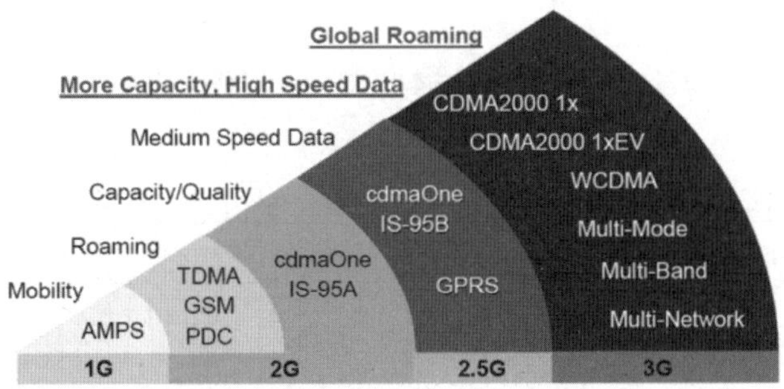

▌그림 1-25▐ 이동통신 1세대 ~ 3세대 특징

미국에서는 TIA 주관으로 다수의 기술이 2세대 이동통신 후보가 제안되었는데, TDMA(Time Division Multiple Access) 기반의 IS-136, CDMA(Code Division Multiple Access)기반의 IS-95 등이다. IS-95는 무선 프로토콜 기술 표준이고, CDMA는 IS-95 표준에 적용된 무선통신 기술이다.

CDMA 방식은 미국 Qualcomm(퀄컴)사 주도로 기술이 정의되었고, Qualcomm은 기지국과 단말기에서 CDMA 구현기술, Handover, Power Control 기술 등 핵심적인 특허를 보유하여 독보적인 기술을 확보하고 있었다.

CDMA 방식의 이동통신은 미국 TIA 주관으로 IS(Interim Standard)-95라는 명칭으로 표준을 완료했다. 결국 미국에서 정의된 표준인 CDMA 방식의 IS-95 이동통신은 1996년 한국에서 세계 최초로 상용화된 후 전세계로 확장되었다.

제2세대 이동통신 시스템은 제1세대에 비교할 때 무선구간 용량의 증가, 보안기능 강화, 통신장비 비용절감, 효과적인 Handover, 측위기술 등의 기능이 추가되었다.

측위기술은 GPS와 같은 항법위성이 매우 빠르게 이동하기 때문에 현재 위치하고 있는 휴대폰에게 해당되는 위성정보를 제공하여 빠르게 현재 위치를 파악하는 방법이다. 일반적으로 이런 방식을 'Mobile Network Assisted Positioning'으로 표현된다.

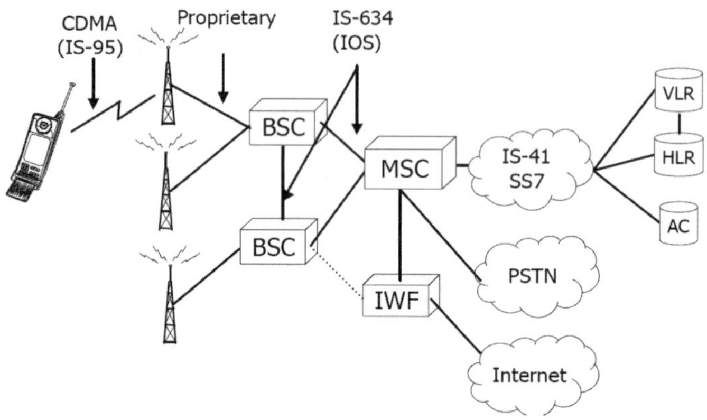

▌그림 1-26▐ CDMA 방식의 IS-95 이동통신망 구성도

IS-95 규격은 기지국과 단말기간 무선통신 프로토콜이고, 기지국과 교환기 인터페이스 기술과 교환망 내에서 다른 Entity(예, HLR, VLR, AC)와 연동은 별도로 정의된 규격(예, IS-634, IS-41)이 사용되었다. IS 규격은 모두 미국의 TIA에서 정의된 기술이다.

IS-41 규격은 MAP(Mobile Application Part)이라고도 하며, 교환망 내 다른 서버와 연동되는 규격이다. IS-41으로 연동되는 주요 Entity는 가입자 정보를 관리하는 HLR(Home Location Register), 가입자의 이동성을 관리하는 VLR(Visitor Location Register), 가입자 인증을 담당하는 AC(Authentication Center 또는 AuC) 등이 있다.

IS-95 기반 이동통신망은 기지국(BTS와 BSC), 교환망(MSC) 그리고 외부 인터넷 망과 연동되는 IWF로 구성되었다. 유럽의 GSM 방식과 미국의 CDMA 방식에서 교환망을 의미하는 MSC(Mobile Switching Center)이외의 장치는 같은 기능을 제공하지만 다른 명칭(즉, 용어)을 사용하고 있다.

이유는 이전 유선전화망의 교환기에서 이동통신 목적의 MSC라는 용어를 사용해서 같은 용어를 사용했지만, 미국과 유럽간 기술 경쟁으로 기타 통신 요소는 다른 명칭을 사용하게 되었다.

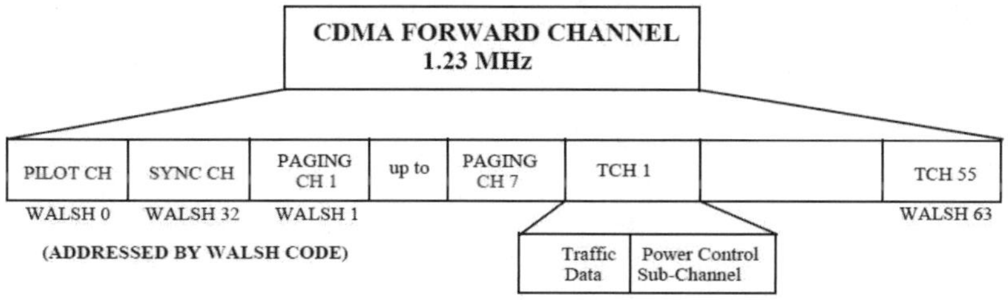

그림 1-27 IS-95 Forward Channel(기지국 à 단말기) 구조

CDMA 기술이 적용된 무선구간 프로토콜인 IS-95에서 기지국에서 단말기로 전송되는 Forward Channel에는 Pilot CH, Sync CH, Paging CH, Traffic CH 등 4개의 채널이 있다. Pilot Channel은 CDMA 방식의 PN Offset 정보를 지속적으로 송신하는 역할을 한다.

결국, Pilot CH은 기지국을 구분하는 역할을 하고, Sync CH은 기지국 번호, 기지국 타이밍, 시간 정보 등을 전송한다. Paging CH은 CDMA 단말기로 착신하거나 데이터 Push 정보를 보내는 역할이고, Traffic CH은 User Data인 음성과 데이터 정보가 전송된다.

CDMA 방식은 기지국에서 시간정보를 전송하기 때문에 휴대폰에 자동으로 시간이 표시되지만, GSM 단말기는 사용자가 시간정보를 수동으로 설정해야 했었다. 하지만, UMTS부터 코어망에서 단말기로 현재 시간정보를 전송하여 단말기에 시간이 표시된다.

따라서 UMTS, LTE, NR(New Radio) 단말기의 시간 정보는 정확하지 않을 수 있다. GPS(Global Positioning System) 위성에서 시간을 받는 것이 아니라 코어망에서 메시지로 날짜, 시간 정보를 전송하기 때문에 코어망, 기지국, 무선구간, 단말기 내부 처리 등의 시간지연이 있기 때문이다.

Generation/Network type	Spectral Efficiency [bps/Hz]
LTE-Advanecd	30.00
LTE	16.32
WCDMA(HSDPA)	8.44
CDMA EVDO	1.3
GSM (EDGE)	0.17
CDMA 2000	0.17

그림 1-28 이동통신 방식에서 Spectral Efficiency 비교

이동통신 방식별 정확한 Spectral Efficiency 비교는 어렵지만 대략적으로 CDMA와 GSM은 유사한 성능을 나타내고 있다. 이후 데이터 전용 방식인 1xEV-DO나 HSPA에서는 Spectral Efficiency가 급격히 증가된다.

Spectral Efficiency(주파수 사용효율)란 통신시스템의 주어진 주파수 대역폭에서 최대로 전송 가능한 데이터 전송속도로 정의된다. Spectral Efficiency가 높은 시스템일수록 주파수 사용 효율은 좋지만 변조, 코딩 등 구현기술이 복잡해진다.

주파수 폭은 도로에서 차선수로 비유될 수 있고, 고속도로에 다니는 차량을 데이터에 비유할 수 있다. 효과적인 시스템은 동일한 차선수인 경우, 이 도로에 다니는 차량의 속도는 빠르다. 또한 도로에 차량이 적을 경우는 트래픽이 적고, 차량이 많을 경우 트래픽이 많다.

정보통신에 사용되고 있는 Traffic(트래픽)이란 용어는 실제로 도로 시스템에서 차량이 많고 적음을 나타내는 용어에서 유래되었다. 이동통신에서 Capacity(용량)란 도로 차선수에 비유될 수 있고, 차선수가 많으면 주파수 폭(Bandwidth)이 넓다는 의미와 동일하고, 주파수 폭에 비례하며 Capacity가 결정된다.

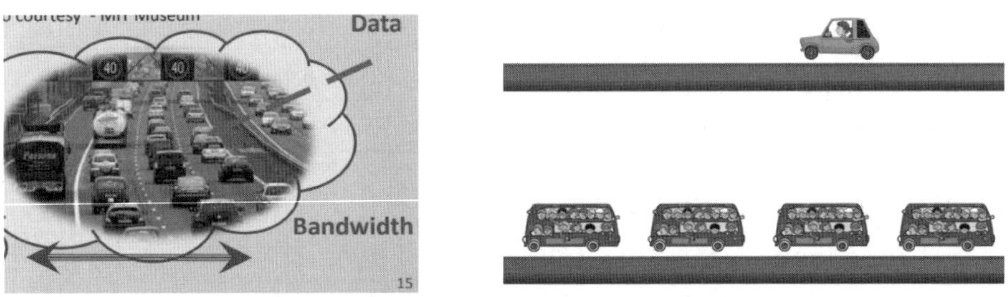

▌그림 1-29▐ 주파수 폭과 데이터(또는 트래픽), Capacity를 도로와 차량으로 비유

GSM과 IS-95방식은 기본적으로 음성과 데이터가 같이 처리되는 구조로서 데이터 전송속도 측면에서 1xEV-DO(CDMA 방식의 데이터 전용 프로토콜)나 HSPA(UMTS에서 데이터 전용 프로토콜) 대비 주파수 사용 효율이 떨어진다.

일반적으로 이동통신망을 통해서 송수신되는 정보는 ①제어신호, ②음성, ③데이터 등 3개가 있는데, 최근에는 대부분의 트래픽을 차지하는 것은 데이터(즉, 패킷 데이터)이다. 예를 들어, GSM부터 5G까지 동일한 용어로 사용되고 있는 무선구간 제어신호인 RRC(Radio Resource Control)는 실제로 무선구간에서 차지하는 비중(데이터 크기 측면)은 낮다.

RRC는 텍스트 정보로 길이가 짧기 때문에 전체적으로 무선구간에서 적은 용량을 차지한다. 음성신호의 경우, 일반적으로 12kbps 수준으로 전송되기 때문에 용량을 많이 차지하는 것은 아니다. 따라서 대부분의 무선용량을 차지하는 것은 패킷 데이터(인터넷 검색, 동영상 시청 등)이다.

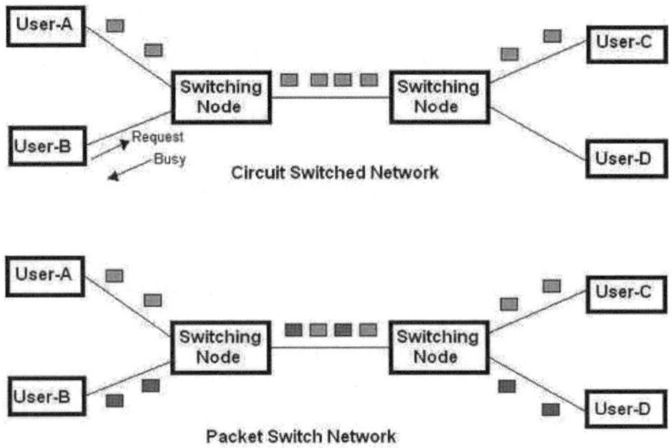

▌그림 1-30▐ Circuit Switched Network와 Packet Switched Network 구분

이러한 이유에서 3세대 이동통신부터 효과적인 데이터 전송 위주로 기술이 개발되었다. 심지어는 4세대부터는 Circuit Data Network이 없어지고, Packet Data Network만 사용하고 있다.

또한, 1990년대 말에서 2000년 초를 거치면서 국내의 휴대폰은 Feature Phone과 스마트폰으로 구분되어 발전되었다. Feature Phone 용어의 유래는 1990년 말 Nokia에서 자체 휴대폰을 Basic Phone, Feature Phone, Premium Phone, Smartphone으로 분류하면서 시작되었다.

Basic Phone은 단순 음성통화만 가능한 단말기였고, Feature Phone은 음성, SMS, 간단한 멀티미디어 처리가 가능한 휴대폰이었다. 이렇게 Nokia에서 시작된 Feature phone이라는 용어는 이후 전세계적으로 많이 사용되었다.

▌그림 1-31▐ 2세대 이동통신을 사용하는 PDA Phone

<u>스마트폰의 유래는 1990년 후반, 당시 휴대폰 시장을 이끌고 있었던 Nokia, Ericsson 위주로 Open OS 기반으로 동작되어 다양한 Application을 실행할 수 있는 휴대폰을 스마트폰으로 명명하면서 시작되었다.</u>

1990년대 후반에 다수의 업체에서 스크린이 있는 PDA(Personal Digital Assistant) 단말기를 출시하기 시작했는데, Palm사의 Palm PDA, Compaq사의 iPaq, Nokia사의 Symbian 단말기, 국내 Jtel의 Cellvic 등이 있었다.

Palm사는 최종적으로 중국 TCL에 인수되었고, Compaq은 HP가 인수, Nokia 단말기 사업부문은 Microsoft가 인수했다. 당시, 이 회사 외에도 더 많은 기능을 할 수 있는 PDA 단말기를 개발한 회사와 모델은 IBM의 Simon과 Communicator, Ericsson의 R380 등이 있었다.

▎그림 1-32▐ IBM의 Simon Phone과 Ericsson의 R380 폰

또한 미국에서는 1980년대 초까지 통신시장을 사실상 독점했던 AT&T가 반독점법으로 1984년에 분할되었고, 2000년대가 되면서 미국 통신사업자는 상호 인수합병으로 큰 변화가 있었다.

미국뿐만 아니라 대부분의 국가에는 반독점법이 있다. 반독점법은 기업들이 담합하거나 제휴 등을 통해 해당 시장에서 사실상 독점적 지위를 행사하거나 경쟁을 저하시키는 것을 방지하는 법률이다.

미국은 1890년에 반독점법(Sherman Antitrust Act, 셔먼의원이 주도적으로 법 제정)이 제정되었으며, 대표적으로 반독점법이 적용된 사례는 AT&T(American Telephone and Telegraph)이다. AT&T는 전화기를 발명한 Alexander Graham Bell이 설립한 미국 통신회사로서 1980년 이전까지 미국 전역에 통신시장(당시 유선전화, 팩스 위주)을 사실상 독점했다.

1984년에 반독점법이 적용되어 미국 전역에 통신서비스 제공했던 AT&T는 각 지역별로 다수의 전화회사(당시, Baby Bell이라고 불려졌음)로 분할되었다. 즉, 반독점법으로 한 개의 회사가 다수의 회사로 나눠졌으며, 분할된 회사는 서로 경쟁하는 구도가 되었다.

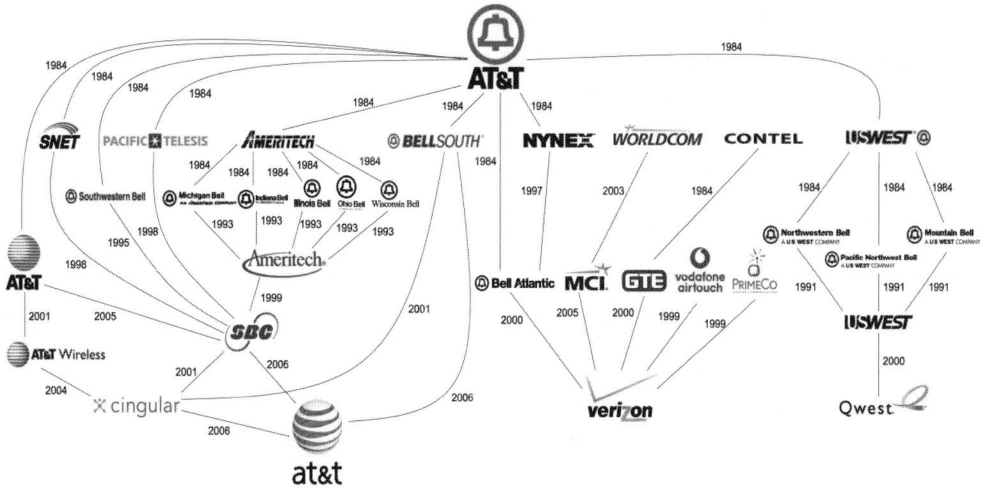

▌그림 1-33▐ 미국 반독점법으로 이전 AT&T의 분할

(5) 3세대 이동통신

3세대 이동통신은 크게 ①GSM/GPRS 기술을 발전시킨 UMTS와 ②기존 CDMA 기능을 개선한 CDMA2000으로 발전되었다. UMTS(Universal Mobile Telecommunications System)의 무선구간 기술은 Qualcomm이 개발한 CDMA를 기반으로 정의되었다. 하지만, UMTS는 IS-95(1.25MHz)대비 더 넓은 주파수폭을 사용하는 WCDMA(5MHz) 방식을 사용했다.

UMTS 용어에서 'Universal'이란 그 동안 GSM이 유럽위주로 사용되었는데, UMTS부터는 전세계에서 사용되도록 하겠다는 의미(즉, Universal)가 포함되어있다. GSM/GPRS 기술은 Ericsson, Nokia, Alcatel 등에서 개발되었는데 UMTS 망구조, 호처리 등은 GSM/GPRS를 근간으로 정의되었고, 무선구간 Multiple Access는 WCDMA를 도입했다.

3GPP(당시 유럽에서 주도)에서 정의하는 3G 표준이름은 UMTS였지만, UMTS를 WCDMA(Wideband Code Division Multiple Access)라고도 한다. 즉, UMTS와 WCDMA는 같은 의미이다. 3G 기술 표준이름은 UMTS이지만, 무선구간에 적용된 핵심 기술이 WCDMA였다.

UMTS가 2세대 이동통신인 CDMA 기술 기반의 IS-95 대비 다른 점은 넓은 대역폭(5MHz) 사용과 각 기지국 동기방식을 동기와 비동기가 가능한 방식을 채택한 것이다. CDMA2000은 2세대와 같은 기본적인 대역폭을 1.25MHz로 사용했지만, 속도를 증가시키기 위하여 1.25MHz 단위를 3개까지 사용할 수 있었다.

UMTS는 기존의 CDMA(Code Division Multiple Access)의 대역폭인 약 1.2288MHz

(Guard Band까지 합해서 1.25MHz)보다 더 넓은 3.84MHz(Guard Band까지 합해서 5MHz) 주파수 대역폭을 사용한 것은 안정적으로 음성과 데이터를 동시에 전송하고, 데이터 속도를 보장하기 위해서이다.

이후 UMTS계열에서는 음성은 전송하지 않고, 데이터만 전송하는 HSPA(High Speed Packet Access) 구조로 진화되었다. 이러한 HSPA는 LTE, NR의 기본 골격이 되었다.

UMTS의 망 구성도와 신호처리 절차 등은 디지털 방식인 GSM(Global System for Mobile Communications)과 GPRS(General Packet Radio Service)의 기술에 기반을 두고 있다.

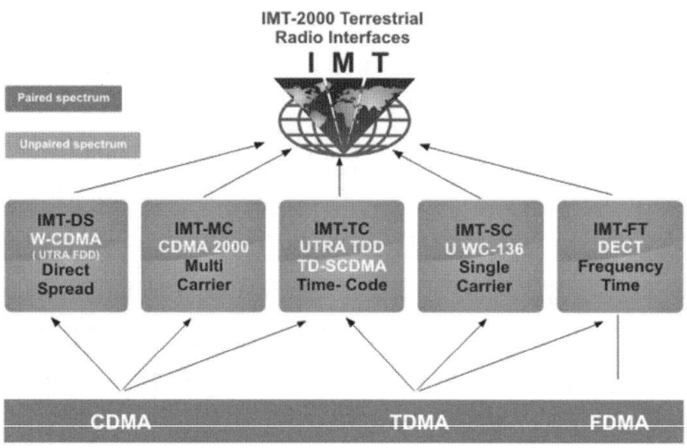

| 그림 1-34 | ITU 주관으로 3G 이동통신 표준화 과정

<u>이동통신 표준기술은 최종적으로 ITU(International Telecommunication Union)에서 결정하는데, 3G 표준 후보로는 당시 UMTS, CDMA2000을 포함하여 다수의 후보가 제안되었다.</u> 하지만 대부분 3G 기술규격을 ITU에서 승인했지만, 실질적으로 UMTS와 CDMA2000가 많은 국가에서 사용되었다.

ITU는 UN(United Nations)의 산하조직으로 전세계 국가 정부로부터 지원을 받는 공식적인 단체이다. ITU는 전세계 통신 규격, 규제 등을 총괄하고, 이동통신과 관련된 사항은 ITU의 하부조직인 ITU-R에서 담당한다.

3G 이동통신 표준이름을 ITU에서 IMT(International Mobile Communications)-2000이라는 이름으로 시작했다. IMT-2000은 2000년에 기술규격을 완료하겠다는 의미이다. 3G의 전세계 공식 표준이름은 IMT-2000이지만, 일반인들이 쉽게 이해하도록 하기 위해서 3G라는 이름이 많이 사용되었다.

3세대 이동통신 규격 정의가 시작되면서 GSM 규격을 정의한 ETSI(유럽 통신규격 정의 단체)는 유럽이 주도하는 기술을 전세계로 확장하기 위하여 새로운 표준화 단체인 3GPP(3rd Generation Partnership Project)를 1998년에 만들었다.

3GPP는 3G 이동통신 기술정의에서 유럽을 포함하여 전세계 관련된 업체, 단체, 학교 등을 모집하여 세계 표준을 만들겠다는 목표였다.

이런 의미에서 시작된 이동통신 표준화 단체인 3GPP는 3세대뿐만 아니라 4세대, 5세대 등의 표준을 정의하는 단체가 되었다. 4G 규격을 정의하면서 단체 이름을 4GPP라는 제안도 있었지만 관련된 사람에게 혼선을 주고, 이동통신이 급격히 발전되면서 계속 이름을 변경하는 것은 맞지 않다는 여론으로 지속적으로 3GPP라는 용어가 사용되고 있다.

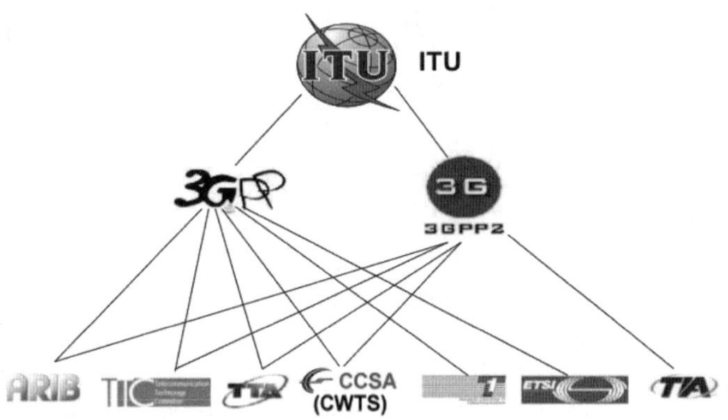

▌그림 1-35▐ 3G 이동통신 표준정의를 위한 단체(3GPP, 3GPP2)

이렇게 유럽 위주로 3GPP가 만들어지고 활동이 왕성해짐에 따라 미국 진영에서는 TIA(미국 통신규격 정의 단체) 주관으로 3GPP2(3rd Generation Partnership Project 2)를 만들었다. 3GPP2 의미는 2번째 3GPP라는 의미이며, 3GPP가 시작된 같은 해인 1998년에 만들어졌다.

유럽주도의 3GPP는 규격이 정의되는 모든 과정(회의결과, 검토중인 기술 등)과 규격이 공개되어 폐쇄적으로 운영되지 않았다. 심지어는 특허 처리도 3GPP에 가입한 멤버에게 많은 혜택을 부여하여 기술 확산에 노력했다.

반면, 3GPP2는 초기 기술자료를 멤버에게만 공유하여 폐쇄적으로 운영하다가 몇 년 뒤 3GPP와 마찬가지로 모든 기술자료를 공개했다. 3GPP2에서 정의하는 3G 기술을 CDMA2000(또는 cdma2000)이라고 명명했으며 이전 IS-95-A, IS-95-B를 cdmaOne이라고 불렀다.

3GPP2에서 정의된 IS-95 표준은 지속적으로 기능이 개선되면서 IS-95-B, IS-95-C 등의 규격 명칭이 생겼고, 최초 IS-95를 IS-95-A로 명명했고, 이후 IS-95-C를 IS-2000으로 변경했다.

2000년 3월 국내에서 이동통신 사업자가 3세대 이동통신인 CDMA2000 1x 기술을 상용화하여 본격적으로 이동통신망에서 데이터 서비스를 제공하기 시작했다. 물론 국내에서는 복수표준인 UMTS와 CDMA2000을 사용하였다.

CDMA2000 1x는 기존의 IS-95-A/B 대비 음성 서비스 경로와 데이터 서비스 경로를 분리하고, 가입자 당 데이터 제공 용량을 64Kbps에서 144Kbps로 확장하여 무선데이터 서비스를 제공하기 용이한 구조였다.

	UMTS	cdma2000
Spreading rate	3.84 Mcps	1.2288 Mcps
Bandwidth	5 MHz	1.25 MHz
Synchronization between cell sites	Asynchronous	Synchronous
Configuration	Direct spread configuration	Direct spread(1x) Multi-carrier (3x forward link)
Channel coding	Convolutional Turbo (Parameters flexible)	Convolutional Turbo (Parameters fixed in the standard)

‖ 그림 1-36 ‖ UMTS와 CDMA2000 주요 기술 비교

UMTS의 주파수폭은 CDMA2000의 약 3배인(3.84MHz, Guard Band까지 합해서 5MHz)를 사용했고, 기본적으로 기지국간 동기방식을 비동기(Asynchronous)로 설정하여 기술표준을 정의했다.

UMTS는 각 기지국이 시간적인 동기를 맞추기 위하여 GPS(Global Positioning System)기반 동기모드도 정의했지만, GPS를 사용하지 않을 경우도 각 기지국 동기가 가능한 비동기 모드로 정의되었다. 따라서 UMTS는 동기모드도 지원했기 때문에 실제적으로 비동기 모드는 아니었다.

당시 UMTS는 비동기 모드, CDMA2000은 동기모드 방식으로 정의하여 국내에서 이슈가 되었지만, UMTS는 동기모드로 가능하고 비동기 모드도 가능한 방식이었다.

실제로 UMTS 망을 운영하는 사업자는 대부분 GPS를 사용하는 동기모드로 운용했다. UMTS와 CDMA2000간 경쟁이 치열할 때, 비동기 모드로 UMTS 망을 운용할 경우, 처

리가 복잡해지는 단점이 있었지만, 유럽진영은 미국의 GPS 사용에 대한 우려가 있었다. 이후, 유럽에서도 GPS와 유사한 위성항법 체계인 Galileo(갈릴레오)를 사용하고 있다.

즉, 유럽진영에서 미국 소유인 GPS를 사용하면 미국에 종속되고 GPS 체계가 변경될 경우, 이동통신망 전체에 영향을 미치기 때문에 독자적인 비동기 방식을 정의했다.

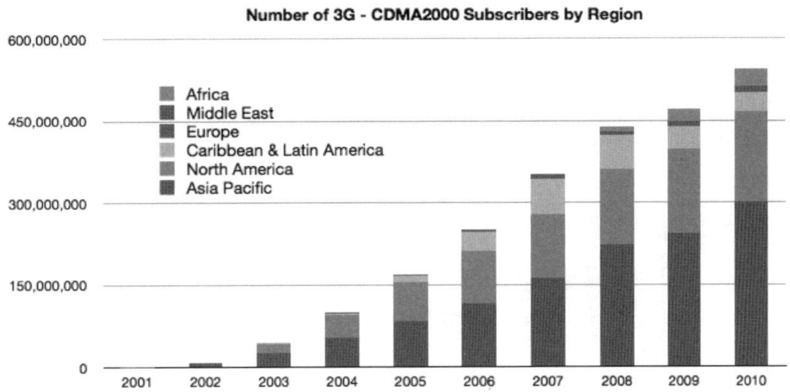

▌그림 1-37▐ 2010년까지 CDMA2000 방식 대륙별 가입자 수

당시 3GPP2는 3GPP의 UMTS에 대응하기 위하여 1.2288MHz를 하나의 단위로 설정하여 1X라고 정의했고, 표준에는 1.2288MHz를 3배로 하여 광대역인 3X도 정의했다.

2010년까지 CDMA2000 방식을 사용한 가입자 수를 보면 아시아 지역이 가장 많고, 그 다음으로 북미, 남미지역 등의 순이다. CDMA 방식은 4세데 이동통신 기술에서 제외됨으로써 2015년 이후, 전세계적으로 급격히 시장이 낮아지고 있다.

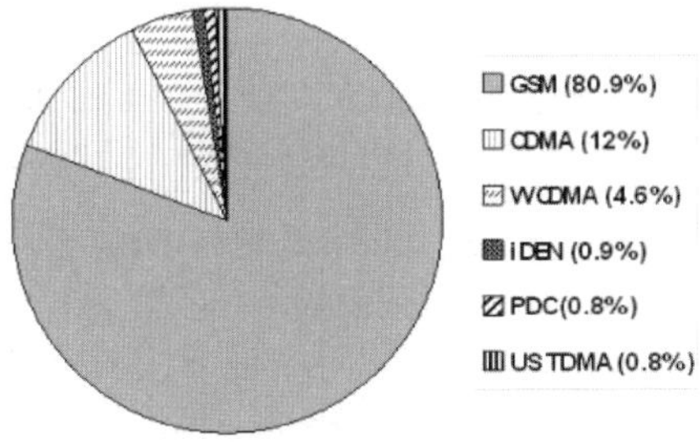

▌그림 1-38▐ 2007년 기준 이동통신 방식 전세계 시장 점유율

또한 2007년 기준의 이동통신 방식별 가입자 비율을 보면, GSM이 절대적으로 많고, 그 다음으로 CDMA, UMTS 등의 순이었다. 2007년에도 CDMA 방식은 전세계적으로 볼

때, 미미한 존재였다.

즉, 전세계적으로 유럽방식인 GSM이 절대적으로 많이 사용되었고, CDMA는 비중이 낮은 규모로 사용되었다. 이러한 전세계 추세에 따라서 국내에서는 3G 방식을 미국방식에서 유럽방식으로 바꾸는 계기가 되었다.

UMTS 망은 CS(Circuit Service), PS(Packet Service) 그리고 IMS(IP Multimedia Subsystem) 도메인으로 분리 정의되었다. 이것은 3G 이동통신인 UMTS는 망 구조 측면에서 PS망이 분리되는 형태이다. 물론 기존의 GSM에서는 GSM과 연동되는 별도의 GPRS를 정의했었고, CDMA의 경우 IS-95-B를 정의했었다.

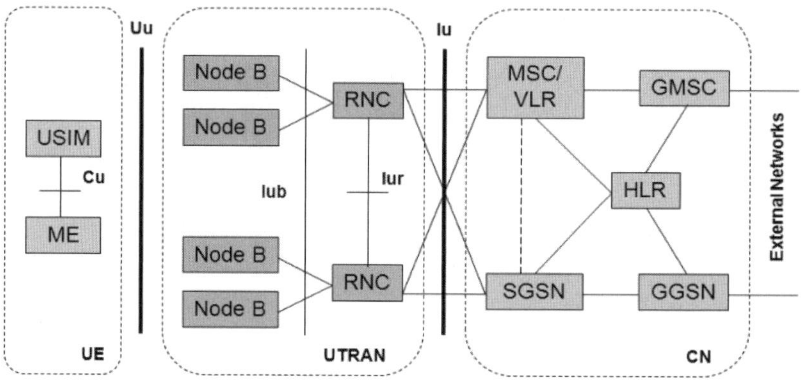

▌그림 1-39▌ 3G 기술인 UMTS 이동통신망 구성도

UMTS 망구조에서 가장 큰 특징은 Packet Data를 처리하는 GGSN(GPRS Support Node)과 SGSN(Serving GPRS Support Node) 노드가 추가되었다는 점이다. 물론 이러한 Packet Data Entity의 역할정의, 처리절차 등은 모두 GPRS에서 유래되었다.

하지만, 3GPP는 UMTS망에 적용되는 대부분의 Entity에는 새로운 이름을 부여하여 GSM보다 진화된 방식임을 강조했다. 크게 보면 UMTS 이동통신망 구성요소를 UE(단말기), UTRAN(기지국), CN(코어망)으로 나누고, Uu Interface(무선구간 프로토콜)와 Iu Interface(기지국과 코어망 연동) 등을 정의했다.

UMTS 세부 이동통신망 구성요소를 볼 때, Node B(기지국에서 RF 처리 부분), RNC(기지국에서 호처리 부분), SGSN(Packet Data 처리), GGSN(데이터 외부 연동) 등이다.

3세대에서는 App Store와 연동되는 다양한 스마트폰이 등장하기 시작했는데, 대표적인 단말기는 Apple의 iPhone, 삼성 BlackJack, Microsoft Windows Mobile, BlackBerry 등이 있었다.

▌그림 1-40▐ 2007년 대표적인 스마트폰 예(iPhone, BlackJack, BlackBerry)

2007년에 Apple이 iPhone을 출시하면서 Google은 Android OS 출시를 준비했다. Android사는 2003년 Andy Rubin, Rich Miner 등이 설립한 회사로 2005년에 Google이 약 600억원에 인수했다.

Google은 Android사를 인수하면서 스마트폰 OS 이름을 'Android'라고 명명했고, 2007년에 'Open Handset Alliance'를 구성하여 칩 업체, 단말기 제조사, App 개발사 등을 모집하여 Android 생태계를 확장하고 있다.

이후, 2010년에 Google은 Reference Phone(다른 휴대폰 제조사가 쉽게 단말기를 개발할 수 있도록 Google이 개발한 표준 단말기)인 'Nexus'를 출시한 이후, Android 폰 시장이 급격히 확대되기 시작했다.

(6) 4세대 이동통신

4G는 LTE(Long Term Evolution)를 의미하며, ITU 용어로는 IMT-Advanced이다. LTE 용어의 유래는 3G(UMTS) 기술에 적용된 WCDMA 이후에 OFDM(Orthogonal Frequency Division Multiplexing)을 사용하여 큰 변화가 있었고, Packet Data Only로 동작시켜 장기적인 관점에서 기술적인 큰 변화라고 생각하여 LTE라고 명명했다.

4G부터 음성신호 처리를 담당하는 Circuit Switched Network이 없어지고 Packet Switched Network만 있는 구조로 변경되었다. 이것은 기존의 철도(음성처리)와 고속도로(데이터 처리)가 같이 있는 구조가 아니라, 고속도로만 있는 구조이다.

즉, 기술이 발전되어 기존의 기차가 하던 역할을 고속도로를 활용하여 다 할 수 있기 때문이다. 4G 이동통신 기술규격은 기본적으로 데이터 전송속도를 높이기 위한 방안으로 정의되었으며, 추가로 IoT 디바이스를 수용하기 위한 방법이 정의되었다.

▌그림 1-41▐ 전화선, LAN 선, 광 케이블

다르게 비유하면, 3G는 전화선으로 볼 수 있고, 4G는 데이터만 가능한 LAN 선, 5G는 고속 데이터가 가능한 광 케이블로 볼 수 있다. 3G에서 전화선은 전화선으로 음성도 가능하지만 모뎀을 사용하여 데이터 전송도 가능하다.

4세대 이동통신 기술규격을 정의하면서 3GPP와 3GPP2에 많은 변화가 생겼다. 3G까지는 UMTS와 CDMA 방식의 기술이 경쟁적으로 개발되었지만, 4G에서는 CDMA 진영(3GPP2)이 3GPP로 합치면서 3GPP2에서는 더 이상 규격 정의는 없었다.

이러한 배경은 당시 CDMA 방식으로 운영하는 사업자수가 UMTS 보다 절대적으로 적었고, 또한 통신장비, 칩, 단말기 등을 제공하는 Eco System도 UMTS 대비 부족했다. UMTS는 유럽, 아프리카, 동남 아시아, 남미 등에서 주력적으로 사용되었고, 심지어는 미국의 일부 사업자도 UMTS로 운영했다. 당시 전세계적으로 GSM, UMTS를 운영하는 사업자 비중이 80% 이상이었다.

따라서 CDMA 진영의 Eco System이 절대적으로 적어서 CDMA를 운영하는 대부분 이동통신 사업자는 4G 기술을 LTE로 선택했다.

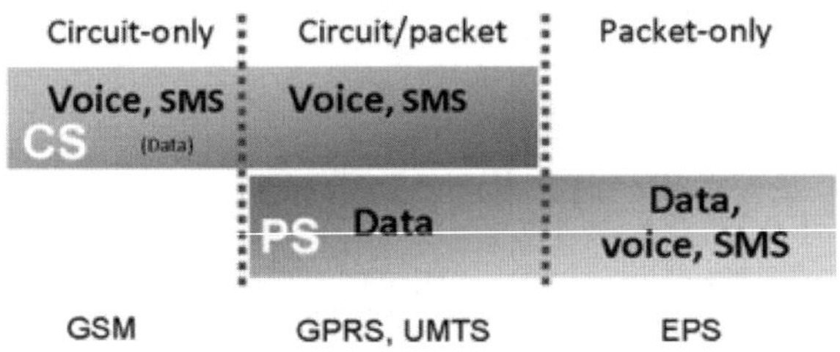

그림 1-42 4G 이동통신의 Packet Data Only

당시, 세계 최대 이동통신 장비 제조사였던 Ericsson은 CDMA 장비를 개발하지 않았고, 최대 휴대폰 제조사인 Nokia도 소량의 CDMA 단말기만 개발했다. 이처럼 당시 3GPP2의 Eco System은 절대적으로 부족했다.

정치적으로 신기술 주도권을 확보하기 위해서 유럽과 미국이 경쟁하는 구도여서 이동통신 기술을 서로 리드하겠다는 의도가 있었다. 이동통신 기술에는 핵심적인 특허가 많이 포함되어 있어서 유럽과 미국위주로 양분화되는 상황이었다.

3GPP2에서는 2G 기술인 CDMA 기술 기반의 표준인 IS-95에서 패킷 데이터 처리를 강화한 3G 규격인 CDMA2000을 만들었다. CDMA2000의 주된 내용은 데이터 전용 프로토콜인 1xEV-DO를 추가한 것이다.

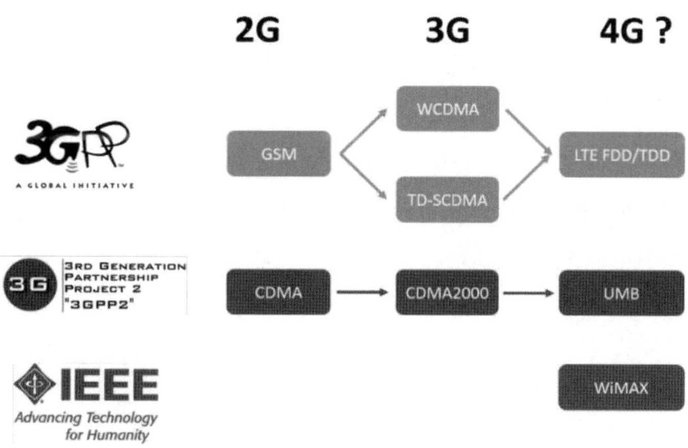

▌그림 1-43▌ 4G 기술을 위한 3GPP, 3GPP2, IEEE의 규격 정의 현황

여기에서 1xEV-DO에서 1x란 CDMA 주파수폭이 1.25MHz인데, CDMA(즉, IS-95 표준) 주파수폭의 1배(1x)를 그대로 사용한다는 의미이다. 즉, CDMA 주파수폭을 그대로 사용하면서 데이터만 전용으로 보낸다는 의미이다.

3GPP2는 4G 규격을 정의하면서 기존 CDMA 방식을 포기하고, OFDM 방식의 UMB(Ultra-Mobile Evolution)를 정의하기 시작했으나 당시 3GPP2의 주요 멤버였던 Qualcomm, Lucent, 삼성 등이 UMB를 포기하고, LTE 진영으로 합류하면서 UMB는 사실상 규격정의가 중단되었다. UMB는 1xEV-DO 기술을 개선한 것으로 1xEV-DO Release C라고도 한다.

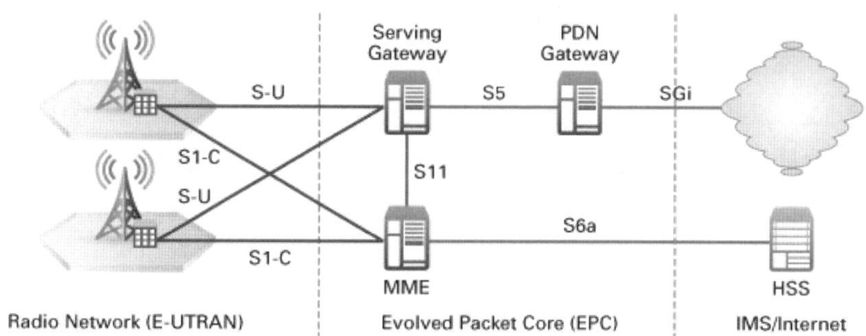

▌그림 1-44▌ LTE 망 구성도

LTE는 Packet Data만 처리하기 위한 기술이며, 이를 위하여 기존 UMTS 무선기술인 WCDMA방식에서 OFDM으로 바꾸고, UMTS 코어망의 Packet Data처리 부분 구조와 기능을 개선하여 LTE 코어망을 EPC(Evolved Packet Core)라는 이름으로 변경했다.

기지국도 기존의 이름인 UTRAN에서 진화되었다는 의미로 E-UTRAN(Evolved Universal Terrestrial Radio Access)으로 바꾸고, 무선인터페이스 명칭도 S-U, S1-C 등과 같이 이름을 변경했다.

LTE는 새로운 주파수 대역보다는 기존의 UMTS 주파수 대역을 그대로 사용하여 RF 측면에서 UMTS와 호환성을 최대한 유지했다. 주파수 대역이 같으면 UMTS와 LTE 기지국에서 RF 부품과 안테나(Antenna)가 공동으로 사용될 수 있다.

WiMAX CHINA MOBILE TD-SCDMA

3G에서는 3GPP와 3GPP2에서 주도적으로 이동통신 규격을 정의했지만, 4G에서는 3GPP와 3GPP2 이외에 IEEE에서 정의하는 WiMAX(Worldwide Interoperability for Microwave Access)와 중국이 주도하는 TD-SCDMA도 있었다.

전세계 통신규격을 결정하는 기구인 ITU(International Telecommunication Union)는 4G 기술 후보로 3GPP와 3GPP2만 결정하는 바람에 WiMAX와 TD-SCDMA는 시장에서 성장되지 못했다.

WiMAX는 기본적으로 WiFi 기술을 기반으로 이동성을 추가한 것이다. WiFi를 사용하는 단말기는 고정된 하나의 WiFi AP와 통신이 가능하여 Handover, Power Control 등과 같은 이동성 관리 기능이 없다.

따라서 WiMAX는 WiFi 기술을 근간으로 이동성을 추가했으며 패킷 데이터 통신만 가능한 규격이다. 국내에서는 WiMAX 규격에 일부 기능(WiMAX Profile)만 선택하여 'WiBro'라는 이름으로 SKT와 KT에서 서비스를 제공했었다. WiBro(Wireless Broadband)는 WiMAX 기술과 동일하기 때문에 국내에서 개발된 기술은 아니다.

와이브로 연혁

연도	내용
2002년	삼성전자·ETRI 등 와이브로 개발 착수
2006년	KT·SKT, 와이브로 상용서비스 개시
2007년	와이브로, IMT-2000 국제표준 반영
2012년	국내 가입자 100만 명 돌파
2018년	KT, 와이브로 서비스 종료 선언

| 그림 1-45 | 국내 WiBro History

국내 WiBro 단말기는 휴대폰 형태가 아닌 대부분 무선 Router 형태로 개발되었으며, 이 단말기는 WiBro로 데이터를 받아서 WiFi로 재전송하는 이동형 무선 AP 목적으로 사용되었다. 일부 지역에서는 WiBro를 데이터 전송을 위한 Backhaul (즉, 데이터 전송 무선 선로 역할)목적으로도 사용되었다.

WiMAX는 사실상 LTE보다 주파수 사용 효율이 좋지만, Eco System이 절대적으로 부족하여 시장에서 사라지는 추세이다. LTE는 GPRS, UMTS 등과 Backward Compatibility를 위하여 제어신호 처리사항이 복잡하기 때문에 WiMAX 대비 무선채널 효율이 떨어진다.

TD-SCDMA(Time Division Synchronous Code Division Multiple Access)는 중국의 CATT(Chinese Academy of Telecommunications Technology)를 중심으로 중국의 통신 장비업체인 다탕 모바일과 독일의 지멘스 등이 공동으로 개발한 4세대 이동통신 기술이다. 기본적으로 UMTS를 TDD(Time Division Duplex)로 운용하는 방식이다.

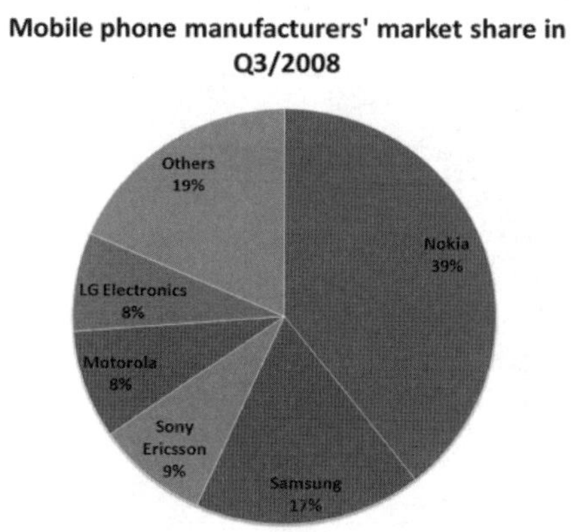

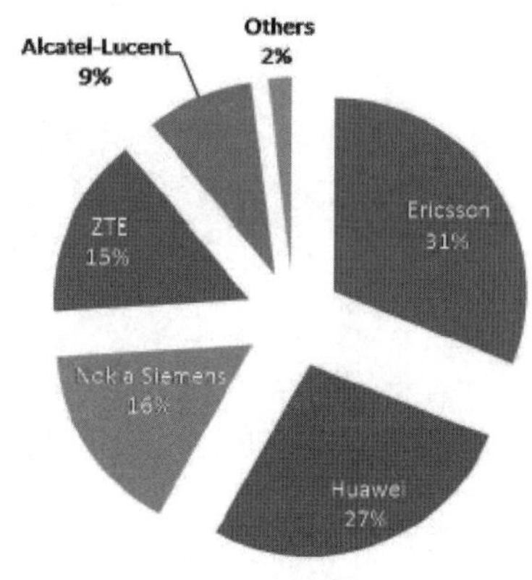

▌그림 1-46▌ 2008년 이동통신 단말기와 통신장비 시장 점유율

4세대 이동통신이 본격화되기 전인 2008년 기준으로 전세계 이동통신 단말기 시장은 Nokia가 절대 강자였고, 그 다음으로 삼성, Sony-Ericsson, Motorola, LG 등의 순으로 점유하고 있었다. 하지만, 이때부터 Apple iPhone과 Android 단말기가 급격히 확산되면서 Nokia의 시장 점유율은 급격히 떨어졌다.

이후, Nokia의 단말기 사업부문은 2011년부터 Microsoft와 협력을 강화했으며, 이때 Nokia는 차체 OS인 Symbian을 포기하고 Windows Phone을 개발하겠다는 의도였다. 이러한 협력으로 Microsoft는 2013년에 Nokia 단말기 사업부문을 인수하여 Microsoft 내부로 합병시켰다.

Nokia가 해체되기 전에는 Nokia 내부적으로 단말기 사업부문인 NMP와 통신장비 사업부문인 NET가 있었다. 2013년에 NMP는 Microsoft로 인수되었고, NET는 독자 사업을 해서 Siemens 통신장비 부문과 Motorola 통신장비 부문을 차례로 인수하여 회사이름을 Nokia Networks로 바꾸고 통신장비 사업을 강화했다.

Nokia Networks는 다시 회사이름을 Nokia로 바꿔서 현재의 주된 사업영역은 이동통신 장비분야이다. 따라서 현재의 Nokia는 2010년 이전의 Nokia와는 사업영역이 다르다.

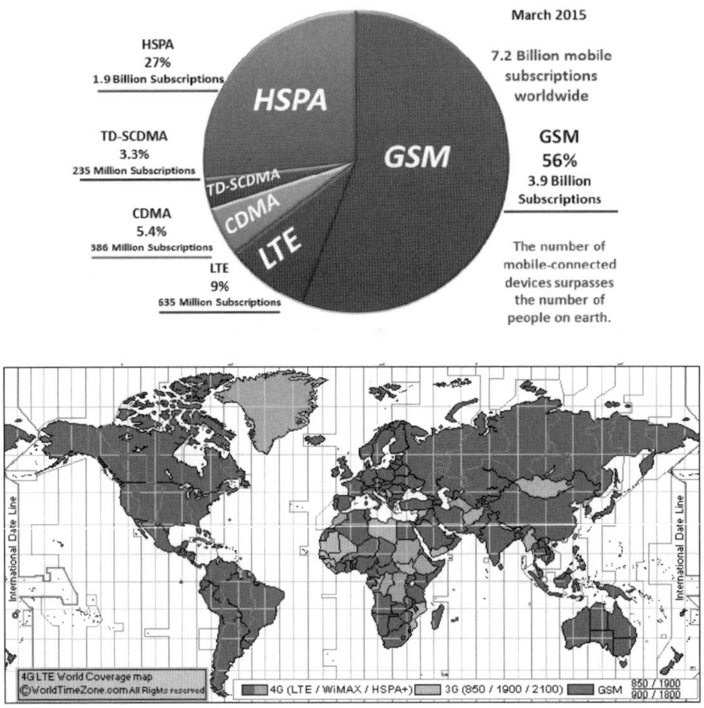

▌그림 1-47▐ 이동통신 방식별 전세계 가입자 수(2015년, 2018년)

2015년 기준으로 전세계 이동통신 방식별 전세계 가입자 수를 보면, GSM(56%)이 절대적으로 많고, 그 다음으로 HSPA(27%) 등의 순이다. 2015년에는 아시아, 북미, 유럽 등의 지역에서는 LTE(HSPA 포함)를 대부분 사용하고 있었지만, 아프리카의 많은 국가는 여전히 GSM과 UMTS를 사용했다.

4G가 활성화되면서 그 동안 경쟁기술이었던 CDMA, TD-SCDMA 가입자는 급격히 줄어들었고, 이 기술을 사용하는 사업자는 LTE-Advanced, LTE-Advanced Pro와 5G를 거치면서 모두 3GPP 방식을 사용하고 있다.

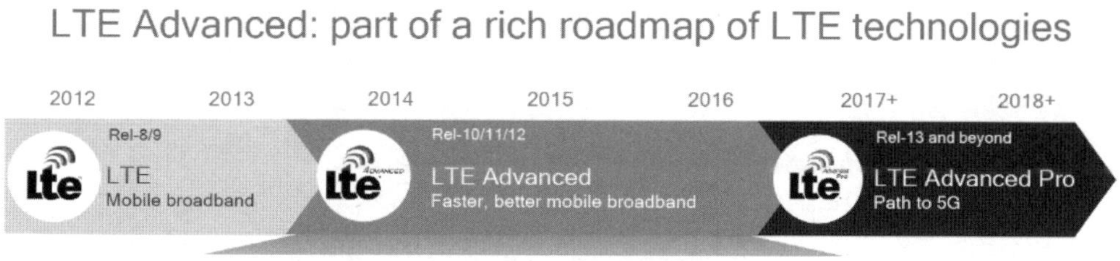

▌그림 1-48▌ LTE 기술 발전 단계(출처: Qualcomm)

3GPP는 지속적으로 증가되는 모바일 트래픽에 대응하기 위하여 기존 LTE보다 전송속도를 증가시킨 LTE-Advanced(줄여서 LTE-A라고 함)와 LTE-Advanced Pro 규격을 정의했다.

LTE-Advanced의 주요 기술은 기존의 LTE 채널 몇 개를 합해서 속도를 증가시키는 CA(Carrier Aggregation)이다. 예를 들여, LTE 밴드(주파수 폭)이 10MHz라고 가정하면, 2개의 밴드를 사용하여 이론적으로 2배의 속도를 증가시키는 방법이다.

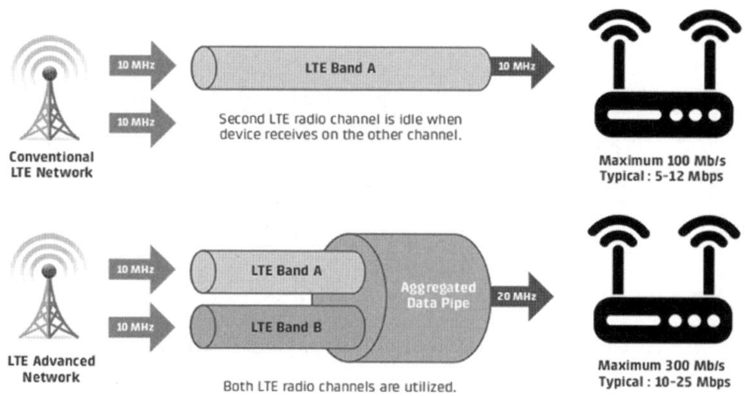

▌그림 1-49▌ LTE-Advanced 주요 기술

3GPP는 LTE-A 기술을 더 발전시켜 Release 13과 Release 14에 Category 12/Category 16에 LTE-A Pro를 정의했다. LTE-A Pro는 기본적으로 기존 LTE-A 대비 전송 속도를 증가시키는 기술이다.

LTE-A Pro는 LTE-A에서 더 많은 LTE 밴드를 모아서 처리하는 CA, 비면허 주파수 대역 활용, 4x4 MIMO(Multiple Input Multiple Output), 256 QAM(Quadrature Amplitude Modulation) 등의 기술을 활용하는 것이다.

LTE-A Pro는 Giga Bit(즉, Gbps) 전송이 가능하여 일부 언론은 Pre 5G 또는 4.9G 기

술로 해석하고 있다. 5G 기술은 LTE-A Pro를 근간으로 개발되었다.

그림 1-50 LTE-A Pro 설명(출처: Sierra Wireless)

LTE-A Pro에 적용된 기술에서 CA는 새로운 차선을 추가하는 것이고, 비면허 대역은 고속도로 옆에 국도를 사용하는 것이고, MIMO는 기존 도로 위쪽에 새로운 고가도로가 있는 것에 비유될 수 있다.

(7) 5세대 이동통신

2010년 이후 이동통신을 활용한 데이터 트래픽이 급증함에 따라서 LTE 기술로는 이러한 트래픽을 수용할 수 없다는 예측에 따라서 전세계적으로 새로운 이동통신 기술 개발에 대한 니즈가 증가하게 되었다. 이러한 추세에 따라서 ITU는 2016년에 5G 요구사항을 정의하기 시작했고, 3GPP는 2016년 하반기부터 5G 기술 연구가 시작되었다.

이후, 2017년에 ITU는 5G 비전과 요구사항을 정의했고, 이것을 기반으로 3GPP는 기술규격을 정의하기 시작했다. 5G 규격은 기존 LTE-Advanced Pro 기술을 기반으로 3GPP Release 15부터 정의되었다.

5G 규격 1차 버전(Phase 1)은 2018년에 규격이 완료되었고, 2019년부터 본격적으로 5G 스마트폰을 기반으로 서비스를 제공하고 있다. 5G 규격에서 가장 큰 특징은 기존의 이동통신 주파수 대역이 아닌 새로운 주파수(예, 3.5GHz 대역과 28GHz) 대역을 할당하는 NR(New Radio)를 정의한 것이다.

5G의 ITU 공식명칭은 IMT-2020이지만, 3GPP에서는 NR이라고도 한다. 4G를 LTE라고 표현했듯이 5G를 NR로 부른다. 5G의 주요 특징은 전송속도 증대, 더 많은 IoT 디바이스 수용, Low Latency 구현, 유연한 통신망 운용 등이다.

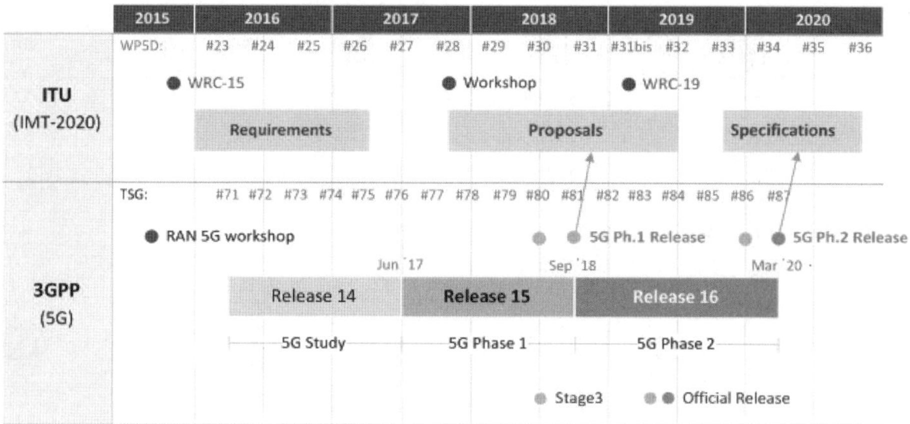

▎그림 1-51 ▎ 5G 이동통신 표준화 일정

<u>NR 명칭에 대한 유래는 기존의 UMTS, LTE는 2.6GHz 이하의 대역을 사용하고 있으나 급증하는 모바일 트래픽을 수용하기 위해서는 LTE 대역에 여유 주파수가 없어서 새로운 주파수 대역(NR)을 할당하면서 시작되었다.</u>

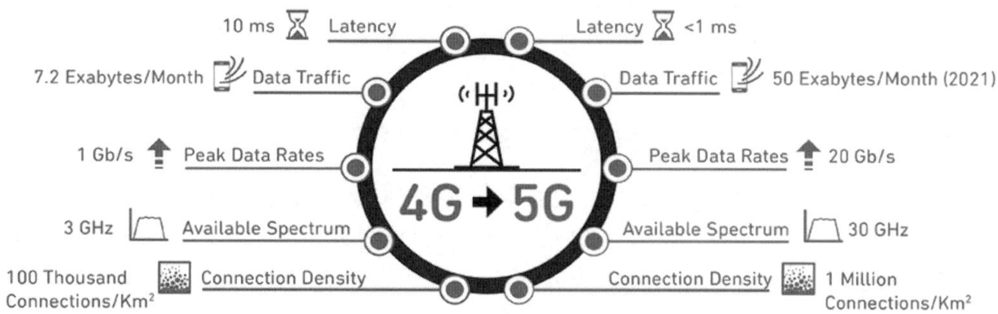

▎그림 1-52 ▎ 4G와 5G의 특징 비교(출처 : Qorvo)

4G 대비 5G의 서비스 특징은 ①초고속 통신(최대 20Gbps), ②전력 사용효율이 높은 IoT 디바이스를 대규모로 수용, ③자율주행차, 드론 등을 위한 저지연 통신이다.

5G 통신망의 전체적인 구조는 4G와 유사하나 기존 4G 망과 연동이 가능한 NSA(Non Standalone)와 5G 망을 단독을 사용하는 SA(Standalone) 방식이 있다. NSA 운용의 경우, 사용자 데이터는 5G 기지국을 사용하고, 나머지 데이터(예, 제어신호)는 4G 통신망을 활용한다.

대부분 이동통신 사업자는 5G 망으로 초기 전국망을 구축하면 많은 투자비가 발생되기 때문에 전국망은 4G로 운영하고, 일부 트래픽이 많은 지역은 5G로 운영하고 있다.

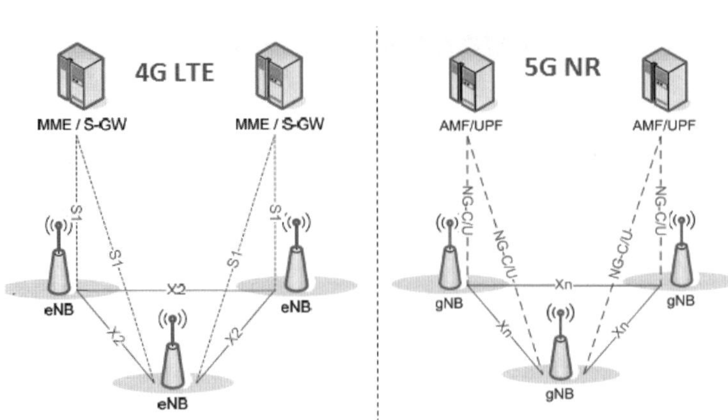

▌그림 1-53▌ 4G와 5G 네트웍 구성도 차이

5G 이동통신 기술관련 ITU의 권고는 2020년에 기술개발을 완료하고 서비스를 준비하는 것이었지만 한국, 미국, 중국 등 주요 국가간 기술경쟁이 심화되면서 2018년 말에 국내에서 상용화되었다. 실제로 미국의 Verizon은 고정형 단말기를 사용하는 방식인 FWA로 2018년 상반기에 상용화했으나 진정한 5G 서비스는 아니다.

5G 기술을 먼저 서비스할 경우, 초기에 관련된 기술을 습득할 수 있고, 이 기술을 개발하는 과정에 다수의 기술특허 확보와 기술 리더십을 가질 수 있는 장점이 있다. 하지만, 기술의 미완성과 통신장비와 단말기 안정화의 문제로 서비스 제공에서 장애가 발생될 수 있고, 향후 진행될 새로운 기술규격을 기존 장비에 반영하기 어려운 문제가 있다.

극동 아시아, 북유럽, 미국 등에서는 신기술을 빠르게 도입하는 경향이 있는데, 인구가 많은 동남아시아, 아프리카, 남미 등에서는 신기술 도입이 늦은 편이다. 이러한 추세로 2015년 기준으로 여전히 GSM 가입자가 절대적으로 많았다.

(8) 이동통신 관련 전시회

GSMA(GSM Association)는 3GPP와 협력하는 Market Partner 중에 하나로 상호 협력하여 Eco System을 확대하는 역할을 한다. GSMA는 주로 사업자들이 모여서 3GPP에서 정의한 UMTS, LTE, NR을 Promotion하는 단체이다.

사실상 3GPP의 주요 멤버와 GSMA 주요 멤버는 유사하다. GSMA는 GSM부터 시작되어 현재까지 명칭의 변경없이 사용되고 있다.

예를 들어, SKT의 경우, 연구원들은 3GPP에 참석하여 기술규격을 작성하고, 마케팅 직원은 GSMA 회의에 참석할 수 있다. 물론 SKT 직원이 ITU도 참석하는데, 이때는 SKT 내부적으로 대 정부 관련 직원이 주로 참석한다.

3GPP는 통신장비회사, 칩 회사, 단말기 회사, 이동통신 사업자, 솔루션, 서비스 제공회사가 많지만, GSMA에는 통신사업자가 활발히 참여하고 있다. GSMA는 시장에 요구하는 서비스 수준을 3GPP에 알려주거나 서비스에 필요한 요구사항 등을 정의한다.

GSMA는 현재 세계 최대 이동통신 전시회인 MWC(Mobile World Congress)를 주관하는 조직이다. MWC의 시작은 1995년 스페인 마드리드에서 'GSM World Congress'로 시작되었으며, 2001년에 UMTS가 활성화되면서 전시장을 프랑스 칸으로 옮기고, 전시회 이름을 '3GSM World Congress'로 바꿨다.

3GSM이란 UMTS가 되면서 GSM의 3세대란 의미인데, 이름이 맞지 않아서 2008년부터 전시회 이름을 3GSM에서 MWC로 변경했다.

GSMA는 2006년까지 3GSM 전시회를 프랑스 칸에서 진행했으나 참가자가 지속적으로 증가하여 칸 전시장이 좁고, 숙박시설이 부족하며 비싼 편이어서 2007년에는 전시장으로 스페인 바르셀로나로 옮겼다. 추가적인 이유는 MWC가 매년 2월말 3월초에 개최되기 때문에 프랑스 칸은 약간 추운 편이어서 좀 더 따뜻한 지역인 스페인 바르셀로나로 옮기게 되었다.

전세계적인 대규모 전시회는 해당 국가와 도시에 경제적으로 많은 영향을 끼치게 되는데, MWC 참석자가 증가함에 따라서 초기 바르셀로나 전시장이 부족하여 현재는 바르셀로나에서 또 다른 전시장을 만들어서 진행되고 있다.

AN EVENT OF

MWC19 Barcelona 25-28 February 2019 · MWC19 Shanghai·上海 26-28 June 2019 · MWC19 Los Angeles October 22-24 2019

이러한 과정을 거치면서 4G부터 LTE가 전세계적으로 우세해져서 이동통신 전시회는 사실상 MWC위주로 개최되었다. MWC를 주관하는 GSMA는 중국 이동통신 산업이 발전함에 따라 2015년부터는 중국 상하이에서도 MWC를 개최하고 있다.

중국에서는 2014년 이전에도 상하이에서 'Mobile Asia Expo'라는 이름으로 이동통신 관련 전시회가 있었지만, 2015년부터 이 전시회가 MWC로 통합되어 매년 6월에 개최된다.

CTIA(Cellular Telecommunications and Internet Association)는 미국의 이동통신 협의체로써 3GPP2 규격을 최종으로 승인하는 역할도 했다. CTIA는 현재도 운영되고 있지만 활동범위가 많이 축소되었고, 심지어는 2017년에 MWCA(Mobile World Congress America)를 개최하면서 CTIA는 GSMA의 미국지사와 유사한 역할을 하고 있다. 즉, 2017년부터는 미국에서도 MWC 전시회가 개최된다.

3GPP2에서 정의한 CDMA, CDMA2000이 활발할 때는 매년 미국에서 'CTIA Show' 전시회가 있었다. CTIA Show는 MWC와 유사한 이동통신 관련 전시회로써 당시 3GSM(MWC의 이전 이름)의 1/2 수준의 규모(전시회장 면적과 참석한 사람수 기준)로 진행되었다.

이와는 별도로 CDMA 진영에서는 전세계적으로 CDMA를 발전시키겠다는 의미에서 CDG(CDMA Development Group)를 만들어서 CDMA 활성화에 노력했다. CDG는 CDMA 기반 서비스 요구사항, 일부 기술사항(예, 단말기 검증규격) 등을 정의하는 단체였다. 지금은 3GPP2와 CDG는 없어진 상태이다.

UMTS와 CDMA2000이 활성화되던 때는 유럽과 미국에서 이동통신 전시화가 열렸다. 당시 GSMA 주관의 3GSM World Congress, CTIA에서 주관하는 CTIA Show가 있었다.

CTIA 진영은 1990년 초기부터 2000년 중반까지 어느 정도 활발히 진행되었으나 2010년부터 전시회는 열렸지만, 미미하게 진행되었다. 이후 2017년에 CTIA와 GSMA의 협력으로 MWC를 미국에서 개최하게 되었다.

이동통신과 관련된 전 세계 주요 전시회는 CES(Consumer Electronics Show), MWC, CeBIT, IFA(Internationale Funkausstellung) 등이 있다. 이동통신 전문 전시회는 MWC지만, 다른 전시회에서는 일부 전시장에서 이동통신 관련 제품과 서비스가 전시된다. 이들 전시회에는 상품이나 서비스 전시뿐만 아니라 Key Note Speech(기조연설)나 세미나 등도 동시에 개최된다.

CES는 매년 1월 초 미국 Las Vegas에서 개최되는 전시회로써 처음에는 가전제품 전시회로 시작되었으나 차츰 컴퓨터(이전 미국 컴퓨터 전시회인 Computex를 흡수), 전자부품, S/W, 이동통신, 차량의 전자장치 등이 포함되면서 지속적으로 전시회 규모가 커지고 있다.

MWC는 매년 2월말에서 3월초에 스페인 바르셀로나에서 개최되며, 이동통신과 관련된 제품과 서비스만 전시된다.

IFA(Internationale Funkausstellung, 이파)는 매년 9월 독일 베를린에서 열리는 세계 최대규모의 국제 가전제품 박람회이며 1924년부터 시작되어 세계 최초로 흑백 TV, 컬러 TV, CD Player, GSM 이동전화 단말기 등 많은 신제품이 발표되어 새로운 기술과 제품의 트렌드를 제시해주고 있다.

IFA는 매년 1월 미국 Las Vegas에서 개최되는 CES(Consumer Electronics Show)와 함께 가전/정보통신 제품 관련 양대 전시회이다. CES는 그 해의 신제품 트렌드, IFA는 그 다음 해의 신제품 트렌드를 제시해 준다.

2 이동통신 Eco System

1) 개요, 시장

이동통신 Eco System이란 이동통신 서비스를 제공하기 위한 관련된 모든 업체, 기구, 단체 등을 의미한다. 이동통신 사업관련 주요 Eco System은 이동통신망을 운용하는 이동통신 사업자, 이동통신 장비를 만드는 회사, 휴대폰 제조사, 컨텐츠 제공회사 등이 있다.

실제 매출 측면에서 큰 Eco System은 직접적인 제품 개발이나 서비스를 제공하지 않지만, 서비스 가입을 유도하고 단말기를 유통, 판매하는 Retail 분야도 있다.

▌그림 1-54▐ 이동통신 사업자 측면에서 상용화 과정(출처: SKT)

대부분 이동통신 사업자는 통신 장비회사로부터 장비를 구매하여 구축한 다음, 이동통신 망을 운용한다. 일부 이동통신 사업자는 이동통신 장비업체가 사업자를 대신하여 통신망을 운용하는 경우도 있다.

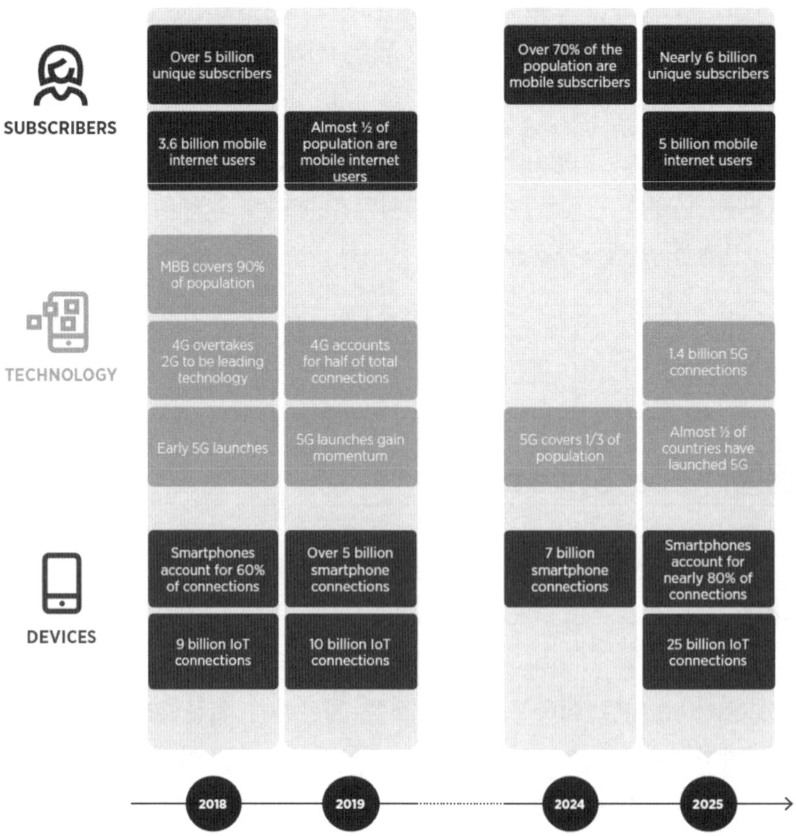

▌그림 1-55▐ 이동통신 가입자수, 기술, 디바이스 예측(출처: GSMA)

차량을 예로 든다면, 자동차를 만드는 회사가 있지만 이렇게 만들어진 자동차를 운전하는 사람이 있을 수 있다. 이렇게 자동차는 만들지 않고, 운전하는 사람을 통신사업자로 볼 수 있다.

GSMA 보고서에 따르면, 2025년에 전체 이동통신 가입자는 약 60억명(2018년 기준으로 50억명), 5G 가입자는 14억명, Mobile Internet 사용자는 50억명(2017년 기준으로 3.6억명)이 될 것으로 예측했다.

주요 선진국의 Mobile Internet 사용자는 현재 포화상태에 도달했지만, 개발도상국 위주로 스마트폰 보급이 활성화되어 향후 개발도상국 위주로 Mobile Internet 사용자가 급증될 것으로 전망된다.

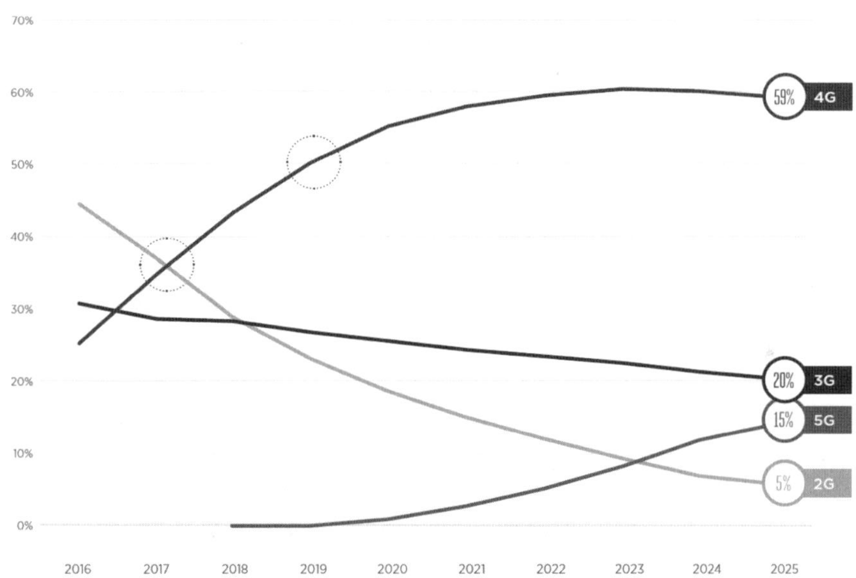

┃그림 1-56┃ 이동통신 기술 방식별 시장 점유율 추세(출처: GSMA)

<u>GSMA는 가입자 수 측면에서 2025년까지 여전히 4G 방식이 우세할 것으로 예측했으며, 5G는 2021년부터 본격적으로 가입자가 증가될 것으로 전망했다.</u> 2025년에 각 기술별 시장 점유율을 보면 4G가 59%, 3G가 20%, 5G가 15% 등의 순으로 예측된다.

일반적으로 한국, 일본, 미국, 중국, 유럽의 일부 사업자는 신기술(예, 5G)을 빨리 도입하려고 하고 동남아, 아프리카, 중남미 등 다른 지역의 사업자는 신기술을 천천히 도입하는 성향이 강하다. 이유는 이 지역 가입자는 빠른 데이터 속도에 니즈가 강하지 않고, 이동통신 사업자는 이미 구축된 통신장비를 활용하여 최대한 매출과 이익을 증가시키겠다는 의도이다.

또한, 통신 사업자가 새로운 기술을 도입할 경우 대규모의 투자금액이 요구되고, 장비 운용을 위하여 직원 교육이 필요하며 초기 통신망의 장애가 발생될 수 있기 때문이다. 따라서 천천히 신기술을 도입하면 안정된 장비를 공급받을 수 있고, 서비스 초기보다 저렴한 가격에 통신 장비를 구매할 수 있다.

2025 rank	Country	Smartphone connections, 2025 (m)	Change in rank since 2018
1	China	1,458	=
2	India	1,171	=
3	Indonesia	410	▲1
4	USA	346	▼1
5	Brazil	204	=
6	Russia	187	=
7	Japan	162	=
8	Pakistan	146	▲14
9	Nigeria	143	▲11
10	Bangladesh	134	▲11

그림 1-57 국가별 이동통신 가입자 수 전망(2025년)(출처 : GSMA)

2025년 기준으로 가장 많은 스마트폰 가입자를 가진 국가 순으로 중국, 인도, 인도네시아, 미국 등의 순으로 알려져있다. 특히, 2025년에 중국(약 14억명)과 인도(11억명)의 스마트폰 가입자는 전세계 다른 국가보다 압도적으로 많을 것으로 예측된다.

Statista사의 보고서에 따르면, 2017년 기준으로 전세계 이동통신 가입자수는 50억명이며 이 중에서 아시아에는 약 29억명, 유럽에는 약 7.3억명, 중동과 아프리카에는 약6.7억명, 북미에는 2.9억명, 남미에는 4.7억명이라고 밝혔다.

이동통신 가입자수는 아시아 지역이 절대적으로 많은 반면, Penetration은 러시아, 미국 등의 순으로 많다. Penetration이 낮은 지역은 아프리카, 일부 동남아시아 국가(예, 방글라데시, 라오스, 미얀마) 등이다. Peneration(침투율)은 전체 인구 중에 이동통신 사용하는 사람 수의 비중이다.

GSMA는 2018년 보고서에서 이동통신과 관련된 매출이 전세계적으로 GDP의 5%에 달할 것이라고 밝혔다. 또한 2022년 기준으로 Eco System 매출이 $1,260B, Indirect 매출이 $550B, Productivity 매출이 $2,840B 등으로 밝혔다.

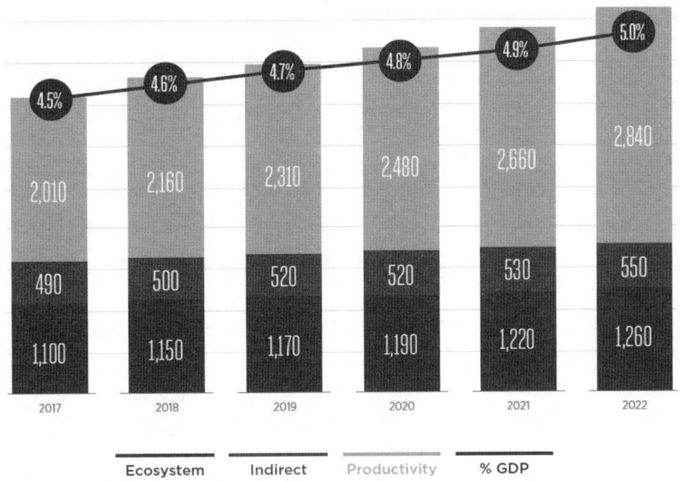

| 그림 1-58 | 이동통신 산업으로 인한 관련분야 매출 구성도(단위: $B)(출처 : GSMA)

Eco System 매출이란 이동통신 사업자, 장비, 단말기 등의 매출이고, Indirect 매출이란 단말기 유통, 컨텐츠 제공 등과 관련된 매출이고, Productivity 매출이란 이동통신을 활용하여 경제에 기여하는 매출이다. 예를 들어 이동통신망을 활용하는 O2O 서비스(Uber, Grab 등), eCommerce 등은 Productivity 매출이 될 수 있다.

OpenSignal사의 시장조사 보고서에 따르면, 전세계적으로 데이터 다운로드 속도는 4G가 가장 빠르고, 그 다음이 WiFi로 밝혔다. 이 의미는 여전히 많은 고객은 이동통신 방식으로 데이터 다운로드를 한다는 의미이다.

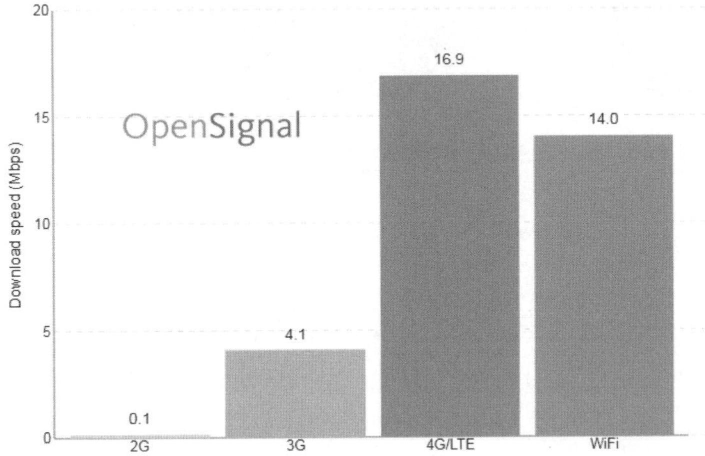

| 그림 1-59 | 무선통신 방식별 다운로드 속도(2018년)(출처 : OpenSignal)

LTE의 경우, 주요 선진국의 사업자는 가입자가 LTE망을 활용하는 것보다 WiFi 사용을 권장하고 있다. LTE 주파수가 포화되어서 LTE로 무선데이터를 제공하는 비용보다 무료인 WiFi 사용을 유도하는 것이 사업자에게 유리하기 때문이다.

따라서 국내와 같이 이동통신 사업자는 공공장소(예, 지하철, 버스, 극장, 마트 등)에서 WiFi를 설치하여 LTE가 아닌 WiFi 접속을 유도하고 있다. 5G의 경우, 주파수 여유가 많기 때문에 이동통신 사업자는 WiFi 전환 정책에 수동적으로 대응할 수 있다.

최근 국내에서 무선통신이 공공목적이 강화되면서 지자체에서 자발적으로 WiFi를 설치하여 지역주민에게 무료로 무선인터넷을 활용하도록 하고 있다. 이동통신 사업자 측면에서 트래픽이 증가될수록 이동통신 장비를 추가로 구축해야 하기 때문에 비용이 요구된다.

모바일 데이터 트래픽 예측에서 2017년에는 Video가 60%를 차지했지만, Video 트래픽이 지속적으로 증가되어 2023년에는 74%를 차지할 것으로 예측된다. 따라서 이동통신 사업자는 효과적인 트래픽 관리 기술(예, CDN, MEC)를 도입하여 Video 트래픽을 관리해야 한다.

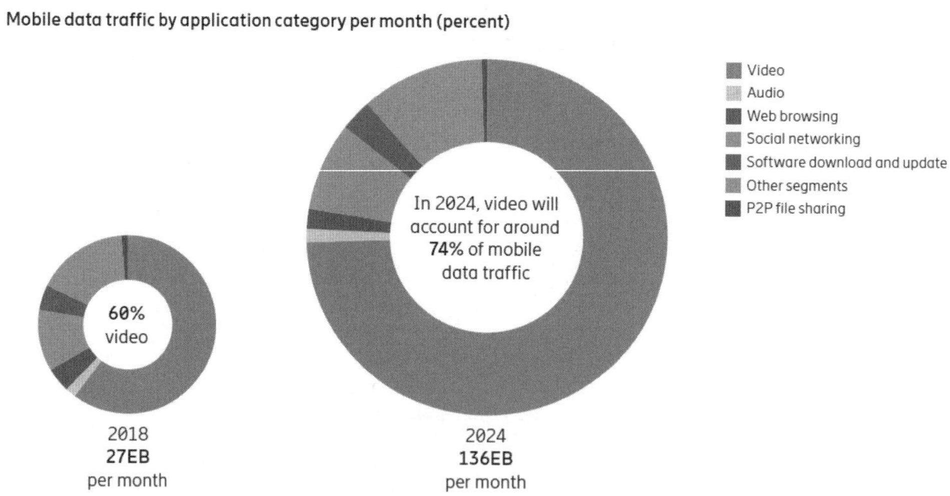

그림 1-60 모바일 데이터 트래픽 예측(출처: Ericsson)

이동통신과 관련된 산업은 ①국가 기간산업, ②정부규제 기반, ③여건에 따라서 과점구도 형성, ④기술집약적 산업 등의 특성이 있다. 이러한 이유로 이동통신 사업은 국가에서 통제한다.

국가 기간산업이란 국가의 경제 발전에 근간이 되는 산업이며, 정부의 규제 기반 사업이란 이동통신 서비스 제공을 위해서는 정부의 주파수 할당, 서비스 인허가 등 사업영역 전반에

걸쳐서 정부가 통제하는 사업이다.

여건에 따라서 과점구도 형성은 이동통신 사업자체가 정부로부터 허가(주파수, 요금 등)를 받아야 하고, 초기 통신망 구축에 많이 비용이 요구되어 신규사업자의 시장진입을 위한 장벽이 존재하여 기존 사업자 위주로 동작되는 구조를 의미한다.

기술집약적 산업이란 이동통신기술, 장비. 단말기의 기술발전 속도가 빨라서 사업에 경쟁력을 갖추기 위해서는 새로운 기술을 지속적으로 개발해야 되는 분야이다.

2) 사업자

이동통신 사업자는 해당 국가로부터 사업에 필요한 주파수를 할당 받은 다음, 가입 대상의 고객에게 전화번호를 할당할 권한을 가지면서 이동통신과 관련된 서비스를 제공하는 회사이다. 이동통신 사업자는 Wireless Carrier, Wireless Service Provider, Wireless Operator, Cellular Company, Communication Service Provider등으로 표현된다.

대부분 국가는 통신망을 특정 회사 소유보다는 국가자산으로 법에 규정하고 있다. 통신망은 도로, 전력, 댐과 같이 국가의 산업을 발전시키는 기본적인 역할을 하고, 전쟁이나 비상시에 개인대상 서비스는 통제하고 국가가 통신망을 관할한다.

일반적으로 이동통신 사업자는 자체적으로 이동통신망 장비를 개발하지 않고, 통신망 장비를 관련 제조회사(Ericsson, Nokia, Huawei, 삼성 등)로부터 구매하여 운영한다. 이동통신 사업자의 경쟁력은 사업성이 있는 신규 서비스 제공, 안정적인 통신망 운용이다.

▌그림 1-61▐ 전세계 대표적인 이동통신 사업자

이동통신 사업자는 경우에 따라서 단말기 제조사로부터 단말기를 구매하여 유통하는 업무까지 한다. 일반적으로 이동통신 사업자는 단말기를 유통하지 않지만, 국내와 일본 등의 경우 사업자가 단말기를 유통하는 경우가 있다.

전세계 사업자 중에 가입자 수 기준으로 가장 많은 가입자를 보유한 사업자 순서는 China Mobile, Vodafone, Airtel, America Movil, Telefonica, China Unicom, MTN Group, China Telecom, Telenor, VimpelCom 등의 순이다.

전세계에서 가입자가 가장 많은 이동통신 사업자는 중국의 China Mobile로 약 8억 5천만 명의 가입자가 있고, 그 다음은 약 4억 7천만 명의 가입자를 보유한 영국의 Vodafone 그룹이다(2018년 기준). Vodafone은 영국뿐만 아니라 유럽, 중남미, 아프리카 등에서도 서비스를 제공하고 있다.

Rank	Company	Total subscribers(in millions)
1	China Mobile	851.2
2	Vodafone	469.7
3	Airtel	348.1
4	América Móvil	280.6
5	Telefónica	276.5
6	China Unicom	265.1
7	MTN Group	234.7
8	China Telecom	216.8
9	Telenor	214.0
10	VimpelCom	205.5

그림 1-62 가입자 수 기준으로 전세계 Top 10 이동통신 사업자(2018년)

2000년대 초반에는 Vodafone이 일본에서 사업을 했으나, 이후 Vodafone Japan을 SoftBank에 매각하면서 SoftBank가 이동통신 사업을 시작한 계기가 되었다.

하지만, 각 사업자별 이동통신 가입자수나 매출액 기준으로 분류하는 것은 애매한 상황이다. 대부분의 사업자가 이동통신뿐만 아니라 유선전화, 유무선 인터넷, IPTV 등 복합적인 서비스를 제공하기 때문이다.

이동통신 가입자를 많이 보유한 사업자는 중국, 인도, 중남미 등의 사업자이지만, 이동통신 사업자의 매출액 기준으로 볼 때, 미국과 유럽 사업자가 큰 편이다.

또한, 각 사업자별 가입자 분류가 다르기 때문에 단말기에 보조금이 지급된 경우와 아닌 경우 등 다양하다. 예를 들어 중국의 경우, Prepaid가입자가 많으며, 대부분의 선진국은 이동통신 사업자가 가입자에게 보조금을 지불하고 단말기 유통과 서비스를 직접 관리한다.

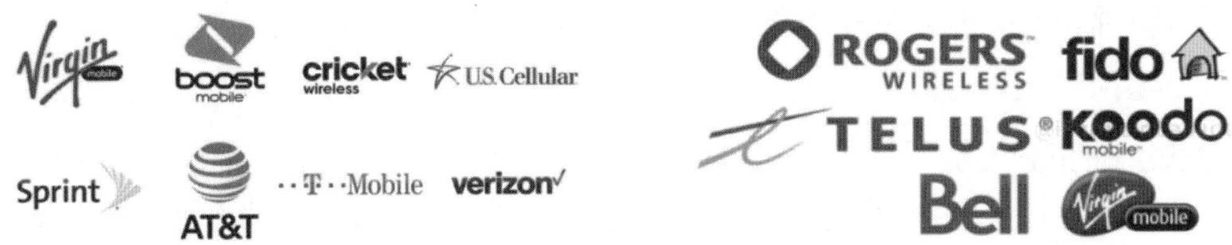

▌그림 1-63▐ 미국과 캐나다 주요 이동통신 사업자

미국의 주요 이동통신 사업자는 Verizon, AT&T, Sprint, T-Mobile 등이고, 캐나다의 주요 사업자는 Rogers Wireless, Telus, Bell 등이 있다. 미국과 캐나다는 전국망 서비스를 제공하는 사업자 이외에 일부 지역만 서비스하는 지역 사업자가 있다. 하지만 국내의 경우, 지역 사업자는 없다.

이동통신 가입자 기준으로 Verizon이 약 1억 5천만 명, AT&T가 약 1억 4천만 명, T-Mobile USA(독일 이동통신 사업자인 T-Mobile 자회사)가 약 7천 2백만 명, Sprint가 약 5천 3백만 명이다(2018년 기준). 만약 T-Mobile과 Sprint를 합병할 경우, 가입자 수는 약 1억 2천 6백만명이 된다.

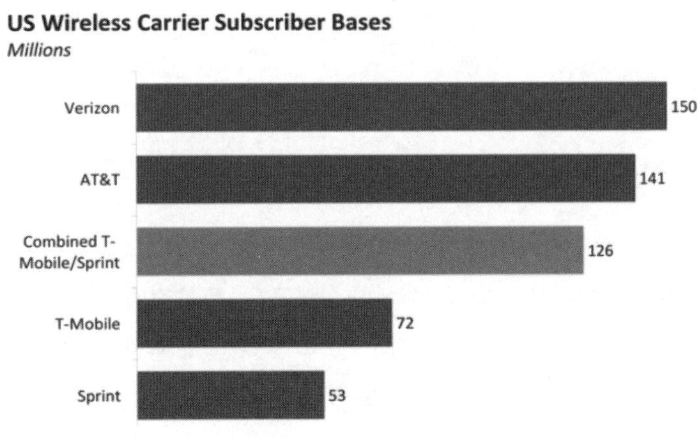

▌그림 1-64▐ 미국의 주요 이동통신 사업자(2018년)

미국은 주요 4개 사업자 이외에 US Cellular, Cricket Wireless, Boost Mobile, Virgin Mobile 등의 중소 이동통신 사업자가 있다. 이들 중소 사업자는 미국 전역을 커버하는 것이 아니고, 일부 지역 대상의 서비스를 제공하고 있다.

Verizon, AT&T, Sprint, T-Mobile은 자체 통신망을 활용하여 미국 전역을 서비스하고 있지만, 나머지 사업자는 다른 사업자와 로밍을 통하여 서비스를 제공하고 있다. 예를 들어 US Cellular(미국 지역 사업자)는 미국의 주요 23개 주에서만 자체 이동통신망으로 서비스를 제공하지만, 나머지 지역은 Verizon, AT&T, T-Mobile과 로밍을 통하여 서비스를 제공한다.

로밍이란 가입자가 등록한 사업자 통신망이 아닌 다른 사업자의 통신망을 사용하여 연속적으로 사용할 수 있는 서비스이다. 국내의 경우, 대부분 해외로 갈 때만 로밍이라고 하는데, 실제로 외국에서는 한 국가 내에서도 로밍 서비스가 제공된다.

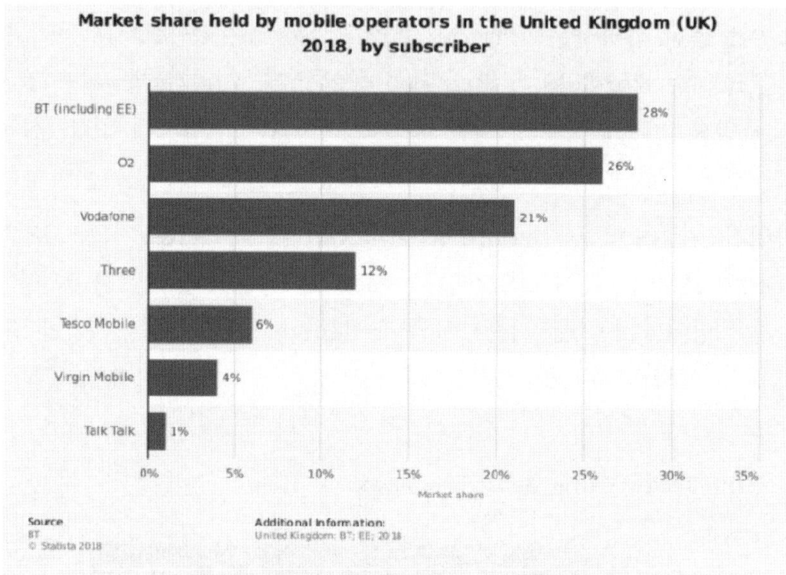

❙ 그림 1-65 ❙ 영국 주요 이동통신 사업자(2018년, 가입자 수 기준)(출처 : Statista)

영국의 이동통신 사업자에서 가입자 수 기준으로 BT(British Telecom), O2, Vodafone, Tree(또는 3), Virgin Mobile 등의 순이다. 영국은 독보적인 사업자 없이 BT, O2, Vodafone이 유사한 형태로 시장을 점유하고 있고 경쟁이 심해서 사업자의 수익성이 좋지 않은 것으로 알려져 있다. 따라서 이들 사업자는 5G와 같은 신기술을 천천히 도입하는 경향이 있다.

Vodafone의 경우, 남부 유럽, 호주, 인도, 아프리카 등의 해외지역에서도 서비스를 제공하고 있다. 즉, 글로벌 통신회사를 지향하고 있다.

중국의 주요 이동통신 사업자는 China Mobile, China Unicom, China Telecom 등이 있으며, 중국은 가입자 수 기준으로 전세계에서 가장 큰 이동통신 시장이다. 특히, 중국 제 1사업자인 China Mobile은 9억명이 넘는 가입자를 보유하고 있고(2019년 기준), 엄청난 규모의 통신망을 운용하여 통신망 운용 측면에서 선두를 달리고 있다.

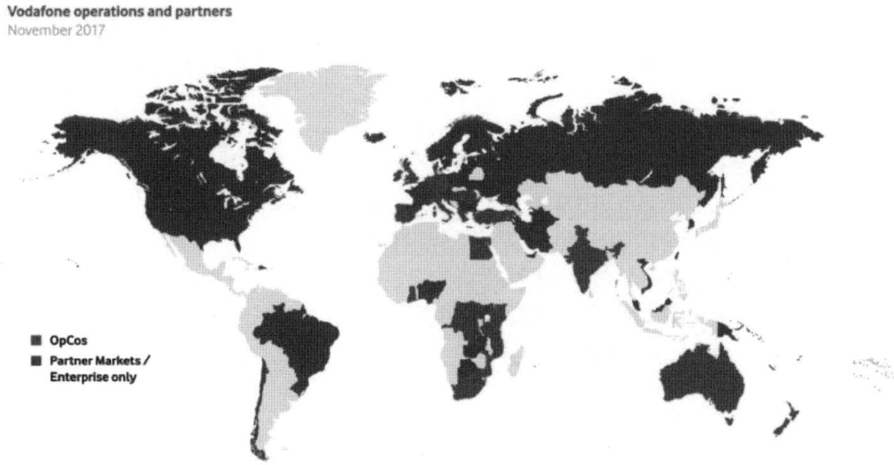

▌그림 1-66▐ Vodafone 서비스 지역과 협력 지역

중국의 이동통신 사업자는 모두 국가 소유기업이며, 4G 이전에는 다양한 방식의 이동통신 기술 적용을 시도했지만, 기술의 갈라파고스가 될 것을 우려하여 5G부터는 3GPP 표준 규격을 사용하고 있다.

▌그림 1-67▐ 중국의 주요 이동통신 사업자

5G부터는 중국의 사업자는 자국 통신장비 업체(예, Huawei, ZTE)와 협력하여 공격적으로 장비투자를 하고 있는데, 이것은 자체 가입자를 유치하겠다는 목표보다는 글로벌 환경에서 신기술을 조기 개발하여 중국의 관련 산업을 육성하겠다는 의미가 강하다.

또한 중국의 대부분 가입자는 국내(후불 요금 가입자)와 달리 선불 요금을 지불하는 가입자이다. 선불 요금 가입자는 초기 특정 금액을 지불하고 휴대폰을 사용하는 가입자이다. 만약, 충전한 금액이 없어지면 통화나 데이터 통신을 할 수 없다.

이런 경우, 고정적인 가입자가 아닌 일시적인 가입자로 충성도가 떨어지는 가입자이며, 많은 가입자가 몇 개의 휴대폰을 사용하는 경우가 많고, 장기간 사용하지 않는 단말기가 있어서 가입자 수는 많지만, ARPU(Average Revenue per User, 가입자당 월 요금)는 높지 않다.

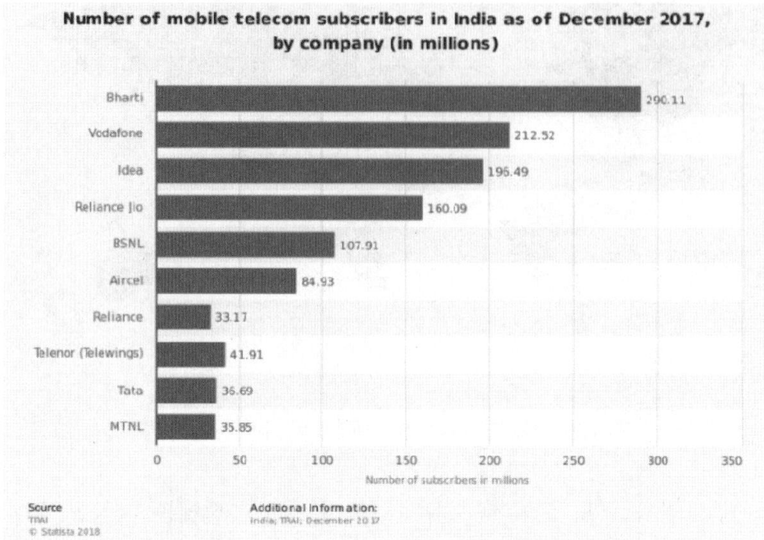

▌그림 1-68▌ 인도의 사업자별 가입자 수(2017년)(출처 : Statista)

인도에서는 가입자 수 기준으로 Bharti, Vodafone India, Idea, Reliance Jio 등의 순이다. 특히, Bharti와 Vodafone India의 가입자수는 2억명 이상으로 매우 큰 사업자이다. 현재 인도의 이동통신 가입자 증가율은 다른 나라보다 월등히 높다.

전세계 지역별 통신 사업자 브랜드 가격을 보면, 미국의 AT&T가 약 90조원, 중국의 China Mobile이 약 60조원, 독일의 T-Mobile이 약 45조원 등의 순이다.

▌그림 1-69▌ 지역별 통신 사업자 브랜드 가격(출처 : Brand Finance)

전세계 지역별 가장 가치있는 이동통신 사업자는 미국에는 AT&T, 유럽은 T-Mobile, 중남미는 Claro(멕시코 América Móvil 자회사), 아시아는 China Mobile, 중동과 아프리카는 Etisalat, 호주는 Telstra 등이다.

이동통신 서비스가 대중화되면서 사업자 측면에서는 다음과 같은 다양한 위기 요소를 직면하고 있다. ①이동통신 보급률이 100%를 넘어서 시장 포화, 사업자간 경쟁의 심화로 ARPU 하락, ②VoIP(예, Skype, Kakaotalk)의 활성화로 음성서비스 경계 약화, ③플랫폼 업체(예, Google, Netflix, Amazon) 서비스 활성화로 신규 서비스 제공에 대한 주도권 감소, ④MVNO(알뜰폰 사업자)의 등장으로 이동통신 사업의 낮은 진입장벽 등이다.

이러한 추세에 따라서 전세계 이동통신 사업자는 5G부터 통신망을 SBA(Service Based Architecture)로 구축하여 통신망을 서비스 제공을 위한 플랫폼으로 활용할 계획이다. 또한 기존 OTT(Over The Top) 사업자(예, Netflix, Facebook, Google)로부터 통신망 사용료를 요구하고 있다.

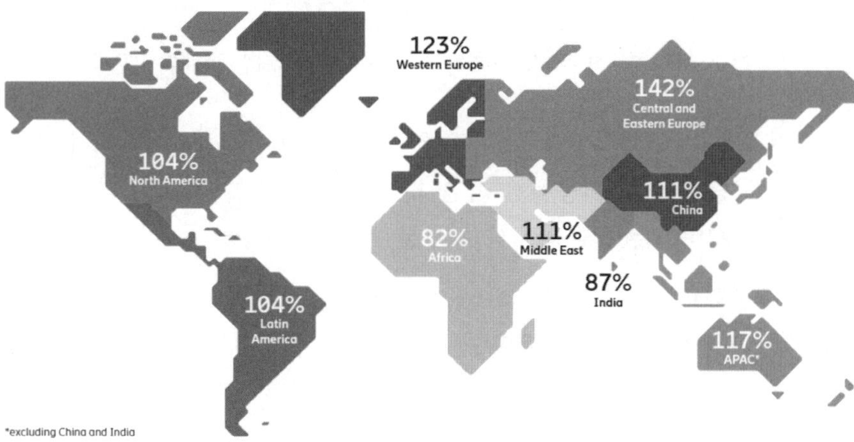

▌그림 1-70▌ 지역별 이동통신 가입자 비중(출처: Ericsson)

각 대륙별 전체 인구대비 이동통신 가입자 수를 보면, 이미 선진국은 전체 인구 대비 가입자수가 더 많은 상태이다. 물론 통계에 따라서 다를 수 있지만, 일부는 가입만 하고 사용하지 않는 단말기가 있을 수 있다. 또한 일부 회사는 회사용과 개인용 2개를 보유하고 있어서 중복으로 통계가 있을 수 있다.

하지만, 전세계 이동통신 보급률은 104%에 달하여 정체기에 진입했으며, 특히 중부와 동부 유럽은 142%, 서유럽은 123%, 북미는 104%, 중국은 111% 수준으로 포화상태에 도달되었다.

ARPU(Average Revenue per User)는 이동통신 가입자 1인당 월간 지출하는 통신비를 의미하며, 북미의 경우 $30, 유럽은 $15, 아시아는 약 $7 등이다(2017년). 하지만 대부분 국가에서 ARPU가 지속적으로 감소되는 추세여서 향후 이동통신 사업자의 매출이 하락될 수 있다.

아시아 지역의 경우, 동남아시아 지역의 ARPU가 낮기 때문에 평균적으로 낮은 가격이지만, 우리나라와 일본 등은 ARPU가 상대적으로 높은 편이다.

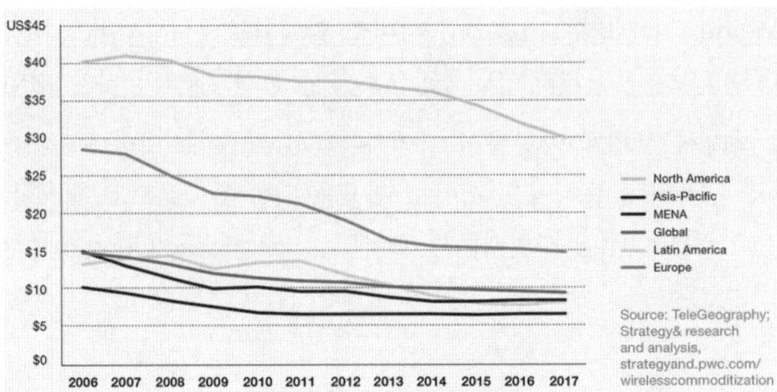

▌그림 1-71▐ 전세계 지역별 이동통신 가입자 ARPU 감소 현황(출처 : PwC)

통신 서비스의 경계가 약화되면서 스마트폰을 사용하여 VoIP 서비스가 가능하므로 Skype, Kakotalk 등과 같이 이동통신 사업자가 아닌 제 3자가 음성통화 서비스를 제공할 수 있다. VoIP 서비스는 국내외에서 대부분 무료로 제공된다.

또한 스마트폰 대중화로 Google, Netflix, Facebook, Amazon 등의 서비스 활성화로 이동통신 사업자는 통신망 제공업체 역할을 하고, 실질적인 수익은 이러한 플랫폼 회사가 발생시키는 구조가 되고 있다.

일부국가는 해당 국가의 이동통신 서비스 경쟁을 촉진시키기 위하여 다수의 MVNO 사업자를 지정하여 기존 통신 사업자의 수익이 악화되는 사례도 있다.

이러한 환경변화로 이동통신 사업자인 브라질의 Oi, 인도의 Aircel, 우간다의 Vodafone 등은 파산되는 사례도 있었다. 이와는 반대로 영국의 Vodafone은 해외 사업을 강화하여 오히려 해외 매출 비중(85%)이 높고, AT&T는 미디어 사업으로 영역을 확장하여 기존 사업과 시너지를 확보하고 있다.

국내에는 자체 이동통신망을 가진 사업자로 SKT, KT, LG U+가 있으며, 다수의 알뜰폰 사업자가 있다. SKT, KT, LG U+는 자체 이동통신망을 가지고 있어서 MNO(Mobile Network Operator)라고 하고, 알뜰폰 사업자는 이동통신망은 없고 MNO의 통신망을 빌려서 사용하는 MVNO(Mobile Virtual Network Operator)로서 일종의 부가서비스 제공업체이다.

국내는 대부분 후불 요금 가입자이며, 후불 요금 가입자는 1개월간 사용한 요금을 결제하는 방식이며, 일부 외국인들은 선불 요금을 사용하는 경우도 있다.

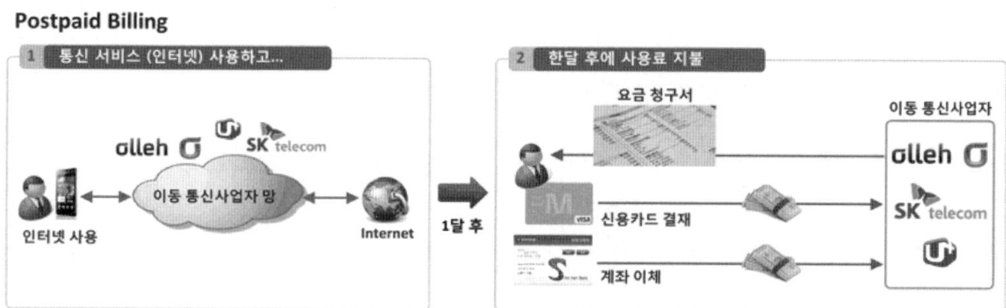

▌그림 1-72▌ 국내의 요금 결제 방법(Postpaid Billing)

국내 대부분의 가입자는 1개월간 사용한 서비스를 그 다음달에 결제하는 Postpaid Billing 시스템을 활용하고 있다. 물론 저소득층이나 외국인을 대상으로 Prepaid Billing 서비스를 제공하고 있지만 그 수는 절대적으로 미미하다.

국내의 이동통신 가입자는 6천만명을 넘어서 인구수보다 이동통신 가입자가 더 많은 상황이다. 이것은 IoT 디바이스를 중심으로 지속적으로 가입자가 증가되기 때문이다. 셀룰라 기반 IoT는 USIM(또는 eSIM)이 사용되기 때문에 IoT 디바이스가 하나의 가입자로 정의된다.

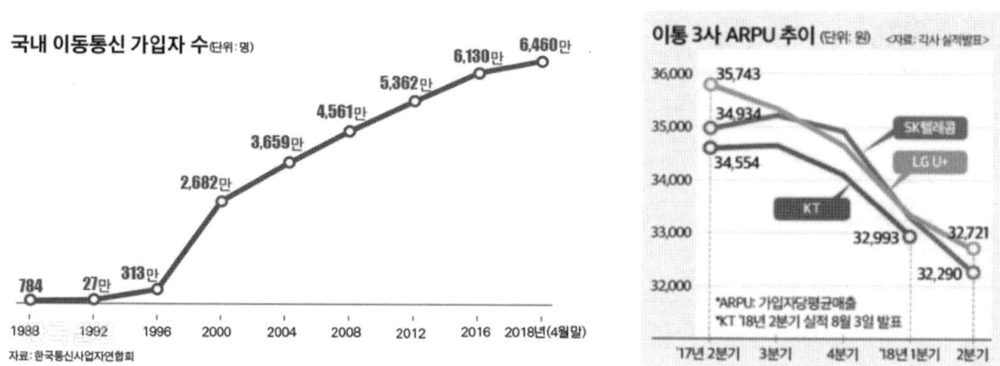

▌그림 1-73▌ 국내 이동통신 가입자 수, ARPU 추세(출처: 한국일보)

국내 사업자의 ARPU는 2016년에 3만 5천원대에서 2018년에는 3만 2천원대로 하락한 상황이다. 이렇게 ARPU가 하락한 이유는 선택약정 할인폭이 높아져서 가입자는 매월 요금을 할인받기 때문이다. 이러한 추세로 진행될 경우, ARPU는 2만원대가 될 수 있고, 사업자의 수익이 나빠질 수 있다.

3) 이동통신 장비회사

이동통신 장비를 크게 분류하면 기지국 장비(Access Network Equipment)와 코어망 장비(Core Network Equipment)가 있다. 이외에도 이동통신 장비는 중계기, 광전송장비, 서비스 제공을 위한 각종 서버 등이 있다.

전세계 주요 이동통신 장비업체는 Ericsson, Nokia, Huawei, 삼성 등이 있으며, 이 업체는 기지국, 코어망 장비를 개발하여 이동통신 사업자에게 제공한다. 최근 5G 망에 Small Cell이 많이 도입될 것으로 예상되어, 위의 주요 업체 이외에 Small Cell만 제조하는 회사도 있다.

이 외에도 코어망 장비간 연동을 위한 광전송 장비, L2 스위치, 스토리지 업체 등이 있고, 코어망에 연동되어 지능망 서비스, 로밍 서비스 등을 담당하는 서버를 공급하는 회사도 있다.

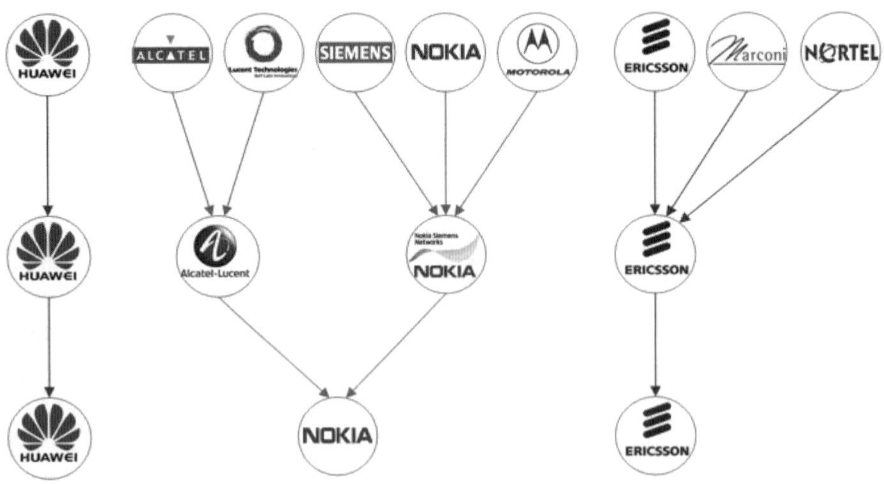

▍그림 1-74▍ 주요 이동통신 장비회사 인수합병 내역

2000년대 초반까지는 Alcatel, Lucent, Siemens, Motorola, Nortel 등 다수의 이동통신 장비회사가 있었는데, 2010년을 지나서 인수합병을 통하여 Alcatel-Lucent, Nokia-Siemens Network 등을 거쳐서 2016년에 Ericsson, Nokia, Huawei 등 주요 3개 업체로 구체화되었다.

이 중에서 가장 많은 인수 합병이 있었던 회사는 Nokia이다. Nokia는 2010년 이전에 휴대폰 사업부와 통신장비 사업부가 있었는데, 휴대폰 사업부는 Microsoft에 매각하고 현재 통신장비를 주력사업으로 하고 있다.

주요 통신장비 3개사(Ericsson, Nokia, Huawei) 이외의 통신장비 업체는 중국의 ZTE, 삼성(삼성 내부적으로 네트웍 사업부) 등이 있다. ZTE는 중국, 동남아시아, 아프리카 등의 사업자에 이동통신 장비를 공급하고, 삼성은 국내 이동통신 3사에 주력장비를 공급하고 있다.

삼성은 자체적으로 통신장비 사업 강화를 추진하면서 미국, 유럽 등에 사업을 확장하고 있고, 향후 시장 점유율을 20% 이상으로 높이겠다는 계획이다.

Operattor	Massive MIMO	5G Base station	Microwave	Backhaul/fronthaul	Packet core	Devices
Ericsson	Yes	Yes	Yes	No	Yes	No, but works with partners on CPE
Huawei	Yes	Yes	Yes	Yes	Yes	Yes
Nokia	Yes	Yes	Yes	Yes	Yes	Yes(CPE only)
ZTE	Yes	Yes	Yes	Yes	Yes	Yes
Samsung	Yes	Yes	No	No	Yes	Yes

Source : Ovum

▌그림 1-75▐ 주요 이동통신 장비업체의 사업분야

주요 5G 통신망 장비는 코어망, 기지국(Massive MIMO 포함)인데 Ericsson, Nokia, Huawei, 삼성, ZTE는 모두 솔루션을 보유하고 있다. 통신장비에서 Backhaul과 Fronthaul은 광전송 장비와 광케이블이고, Microwave는 주로 접시 안테나를 활용한 전용망 장비이다.

국내 이동통신사업자에 통신장비를 공급하는 회사는 삼성, Ericsson, Nokia, Huawei이다. LTE 통신장비의 경우, SKT는 삼성, KT는 삼성, LG U+는 Nokia 통신장비를 주력망에 사용하고 있다. 주력망에 대한 정의는 애매한 점이 있지만, 일반적으로 서울, 수도권에 적용되는 통신장비이다.

통신업체	삼성	에릭스	노키아	화웨이
SK 텔레콤	• 수도권 • 충청	• 경상	• 전라 • 강원	–
KT	• 수도권 • 부산 • 울산	• 강원 • 충북 • 경상	• 충남 • 전라	–
LG 유플러스	• 충청 • 전라	• 충청 • 전라 • 강원	• 경상 • 수도권 남부	• 서울 • 수도권 북부 • 강원
점유율(%)	45	18	25	12

▌그림 1-76▐ 통신사별 LTE 장비업체 현황

국내에서 주요 통신장비 업체 이외에 중계기를 개발하는 회사는 SK Telesys, SOLiD, CS 등이 있고, 광전송 장비를 개발하는 회사는 HFR, Coweaver 등이 있다.

4) 이동통신 단말기 제조사

전세계적으로 1990년대부터 이동통신 단말기 시장이 급격하게 커지면서, 이동통신 단말기와 관련된 칩, S/W 솔루션, 측정장비 등의 회사도 성장했다. 특히, 2010년부터는 중국의 단말기 제조사가 경쟁력을 갖추면서 전세계로 시장을 확대하고 있다.

이동통신 단말기 개발과 판매절차를 보면, 단말기를 개발하는 회사는 칩 회사(또는 자체 칩)로부터 해당되는 칩을 구매해서 단말기 조립과 개발을 하고, 이후 Android와 같은 OS를 탑재한 다음, GCF(Global Certification Forum) 검증을 거쳐서 시장에 판매된다.

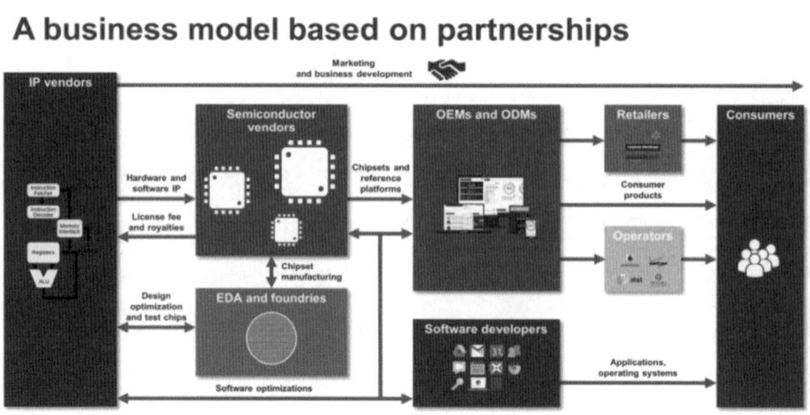

▌그림 1-77▐ 이동통신 단말기 관련 Ecosystem

칩 개발회사는 IP(Intellectual Property) 벤더(예, ARM)로부터 필요한 IP를 구매하거나 자체 IP를 개발하며, 칩 개발을 위해 필요한 S/W 툴인 EDA(Electronic Design Automation)를 활용한다. 칩 개발회사는 일반적으로 Foundry(반도체 생산공장)를 보유하고 있지 않는 Fabless 회사이다.

여기에서 Fab(또는 Foundary)이란 반도체(특히, ASIC) 칩(H/W)를 생산하는 공장을 의미한다. Fab은 공장 구축에 대규모 투자가 필요한 사업으로 대만의 TSMC, UMC, 미국의 Global Foundary, 삼성, SK Hynix 등이 있다.

일반적으로 특허를 의미하는 IP는 칩에서는 다른 의미로 사용되는데, IP는 칩을 구성하는 핵심적인 일부 구성요소이다. 예를 들어 AP(Application Processor)에서 CPU는 하나의 IP가 될 수 있고, CPU내에서도 일부 구성요소가 IP가 될 수 있다. Qualcomm의 경우, 주요 IP인 CPU는 ARM사 기술을 사용하며, Fab이 없기 때문에 주로 TSMC나 삼성 Fab을 활용한다.

Android OS는 IP, 칩, 단말기 업체 등에 영향을 미치는데, 일반적으로 AP나 모뎀 칩 개발업체에서 기본적인 Android를 구현한다. 이후 단말기 제조사는 AP칩에 구현된 Android를 최적화하거나 자체 기능을 추가한다.

단말기 제조사는 H/W, S/W 개발을 완료한 다음, 각 국가의 전파규제, GCF, 사업자 인증 등을 통하여 검증을 완료한 다음, 단말기 전문 판매점, 자체 판매, 사업자를 통한 판매 등의 채널로 단말기가 고객(Consumer)에게 판매된다.

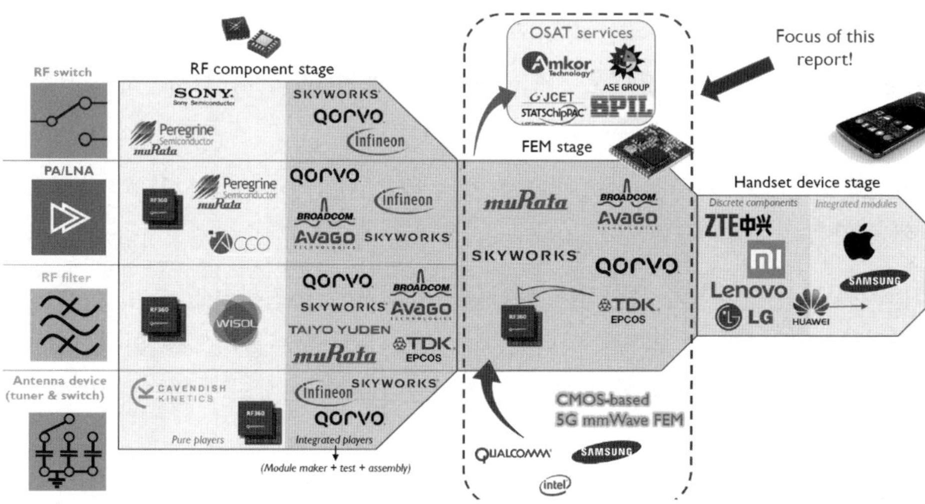

| 그림 1-78 | 휴대폰 RF 부품관련 Eco System(출처 : Yole)

휴대폰 RF 부품관련 Eco System을 보면, 단말기 제조사는 RF칩을 만드는 회사로부터 해당되는 칩을 구매하는데, 이 과정에서 일반적으로 FEM(Front End Module) 업체를 통하여 단말기 개발에 편리하도록 모듈로 만드는 과정을 거친다.

이렇게 휴대폰에 탑재되는 RF 부품 이외에 센서, Wireless Connectivity(예, WiFi, Bluetooth), 카메라, 셀룰라 모뎀, 배터리, 디스플레이 등 많은 부품이 들어가며, 대부분 Eco System은 RF 부품과 유사한 형태로 구성된다.

전세계 주요 휴대폰 제조사는 삼성, Apple, Huawei, LG, Xiaomi, OPPO/VIVO, Sony, Nokia, Lenovo 등이 있다. 최근에는 중국회사인 Huawei, Xiaomi, OPPO/VIVO 등의 시장 점유율이 빠르게 늘고 있다. OPPO와 VIVO는 동일한 회사이며 단말기 브랜드를 다르게 사용하고 있다.

SAMSUNG SONY NOKIA LG Life's Good MOTOROLA lenovo HUAWEI ONEPLUS oppo vivo

▍그림 1-79▐ 전세계 주요 휴대폰 제조사

Nokia도 여전히 휴대폰을 제조하고 있는데, 1990년대 Nokia는 ①휴대폰 사업부문과 ② 통신장비 사업부문이 있었고, 이후 휴대폰 사업부문을 Microsoft에 매각했다. Nokia는 통신장비 사업에 집중하지만, 휴대폰 사업(Microsoft와 별개)을 다시 시작하여 북유럽 위주로 판매하고 있다.

Google은 Motorola의 휴대폰 사업부문을 인수했고, Google은 다시 이 사업부문을 Lenovo에 매각했다. 따라서 과거의 Motorola 휴대폰 사업부문은 현재 Lenovo 소속이다.

Huawei는 이동통신 단말기와 통신장비 사업을 공격적으로 추진하고 있으며, 특히 단말기 사업과 관련하여 단말기 자체뿐만 아니라 AP, 모뎀 등 포트폴리오를 확대하고 있다. Huawei 단말기는 자체 칩(모뎀이 포함된 AP) 비중이 70% 이상되는 것으로 알려져있다.

gemalto security to be free Giesecke & Devrient Creating Confidence. IDEMIA augmented identity

스마트폰에는 필수적으로 USIM(Universal Subscriber Identity Module)이나 eSIM (Embedded Subscriber Identity Module)이 들어가는데, 주요 공급업체는 Gemalto, G&D, IDEAMIA 등이다. Gemalto는 과거 Gemplus와 Axalto가 합병한 회사이고, IDEMIA는 Morpho와 Oberthur사가 합병한 회사이다.

USIM과 eSIM은 처리하는 기능은 동일하지만, 단말기에 탑재되는 형태가 다르다. USIM은 탈부착이 가능하지만, eSIM은 단말기 내부의 회로기판에 부착되는 형태이다. USIM과 SIM은 사실상 동일하지만, UISM이 SIM 대비 3G 이동통신의 몇 가지 기능이 추가되었다. 이후 4G, 5G에는 사실상 UISM과 SIM이 같은 의미로 사용된다.

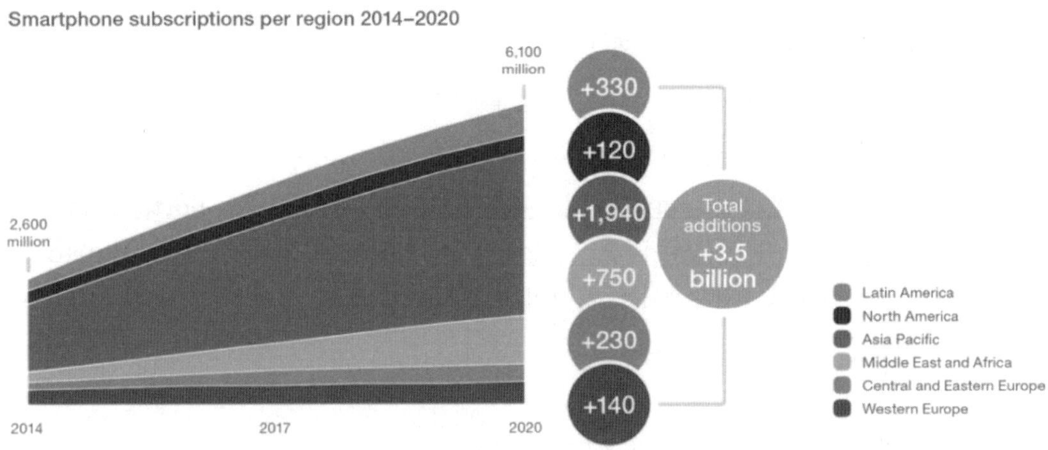

▌그림 1-80▌ 지역별 스마트폰 가입자 수 예측(출처: Ericsson)

향후에도 스마트폰 시장은 지속적으로 성장될 전망인데, 가장 성장이 빠른 시장은 중국, 인도 등 아시아 지역이고, 그 다음으로 중동과 아프리카 지역 순이다. 선진국인 미국과 유럽은 이미 스마트폰이 포화상태에 도달하여 성장보다는 정체되는 상황이다.

아시아 지역은 스마트폰 성장속도도 빠르지만, 사용자 비중이 전세계 50% 이상을 차지하고 있다. 따라서 주요 스마트폰 제조사는 아시아 지역에 시장확대를 위하여 노력하고 있다.

기간별 Connected Device 수요 예측을 보면(2016년~2022), Mobile Phone의 성장은 정체된 상황이고, IoT 디바이스가 지속적으로 성장될 것으로 예측된다. Connected Device란 늘 인터넷에 연결되어있는 디바이스라는 의미로 Cloud와 디바이스간 항상 정보 교환이 가능하다.

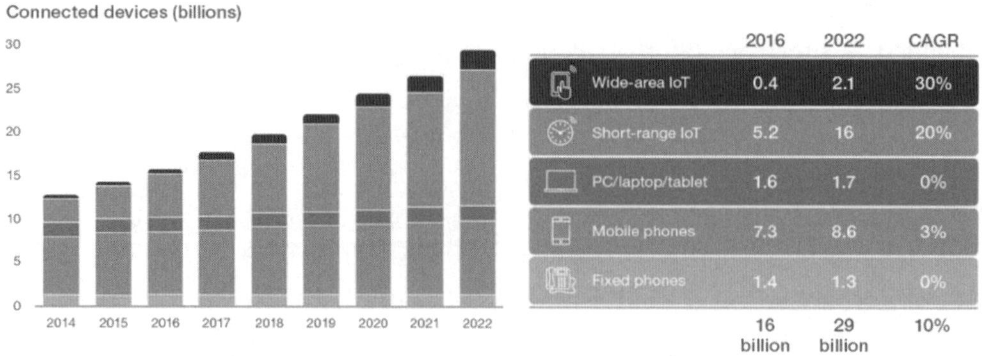

| 그림 1-81 | Connected Device 시장 예측(출처: Ericsson)

IoT 디바이스를 Wide Area IoT와 Short Range IoT로 분류할 때, Wide Area IoT는 셀룰라, LPWA(Low-Power Wide Area)를 활용한 방식이고, Short Range IoT는 Bluetooth, WiFi 등을 활용하는 방식이다.

Wide Area IoT와 Short Range IoT를 비교할 때, 디바이스 수는 Short Range IoT가 월등이 많지만, 성장속도는 Wide Area IoT가 높다. Short Range IoT는 Bluetooth나 WiFi를 사용하기 때문에 디바이스 가격이 저렴하고 요금이 없기 때문에 디바이스 수가 많다.

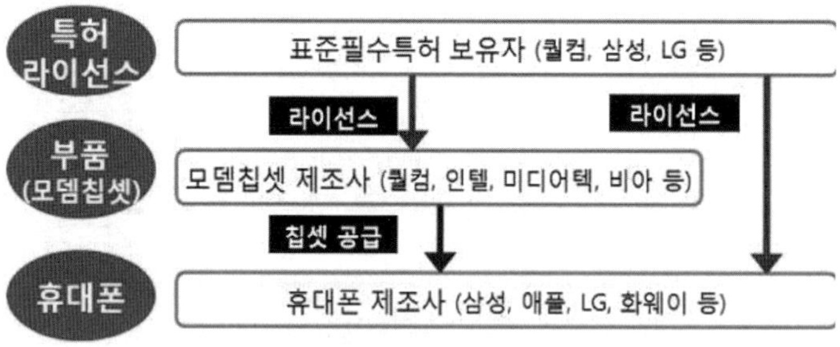

| 그림 1-82 | Qualcomm의 License 체계

Qualcomm사는 이동통신 관련 특허를 많이 보유한 회사로 이 특허를 자체 칩에 구현하고 있다. 이러한 이유로 Qualcomm사는 Qualcomm칩을 사용하는 단말기 회사뿐만 아니라 Qualcomm사 칩을 사용하지 않는 단말기 제조사로부터 특허료를 받고 있다.

일반적으로 특허가 적용되는 범위는 상용 판매를 하지 않는 제품에는 상관이 없지만, 상용 판매를 할 경우 특허에 저촉될 수 있다. 따라서 Qualcomm사와 Apple사의 특허분쟁이 발생되었다.

특허는 칩에서 구현되지만, 이 칩을 사용하여 단말기를 만들어서 상용 판매할 때가 문제가 되는데, 이 경우 칩 회사와 특허분쟁보다는 Qualcomm사와 단말기 제조사간 특허 분쟁이 발생된다.

3 국내 이동통신, 단말기 역사

1) 국내 이동통신 역사

(1) 개요

국내 이동통신 서비스는 1984년에 아날로그 방식인 AMPS(Advanced Mobile Phone System)를 도입한 후, 1996년에 세계 최초로 디지털 방식인 CDMA(Code Division Multiple Access)를 상용화했으며, 이후 국내 이동통신 사업자가 이동통신 신기술을 주도하고 있다.

▌그림 1-83▐ 국내 이동통신 발전과정(출처 : SKT)

2003년에는 3G 이동통신인 UMTS(또는 WCDMA)를 상용화했고, 이후 2011년에서는 4G 기술인 LTE를 상용화했다. 2018년 하반기에는 5G 기술을 상용화하여 전세계적으로 이동통신 기술 리더십을 확보하고 있다.

국내 이동통신 시장의 급성장은 삼성, LG 등 휴대폰 제조사가 해외시장에서 경쟁력을 갖추는 원동력이 되었고, 이동통신 관련 장비(예, 코어망, 기지국, 중계기, 전송장비 등)의 기반기술을 확보할 수 있는 기회가 되었다. 또한, 이동통신망을 활용한 다양한 서비스와 컨텐츠 산업도 발전되었다.

AMPS 초기에는 통신장비와 단말기를 모두 미국에서 수입했지만, 현재는 국내의 이동통신 장비와 단말기가 해외로 수출되고 있다.

(2) 1984년 ~ 1999년

국내 이동통신 서비스는 1984년에 SKT의 전신인 '한국이동통신서비스주식회사'가 미국의 아날로그 이동통신 방식인 AMPS(Advanced Mobile Phone Service)를 활용하여 차량 전화서비스를 제공하면서 시작되었다.

당시, AMPS 이동통신 장비는 미국 AT&T사에서 공급했고, 초기 단말기는 미국 Motorola사에서 공급했다. AT&T사는 현재 통신 서비스 사업을 주력으로 하고 있지만, 당시 통신장비 사업도 했었다. 이후 AT&T 통신장비 부문은 분사되어 'Lucent Technologies'라는 회사로 통신장비 사업을 했다.

Lucent Technologies사는 최종적으로 Nokia에 인수되었고, Motorola사의 휴대폰 사업 부문은 Google에 인수되었다가 최종적으로 중국 Lenovo사에 인수되었다.

한국이동통신서비스주식회사는 이동통신을 담당하는 KT의 내부 부서로 있다가 1984년도에 KT의 자회사로 분사되었고, 서울 용산에 본사 사무실을 마련했다.

그림 1-84 한국이동통신서비스주식회사(1984년), 용산(1994년), 남산(1997년)

따라서 한국이동통신서비스주식회사의 초기 직원은 대부분 KT, 우체국(당시 체신부) 통신사업부 직원이었다. 이후, 이동통신 가입자가 급증함에 따라 직원수, 매출 등이 급격히 증가되었고, 1988년에 회사이름을 한국이동통신서비스주식회사에서 '한국이동통신주식회사'(간단히 한국이동통신)로 변경했다.

SK 그룹(당시 선경그룹)은 1994년에 한국이동통신㈜을 인수했고, 1997년에 회사이름을 한국이동통신에서 'SK Telecom'(SKT)으로 변경했다. 당시, 한국이동통신은 사업 초기부터 아날로그 이동전화 서비스와 함께 무선호출 서비스도 제공했다.

이때, 국내에 사용되었던 이동통신장비(교환기, 기지국 등)는 모두 미국의 AT&T에서 공급했고, 무선호출 장비는 국내외 장비가 같이 사용되었다.

▌그림 1-85▐ 한국이동통신㈜ 로고와 이동전화 브랜드

한국이동통신은 초기 이동전화를 위한 Prefix(식별번호, 전화번호에서 시작되는 숫자)를 '011' 로 시작했고, 이후 신세기 통신은 017, KTF는 016, LG Telecom은 019로 서비스를 시작했다.

한 국가의 전화번호 체계에서 Prefix는 서비스나 통신망을 구분하는 인자로 사용되고 있으며, 국내의 경우 미국방식과 일본방식이 혼용되어 사용하고 있다. 011은 SKT가 제공하는 이동전화 구분자였고, 012는 SKT가 제공하는 무선호출 구분자였다.

무선호출(Paging Service)은 이동통신망과는 별개의 무선통신으로 기지국에서 단말기로 단방향 통신만 제공되는 서비스이다. 무선호출은 휴대 가능한 소형의 단말기(Pager)에 상대방 전화번호가 표시되는 서비스이다.

예를 들어, 무선호출기를 가진 A 가입자에게 B가 호출을 할 때, A 가입자의 무선호출 단말기에 B의 전화번호가 표시되는 서비스였다. 이후, A 가입자는 공중전화로 B에게 전화하는 방식이다.

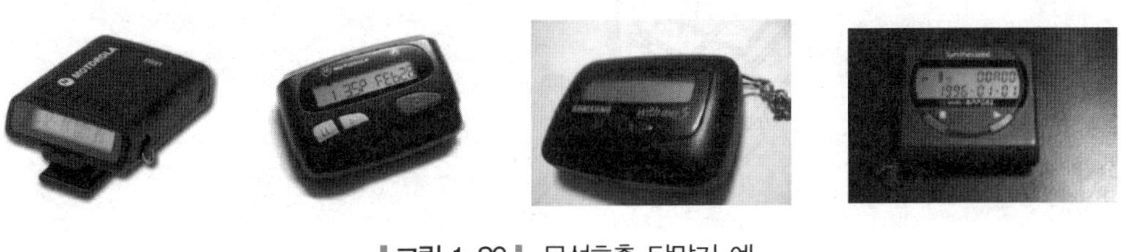

▌그림 1-86▐ 무선호출 단말기 예

당시, 무선호출기에 전화번호가 수신되면 진동, 불빛, 소리로 표시되었는데, 소리로 표시될 때 삐삐 소리가 나서 무선호출 단말기는 '삐삐'라는 애칭으로 많이 사용되었다.

무선호출 서비스는 가격이 저렴한 반면, 단방향 통신으로 호출을 받은 사람은 다시 그 번호로 상대방에게 전화를 해야 하는 불편함이 있었다. 이후, 1990년대 후반부에 국내 CDMA 방식의 이동통신 사업자(신세기 통신)가 추가로 허가되고, 이동전화 요금이 저렴해지면서 무선호출 가입자는 급격히 이탈했고, 2000년 초에 무선호출 서비스를 종료했다.

무선호출 기술은 아주 간단한 방식으로 긴급하게 사람을 호출할 때 유용하므로 현재까지도 일부 대형 병원, 식당, 공장, 공항 등에서 사용되고 있다.

그림 1-87 AMPS 차량용 단말기 설치

1984년에 시작된 초기 1세대 AMPS 단말기는 휴대용이 아니고 차량에 설치되는 형태여서 한국이동통신 직원이나 판매회사에서 차량에 단말기를 설치해주는 장소가 별도로 있었다.

초기 AMPS 단말기는 전력소모가 많고 고출력 전파를 송신하는 단말기여서 차량 전원을 이용했고, 당시 약 4백만원에 판매되는 고가의 차량용 단말기(Car Phone)였다.

이후, 1988년에 올림픽을 대비하여 Motorola사에서 개발한 차량용이 아닌 들고 다닐 수 있는 휴대용 전화기가 판매되기 시작했고, 이때 국내 삼성, LG도 AMPS 단말기를 개발했다.

그림 1-88 한국이동통신 연구소(대덕 연구단지)

한국이동통신 설립 초기 대부분 기술분야 직원은 유선전화 기술에는 익숙했지만, 이동통신 기술에 대한 이해도가 부족한 상황이었다. 따라서 한국이동통신은 1993년에 대전 대덕 연구단지에 한국이동통신 연구소를 만들어서 이동통신 기술 연구를 시작했다.

이 연구소는 이동통신 방식, 전파환경, 망구축 방안, 단말기 기술 등을 연구 개발했고, 이동통신 표준화 활동 등을 통하여 국내의 이동통신 기술 기반을 구축하는데 기여했다.

국내에서는 1995년부터 SKT, 현대전자 등이 위성이동통신 서비스인 Iridium(이리듐), 글로벌스타, 인마셋 등의 서비스에 관심을 갖기 시작했고, SKT는 Motorola사가 주도했던 Iridium에 투자를 하고 사업을 추진했으나 서비스를 도입한 이후, 몇 년 뒤 사업을 중단했다.

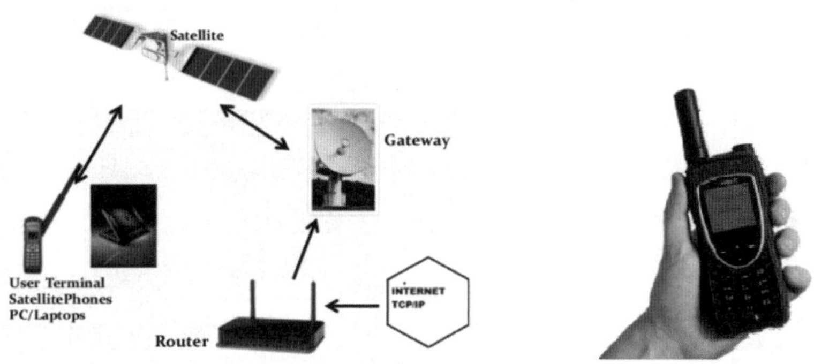

그림 1-89 Iridium 위성통신망 구성도, 단말기 예

Iridium은 이동전화 단말기가 직접 위성과 통신하기 때문에 전세계 어느 지역에서도 통화가 가능한 장점이 있었다. 물론, 위성과 직접 통신하기 때문에 건물내, 나무 밑 등 하늘이 잘 보이지 않는 지역에서는 통화에 어려움이 있다.

하지만, 당시 위성이동통신 서비스는 여러가지 규제와 기술적인 문제로 상용화가 지연이 되었고, 서비스 요금이 비싸고, 단말기는 투박하고 3백만원 이상의 고가였기 때문에 국내에서 사업은 중단되었다.

SK Telecom SK 텔레콤

1988년에는 국내에서 개최된 올림픽을 대비하여 Motorola사의 휴대용 이동전화 단말기가 보급되기 시작했고, 이후 AMPS 가입자가 꾸준히 증가하여 1996년에는 약 290만명으로 최고 가입자수를 기록했다.

초기 AMPS 서비스가 되는 지역은 서울, 부산, 대구 등 대도시 위주에서 1991년에는 주요 도시에서 서비스가 제공되었고, 1993년에는 전국 74개시에서 서비스가 제공되었다. AMPS 가입자는 1996년에 CDMA 방식을 도입하면서부터 급격히 줄어들었고, 결국 AMPS 방식의 이동전화 서비스는 1999년에 종료되었다.

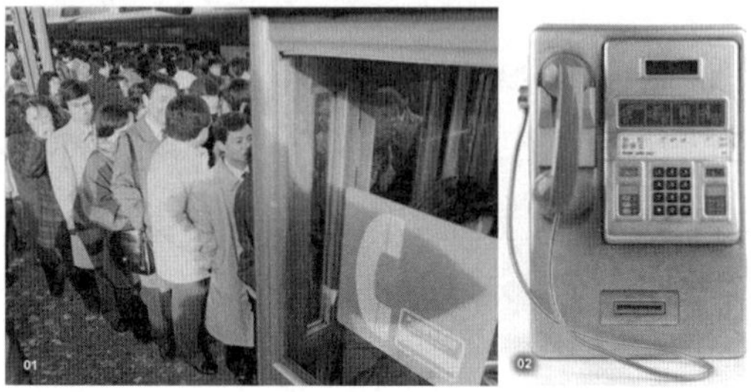

▌그림 1-90▐ 1990년 후반 공중전화 줄서기, 당시 공중전화기

국내에서 1990년대는 고도의 경제성장이 이루어지는 시기여서 국민들은 차량으로 지역간 이동이 빈번해지고, 개인간 통신 니즈가 급격히 증가되었다. 당시 이동전화기가 보급되는 시기였지만, 여전히 공중전화기를 활용한 통신이 많았다.

이처럼 1990년 후반기부터 이동통신 수요가 급격히 증가되었고, 기존 AMPS의 음성품질 문제(잡음이 많음), 간단한 방법으로 통화내용 도청 가능, 주파수 용량이 부족한 문제 등으로 정부에서 새로운 통신방식을 검토하기 시작했다.

1990년 초, AMPS는 주파수 용량이 한계에 도달되어 음질이 좋지 않고, 통화가 자주 끊어지는 현상이 발생되어 고객 불만이 누적되고 있었다.

이렇게 이동전화 수요가 급증함에 따라서 정부 주관으로 1989년부터 ETRI(한국전자통신연구원)는 '디지털 이동통신 시스템 개발'이라는 과제로 2세대 이동통신인 디지털방식에 대하여 검토를 했으며, 이후 ETRI는 1991년에 미국 Qualcomm사와 CDMA 공동 개발 협력을 체결했다.

이와는 별개로 국내에서 2세대 이동통신 방식 선정시 GSM과 CDMA 선정에 대한 많은 이슈가 있었다. GSM 기술을 도입할 경우 해외의 이동통신 장비, 단말기 등이 그대로 국내에 수입되어 국내에서 기술개발 기회가 줄어들기 때문에 향후 기술 경쟁력을 갖출 수 없다는 문제가 있었다.

CDMA 방식의 이동통신 기술은 당시 벤처회사인 Qualcomm이 1998년부터 개발하고 있었지만, 이전에 CDMA 방식은 주로 군용통신에만 사용되었고, 이동통신으로 상용사례가 없었다. 또한 CDMA 기술이 복잡하여 구현에 어려움이 있고, 이럴 경우 기지국과 단말기 가격이 상승되는 요인이 되었다.

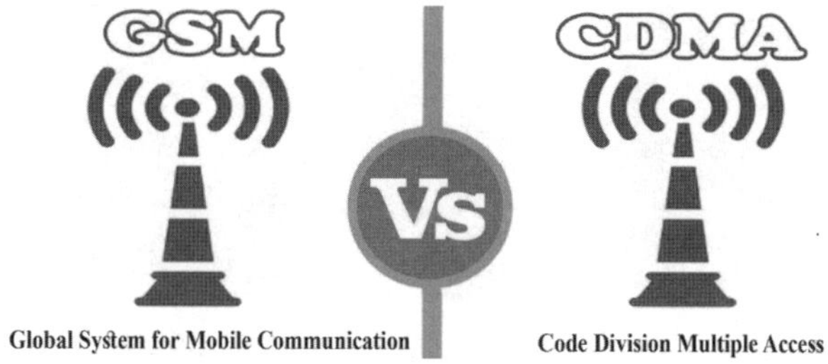

GSM의 경우, 1980년 초부터 유럽의 많은 나라에서 상용화하고 있어서 기술 안정성이 보장된 상황이었다. 하지만, 이때 Qualcomm사는 CDMA 기술을 기반으로 Soft Handover, Power Control 등의 기능을 추가할 경우, AMPS 대비 무선 채널용량이 10배 이상 증가되고, 통화품질도 우수함을 시연했다.

당시 2개의 디지털 이동통신(GSM과 CDMA) 방식 선정에 논란이 많았지만, 정부(당시, 담당은 체신부)는 1993년 11월에 국가적으로 2세대 이동통신 방식을 CDMA 단일 표준으로 결정했다. 복수 표준일 경우, 하나의 사업자는 GSM, 또 다른 사업자는 CDMA를 사용할 수 있다.

<u>이처럼 국가에서 CDMA 단일표준으로 선정한 이유는 세계 최초로 새로운 이동통신 기술을 개발하고 자체 기술을 축적하여 통신장비, 단말기, 관련된 서비스 등을 수출하기 위해서이다.</u>

그림 1-91 CDMA 기술 개발시 교환기, 기지국, 단말기

1994년부터 이동통신 장비는 삼성전자, LG 정보통신(현, Ericsson-LG), 현대전자 등에서 개발을 시작했고, 단말기는 삼성전자, LG전자 등에서 개발을 시작했다. 이렇게 시작된 CDMA 기술 개발은 1994년 하반기부터 1995년 중반까지 기술에 대한 회의론(즉, CDMA로 실패할 수 있으니 GSM으로 변경해야 한다는 주장)이 지속적으로 발생되었다.

CDMA 기술은 이동통신 방식으로 검증이 안된 상태여서 다시 GSM 방식을 도입하자는 의견도 많았다. 하지만 이 시점에 SK 그룹이 한국이동통신㈜을 인수하면서 그 동안 여러 가지 문제가 있었지만, SK 그룹 경영진들이 자신있게 CDMA 개발을 추진했다.

▌그림 1-92▐ SKT 세계 최초로 CDMA 이동통신 상용화(1996)(출처 : SKT)

1996년 1월 한국이동통신(현, SKT)은 세계 최초로 인천에서 CDMA 방식의 이동통신 서비스를 제공했고, 1996년 하반기에는 전국 중소도시까지 서비스가 확대되었다.

당시 이동통신 장비는 삼성전자, LG 정보통신, 현대전자, 한화정보통신 등에서 공급했고, 단말기는 삼성, LG, 한화정보통신 등에서 개발했다. 외형적으로 볼 때, 통신장비와 단말기는 국내에서 개발되었지만, 핵심기술은 Qualcomm사 기술을 사용했다.

Qualcomm사의 주된 BM(Business Model, 사업모델)은 CDMA 관련 특허 라이센스와 기지국, 단말기 모뎀칩이었다. 따라서 Qualcomm은 기지국을 개발하는 회사에 기지국 칩을 판매하고, 단말기 제조사에는 단말기 모뎀을 판매하기 시작했다.

이와는 별도는 Qualcomm은 CDMA 이동통신장비 개발을 위한 Reference 장비(코어망, 기지국)와 시험용 단말기인 Qualcomm QCP-800(개발은 Qualcomm, 제조는 일본 Kyocera에서 담당)을 SKT에 공급했다.

▌그림 1-93▐ 신세기 통신의 서비스 로고(1996년)

1994년 5월, 정부는 이동통신 사업 경쟁을 위하여 제 2사업자로 신세기 통신(현, SKT)을 선정했다. 신세기 통신은 1993년 정부가 결정한 CDMA 방식으로 기술을 개발했고, 1996년 4월에 이동전화 식별번호(Prefix)를 '017'로 CDMA 이동통신 서비스를 제공했다.

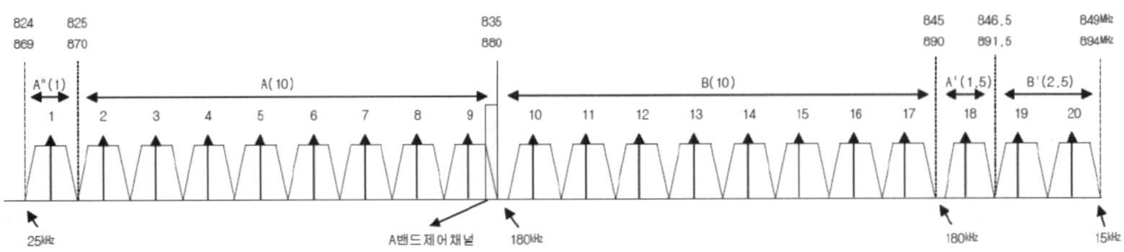

▌그림 1-94▐ CDMA 초기 주파수 현황

초기 CDMA는 AMPS 주파수 대역인 800MHz를 사용하여 SKT와 신세기 통신이 사용했었다. CDMA 주파수를 처음에는 A Band와 B Band를 사용했으나 가입자가 증가됨에 따라 추가 주파수인 A', B', A"를 사용했다.

이렇게 시작된 2세대 이동통신인 CDMA 방식은 1세대 방식보다 더 또렷한 음질, 훨씬 작은 크기의 휴대폰, 저렴한 서비스 요금 등으로 가입자가 급격히 증가되기 시작했다.

국내 이동통신 가입자 수

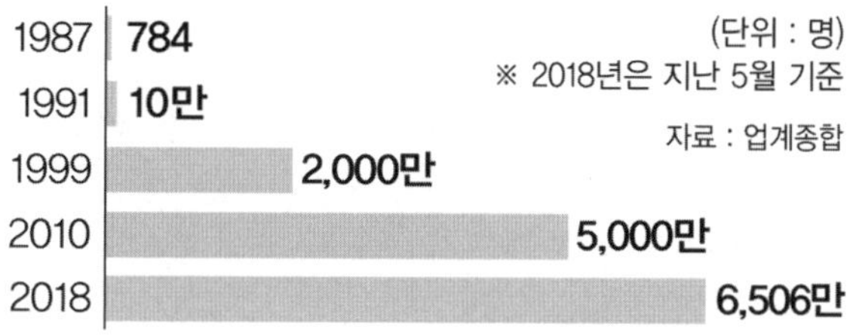

이후, CDMA 방식으로 세계 최초로 다양한 서비스가 제공되었는데, 대표적인 서비스는 1997년 이후부터 문자 메시지(SMS), 벨 소리 다운로드 서비스 등이다. 이후, SMS 방식으로 인터넷 브라우징 서비스를 제공했는데, 송수신 속도는 낮았지만 당시에는 획기적인 서비스였다.

1997년에 제공된 SMS 서비스는 당시 고객으로부터 폭발적인 호응을 받았으며, 사용자의 통신방법을 음성통화에서 메시지로 전환되는 계기가 되었다. 이 과정에서 무선호출 서비스는 급격히 하락되었다.

<u>SKT는 1999년에 SMS를 활용한 휴대폰 벨소리 다운로드 서비스를 제공했으며, 당시에는 혁신적인 서비스로 가입자로부터 많은 호응을 받았다.</u> SMS 벨소리 다운로드 서비스는 기존의 휴대폰은 단말기 생산시 몇 개의 정해진 수신 벨소리만 사용했는데, 이때부터는 다양한 형태의 벨소리를 사용할 수 있었다.

1997년에는 발신전용(음성전화 수신은 안되고, 전화를 거는 기능만 있는 단말기) 전화서비스 인 CT-2(기술이름)가 상용화되었다. CT-2 기술은 국내에서 시티폰(City Phone)이란 서비스로 제공되었다.

당시, 무선호출기가 활성화되면서 상대방 전화번호 수신은 무선호출기를 사용하고, 발신은 시티폰으로 하는 서비스 시나리오였다. 시티폰 기지국 출력은 약해서 서비스를 제공받을 수 있는 지역이 제한적이었고, 대부분 기지국은 공중전화기 부스에 설치되었다.

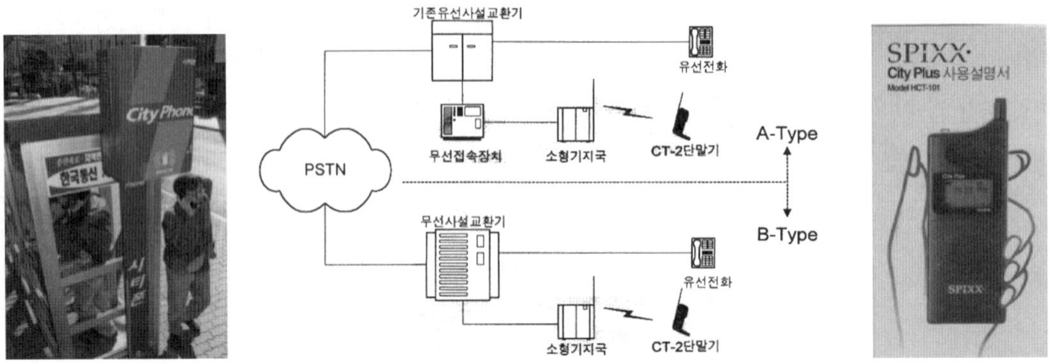

그림 1-95 CT-2(시티폰) 장비, 망 구성도, 단말기

하지만, 1999년부터 셀룰라 이동전화기가 저가에 공급되고, 이동전화 서비스 커버리지가 넓어졌다. 이동전화기는 발신과 수신이 가능하므로 CT-2 서비스 보급은 급격히 낮아지면서 2000년 초에 시티폰 서비스가 중단되었다.

CDMA 이동통신 가입자가 급증함에 따라 정부는 사업자간 상호 경쟁을 유발시켜 가입자에게 혜택을 주기 위하여 1996년에 추가로 3개의 이동통신 사업자를 선정했다. 즉, 국내에서 총 5개의 이동통신 사업자가 있었다.

당시 국제적으로 셀룰라 통신을 발전시킨 개념으로 기존 대비 휴대성을 강화한 PCS((Personal Communication Services, 개인휴대통신)란 이름이 등장했고, 이러한 배경으로 국내에서는 'PCS 사업자'라는 용어가 사용되었다. 하지만, 실질적으로 PCS란 이름은 3GPP나 3GPP2에서 공식적인 표준이름은 아니었다.

이러한 용어로 새로운 3개의 이동통신 사업자는 'PCS 사업자'라고 불렸고, 기존 SKT, 신세기 통신은 '셀룰라 사업자'라고 불렀다. 이름을 달랐지만, 사실상 모두 동일한 기술과 서비스를 제공했다

그림 1-96 1997년 당시 이동통신 사업자

새로운 이동통신 사업자인 PCS 사업자는 KTF(당시 KT의 이동통신 자회사, 현재 KT에 합병), LG텔레콤(현재 LG U+), 한솔PCS(KT에 합병)로 결정되었다.

이 때부터 셀룰라 사업자인 SKT(011)와 신세기통신(017), PCS 사업자인 KTF(016), 한솔PCS(018), LG텔레콤(019)과 같이 5개 사업자가 각각 다른 전화번호 Prefix로 경쟁을 하면서 이동통신 시장은 급격히 성장되었다.

단지, SKT와 신세기 통신은 800MHz 대역(기지국, 단말기 발신기준)을 사용했고, PCS 사업자는 1.7GHz~1.8GHz 대역(기지국 송신기준)을 사용했다. 사실상 동일한 CDMA 기술로 주파수만 달리하는 사업자였다.

| 그림 1-97 | PCS 이동통신 사업자의 상용 서비스 광고(1997년 10월)

PCS 이동통신 3개 사업자는 모두 1997년 10월 1일에 CDMA 기술을 활용하여 상용 서비스를 시작했다. 하지만, PCS 사업자는 SKT와 신세기통신보다 전파 감쇄가 심한 높은 주파수 대역인 1.7GHz~1.8GHz를 사용함으로써 더 많은 기지국(중계기 포함)을 설치했었다.

당시 SKT와 신세기통신이 보유했던 800MHz 대역은 전파도달 거리, 건물내 침투율 등 전체적으로 볼 때, 이동통신 서비스에 최적의 주파수 대역이었다.

또한, PCS 사업자는 음성코덱 Sampling Rate를 높게 설정하여 기존 SKT나 신세기통신 대비 또렷한 음성통화가 가능함을 강조했다. 이것은 기술적인 문제는 아니고 사업 초기 주파수 용량이 충분했기 때문에 음성데이터의 전송속도를 높여서 제공했다. 이렇게 시작된 PCS 사업자는 2012년 PCS 서비스가 종료되고, 이 주파수 대역은 4G LTE로 재배치 되었다.

| 그림 1-98 | 이동통신 5개 사업자의 서비스 로고(1999년)

2000년말 이동통신 가입자는 급증하여 셀룰라 이동전화 가입자가 1445만 명, PCS 가입자는 1236만 명으로 전체 이동전화 가입자가 2682만 명에 이르렀다.

하지만, 이후 5개 사업자간 경쟁이 심화되면서 단말기 시장(과도한 보조금 지급 등)이 혼탁해지고, 국내 전체인구 대비 너무 많은 사업자가 있다는 의견이 대두되면서 이동통신 사업자간 인수 합병이 시작되었다.

▎그림 1-99▎ 이동통신 3개 사업자 현황(2002년)

이러한 정부의 방침에 따라서 1999년에 SKT는 신세기통신을 인수했고, KTF는 한솔 M.com(초기 한솔 PCS에서 회사 명칭 변경)을 인수하는 변화가 있었다.

따라서 2002년에는 SKT, KTF, LG Telecom 등과 같이 3개의 이동통신 사업자로 확정되어 지금까지 이 구도가 유지되고 있다(KTF는 KT와 합병). 2015년경에는 이동통신 제 4 사업자에 대한 니즈가 있었지만, 정부에서는 국내 인구를 고려할 때 적절하지 않다는 결정을 했다.

시점	내용	경쟁구도
1984년	• 한국이동통신(KMT) 차량무선전화 서비스(AMPS) 개시	독점체제
1988년	• 한국이동통신 아날로그 셀룰러 이동전화서비스 개시	
1994년	• 선경그룹(현 SK그룹) KMT 인수 ➡ 1997년 SKT로 사명 변경	
1996년	• SKT, 디지털(CDMA) 서비스 개시 및 신세기통신 진입	복점체제
1997년	• PCS 3사(KTF · 한솔PCS · LG텔레콤) 진입	5사 경쟁체제
1999년	• SKT 신세기통신 인수	
2001년	• KTF 한솔엠닷컴 인수 및 합병	4사 경쟁체제
2002년	• SKT 신세기통신 합병	3사 경쟁체제
2006년	• KTF · SKT, W-CDMA 서비스 개시	
2008년	• SK텔레콤, 초고속인터넷 2위 하나로텔레콤 합병(현 SK브로드밴드)	–
2009년	• KT-KTF 합병	3사 경쟁체제 (유무선 · 통합)
2010년	• LG텔레콤 · LG데이콤 · LG파워콤 3사 합병 ⋯ LG유플러스 탄생	
2011년	• 알뜰폰(MVNO) 공식 출범	3사 경쟁체제, 알뜰폰 도입
현재	• MNO 3사, MVNO 28개사	

▎그림 1-100▎ 국내 이동통신 사업자 인수 합병 과정

1990년대 말에서 2000년대 초반을 지나면서 국내 이동통신 사업자간 인수, 합병으로 혼란기가 있었지만, 이동통신 가입자는 지속적으로 증가되는 추세였다.

KT는 2009년에 KTF를 합병했고, LG Telecom은 2010년에 데이콤과 파워컴을 모두 합병하여 하나의 회사로 만들면서 새로운 회사 이름인 LG U+로 변경했다.

이렇게 경쟁이 심화되던 1999년에 SKT는 경쟁사와 동일한 기술을 사용하지만, 서비스적으로 차별하겠다는 의미로 'TTL'이란 브랜드로 혁신적인 마케팅을 시작했다. 당시, TTL은 젊은 신세대를 대상으로 다양한 서비스와 요금을 제시하여 가입자 유치에 활용되었다.

▌그림 1-101▐ SKT의 TTL 광고(1999년)

2000년 전까지만 해도 셀룰라 이동통신과 PCS 이동통신은 음성 위주로 서비스를 하면서 단순한 저속 데이터 서비스를 제공했었다. 하지만, Packet Data 서비스에 대한 니즈가 급증되어 국내 대부분의 이동통신 사업자는 1999년 하반기부터 IS-95-B 기술을 상용화했다.

IS-95-B 기술은 기존 IS-95-A와 호환성을 유지하면서 Physical Channel의 수를 늘이고, IS-95-A를 일부 보완하여 약 100kbps의 데이터 서비스를 제공했다.

IS-95 규격을 만들고 확정하는 기구는 미국의 TIA(Telecommunication Industry Association, 미국 통신산업협회)이며, IS-95 시리즈는 CDMA 방식 무선 프로토콜을 의미한다. 초기 IS-95로 시작했으나 유럽의 GSM/GPRS와 경쟁하기 위하여, 초기 버전을 IS-95-A라고 하고, 이후 버전을 IS-95-B, IS-95-C(나중에 IS-2000으로 변경)라고 했다.

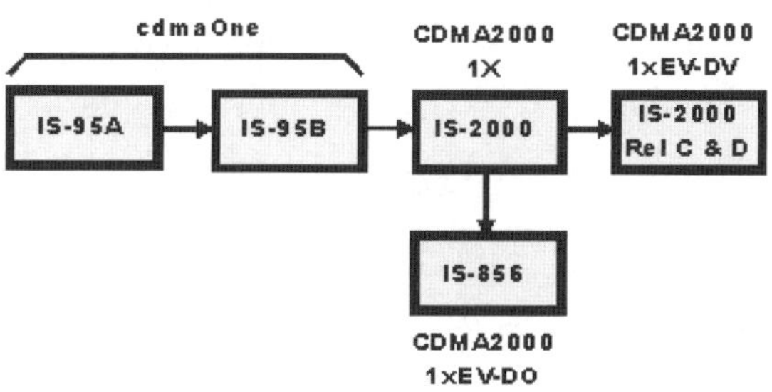

▌그림 1-102▐ CDMA 방식 이동통신 발전과정

이후, 미국 CDMA 표준은 유럽의 UMTS와 경쟁 되면서 TIA 주관으로 IS-95-A와 IS-95-B를 cdmaOne(즉, 2G CDMA)이라고 하고, IS-95-C를 3G 이동통신으로 정의했으며, 이후 3G CDMA 방식을 CDMA2000이라고 했다.

자연히, IS-95-C의 이름은 1999년에 없어지고 새로운 이름인 IS-2000으로 바뀌었다. CDMA2000은 1X, 1xEV-DO, 1xEV-DV 등으로 진화되었다. CDMA2000은 유럽의 UMTS처럼 3G 방식 총괄 명칭이고 세부적인 규격은 IS-2000, IS-2000-A(1xEV-DO), IS-2000-B(1xEV-DV) 등이 있었다.

(3) 2000년 ~ 2009년

국내에서는 CDMA 방식을 지속적으로 발전시키면서, 정부(당시, 정보통신부 주관)는 2000년 10월에 3세대 이동통신(IMT-2000) 주파수할당 공고를 발표하고, 2000년 12월에 3세대 이동통신 사업자를 선정했다,

▌그림 1-103▌ 3G 이동통신 사업자 선정결과(2000년)

2000년 12월에 UMTS를 활용한 3G 이동통신(IMT-2000) 사업자로 SK IMT(현, SKT)와 KT iCom(현, KT), 2001년 8월 LGT(현, LG U+)를 CDMA2000을 활용한 IMT-2000 사업자로 선정했다.

3세대 이동통신의 국제적인 공식명칭은 ITU에서 정의한 IMT-2000이고, 3GPP에서는 일반인도 쉽게 이해할 수 있도록 하기 위하여 3G라는 용어를 사용했다. UMTS와 WCDMA는 같은 의미이며, 표준용어는 UMTS이지만 기존 CDMA와 비교하기 위하여 WCDMA라는 용어가 사용되었다.

3G부터 국내의 사업자들은 기존의 CDMA를 운용하면서 몇 가지 문제점을 인식하고 있었다. 대표적인 것은 ①Eco System이 커야 통신장비와 단말기를 저렴한 가격에 안정적으로 공급받을 수 있다는 것과 ②Global 로밍, 호환성 등이 가능해야만 해외 이동통신 사용자를 받을 수 있고, 국내의 가입자가 해외에서도 쉽게 사용할 수 있다는 점이다.

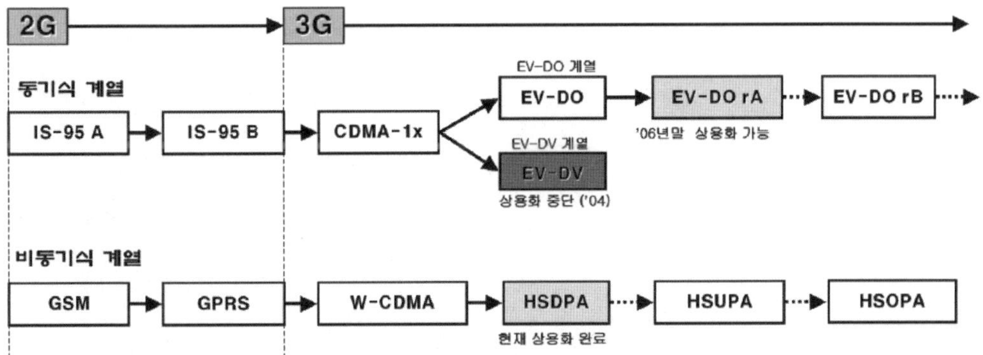

※ 약어설명

- GSM : Global System for Mobile Communications
- EV-DO (rA) : Evolution Data Only (revision A)
- WCDMA : Wide-band CDMA
- HSUPA : High Speed Uplink Packet Access
- GPRS : General Packet Radio System
- EV-DV : Evolution Data and Voice
- HSDPA : High Speed Downlink Packet Access
- HSOPA : High Speed OFDM Packet Access

❙그림 1-104❙ 국내에 도입되거나 검토된 3G 기술 현황

2000년 기준으로 전세계 국가의 80% 이상은 GSM/GPRS를 사용하고 있었고, CDMA 방식은 미국, 한국, 일본, 호주 등 일부 국가만 사용하고 있었다. 이러한 Global 환경에 따라서 SKT와 KT는 유럽방식인 UMTS를 도입하여 본격적으로 전세계 시장을 상대로 서비스하게 되었다.

SKT와 KT는 UMTS 사업자가 되었지만, 기존 CDMA 서비스를 중단한 것은 아니고, 2000년 이후에도 CDMA 기술을 지속적으로 개발했다. 이후, 2001년 11월 정부는 SKT와 KT에 UMTS 기반 3G 서비스용으로 2.1GHz 대역 할당하고, LGT에 CDMA2000을 활용한 2.1GHz 대역에 IMT-2000용 주파수를 할당했다.

이러한 결정에 따라서 SKT와 KT는 2007년 3월에 2.1GHz대역에서 UMTS 전국망 서비스 상용화했고, LGT의 경우, 당시 2.1GHz대역에서 CDMA2000을 상용화한 국가가 없어서 장비와 단말기 조달에 어려움을 있었기 때문에 CDMA2000 방식의 3G 사업을 2006년 7월에 포기했다.

3G 기술이 도입되면서 국내에서는 UMTS 방식을 비동기식(Asynchronous)라고 하고, CDMA 방식을 동기식(Synchronous)라고도 했다. 또는 UMTS의 핵심기술이 WCDMA이기 때문에 UMTS=WCDMA라고도 했는데, UMTS보다는 익숙한 용어(그 동안 CDMA를 많이 사용)인 WCDMA를 많이 사용했었다.

동기식이란 위성항법장치인 GPS의 시간정보를 위치에 상관없이 모든 기지국이 동일한 시간으로 동작되는 방식이고, 비동기식은 동기정보를 이동통신 코어망에서 생성된 정보를 사용하는 방식이다.

▌그림 1-105▐ 국내 3G, 4G의 사업자별 통신방식

이것은 유럽방식이 미국기술에 종속되는 것을 꺼려해서 GPS(미국기술)를 사용하지 않는 방식으로 비동기식을 개발했다. 하지만, 실제적으로 UMTS 규격은 GPS 사용도 가능하기 때문에 UMTS 방식을 비동기식만으로 정의하는 것은 맞지 않다. 즉, UMTS는 비동기, 동기로 모두 동작 가능하지만, 기본적으로 비동기 모드를 사용한다.

하지만, 당시 국내에서는 CDMA에 익숙한 상태여서 UMTS에 대한 기술정의를 쉽게 이해하기 위하여 '비동기식'이란 용어가 사용되었고, UMTS보다는 동일한 의미인 'WCDMA' 용어가 많이 사용되었다.

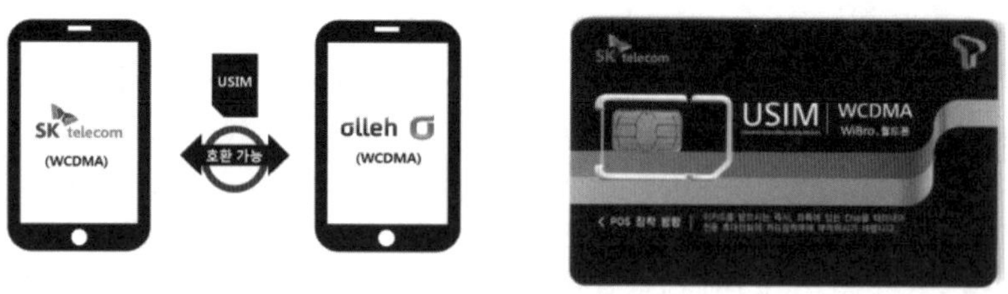

▌그림 1-106▐ UMTS에서 USIM 도입

UMTS은 GSM에서 진화한 방식으로 USIM(Universal Subscriber Identity Module)을 사용하여 단말기 자체(즉, 단말기 소유자)와 가입자(이동통신 사업자에 요금을 지불하여 서비스에 가입한 사람)를 분리하는 정책을 사용했다. 따라서 국내에서 UMTS는 CDMA에 없었던 USIM을 기본적으로 적용하게 되었다.

실제로 CDMA 방식에서도 휴대폰 보안을 처리하기 위한 스마트 카드인 R-UIM 규격을 정의하여 확대하려고 했지만, 3G 이후에 CDMA 진영의 Eco System이 줄어드는 바람에 전세계적으로 확산되지 않았다.

국내에서 SKT와 KT는 UMTS를 도입하는 상황이었지만 SKT, KT, LG U+는 기존 cdmaOne을 CDMA2000(대표적인 것이 CDMA2000 1x, 1xEV-DO)으로 개선했다.

CDMA2000 1x상용화로 이동통신망에서 다양한 종류의 데이터 서비스를 제공함으로써 국내 이동통신은 또 한번의 전성기를 맞게 된다. 이후 2002년 CDMA2000 1xEV-DO 서비스가 도입될 때까지 CDMA 가입자는 꾸준히 증가했으며, 2002년 3월 말 기준으로 국내 이동통신 가입자수는 3000만명을 넘어서게 되었다.

국내에서 UMTS 최초 상용화 시기에는 단말기가 UMTS와 CDMA를 동시에 지원하는 Multi-mode Multi-band 단말기를 개발했으며 초기 소량의 단말기만 판매했었다. UMTS 망을 초기에 구축할 경우, 많은 비용이 소요되기 때문에 대도시 일부지역은 UMTS로 서비스하고, 나머지 지역을 CDMA로 서비스하여 통신망 구축비용을 절감하기 위해서이다.

2004년부터는 이동통신 전화번호 Prefix를 '010'을 통합하기 시작했다. 당시 010으로 변경한 이유는 ①국가 자산인 전화번호 Prefix에서 이동통신 사업자가 너무 많이 '0'으로 시작해서 번호자원을 절약하겠다는 의지와 ②각 사업자간 Prefix를 동일하게 할당하여 공정경쟁을 유도하겠다는 계획이었다.

당시 SKT의 011로 시작되는 전화번호는 다른 Prefix보다 고품질, 고가 등 고급의 이미지가 있어서 시장에서 공정한 경쟁이 이루어지지 않았다. 따라서 본격적으로 UMTS가 상용화되기 시작한 2004년부터 3G 신규 가입자는 010 Prefix를 할당받았다.

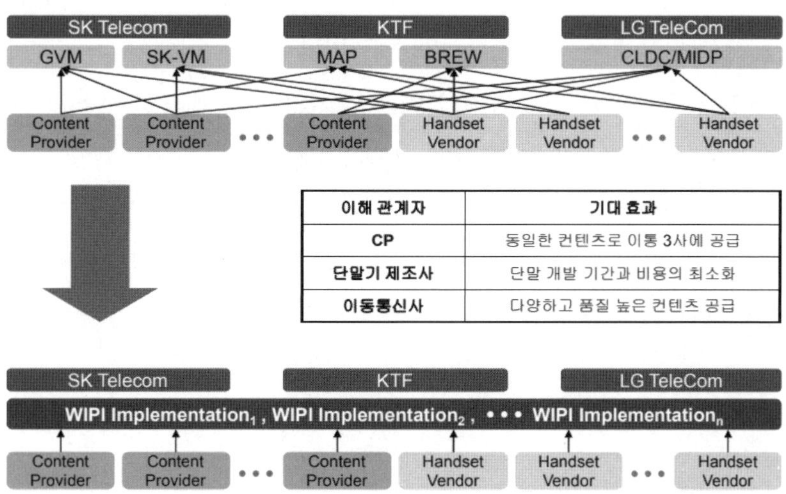

▌그림 1-107▐ WIPI 개발의 필요성

2000년 초부터 음성통화 위주 서비스에서 데이터를 활용한 다양한 서비스 제공 니즈가 증가되면서 2001년부터 각 사업자간 공동으로 서비스 제공을 위해서 WIPI(Wireless Internet Platform for Interoperability)가 개발되었다.

2000년 이전까지는 휴대폰 기반 서비스 개발을 위하여 사업자별 기술이 달라서 호환이 되지 않았다. 따라서 국내 표준을 정의하여 하나의 서비스 개발로 모든 사업자 단말기에 사용하자는 의지에서 시작되었다. 즉, 현재의 App Store와 같은 개념이었다.

이후, 2001년부터 관련된 회사는 한국무선인터넷 표준화 포럼을 만들어서 서비스 개발 Platform 표준인 WIPI를 정의했다. WIPI는 국내 표준이고, 해외의 다른 플랫폼(예, Symbian, Qualcomm의 BREW)과는 호환성이 전혀 없었다.

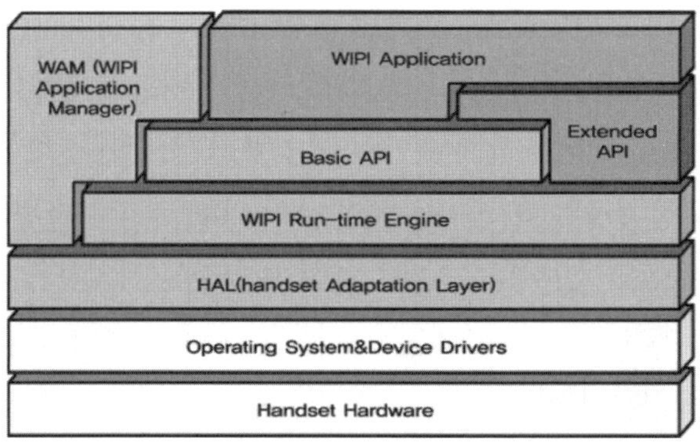

▌그림 1-108▐ 단말기의 WIPI S/W 구조

서비스 제공 Platform이 표준화될 경우 단말기 회사, 컨텐츠 제공회사, 서비스 개발회사 등 대부분 관련된 회사에 이득이 되는 구조였다. 하지만 WIPI는 2007년 Apple iPhone과 Android 단말기가 나오면서 더 이상 개발은 없었다.

WIPI 지원언어는 C, Java가 동시에 지원되는 구조이며, 플랫폼과 애플리케이션은 하드웨어에 독립적으로 구현 가능하도록 CPU, LCD, 메모리 등의 단말기 H/W나 단말기에 적용되는 OS(Operating System)와 상관없이 실행과 이식이 용이하도록 했다.

또한 애플리케이션이 이동통신사업자, 단말기 제조사의 비밀이나 단말기 사용자 개인정보를 마음대로 접근할 수 없도록 보안규격도 포함되었다

▌그림 1-109▐ SKT의 개인화된 통화 연결음인 컬러링 서비스(2002년)

2002년에는 SKT의 개인화된 통화 연결음(전화를 걸 때, 상대방이 받기 전까지 발신자가 듣는 소리) 서비스인 '컬러링'이 많은 인기를 받았다. 컬러링 서비스는 기본 통화 연결음 대신 통화가 연결되는 동안 사용자가 미리 지정한 음악이나 다른 음향 효과를 재생해준다.

이후 KTF와 LGT에서도 SKT의 컬러링과 같은 서비스를 제공하여 각각 링투유, 필링이라는 이름으로 서비스되었다.

▌그림 1-110▐ SKT의 Nate 서비스(2001년)

SKT는 무선인터넷 서비스를 위하여 SMS(Short Message Service) 기반 양방향 통신으로 Browsing이 가능한 서비스인 n.Top을 1999년에 출시한 이후, 2001년에 데이터망으로 Browsing이 가능한 'Nate' 서비스를 출시했다.

Nate는 초기 휴대폰의 Browsing 서비스 이름이었는데, 나중에 SKT가 검색엔진 업체, 컨텐츠 업체 등을 인수하여 Nate Portal 서비스를 제공하게 되었다. 즉, 현재의 NATE.COM은 휴대폰의 인터넷 Browsing 서비스에서 시작되었다.

▌그림 1-111▐ SKT의 VOD인 June 서비스(2003년)

2002년 5월에는 SKT와 KTF가 CDMA2000 1xEV-DO를 도입하여 본격적인 무선인터넷 서비스를 제공했다. 이 서비스는 가입자당 제공할 수 있는 데이터 용량이 약 2Mbps로 당시 가정용 인터넷 속도와 유사했다.

또한 SKT는 2002년에 1xEV-DO망을 활용하여 회선방식이 아닌 패킷 데이터를 활용하여 세계 최초로 영상전화 서비스를 제공했고, 2003년부터는 SKT가 CDMA 방식인 1xEV-DO망을 활용하여 세계 최초의 VoD(Video on Demand) 서비스인 'June'을 출시했다.

▌그림 1-112▐ SKT 서비스 현황(2005년)(출처 : Cetizen)

국내에서 2006년에 일종의 4G 기술인 WiBro(Wireless Broadband) 서비스를 2.3GHz 대역에서 제공했다. 정부는 2005년에 SKT와 KT를 WiBro 사업자로 선정했고, 이후 SKT와 KT는 2006년 6월에 WiBro 상용서비스를 제공했다.

국내에서 WiBro가 이슈가 된 이유는 당시 개인 휴대인터넷이란 용어가 국내에서 많이 사용되면서 이 서비스를 제공할 수 있는 기술을 검토하면서 시작되었다.

WiBro 기술은 IEEE에서 정의한 WiMAX(Worldwide Interoperability for Microwave Access) 기술과 동일하며, WiMAX의 여러가지 옵션에서 몇 가지 옵션(WiMAX Profile)

만 선택하여 국내에서 이름을 WiBro라고 했다. 사실 WiBro는 WiMAX와 동일한 기술이므로 국내 순수기술은 아니다.

WiBro는 Intel 위주의 미국회사가 정의한 이동통신 방식인 WiMAX(데이터 통신만 가능)를 그대로 활용하는 것이며, 국내에서 TDD(Time Division Duplex)를 기본으로 사용했다.

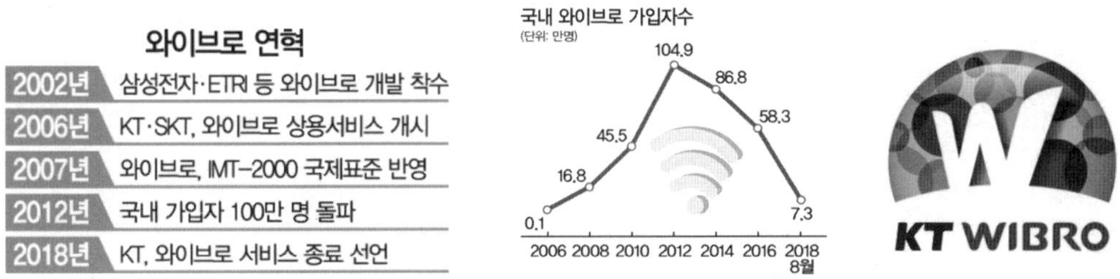

그림 1-113 국내 WiBro 현황, KT WiBro 로고

WiBro 이전에 국내에서는 개인 휴대인터넷이란 과제로 자체 기술 규격을 정의하기도 했으나 결국 WiMAX 규격을 채택했다. WiMAX는 WiFi 기술을 근간으로 전송거리를 멀리하고 단말기 이동성 기능(Handover, Power Control 등)을 추가한 것이다.

WiMAX는 미국, 러시아, 일본 등 일부국가에서 적극적으로 추진했으나 주요 칩회사, 단말기 제조사, 통신장비 업체 등의 미진한 대응으로 전세계적으로 크게 성공하지 못했다.

KT는 WiBro 서비스에 대하여 강하게 추진했고, SKT는 보수적으로 망투자를 진행했었다. 하지만, WiBro는 결정적으로 Eco System이 부족하여 전세계적으로 활성화되지 못했고, 일부는 이동형 단말기보다는 고정형 단말기를 활용한 FWA(Fixed Wireless Access) 서비스만 제공했었다.

그림 1-114 WiBro 단말기(USB 형, 무선 Router형)

국내의 WiBro는 휴대폰보다는 USB 모뎀 위주로 상용화하거나 버스, 지하철, 공공장소 등에 무선 Backhaul로 사용되었다. 무선 Backhaul은 WiBro 휴대폰이 없기 때문에

Dongle 디바이스를 활용하여 WiBro로 무선데이터를 받은 다음, WiFi로 변경해서 전송하는 단말기로 사용되었다.

WiMAX(국내 WiBro)를 지지하는 주된 회사는 Intel, 삼성, Huawei 등이었고, 이동통신 기술의 강자인 Qualcomm, Ericsson, Nokia 등은 관련 기술을 개발하지 않았다. 따라서 SKT와 KT는 사실상 동일한 서비스를 제공할 있는 LTE에 무게 중심을 두었기 때문에 2018년 WiBro 서비스를 종료했다.

사업자 측면에서 고객이 느끼는 동일한 서비스를 제공하는 LTE와 WiBro는 각각 다른 통신망이기 때문에 망 투자 효율이 떨어지고, 2개 망을 별도로 운용해야 하는 부담이 있었다.

▌그림 1-115▐ SKT의 1G에서 4G까지 기술상용화 일정, 주요 서비스

2007년에는 SKT에서 세계 최초로 3GPP Release 99 기반 UMTS 서비스를 제공했으며, 이때부터 기술개발 중심이 CDMA방식에서 UMTS로 급격히 전환되는 계기가 되었다. 또한 전세계 적으로도 3GPP2는 기술개발을 중단하고, 3GPP로 모이는 구조가 되었다.

UMTS 서비스가 되면서 CDMA 방식대비 가장 큰 차별점은 전세계 대부분 지역과 로밍되기 때문에 국내 가입자가 해외 다른 나라에서도 쉽게 이동전화 서비스를 받을 수 있다.

UMTS 서비스를 제공하지 않았던 LG U+는 해외 로밍 서비스에서 불리한 위치에 있었으나 LTE 망을 구축한 이후, LG U+ 가입자가 해외에서도 사용할 수 있었다. 이것은 LG U+가 Circuit과 Packet이 동시에 가능한 UMTS 서비스를 제공한 것이 아니라 단말기가 기본적으로 LTE와 UMTS를 처리할 수 있었기 때문이다.

기술적인 측면에서 볼 때, UMTS는 Circuit Switched Network을 활용하여 화상전화가 가능했다. 3GPP의 3G-324M 표준을 활용하여 안정적인 데이터 전송으로 기존 1xEV-DO의 Packet Data를 활용한 화상전화보다 품질이 우수했다.

2005년에 SKT의 자회사인 TU Media는 위성을 이용한 Mobile TV 서비스를 제공했다. SKT는 일본 Toshiba(도시바)사와 공동으로 유럽의 DAB(Digital Audio Broadcasting) 기술을 보완한 Eureka-147 규격을 근간으로 위성에서 단말기로 직접 방송하는 Mobile TV 서비스였다.

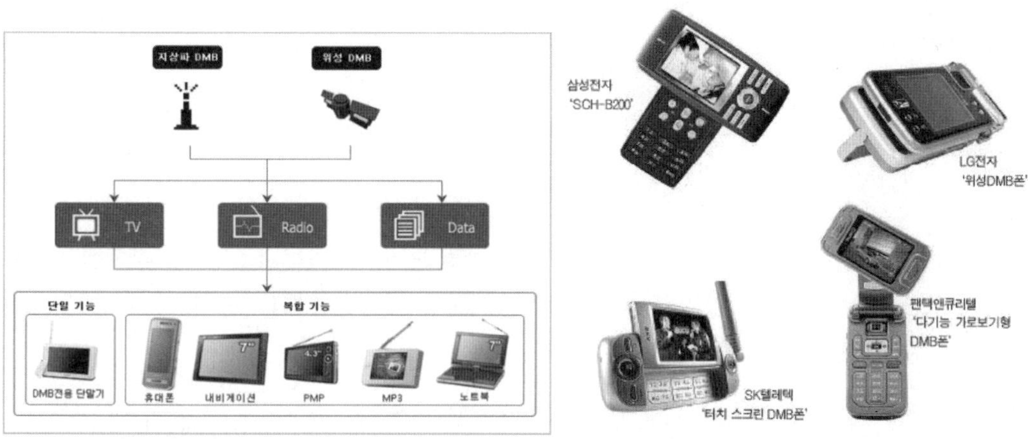

그림 1-116 국내 DMB 서비스와 관련 단말기

단말기는 위성에서 송신하는 2.6GHz 대역의 Video 신호를 수신하기 위하여 위성 안테나가 필요했다. SKT에서 초기 PMSB(Personal Mobile Satellite Broadcasting)라는 이름으로 기술을 개발했으나 용어가 복잡하여 DAB의 개선된 용어인 DMB(Digital Multimedia Broadcasting)라는 용어를 사용했다.

위성은 일본과 공동으로 소유하여 하나의 위성이 일본과 한국지역을 커버했고, 위성에서 DMB 신호를 송출하지만, 전파 음영지역에는 일종의 중계기인 Gap Filler(갭 필러)를 사용했다.

이후, 위성 DMB가 출시됨에 따라서 국내 TV 방송사 주관으로 지상파 DMB 서비스도 제공되었다. 지상파 DMB는 광고를 통한 수익모델이고, 위성 DMB는 가입자에게 유료로 서비스를 제공했기 때문에 가입자 인증을 위한 CAS(Conditional Access System, 스마트카드를 사용하는 인증수단)가 추가되었다.

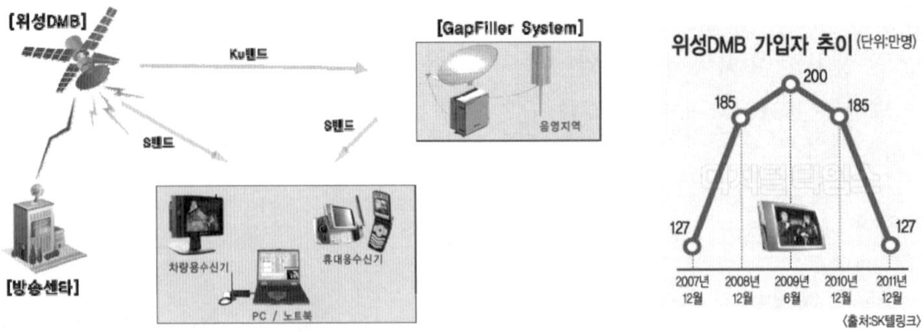

▌그림 1-117▐ 위성 DMB 망 구성도, 가입자 추세

위성 DMB는 2009년을 정점으로 LTE가 도입되면서 급격히 가입자가 줄어들었다. 고객은 Video Streaming으로 원하는 위치에서 영상을 보고자 하는 니즈와 당시 화질이 좋지 않은 위성 DMB는 인기가 없었다. 따라서 TU Media 사업은 악화되면서 이후 SK Telink에 인수되어 사업을 중지했다(2012년).

하지만, 국내의 DMB 기술은 다수의 회사에서 Mobile TV 기반기술을 축적하게 되었고, 관련된 업체들이 방송용 Head End, 방송 Platform, Client S/W 등 Global 상품을 만드는 계기가 되었다.

그 동안 국내에서 실패한 서비스 중에서 WiBro는 Eco System이 부족했고, DMB의 경우 2가지 측면이 있는데 ①방송을 통한 서비스보다는 좀 더 자유로운 LTE망을 활용한 Streaming이 편리하고, ②DMB는 화질이 좋지 않은 문제점이 있었다.

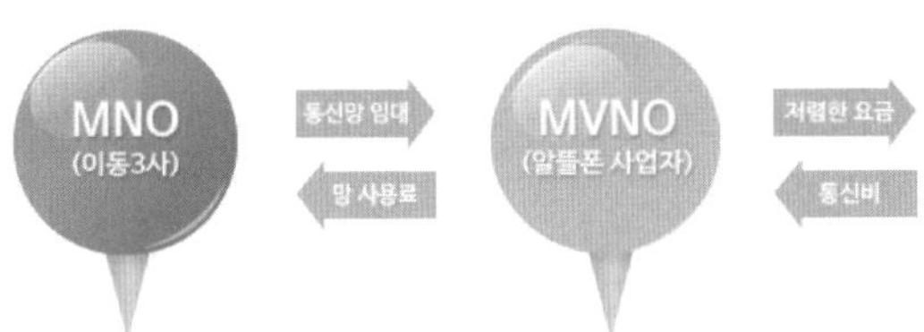

▌그림 1-118▐ MVNO(알뜰폰) 사업 구성도

국내에서는 2004년 에넥스텔레콤이 KTF와 제휴하여 가상 이동통신 사업자(MVNO, Mobile Virtual Network Operator, 알뜰폰) 서비스를 시작한 후, 2011년부터 본격적으로 MVNO 서비스를 제공했으며, 2012년에 방송통신위원회의 대국민 공모전을 통하여 알뜰폰이라는 이름으로 서비스를 제공하고 있다.

| 그림 1-119 | 국내 알뜰폰 주요 사업자 현황

MVNO는 물리적인 이동통신망을 보유하지 않고, 이동통신 사업자로부터 통신망을 임차해서 자사 브랜드로 통신 서비스를 제공하는 사업자다.

<u>또한 2006년에는 SKT에서 세계 최초로 GPS 기능이 내장된 단말기를 출시했다. 당시 Qualcomm사의 A-GPS 기술을 적용하여 휴대폰에서도 바로 현재의 위치를 파악할 수 있는 기능을 추가하여 Navigation, 친구찾기 등의 서비스를 제공했다.</u>

이동통신 데이터 속도관련, 모든 기술은 이동통신망(실제로는 컨텐츠를 제공하는 인터넷)에서 단말기로 보내는 속도를 증가시키기 위한 방향으로 기술이 발전되고 있다. 고객이 이용하는 대부분의 서비스는 인터넷으로부터 정보를 받기(다운로드) 때문이다.

따라서 3GPP는 3G 규격에 기지국에서 단말기 방향의 하향링크 패킷 데이터를 고속을 보낼 수 있는 HSDPA(High Speed Downlink Packet Access)를 정의했다. 3GPP에서 정의하는 'Access'라는 용어에는 무선통신이라는 의미가 포함되어 있다. 즉, HSDPA는 고속 다운링크 데이터 전송을 위한 무선방식이다.

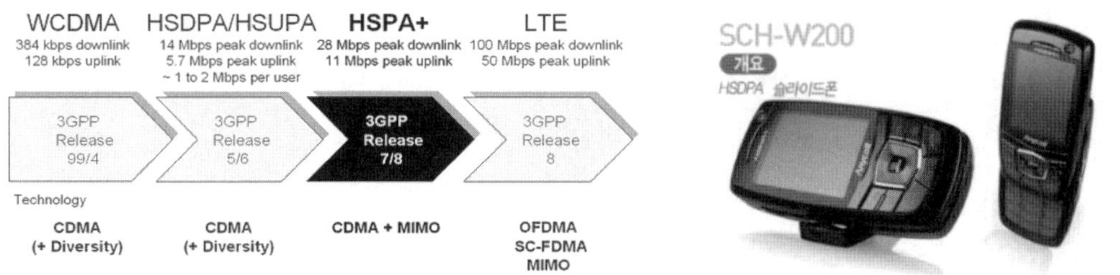

| 그림 1-120 | SKT의 HSDPA 세계 최초 상용화(2006년 5월)

HSDPA는 일반적으로 3.5세대 이동통신 기술이라고도 하며, CDMA 방식의 1xEV-DO(하향 2.4Mbps, 상향 153.6Kbps) 속도보다 빠르다. 이론적으로 HSDPA의 다운로드 최대 속도는 14Mbps지만, 실제로 사용자는 2~3Mbps의 속도로 데이터를 전송받을 수 있었다.

국내에서 HSDPA를 2006년 상용화 한 이후, 2010년에는 단말기에서 기지국 방향으로 고속통신이 가능한 HSUPA(High Speed Uplink Packet Access)가 상용화되었다. HSDPA와 HSUPA를 합해서 일반적으로 HSPA(High Speed Packet Access)라고 한다.

▌그림 1-121▐ KT 회사, 서비스 로고 변천사

2007년에는 KT가 자회사였던 KTF를 합병하고 이동통신 서비스 이름을 'SHOW'로 통일했다. 이후 2009년에 서비스 이름을 SHOW에서 'olleh KT'로 변경했다. olleh는 'hello'를 끝에서부터 반대로 철자를 붙인 것이다.

2007년에 SKT는 유선 인터넷 사업자였던 '하나로 텔레콤'을 인수하여 회사명을 'SK Broadband'로 변경했다. 기존 하나로 텔레콤에서 사용되는 서비스 브랜드 이름을 '하나로/하나'에서 Broad&을 거쳐 'B'(예, B TV)로 바뀌었다. 이것은 SKT의 서비스 브랜드인 'T'와 연계되어 SK Broadband는 B로 정했다.

SKT는 2015년에 SK Broadband를 합병이 아닌 완전 자회사로 편입시켰다. 따라서 SK Broadband는 일종의 SKT 내부 부서가 되었다. 이후 SK Broadband는 SKT와 긴밀한 협력으로 SKT 서비스를 재판매하거나 SKT와 결합상품을 판매하고 있다.

결합상품이란 SKT 휴대폰 가입자가 SK Broadband의 유선인터넷과 IPTV를 하나의 이름으로 가입할 경우, 요금을 할인 받을 수 있고, 하나의 요금고지서로 서비스를 제공받을 수 있다.

또한 스마트폰 대중화를 시킨 Apple의 iPhone은 2007년에 출시되었으나 국내는 2009년에 KT에서 판매를 시작했다.

(4) 2010년 ~ 2019년

LGT는 2010년에 데이콤과 파워콤(PowerComm)을 통합해서 LG U+로 새롭게 출발했다. 따라서 이때부터 LG U+는 이동통신, 유선인터넷, IPTV 등의 서비스를 제공하는 종합 통신회사가 되었다.

SKT와 LG U+는 2011년에 각각 800MHz와 2.1GHz 대역에서 LTE(Long Term Evolution) 서비스를 상용화했다. LTE 상용화 이전(2010년)에 정부는 LTE용 주파수를 추가 할당했는데, SKT에 2.1GHz 대역, KT에 900MHz 대역, LG U+에 800MHz 대역을 각각 할당했다.

LTE는 UMTS망을 업그레이드한 것이 아니고, 완전히 다른 통신망이다. 따라서 이동통신 사업자는 LTE용으로 새로운 기지국과 코어망을 구축해야 했다. 일반적으로 UMTS를 운용하는 사업자는 코어망의 일부 요소를 LTE와 공유하고, 동일한 기지국 장소에 RF 부품을 공유할 수 있다.

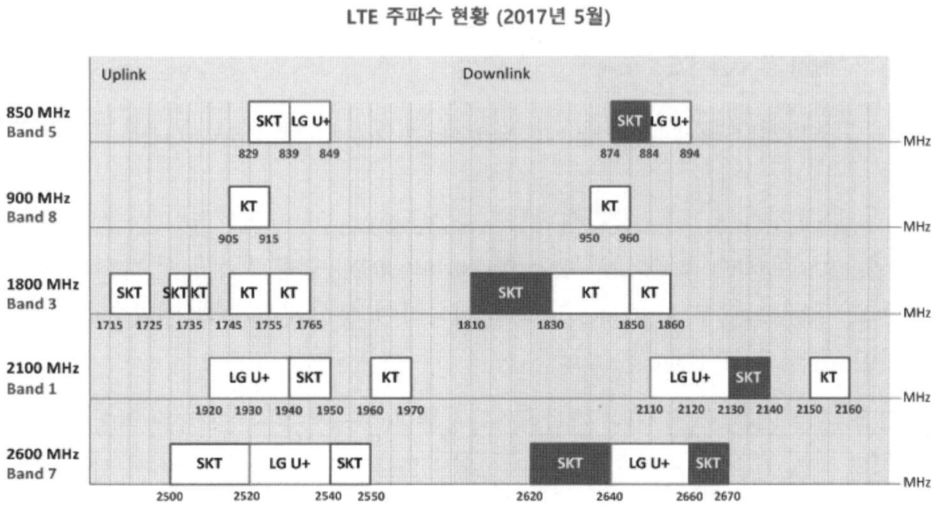

▌그림 1-122▐ 사업자별 주파수 대역 현황(2017년)

이후, LTE를 활용한 서비스가 증가됨에 따라 정부는 몇 번의 추가 주파수를 이동통신 3사에 할당했고, 최종으로 800MHz 대역은 SKT/LG U+, 900MHz 대역은 KT, 1.8GHz 대역은 SKT/KT, 2.1GHz 대역은 SKT/KT/LG U+, 2.6GHz 대역은 SKT/LG U+가 활용하고 있다.

이동통신3사 주파수 보유 현황

	SK텔레콤	KT	LG유플러스
보유량(MHz)	165	125	120
보유 비중(%)	40	30	29

그림 1-123 사업자별 주파수 보유 총량(5G 제외, 2019년 기준)

2011년에 LTE를 상용함으로써 고객은 최대 75Mbps까지 데이터를 수신 받을 수 있었으며, 이때부터 Full HD급 동영상, 대용량 온라인 게임 등의 서비스를 받을 수 있었다.

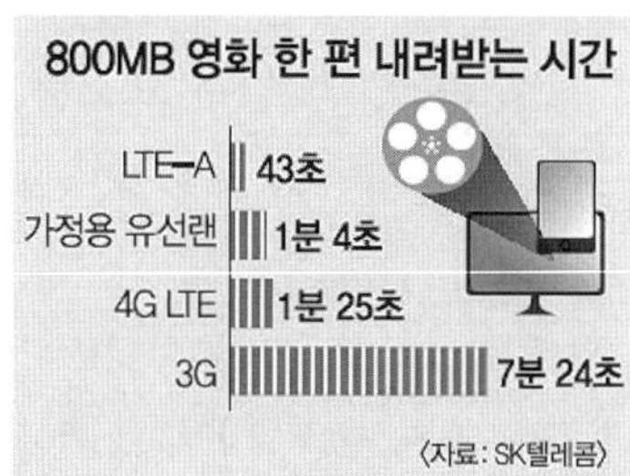

그림 1-124 사업자별 LTE 서비스 로고, 기술 방식별 다운로드 시간

2013년에는 LTE에서 속도를 증가시킨 LTE-A(Long Term Evolution-Advanced)가 상용화되었다. LTE-A는 LTE에서 변조(Modulation)와 같은 무선통신 방식을 변경하는 것은 아니고, CA(Carrier Aggregation)를 사용하여 통신에 필요한 주파수폭을 넓게 사용하는 것이 주된 특징이다.

따라서 LTE-A는 기존 LTE 대비 가장 큰 특징은 다수의 주파수 대역을 엮어서 사용하는 CA 기술이다. CA 기술은 단순하게 2개 이상의 LTE 주파수 대역을 묶어서 사용하는 방법으로 구현이 간단할 수 있지만, 실제로 호처리 과정은 복잡하다.

이론적으로 2개의 주파수 대역을 묶어서 사용하면 전송속도는 2배가 된다. SKT의 경우, LTE-A CA를 위해서 800MHz 대역과 1.8GHz 대역을 묶어서 사용하고 있다.

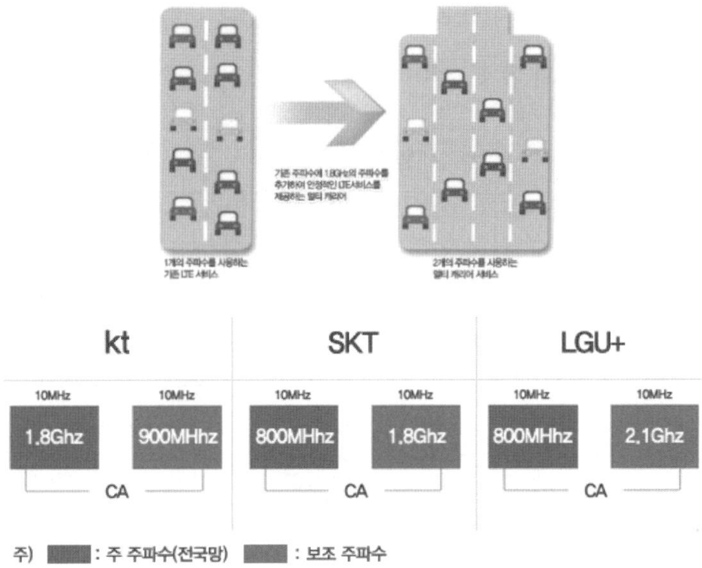

▌그림 1-125▐ LTE-A, 2 CA 예

추가적으로 기지국과 단말기에 여러 개의 안테나를 사용하는 MIMO(Multiple Input Multiple Output) 기술, Beam Forming 기술 등이 사용되어 데이터 전송속도를 높이고, Latency(통신지연)를 줄일 수 있다.

LTE-A를 고속도로에 비유하면, 1개 차선을 사용할 경우 최대 75Mbps 속력이라면, 2개의 차선을 사용할 경우, 최대 150Mbps 속도를 낼 수 있다. 동일한 원리로, 하나의 차선이 150Mbps와 또 다른 차선이 75Mbps 속도의 고속도로 2개를 CA 기술로 묶어서 225Mbps(150+75)를 만들 수 있다.

또한, LTE-A 기술을 확대 적용하여 5밴드 CA 기술, 데이터 전송량을 늘려주는 256 QAM(Quadrature Amplitude Modulation), 데이터 송수신 안테나를 기존 2개에서 4개로 늘린 4X4 MIMO 기술 등을 적용하면 이론적으로 1Gbps 이상의 속도를 낼 수 있다.

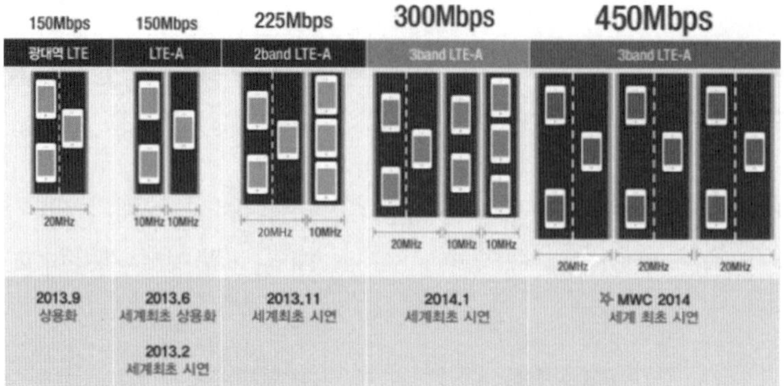

▌그림 1-126▐ SKT의 LTE-A 개발 History(출처 : SKT)

국내에서 경쟁적으로 LTE-A 기술을 개발하면서 광대역 LTE를 상용화했다. 이렇게 국내에서 LTE, LTE-A, LTE-A Pro를 급격히 도입한 이유는 YouTube, Facebook 등 대규모 트래픽을 발생시키는 OTT 서비스가 2000년부터 급성장되었기 때문이다.

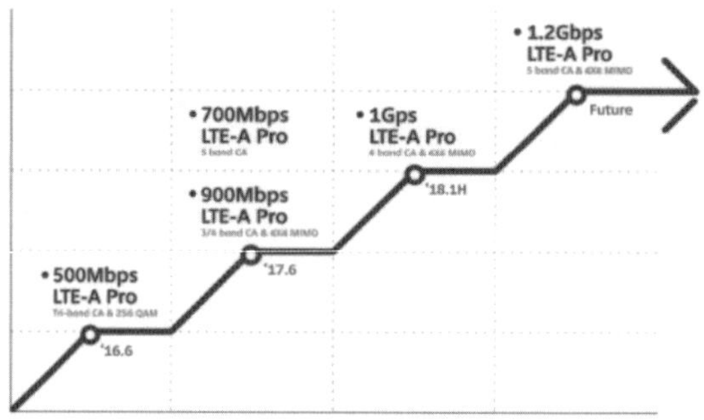

▌그림 1-127▐ LTE-A Pro 기술 발전 과정(출처 : SKT)

국내에서 2015년부터 BLE(Bluetooth Low Energy) Beacon을 활용한 다양한 O2O (Online to Offline) 서비스가 제공되었다. BLE Beacon을 활용한 서비스는 Apple이 2013년에 iBeacon을 발표하면서 전 세계적으로 신규 서비스로 인기를 얻었다.

BLE Beacon은 BLE의 Advertising Channel(디바이스 연결 전 정보전송)과 Data Channel(BLE 디바이스간 통신)에서 방송기능인 Advertising Channel만 이용하는 방식이다. Beacon이란 불빛, 등대 등의 뜻으로 불빛을 발생시키는 곳에서 다른 곳으로 단방향으로 정보가 전송된다는 의미이다.

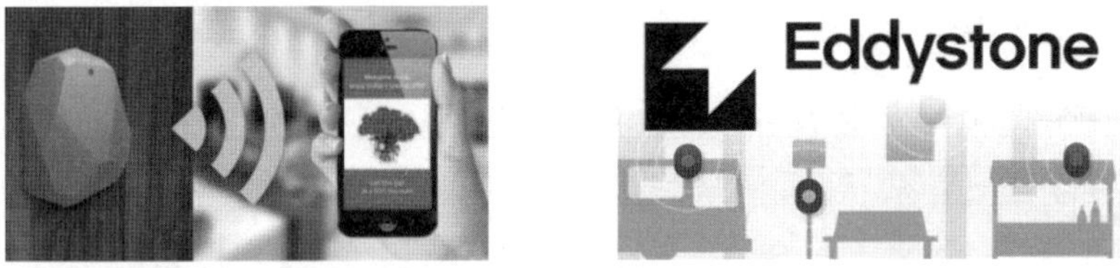

▌그림 1-128▐ BLE Beacon 동작방법과 Android Eddystone 로고

따라서 BLE Beacon은 오프라인 환경(예, 매장, 식당)에서 주변에 있는 휴대폰으로 정보를 전송해주는 역할을 한다. 대부분의 휴대폰은 BLE 칩이 있어서 BLE Beacon 신호를 받기 위해서는 S/W(즉, 앱)로 쉽게 구현할 수 있다. 주로 매장의 할인행사 관련 정보 전송이다.

대부분 스마트폰은 Bluetooth, BLE 기능을 가지고 있기 때문에 BLE Beacon에서 전송하는 정보를 받아서 앱에서 해당 정보를 표시해주는 역할을 한다. Apple과 Google은 iOS에 iBeacon, Android에 Eddystone이라는 기능으로 OS 단에서 BLE Beacon 기능을 추가하여 디바이스에서 쉽게 관련된 서비스나 앱을 구현할 수 있다.

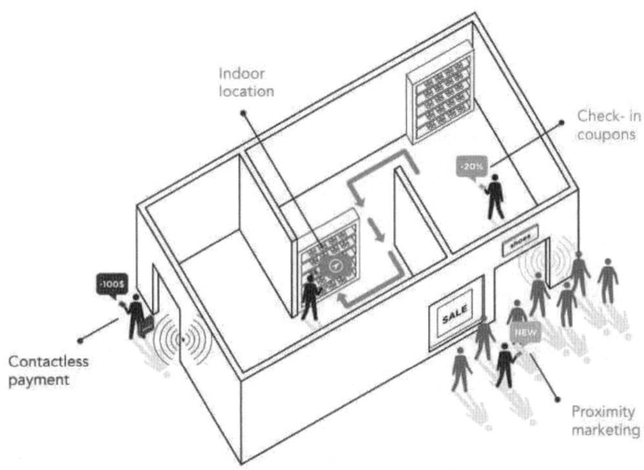

▌그림 1-129▐ BLE Beacon을 활용한 O2O 서비스 예

BLE는 1990년 후반에 Nokia, Ericsson 등이 주도하여 저전력 WPAN(Wireless Personal Area Network) 통신기술인 'WiBree'를 개선한 기술이며, Bluetooth와는 독립적인 기술이다. 하지만, Bluetooth 표준화 단체인 Bluetooth SIG에서 저전력 기술인 WiBree를 채택하면서 Bluetooth와 함께 규격이 만들어지고 있다.

Bluetooth와 BLE의 특징은 모뎀칩에서 Physical Layer를 공유함으로써 Bluetooth와 BLE를 하나의 칩으로 쉽게 만들 수 있는 기반을 만들었다. 이후, Bluetooth/BLE 칩이 활성화되면서 BLE Beacon이 등장하게 되었다.

하지만, BLE Beacon을 활용한 O2O(Online to offline) 서비스는 많은 정보가 자주 단말기로 전송되어 ①단말기(즉, 스마트폰)의 전력소모가 많고, ②고객이 원하지 않는 정보를 수신하여 일종이 스팸 정보가 되어 국내외적으로 활성화되지 않고 있다.

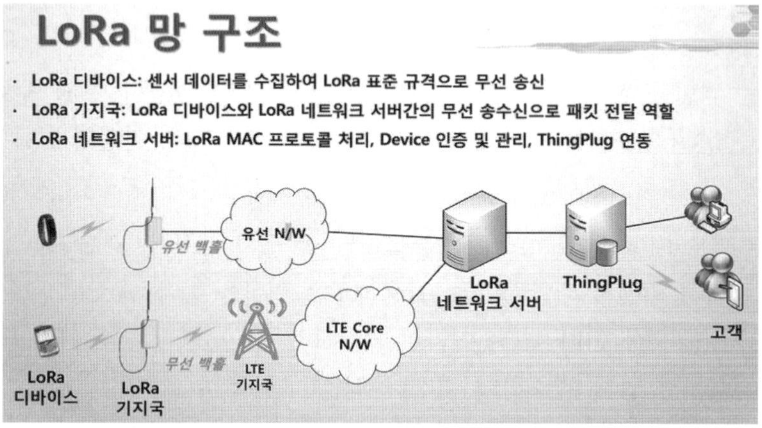

▌그림 1-130▐ SKT LoRa망 구조

SKT는 2016년에 LTE를 활용한 IoT 기술 개발과 함께, LPWAN(Low Power Wide Area Network, 또는 LPWA) 기술인 LoRa 기술을 활용하여 900MHz 대역에서 IoT 서비스를 제공하고 있다. LPWA는 LTE망과 연동되지 않는 전용 무선망으로 LTE NB-IoT와 유사한 서비스를 제공한다.

LoRa 기술은 LPWA 용어와 같이 단말기는 저전력 동작, 소량의 데이터만 송수신, 먼거리 전송(수십 Km까지 전송 가능)이 특징이다. LoRa 기술은 국제 표준화 단체에서 정의한 규격이 아니고, 미국의 Semtech에서 자체 개발한 기술이다.

이렇게 LoRa 기술은 IoT 서비스 목적에 맞지만, SKT는 LoRa망을 구축해야 하고 운용해야 하는 문제가 있다. 만약 LTE NB-IoT로 서비스를 제공한다면 기존의 LTE망을 그대로 사용할 수 있고, 운용도 통합해서 할 수 있는 장점이 있다.

SKT의 LoRa 요금제를 보면, 시간당 1회 전송하는 요금이 월 350원(부가 가치세 제외)으로 매우 저렴하다. 주로 검침이나 오류 발생 여부 등 간단한 정보만 전송하는 목적으로 사용된다.

* 로라 IoT 요금제

데이터 제공량	월기본료(VAT별도)	서비스 예시	비고
100KB (1시간 1회)	350원	가스/수도 AMI 환경 모니터링(온습도)	* 기간 약정 할인 –2년(5%)~5년(20%) * 다회선 할인 –500회선(2%) ~만회선(10%) * 추가 요율 0.005원/0.5kB
500KB (10분 1회)	500원	시설물 모니터링 (태양광발전, 누수 등), 환경 모니터링(미세먼지), 가로등/보안등 관제	
3MB (1분 1회)	700원	자산관리 (공용 자전거 등 공용시설)	
10MB	1,000원	대인관제(Safe Watch)	
50MB	1,500원	이동형 자산관리	
100MB	2,000원	작업장 안전관리, 차량관제, 전력AMI	

| 그림 1-131 | SKT LoRa 서비스 요금 현황

2016년에는 SK Broadband에서 모바일 IPTV 서비스인 '옥수수(Oksusu)'를 출시했다. 물론 기존에도 모바일 IPTV 서비스인 Mobile BTV 서비스를 제공하고 있었지만, 서비스 이름을 변경하여 향후 독자적인 사업 기반을 구축하겠다는 의미가 포함되어 있다.

기존의 IPTV는 주로 유선을 활용했는데, 옥수수는 모바일 IPTV이다. 물론 유선 IPTV와 모바일 IPTV의 처리절차나 컨텐츠는 유사하지만, 젊은층 위주로 모바일을 활용한 IPTV가 급성장되는 추세여서 별도의 서비스를 시작했다.

이후, 2019년에 SKT는 지상파 TV 사업자가 만든 Pooq에 지분을 투자하여 옥수수와 합병하여 새로운 사업을 추진하고 있다. 2018년부터 SVOD 산업이 급성장되면서 Netflix에 대응하겠다는 목적도 있다.

국내의 이동통신 발전과정을 보면, 2G 기술인 CDMA부터 5G까지 SKT 위주로 국내에서 세계 최초로 대부분 신기술을 상용화했다. 이러한 신기술 최초 상용화는 전세계로부터 관심을 받았고, 국내에서 신기술을 시험하는 Test Bed 역할을 했다.

▌그림 1-132▐ SKT 이동통신 기술도입 History(출처 : SKT)

이동통신 신기술 세계 최초 상용화를 통하여 전세계 통신장비, 단말기, 솔루션 회사 등이 국내에서 시험을 하고, 국내 엔지니어는 해당 기술을 습득하여 관련된 산업을 발전시키고 기술을 해외에 수출할 수 있는 계기가 되었다.

이동통신 기술은 그 자체 산업(통신장비, 단말기, 컨텐츠, 솔루션 등)을 발전시킬 뿐만 아니라 스마트 오피스, 스마트 시티, 스마트 공장, 비디오 컨텐츠 등 매우 많은 산업분야에 영향을 미치기 때문에 파급효과가 크다.

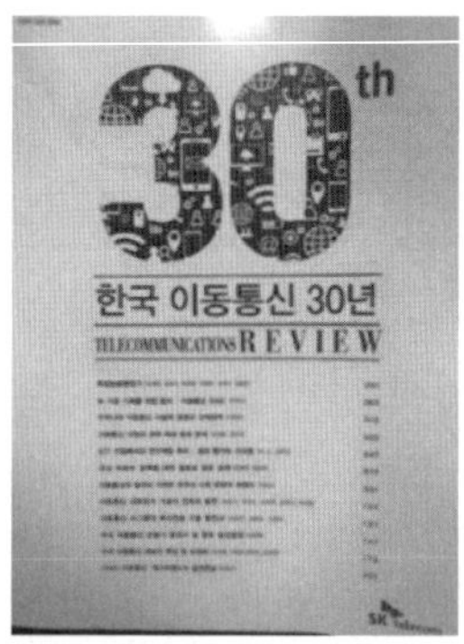

▌그림 1-133▐ SKT의 한국 이동통신 30주년 기념로고, 기술논문

이처럼 이동통신은 서비스 자체보다는 일종의 사회 시스템을 동작시키는 인프라이다. 전체적으로 국내 경제발전에 기반이 되고, 사람들이 좀 더 편리한 생활을 할 수 있는 기반이다.

이러한 맥락에서 국내의 이동통신은 과거 30년간 급격히 발전되었고, SKT는 2018년에 이동통신 30주년을 기념하여 과거 역사, 기술, 서비스에 대한 논문을 발표한 바 있다.

2) 국내 단말기 발전과정

국내의 이동통신은 1984년 당시 한국이동통신서비스 주식회사에서 AMPS를 상용화한 이후, 1996년 CDMA를 세계 최초로 상용화하면서 국제적으로 이동통신 기술 우위를 확보하게 되었다.

2003년에는 유럽위주의 이동통신 방식인 UMTS(Universal Mobile Telecommunications System)를 상용화하였고, 이후 UMTS 계열의 LTE와 LTE-A를 상용화하면서 이동통신 기술과 단말기 기술측면에서 선두를 유지하고 있다.

UMTS는 이동통신 무선방식, 망구조, 호처리 등 전체를 의미하는 광범위한 개념인데 여기의 핵심 무선전송 기술은 WCDMA를 사용하여 상대적으로 협대역인 CDMA와 구분하게 되었다. UMTS가 GSM처럼 일반적인 용어이지만 당시 CDMA와 구분하기 위해서 WCDMA를 많이 사용하게 되었는데, 이후 많은 회사에서 UMTS보다는 WCDMA를 사용해서 용어를 혼용해서 사용하고 있다.

특히, 국내에서 미국방식의 CDMA 대신에 유럽방식 UMTS를 상용화하여 전세계적으로 절대 다수를 차지하고 있는 UMTS 시장에 국내의 단말기 업체가 국제적 경쟁 우위를 확보하는데 기여했다.

이러한 UMTS는 기존의 GSM/GPRS의 망구조와 호처리에 근간을 두고 있고, UMTS보다 발전한 방식인 LTE, LTE-A도 기존의 UMTS 기술에 근간을 두고 있다.

국내의 이동통신 사업자는 1990년 후반부터 세계 최초의 혁신적이고 다양한 이동통신 서비스를 개발하여 국제적으로 많은 주목을 받았으며, 이를 기반으로 국내의 이동통신 기술과 단말기 기술이 해외에서 인정하는 계기가 되었다.

세계 최초 상용화는 전 세계의 Reference가 되었으며 이를 기반으로 국내의 이동통신 기술은 향후 6G 등 기술적인 측면에서 선두를 유지할 것으로 기대된다.

(1) 이동통신 단말기 역사 개요

국내의 이동통신 단말기는 1984년 자동차에서 전화를 받거나 걸 수 있는 카폰 단말기가 시작이었다. 이때, SK Telecom의 전신인 한국이동통신서비스 주식회사는 아날로그 이동통신 방식(AMPS)으로 미국의 통신장비와 단말기를 그대로 사용했다.

이후 단말기는 삼성전자, LG전자(당시 금성통신), 현대전자 등에서 개발되었고, 통신 장비는 삼성전자, LG 전자, 현대전자, 대우전자, 한화정보통신 등에서 개발되었다.

국내 최초 AMPS 휴대용 단말기는 Motorola사의 DynaTAC 8000x였으며, 단말기가 크

기가 크고, 통화와 대기시간이 매우 짧았으며 통화 가능지역이 제한적이어서 사용에 불편한 점이 많았다.

이후 삼성전자, LG전자 등 국내 제조사는 AMPS 단말기를 개발하여 판매했지만, 시장에서 해외 제품과 비교시 경쟁의 우위를 확보하지 못했다. 당시 미국 Motorola사는 혁신적인 단말기인 StarTAC을 출시하여 국내외에서 많은 주목을 받았다.

1세대 이동통신 단말기는 Motorola가 AMPS 단말기 시장을 주도했지만 국내에서 CDMA가 도입되면서 국내회사 위주로 단말기 시장이 형성되었다. CDMA 통신을 사용했던 2세대 단말기는 삼성전자, LG 전자, 팬택 등 다수의 국내회사에서 개발을 주도했고 Nokia, Motorola, Ericsson, Sony, SHARP 등 해외업체는 국내 시장에 진입하기 위해 노력을 했으나 뚜렷한 성과는 없었다.

국내 최초의 AMPS 단말기인 Motorola DynaTAC은 당시 연속통화가 1시간, 대기시간이 8시간 정도이고 무거운 편이어서 사용하기 매우 불편했다. 이러한 초기의 단말기 구조는 국내의 이동통신 가입자가 급증하면서 단말기 기술도 급격히 발전되어 현재의 스마트폰이 범용화되었다.

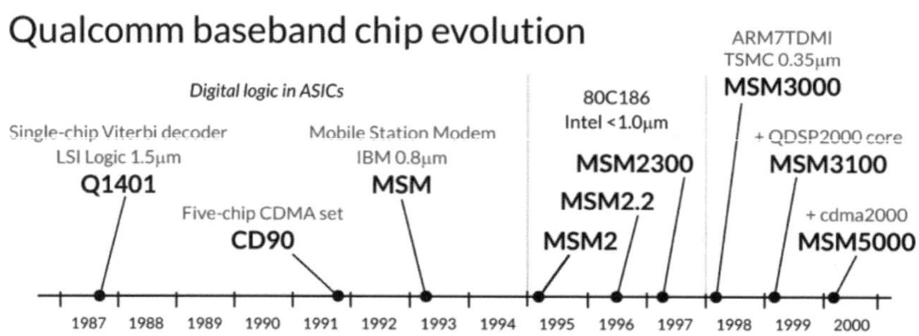

▌그림 1-134▐ Qualcomm사의 초기 CDMA 단말기 모뎀

Feature Phone은 음성과 SMS가 주된 기능이었고 1990년대 후반에 Windows Mobile, Symbian 등 Open OS를 사용하는 휴대폰으로 다양한 기능을 처리하게 되었는데, 이때부터 Open OS를 사용하는 단말기를 스마트폰이라고 부르게 되었다.

Feature Phone 용어의 유래는 Nokia에서 단말기를 기능별로 분류하면서 시작되었다. 당시 Nokia는 단말기 성능과 기능에 따라서 Basic Phone, Feature Phone, Premium Phone, 스마트폰 등으로 구분했다.

스마트폰은 애플이 iPhone을 출시하면서 대부분 이동통신 단말기의 기본적인 형태가 되었다. iPhone은 기존의 감압식(화면에 물리적인 압력을 주는 형태) 터치화면이 아닌 정전식(화면의 물리적 변형없이 전기적 변화를 이용하는 형태) 터치화면과 App Store를 도입하여 단말기의 사용방법과 기능이 매우 다양하게 되었다.

당시, Full Touch 방식의 단말기는 삼성, Nokia 등에서 출시되고 있었지만, 단말기 화면에 손가락을 이용하여 물리적인 압력을 가하는 방식으로 화면에 굴곡이 생겨서 사용이 불편하고 단말기 수명이 짧은 편이었다.

(2) 1세대 이동통신 단말기

① 1세대 이동통신 단말기 특징

1세대 이동통신 단말기는 아날로그 방식의 AMPS 단말기를 의미하며, 이때 단말기 기술과 국내 단말기 시장은 미국의 Motorola사가 주도했다.

따라서 이동통신 단말기 기술은 국내에서 CDMA 단말기를 개발하기 전까지 Motorola에서 혁신적인 제품을 출시했고, 이후 국내 삼성전자, LG전자 등에서 AMPS 단말기를 개발했으나 기술수준이 낮은 편이었다.

이동통신 초기 혁신적인 단말기를 개발했던 Motorola사는 나중에 단말기 부문은 중국 Lenovo에 이동통신 장비 부문은 핀란드 Nokia에 각각 인수되었다.

▌그림 1-135▐ 국내 최초 차량용, 휴대용 이동통신 단말기

1세대 이동통신은 현재의 SKT가 유일하게 서비스를 제공했고, 당시 무선호출서비스와 함께 이동통신이 급격하게 성장되던 시기였다. 1세대 단말기는 단말기의 크기와 배터리 문제로 차량에서만 통신이 가능했고, 이후 휴대형으로 발전되면서 급격히 성장했다.

국내에 도입된 최초의 휴대형 단말기는 Motorola사의 DynaTAC(다이나택)이었으며, DynaTAC은 세로길이가 33cm, 무게는 771g으로 벽돌과 비슷하여 벽돌폰으로 불렸다.

❙그림 1-136❙ 초기 아날로그 휴대폰

1세대 단말기의 디자인과 기술적인 측면에서 주목할 만한 사항은 Motorola의 StarTAC(스타택)이었다. StarTAC는 소형, 폴더폰(접을 수 있는 단말기)으로 당시 매우 혁신적인 디자인과 성능을 가지고 있었으며, 그립감(손으로 잡을 때)이 매우 좋았다.

삼성은 AMPS 차량용 단말기를 개발했지만 시장에서 성공하지 못했고, 이후 휴대형 단말기를 'Anycall'이라는 브랜드로 출시했다. 삼성의 1세대 단말기는 나름 2세대 시장 진입을 위한 기반 기술 확보 측면에서 의미가 있었다.

LG는 삼성과 마찬가지로 AMPS 단말기를 개발했으며, 당시 금성통신(LG 전자 자회사)에서 '화통'이란 브랜드로 출시했고, 이후 브랜드를 'Freeway', 'CYON' 등으로 이름을 변경했다

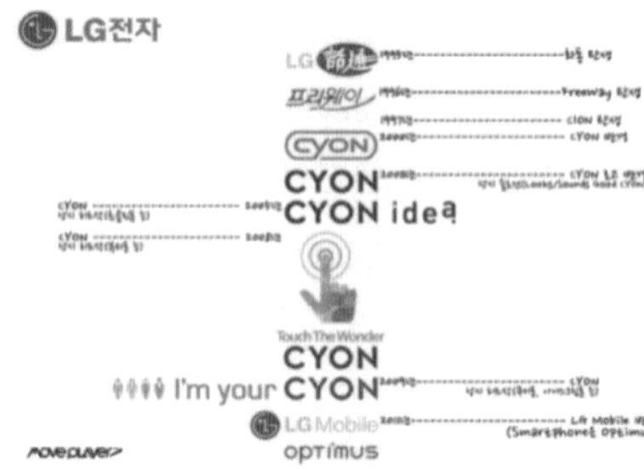

LG는 1996년에 터치가 가능한 PDA(큰 화면에 전자수첩 기능) 폰인 '멀티 X' 단말기를 출시했다. 멀티 X는 전화, 무선팩스, 전자수첩, 무선호출 기능을 가진 단말기로 17시간 이상 대기할 수 있었고, 약 2시간 연속통화가 가능했다.

하지만, 세계최초 풀터치 단말기였지만, 너무 많은 기능이 복합적으로 구현되어 많은 고장, 생산시 낮은 수율, 고가 단말기 등의 문제로 많이 판매되지는 않았다.

1세대 단말기 성능평가 기준은 음성 품질이었는데, 당시 이동통신 기지국 수가 많지 않고, 아날로그 통신의 특징인 잡음 영향으로 고품질의 음성서비스 제공은 쉽지 않았다. 따라서 국내의 이동통신 단말기 제조사들은 음질개선에 중점을 두고 단말기를 개발했다.

② 1세대 이동통신 단말기 주요 기술

1세대 단말기의 핵심기술(모뎀칩 등)은 미국의 Motorola, TI 등에서 제공했다. 당시 TI는 GSM 모뎀시장에서도 점유율이 매우 높은 칩 회사였다. Motorola는 무선통신 기술개발을 주도했기 때문에 자체적인 모뎀과 RF칩을 보유하고 있어서 기술 우위를 확보했다.

1세대 단말기 구조는 음성통화에 중점을 두고 있었기 때문에 무선통신(예, Multipath Fading 극복능력) 기술과 음성신호 처리는 중요한 기술사항이었고 디스플레이, User Interface 등의 기술은 상대적으로 부족했다.

삼성은 자체 AMPS 단말기가 무선통신 Multipath Fading에 강한 특성을 내세우면서 국내와 같은 산악이 많은 지역에서 통화가 잘 된다고 광고를 했다.

AMPS는 통신장비와 단말기의 보완으로 데이터 통신이 기술적으로는 가능한 구조였지만, 데이터 속도가 매우 느리고, 통신장비 보완에 비용이 많이 들기 때문에 데이터 통신은 실험적인 수준에서 검토만 되었고, 상용화는 하지 않았다.

(3) 2세대 이동통신 단말기

① 2세대 이동통신 단말기 특징

2세대 이동통신 단말기는 CDMA 통신방식을 이용한 휴대폰을 의미하며, 이때부터 음성통신과 함께 SMS(Short Message Service), 저속의 데이터 통신이 가능했다. 단말기는 초기 흑백화면에 영어 메뉴였지만, 이때부터는 컬러화면에 한글이 적용되었고, 일부 단말기는 카메라가 있었다.

국내 1세대 통신장비와 단말기는 대부분 해외 제품이었지만, CDMA 단말기(2세대)는 국내에서 세계 최초로 상용화되어 그 동안 단말기 강자인 Motorola, Nokia, NEC, Ericsson 등 해외 제품 대신에 국내회사 제품이 국내외에서 많은 시장을 차지했다.

당시 삼성, LG 등에서는 CDMA 단말기의 성공적인 국내 상용화를 기반으로 CDMA뿐만 아니라 GSM 단말기를 해외에 수출할 수 있는 기술 기반을 구축하게 되었다.

▌그림 1-137▐ 2세대 초기 단말기

2세대 단말기는 국내의 삼성, LG, 현대, Pantech, Telson, Standard Telecom, Bell-wave, SK Teletech, VK Mobile 등 대기업과 많은 중소기업이 참여하여 단말기 개발과 상용화를 했으며, 이때부터 국내 다수의 단말기 제조사는 CDMA 기술경험을 기반으로 GSM 단말기도 개발하여 전세계 시장에 절대적인 위치를 차지했다.

대부분 CDMA 단말기는 미국 Qualcomm(퀄컴) 모뎀을 사용했고, Qualcomm은 국내에서 기술적으로 많은 시행착오를 거치면서 경쟁력을 확보하여 세계적인 이동통신 단말기 칩 업체로 도약하는 계기가 되었다.

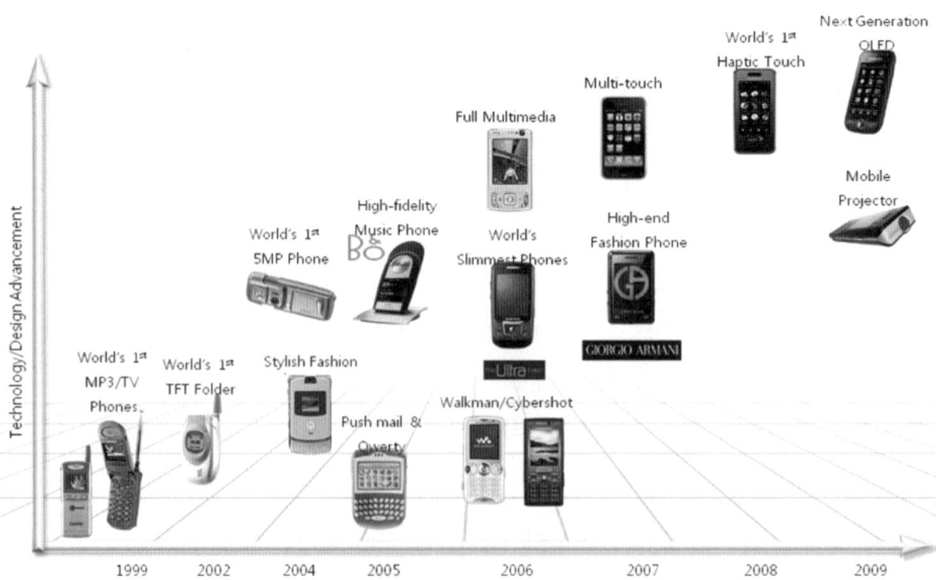

▌그림 1-138▐ 2세대 및 3세대 이동통신 단말기 종류(출처: 삼성)

한편, CDMA 상용화 초기에 칩 제조사인 Qualcomm은 Reference 단말기인 QCP-800(일본 교세라에서 H/W 제작)을 시장에 출시했는데, 이것은 Qualcomm에서 단말기 판매 사업보다는 CDMA 기술확산이 목적이었다.

2세대 이동통신 단말기는 기존에 바(Bar) 형태의 외형구조에서 폴더, 플립, 슬라이더 등 당시 획기적인 디자인이 적용되었고, 이후 대부분의 휴대폰은 카메라 등이 추가되면서 복합 기능을 가진 단말기로 진화했다.

2세대 단말기는 2002년 1xEV-DO가 상용화되면서 기존보다 빠른 데이터 통신으로 편리한 인터넷 접속과 멀티미디어 서비스 제공 기반을 마련하게 되었다. 1xEV-DO단말기는 빠른 인터넷 접속, VOD(Video On Demand), 화상전화가 가능하여 이전 단말기보다 뛰어난 서비스를 제공했다.

▌그림 1-139▐ 2세대 휴대폰 예(2002~2006)

2세대 단말기에서 통신기술 발전과 함께 국내 단말기 제조사는 혁신적인 디자인의 단말기가 출시되었는데, 예를 들면 SK Teletech의 슬라이더 폰이나 삼성의 광학줌이 가능한 카메라폰 등이 있었다. 또한 이때 스마트폰인 Windows Mobile 단말기가 국내에 출시되어 회사원은 편리하게 이메일을 사용했다.

② 2세대 단말기 기술

2세대 단말기는 대부분 Qualcomm 모뎀이 사용되었고, 단말기 전체 기술은 Qualcomm에서 제시하는 기준으로 개발되었다. 초기 CDMA 단말기는 Qualcomm 칩에서 동작되는 RTOS(Real Time Operating System)를 기반으로 단말기 각종 기능과 서비스가 구현되었다.

CDMA 초기 단말기는 Qualcomm의 MSM2.2, MSM2300, MSM3000, MSM6500 등과 같은 모뎀을 기반으로 개발되었으나 칩의 성능이 좋지 않아서 멀티미디어와 같은 다양한 서비스 제공에는 한계가 있었다.

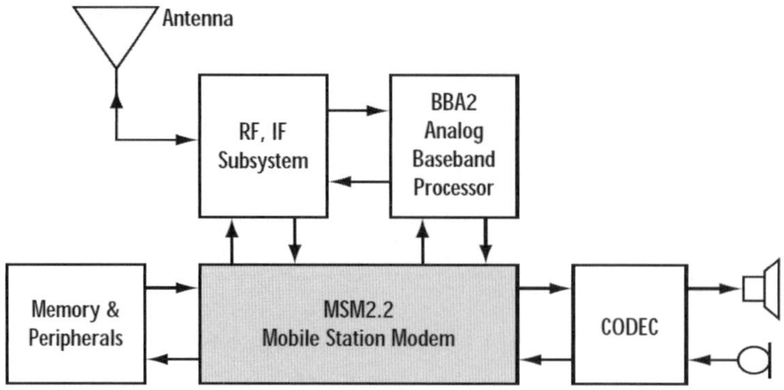

▌그림 1-140▐ Qualcomm MSM 2.2 모뎀 기반 단말기 구성도

한편, Qualcomm은 어느 정도 정형화된 방식으로 외부 인터페이스, 서비스 적용 방법, 단말기 검증방법, 단말기 생산시 필요한 파라메터 설정, Debugging 방안 등을 제시하여 개발자들이 쉽게 이동통신 단말기를 개발할 수 있는 환경을 제공했다.

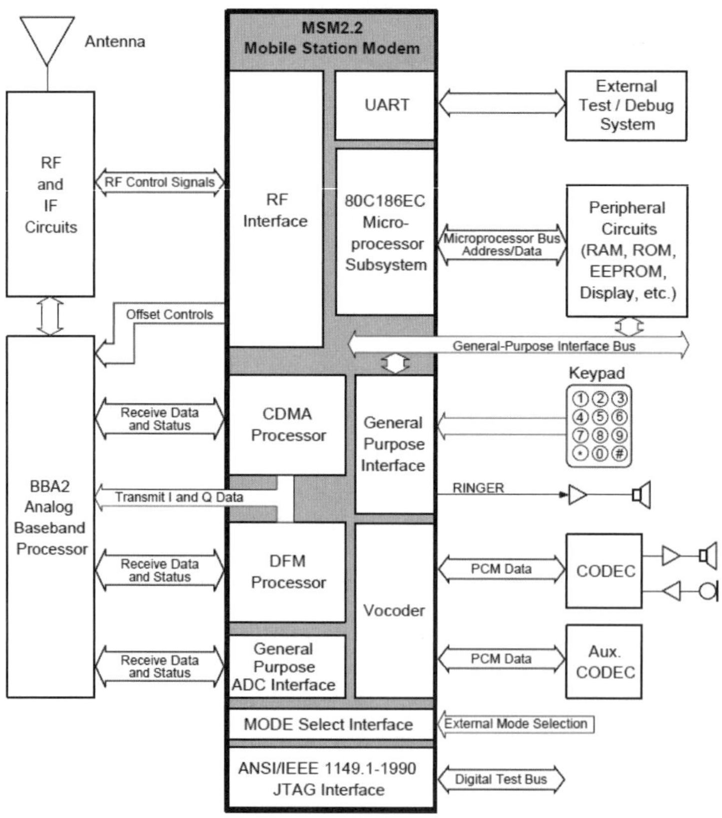

▌그림 1-141▐ Qualcomm MSM 2.2 기반 세부 단말기 구성도

2세대 CDMA 초기 단말기는 현재와 비교시 상대적으로 간단한 구조로 음성통화 위주로 구현되었다. 2세대 단말기부터는 SMS, 저속의 데이터 통신이 가능한 구조로 발전했으며, 2세대 초기에는 양방향 SMS를 기반으로 많은 서비스가 제공되었다.

양방향 SMS를 이용한 서비스는 벨소리 다운로드, 실시간 정보(예, 주식) 송수신, 저속 인터넷 접속으로 일종의 브라우저 기능 등의 서비스를 제공했다. 당시 단말기는 생산시 정해진(즉, Hard Coding된) 벨소리와 배경화면을 가지고 있었지만, SMS를 이용하여 다양한 벨소리와 배경화면을 다운로드 받을 수 있어서 많은 인기를 끌었다.

SMS는 간단한 메시지 송수신이 목적으로 데이터 길이가 140 Bytes로 제한적이지만 당시 무선데이타 프로토콜 설정없이 간단하게 SMS 서버와 단말기에 관련기능을 구현하여 다양한 서비스를 제공했다. SMS는 데이터 채널이 아닌 제어(즉, Signaling) 채널로 송수신되기 때문에 데이터 길이가 작은 것이 특징이다.

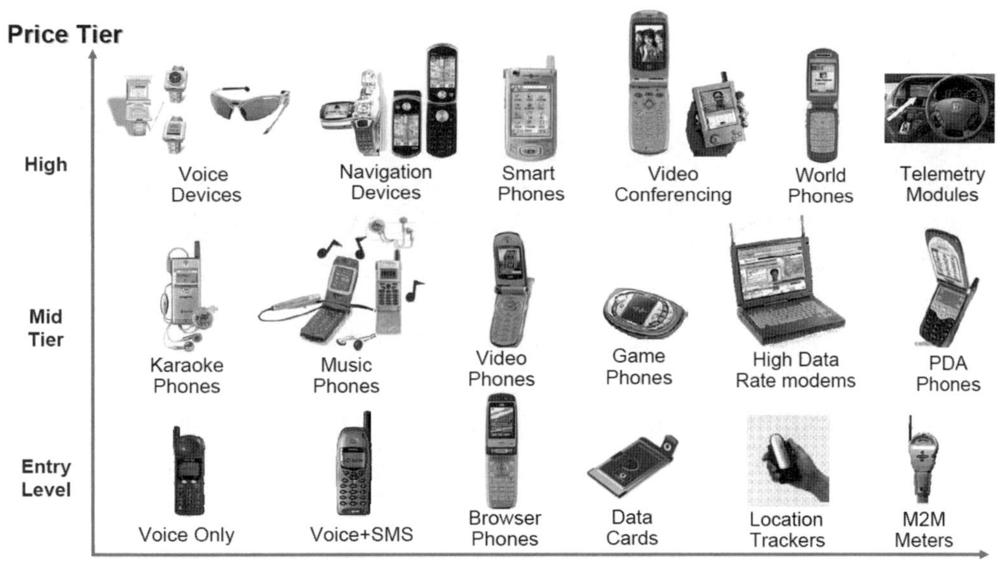

그림 1-142 2세대 단말기 기능별 분류

2세대 단말기부터는 Watch Phone, Data Card, GPS 위치추적 장치, CDMA 모듈이 탑재된 노트북, PDA(Personal Digital Assistant), Gaming 특화폰, MP 3 전용, 광학렌즈가 탑재된 카메라폰, Kids 폰, M2M(Machine To Machine) Device 등 다양한 형태의 단말기가 개발되었다.

이러한 형태에서 일부 단말기는 Machine에 적용되는 M2M 장치가 되었는데, 현재의 IoT(Internet of Things) 디바이스의 시작이 되었다.

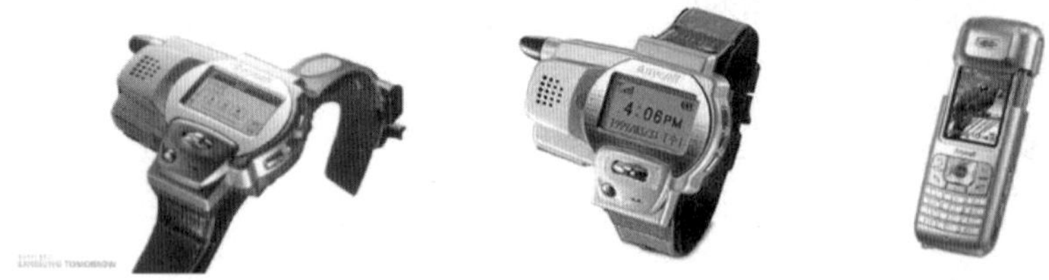

▍그림 1-143▍ 1990년 말 혁신적인 삼성 단말기

1999년에 삼성은 파격적인 시계 형태의 휴대폰을 출시했다. 윗쪽에 돌출된 CDMA 안테나, 흑백 LCD, 마이크, 스피커 등으로 음성통화가 가능했다. 이러한 시계폰은 기술, 디자인 측면에서는 혁신적이지만 많이 판매되지 않아서 사업적으로는 성공하지 못했다.

또한 단말기 크기를 줄이기 위하여 스피커 부분을 위로 올릴 수 있는 휴대폰을 출시했다. 평상시에는 스피커 부분을 화면쪽으로 내려고, 전화를 받거나 화면을 볼 때, 스피커 부분을 윗쪽으로 올리는 구조였다.

▍그림 1-144▍ MP3 재생 폰, VOD 폰

이후, MP3 플레이와 VOD 서비스가 가능한 단말기가 출시되었다. MP3 폰은 내부에 저장된 MP3 노래를 들을 수 있었으나 이후 음원 저작권의 문제로 많은 단말기가 출시되지는 않았다.

당시 MP3 전용 단말기(예, iRiver)가 있었지만, 대부분 중소기업이 단말기를 판매하여 음원 저작권 제재를 하지 않았지만, 휴대폰은 주로 대기업이 판매하기 때문에 국내 음원 자작권 문제로 MP3 휴대폰은 활성화되지 못했다.

VOD 폰은 1xEV-DO 통신망을 활용하여 국내에서 사업자가 정의한 VOD 프로토콜로 동작되었다. 이후 VOD는 대부분의 단말기에 적용되었고, Android 단말기가 출시되기 전까지 사용되었다.

▌그림 1-145▐ 2세대 단말기 예(SK Teletech, Pantech & Curitel)

또한 SKT의 자회사였던 SK Teletech에서 휴대폰 사업을 했으며, 당시 'SKY' 브랜드를 사용했고, 디자인과 기능측면에서 경쟁의 우위를 확보하고 있었다. 하지만 이동통신 사업자인 SKT가 휴대폰 사업으로 제조사와 서비스 업체간 공정경쟁에 문제가 있다는 정부의 제재로 단말기 대량 판매보다는 일부 정해진 수량만 판매했다.

2 세대 이동통신 초기 현대전자(당시, 현대그룹 소속)는 CDMA 통신장비(교환기, 기지국)와 단말기를 개발했다. 하지만 현대그룹이 현대그룹과 현대자동차 그룹 등으로 분리되는 과정에서 통신장비와 단말기 사업은 다른 회사에 매각되었다.

단말기 사업의 경우, 현대전자에서 분리되어 'Curitel'이란 회사로 시작했으며, 이후 Curitel은 Pantech과 합병하여 Pantech & Curitel 회사가 되었다. 최종적으로 Pantech & Curitel은 회사이름을 Pantech으로 변경했다.

Pantech은 무선호출기 단말기 사업으로 시작된 벤처로서 휴대폰 사업까지 확장한 다음, Curitel(이전 현대전자), SK Teletech를 순차적으로 합병했다. 정부는 서비스업체인 SK Telecom이 제조업 겸업 금지를 지속적으로 언급했고, 이러한 이슈로 SKT는 휴대폰 제조업체인 SK Teletech을 Pantech에 매각했다.

(4) 3세대 이동통신 단말기

① 3세대 이동통신 단말기 특징

3세대 이동통신은 일반적으로 UMTS 방식을 사용하는 휴대폰을 의미하는 것으로 기존 CDMA 방식보다 더 넓은 주파수 폭을 이용하여 기존 대비 빠른 데이터 전송이 가능한 단말기이다.

일반적으로 3세대는 CDMA계열의 1xEV-DO 단말기도 의미하지만, 전세계적으로 CDMA 방식보다는 유럽방식인 UMTS 가 절대적인 시장을 확보했기 때문에 국내에서도 UMTS 기술을 도입하게 되었다.

CDMA 방식은 주로 미국, 일부 아시아 국가에서만 사용되었고, 유럽, 아메리카, 동남아, 중동, 아프리카 등 대부분의 국가에서는 UMTS 방식을 사용하였다. 따라서, 국내 사업자는 장비투자비를 절감하고 단말기 수급의 다양화를 위하여 Eco System이 훨씬 큰 유럽주도의 기술인 UMTS 기술을 도입하게 되었다.

▎그림 1-146▎ 초기 Dual Mode 단말기와 HSDPA 단말기

3 세대부터 국내 단말기 제조사도 UMTS 계열(이후, 4세대, 5세대)로 제품 개발에 집중하여 전세계적인 경쟁력을 확보했다. 물론 UMTS 이전에 삼성, LG는 CDMA 이외에 GSM 단말기를 해외에 판매했다.

UMTS 방식은 음성과 데이터 통신이 가능한 방식에서 이후 고속 데이터만 전송 가능한 방식인 HSDPA(High-Speed Downlink Packet Access)와 HSUPA(High-Speed Uplink Packet Access)를 국내에서 상용화하였는데, 이것을 3.5세대라고도 한다.

HSDPA와 HSUPA를 합해서 HSPA(High-Speed Packet Access)라고 하며, HSPA는 이후 OFDM(Orthogonal Frequency Division Multiplexing)을 사용하는 LTE의 근간을 이루는 기술이 되었다.

▎그림 1-147▎ 모토로라의 레이저 폰, 삼성 카메라 폰(2004년)

2004년에는 모토로라가 RAZR(레이저) 폰을 출시하여 시장에 좋은 평가를 받았으며, 이후 레이저 폰은 변형된 모델로 꾸준한 인기를 끌었다. 당시 레이저 폰은 단순한 디자인과 키 입력을 위한 터치감이 좋았다.

또한 삼성은 휴대폰에 광학줌이 가능한 카메라폰을 2004년에 출시하여 휴대폰 디자인과 기능면에서 혁신을 주도했다. 삼성 카메라폰은 많이 판매되지는 않았지만 해외 언론으로부터 많은 관심을 받았다.

▌그림 1-148▐ LG 휴대폰(초코릿 폰, 샤인폰) (2005년~)

LG는 단순한 디자인에 붉은색으로 표시된 부분에 터치로 메뉴를 선택하는 초코릿 폰을 출시하여 당시 천만대 이상이 판매되었다. 초코릿 폰에서 메탈(금속) 소재를 사용한 샤인폰이 2006년에 출시되었고, 이후 개선된 초코릿 폰이 추가로 출시되었다.

또한 LG는 효도폰이라는 별명으로 단순한 기능을 가진 와인폰을 출시하여 좋은 성과를 달성했다.

▌그림 1-149▐ LG Wine 폰 시리즈

삼성전자, LG전자 등 단말기 제조사는 3세대 단말기부터 해외에서 두각을 나타내기 시작했고, 이를 기반으로 현재까지 해외에서 선두를 유지하고 있다. 반면 한때 GSM과 WCDMA 폰으로 전세계에서 가장 많은 시장을 가지고 있던 Nokia는 스마트폰 대응이 미진하여 시장을 많이 잃었다.

▌그림 1-150▐ 3세대 이동통신 기반 삼성 Omnia, BlackJack 단말기

3세대 휴대폰은 Apple의 iPhone과 같은 혁신적인 제품의 출시로 기존 단말기와는 완전히 다른 모양과 기능으로 진화되었다. 이때부터는 App Store를 통한 다양한 Application을 사용하는 방식으로 이동통신 단말기 측면에서 획기적인 변화가 있었다.

Apple의 iPhone이 출시되기 이전에 삼성, LG는 Windows Mobile OS를 사용하는 스마트폰을 출시했다. 삼성의 경우, 대표적인 스마트폰은 Omnia, BlackJack 단말기가 있었다.

▌그림 1-151▐ 3세대 대표 단말기인 Apple iPhone과 삼성 갤럭시

Apple사는 이때부터 iPhone의 App Store뿐만 아니라 자체 AP(Application Processor), Sensor Hub칩 등을 이용하여 확고하게 Eco System을 장악하여 시장을 선점했다. Apple은 Siri, Passbook, Facetime, Touch ID 등 자체 기능을 이용하여 Android와 달리 Eco System을 폐쇄적으로 운영하면서 혁신적인 기능과 서비스를 출시했다.

예를 들면, 기존 USIM은 단말기에 탑재하기에 큰 편이었지만 국제 표준 문제로 구조 변경이 어려웠는데, Apple은 Micro USIM, Nano USIM 등 주도적으로 USIM 크기를 줄이면서 기존과 다른 변화를 만들었다. 이러한 소형의 USIM은 현재 Android 단말기 등 대부분의 단말기에 사용되고 있다.

한편, 3세대 이동통신 방식에서 WiBro가 국내에서 상용화되었다. 사실 WiBro는 국내 기술이기보다는 국제표준인 WiMAX의 일부 Profile만 사용하는 규격이다. WiBro는 TDD(Time Division Duplex) 방식으로 데이터 전송만 가능한 LTE와 비슷한 특징을 가지고 있었으며, 주된 단말기 형태는 스마트폰 구조가 아닌 데이터 모뎀이었다.

▌그림 1-152▌ 위성 DMB 단말기

국내 3세대 이동통신 단말기에서 당시 혁신적인 기능은 DMB(Digital Multimedia Broadcasting)로써 TU Media(당시, SKT 자회사)에서 운영하는 위성 DMB와 지상파 방송사(KBS, MBC, SBS)에서 운영하는 지상파 DMB가 있었다.

당시 DMB는 세계 최초로 Mobile TV를 상용화한 것으로 이동통신망을 사용하지 않고, 별도의 방송망을 활용하여 휴대폰에 적용한 사례로 높이 평가되었다. 하지만, 휴대폰에서 Streaming 방식이 범용화되면서 DMB 시장은 사라지고 있다.

② 3세대 이동통신 단말기 구조

3세대 이동통신 단말기는 이전 CDMA와 마찬가지로 대부분 Qualcomm칩을 기반으로 개발되었으며, 이때부터 Qualocmm은 ARM 11 CPU Core를 사용하여 기존 대비 성능이 많이 개선되었다.

기존 Qualcomm칩 CPU는 ARM 9이 사용되어 멀티미디어 처리에 성능이 부족했다. 또한, 단말기는 DMB용 전용 Interface와 Display Interface인 MDDI(Mobile Display Digital Interface) 등 신기술이 적용되기 시작했다.

3세대 단말기의 주요 특징은 AP의 역할이 강화되는 시기여서 이때부터 AP와 모뎀이 1 Chip 또는 분리된 형태로 구현되었고, 국내의 Mobile Service Platform인 WIPI(Wireless Internet Platform for Interoperability)를 기반으로 Downloadable 기능을 이용하여 다양한 서비스가 개발되었다.

WIPI는 Java, C, C++ 언어를 사용하여 통신 사업자와 상관없이 서비스와 컨텐츠가 동작되는 구조로 국내 표준으로 정의된 바 있다. 이러한 WIPI는 국내에서만 사용되는 폐쇄성으로 인하여 Android와 같은 Open OS가 등장하면서 사라졌다.

한편 일부 사업자는 퀄컴의 BREW(Binary Runtime Environment for Wireless)를 사용하여 서비스를 제공했는데, KT의 경우, WIPI on BREW를 사용하여 WIPI와 통합을 시도한 적이 있다.

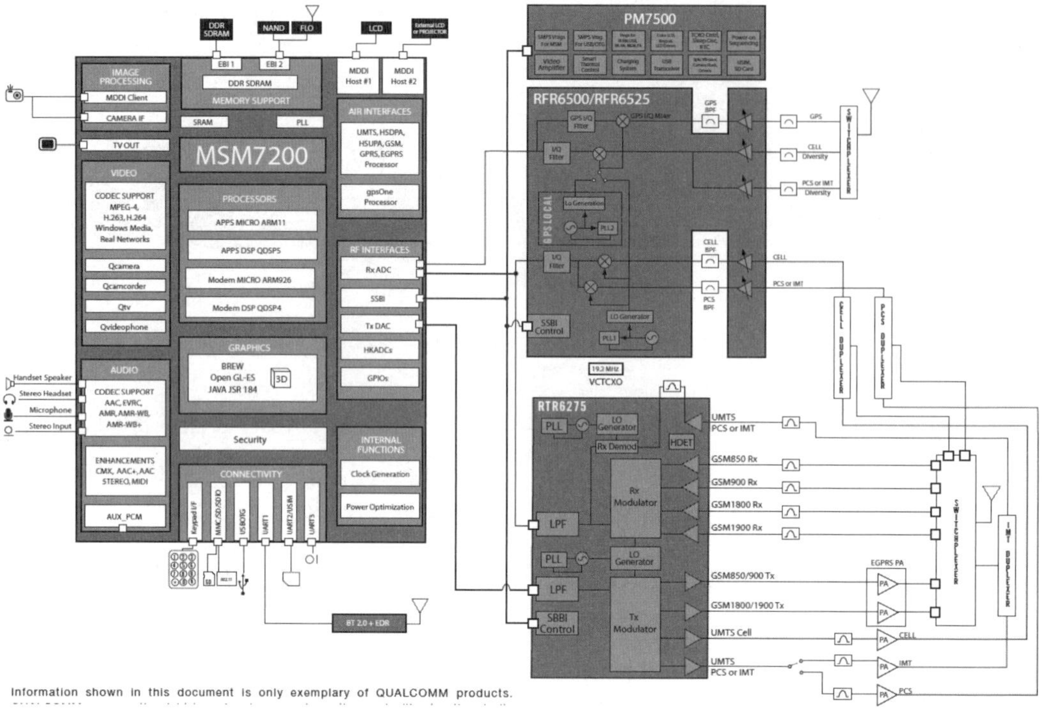

| 그림 1-153 | 퀄컴 MSM7200 기반 3세대 단말기 구조

(5) 4세대 이동통신 단말기

① 4세대 이동통신 단말기 특징

4세대 이동통신 단말기는 주로 LTE, LTE-Advanced, LTE-Advanced Pro 방식을 적용한 단말기를 의미하며, 무선통신방식은 100Mbps 이상의 고속 데이터 통신에 중점을 두었고 휴대폰은 Always On과 대용량 멀티미디어 처리 등이 가능했다.

단말기 특징은 H/W보다 Open OS를 기반으로 다양한 Application 제공이 가능한 Open Application Market이 활성화되었고, Global 시장에서 단말기 Feature 정의는 Apple과 Google이 주도하는 시장이 되었다.

LTE, LTE-Advanced, LTE-Advanced Pro 단말기 모뎀은 퀄컴사와 Intel(이전 Infineon사 무선부문)로 양분화되었고, 비슷한 형태로 OS 역시 Apple과 Google이 주도하는 구조가 되었다. 삼성은 일부 단말기에 AP와 모뎀이 합쳐진 자체 개발한 Exynos칩을 적용했다.

이에 대응하기 위해서 단말기 제조사들은 자체 AP, 모뎀 개발을 시작하거나 가속화했고, 삼성은 주도적으로 Tizen OS를 개발하여 Android에 대한 Risk를 줄이는 방향으로 추진했지만, 좋은 성과를 달성하지 못했다.

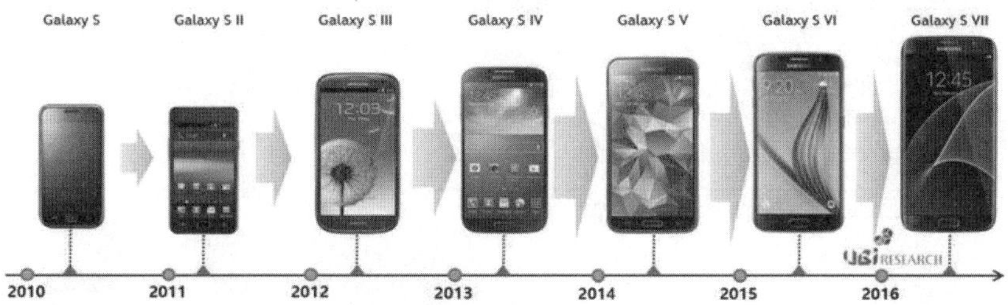

2010년 3월 삼성의 첫 번째 스마트폰, 갤럭시S가 출시되었다. 강력한 GPU, 4인치 슈퍼 아몰레드(Super AMOLED) 디스플레이와 500만 화소 카메라를 탑재하며 동급 최고의 모바일 기술을 담은 갤럭시 S는 초기 스마트폰의 표준이 되었다. 갤럭시 S1부터 이어진 성과를 통해 삼성은 스마트폰 분야의 선두업체로서 지위를 공고히 할 수 있었다.

② 4세대 이동통신 단말기 구조

4세대 이동통신 단말기의 특징은 3세대 대비 무선통신 속도증가, Computing Power 증가, 디스플레이 해상도 증가 등의 특징이 있다. 이중에서 몇 가지 두드러진 점은 LTE-A를 사용하여 수백 Mbps급의 데이터 송수신이 가능했고, QHD(Quad HD) 이상의 디스플레이로 더 선명한 화질, 다양한 센서 적용, WiFi 802.11ac와 BLE를 적용한 Wireless Connectivity 성능향상, Wearable Device의 Hub 역할 등 기능이 강화되었다.

4세대 단말기는 Bluetooth에서 정의된 저전력으로 동작되는 BLE(Bluetooth Low Energy)를 사용하여 휴대폰과 다양한 Wearable Device(예, Smart Watch, Health 장치)와 연동이 강화되었다.

삼성 갤럭시 S5의 AP는 Qualcomm 또는 삼성칩(Exynos)이 사용되었고, 모뎀과 RF칩 역시 Qualcomm과 삼성칩이 사용되는 구조였다. 갤럭시 S5는 Full HD(High Definition) 화면을 사용하여 기존보다 더 선명한 화면과, 지문 인식칩을 사용하여 보안 기능에 적용했다.

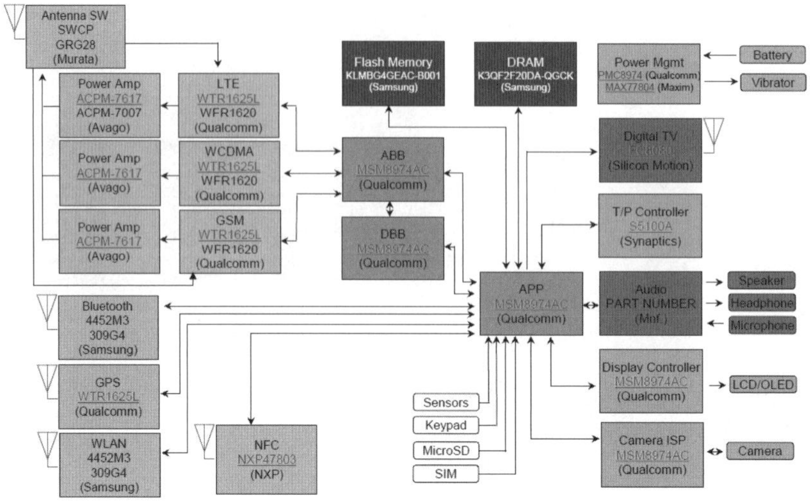

▌그림 1-154▐ 삼성 갤럭시 S5 구조도

카메라는 16MP 고해상도와 UHD(Ultra High Definition) 처리가 가능한 GPU, 그리고 WiFi는 802.11ac가 지원되었다. 갤럭시 S5는 이후 변형 모델로 기존의 LTE Cat 4에서 LTE Cat 6가 가능한 모델을 출시했다.

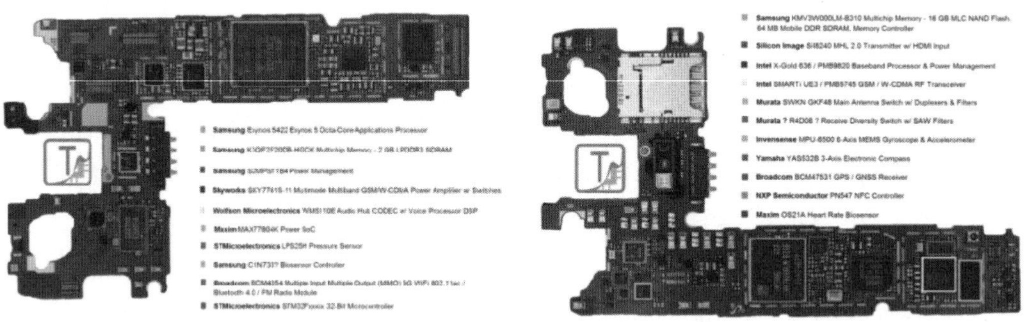

▌그림 1-155▐ 삼성 갤럭시 S5 앞쪽, 뒤쪽 H/W

삼성 갤럭시 S5의 일부 모델은 삼성 System LSI의 Octa Core가 적용되어 강력한 Computing Power를 지원했고, H/W 의 복잡도는 높아졌지만, 전반적인 H/W 크기는 크지 않았다. 한편, 단말기 최근의 배터리는 3000mA/h 이상이 고급 단말기에 적용되는 상황이지만, 갤럭시 S5에는 2800mA/h 배터리가 적용되었다.

실질적으로 사용자 의견은 단말기 화면이 대형화되고, FHD급 동영상 동작과 Chatting과 같은 Always On 특성을 가진 Application으로 배터리 사용시간이 매우 우선순위가 높은 편이지만, 단말기 크기, 무게, 휴대성 등을 고려하여 Trade-Off가 필요한 상황이다.

Features			
Specifications	iPhone 5S A1533	iPhone 6 QTT	iPhone 6 Plus QTT
Operating System	iOS 7	iOS 8	iOS 8
Display	4" IPS (1136x640)	4.7" IPS (1334x750)	5.5" IPS (1920x1080)
Battery	1560 mAh	1810 mAh	2915 mAh
Camera	8 Megapixel with 1.5μ pixels, f/2.2 + 1.2MP Front	8 Megapixel with 1.5μ pixels, f/2.2 + 1.2MP Front	8 Megapixel with 1.5μ pixels, f/2.2 OIS + 1.2MP Front
Connectivity & Sensors	2.4 + 5GHz 802.11 a/b/g/n Bluetooth 4.0	2.4 + 5GHz 802.11 a/b/g/n/ac Bluetooth 4.0	2.4 + 5GHz 802.11 a/b/g/n/ac Bluetooth 4.0
NAND	16 GB	16 GB	16 GB
SDRAM	1 GB	1 GB	1 GB
Processor	Apple A7 + M7 1.3 GHz Dual-Core 64 Bit ARMv8 Processor	Apple A8 + M8 1.4 GHz Dual-Core 64 Bit ARMv8 Processor	Apple A8 + M8 1.4 GHz Dual-Core 64 Bit ARMv8 Processor
BB+XCR	Qualcomm MDM9615M Qualcomm WTR1605L	Qualcomm MDM9625M Qualcomm WTR1625L Qualcomm WFR1620	Qualcomm MDM9625M Qualcomm WTR1625L Qualcomm WFR1620

teardown.com

그림 1-156 iPhone 5S, 6, 6 Plus 기술 비교

Apple은 iPhone 6에서 화면이 커진 iPhone 6 Plus를 출시했고, Apple 자체 AP인 Apple A8과 Sensor Hub 칩인 M8을 사용했다. iPhone 6 Plus는 FHD 처리가 가능하고, Camera Sensor는 8M가 사용되었지만 개선된 렌즈, 영상 신호처리 기술 등을 이용하여 선명한 화질을 제공했다.

4세대 단말기는 이전 세대보다 더 견고한 보안기술이 필요했는데, 특히 기업 솔루션이나 결제, 금융과 관련된 서비스의 활성화로 차츰 H/W 기반의 보안기술이 적용되었다.

그 동안 스마트폰의 보안 기술은 Open OS Kernel에서 제공하는 Sand Box와 같은 S/W 기반 기술이 사용되었지만, 4세대부터 단말기 AP 내의 보안공간인 'TrustZone'으로 대부분 보안관련 서비스가 제공되었다.

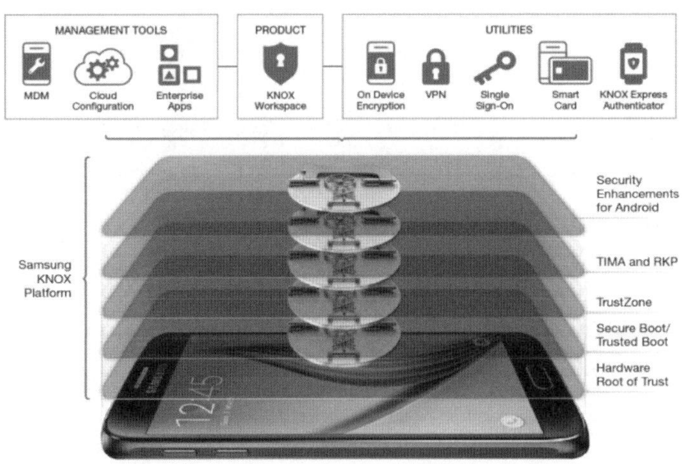

그림 1-157 삼성 KNOX 기술

삼성의 기업용 단말기 보안기술인 'KNOX'는 기존의 기업용 단말기인 BlackBerry와 비슷한 목적으로 개발되었다. 삼성 KNOX는 SE(Security Enhanced) Android를 이용하는 것으로 독자적인 기술보다는 표준기술에 가까운 것이다.

이것은 TrustZone 기술이 일부 사용되었기 때문에 H/W 기반의 보안기술로 볼 수 있으며, Google과 Apple은 별도의 eSE(Embedded Security Element)를 사용하여 Mobile Commerce 용도로 H/W 보안 기능을 제공했다.

4세대 단말기는 이전보다 많은 센서가 단말기에 탑재되었고, 기능도 향상되었는데 대표적인 센서는 Accelerometer와 Gyro칩을 이용한 Motion Sensor였고, 이후 Magnetic Sensor, 조도, 기압 등 다양한 센서가 적용되었다.

이러한 센서를 이용한 기능과 서비스는 Healthcare, 실내측위, 사진촬영 등 다양한 용도로 사용되고 있으며, 센서의 특성상 Always On 기능이 있어야 하므로 모든 센서를 제어하는 전용칩을 사용하여 구현되었다.

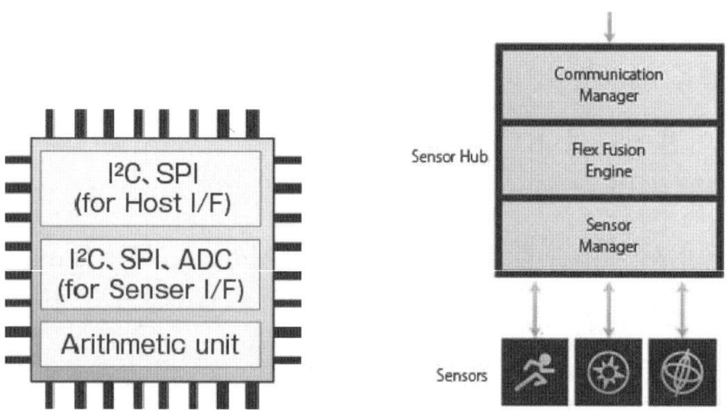

▌그림 1-158▐ Sensor Hub 칩 예

Motion Sensor(또는 Inertial Sensor) 칩은 주로 해외업체인 Bosch, TDK, ST Microelectronics 등에서 제공하고, 화면 Touch Chipset은 Cypress, 국내 멜파스 등에서 공급했다. Biometrics(생체인식)의 활성화로 지문인식과 같은 기술을 이용하여 ID관리, 인증, 결제 등의 목적으로 대부분 고성능 단말기에 적용되었다.

특히, Apple사는 미국의 지문 인식칩을 만드는 회사인 Authentec사를 인수하여 지문인식을 이용한 'Touch ID'로 단말기 자체 보안과 Apple Pay 등 결제에 사용하고 있다.

삼성도 Synaptics사 등의 지문 인식칩을 사용하여 지문인식이 들어간 단말기를 출시했고, PayPal과 함께 Biometrics 인증규격인 FIDO(Fast Identity Online)를 이용하여 미국에서 결제 서비스를 제공했다.

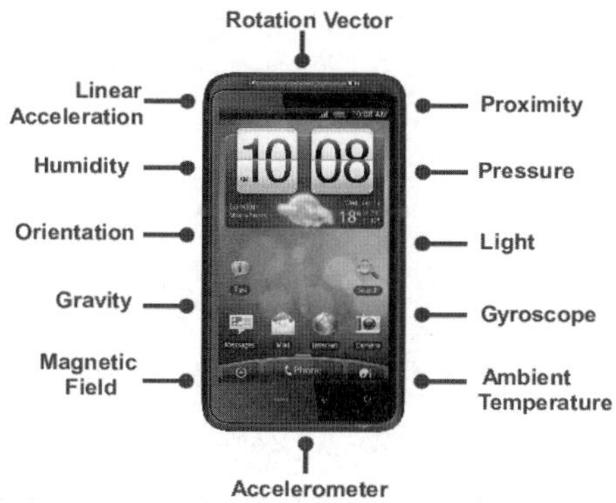

그림 1-159 스마트폰에 적용된 센서 예

삼성 갤럭시 Series 단말기에 적용된 센서를 보면 갤럭시 S5의 경우 Heart Rate, Fingerprint, Temperature, Humidity, Hall Effect, Pressure, Gyroscope, Proximity, Ambient Light, Accelerometer, Magnetometer 등이 있다.

향후의 센서는 휴대폰 화면에서 질감을 느낄 수 있는 Tactile기술을 위한 고성능 모터, 물리적인 압력을 느낄 수 있는 센서 등 다양하게 적용될 것으로 추정된다. 현재까지 단말기에 들어간 여러 개의 센서는 주로 단말기의 UX, 보안, 측위기술, 금융서비스 등에 사용되고 있고 향후에도 센서의 기능은 더 강화될 것으로 추정된다.

그림 1-160 삼성 갤럭시 S8, S9

2017년 이후부터 휴대폰의 주된 특징은 화면이 더욱 커지고, 베젤(전면부에서 디스플레이가 아닌 부분)이 작아지는 추세였다. 고객은 큰 화면으로 인터넷, SNS, 비디오 시청 등을 원해서 휴대폰 디스플레이는 점진적으로 커지는 추세이다. 예를 들어 삼성 갤럭시 S9의 화면 사이즈는 5.8"인데, 갤럭시 S10은 6.1"이다.

4 이동통신 기술

1) 표준화

이동통신 기술 표준화는 3GPP(3rd Generation Partnership Project)에서 정의한다. 3GPP의 유래는 유럽 위주로 활성화된 2세대 이동통신(GSM) 기술을 정의하는 ETSI(European Telecommunications Standards Institute)가 3세대 이동통신인 UMTS를 전세계적으로 확대하겠다는 의미로 전세계 이동통신과 관련된 회사, 각 국가의 표준화 단체, 학교, 연구소 등을 모집하여 이동통신 표준화 단체인 3GPP를 만들었다.

3GPP는 3G 이동통신 표준을 만들기 위해 만들어진 단체인데, 3GPP는 3G 이후의 새로운 이동통신 기술(4G, 5G, 6G)을 계속 정의하면서 3GPP 이름을 4GPP, 5GPP, 6GPP와 같이 변경하지 않고, 3GPP라는 명칭을 계속 사용하고 있다. 이렇게 새로운 기술이 나올 때마다 지속적으로 이름을 변경할 경우, 혼선이 있을 수 있기 때문이다.

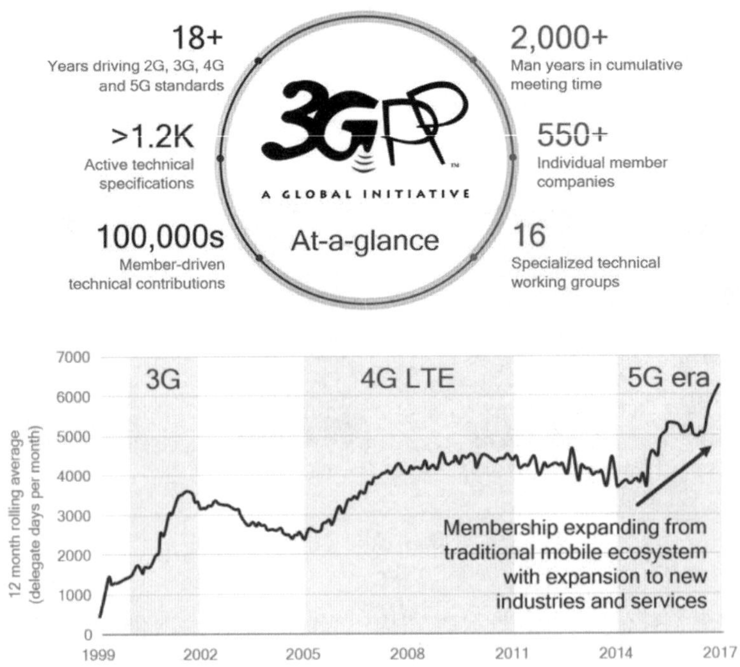

▌그림 1-161▐ 3GPP 소개(참여하는 사람 수 등)

3GPP는 연간 3천명 이상 참가하는 매우 큰 규모의 표준화 단체이다. 특히, 5G와 같은 새로운 기술이 도입될 경우, 표준화 참가자와 회사는 급격히 증가된다.

3G 규격 정의를 시작했던 3GPP는 3G 표준을 정의한 이후 4G, 5G 기술 규격을 정의했고, 4G 규격 정의를 시작할 때, 당시 경쟁단체였던 3GPP2(CDMA 표준을 정의)는 기존의 UMB(Ultra Mobile Broadband) 기술을 포기하고, 3GPP의 4G 규격정의에 합류했다. 마찬가지로 WiMAX를 정의하던 IEEE도 4G 표준정의가 중단되고, 3GPP로 합류했다.

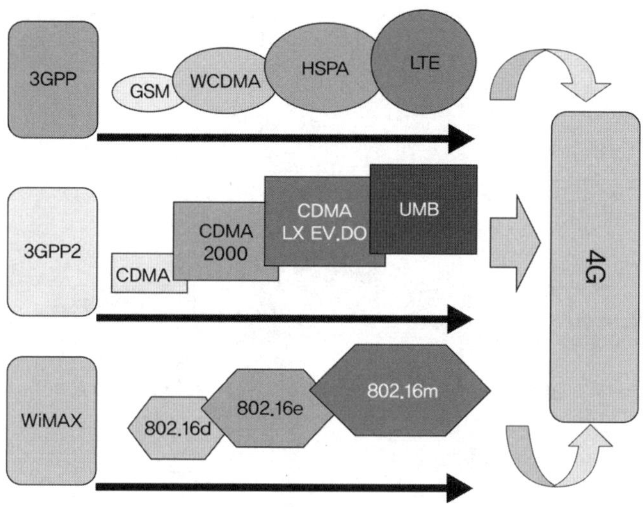

▌그림 1-162▐ 이동통신 표준화 단체 변화 과정

3GPP2(3rd Generation Partnership Project 2)는 미국 위주의 이동통신 기술인 CDMA를 기반으로 3세대, 4세대 이동통신 규격을 정의했던 단체였다. 전자기술 학술단체 역할과 일부 무선통신 규격을 정의하는 IEEE(Institute of Electrical and Electronics Engineers)는 WiFi 기술에 이동성을 추가한 이동통신 기술인 WiMAX(규격이름은 IEEE 802.16e) 규격 등을 정의하는 단체이다.

CDMA 이동통신 규격을 정의했던 3GPP2는 유럽위주 방식인 UMTS 대비 Eco System (사업자, 장비업체, 칩업체 등)이 부족하여 더 이상 성장되기 어렵다고 판단하여 4G 이동통신 기술 규격 정의부터 3GPP에 합류했다.

IEEE가 주도했던 WiMAX(국내에서는 WiBro라고 불림)는 사용자 측면에서 제공받는 서비스가 LTE와 동일했기 때문에 WiMAX Eco System은 LTE 대비 절대적으로 부족하여 결국 4G부터 더 이상 규격 정의는 없었다.

이처럼 3GPP2의 UMB와 IEEE의 WiMAX가 시장에서 축소되거나 없어진 주된 이유는

Eco System이 적기 때문이다. Eco System은 관련된 업체 수를 의미하며, CDMA나 WiMAX는 UMTS 대비 절대적으로 Eco System이 부족한 상황이었다.

이동통신 Eco System의 대표적인 분야는 ①이동통신 사업자, ②이동통신 장비 업체, ③단말기 업체, ④칩 업체, ⑤컨텐츠 제공회사 등이다. 예를 들어 관련된 이동통신 장비업체가 많을수록 기술표준 정의가 활성화되고, 상호간 경쟁으로 기술개발 속도는 빨라지며, 장비 가격은 저렴하게 된다.

Eco System이 많아지면, 이동통신 사업자는 장기적으로 저렴한 가격에 통신장비, 단말기를 공급받을 수 있어서 안정적으로 사업을 추진할 수 있다. 따라서 대부분의 이동통신 사업자는 Eco System이 많은 기술방식을 선호한다.

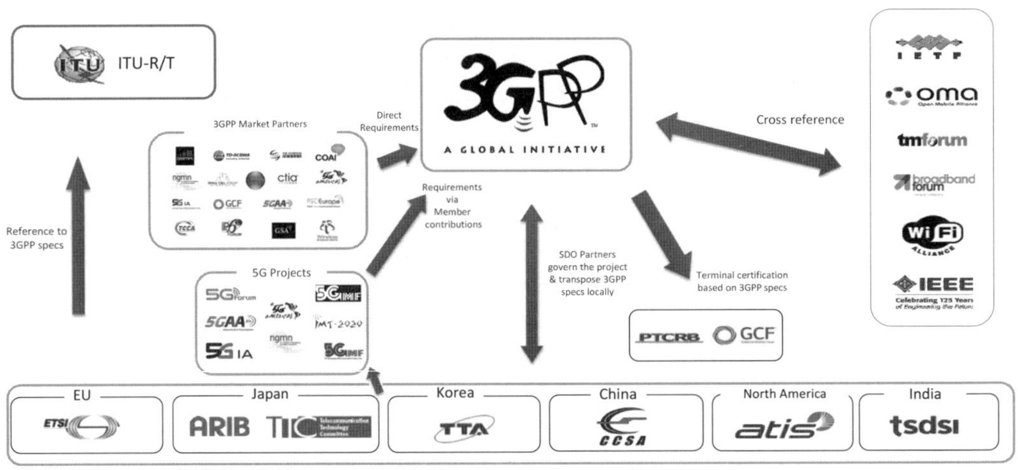

▌그림 1-163▌ 3GPP 규격정의를 위한 Eco System

이후, 3GPP는 전세계에서 유일하게 차세대 이동통신 기술표준을 정의하는 단체가 되었다. 3GPP의 주요 멤버는 이동통신 사업자, 통신장비 회사, 칩 회사, 단말기 회사, 이동통신 서비스 제공회사 등 이동통신과 관련된 회사, 단체 등이다. 이중에서도 무선구간 프로토콜은 주로 통신장비 제조사와 칩 제조사가 주도적으로 정의한다.

3GPP는 기본적으로 ITU(International Telecommunication Union)의 요구사항을 기반으로 기술규격을 정의하고, 기술규격 작성시 Partners(주요 국가의 이동통신 규격 단체, 예를 든다면 국내의 TTA)와 단체(예, GSMA) 등의 제안사항을 반영한다. 3GPP에서 규격이 완료되면 ITU로 송부하여 ITU에서 최종 규격을 확정한다.

▌그림 1-164▐ 3GPP와 협력하는 SDO, Market Partners

3GPP와 협력하는 주요 외부 단체(또는 기관)는 ①SDO(Standard Development Organization)와 ②Market Partners가 있다. 이외에도 협력하는 단체는 다른 표준화 기구(예, IETF, IEEE, OMA), GCF(Global Certification Forum) 등이 있다.

SDO는 전세계 주요지역이나 국가에서 이동통신 관련 규격을 정의하는 단체이다. 예를 들어, 국내에서 이동통신 표준을 주관하는 TTA, 북미에는 atis, 유럽에 ETSI 등이 있다. 3GPP는 SDO와 긴밀하게 협력하여 기술규격을 정의한다.

Market Partners는 GSMA, CTIA, NMGN 등이 있으며, 기술규격 협력보다는 서비스 개발, 각 국가의 규제사항 취합, 단말기 검증 등의 역할을 한다. 추가적으로 3GPP와 긴밀하게 협력하여 단말기 호환성 시험, 검증 등을 담당하는 GCF와 PTCRB(PCS Type Certification Review Board)가 있다.

▌그림 1-165▐ ITU와 3GPP의 관계(출처 : 삼성)

ITU(International Telecommunication Union)와 3GPP의 관계를 보면, ITU는 3GPP에 Vision, Requirements(요구사항)을 전달하고, 3GPP는 여기에 맞게 해당 기술 규격을 정의하면, 최종으로 ITU에서 규격을 확정한다. ITU는 정부 관계자가 주요 멤버이며, 이동통신 주파수 할당도 주관한다.

IMT-2020(5G 공식명칭)에서 IMT(International Mobile Telecommunications)는 ITU에서 정의하는 이동통신 표준 기술을 의미하며, 2020은 2020년에 기술개발을 완료하겠다는 의미이다. ITU는 이동통신 이외에 유선통신, 위성통신, 육상통신, 해상통신 등 모든 통신방식을 관할한다.

ITU는 UN(United Nations)의 산하조직으로 일반적으로 해당국가의 정부주관으로 통신 관련 담당자가 참여하여 관련된 통신표준, 규제사항, 서비스 요구사항 등을 정의한다. 실제 이동통신 관련사항은 ITU산하 조직인 ITU-R(Radiocommunication Sector) 분과에서 정의한다.

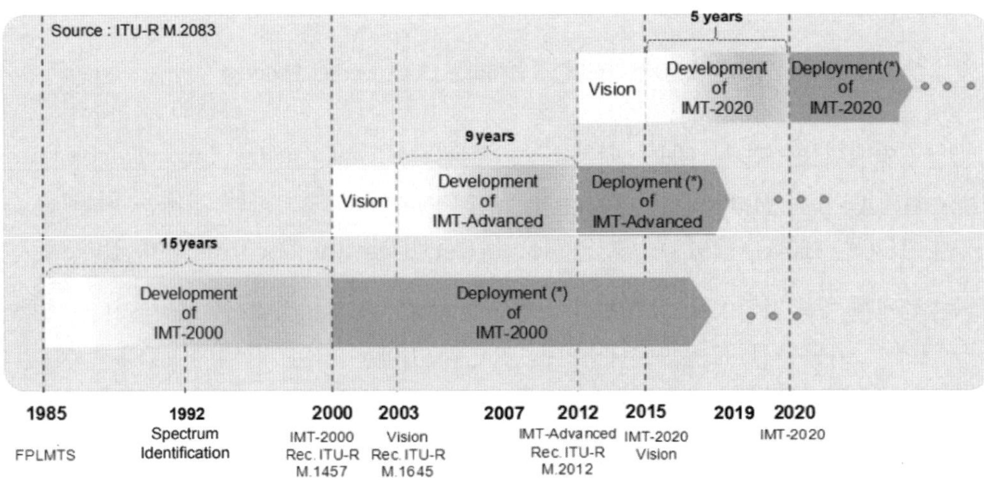

▌그림 1-166▐ ITU의 IMT-2020 기술 개발과 상용화 일정

이동통신 관련 표준관할은 ITU-R에서 하지만, 간단하게 표시하기 위하여 일반적으로 ITU라고 한다. 보통의 경우, ITU-R 회의에는 정부기관 담당자뿐만 아니라 산업체 전문가(이동통신 사업자, 통신장비 업체, 단말기 제조사, 칩 개발사 등)가 같이 참여한다.

또한, ITU의 산하 조직인 ITU-R에서 차세대 이동통신을 담당하는 조직인 IMT 협의체에서 실무적인 작업을 한다. ITU-R은 5G 정의(주파수, 주요특징, 비젼 등)를 위하여 별도의 조직인 WP(Working Party) 5D를 운영하고 있다.

ITU는 IMT-2020를 2020년에 기술개발을 완료하겠다는 목표였지만 국가별, 사업자별 경쟁으로 인하여 2018 말에 상용화되었다. 물론 미국의 Verizon이나 AT&T는 2018년 하반기에 FWA(Fixed Wireless Access, 이동이 안되고 특정 장소에 고정된 단말기)를 활용하여 5G를 상용화했다.

국내의 경우, ITU에 참석하는 사람 중에서 비젼, 서비스 요구사항 정의는 주로 정부, 이동통신 사업자 등이 참여하고, 주파수 할당은 RAPA(Korea Radio Promotion Association, 한국전파진흥협회)가 정부를 대표하여 참석한다.

3GPP에서 규격 정의가 완료되면 ITU는 해당 기술규격을 국제 규격으로 결정하는 역할을 한다. 물론 실무자 측면에서 볼 때, 해당 실무자는 ITU와 3GPP에 공동 참여하여 기술사항을 정의할 수 있다.

전체적인 3GPP Eco System을 보면 SDO, Market Partners, ITU, 다른 표준화 기구(예, IETF, IEEE), 단말기 호환성 검증 협의체(GCF, PTCRB) 등이 있다. 현재 3GPP는 전세계에서 유일하게 이동통신 기술 표준을 정의하는 확고한 단체로 자리를 잡았다.

단말기 호환성 검증을 위한 주된 협의체인 GCF는 SDO(Standards Development Organizations)의 일부로 볼 수 있으나, 단말기 제조사가 많아서 조직이 크고 호환성을 검증하기 때문에 중요한 역할을 한다.

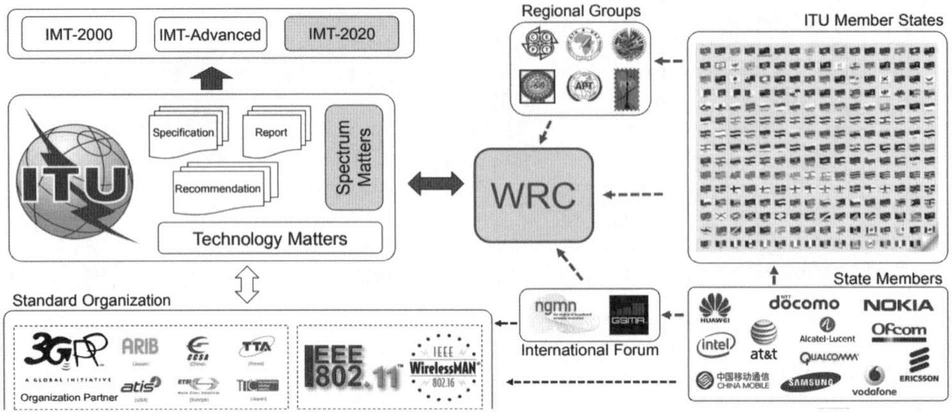

WRC(World Radiocommunication Conferences)는 ITU산하 ITU-R의 하부조직으로 주로 전세계 각 국가에서 사용되는 주파수 할당을 권고하거나 조율하는 역할을 한다. WRC는 NGMN, GSMA, ITU 각 멤버국가, 해당 지역의 관련된 기구 등으로부터 지원을 받는다.

특히, IMT의 이동통신 주파수 대역 정의를 권고하는 WP5D 위원회는 IMT-2000(3G), IMT-Advanced(4G), IMT-2020(5G)과 그 이후의 이동통신 주파수 대역 할당을 주관한다.

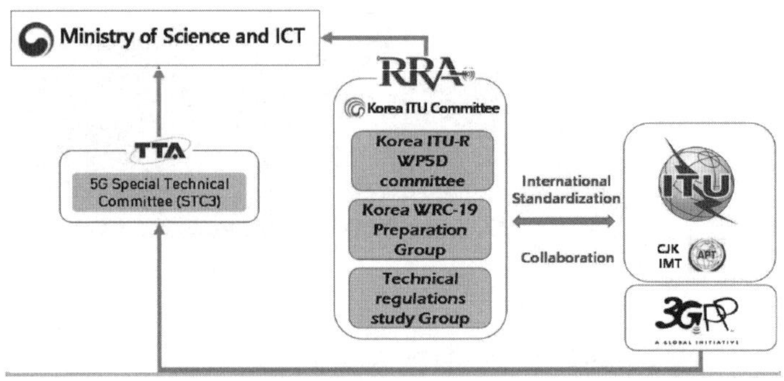

그림 1-167 5G 표준화를 위한 국내 단체, ITU, 3GPP 관계

국내의 경우, 5G 표준화, 주파수 할당의 전체 총괄은 정부가 결정하고 표준화 기술총괄은 TTA(Telecommunications Technology Association), 주파수 할당과 관련된 기본 검토는 RAPA(Korea Radio Promotion Association)에서 진행한다. 특히, 주파수 할당은 국가의 한정된 자원이므로 매우 신중하게 결정된다.

RAPA 주관으로 ITU의 주파수 할당 분과인 WRC와 협력한다. 이때, 휴대폰이 전세계 주요 국가와 로밍을 위하여 공통으로 사용되는 주파수 대역을 5G 주파수로 할당한다. 국내의 경우, 주파수 할당은 정부주관으로 각 사업자가 경쟁하는 경매로 할당된다.

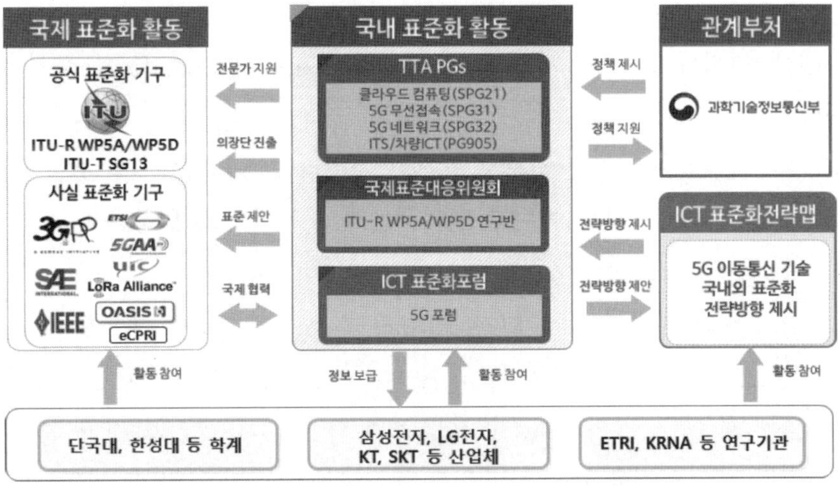

▌그림 1-168▌ 국내 5G 기술 표준화 절차(출처: TTA)

국내 5G 기술 표준화 절차는 TTA 주관으로 진행되며, 주요 참여업체는 이동통신 사업자, 통신장비 제조사, 단말기 제조사 등이고, 단체나 연구소는 ETRI(Electronics and Telecommunications Research Institute), KETI(Korea Electronics Technology Institute) 등이다.

이동통신 표준화 과정에서 한국을 대표하여 TTA가 대응하는 것은 아니고, TTA는 특별한 이슈가 있거나 국내의 의견 수렴이 필요한 경우만 표준화 과정을 주관한다. 실제로는 각 회사(예, 삼성전자, LG 전자, SKT, KT, LG U+ 등)가 표준화 과정에서 개별적으로 기술 안건을 제안하거나 결정하는데 기여하고 있다.

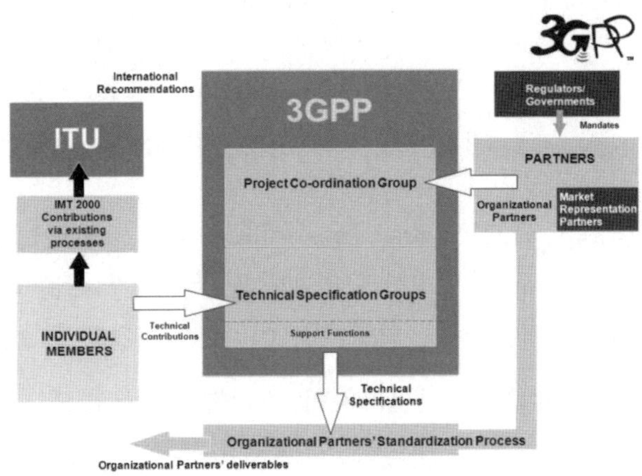

▌그림 1-169▌ 이동통신 기술 표준화 절차(출처: 3GPP)

전체적으로 볼 때, 3GPP는 표준화를 관할하는 PCG(Project Coordination Group)가 외부 Partners와 협력하고, 실제 기술정의는 TSG(Technical Specification Group)에서 이루어진다.

실제로 PCG와 TSG 멤버는 주로 이동통신 장비, 칩, 단말기 회사와 이동통신 사업자이다. 국가나 UN에서 주관하는 것은 아니고 산업체에서 자율적으로 운영된다.

3GPP 내부적으로 기술 규격 정의 절차는 ①새로운 기술을 제안하는 Early R&D, ②이 기술을 3GPP 멤버가 규격 후보로 확정, ③규격 후보로 확정되면 관련된 Tech Report (예, 시뮬레이션 결과) 작성, ④이후 Tech Report는 최종 규격인 Tech Specification으로 확정된다.

최종으로 확정된 기술 규격을 TS(Technical Specification)라고 하며, 이것은 곧 상용 가능한 기술규격이란 의미이다. 규격 진행 단계에서 결정사항이 있으면, 참여한 멤버끼리 투표로 결정된다.

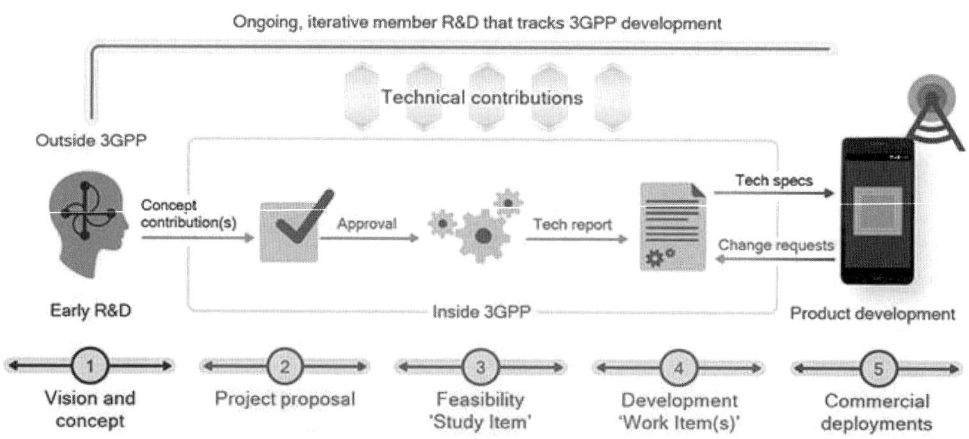

그림 1-170 3GPP 규격 진행 과정

3GPP는 삼성, LG, Apple, Qualcomm, Intel, SKT, KT, LG U+, Ericsson, Nokia, Huawei 등 이동통신과 관련된 회사에서 규격개발을 주도하기 때문에 이 과정에서 각 회사가 보유한 특허를 규격에 추가하기 위하여 보이지 않는 경쟁이 있다.

3GPP에서 정의하는 기술분야는 크게 3가지의 TSG(Technical Specification Groups)가 있다. TSG에서 무선통신 기술을 정의하는 RAN(Radio Access Networks), 코어망과 단말기 규격을 정의하는 CT(Core Network & Terminals) 그리고, 서비스를 정의하는 SA(Services & Systems Aspects)가 있다.

특히, TSG RAN에서 정의되는 기술사항이 가장 많고, 이동통신 핵심기술이 포함되므로 관련된 회사와 참가자가 가장 많다. 일반적으로 관련된 회사는 자사의 특허가 포함된 기술을 표준으로 만들기 위하여 많이 노력하고 있다.

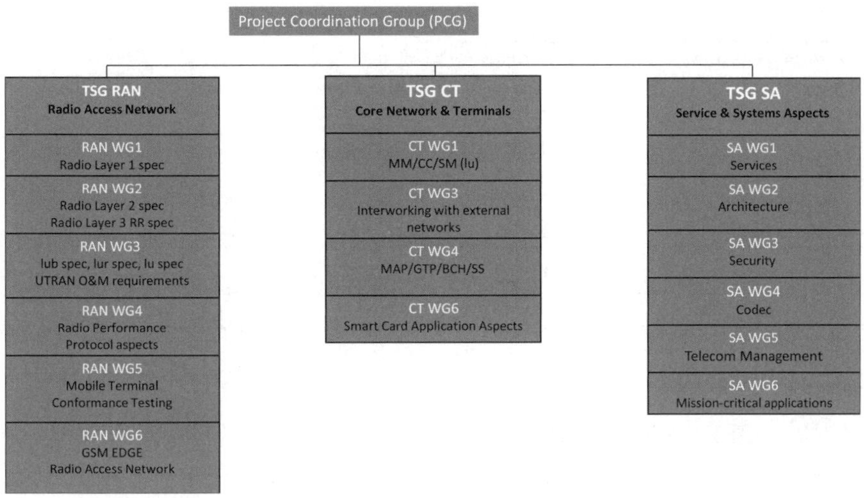

그림 1-171 3GPP의 기술규격 정의 영역

TSG RAN에는 6개의 WG(Working Group)이 있는데, WG1은 Radio Layer 1 Spec., WG2는 Radio Layer 2, 3 Spec., WG3은 Iu Interface Spec., WG4는 Radio Performance Protocol Aspects, WG5는 Mobile Terminal Conformance Testing, WG6은 Legacy RAN(GSM EDGE, HSPA 등)을 각각 담당한다.

여기에서 WG3은 Iu Interface Spec.은 기지국과 Core Network간 인터페이스를 의미하며, WG6의 GSM EDGE Radio Access Network은 이전 GSM에서 고속통신을 위한 무선 프로토콜인 EDGE에 대한 규격정의로 지금은 활동이 없는 상태이다.

TSG CT에서는 4개의 WG이 있으며, CT WG1은 MM/CC/SM, CT WG3는 Interworking with External Network, CT WG4는 MAP/GTP/BCH/SS, CT WG6는 Smart Card Application Aspects 규격을 정의한다.

TSG SA에는 6개의 WG이 있으며, SA WG1은 Services, SA WG2는 Architecture, SA WG3는 Security, SA WG4는 Codec, SA WG5는 Telecom Management, SA WG6는 Mission Critical Applications를 각각 정의한다.

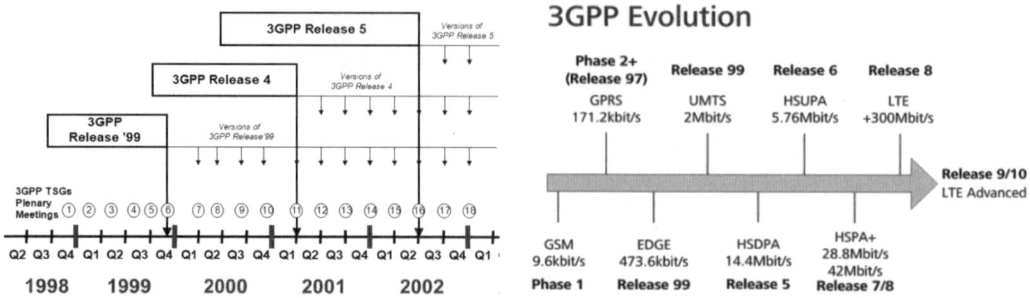

┃그림 1-172┃ 3GPP의 Release 유래

<u>3GPP는 기술 규격별 버전을 관리하는데 이것을 'Release'라고 한다. Release의 초기 유래는 GPRS, UMTS 규격을 정의하면서 해당 규격의 완료 연도를 붙이면서 시작되었다. UMTS부터 정의된 Release 97, 98, 99 이후에 Release 4, Release 5 등의 순으로 새로운 규격을 정의하고 있다.</u>

UMTS 규격인 3GPP Release 99는 1999년에 규격을 완료하겠다는 의미였다. 하지만, UMTS 규격이 1999년에 완료되지 못하고 2000년 이후로 연기가 되었고, 이후부터는 Release 2000(또는 Release 00)으로 하지 않고, 연도와 관련이 없는 일련번호를 붙이게 되었다.

따라서 Release 4의 유래는 이전 버전이 Release 99(Release 3), Release 98(Release 2), Release 97(Release 1)과 같이 Release 99를 Release 3(세번째 규격)으로 이해하여 연장선에서 Release 4로 정의했다. Release 4 이후 버전을 Release 5, Release 6 등 순차적으로 발전하여 현재 Release 16, Release 17 등과 같이 발전되고 있다.

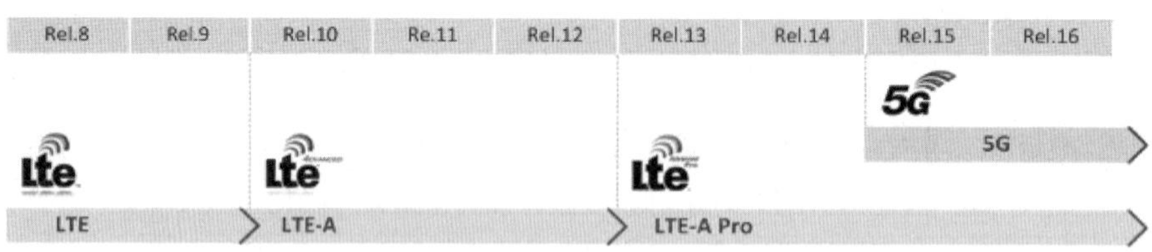

	LTE	LTE-A	LTE-A Pro
QAM	64 QAM	256 QAM	256 QAM
MIMO	up to 4Tx	up to 8Tx	upto 16 Tx, 3D-MIMO
CA	-	up to 5 carriers, up to 100 MHz of BW	up to 32 carriers, up to 640 MHz of BW
	-	-	LAA, LWA

LAA: Licensed Assisted Access
LWA: LTE-WLAN Aggregation

┃그림 1-173┃ 3GPP의 Release별 세대 구분

Release 번호는 일련번호로 숫자가 증가되는 구조가 사용되지만, Release별 관련 기술은 완전히 다를 수 있다. Release 9까지는 LTE 규격이고, Release 10~Release 12까지는 LTE-Advanced, Release 13~Release 14는 LTE-Advanced Pro, Release 15부터는 5G 규격이다. 물론, 5G의 Packet Data 처리에 대한 기본 개념이나 구조는 기존 GPRS, UMTS/HSPA, LTE에 근간을 두고 있다.

또한 5G의 경우, 3GPP에 요구사항을 제안하는 단체는 Market Partners와 5G Projects(5G Forum, NGMN, 5GAA 등)가 있다. 5G Projects의 경우, 필요한 기능이나 서비스가 기술로 구현될 수 있도록 요구사항을 3GPP에 전달한다. 예를 들면, 5GAA(5G Automotive Association)는 자율주행차 운행에 필요한 기술요소를 3GPP에 제안한다.

5G 기술은 LTE와 LTE 이후 개선된 LTE Advanced, LTE Advanced Pro(일부 회사에서 4.5G라고 칭함) 기술이 5G 규격의 근간을 이루고 있다. 5G 기술은 3GPP Release 15 이후 버전(Release 16 등)이고, Release 15에는 기존의 LTE Advanced Pro와 5G 규격이 공존하고 있다.

LTE는 4G를 의미하고, NR(New Radio, 새로운 주파수 대역을 사용한다는 의미)은 5G를 의미한다. 5G의 국제적인 공식명칭은 ITU에서 정의한 IMT-2020이지만, 관련된 산업체에서는 일반 사용자들이 쉽게 이해할 수 있도록 3GPP에서 5G라고 명명했다.

Release 15에는 LTE Advanced Pro와 5G 규격이 같이 정의되었는데, 일부 기술은 Release 15부터 4G(LTE-Advanced Pro)와 5G(NR) 규격이 분리되었다. 3GPP는 Release 15부터 4G기술은 큰 변경없이 약간 보완되는 수준으로 진행하고, 대부분 기술 규격은 5G에 집중하고 있다.

3GPP TS 23.501 V15.2.0 (2018-06)
Technical Specification

3rd Generation Partnership Project;
Technical Specification Group Services and System Aspects;
System Architecture for the 5G System;
Stage 2
(Release 15)

3GPP TS 38.201 V15.0.0 (2017-12)
Technical Specification

3rd Generation Partnership Project;
Technical Specification Group Radio Access Network;
NR;
Physical layer; General description
(Release 15)

▌그림 1-174▌ 5G TSG RAN 일부규격 표지 예

실제 3GPP 5G 규격은 Release 14에서부터 시작되었다. Release 14에는 5G에 필요한 기본적인 기술사항이 정의된 것으로 2017년 3월에 완료되었다. Release 15에는 5G Phase 1(1 단계) 기술이 정의되었는데, 2018년 9월에 규격이 완료되었다.

이후 5G 규격은 지속적으로 보완, 변경되어 새로운 규격인 Release 16(5G Phase 2)가 정의 중에 있으며, 규격정의 완료는 2020년 초이다.

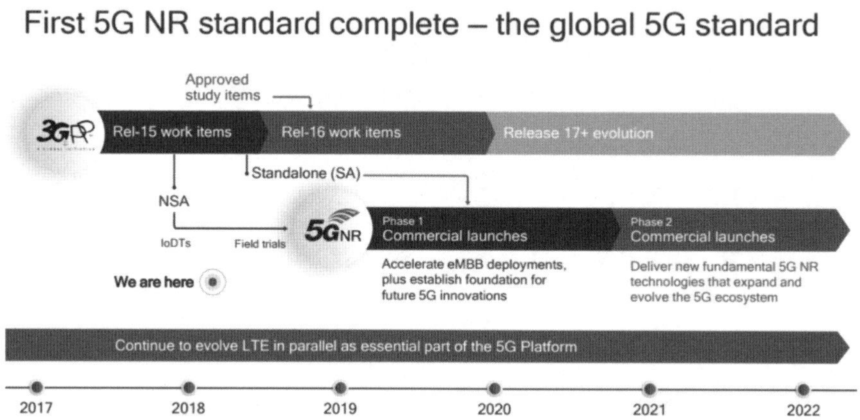

그림 1-175 3GPP 5G 규격에서 NSA, SA 관련 표준

3GPP의 5G 무선통신 기술은 기본적으로 NR(New Radio)를 기반으로 정의된다. NR는 기존 3G, 4G 등에 사용되던 주파수가 아니라 새롭게 할당된 주파수 대역을 의미한다. 5G는 초고속 통신을 위하여 새로운 주파수 대역뿐만 아니라 주파수 폭을 넓게 할당했다.

무선 프로토콜 연동 측면에서 5G는 NSA(Non Standalone)과 SA(Standalone) 모드가 있다. NSA는 5G 망이 기존 4G 망과 연동되는 규격이고, SA는 5G 서비스만 제공되는 규격이다. NSA에서 Control Data는 모두 4G 망으로 연동되고, User Data만 5G 망으로 연결된다.

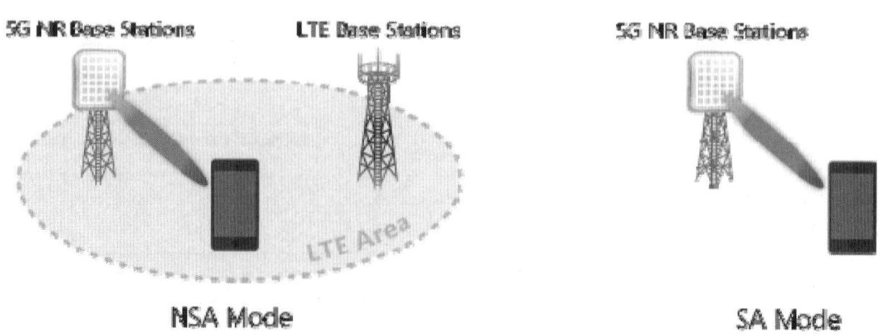

그림 1-176 5G 망 운용시 NSA와 SA Mode

5G 망을 운용하는 대부분 이동통신 사업자는 NSA 모드로 상용서비스를 제공할 것으로 예측된다. 5G 기술로 전국을 커버하는 통신망을 구축할 경우, 비용이 너무 많이 들기 때문이다. 따라서 기존에 서비스되고 있는 4G 망과 연동을 통하여 순차적으로 5G 망을 구축하는 것이 유리하다.

5G 서비스 초기에는 단말기가 부족하고 비싸서 급격한 확산이 어렵기 때문에 전국망을 구축할 경우 사업성이 떨어진다. 즉 5G 통신망은 초기 사용자가 적어서 사업자는 순차적으로 5G 통신망을 구축한다.

표준화 과정에서 NSA 모드가 도입된 배경은 4G 망과 연동되어 빨리 5G 망을 활용한 서비스를 제공하겠다는 계획으로 기술이 정의되었다. 2020년 이후, 모바일 트래픽이 급증되는 추세여서 새로운 통신망을 구축하여 이러한 니즈에 대처하겠다는 계획이었다.

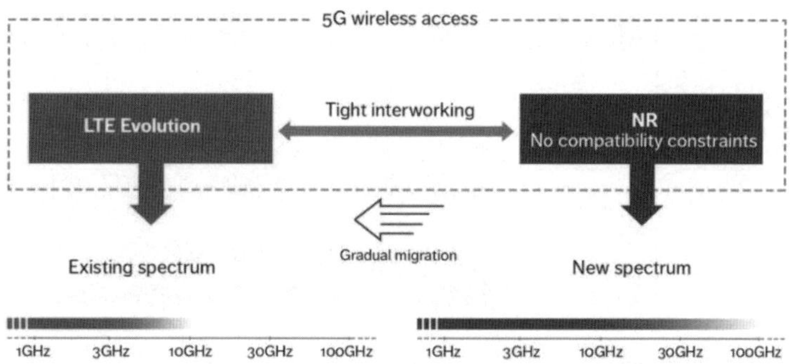

그림 1-177 5G NR과 기존 LTE망 연동

이동통신 사업자는 5G로 전국망을 구축할 경우, 엄청난 투자비가 필요한데 주로 트래픽이 많은 지역에만 5G를 구축하고, 기타 지역은 4G를 활용하면 투자비를 절감할 수 있다.

국내의 경우, 하나의 통신사업자가 5G로 전국망을 구축할 경우, 6조원~8조원 가량 소요되는데, 5G 초기 구축시 도심지 지역부터 5G 서비스를 제공하고, 나머지 지역은 기존의 4G 망으로 서비스하면 초기 망 구축비를 절감할 수 있다.

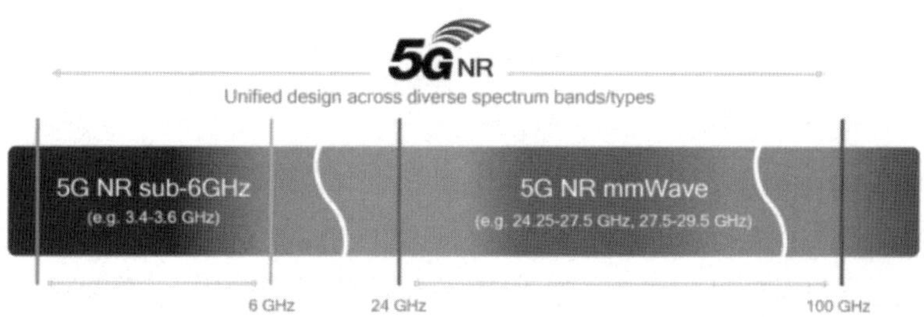

그림 1-178 5G NR 주파수 대역

5G를 위한 주파수 대역은 크게 2가지로 구분된다. 첫번째는 'Sub 6GHz', 두번째는 'mmWave'이다. Sub 6GHz에서 'Sub'란 밑 또는 아래라는 뜻으로 6GHz 밑에 있는 대역을 의미한다. 3GPP는 Sub 6GHz를 FR(Frequency Ranges) 1이라고 하고, mmWave를 FR 2라고 정의하고 있다.

mmWave는 주파수 파장이 mm 단위(즉, 파장이 짧다)란 의미로 일반적으로 20GHz~100GHz 사이 대역을 의미한다. 이 중에서 5G 주파수 대역은 주로 24GHz~30GHz를 사용한다. 주파수 대역이 높아지면 전파의 성질에서 입자성질이 강해져서 장애물 침투가 잘 안되어(즉, 회절특성이 약해짐) 전파 도달거리가 짧다.

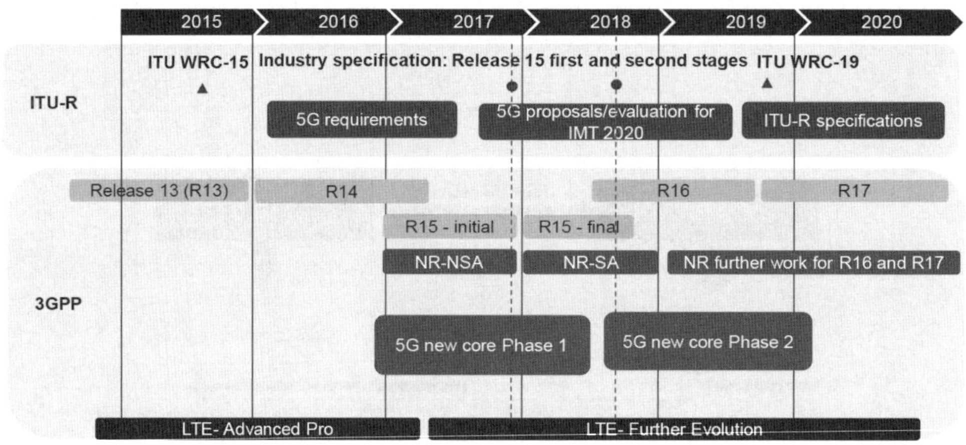

▌그림 1-179▐ 5G 표준화 현황 및 계획

5G 표준화는 2018년 말에 상용화된 Release 15 (5G Phase 1) 기술을 발전시켜서 Release 16(5G Phase 2)을 2020년 초에 완료될 예정이고, 전세계 대부분 사업자는 Release 16으로 서비스를 준비하고 있다.

2) 전파, 주파수

(1) 전파

전자파(Electromagnetic Wave)란 전파, 적외선, 가시광선, 자외선 등이 포함되는 포괄적인 개념이고, 전파(Radio Waves, 간단히 Radio라고도 함)는 인공적인 유도없이 공간에 퍼져 나가는 전자파로서 3 kHz 에서 3 THz까지 주파수의 전자파를 의미한다.

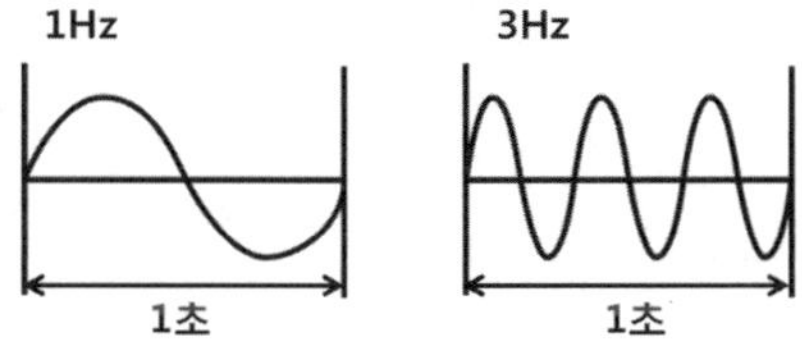

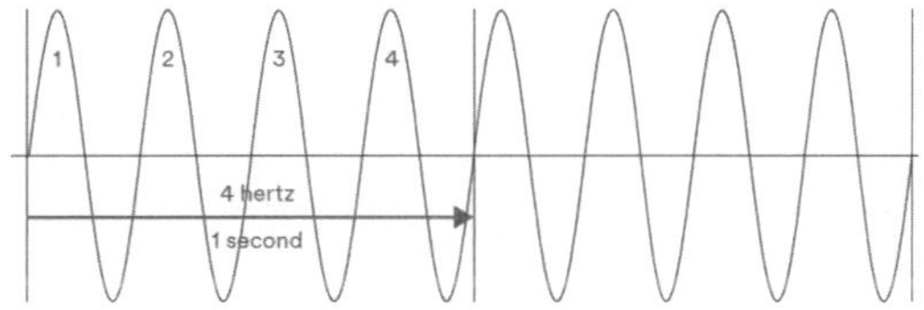

주파수(Frequency)란 전기장과 자기장의 진동(Oscillation)과 같은 주기적 현상이 1초 동안 반복되는 횟수로써 단위는 Hz(헤르츠)를 사용한다. 주파수 용어는 전파뿐만 아니라 주기적으로 반복되는 현상, 행위에도 사용된다.

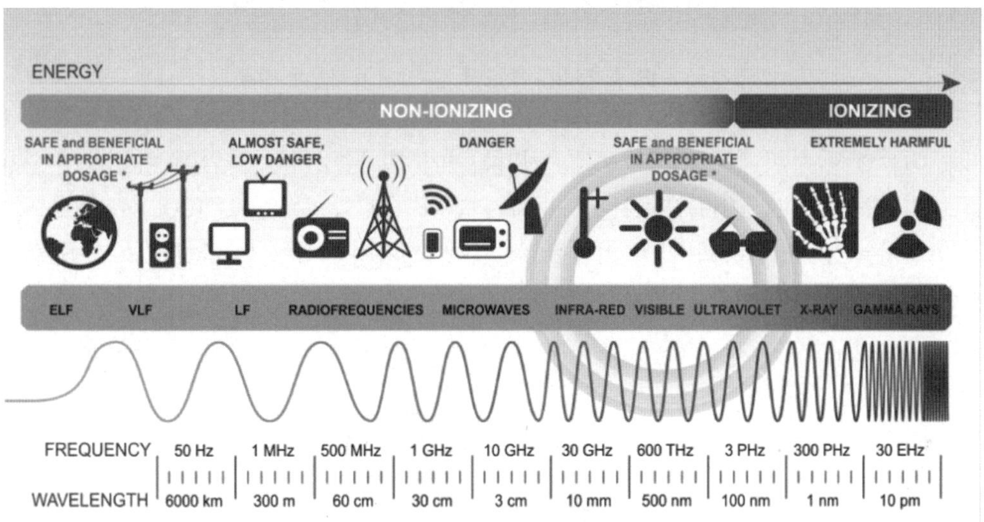

▌그림 1-180▐ 전자기파 주파수 대역

전파의 기본적인 성질은 빛과 유사하다. 전파는 눈으로 볼 수 없지만, 전파의 하나인 빛은 발광체로 있을 경우 빛의 색과 밝기를 눈으로 볼 수 있다. 빛은 사람이 볼 수 있는 특정한 주파수 대역의 전자파이며, 전파의 진행속도는 빛의 속도와 같다.

빛은 파장이 약 1nm에서 약 1mm 사이의 전자파를 의미하며, 자외선부터 적외선까지의 파장 영역이며, 좁은 뜻으로 빛은 가시영역을 의미한다. 음파는 사람의 귀로 들을 수 있는 소리를 의미하며, 음파는 20Hz에서 20KHz 사이의 전자파로써 공기의 파동으로 진행되며 눈으로 볼 수는 없지만 귀로 감지할 수 있다.

특정지역(예, 강남)에서 동일한 시점에 같은 주파수(예, LTE 주파수)를 2군데 이상에서 송출하면, 상호간 혼신이 발생되기 때문에 해당 국가는 지역별 주파수 할당을 관리한다. 주파수는 각 국가의 유한한 자원이다.

▌그림 1-181▐ 전파를 속도별 탈 것이나 사람에 비유

전파는 0Hz에서 무한대로 존재하는데, 전파를 속도별 탈것이나 사람에 비유할 수 있다. 예를 들어 평균 100Km/h를 달리는 자동차를 전파라고 할 수 있고, 1000Km/h로 날 수 있는 비행기를 X-Ray 등과 같이 비유할 수 있다. 전자파의 특징은 주파수 대역별 특성이 완전히 다르다는 것이다.

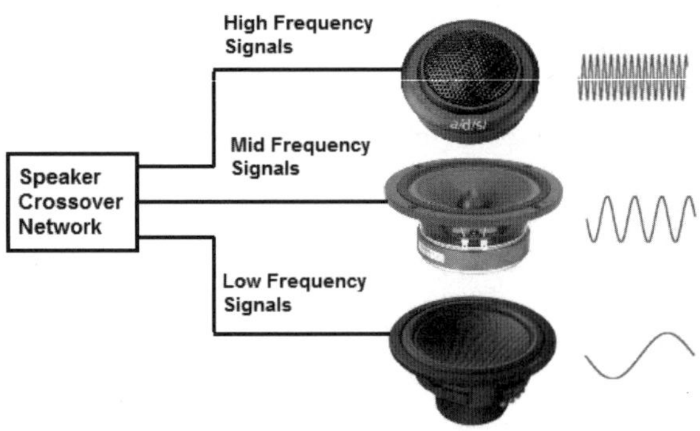

▌그림 1-182▐ 전파에서 주파수 폭 예

음파도 전파의 한 종류이기 때문에 가정이나 사무실에서 사용되는 스피커는 주파수 대역별 구조가 달라서 저주파를 생성하는 우퍼(Woofer), 고주파를 생성하는 트위터(Tweeter)로 구분된다. 이것은 저주파, 고주파의 특성이 다르기 때문에 이를 생성하는 스피커의 물리적인 구조와 전기적인 구현방식이 다르다.

저주파는 주파수 폭이 넓은 전파이고, 고주파는 주파수 폭이 좁은 전파이다. 우리가 귀로 들을 수 있는 음파는 주파수에 따라 소리가 다르듯이 사람이 들을 수 없는 주파수는 대역별 전파특성(예, 감쇄정도)이 다르다.

사람의 눈은 가시광선만 볼 수 있어서 이동통신에 사용되는 전파는 눈으로 볼 수 없다. 따라서 전파의 관련된 장비를 사용해야만 전파의 세기, Multipath Fading 정도 등을 알 수 있다.

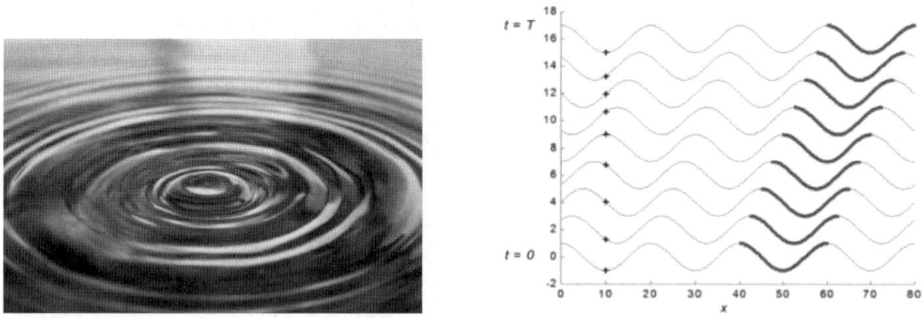

▌그림 1-183▐ 물결파 예

전파(Radio)는 호수의 물결 생성과 같은 원리로 발생되고, 전파(Propagation)된다. 사람이 돌(Stone)을 호수(Lake)에 던질 경우, 사람 팔 힘과 중력에 의하여 돌에 에너지가 생기고, 이 에너지를 가지고 있는 돌이 호수에 닻으면서 물결이 생긴다. 에너지 보존의 법칙에 따라서 돌에 있는 에너지는 그대로 호수의 물에 전해진다.

이때 돌 에너지의 일부는 손실되지만 대부분의 돌 에너지는 물결을 만드는데 활용된다. 호수에 돌이 닻는 순간 작은 원형의 물결이 생기고, 시간이 지날수록 점점 원형이 커지면서 중심으로부터 퍼져 나간다.

전파도 물결파와 같이 안테나에서 전파가 생성되고, 시간이 지날수록 공간을 퍼져 나가면서 안테나로부터 거리가 멀어질수록 전파의 세기는 약해진다. 전파는 빛의 속도로 이동한다.

호수에 돌이 처음 떨어진 부분에서 에너지가 최대이며 물결파가 점점 퍼지면서 에너지가 다른 매체(물 분자 등)에 전달되면서 점점 에너지는 약해지고 결국 없어지게 된다.

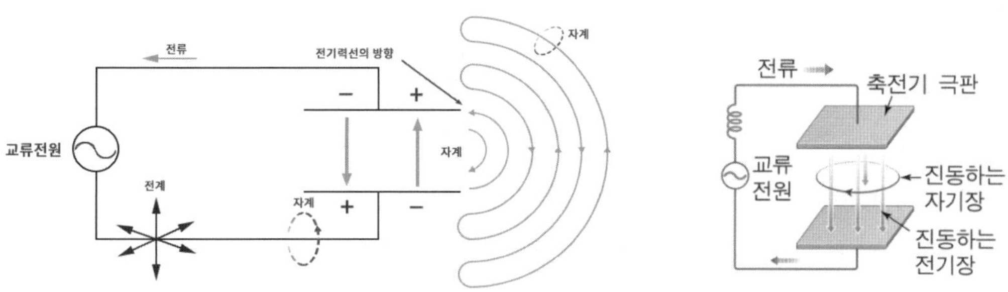

▌그림 1-184▐ 전파의 발생

전파는 간단하게 생성시킬 수 있다. 가정용 전원(220V, 120Hz)을 사용하여 전선을 서로 연결하지 않고, 금속막대 2개를 벌려 놓으면 전파가 생성되어 공간에 퍼져 나간다. 물론 이때 전파 강도가 매우 약하고 특별한 정보가 포함된 전파는 아니다.

금속막대 2개의 끝부분에는 도넛형태로 파장이 생기는데, 점점 크기가 커지고 전파세기가 약해지면서 공간으로 퍼져 나간다. 이때 전파는 공기 중에 있는 다양한 물질이나 장애물을 만나서 회절, 반사, 산란 등을 하면서 전파세기는 점점 약해진다.

이러한 구조는 간단히 전파를 생성시키는 역할을 하지만, 효율(전파가 의미있는 정보로 전환되는 비율)이 떨어지고 전파는 방향성 없이 360도로 퍼져 나가기 때문에 이동통신에는 사용되지 않는다. 이동통신망에서는 기지국과 단말기에 안테나가 있으며, 이 안테나는 전파를 효과적으로 송수신하는 장치이다.

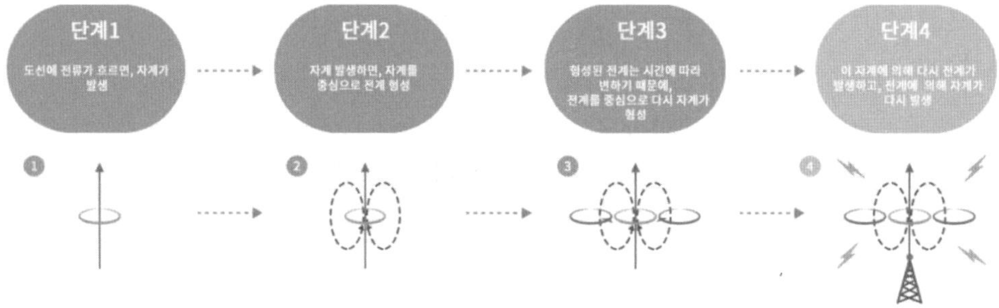

그림 1-185 전파 발생 단계(출처: 전파누리)

전파가 생성되는 세부 단계를 보면, 도선에 전류가 흐르면 자계가 발생되고, 자계가 발생되면 자계를 중심으로 전계가 형성된다. 이렇게 형성된 전계를 중심으로 다시 자계가 생기고, 연속적인 절차로 전파가 생성된다.

전파는 스스로 소멸되는 것이 아니라 다른 매개체에 에너지가 전달되어 없어진다. 예를 들어 비가 올 때, 전파가 이동하면서 전파는 물방울에 부딪혀서 물방울 내부로 전파 에너지가 분산된다. 이때 전파 에너지는 매우 미약한 정도지만 물방울의 온도가 높아지거나 물 분자를 분해시킬 수 있다.

전파의 대표적인 특징은 직진, 간섭, 회절, 반사, 굴절, 산란 등이다. 전파의 직진성은 빛과 같이 직진하는 성질이다. 직진은 하나의 점에서 다른 점까지 최단거리를 이동하는 것이다.

전파의 간섭을 이해하기 위해서는 수면에 발생되는 물결의 간섭현상에 비유될 수 있다. 연못에 두 개의 돌을 던지면 두 개의 동심원이 퍼져 나간다. 이때 물결의 파동이 한쪽 물결(A)과 다른 쪽 물결(B)이 서로 합쳐지면서 물결의 높이가 더 높아지거나, 더 낮아지는 것을 볼 수 있다.

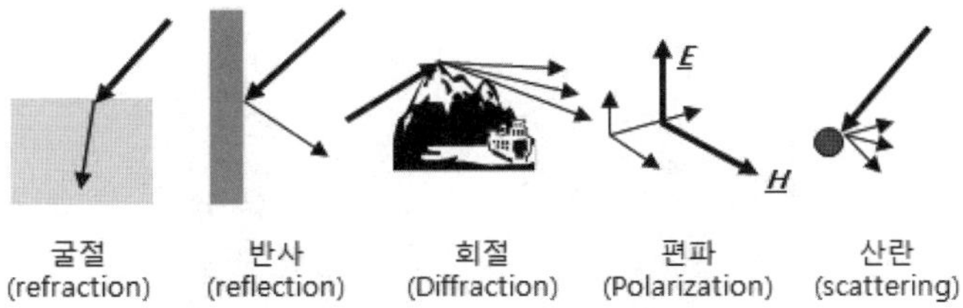

▌그림 1-186▐ 전파의 주요 특징

전파도 눈에 보이지는 않지만 동일한 주파수를 사용하는 경우, 상호간섭을 일으켜 서로 영향을 미친다. 이런 경우 이동통신에서는 신호가 혼신되어 통화품질이 안 좋아진다.

전파의 회절은 빛과 마찬가지로 송신측과 수신측 사이에 산, 건물 등과 같은 물리적인 장애물이 있는 경우, 전파의 일부가 휘어져 수신되는 현상이다. 실제로 전파가 휘어지는 것은 아니고, 호이겐스 원리에 따라서 직선거리에 있지 않는 영역에도 전파가 도달된다.

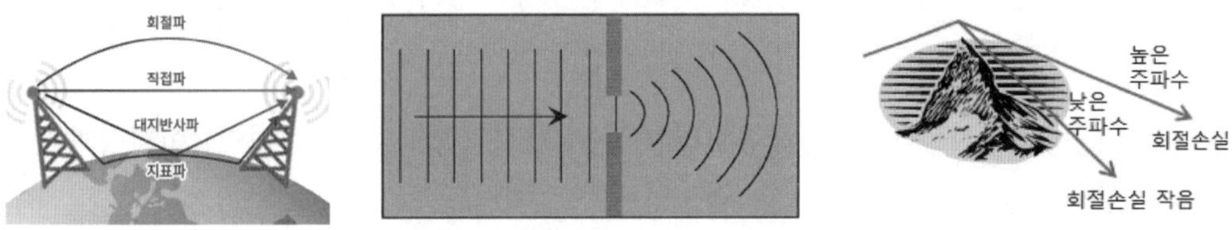

▌그림 1-187▐ 전파의 회절

전파의 반사성질은 거울을 통해 빛이 반사되듯이 전파도 금속판, 건물, 수면 등에 부딪히면서 반사되는 특성이다. 전파는 도체성분(전기가 잘 통하는 물질)이 있는 면에 발사되면 대부분 반사된다.

매끄럽고 단단한 벽이 있는 밀폐된 환경에서 사람이 말을 할 경우, 음성이 주변 벽에 반사되어 원래의 음성을 듣기 어렵다. 마찬가지로 전파가 난반사가 될 경우, 원래의 신호에 왜곡이 생겨서 수신측에서 정확하게 원래 신호를 복원할 수 없다.

전파가 반사되는 원리는 전파가 도체성분(예, 금속판)에 부딪히면, 도체표면에 있는 전자를 움직이게 되고, 이렇게 빠르게 움직이는 전자는 다시 전파를 생성시켜서 반사된다. 전기가 잘 통하는 금속물질은 표면에 많은 전자가 있다.

전파의 굴절은 빛은 다른 물체에 투과할 때, 본래의 방향과 약간 다른 방향으로 진행하며 속도도 달라진다. 우리가 어항 속의 물고기를 볼 때, 물고기가 커 보이거나 휘어져 보이는 것은 빛의 굴절 현상이다. 전파도 공중에서 땅, 바다, 바다 속으로 투과할 때 굴절현상이 나타난다.

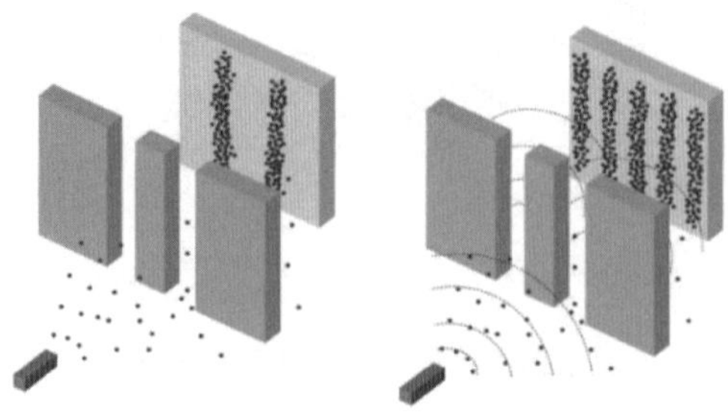

▌그림 1-188▐ 전파의 입자성질, 입자성질+빛의 성질

전파는 기본적으로 입자성질(알갱이)과 빛의 성질 2가지를 가지고 있다. 입자성질은 장애물을 만났을 때 흩어지거나 장애물 내부로 침투가 잘 안되는 성질이고, 빛의 성질은 빈 공간으로 들어가는 성질(예, 회절)을 가지고 있다.

예를 들어 그림과 같은 슬릿(Slit)이 있는 구조체에 전등이나 전자총을 발사할 경우, 뒤쪽 면에 맺히는 빛이나 전자는 회절 등의 영향으로 2개의 슬릿이 아닌 2개 이상의 슬릿이 만들어진다.

이 경우, 전파는 입자성질과 빛의 성질 2개를 모두 가지고 있다는 의미이며, 회절성과 연관이 있다. 전파는 주파수가 높아질수록 입자성질이 강해지고, 낮을수록 빛의 성질이 강하다.

5G 주파수 대역의 경우, 3.5GHz는 28GHz보다 훨씬 낮은 주파수 대역이므로 28GHz보다 빛의 성질이 더 강해서 먼거리 전송이 가능하다. 반면 좁은 폐쇄공간에는 28HGz가 입자성질이 강해서 빈 공간으로 침투가 잘 된다.

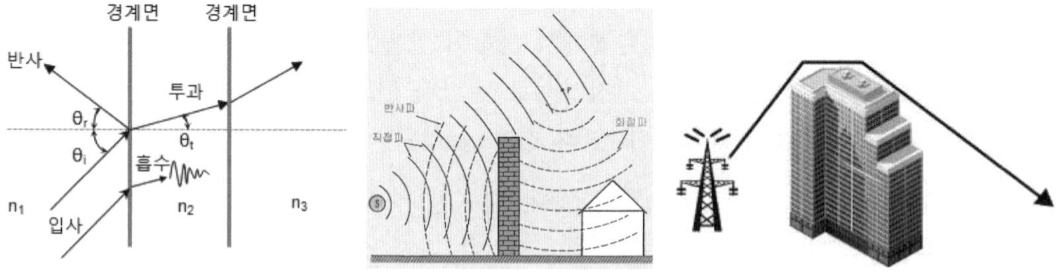

▌그림 1-189▐ 건물내부로 전파 침투 원리

기지국에서 발사된 전파는 공기매질이 아닌 유리나 콘크리트로 된 건물 내부로 침투할 수 있다. 이것은 기본적으로 전파의 굴절특성으로 침투하는데, 전파가 건물벽에 부딪치면서 일부는 반사, 흡수(실제로는 건물벽에 난반사 되어서 없어짐)되지만 벽을 뚫고 가는 전파

도 있다.

예를 들어 콩 100개를 벽을 향해 던졌을 때, 90개는 반사되거나 깨질 수 있는데, 10개는 벽을 뚫고 갈 수 있다는 의미이다. 물론 전파는 급격히 감쇄되어 1000개의 콩을 던지면 5개 이내가 건물로 침투한다.

하나의 기지국에서 전파를 강하게 송신하면 멀리까지 전파가 도달될 수는 있지만, 인접한 기지국에 간섭전파로 작용하여 전체적으로 주파수 용량이 줄어든다. 또한 이동통신 기지국, 방송 송신탑 등 전파가 발생되는 모든 장치는 국가에서 정한 최대 송출전력 이하로 전파를 발생시켜야 한다.

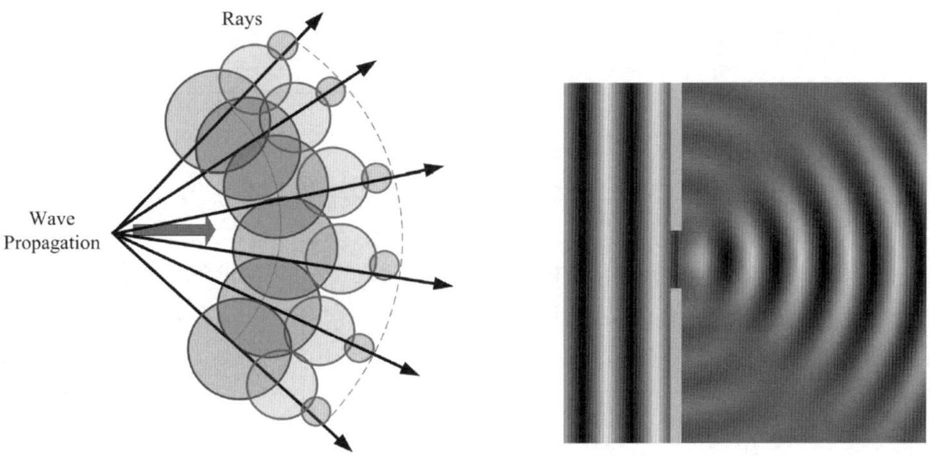

▌그림 1-190▐ 전파의 회절특성

건물로 침투할 때, 건물벽의 물질 특성(특히, 유전율, 투과율)에 따라서 투과율이 달라진다. 일반적으로 금속성질은 전파를 대부분 반사시키기 때문에 금속성 건물벽은 전파가 침투하기 어렵다. 하지만, 이 경우도 직접적으로 건물벽에 발사된 전파나 반사된 전파의 회절특성으로 일부 전파는 건물 내부로 침투될 수 있다.

전파는 주파수 대역별 감쇄정도가 다르다. 예를 들면, 28GHz(평균적인 감쇄 대역)보다 60GHz(감쇄가 심한 주파수 대역)가 약 100배(20dB) 정도 감쇄된다. 전파가 많이 감쇄된다는 의미는 같은 기지국에서 같은 전력크기로 전파를 송출할 때, 전파가 도달되는 거리가 줄어드는 것과 같다.

이것은 주파수 대역별 전파의 특성이 다르다는 의미이며, 이동통신 사업자가 서비스 경쟁력을 갖추려면 서비스 제공에 유리하고 기지국 투자비용이 적은 적합한 주파수 대역을 정부로부터 할당받아야 한다.

전체적으로 볼 때, 주파수가 높을수록 전파는 공기, 물, 산소분자, 장애물 등 전파가 전달되는 매체에 흡수되기(정확하게 흡수는 되지 않고 에너지 변환) 때문에 감쇄가 심하다. 전파가 공기 중에서 감쇄되는 가장 큰 물질은 산소 분자, 물 분자이다.

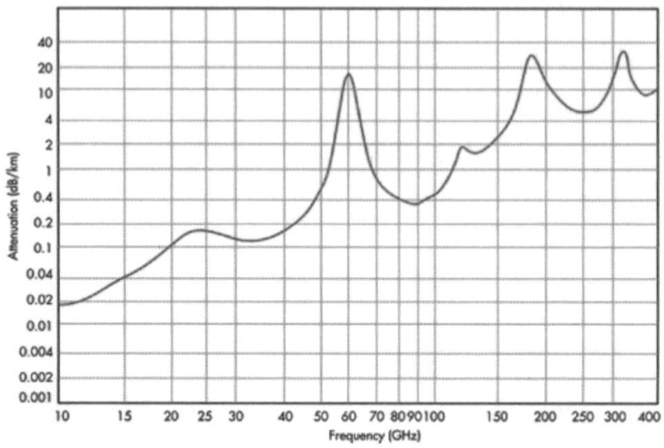

▌그림 1-191▐ 주파수 대역별 전파의 감쇄 정도

이러한 특성에 따라서 이동통신 측면에서 감쇄가 적으면서 어느 정도 건물 투과성이 좋은 최적의 주파수 대역은 800MHz ~ 2.6GHz로 알려져 있다. 즉, 사업자 측면에서는 이 주파수 대역을 사용하면 기지국 수를 적게 설치해도 서비스를 제공할 수 있어서 투자비를 절감할 수 있다.

일부 전파 전문가는 800MHz~900MHz 대역이 이동통신에서는 신(God)이 준 주파수 대역이라고 극찬하고 있다. UMTS부터 전 세계적으로 2.1GHz를 많이 사용해서 해외 로밍에 유리한 2.1GHz가 이동통신 핵심 주파수 대역이 되었다.

주파수 대역별 전파가 감쇄되는 정도를 '구멍이 있는 물 양동이'에 비유될 수 있다. 전파는 공기매질, 물체 등의 영향으로 전파(Propagation)되면서 강도가 약해지는데, 구멍이 있는 물 양동이에서 들고 가면 물이 없어지는 원리와 같다.

▌그림 1-192▐ 주파수 대역별 구멍이 있는 물 양동이에 비유

예를 들며 주파수가 낮을수록 구멍이 있는 양동이에서 물이 새는 구멍의 수가 적어서 어느 정도 멀리가도 물이 남아있다. 하지만 주파수가 높을수록 양동이에 구멍이 많아서 가면 갈수록 누수가 급격히 심해져서 얼마 못가서 물이 없어지는 원리이다.

5G 이동통신에 사용되는 주파수에서 3.5GHz와 28GHz의 감쇄 정도를 비교해 보면, 송신 안테나에서 1000m 지점을 기준으로 28GHz가 3.5GHz 대비 100배(20dB) 이상 감쇄된다. 즉, 28GHz 대역의 전파는 3.5GHz 대역보다 훨씬 감쇄가 심하기 때문에 이동전화 기지국을 촘촘하게 설치해야 한다.

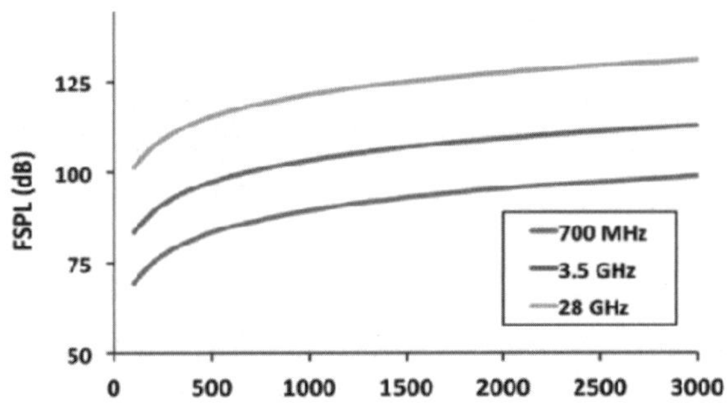

▎그림 1-193 ▎ 3.5GHz와 28GHz 대역의 전파 감쇄 정도(X축: 거리, Y축: 감쇄)

사업자 측면에서 동일한 면적에 5G를 서비스할 경우, 3.5GHz 대역을 사용하면 기지국 10개만 구축하면 되는데, 28GHz 대역을 사용하면 100개 이상을 설치해야 된다는 의미이다. 반면, 28GHz 대역은 복잡한 건물내부로 침투하는 성질이 강해서 건물 내부에서는 통화가 잘 된다(물론 짧은 거리에서).

이동통신에 사용되는 최적의 주파수 대역은 800MHz~2.6GHz이지만, 각 국가는 이 대역에 이동통신 이외에 군용, 경찰 등 다른 목적으로 전파를 사용하고 있어서 이동통신 목적으로 주파수 여유가 없다. 그래서 ITU의 WRC는 5G 목적으로 상대적인 고주파 대역(예, 3.5GHz, 28GHz) 할당을 각국에 권고했다.

5G 이동통신 사업자의 경우, 28GHz 대역은 전파의 특성상 직진성이 강해서 먼거리 전송이 어렵기 때문에 초기에는 3.5GHz를 주력으로 사용하고, 트래픽이 많은 일부 지역(가입자 밀집지역)에만 28GHz를 사용할 계획이다.

GSM에 사용되었던 700/800MHz와 3.5GHz 대역의 주파수 도달거리를 비교할 때, Down Link(기지국 → 단말기)는 3.5GHz에 Massive MIMO인 경우, 어느 정도 800MHz 대역과 비슷하지만, Up Link는 도달거리에서 차이가 크다.

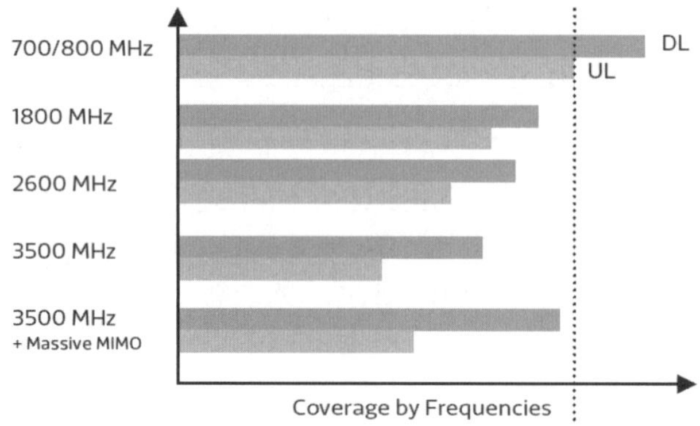

▌그림 1-194▐ 주파수 대역별 도달거리 비교(출처 : MediaTek)

즉, 5G에 사용되는 28GHz 등은 전파 감쇄가 심하기 때문에 이를 보완하기 위하여 Massive MIMO, Beam Forming 등의 기술을 적용하고 있다.

이동통신에 사용되는 주파수 대역을 소유 관점에서 볼 때, 크게 면허대역(Licensed Sprecturm)과 비면허 대역(Unlicensed Sprecturm) 2가지로 구분될 수 있다. 면허대역은 이동통신 사업자가 국가로부터 정해진 기간 동안 특정 주파수 대역의 사용권한(이때, 주파수 사용료를 국가에 지급)을 획득하여 자체 서비스를 제공하는 것이다.

▌그림 1-195▐ 면허대역과 비면허 대역 비유

면허대역은 사업자가 해당 주파수 대역을 체계적으로 관리하여 사용 효율이 높지만, 비면허 대역은 관리하는 사람이 없어서 체계적이지 않다. 이것을 도로와 차량에 비유할 때 면허대역은 사업자(Operator)가 차량을 통제하지만, 비면허 대역은 차량 통제가 되지 않는다.

국가로부터 사용 허가를 받지 않고 사용 가능한 비면허 대역(물론, 사업자나 사용자가 주파수 사용료는 지불하지 않음)은 기존 이동통신기술과 묶어서 사용하는 LAA(Licensed Assisted Access), LWA(LTE WiFi Link Aggregation) 기술 등이 있다.

3) 무선 채널환경

이동통신 기지국은 사람이 많이 거주하는 지상 위주로 전파를 송신한다. 따라서 기지국 안테나에서 생성된 전파(Radio Wave)는 전파(Propagation)되면서 다양한 경로로 진행되어 빌딩, 사물, 나무, 차량 등을 만나면서 수신부(즉, 단말기)에서 신호세기가 약해지고 왜곡이 발생된다. 이러한 현상을 'Multipath Fading'이라고 한다.

즉, Multipath Fading은 기지국에서 송출한 신호가 주변 장애물을 만나면서 전파의 회절, 반사 등의 특성으로 단말기에 수신되는 전파의 수신경로가 여러 개가 되며, 각 경로로 단말기에 도달되는 신호의 위상, 진폭 등의 변화가 발생되어 수신신호가 약해지고 왜곡되는 현상이다.

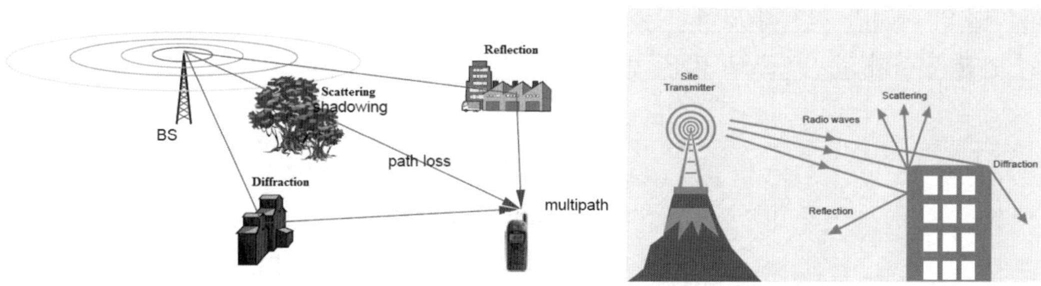

그림 1-196 이동통신 무선채널에서 Multipath Fading 현상

Multipath Fading 현상이 약하게 나타나는 환경은 통신경로상에 장애물이 없는 지상과 위성간 통신, 높은 곳에 위치한 두 지점간에 접시형 안테나를 사용하는 통신이 있다.

이동통신 전파환경에서 전파가 기지국 안테나를 떠나 단말기 전파 수신부에 도착할 때까지 전송된 신호는 다음과 같은 여러 가지 환경을 겪는다. 이러한 현상은 하나의 요인이 아니라 다수의 요소가 복합적으로 작용된다.

Multipath Fading은 ①송신기와 수신기 사이 거리가 멀어짐에 따라 전파 세기의 감쇄, ②수신기로부터 멀리 떨어진 장애물에서 전파의 반사로 인한 다중경로가 생기며, 이로 인하여 신호의 세기가 천천히 변하는 Shadowing, ③수신기 주변의 장애물에 의하여 빠르게 변화되는 Short Term Fading, ④다른 기지국으로부터 수신되는 간섭신호 등이 있다.

또한 기지국과 단말기 사이에 장애물이 없는 LOS(Line Of Sight) 환경(즉, 직접 전파를 수신하는 경우)에도 공기 분자, 먼지, 물방울 등에 의하여 전파 세기가 약해진다.

이렇게 기지국에서 출발한 전파는 Multipath Fading을 겪고 단말기에 도달된 다수의 신호는 도달 시간차가 발생되어 순수한 신호와 합쳐지면서 원래 신호를 왜곡시킨다.

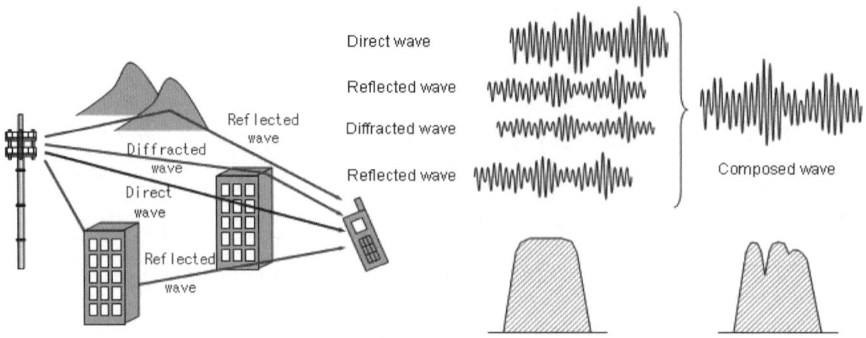

▌그림 1-197▐ Multipath Fading에 의한 수신 신호의 왜곡

이동통신 전파환경에서 Fading은 크게 Long-Term Fading과 Short-Term Fading으로 구분된다. Long-Term Fading은 기지국 신호가 거리가 멀어지고, 시간이 지남에 따라 신호의 세기가 천천히 낮아지는 것이고, Short-Term Fading은 단말기 주변 장애물로 인한 전파가 순간적으로 많은 변화가 생기는 것을 의미한다.

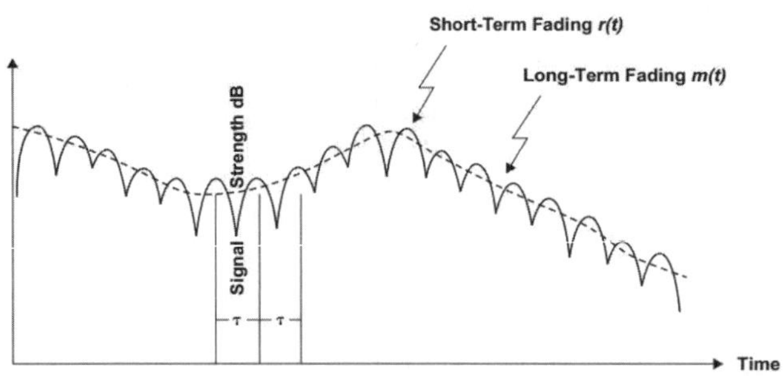

$$\mathrm{FSPL} = \left(\frac{4\pi d^2}{1}\right)\left(\frac{4\pi}{\lambda^2}\right) = \left(\frac{16\pi^2 d^2}{\lambda^2}\right) = \left(\frac{4\pi d}{\lambda}\right)^2$$

▌그림 1-198▐ 이동통신 전파환경에서 Path Loss

Fading이란 2개 이상의 전파가 상호 간섭을 일으켜서 신호의 크기, 위상 등이 시간적으로 불규칙하게 변화하는 것이고, Path Loss는 전파가 공간에 전파되면서 거리가 멀어짐에 따라 신호가 약해지는 것을 의미한다.

기지국에서 발사된 전파가 감쇄되는 이유는 공기를 만나면서 회절, 반사, 굴절 등을 겪기 때문이다. 비가 올 경우는 전파가 급격히 감쇄되어 데이터 속도가 줄어들거나 시골지역에서 음성통화가 어려울 수 있다.

전파는 건물, 나무와 같은 장애물을 만나면 전파세기가 급격히 감쇄되기 때문에 이동통신 사업자는 웬만하면 기지국을 높은 위치에 설치한다. 공기 중 전파의 손실을 10이라고 가정한다면, 건물이나 나무 등 장애물의 감쇄는 1만 이상이 된다.

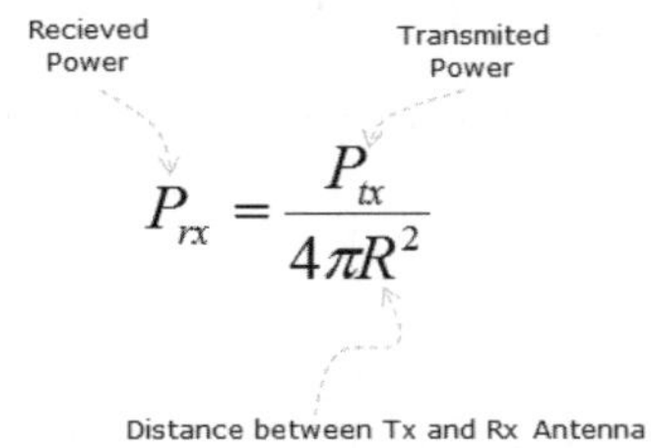

기지국에서 송출된 전파는 거리가 떨어진 단말기에 도달되기까지 이론적으로는 대략 거리의 제곱(장애물이 없는 경우) 이상으로 공간에서 손실(Path Loss)이 발생된다. 이러한 감쇄는 파장의 반비례하여 감쇄되는데, 다른 이야기로는 주파수가 높을수록 감쇄가 많이 된다.

장애물이 없는 자유공간(Free Space)의 경우, 거리의 제곱으로 신호강도가 약해지지만, 실제 환경(지상이나 지하)에서는 공기, 먼지, 물방울, 공기흐름, 차량 등의 영향으로 거리의 4제곱 이상으로 감쇄된다. 예를 든다면, 기지국에서 1만개의 전파를 발사한다면, 100m 지점에서는 10개 정도 수신되는 값이다.

전파의 감쇄를 사람의 음성에 비유할 수 있는데, 사람이 큰 소리를 내면 거리가 멀어질수록 음성이 약해진다. 음성이 잘 전달되는 물질은 공기인데, 음성은 공기를 매질로 전달되기 때문에 음성 에너지가 공기에 부딪히면서 음성의 크기는 서서히 약해진다.

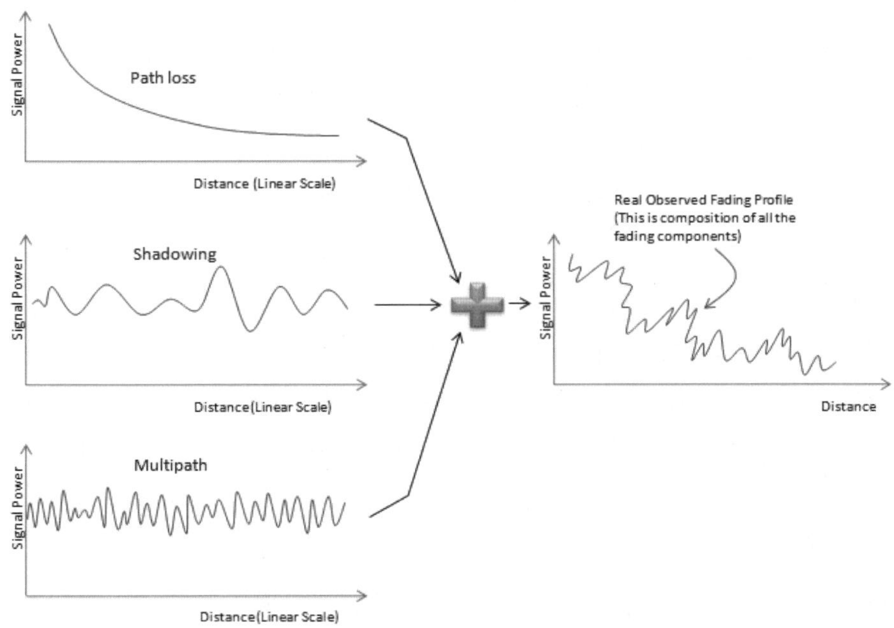

▌그림 1-199▐ 이동통신 전파환경(Path Loss, Shadowing, Multipath Fading)

이러한 복잡한 Multipath Fading에 대하여 주변 구조물의 형상, 지형지물(예, 강)에 대한 무선채널을 예측하는 방법으로 Okumura Model, Hata Model 등이 있다. 이러한 수학적인 모델(즉, 수식)을 기반으로 사업자는 실제 기지국을 설치하기 전에 시뮬레이션으로 전파분포를 예측한다.

Multipath Fading은 다수의 물줄기가 있는 강에 비유할 수 있는데, 주된 강줄기(A)에 다수의 다른 강줄기 B와 C가 바다에서 합쳐질 수 있다. 3개(A, B, C)의 강줄기에서 순수한 강물인 A와 흙탕물인 B, C가 바다에서 합쳐질 경우, 주된 강줄기(A)의 물이 흐리게 된다.

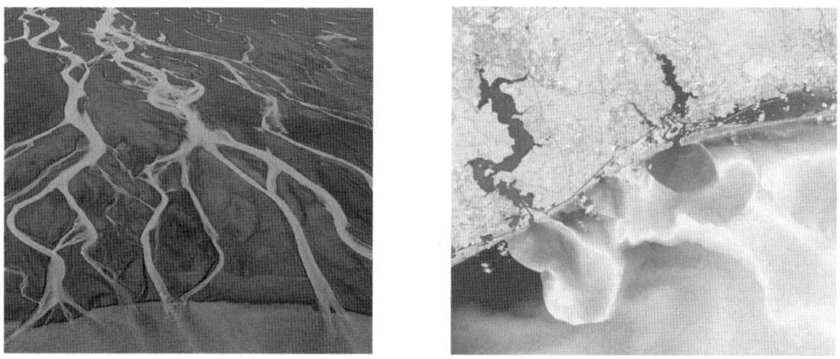

▌그림 1-200▐ Multipath Fading을 다수의 물줄기가 있는 강에 비유

즉, Multipath Fading을 강줄기에 비유할 경우, 강 상류에는 맑은 물(강줄기 A)이 흘러가지만, 이 물이 다수의 다른 흐린 물줄기(물줄기 B, C)와 만나면서 최종 수신단(즉, 바다)에서는 맑은 물과 흐려진 물이 동시에 수신된다.

결론적으로 강 물줄기 A, B, C가 만나는 부분에서 순수한 물줄기인 A를 걸러내기는 쉽지 않다. 이러한 현상을 줄이기 위하여 다중접속, 수신부 신호처리 등의 다양한 기술이 사용되고 있다.

이동통신의 경우, 기지국을 높게 설치하면 단말기에 수신되는 신호가 좋을 수 있으나 전파가 먼 거리로 전달되어 다른 기지국에 간섭으로 작용하는 Trade-Off(좋은 점과 나쁜 점이 동시에 존재)가 있다. 이런 경우, 전체적으로 주파수 사용 효율은 낮아진다.

이동통신 단말기는 이렇게 다수의 전파경로를 거친 신호에서 원래의 신호(즉, 강 상류의 맑은 물)를 찾아내야만 송신측의 또렷한 정보를 얻을 수 있다. 따라서 Multipath Fading을 극복하기 위한 기술이 지속적으로 개발되고 있다. 대표적인 예는 CDMA에 적용된 RAKE Receiver, 4G와 5G 등에 적용된 OFDM 기술 등이 있다.

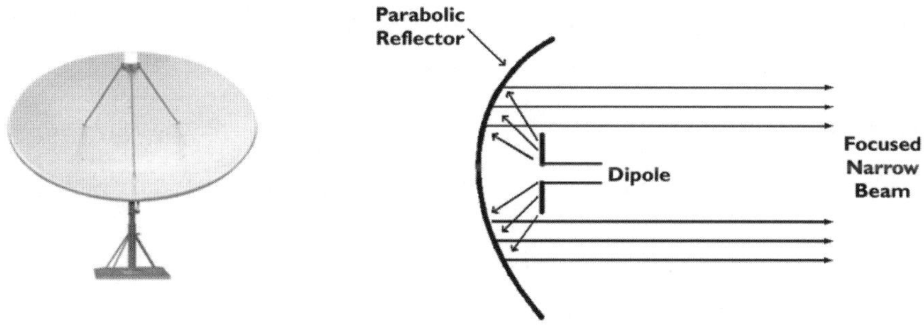

▌그림 1-201▐ 접시 안테나를 사용한 전파 통신

이동통신은 장애물이 많은 지상에서 이루지기 때문에 Multipath Fading 현상이 심하게 발생되는데, 이와 비교되는 것은 지상의 높은 곳에 설치된 접시 안테나를 활용한 전파통신이다.

2개의 접시 안테나를 활용한 양단간 전파통신은 전송채널에 산이나 빌딩과 같은 장애물이 없어서 우수한 통신품질을 유지할 수 있다. 물론 공간에서 있을 수 있는 물방울, 먼지, 안개 등에 의한 영향은 있다.

이동통신 전파 환경은 장애물이 없는 환경에서 사용되는 접시 안테나와는 환경이 매우 다르다. 따라서 전파 환경이 매우 복잡하기 때문에 정교한 무선환경 관리가 필요하다.

특히, 도심지에서 건물이 밀집된 지역이나 나뭇잎이 무성한 지역, 지하철과 같은 실내의 전파환경는 복잡하다. 또한 철골 구조물의 건물은 전파의 난반사가 심하여 주변에서 데이터 속도가 줄어들 수 있다.

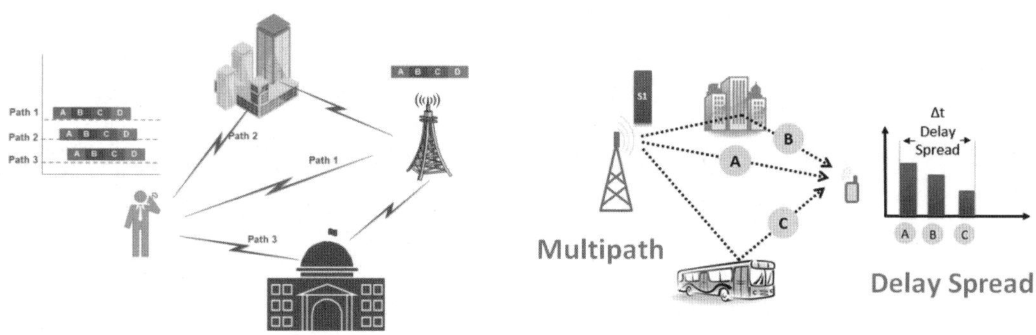

▌그림 1-202▐ 이동통신 전파환경에서 Delay Spread

Multipath Fading을 발생시키는 현상 중에 하나가 Delay Spread가 있다. Delay Spread는 기지국에서 출발된 신호가 다수의 경로를 거치면서 단말기에 수신되는 신호의 시간차가 발생되어 원래의 신호 품질을 약화시키는 현상이다.

전파 측면에서 Delay Spread는 사람의 음성 측면에서 '에코'로 볼 수 있다. 사람의 소리도 에코가 많은 지역에서 원래의 소리를 이해할 수 없는 것과 같다.

이동통신 전파환경은 이러한 Delay Spread가 많이 발생되기 때문에 Multiple Access 기술인 OFDMA(Orthogonal Frequency Division Multiple Access)에는 Cycle Prefix 기법이 적용되고 있다.

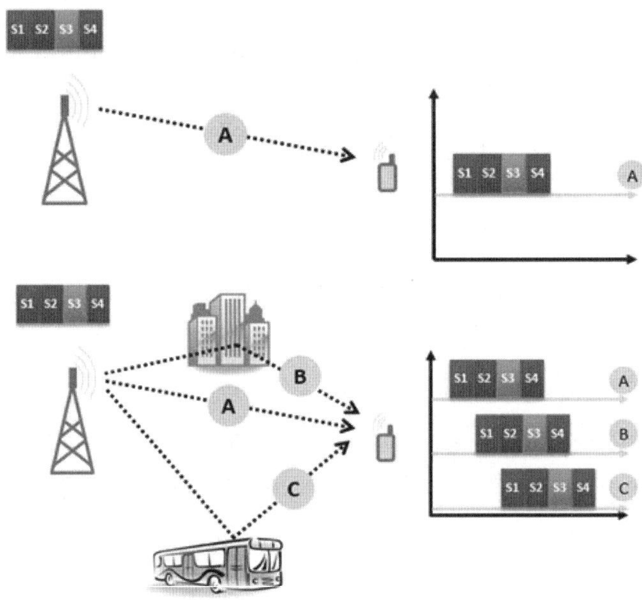

▌그림 1-203▐ Delay Spread에 의한 신호 왜곡 현상

Delay Spread가 없는 환경에서는 기지국에서 송신한 신호 S1, S2, S3, S4를 단말기는 순서대로 수신하여 해석할 수 있지만, Delay Spread에 의하여 S1, S2, S3, S4가 중복되어 원래의 신호를 해석할 수 없게 된다.

따라서 Delay Spread가 심한 지역에서는 기지국에서 송신하는 전파의 방향을 변경하거나 기지국 위치를 옮기는 방법 등이 있다.

지형 지물 별 Path Loss 예를 보면, 기지국과 단말기 사이에 산이 있을 경우, 기지국에 발사된 전파는 주로 회절 성질을 활용하여 단말기에 전달되고, 중간에 강이나 호수가 있을 경우는 전파가 물표면에 반사되어 원래 신호보다 도달되는 시간이 길어져서 2개의 신호가 중첩되면서 신호가 약해진다. 이 경우는 빛의 회절성질이 주된 전파 경로이다.

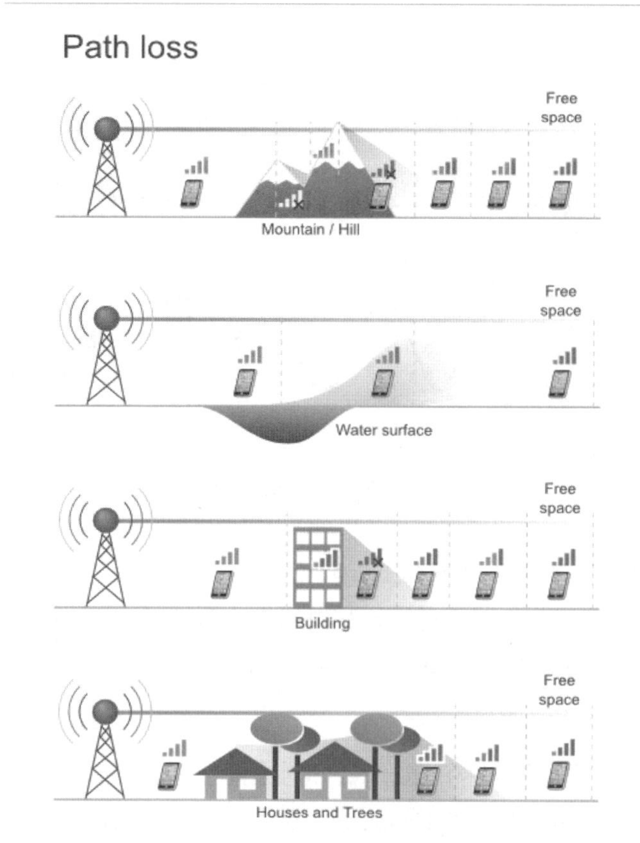

▌그림 1-204▐ 지형 지물 별 Path Loss 예

중간에 건물이 있을 경우, 건물 뒤쪽에 있는 휴대폰의 전파는 급격히 감쇄되어 신호강도가 약하지만, 건물에서 상대적으로 멀리 떨어져 있는 휴대폰의 전파 강도는 강하다. 이것은 전파의 회절 성질이 Front Wave Propagation 성질로 전파의 진행방향으로 강하게 회절되기 때문이다.

또한, 중간에 가정집이나 나무가 있을 경우 전파는 급격히 감쇄된다. 나무는 나뭇잎과 줄기에 물 성분이 많아서 전파가 나뭇잎에 부딪힐 경우 난반사로 분산되기 때문이다.

Doppler Shift(도플러 이동)는 고정된 기지국 근처를 차량이 고속으로 달릴 때, 중심 주파수가 변경되는 현상이다. Doppler Shift로 인하여 중심 주파수가 변경되면, 통화 품질이 나빠지거나 통화가 안될 수 있다. 이동통신 사업자는 이러한 현상을 방지하거나 영향을 줄이기 위하여 처리되는 주파수 대역폭을 넓게 설정하여 통화품질을 유지한다.

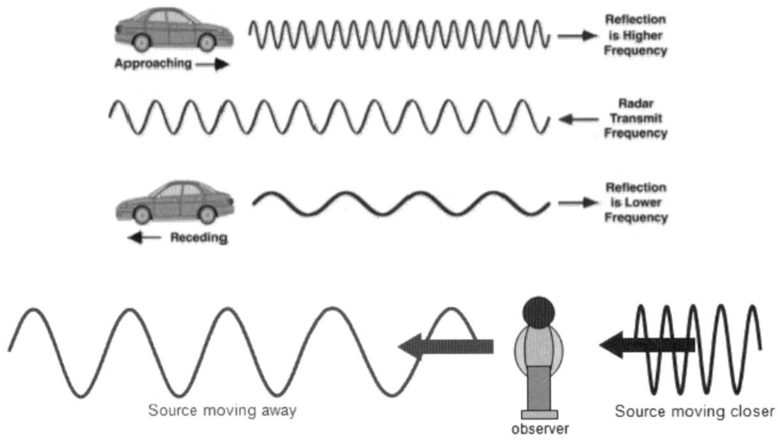

그림 1-205 Doppler Shift 예

이동통신 전파환경에서 전파의 Tunneling과 Ducting 효과가 있다. Tunneling 효과는 전파가 터널과 같은 환경에서 터널지역의 전파세기가 강하게 나타나는 현상이다. 예를 들어, 도심지 건물이 밀집한 지역의 경우 도로에 전파세기가 강하고, 도로가 아닌 지역에서는 전계강도가 약하게 분포된다.

전파는 기본적으로 장애물보다는 Free Space(장애물이 없는 환경)에서 감쇄가 약하기 때문에 장애물이 없는 환경으로 전파(Propagation)가 잘되어 Tunneling 현상이 발생된다. 특히, 큰 강이 있는 지역의 경우 전파는 강속으로 흡수되지 않고, 강 표면을 따라 멀리 전달되기 때문에 이것도 Tunneling 현상의 예로 볼 수 있다.

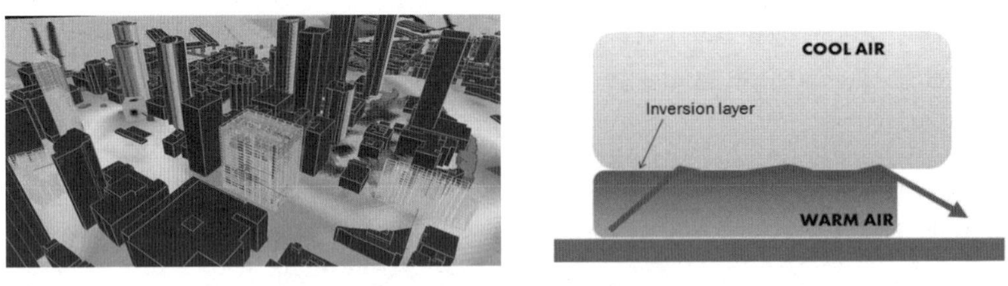

그림 1-206 전파의 Tunneling, Ducting 효과

Ducting 효과는 주로 지상에서 하늘 방향으로 전파가 휘어져서 이동되는 현상이다. 낮은 구름이 많이 있을 경우, Ducting 현상으로 전파가 멀리 전송되어 인접 기지국에 영향을 준다. 구름에는 물분자가 많아서 전파가 구름으로 흡수되지 않고, 다시 반사되어 먼거리로 갈 수 있다.

이러한 Tunneling, Ducting 효과로 특정한 환경에서는 통화품질이 좋아질 수 있지만, 너무 멀리 전송되어 같은 주파수를 사용하는 다른 기지국에는 혼신으로 작용하여 전파환경이 나빠질 수도 있다.

▌그림 1-207▌ 이동통신 무선환경 시뮬레이션 예

이동통신 사업자는 특정지역에 기지국을 설치하기 전에 전파세기 분포를 확인하기 위하여 S/W 시뮬레이션을 통하여 무선 전파환경을 예측한다. 이동통신 무선환경 시뮬레이션은 3D 지도 위에 기지국에서 송출하는 전파의 세기, 방향 등을 고려하여 전파강도와 신호의 순수성을 예측하는 방법이다.

4) Multiple Access

Multiple Access(다중접속)란 주어진 시간, 주파수, 공간, 코드 등을 여러 사용자가 공동으로 사용하는 전송기술이다. Multiple Access는 한정된 전송 자원을 다수의 노드(또는 사용자)들이 사용하므로 공평하게 사용할 수 있는 효과적인 방식이 필요하다.

Multiple Access 기술은 주로 기지국과 단말기에 적용되며, 디지털 신호처리부인 Baseband에서 처리되어, 변조된 다음 RF Front End와 안테나를 통해서 전파로 송출된다.

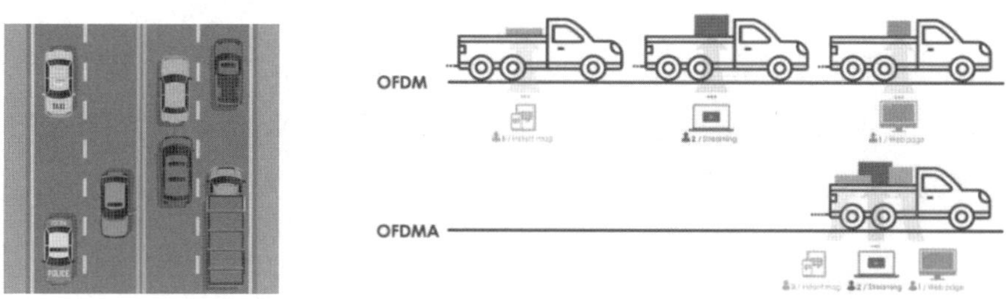

▌그림 1-208▌ Multiple Access 기술을 도로와 차량에 비유

Multiple Access 기술은 한정된 자원(Resource)를 효과적으로 사용하기 위한 것으로 유선통신, 무선통신 등에 많이 사용되고 있다. 일반적으로 이동통신망에서 Multiple Access는 무선망에 적용되는 기술이지만, 유선망(코어망 등)에도 Multiple Access 기술이 사용된다. 하지만, 유선망은 자원(전원, 통신속도 등)의 제약이 거의 없어서 Multiple Access 처리 방식이 간단하다.

고속도로를 예로 들 경우, 공동자원은 고속도로이고 여기를 승용차, 버스, 트럭 등의 자동차가 하나의 자원(즉, 고속도로)을 공동으로 사용한다. 이때 효과적으로 자원을 활용하는 방법은 트래픽 상황에 따라 도로에 빈 공간없이 차량이 도로를 최대로 점유하는 방법이다.

5G의 경우, 전송 대상 데이터의 특성에 따라 도로에서 처리 방법이 다르다. 예를 들면, 공동으로 사용하는 도로 이외에 고속 승용차를 위한 전용차선, 버스를 위한 전용차선 등이 있다.

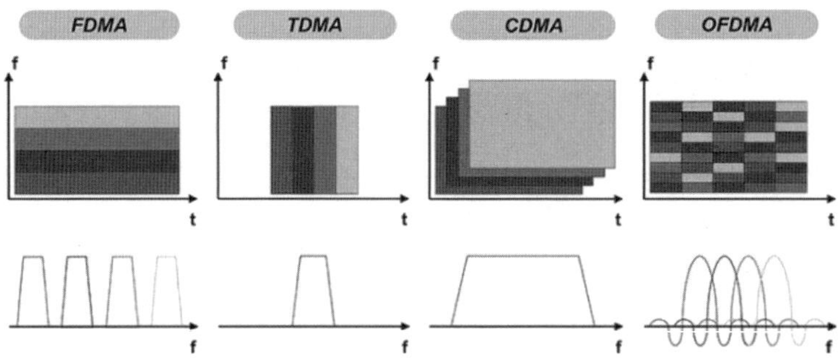

▌그림 1-209▌ 이동통신 Multiple Access 기술 예

과거 아날로그 이동통신의 경우, 기지국에서 단말기로 30kHz 주파수 채널을 할당한 다음, 이 채널로만 음성통화를 했다. 다르게 본다면, 아날로그 방식은 고속도로에서 기지국과 단말기로 전용차선이 만들어지는 것에 비유될 수 있다.

이동통신에 사용되는 Multiple Access 기술은 TDMA, FDMA, CDMA, OFDMA 등이다. 5G에 사용되는 OFMDA의 대표적인 공동 자원(즉, 도로에 해당되는 것)은 주파수와 시간이다.

FDMA(Frequency Division Multiple Access)는 주어진 전체 주파수 대역폭에서 가입자 별로 주파수를 나눠서 사용하는 방식이다. 예를 들면, 800MHz 대역의 AMPS 주파수 폭인 10MHz에서 각 가입자 별 30KHz씩 나눠서 사용하는 방식이다.

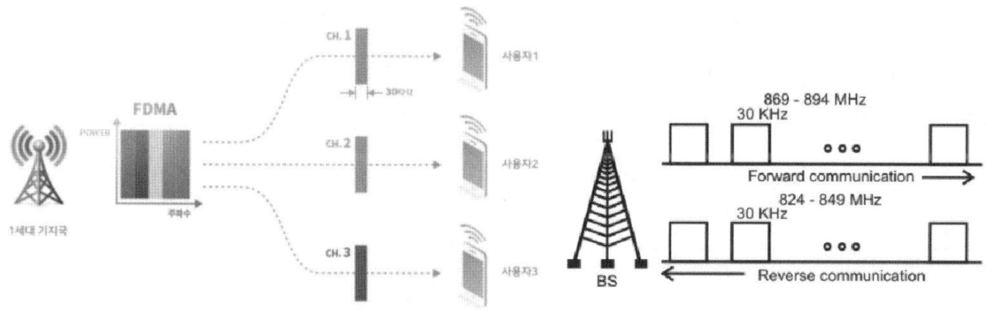

┃그림 1-210┃ AMPS 주파수 할당 예

TDMA(Time Division Multiple Access)는 주어진 주파수 폭에서 시간별로 가입자를 나눠서 사용하는 방식이다. TDMA 방식의 대표적인 예는 GSM이다. GSM은 전체 주파수 대역폭(예, 25MHz)에서 200KHz씩 Sub Carrier를 나눠서 200KHz내에서 TDMA로 동작된다.

Sub Carrier란 큰 규모로 주파수를 나누고, 그 주파수 내에서 나누어진 작은 단위의 주파수를 의미한다. 따라서 크게 보면 GSM은 FDMA를 기반으로 각 Sub Carrier내에서 TDMA로 동작된다.

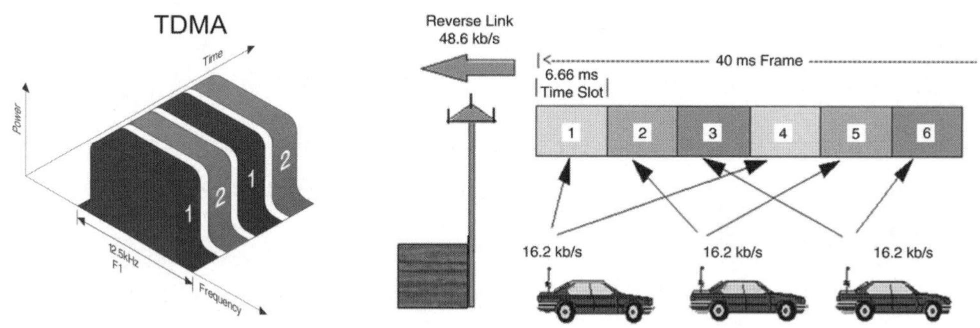

┃그림 1-211┃ TDMA 동작 예

CDMA(Code Division Multiple Access) 방식은 정해진 주파수 대역폭에서 각 사용자를 코드(Code)로 구분하는 방식이다. 코드란 기지국과 단말기간 사전에 정의된 특정한 데이터 열이며, 해당 단말기만 기지국 신호를 받을 수 있다. CDMA는 기지국과 다수의 단말기에서 같은 코드(정확하게는 Spreading Code)를 가진 단말기만 통신이 가능하다.

CDMA 방식은 기존의 FDMA나 TDMA보다 주파수 사용효율이 높고, 이동통신 전파환경에 대한 극복성이 높은 것으로 알려져 있다. 이동통신 전파환경에서 대표적인 것은 기지국에서 송신된 전파가 다수의 경로(지형 지물에 의하여 반사, 회절 등)를 통해서 단말기로 수신되는 Multipath Fading인데, CDMA는 이전 기술보다 성능이 좋다.

CDMA 방식에서는 Multipath Fading에 대한 극복을 강화하기 위하여 다수의 수신장치를 가지고, 이 수신장치는 각각 Delay된 신호를 검출하는 RAKE Receiver를 활용한다.

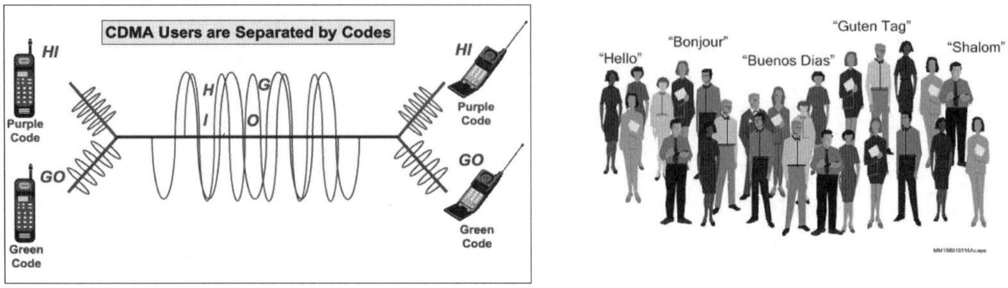

▌그림 1-212▐ CDMA 설명(같은 공간에서 다양한 언어 사용)

1990년 초기, CDMA 방식이 기존 GSM 대비 무선구간 효율성(즉, 채널 용량)이 좋기 때문에 이동통신 신기술로 많은 관심을 받았다. 이후, CDMA 기술은 유럽 방식의 3G인 UMTS에서 사용되었다.

CDMA를 간단히 설명하면, 같은 공간에서 영어, 프랑스어, 스페인어, 한국어 등을 사용하는 사람이 있을 때 서로 이야기해도 상호간 통신이 가능하다. 물론 한 사람이 큰 소리로 이야기할 경우, 잡음이 증가되어서 다른 사람의 이야기에 문제를 발생시킬 수 있다.

따라서 CDMA 방식은 기존의 FDMA나 TDMA보다 더 정교한 Power Control(전력제어)이 요구되는 기술이다. 하나의 단말기가 고출력으로 송출할 경우, 다른 단말기에 잡음(Noise)으로 작용하기 때문이다.

또한 CDMA 방식은 원래 전송하고자 하는 신호에서 아주 속도가 빠른 코드를 Multiplexing하여 주파수를 넓게 하는 Spreading 방식을 사용한다. 아주 빠른 코드는 주파수 폭이 넓기 때문에 Frequency Selective Fading 극복성이 좋다.

OFDMA(Orthogonal Frequency Division Multiple Access) 방식은 FDMA 방식에서 각 Sub Carrier를 중첩시키는 기술이다. 이렇게 Sub Carrier를 중첩시킬 경우 주어진 주파수 폭에서 사용 효율은 증대되지만, 각 Sub Carrier간 간섭이 발생되어 더욱 정교한 기술이 적용되어야 하는 문제가 있다.

OFDMA는 기본적으로 FDM(Frequency Division Multiplexing)을 기반으로 동작되며, Multipath Fading에 강하기 때문에 대부분 이동통신과 군용통신에 사용된다. 물론 OFDM 방식은 H/W 구현이 복잡해서 결국 기지국과 단말기의 가격 상승 요인이 된다.

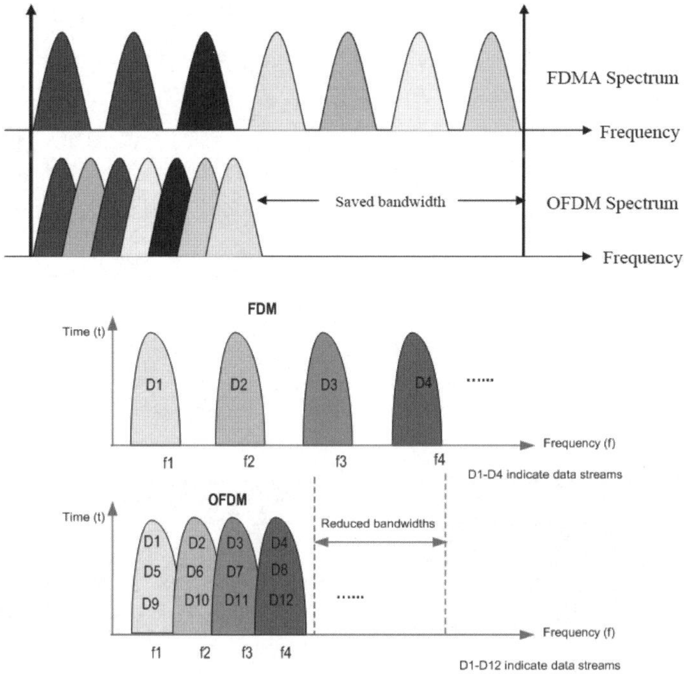

| 그림 1-213 | OFDM 개요

하지만, 최근 단말기에 적용되는 칩 기술의 발달과 메모리 등 부품 가격이 하락되어 셀룰라, WiFi 등 많은 무선통신 기술에 적용되고 있다.

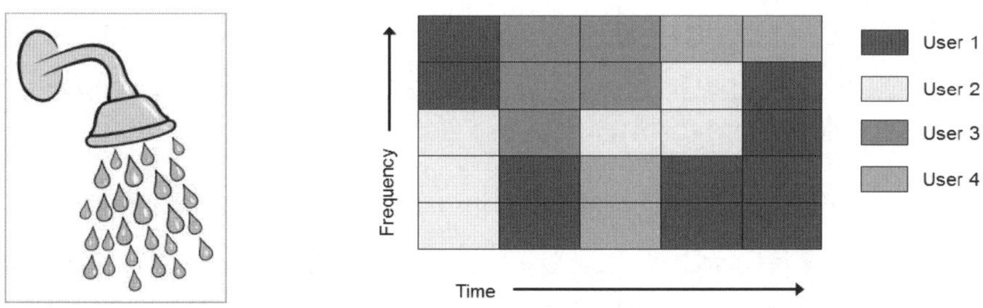

| 그림 1-214 | OFDMA를 샤워기에 비유

OFDMA 방식은 샤워기에 비유할 수 있는데, 샤워기의 물 줄기는 짧은 시간 간격으로 작은 물방울로 구성된다. 각 사용자에게 전송되는 데이터는 하나의 물방울이며, 데이터를 많이 수신하는 사용자는 주어진 시간에서 많은 물방울을 받는다. 사용자에게는 물방울 단위로 전송되므로 OFDMA와 비교시 주파수는 하나의 물줄기이고, 시간은 물방울이 될 수 있다.

하나의 물줄기는 다수의 물방울로 구성되어있어서 시간적으로 각각 다른 사용자가 사용한다. 5G의 경우 다양한(심지어는 극단적인) QoS의 서비스를 지원하기 위해서 샤워기에서 다수의 물줄기에서 특정 물줄기의 굵기와 시간을 쉽게 조절할 수 있는 구조가 사용되고 있다.

OFDM은 정해진 시간축에 주파수 축(즉, Sub-Carrier)를 전용으로 사용하는 것이고, OFDMA는 정해진 데이터 단위(또는 Resource Unit)를 시간과 주파수를 변경하면서 사용하는 방법이다. OFDM은 하나의 트럭에 하나의 사용자 정보만 전송하는 반면, OFDMA는 하나의 트럭에 다수의 사용자 정보를 전송한다.

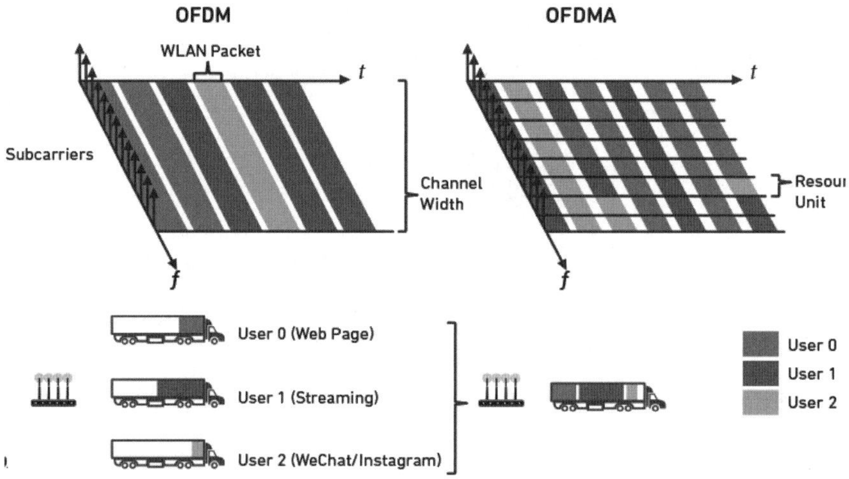

OFDM을 이동통신에 사용하는 이유는 ①주어진 주파수 대역폭에서 효율을 높이고, ②이동통신 전파환경인 Multipath Fading에 대한 극복이 강하며, ③ISI(Inter-Symbol Interference)를 줄이기 위한 것이다.

OFDM에서는 기본적으로 각 신호간에 직교성(Orthogonal)이 보장되어야 한다. 직교성이란 두개의 함수(신호)를 곱한 후 적분할 때 값이 '0'인 것을 직교라고 부른다. 통신에서 효율성을 위해 여러 채널을 통해 정보를 동시에 보내는데, 수신부에서 이 정보를 구분하기 위해서 직교성이 있어서 쉽게 구분할 수 있다.

이동통신 전파환경에서 기지국에서 송출하는 신호는 깨끗하게 전송되지만. 무선구간에서 Multipath Fading을 거치면서 단말기에 수신되는 신호는 왜곡된다.

하나의 Carrier를 사용하는 FDMA(이런 경우, SCM: Single Carrier Modulation), 큰 트럭에 많은 물건을 싣고 갈 때와 동일한데, 만약 트럭이 사고가 나면 모든 물건은 배달될 수 없다. 하지만, 다수의 Sub-Carrier를 사용할 경우, Multipath Fading에 의하여 중간 트럭이 사고가 나서 물건을 배달할 수 없을 때, 다른 트럭이 나머지 물건을 배달할 수 있다.

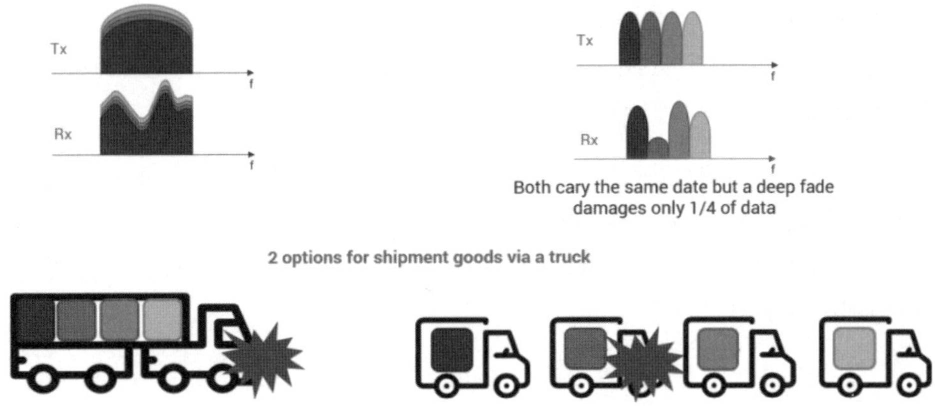

▌그림 1-215▐ OFDMA의 Multipath Fading에 의한 영향(출처 : Grandmetric)

이 경우, 수신측은 오류 정정기술을 통하여 오류를 수정하거나 배달 받지 못한 부분만 재전송을 요구하면 된다. 이처럼 OFDM은 이동통신 무선환경에서 흔하게 발생되는 Multipath Fading에 의하여 특정 주파수에 왜곡이 생기는 'Frequency Selective Multipath Fading'에 대한 극복력이 강하다.

즉, OFDM은 이동통신 무선채널 환경에서 발생되는 Multipath Fading의 영향을 줄이기 위해서 개발되었다. 더 정확하게는 Frequency Selective Fading인데, Frequency Selective Fading은 주파수 대역별 Fading의 특성이 서로 다른 것을 의미한다.

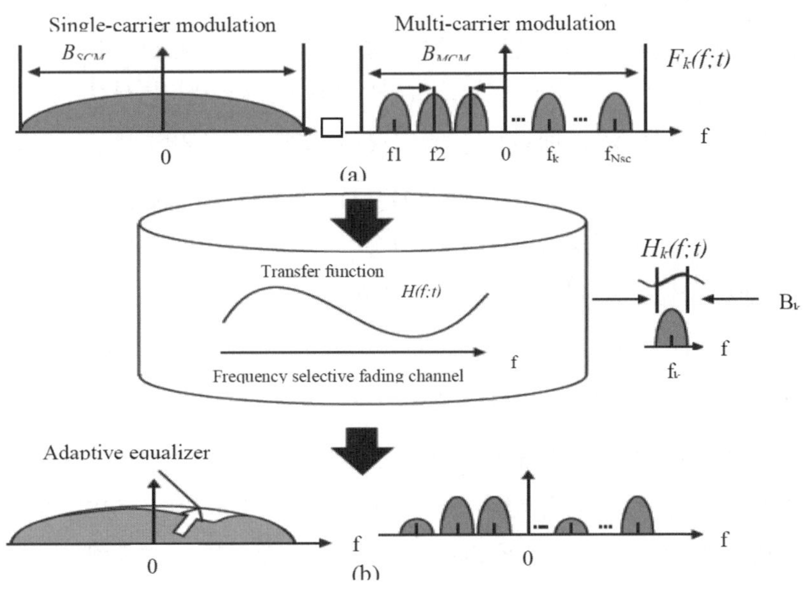

▌그림 1-216▐ 무선채널에서 Single Carrier(FDMA)와 Multi-Carrier Modulation(OFDM) 비교

이동통신 무선환경을 하나의 함수(Transfer Function)으로 가정할 경우, 이 함수 구조는 지역, 시간, 환경별 차이가 있다. 무선채널 함수의 구조에 따라서 다양한 Fading을 겪는데, 평균적으로 OFDMA 방식이 다른 방식보다 유리하다.

따라서, OFDM은 주파수가 다른 Sub Carrier로 각각 데이터를 전송하기 때문에 특정 Sub Carrier가 심하게 Fading을 겪을 경우, 신호의 크기(또는 이득, Gain)를 높여주면 된다. 물론 심하게 왜곡된 Sub Carrier가 있을 수 있는데, 이 경우 해당 부분만 버리고 보낸 쪽에 재전송을 요청하면 된다.

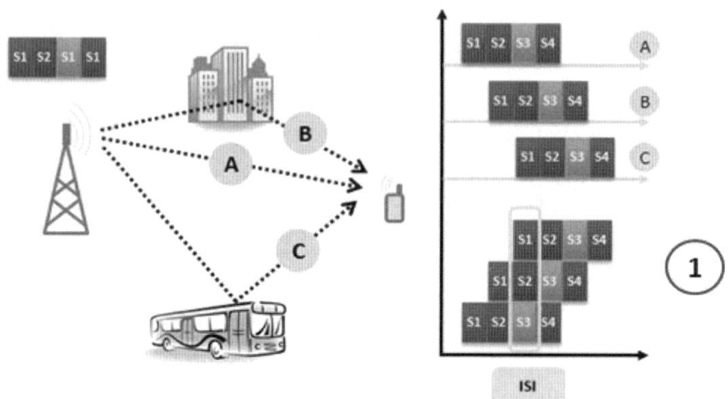

▌그림 1-217▐ 전파의 전송경로에 따른 ISI 예

이동통신 무선환경에서는 송신측에서 보낸 신호가 다수의 경로를 거쳐서 수신측에 도달하는데, 이때 Delay Spread에 의하여 Symbol간 중첩이 되어서 ISI(Inter Symbol Interference)가 생긴다. 즉, 수신측에 도달되는 다수의 데이터가 시간 지연이 발생되어 상호간 간섭을 일으켜서 원래 데이터를 복원할 수 없는 경우이다.

OFDM은 정확한 Timing을 기반으로 동작되는 시스템으로 각 심볼(Symbol)의 시간적인 차이가 발생될 경우, 원래 신호의 노이즈로 작용하여 신호가 왜곡된다. Symbol이란 하나의 의미있는 데이터 단위로 다수의 비트로 구성된다.

OFDM은 심볼 단위로 변조(Modulation)된다. 도로에 여러 대의 트럭으로 짐을 옮길 때, 하나의 트럭에 실려지는 화물이 심볼이 된다.

이렇게 ISI가 발생되는 것은 이동통신 전파환경의 대표적인 특징인데, OFDM은 현재 심볼의 뒷부분 일부를 앞쪽에 위치시켜 ISI 발생에 대하여 대처하고 있다. 일부 통신기술 전문가는 이 방법을 적용했기 때문에 OFDM이 다수의 무선통신 기술에 사용된다고 언급했다.

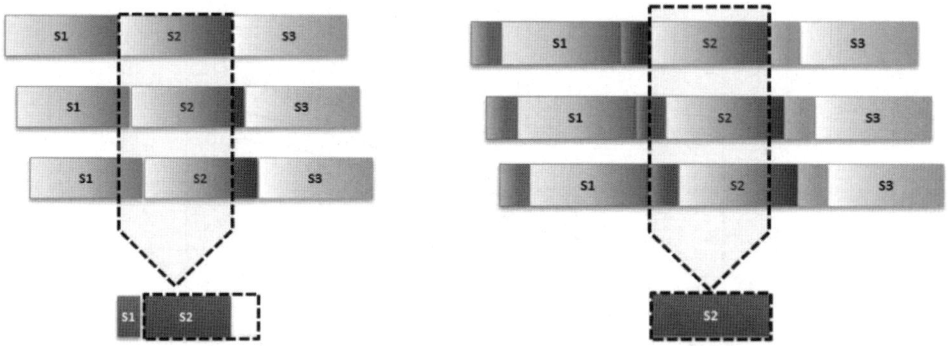

‖ 그림 1-218 ‖ Cycle Prefix를 적용하여 ISI 극복 방법

OFDM은 아주 간단한 방법으로 ISI를 극복하는데, 현재의 심볼의 뒤쪽에 일정부분을 복사하여 앞쪽에 위치시키면 ISI의 영향을 많이 줄일 수 있다. 이렇게 심볼 뒤쪽 정보를 복사하여 앞쪽에 붙이는 것을 'Cycle Prefix'라고 한다.

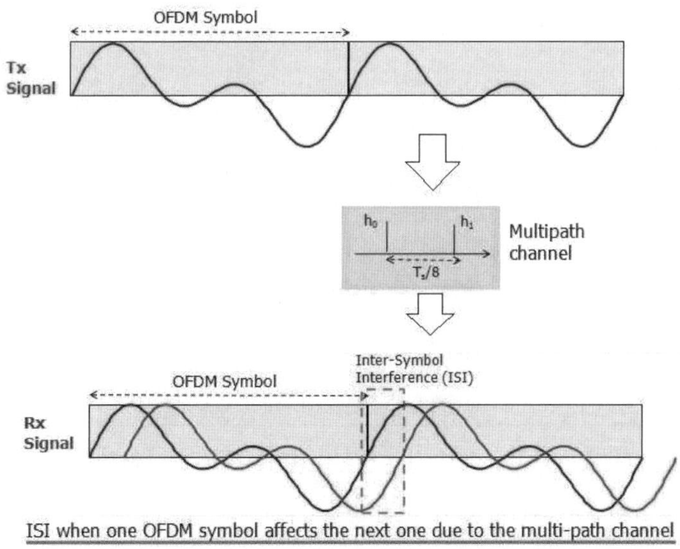

‖ 그림 1-219 ‖ OFDM에서 Inter symbol Interference

OFDM 기술은 1966년 Bell Labs에서 개발되었지만, 그 동안 송수신 장비(특히, 단말기) 구현이 복잡하기 때문에 대량 상용화가 어려웠다. 특히, 고속 데이터 송수신시 H/W가 복잡해지고 소모전력이 많았다.

LTE 이전에는 TDMA 대비 같은 주파수 폭에서 전송효율이 높은 CDMA가 많이 사용되었다. 하지만, 단말기에 탑재되는 OFDM 관련 칩 기술이 발달되어 현재 대부분 무선통신에 OFDM이 사용되고 있다.

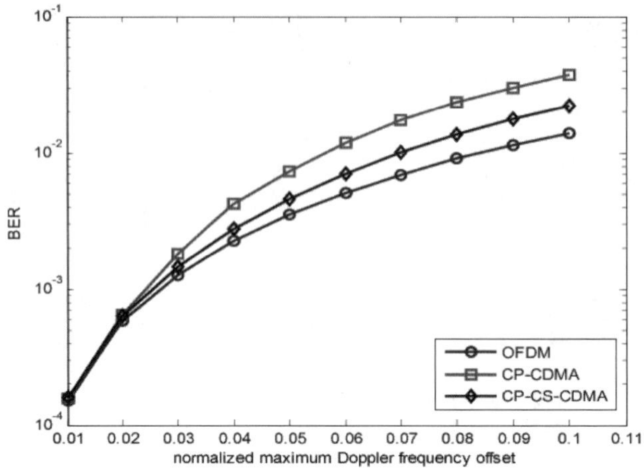

▍그림 1-220▍ OFDM과 CDMA간 오류발생 확률 비교

무선통신 환경에서 유사한 조건의 CDMA와 OFDM 성능을 비교할 경우, OFDM 성능이 더 좋은 것으로 알려져 있다. 무선환경에서 Multipath Fading에 대한 극복 능력이 중요한 요소이다.

특정 통신채널(무선구간이나 유선구간)로 전송할 수 있는 채널용량(Channel Capacity)과 관련하여 Shannon(샤논) 이론이 있다. Shannon 이론은 Point-to-Point 통신에서 통신채널의 용량(C)은 $B \times \log_2(1+S/N)$으로 정의된다.

$$C = B\log_2\left(1+\frac{S}{N}\right)$$

여기에서 B는 Bandwidth(주파수 폭)이고, S/N은 전송대상 신호를 기준으로 잡음의 비율이다. 하지만 최근에는 다수의 안테나를 활용하여 채널용량을 증대시킬 수 있음이 증명되어 Shannon 이론에 다중 안테나 요소가 추가되었다. 따라서 5G에는 채널 용량을 증가시키기 위하여 다중(여러 개) 안테나를 사용하고 있다.

Shannon 이론은 1948년에 발표되어 통신 채널용량 산출에 기본적으로 사용되는 이론으로 현재까지도 약간의 변경(예, 다중안테나)이 있지만 여전히 적용되고 있다. Shannon 이론에서 특이한 점은 통신 채널용량은 주파수 폭과는 비례하고, 전파의 품질은 $\log_2(1+S/N)$으로 로그함수로 비례하므로 용량에 큰 영향이 없다는 것이다.

하지만, 1990년부터 이동통신 기술의 급격한 발전으로 현재 Shannon 이론의 한계치에 도달했다. 즉, 어떠한 통신 신기술을 적용해도 더 이상 무선채널의 용량을 증대시킬 수 없다는 내용이다. 다른 측면에서 볼 때, 새로운 이동통신 기술은 현재 있는 기술의 조합에 불과하다.

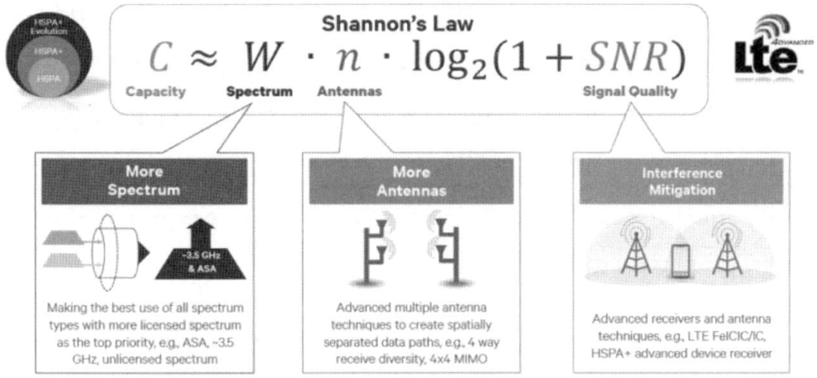

▌그림 1-221▐ Shannon 이론에서 다중 안테나 요소 추가

Shannon 이론이 이론적인 한계치로 가정하고, 약간의 여유를 둬서(3dB Margin) 산출할 경우, 이미 IEEE802.16e(WiMAX, 즉 국내는 WiBro), HSDPA 등은 Shannon 이론의 한계치에 도달되었다.

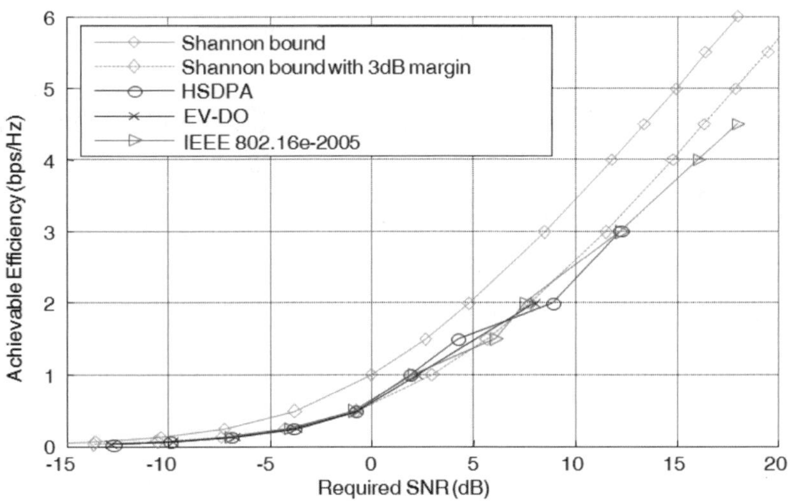

▌그림 1-222▐ 이동통신 기술의 Shannon 이론 한계치에 도달

심지어는 어떤 수학학자는 Shannon 이론을 뒤집을 새로운 이론은 없다고 언급했다. 즉, 새로운 통신기술로 무선채널 용량 증대는 불가능하다는 이야기이다. 따라서 현대의 이동통신 기술 전문가들은 Shannon 이론의 한계치를 수용하면서 채널 용량 증대를 위하여 다중 안테나 기술분야를 집중적으로 연구하고 있다.

통신 전문가들은 통신채널 용량 증대를 위해서는 공학 이전에 새로운 수학이론이 개발되어야 하고, 이 수학이론을 기반으로 물리적 법칙을 만든 다음, 공학기술로 개발되어야 한다고 평가했다. 이러한 신기술이 개발되기까지는 수십년 시간이 필요하다.

3GPP는 LTE를 FDD 또는 TDD로 운용할 수 있도록 2개 모두 규격으로 정의했다. FDD는 기지국 측면에서 송신과 수신측 주파수 대역이 다른 것이고, TDD는 같은 주파수 대역에서 시간을 나눠서 송수신하는 방식이다.

일반적으로 TDD 방식이 주파수 효율이 높은 것으로 알려져 있지만, 정확한 Timing으로 처리되어야 하므로 정교한 처리가 요구된다.

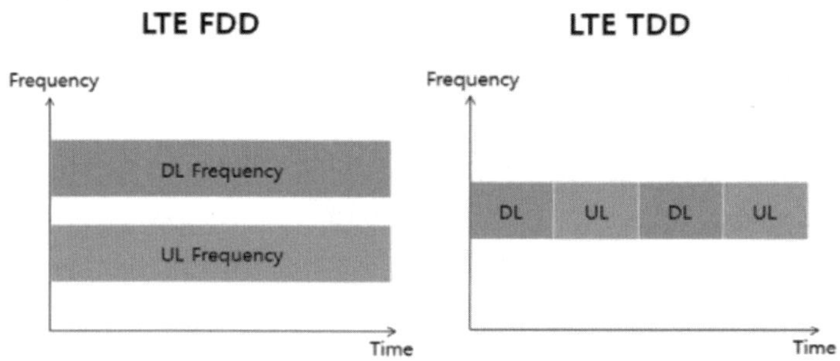

그림 1-223 LTE에서 FDD와 TDD 방식

이동통신 사업자는 FDD로 할지, TDD로 할지는 해당 정부의 허가를 받아서 주파수를 받게 된다. 국내의 경우 LTE는 일반적으로 FDD로 운영되고, 5G는 TDD로 운영된다.

3GPP 규격에는 전송속도를 높이기 위하여 단말기에서 FDD와 TDD가 동시에 운영될 수 있는 기술도 정의하고 있다. 예를 들어 주된 방식을 FDD로 하다가 인구 밀집지역에서는 FDD와 TDD를 동시에 사용하여 전송속도를 높일 수 있다.

5) 변조

변조(Modulation)는 정보를 저장, 전송하기 위해 전기적 신호를 변환하는 것을 말한다. 변조를 하는 이유는 하나의 전송 매체를 여러 사용자가 공유(즉, Multiple Access)하도록 하는 것과 신호의 특성을 전송 매체의 물리적인 특성에 맞추기 위해서이다.

변조를 수행하는 전자장치를 변조기(Modulator)라고 하며, 이 반대의 과정을 수행하는 장치를 복조기(Demodulator)라고 한다. 변조기와 복조기의 기능을 둘 다 수행하는 장치는 모뎀(Modem)이라고 한다.

무선통신에서 변조(Modulation)는 저주파 대역인 Baseband(기저대역) 신호(전송하고자

하는 정보)를 고주파 대역으로 이동시키는 것을 의미한다. Baseband는 디지털 신호처리 부분에 해당되며, 변조를 통하여 해당되는 이동통신 사업자 주파수 대역(즉, 고주파)으로 신호를 옮기는 역할을 한다.

무선통신에서 변조를 하는 이유는 하나의 통신선로(유선 또는 무선)에 여러 신호를 동시에 전송하여 많은 정보를 보내기 위한 것과 RF를 활용할 경우 안테나 크기를 줄일 수 있기 때문이다.

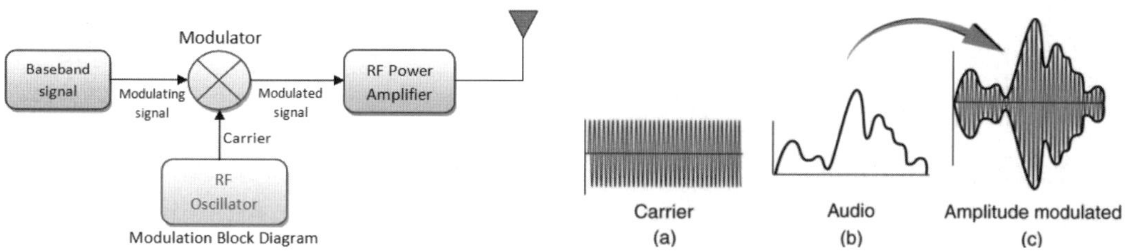

▌그림 1-224▐ 변조과정, Amplitude Modulation 예

우리가 인터넷 브라우징을 하거나 동영상을 보는 영역은 디지털 신호를 처리하는 Baseband 영역이다. 이 신호를 상대적으로 고주파 대역인 이동통신 사업자 주파수 대역(예, LTE 2.1GHz)으로 옮기는 과정이 변조이다.

대표적인 변조 예는 Amplitude Modulation이 있는데, 원하는 신호를 주기가 일정한 고주파 신호를 섞어서 보낼 경우 이 신호는 고주파 대역으로 이동하게 된다.

Baseband란 사전적인 의미로는 거의 0Hz에 가까운 매우 주파수가 낮고 좁은 대역을 의미한다. 즉, Baseband란 측정지표가 주파수이며, 0Hz에서 시작되고 주파수의 어느 대역까지를 의미하는데, 기술이 발전할수록 Baseband의 상위 주파수대역은 높아지는 추세이다.

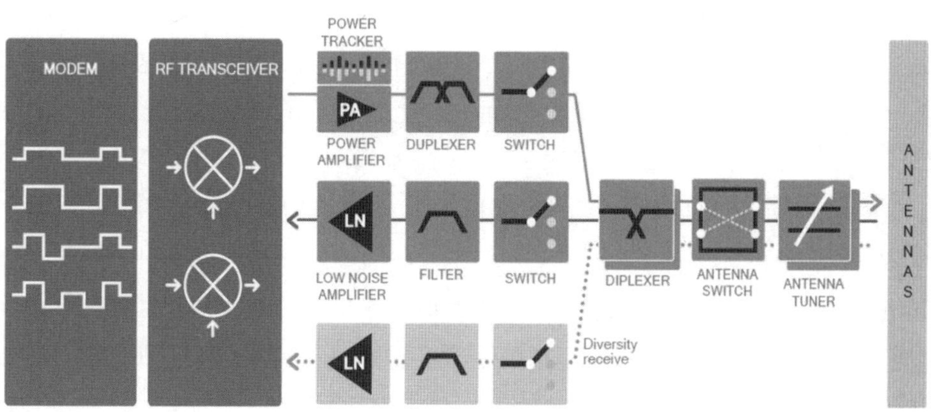

▌그림 1-225▐ 휴대폰에서 모뎀, RF Transceiver, RF Front End부 예

일반적으로 Baseband는 휴대폰에서 신호처리가 디지털로 처리되는 영역으로 관련된 칩에서 처리된다. 예를 들면, AP(Application Processor), 메모리, 디스플레이 등은 Baseband에서 처리되고, 5G 이동전화 주파수 대역은 RF 부분에서 처리된다.

휴대폰에서 모뎀이 포함된 AP는 Baseband 신호 영역에서 처리되고, 안테나로 송수신되는 전파는 RF(Radio Frequency) 신호 영역에서 처리된다. Baseband에서 RF로 이동시키는 부분을 IF(Intermediate Frequency) 영역이라고 하며, 이러한 부품을 RF Transceiver라고 한다.

RF Transceiver를 제외하고 Power Amp(송신 출력 증폭), LNA(Low Noise Amp, 수신 신호 증폭), Diplexer(송수신 신호 분리), Antenna 등을 'RF Front End'라고 한다.

이렇게 신호를 나눠서 처리되는 이유는 각 주파수 대역별 특성이 다르기 때문에 신호를 처리하는 칩도 다르기 때문이다. 예를 들어, Baseband 신호를 처리하는 칩은 고주파 대역 신호를 처리할 수 없고, 만약 고주파 대역 신호를 처리한다고 해도 휴대폰 내부적으로 많은 전파가 방사되어 다른 칩에 영향을 미치기 때문이다.

RF 칩과 Baseband칩은 칩을 구성하는 재료와 제작과정도 다르다. 예를 들어 Baseband 칩은 CMOS(Complementary Metal Oxide Semiconductor)로 만들어지지만, RF 칩은 GaAs와 같은 전자 속도가 빠른 재료가 사용된다.

▌그림 1-226▐ 변조를 시간축으로 해석할 경우(사람, 차량)

변조는 주파수 축에서 동작되기 때문에 쉽게 이해하려면 우리의 일상 생활인 시간축(즉, 속도로 구분)에서 해석될 수 있다. Baseband는 짐을 들고 걸어가는 사람, 변조는 차량이나 비행기를 이용하여 많은 짐을 이동시키는 것이다. 원하는 목표는 사람이나 물건의 이동인데, 동일한 사람이 걸어가거나(Baseband), 차량이나 비행기와 같이 빠른 이동수단(Modulation)으로 갈 수 있다.

Baseband 대역은 주변 잡음이 많아서 전파로 전송하기는 어렵고 유선으로 전송할 수 있는데, 먼거리까지 많은 통신선로를 구축하는 것은 비효율적이다. 물론 대규모 통신망에서 유선인 광선로가 많이 사용되지만, 이것은 각 가정으로 유선이 설치되는 것은 아니고 주요 대도시 위주로 설치된다.

주파수 측면으로 볼 때, 사람이 걸어가는 길은 1차선이어서 딱 한 사람씩 갈 수 있지만, 차량이나 비행기를 이용하면 다양한 속도를 낼 수 있다. 주파수도 동일하게 고주파 대역의 한계는 없다.

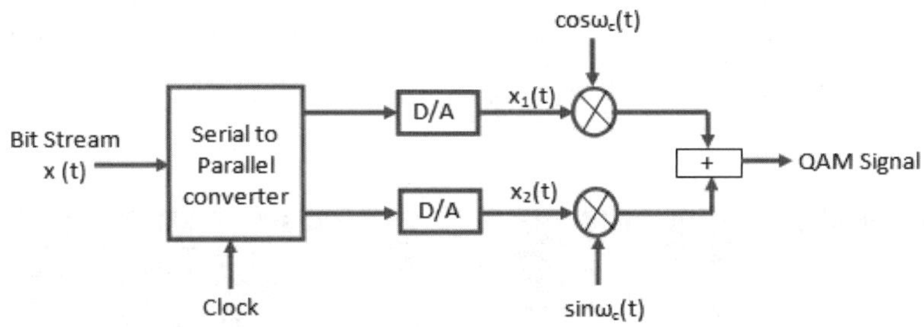

▌그림 1-227▐ QAM 변조를 위한 구성도

전송효율이 좋은 변조는 큰 트럭에 많은 물건(즉, 정보)를 보내는 방법인데, 이 경우 구현이 복잡해지고 짐이 많기 때문에 파손(즉, 전송의 오류 발생)될 확률이 증가된다.

변조를 위한 방법은 신호의 크기, 주파수, 위상 등을 변경할 수 있는데, 이동통신의 경우 효율을 증대시키기 위하여 변조효율이 높은 진폭변조와 위상변조를 결합한 QAM (Quadrature Amplitude Modulation) 방식이 많이 사용된다.

<u>변조과정에서 효율이 높다는 의미는 같은 주파수폭을 사용할 경우, 더 많은 데이터를 전송할 수 있다는 의미이다.</u> 만약 256 QAM 방식을 사용할 경우, 무선구간에서 오류가 발생할 확률이 높아지고 기지국과 단말기의 처리절차가 복잡해진다.

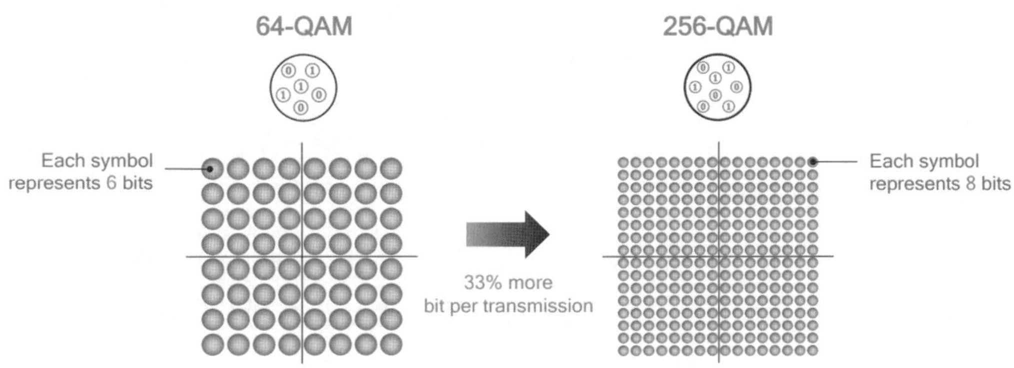

▌그림 1-228▐ 64 QAM과 256 QAM 비교(출처: Qualcomm)

4G, 5G 이동통신에는 기본적으로 QAM이 사용되고 있으며, 초고속 통신을 위하여 256 QAM과 같은 High Order QAM 방식이 사용되고 있다.

256 QAM을 64 QAM과 비교시 데이터 전송용량은 33% 개선된다. 기본적인 원리는 하나의 심볼이 더 많은 Bit(64 QAM은 6 Bits, 256 QAM은 8 Bits)로 표현하여, 더 많은 심볼을 전송할 수 있기 때문이다.

이렇게 High Order QAM을 사용할 경우, 트럭에 싣는 짐의 수가 많아지는 효과로 표현될 수 있다. 즉, 256 QAM은 64 QAM보다 짐 개수를 33% 많이 실을 수 있다. 256 QAM은 짐을 촘촘하게 트럭에 실을 수 있는 방법이다.

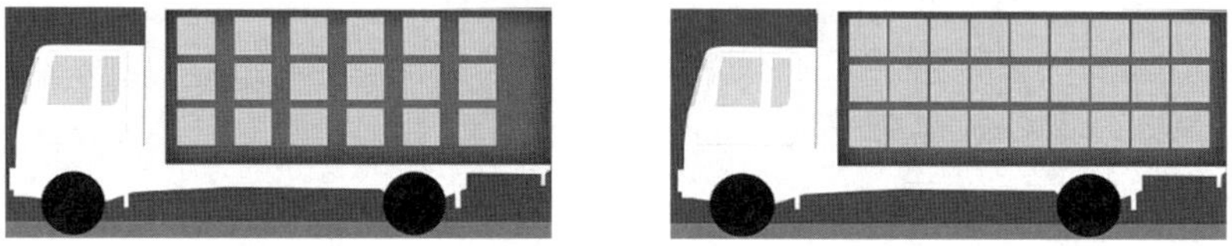

▌그림 1-229▐ QAM 변조에서 효율을 증대시키는 방법

하지만 High Order QAM이 될수록 송수신 측에서 구현이 복잡해지고, 인접하는 심볼과 거리가 가까워서 수신측에서 신호를 복조할 때 오류가 발생될 확률이 증가된다.

6) 이동통신망 구조

(1) 이동통신망 전체 구성도

이동통신망은 크게 코어망(Core Network, 교환망 또는 핵심망), 기지국(RAN: Radio Access Network)과 단말기(UE: User Equipment)로 구성된다. 일반적으로 RAN은 Access Network이라고도 하며, 기지국 자체를 포함하여 기지국과 단말기간 송수신되는 무선 프로토콜까지 포함된다.

이 외에도 전송망이 있는데, 전송망은 크게 백본(Backbone)망과 백홀(Backhaul)망이 있다. 백본은 사람의 척추(Backbone)처럼 다수의 망을 엮는 큰 규모의 통신망이며, 백홀은 코어망과 기지국 사이 전송망을 의미한다.

이동통신망 구조는 GSM/GPRS, UMTS, LTE, NR, CDMA 등 대부분 유사하다. 이동통신망 Entity(망 구성요소), Signaling(제어신호) 이름 등은 기술 방식별 다를 수 있지만, 전체적으로 볼 때 구조나 처리과정은 비슷하다.

통신망에서 사용되는 'Network Entity'(간단히, Entity)라는 용어는 통신망에 적용되는 하나의 장비 또는 특정 기능을 담당하는 부분 등으로 정의된다. Entity를 Node(노드) 또는 망요소로도 표현된다.

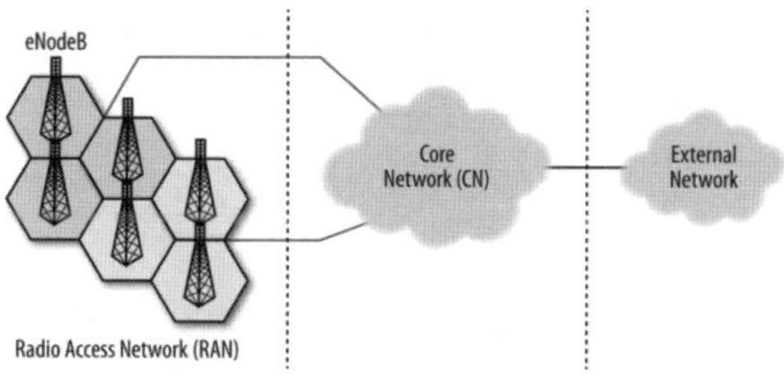

▌그림 1-230▐ 3GPP 기준의 이동통신망 구성도

5G 이동통신망의 망구조, 패킷 데이터 호처리, 무선구간 호처리(예, 등록, 인증, Handover, Power Control)는 대부분 UMTS, LTE의 구조와 호처리 절차를 기반으로 정의되었다. 따라서 5G 기술을 이해하기 위해서는 이전 이동통신 기술을 알아야 한다.

또한 3GPP는 이동통신 무선 기술을 RAT(Radio Access Technology)라고 하며, RAT 용어는 GSM부터 사용되었고, RAT에는 GSM, UMTS, LTE, NR 등이 있다. 심지어는 RAT 용어가 확대 적용되어 WiFi, Bluetooth, NFC 등과 같은 무선통신 기술도 RAT라고 한다.

<u>이동통신망에서 호처리 동작은 기본적으로 'Centralized Network' 방식을 사용한다. Centralized Network은 Distributed Network와 반대 개념으로 모든 Resource 관리를 이동통신망(코어망과 기지국)에서 결정하고, 단말기는 필요한 정보를 이동통신망으로 보내는 역할을 한다.</u>

예를 들면, Handover 결정은 기지국에서 하는데, 단말기는 수신전계 강도, S/N(신호대 잡음) 비, 기지국 번호 등의 정보를 기지국으로 전송하면, 기지국이 단말기로 명령을 내려서 Handover를 시행한다. 즉, 단말기가 자체적으로 결정하여 Handover를 처리하지 않는다.

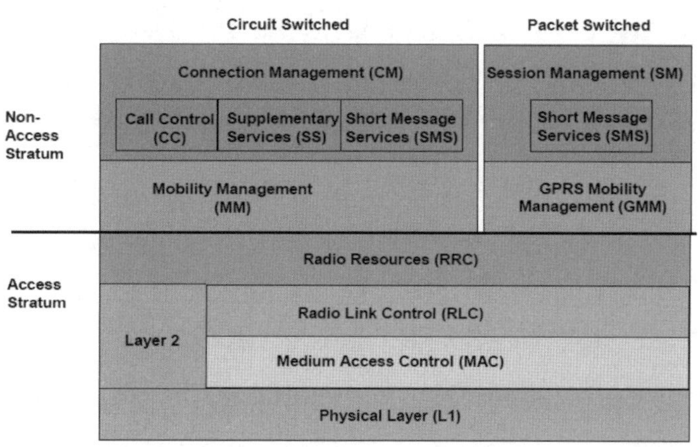

▌그림 1-231▐ UMTS의 AS, NAS 영역

UMTS는 수평적으로 크게 AS(Access Stratum)과 NAS(Non-Access Stratum)로 구분된다. AS, NAS는 이동통신망과 단말기에 존재하는 Logical Layer로써, AS는 기지국에서 처리하는 영역, NAS는 코어망에서 처리하는 영역을 나눈 것이다. 이 용어는 3G 시스템에는 많이 사용되었으나 4G, 5G에는 많이 사용되지 않지만, 기본적인 개념은 동일하다.

UMTS 기지국(RNS)은 RNC(Radio Network Controller)와 Node B로 구성되어있고, CDMA와 GSM은 기지국을 BS(Base Station)라고 하고, BS에는 BSC(RNC에 해당)와 BTS(Node B에 해당)가 있다.

UMTS는 기지국을 RNS(Radio Network Subsystem)라고 하며, 코어망과 RNS의 연동규격으로 Circuit Network에는 Iu-CS, Packet Network과 연동규격은 Iu-PS가 있다. 또한 RNC간 인터페이스 규격을 Iur이라고 한다.

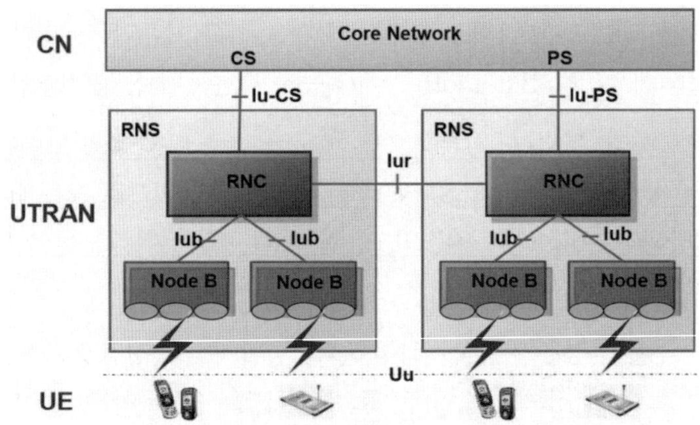

▌그림 1-232▐ UMTS 통신망 구조와 Interface

이렇게 UMTS부터 기존 CDMA나 GSM과 용어를 다르게 사용하는 이유는 기존 방식과 기술에 차별이 있다는 의미를 부여하기 위해서이다. Node B 용어의 유래는 알려져 있지 않지만, 표준화 과정에서 엔지니어가 Node B 용어를 제안해서 채택되었다는 이야기가 있다.

UMTS부터 'Bearer'라는 용어를 정의하여 사용하고 있다. Bearer는 단순히 정보가 전달되는 End-to-End간 논리적 통신선로(Logical Communication Path)이다. 즉, Bearer는 특정한 정보가 Layer를 거치면서 Capsulation(원래 정보에 Header를 붙여서 캡슐화)되어 원하는 목적지까지 전송되는 물리적인 통신선로이다.

원래 사전적인 의미에서 Bearer란 '짐꾼'을 의미하며 짐꾼의 역할은 짐을 싣고(시작점) 이동하여(통신선로) 원하는 위치(종착점)에 내려놓는 역할을 한다. 예를 들어, RB(Radio Bearer)는 단말기와 기지국간 논리적인 통신선로이다.

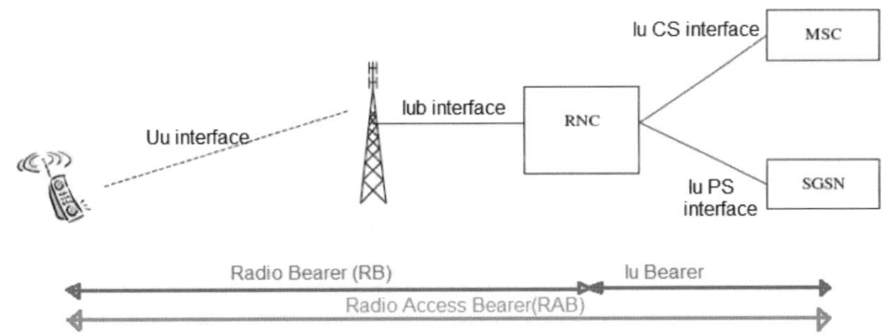

▌그림 1-233▐ 3GPP에서 정의한 Bearer 예

UMTS의 경우, NAS 정보는 단말기에서 코어망(예, MSC, SGSN)까지 전달되는데, 이때 무선구간에서 전송되는 가상의 통신선로는 RAB(Radio Access Bearer)라고 한다. RAB를 통하여 전송되는 대표적인 정보는 인증, 등록, 전화를 걸기 위한 번호(자기 전화번호, 상대방 전화번호) 등이다.

코어망은 주로 음성이나 패킷 데이터 처리, 단말기 인증, 이동성 관리, 다양한 부가 서비스 제공, 외부 인터넷 연결 등의 역할을 하고, 기지국은 단말기와 전파로 정보를 송수신하는 역할, 단말기 전력제어, 기지국 이동시 등록 등을 수행한다.

단말기는 기지국으로부터 전파를 수신하여 낮은 주파수 대역인 Baseband로 변환하여 신호를 해석한 다음, 서비스에 맞게 해당 기능을 처리한다.

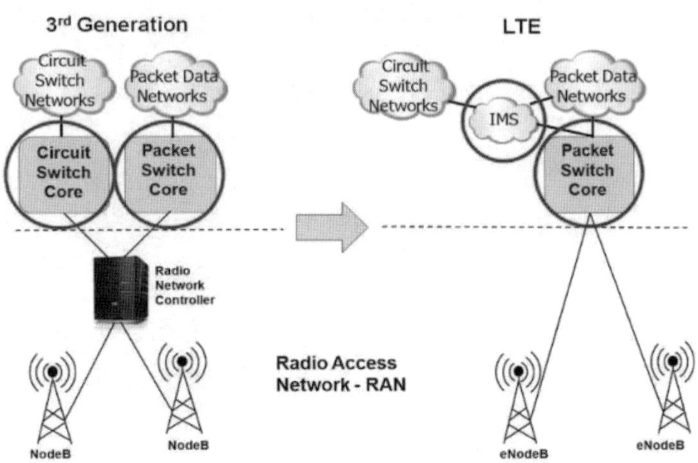

▌그림 1-234▐ UMTS와 LTE 이동통신망 비교

LTE(4G 이동통신 방식) 기지국을 eNode B라고 하는데, 이것은 UMTS에서 정의된 RNC와 Node B가 합쳐진 의미이다. UMTS 기지국은 Baseband를 처리하는 RNC(Radio Network Controller)와 RF 신호를 처리하는 Node B로 구성된다.

UMTS는 기지국에서 RF 신호를 처리하는 부분을 Node B라는 명칭을 사용했는데, eNode B는 LTE 기지국으로 Baseband와 RF 기능이 통합된 구조이다. eNode B라는 용어는 Node B(UMTS 기지국의 RF 부분)보다 개선된 의미로 사용되었다. 여기에서 'e'는 'evolved'(진화된)란 뜻이다.

LTE부터 이동통신망은 코어망에서 단말기까지 모두 IP 기반으로 동작되어 이때부터 이동통신망은 All IP(통신망의 모든 Entity가 IP로 연동)로 동작되고 있다.

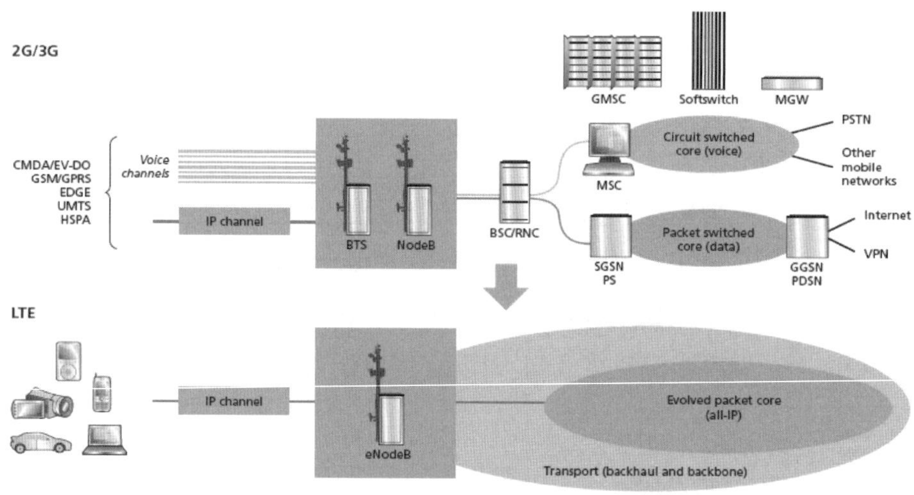

그림 1-235 2G/3G와 4G 이동통신망 비교(출처 : Nokia)

4G인 LTE 부터는 코어망에서 음성을 처리하는 Circuit Network이 없어지고, Packet Network으로 통합되었다. 이유는 LTE 방식이 Packet Data의 속도와 Latency 성능이 좋아서 패킷망으로 음성을 송수신하기에 충분한 품질이 되기 때문이다.

또한 UMTS 표준을 정의할 당시, 이동통신의 주요 목적은 음성통신으로 망 구조는 음성통신 위주로 정의되었다. 물론 UMTS는 초기부터 음성과 데이터를 모두 수용할 수 있는 구조였다.

UMTS는 기차길(Circuit Network)과 고속도로(Packet Network)가 같이 있었는데, LTE는 고속도로만 있는 구조이다. 따라서 LTE는 고속도로만 사용해서 기존의 기차길 역할을 할 수 있기 때문이다.

이동통신 기지국 용어에서 GSM은 BS(Base Station, BSC + BTS), UMTS에서는 RNS (RNC + Node B), LTE에서는 eNB(Evolved Node B), NR에서는 gNB(next generation Node B) 등으로 용어가 바뀌지고 있다.

이처럼 기지국 용어가 바뀌는 이유는 기술이 발전되어 새로운 기능이 추가되는 측면도 있지만, 기지국에서 RF 신호처리부가 외부에 설치되기 때문에 비용과 운용측면에서 효율이 좋은 방향으로 진화되고 있다는 의미이다.

UMTS의 경우 코어망과 기지국과 사이를 'Iu' 인터페이스라고 하며, 규격상으로는 코어망 공급자와 기지국 공급자가 달라도 연동이 가능하다. 하지만, 일반적으로 기지국과 코어망은 매우 밀접하게 결합되어있어서 통신장비 공급업체는 기지국과 코어망을 사업자에게 공급한다.

기지국과 코어망은 단순히 통신목적(음성이나 데이터)이외에 통신망 운용, 장애관리, 과금 등을 위한 부가적인 기능이 있기 때문이다.

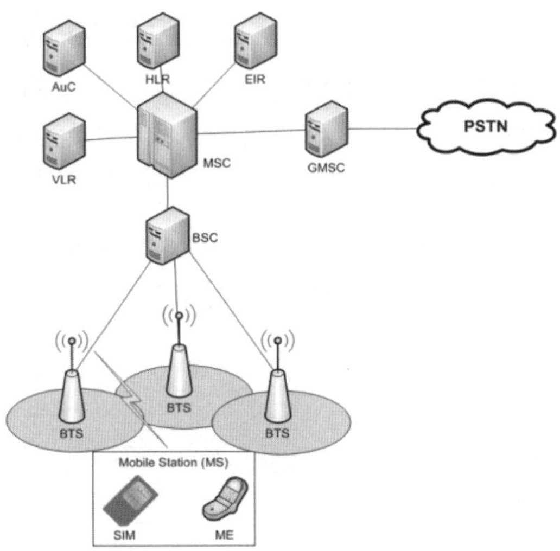

그림 1-236 GSM 기준의 이동통신망 구조도

GSM은 음성통화를 위한 대표적인 이동통신망 구조로써 음성신호 처리를 위해 기존 유선망에 사용되는 MSC(Mobile Switching Center, 교환기)를 사용했다. 이후, ETSI는 GSM과 연동되어 패킷 데이터를 처리하는 GPRS(General Packet Radio Service) 규격을 정의하여 BSC에는 GPRS를 위하여 별도의 인터페이스를 활용하여 MSC로 연동되지 않고, 패킷망인 GPRS망으로 연동된다.

크게 보면 GSM과 GPRS는 기지국을 공동으로 사용하는 다른 통신망이다. 이렇게 시작된 GPRS망의 구조와 호처리 절차는 이후 기술인 3G, 4G, 5G 등에도 유사하게 사용되고 있다.

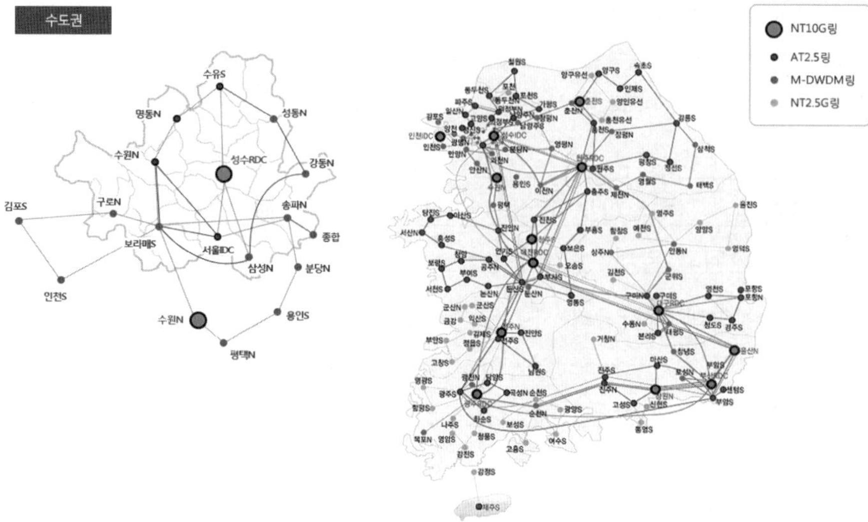

▌그림 1-237▐ SKT 백본망 구성 예(출처: SKT)

통신에서 백본망은 주요 통신노드(예, 코어망간)간 대규모 트래픽이 송수신되는 통신망을 의미하며, 이동통신 사업자는 전국 주요도시를 거점으로 백본망을 구축했다. 일반적으로 이동통신 사업자는 백본망을 자체적으로 구축하는데, 백본망 선로인 광선로를 도로나 철도선로의 지하에 통신선로가 구축된다.

백본망 구축을 위하여 유선선로(예, 광선로)를 설치할 수 없는 지역이나 트래픽이 적은 지역은 Microwave, 위성통신 등이 활용되는 경우도 있다.

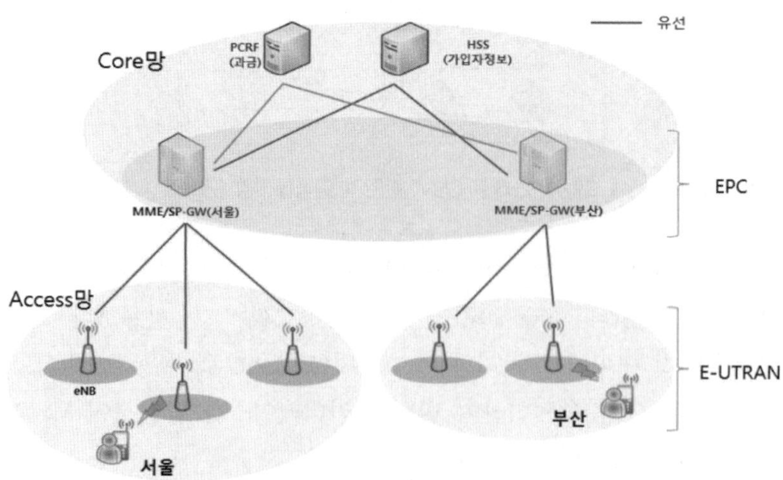

▌그림 1-238▐ 지역별 코어망(EPC) 운영 예

SKT의 경우, 코어망을 전국 주요도시에 구축하고 이 코어망간 백본망을 자체 보유하고 있다. 만약 백본망에 장애가 발생될 경우 우회경로를 활용하는데, 예를 들면 서울-대전 구간 백본망에 장애가 있을 경우, 서울-강원도-대전을 연결하는 형태로 장애에 대처한다.

SKT와 LG U+는 일부 트래픽이 적은 지역의 백본망은 자체 구축보다는 전국 곳곳에 유선망(전화선)이 있는 KT망을 임차해서 사용한다.

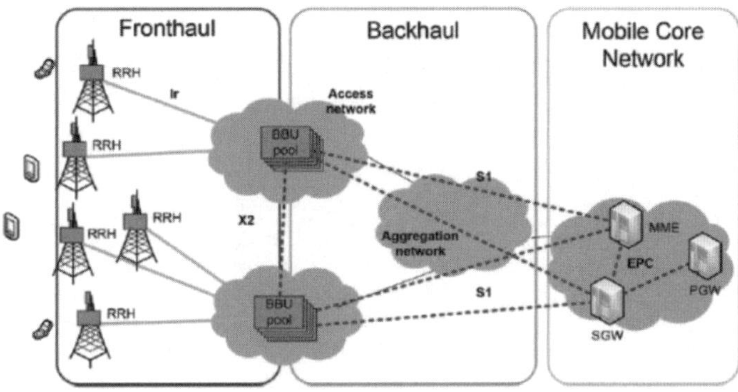

▌그림 1-239▐ 이동통신망에서 Backhaul, Fronthaul

이동통신망에서 기지국은 코어망과 거리가 떨어져있기 때문에 기지국과 코어망 사이의 연결선로를 'Backhaul'이라고 하며, 일반적으로 광통신이 사용된다. 최근에는 기지국이 Cloud RAN으로 발전되어 BBU(Baseband Unit)에서 RRH(Remote Radio Head) 통신 선로를 'Fronthaul'이라고 한다.

Backhaul은 통신국사(코어망)와 기지국이 연결되는 통신선로로써 지하의 광케이블이 활용될 수 있고, 일반 전화선(전봇대로 연결)이 활용될 수도 있다.

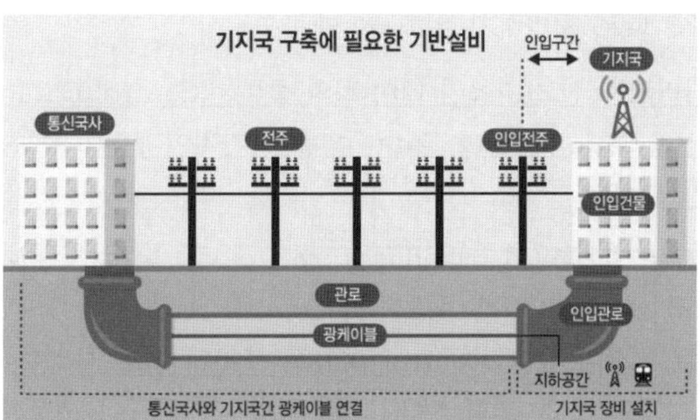

▌그림 1-240▐ 기지국 설치를 위한 기반 설비 예(출처: 전자신문)

Qualcomm사는 이동통신망의 특징으로 ①Licensed Sprecturm, ②Frequency Reuse, ③Mobile Network으로 정의했다. Licensed Sprecturm(면허 주파수 대역)은 해당 주파수를 사업자가 국가로부터 할당받아 전용으로 사용하는 대역으로 사업자가 계획적으로 주파수를 관리할 수 있다. 반면, 비면허 대역인 2.4GHz의 경우 WiFi, Bluetooth, ZigBee 등 다양한 무선통신 디바이스가 사용될 수 있어서 트래픽 관리가 안된다.

Frequency Reuse는 하나의 기지국에서 사용되는 주파수를 인접하지 않은 다른 기지국에서 사용하여 주파수 사용 효율을 높이는 방식이다. Mobile Network은 기존 유선 전화망과는 달리 단말기의 이동성을 관리해야 하고, 코어망은 전파를 사용하는 기지국과 연동되어야 한다.

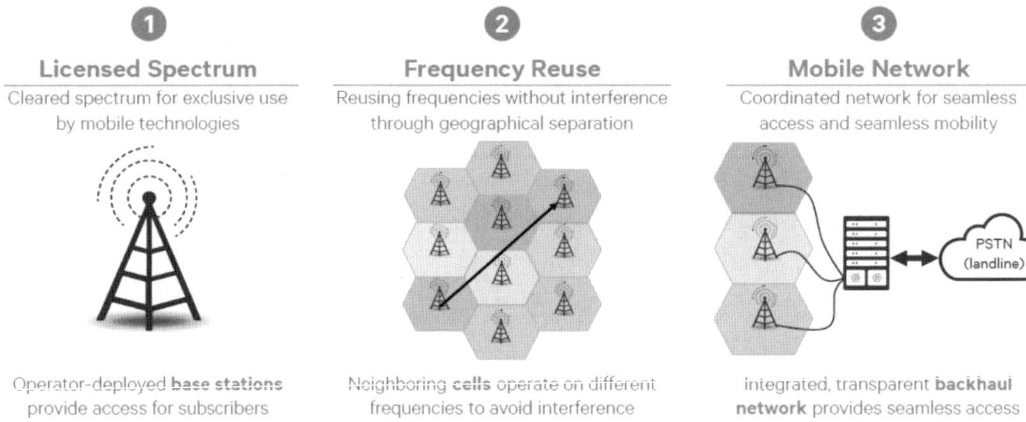

그림 1-241 이동통신망 특징(출처 : Qualcomm)

UMTS이 경우, 코어망은 음성신호를 처리하는 Circuit Switched Network와 데이터를 처리하는 Packet Switched Network으로 나누어진다. 이것은 음성신호와 데이터의 속성이 다르기 때문에 따로 처리하기 위해서이다.

이동통신망에서 처리되는 정보(가공된 데이터)의 종류는 Control Data(제어 데이터 또는 Signaling), Circuit Data, Packet Data 등 총 3 가지이다. 각 정보는 특성이 다르기 때문에 처리절차가 다르다.

Control Data는 단말기 제어(예, Handover, 등록, 인증)를 위한 목적으로 RRC(Radio Resource Control) 메시지 처리가 해당되고, Control Data는 데이터 크기가 작고 반드시 전달되어야 하는 특징이 있다. Control Data는 도로나 철도 시스템에 비유할 경우 표지판, 신호등, 최고속도 표시, 위험 알림, 교통 순찰 경찰 등이 해당된다.

차량에 짐을 싣고 서울에서 부산까지 갈 경우, Physical Layer는 도로와 차량이고 실질적인 목적은 짐을 이동시키는 것이다. 이 과정에서 톨 게이트, 제한 속도 표시, 신호등, 표지판 등은 모두 실질적인 목적과 관련이 없고 짐을 이동하는데 도움을 주는 정보인 Control Data이다.

Control Data가 도로 표지판의 역할을 할 경우, 표지판이 잘못되면 완전히 다른 길로 갈 수 있기 때문에 중요한 정보이며 재전송을 통하여 반드시 전달되어야 한다.

▌그림 1-242▌ Packet Data(고속도로)와 Circuit Data(철도) 처리 비유

Circuit Data(회선데이터)는 주로 음성을 전송하기 위한 데이터이다. 음성의 가장 큰 특징은 실시간 전송이며, 전달과정에서 일부 오류가 발생해도 큰 문제는 없다. Circuit Data는 코어망에서 기지국을 거쳐서 단말기까지 물리적인 전용 통신선로가 할당되는 기차길로 표현될 수 있다.

Circuit Data는 보통 코덱 기준으로 12Kbps 정도의 저속으로(코딩기준) 전송되므로 무선구간에서 차지하는 트래픽 비중은 매우 낮고, 재전송보다는 패킷에서 자체 오류를 보정하는 방식(예, Forward Error Correction)이 사용된다.

Packet Data의 가장 큰 특징은 대량의 데이터를 고속 전송하는 것으로 경우에 따라 오류가 발생해도 문제는 없다. Circuit Data와 달리 재전송을 요구하면 되기 때문이다. 따라서 Packet Data는 차선이 많은 고속도로로 비유될 수 있고, 이 고속도로에 데이터를 운반하는 차량은 차선을 바꿔가면서 이동할 수 있다.

▌그림 1-243▌ 고속도로 폭 확장, 화물의 양에 따른 트럭

사용자의 대부분 트래픽은 Packet Data이기 때문에 이동통신 신기술은 모두 Packet Data를 고속으로 전송하는 기술개발에 집중되어있다. 과거 20년간 이동통신 기술이 급격히 발전되어 무선구간에 현존하는 신기술이 적용된 상태로 OFDM(Orthogonal Frequency Division Multiplexing)이 적용된 4G 이후, 무선통신 채널 용량은 Shannon 이론의 한계치에 도달되어 통신기술로만 더 이상 채널 용량을 증대시키기 어렵다.

따라서, 4G부터는 Packet Data 전송속도를 높이기 위하여 물리적인 방법을 사용하고 있다. 가장 대표적인 방법이 ①추가 주파수를 할당하는 방법(즉, 고속도로를 하나 더 만드는 것)과 ②고효율 변조방식(즉, 트럭에 짐을 더 싣는 것)을 사용하는 것이다.

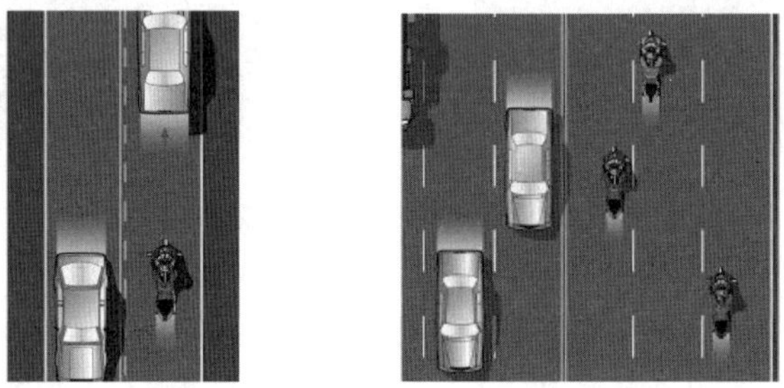

▌그림 1-244▌ 고속도로 차선을 넓혀서 속도를 증대시키는 방안

물리적으로 추가 주파수 대역을 할당하는 예는 LTE CA(Carrier Aggregation)를 사용하거나 WiFi와 공동으로 사용하는 방식 등이 있다. 또한 5G는 주파수 폭을 4G 대비 5배 이상 할당하여 속도를 증가시키는 방법을 사용하고 있다.

고효율 변조방식은 256 QAM과 같은 방식을 사용하는 것으로 더 낮은 효율의 변조방식 대비 오류가 발생할 확률이 높아진다. 따라서 도심지 트래픽이 많은 지역에서 이 방식이 적용될 수 있다. 이 경우, 기존 방식은 트럭에 짐 1개를 싣고 가는 것이지만, 고효율 변조는 100개 이상 전송하는 것으로 정밀한 운전이 요구된다.

또한 256 QAM을 사용할 경우, 난반사가 심한지역(예, 도심지 지하), 주변 잡음이 많은 지역(예, 변전소 근처) 전파환경이 좋지 않으면 오류가 많이 발생되어 기지국과 단말기간 재전송이 빈번하게 발생되어 오히려 역효과가 나는 경우도 있다.

이동 통신망은 Layer 구조로 동작되며 낮은 계층의 Layer(Lower Layer)는 단말기와 eNode B간 연결되고, 상위 Layer(Upper Layer)는 단말기와 EPC(즉, 코어망)간 Peer-to-Peer로 동작된다.

통신에서 Layer란 개념은 현재 Layer는 상위단 Layer 정보에 별도의 정보를 추가하는 Capsulation(캡슐화) 단계를 연속적으로 처리하는 것이다. 택배로 사과를 보낼 때, 하나의 사과를 종이에 싸고, 이 사과를 다시 상자에 넣고, 이 상자는 다시 트럭에 실려지는 등의 과정이 각각 Layer에서 처리된다.

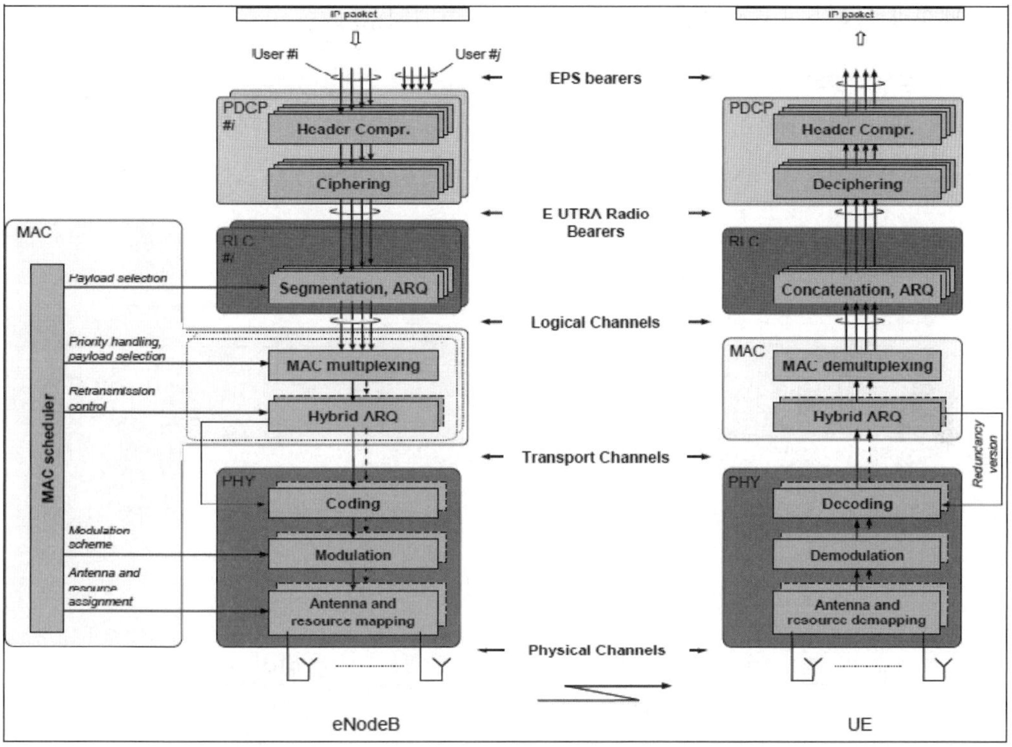

▌그림 1-245▌ LTE 통신망과 단말기간 Peer-to-Peer 통신

(2) 코어망

코어망(Core Network)은 이동통신망에만 적용되는 용어(3GPP, 3GPP2에서 정의)로써 기지국, 외부망과 연동되어 다양한 기능을 처리하는 이동통신망 Entity이다. 데이터 통신이 아닌 이전 음성위주의 통신망에는 코어망을 '교환기'(Switching Center)라고 불렀다.

코어망의 주된 역할은 단말기와 연동하여 Call Control(예, 단말기 음성호 연결), Switching(다른 통신망과 연동되는 교환기능), IP 데이터 처리, 단말기 인증, 과금, 부가서비스 제공(예, 음성사서함, 데이터 양에 따른 트래픽 제한), 외부 인터넷망과 연동 등을 담당한다.

ETSI(European Telecommunications Standards Institute)에서 정의한 GPRS 패킷 데이터 통신규격은 이후 UMTS, LTE, NR에도 유사한 용어와 비슷한 방식으로 처리된다. UMTS는 음성과 패킷 데이터를 함께 처리하는 구조이고, LTE와 NR은 패킷 데이터만 처리하는 구조이다.

UMTS는 음성과 데이터를 분리하기 위하여 기지국에서 코어망으로 연동되는 Iu Interface가 정의되었고, 단말기 인증과 이동성 관리 등 호처리 측면에서도 효과적인 처리와 패킷망으로 SMS를 보낼 수 있는 기술도 정의되었다.

표준화 측면에서 볼 때, 3GPP와 IETF(Internet Engineering Task Force, 인터넷 기술 표준화 단체) 영역 구분은 단말기에서 코어망까지 규격은 3GPP에서 정의하고, 코어망에서 외부 인터넷 망 연결은 IETF에서 정의된 규격이 사용된다.

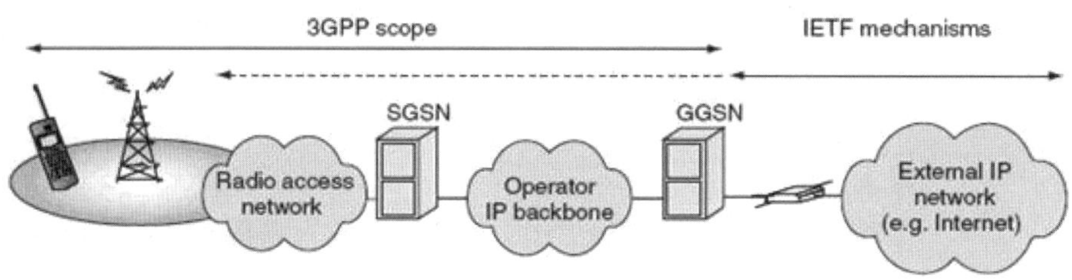

그림 1-246 표준화 측면에서 3GPP와 IETF 영역

UMTS의 패킷망에는 2개의 노드(SGSN, GGSN)가 정의되었는데, SGSN(Serving GPRS Support Node)은 단말기와 무선 데이터 프로토콜 처리를 담당하는 노드이고, GGSN(Gateway GPRS Support Node)은 이동통신망에서 외부 인터넷에 연동되는 노드이다. 물론 SGSN과 GGSN은 GPRS에서부터 정의되었다.

코어망에 사용되는 장치나 기능으로 분류된 영역을 Entity(또는 Node)라고 하는데, 예를 들어 MME(Mobility Management Entity)는 통신망 내부적으로 Entity가 될 수 있다. 코어망 내부에서 각 Entity간 연동은 규격으로 정의되어 있으며, 일반적으로 MAP (Mobile Application Part)라고도 한다.

MAP 용어는 기존 유선망 교환기에서 이동전화 기능을 추가한 것으로 AMPS(Advanced Mobile Phone Service)방식에서 SS No. 7(유선망에서 호처리 프로토콜) 기반 연동을 MAP이라고 하면서 유래되었다. 호처리 프로토콜이란 직접적인 데이터 전송에 관여하지 않고, 데이터 전송을 도와주는 역할을 한다.

이후, LTE에는 무선구간에서 OFDM 사용과 몇 가지 기능을 추가하여 진화되었다는 의미로 기지국이 포함된 무선구간을 E(Evolved)-UTRAN이라고 했다. LTE는 음성처리 부분이 없고, 패킷 데이터 처리부분만 있어서 패킷 코어망 이름을 EPC(Evolved Packet Core)라고 정의했다. E-UTRAN은 RAN인 eNB, 코어망과 인터페이스, 단말기와 무선

인터페이스가 포함되는 의미이다.

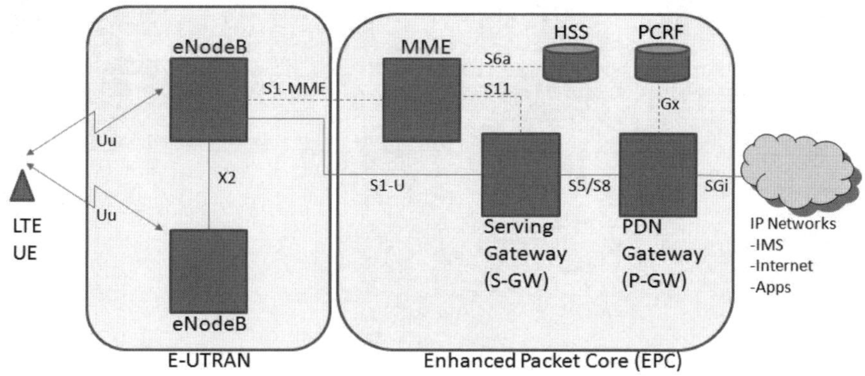

| 그림 1-247 | LTE 이동통신망 세부 구조

LTE는 Control Data와 User Data를 Radio 단에서 분리되는 구조를 사용하고 있다. 3GPP에서 정의하는 Control Data는 RRC이며, 예를 들면 RRC는 이동성 관리를 위하여 MME(Mobility Management Entity)와 단말기간 호처리에 사용된다.

LTE 이동통신망을 기준으로 구조를 보면, UE는 단말기를 의미하고 기지국 전체(H/W, Air Protocol, 다른 노드와 인터페이스 포함)를 E-UTRAN이라고 한다. UTRAN이란 UMTS에서 정의된 용어로써 기존의 GSM 기지국보다 기능이 보완되었다는 의미이다. LTE의 E-UTRAN이란 용어는 기존 UMTS보다 진화된 방식을 의미한다.

LTE에서 기지국 장치(H/W)를 eNodeB라고 한다. UMTS 기준으로 볼 때, RNC와 NodeB가 합해진 구조이다. MME는 ①단말기(UE+USIM) 인증(Authentication), ② EPS(Evolved Packet System) Bearer(UE – eNB – S-GW – P-GW 구간에서 생성되는 논리적인 채널)관리, ③단말기 이동성 관리 등이다.

HSS(Home Subscriber Server)는 단말기별 인증, 암호화 등을 위한 Key 정보, 가입자 프로파일 정보를 가지고 있다. 가입자 프로파일에는 각 가입자가 가입한 서비스 상품에 맞는 QoS 등급 정보(우선순위, 최대 사용 가능 대역폭 등)가 포함되어있다.

LTE의 S-GW(Serving Gateway)의 주된 역할은 이동성 관리에서 Anchoring Point 역할을 한다. 단말기와 연동을 통하여 S-GW 뒷단 Entity(예, P-GW)가 처리를 잘 할 수 있도록 안정적인 무선통신을 관리한다. 여기에서 Anchoring이란 '닻'이란 뜻으로 닻을 내려서 안정적인 통신을 보장하는 역할을 한다.

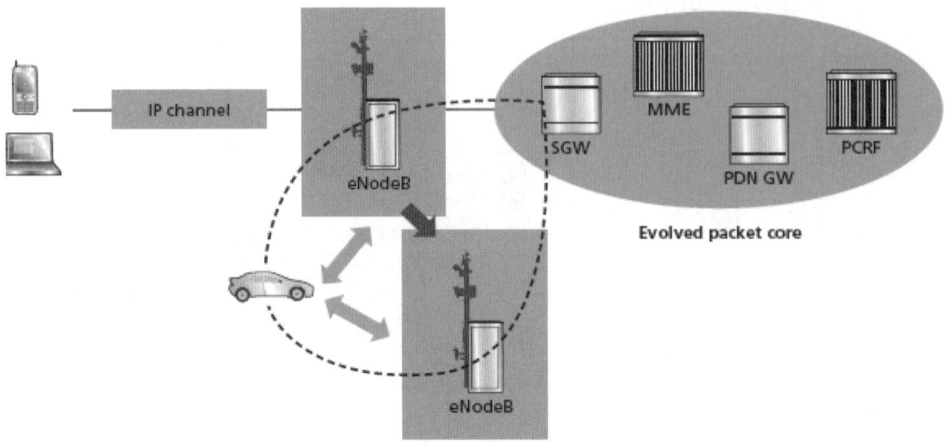

▌그림 1-248▐ S-GW의 주된 역할(출처 : Tmcnet)

P-GW(PDN Gateway)은 ①단말기에 IP를 할당해주고, ②다수의 S-GW를 관리하며(왜냐하면, S-GW가 서비스 중에 변경될 수 있어서), ③가입자별 가입한 QoS 정책 적용, ④과금데이터 생성, ⑤외부 인터넷 망 연동 등의 역할을 한다.

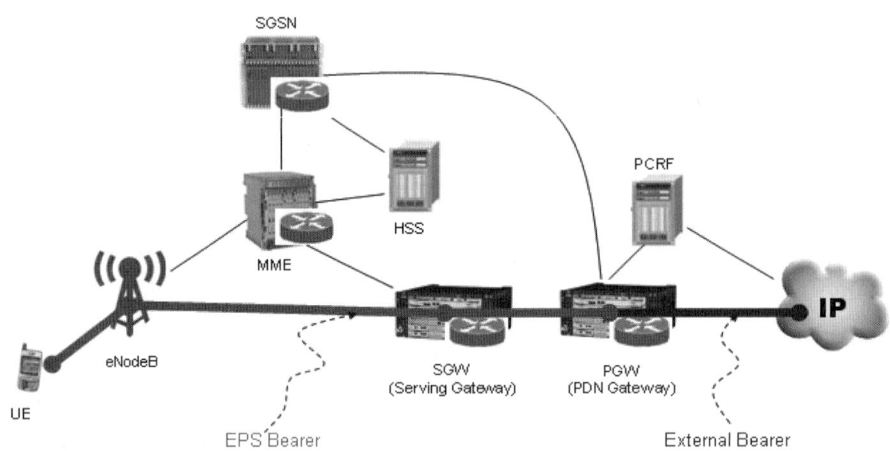

▌그림 1-249▐ LTE에서 User Data 송수신을 위한 Bearer

LTE, NR에서 User Data는 User Plane으로 송수신되며 단말기에서 S-GW, P-GW를 거쳐서 IP망(예, 인터넷)으로 연동된다. Signaling을 처리하는 Entity인 MME, HSS 등은 호 설정 과정에만 관여한다. <u>즉, MME와 HSS는 Control Plane 정보를 처리하고 SGW, PWG는 User Plane 정보를 처리한다.</u>

3GPP는 새로운 기술을 정의할 때, 항상 Backward Compatibility를 고려하고 있다.

Backward Compatibility란 현재의 이동통신망이 이전 기술이 적용된 이동통신망을 수용하는 구조를 의미한다. Backward Compatibility를 고려하면 기술적으로 복잡해지지만 이동통신 장비 투자비 측면에서 유리하다.

예를 들어 LTE망인 경우, 이전 UMTS망을 수용하는 것을 의미한다. 일반적으로 이동통신 사업자는 새로운 이동통신망을 구축할 때 구축비용이 많이 들기 때문에 최대한 기존에 설치된 망을 활용하고, 순차적으로 새로운 망을 설치한다.

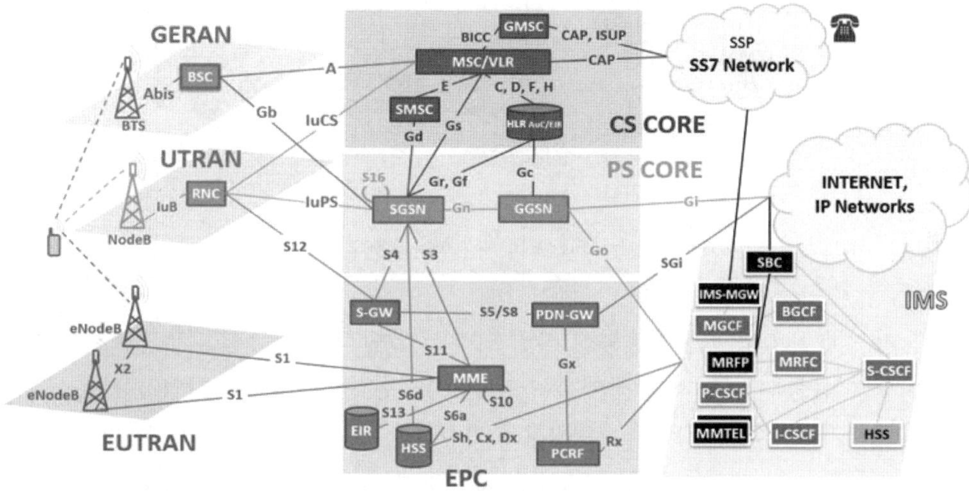

▌그림 1-250▐ LTE, UMTS, GSM망 연동 관계

UMTS 코어망은 Circuit Data Domain, Packet Data Domain, IMS(IP Multimedia Subsystem) Domain과 같이 3개의 Domain으로 구성되는데, IMS Domain의 경우 항상 Packet Data Domain과 연동된다. IMS Domain은 Packet Data Network에서 SIP(Session Initiation Protocol)를 활용하여 다양한 서비스를 제공하는 영역이다.

SIP는 주로 멀티미디어(음성, 화상 등) 통신을 목적으로 하는 호처리 프로토콜이다. 예를 들어 Kakaotalk, Skype, Face Time 등의 메신저를 활용하여 음성이나 화상통화를 할 수 있는데, 이 경우 SIP를 사용한다. 물론 Microsoft의 Skype의 경우, 자체적으로 정의한 호처리 프로토콜을 사용하지만 SIP와 유사한 구조이다.

음성통화시 호처리란 실질적인 음성이 전달되기 전에 상대방 ID나 전화번호로 음성통화를 원한다는 내용 전달, 통화가 완료되었을 때 데이터 통로를 끊거나 음성통화 도중 코덱이나 전송속도를 변경하는 등이 해당된다.

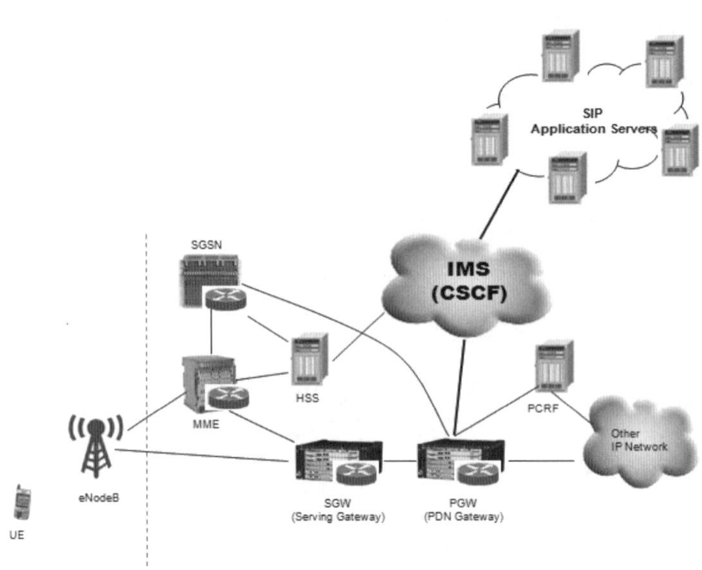

▌그림 1-251▐ LTE에서 IMS Domain 연동

코어망과 기지국 운영주체는 이동통신 사업자이며, 일반적으로 통신장비 제조사로부터 관련된 장비를 이동통신 사업자가 구매하여 통신망을 운영한다. 일부 사업자는 통신장비를 공급한 제조사가 통신망을 운영하는 경우도 있다.

지역별로 코어망과 기지국 장비를 제공하는 업체가 다를 수 있어서, 코어망간 인터페이스나 기지국에서 코어망 인터페이스는 표준으로 정의되어 있다. 예를 들어, 서울 경기도 지역은 삼성이 장비를 공급하고, 경상도는 Nokia가 공급할 수 있다.

▌그림 1-252▐ 코어망 장비실과 Blade 서버별 역할 예

이동통신 사업자가 운영하는 코어망 장비실에는 랙(Rack)에 각 역할별로 Blade 서버로 구성되어있다. 랙은 캐비닛 형태에 필요한 장비 설치가 가능한 구조물이며, Blade 서버는 데스크 탑 PC형태의 컴퓨터가 아니라 슬롯(Slot) 형태의 서버(즉, 컴퓨터)를 의미한다.

NFV(Network Function Virtualization)는 네트워크를 구성요소인 하드웨어와 소프트웨어를 분리하고, 범용 서비스를 위하여 네트워크 기능을 가상화하는 기술이다. 즉, 물리적인 네트워크 설비 기능을 가상화하여 VM(Virtual Machine) 서버 또는 범용 프로세서를 탑재한 하드웨어에서 실행되는 방식이다.

NFV는 다양한 네트워크 장비들을 고성능 서버, 스토리지와 스위치를 통해 컨트롤하여 네트워크 장비 운영 비용 등을 절감하고 효율성을 높이며 서비스 대응, 트래픽 변화 등에 신속하게 대처할 수 있는 특징이 있다.

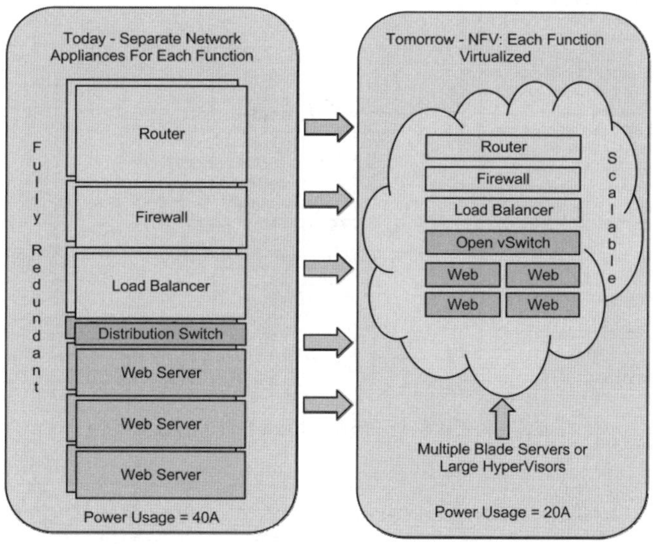

▌그림 1-253▐ 코어망 장비 가상화

NFV 기술을 적용하면 새로운 장비를 설치하지 않아도 되는 장점이 있어 효율성을 증대시킬 수 있으며, 신규 장비 투자비용과 유지비용을 절감할 수 있다. 뿐만 아니라 NFV는 소프트웨어 기반으로 구동이 가능한 특성으로 신규 서비스와 애플리케이션을 빨리 출시할 수 있어 급변하는 시장 상황을 적절하게 대처할 수 있다.

(3) 기지국

이동통신 기지국은 코어망으로부터 정보를 받아서 단말기로 전송하는 역할과 무선구간에서 단말기와 정보 교환을 통하여 원활한 통신이 가능하도록 하는 장치이다.

기지국은 Baseband 신호를 처리하는 부분과 RF 신호를 처리하는 부분으로 나누어진다. 기지국 자체는 RN(Radio Node), RNS, BS, eNB, gNB 등으로 표현되고, Baseband를 처리하는 부분을 RNC, BSC 등으로 표현되고, RF를 처리하는 부분을 Node B, BTS 등으로 표현된다.

하지만, 3GPP는 LTE부터 기지국을 eNodeB(간단히 eNB)로 정의하여 Baseband와 RF 부분을 합친 개념으로 정의했다. 이동통신 사업자 측면에서 가장 많은 투자비(CapEx)가 요구되는 장비는 기지국이며, 기지국을 관리하기 위하여 기술자가 직접 방문해야 하므로 운영비(OpEx)도 제일 많다.

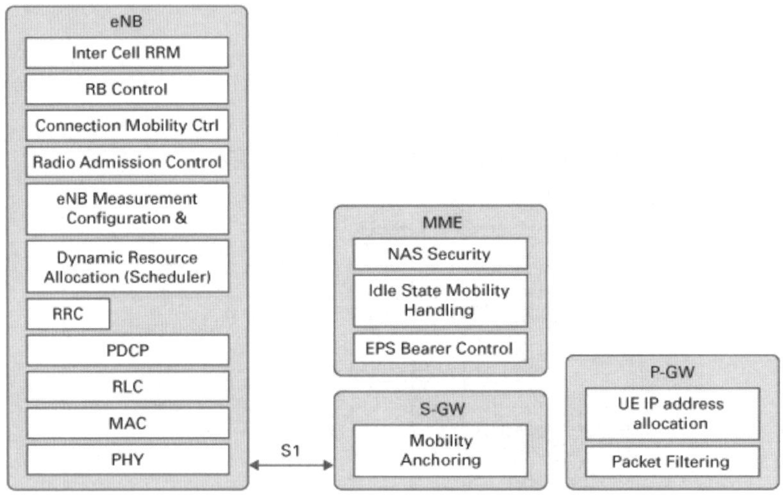

▌그림 1-254▌ LTE에서 eNodeB의 Protocol Stack

eBodeB의 역할은 RRM(Radio Resource Management), RB(Radio Bearer) Control, Connection Mobility, Radio Admission Control, eNodeB Measurement, Dynamic Resource Allocation, RRC(Radio Resource Control) 처리 등을 담당한다.

RRM은 기지국에서 허용하는 리소스(예, 주파수 용량을 기반으로 데이터 속도)를 관리하는 역할, RB Control은 무선구간에서 단말기와 코어망 Entity간 Radio Bearer를 설정하거나 해제하는 역할을 한다. 결국 eNodeB는 단말기와 코어망과 연동되어 Layer별로 정해진 기능을 처리한다.

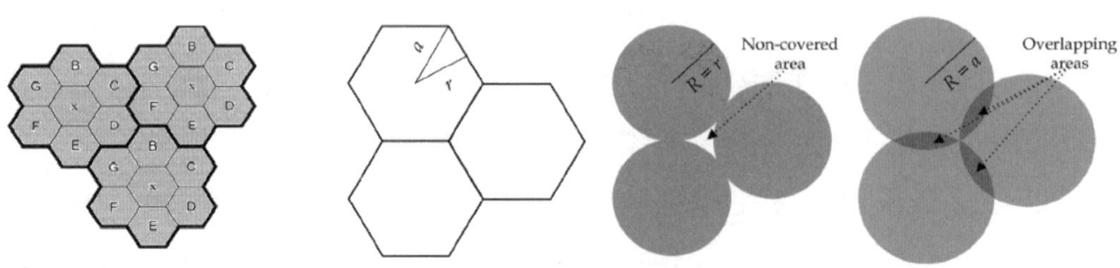

▌그림 1-255▌ 이동통신 셀 구성도

이동통신에서 셀(Cell)이란 하나의 기지국이 서비스하는 영역이다. 기지국에서 전파를 송출하면 단말기와 통신이 가능한 영역이 셀이다. 약간 의미는 다르지만, 셀과 기지국은 같은 의미로 사용될 수 있다.

서비스 영역을 셀로 나누는 이유는 주파수를 재사용하여 사용효율을 증대시키기 위해서이다. 근접한 위치에서 같은 주파수의 전파를 송출할 경우, 서로 신호가 섞여서 영향을 미치기 때문에 신호 품질이 떨어진다.

따라서 인접 셀은 다른 주파수를 사용하고, 인접하지 않는 영역에서 같은 주파수를 사용한다. 서로 다른 주파수를 사용할 경우, 기지국과 단말기에 해당 주파수만 선택해서 신호를 해석할 수 있기 때문이다.

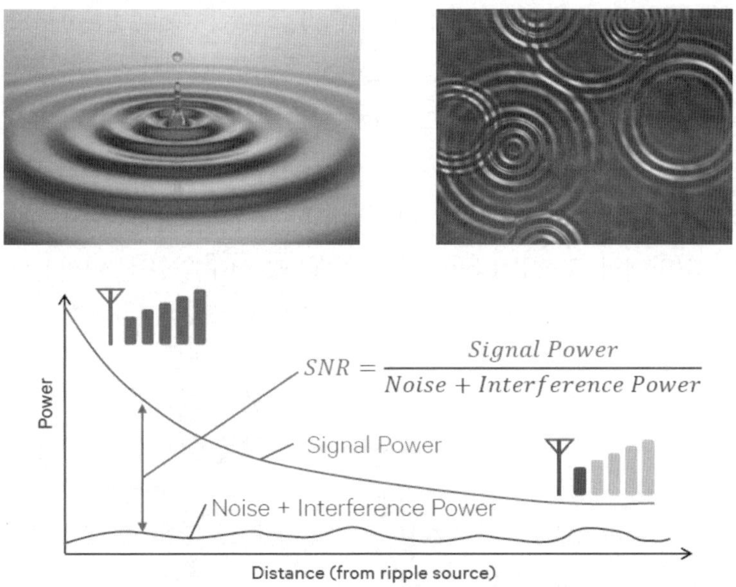

그림 1-256 인접 기지국의 영향

만약 인접한 셀에 같은 주파수를 사용할 경우, 호수에 여러 개의 돌을 던지면 다수의 원형 물결이 발생되는데, 이들 물결은 섞여서 서로 서로 영향을 주게 된다. 기지국의 경우, 인접된 기지국이 같은 주파수를 사용할 경우, 결국 다른 기지국 신호는 잡음으로 작용하여 신호의 품질을 약화시킨다.

이동통신 기지국은 크게 송신출력에 따라서 Macro Cell, Small Cell, DAS(Distributed Antenna System) 등으로 구분된다. 보통 Macro Cell은 커버리지가 직경 약 30Km되는 기지국이고, Small Cell은 직경이 500m되는 기지국을 의미한다. DAS는 일종의 중계기로써 과거의 단순 RF 신호를 증폭하는 역할이 아니라 일종의 초소형 기지국으로 볼 수 있다.

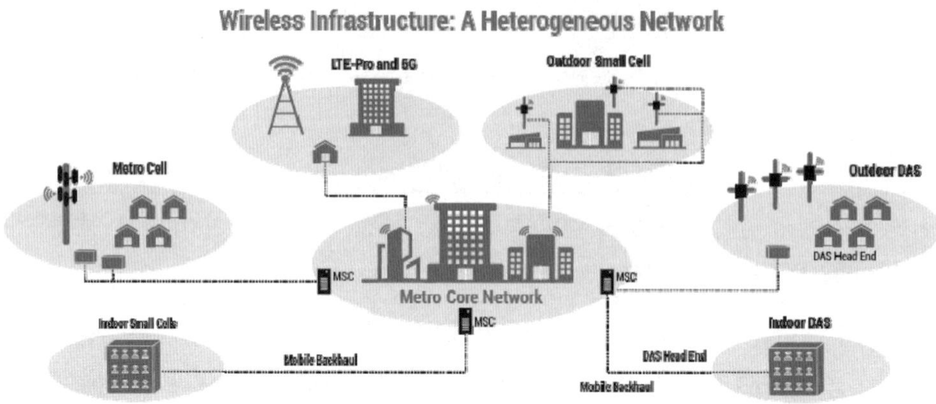

▌그림 1-257▐ 이동통신 기지국 종류(출처 : Qorvo)

UMTS에는 기지국 형태를 세분화하여 Macro Cell, Metro Cell, Pico Cell, Femto Cell 등으로 구분했다. Macro Cell, Metro Cell, Pico Cell은 기지국의 송신출력에 따른 구분이었고, Femto Cell은 전송선로(Backhaul)을 인터넷으로 사용하여 주로 가정에서 많이 사용되었다.

하지만, LTE에 와서는 기지국 형태 구분을 간단히 Macro Cell과 Small Cell로 구분하고 있다. 일반적인 의미에서 Small Cell이란 기존의 Femto Cell을 의미한다.

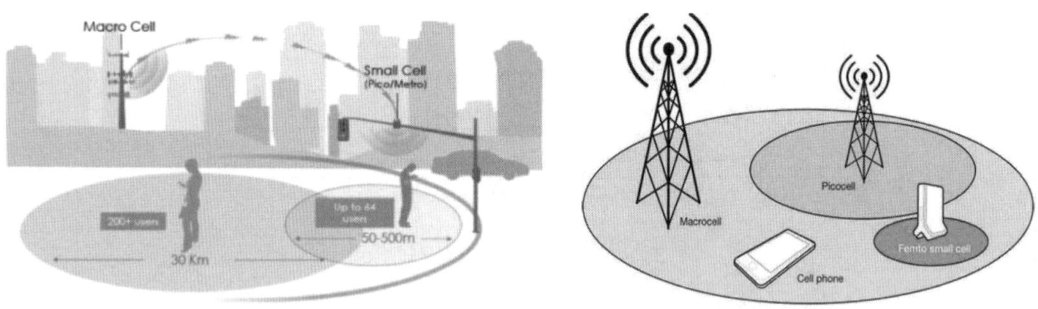

▌그림 1-258▐ 이동통신 기지국의 송신출력에 따른 구분

UMTS 이전의 기지국 구조는 RNC와 NodeB로 구성되어 하나의 RNC에는 다수의 NodeB가 연결되는 형태로 운영되었다. 코어망과 RNC 사이(즉, Iu Interface)는 광케이블로 사용되고, RNC와 NodeB간은 일반적으로 유선망(예, 전용회선)이 사용되었다.

일반적으로 볼 때, RNC는 캐비닛에 랙 형태로 해당되는 신호를 처리하는 카드를 꽂아서 사용했다. NodeB는 실외지역에서 기지국 구조물 위에 설치되는 RF 모듈과 안테나를 의미한다.

▌그림 1-259▐ UMTS 이전의 이동통신 기지국 구성 예

하지만, LTE에는 BBU(Baseband Unit)와 RRH(Remote Radio Head)가 도입되어 기존 기지국 대비 설치, 운용, 품질 측면에서 우수한 특징이 있다. 개념상으로 볼 때, 기지국 구조가 변경된 것은 아니고, 기지국 요소에 필요한 컴포넌트의 위치를 변경하고 광선로를 도입한 것이 특징이다.

최근의 LTE, NR 기지국은 C(Centralized)-RAN 구조를 활용하고 있다. C-RAN은 기지국의 Baseband 신호 처리부를 묶어서 BBU라고 하고, BBU에서 광 케이블로 RRH(또는 RRU)에 연동되는 구조이다.

이렇게 BBU와 RRH로 분리하는 이유는 디지털 처리 기능을 한 곳에 집중시킴으로써 고가의 장비인 BBU의 사용 효율성을 높이고, 상대적으로 저렴한 RRH만 추가 설치함으로써, 기지국 용량을 증가시킬 수 있다.

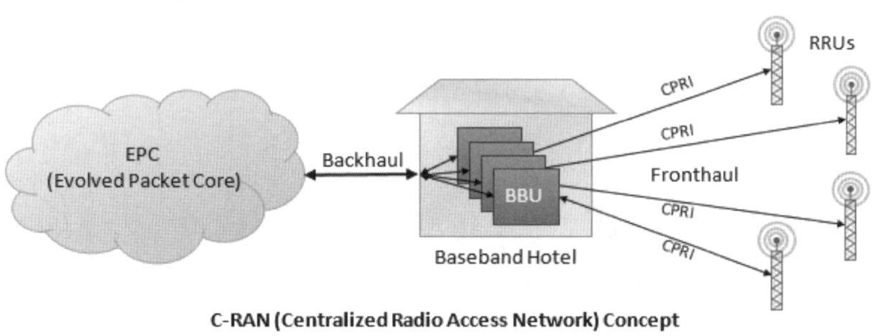

▌그림 1-260▐ C-RAN 구조

LTE의 EPC에서 C-RAN 인터페이스를 Backhaul이라고 하고, BBU에서 RRH까지를 Fronthaul이라고 한다. Fronthaul 구간에는 RRH 신호품질을 Feedback받는 CPRI (Common Public Radio Interface) Signaling이 사용된다.

CPRI는 Ericsson, Nokia, Huawei 등 이동통신 장비 제조사가 공동으로 정의한 인터페이스 규격으로 무선 장비 제어기(즉, BBU)에서 지역적으로 떨어진 무선 장비(즉, RRH)간 연동 규격이다. 다르게 본다면, 기존의 기지국은 일체형 기지국이었으나 BBU, RRH를 활용한 분리형 기지국으로 해석될 수 있다.

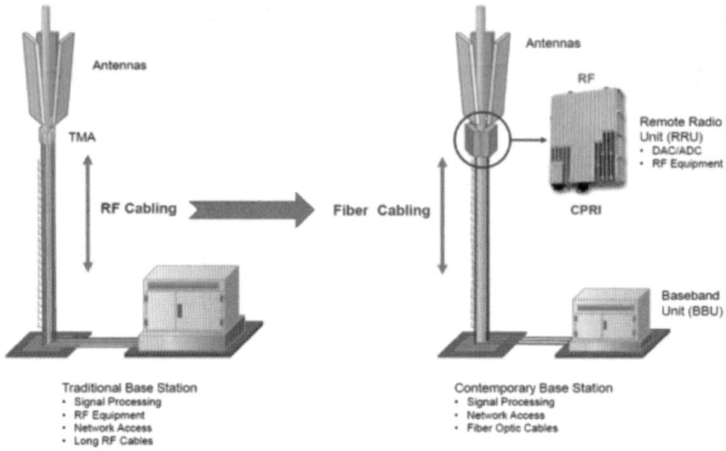

▌그림 1-261▐ BBU, RRH 구조(출처: National Instruments)

기존의 기지국은 하나의 구조물에 Baseband와 RF 신호를 처리하며, RF 신호는 동축 케이블을 활용하여 안테나로 송수신되는 구조를 사용했다. 이 경우, 동축 케이블 특성상 초고속 통신이 어렵고, 주변 잡음에 영향을 받을 수 있다.

C-RAN 구조는 BBU 부분을 EPC 근처에 위치시켜(즉, 코어망 Entity 가까이 위치시키고) 광 케이블로 안테나 근처까지 연결하여 RRH는 신호를 증폭하여 안테나로 송출하는 구조이다.

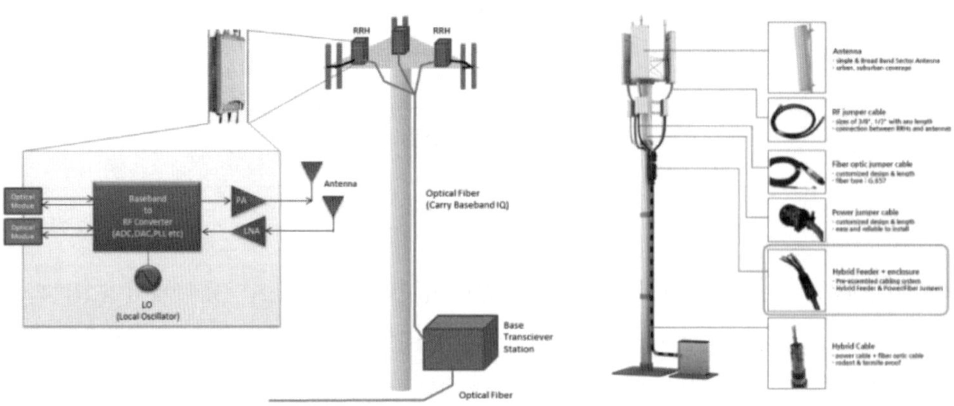

▌그림 1-262▐ RRH 세부 구조

RRH는 안테나 근처에 위치하며 수신된 신호를 고주파 대역으로 이동시키는 변조와 신호를 증폭하여 안테나로 연결하는 역할을 한다. 최근의 RRH는 초소형으로 개발되어 구조물 지지도가 약한 곳에서도 쉽게 설치를 할 수 있다.

하지만, RRH의 구조물(함체)은 주변 전파간섭에 대한 차단이 잘되어야 한다. 기지국 안테나는 고출력 송신으로 강한 전자기파의 영향을 받기 때문이다. 또한 RRH는 주로 외부에 설치되어 온습도 변화가 심한 장소이기 때문에 이에 대한 대응도 필요하다.

C-RAN 구조는 더욱 발전하여 Cloud RAN으로 진화하고 있다. Cloud RAN은 코어망의 NFV 기능과 연동되어 다수의 BBU가 있는 구조를 의미하며, 하나의 BBU로 많은 RRH와 연동되는 구조이다. Cloud RAN은 C-RAN과 유사할 수 있으나 코어망과 밀접하게 연동된다.

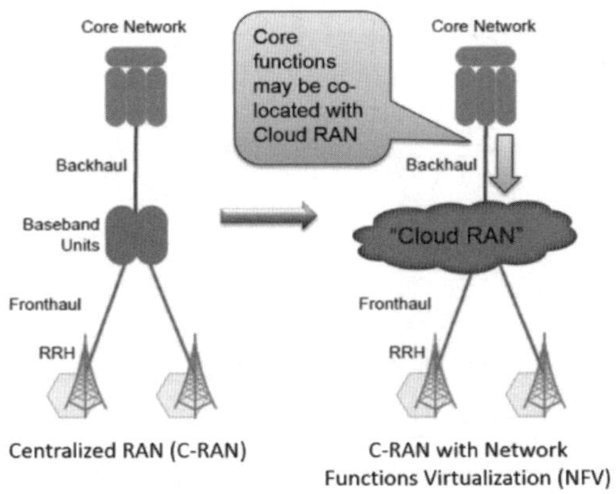

그림 1-263 Cloud RAN 구조 예

NR에서 많이 사용될 것으로 예상되는 DAS(Distributed Antenna System)는 주로 건물 내에 설치되어 다수의 안테나(분산 안테나 시스템)를 활용하여 음영지역을 없애고, 데이터 송수신 속도를 높이는 역할을 한다.

DAS는 이동통신 중계기와 동일한 의미이며, 무선프로토콜이 처리되는 장치는 아니고 ① 기지국으로부터 IF(Intermediate Frequency) 신호를 수신하여 증폭하거나 ②기지국의 RF(Radio frequency) 신호를 받아서 증폭하는 역할을 한다.

이때, DAS가 IF 신호를 받을 때는 기지국의 BBU로부터 중간주파수(IF)를 수신하고, RF 신호를 받을 때는 RRH로부터 받는다. 일반적으로 DAS가 IF 신호를 받을 때, 광선로를 활용한다.

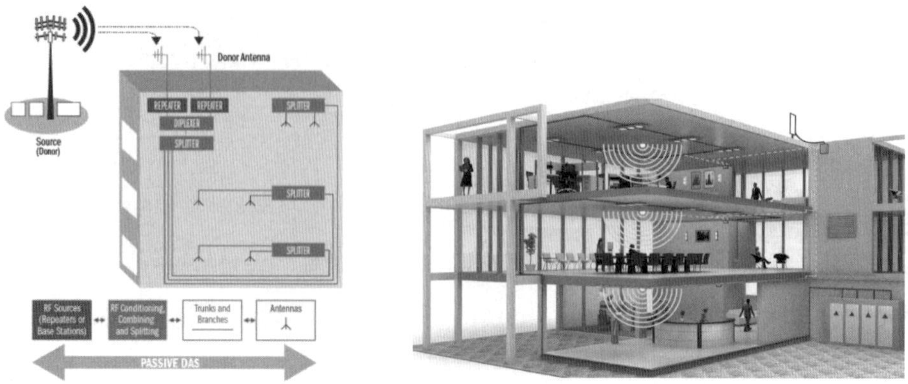

▌그림 1-264▐ DAS 구조, 동작 예

이동통신 기지국은 주로 건물 옥상에 설치되기 때문에 대규모 건물이나 건물 지하에는 전파가 도달하기 어려워서 DAS 장비가 많이 활용된다.

7) 호처리 절차

(1) 무선구간 Layering

호처리(Call Processing)란 통신망에서 발신자(또는 장치)와 수신자간 어떤 목적을 달성하기 위하여 처리되는 모든 동작 과정을 의미한다. 호처리는 영어로 'Call Processing'으로 'Call'을 우리말로 변경하면서 "무엇을 부른다"는 의미에서 '호'(한자로 '부를 호')라는 용어를 사용하게 되었다.

즉, 호(Call)의 의미는 통신을 시작하는 사람(또는 장치)에서 상대방과 정보교환을 위하여 상대방을 부른다는 뜻인데, 통신에서 Call의 초기 유래는 유선전화가 개발되면서 상대방에게 "전화를 받아라"라고 링이 울리는 절차를 의미한다.

따라서 호처리는 실제 음성통화가 아닌 음성통화를 하기 위한 사전절차와 통화가 종료되는 절차 등을 의미한다. 호처리는 통신에서 발신자와 수신자가 실제 원하는 데이터(예, 음성통화)가 아니라 실제 데이터를 원활하게 연결하기 위한 Overhead 정보이다. Overhead 정보란 실제 전송목표(예, 음성)가 아닌 모든 정보와 처리절차를 의미한다.

이동통신에서 호처리는 하나의 통신 세션이 시작되어 끝날 때까지 여러 개의 제어데이터가 처리된다. 예를 들어 호처리의 상대자는 단말기와 기지국, 단말기와 코어망, 기지국과 코어망 등 다양한 Entity이며, 이들간 다수의 제어 데이터가 활용된다.

물론 이동통신에서 호처리는 통신 자체(예, 인터넷 연결)에도 적용되지만, 인증이나 등록 등 다른 절차에도 필요하다. 무선구간에서 호처리는 Layer 3인 RRC(Radio Resource Control) 메시지를 활용하여 처리된다.

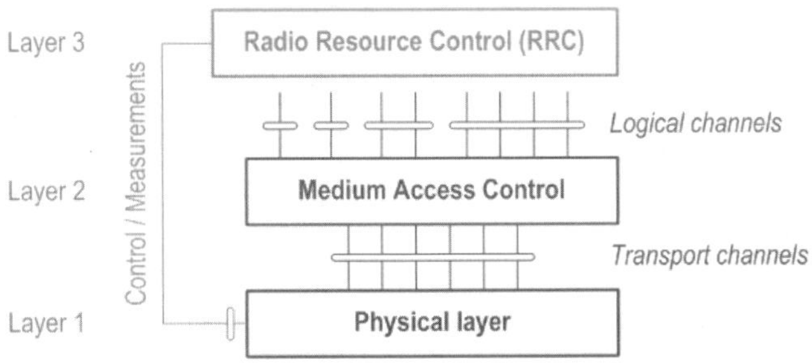

▌그림 1-265▐ 3GPP에서 정의하는 무선구간 Layer

대부분 통신장비는 표준화 단체인 ISO에서 정의한 OSI 7 Layer 규격을 준수하여 설계되어 운용되고 있다. 하지만 무선통신은 유선과 달리 무선채널 용량, 단말기 배터리 사용시간 등의 제약 조건이 있어서 7 Layer에서 몇 가지 기능을 생략하여 3개의 Layer만 사용된다.

3GPP는 이동통신 무선구간 처리에서 Layer 1(Physical Layer), Layer 2(Medium Access Control)와 Layer 3(Radio Resource Control)와 같이 3개의 Layer를 정의하고 있다.

OSI 7 Layer는 하위계층부터 Physical, Data Link, Network, Transport, Session, Presentation, Application Layer로 구성된다. Layering이란 다수의 Layer로 구성되는 과정을 의미하기도 하지만, 상위 Layer의 정보를 하위 Layer가 받아서 정보를 추가하는 것도 Layering이라고 한다.

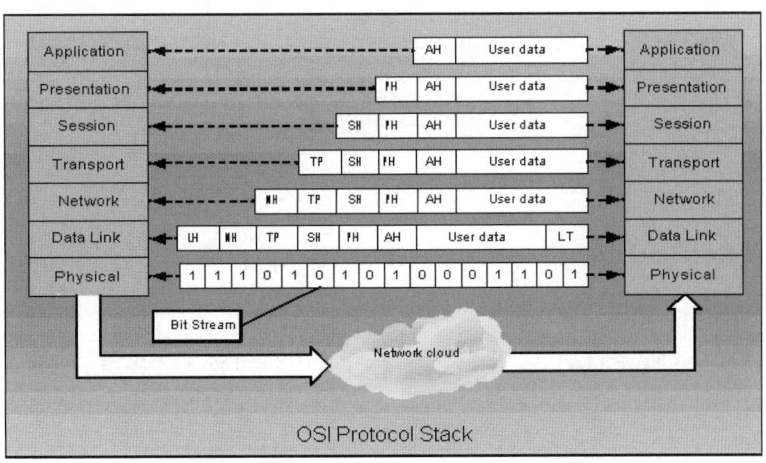

▌그림 1-266▐ OSI 7 Layer 구성도

전기통신은 다수의 Layer로 구성된 스택(Stack) 구조로 동작되는데, 이러한 구조는 ①각 Layer별로 명확한 R&R(Role & Responsibility) 정의, ②효과적인 처리를 통하여 상호 간 애매한 사항을 없애기 위한 것이다. 여기에서 스택이란 겹겹히 쌓여져 있는 상태를 의미하는 것으로 Layer 1 위에 Layer 2 등과 같이 순차적으로 쌓여지는 형태이다.

각 Layer에서 추가되는 정보(또는 작업) 예를 보면, 부산에서 서울로 사과를 보낼 때, 하나의 사과를 종이에 싸고, 다시 다수의 종이로 싸여진 사과를 박스에 넣어서 서울로 가는 트럭에 실어서 고속도로를 통하여 서울에 도착하게 된다.

이런 절차를 볼 때, 본질적인 통신 목적(또는 전달목표)은 사과 배송이지만, 이것을 부산에서 서울로 보내기 위해서는 많은 부가적인 작업(포장, 차량 등)이 필요하다. 이렇게 본질적인 목적 이외의 작업을 Overhead라고 한다.

우리가 사용하는 인터넷도 마찬가지인데, 원하는 사이트에서 정보를 얻기 위해서는 우리가 모르는 매우 많은 Overhead 정보가 처리된다.

▌그림 1-267▐ OSI 7 Layer 설명 예(출처: Versa Technology)

가정에서 피자를 배달 받는 경우를 보면, Application Layer는 주문하는 단계, Presentation은 피자 1판을 주문할 의사를 밝히는 단계, Session은 세부적인 피자 사양을 정의하는 단계, Transport는 피자가 만들어지고 배달을 준비하는 단계, Network은 피자가 배달될 주소를 확인하는 단계, Data Link는 차량을 이용하여 실제로 목적지까지 이동하는 단계, Physical은 피자를 받는 단계로 표현될 수 있다.

통신망에서 데이터 처리를 Layer별로 하는 것은 각 Layer에서 해야 할 역할을 정의하여 관련 기능을 개발할 경우, 상호간 R&R 구분이 명확해져서 개발이 쉽고, 운용 유지 차원에서 유리하다.

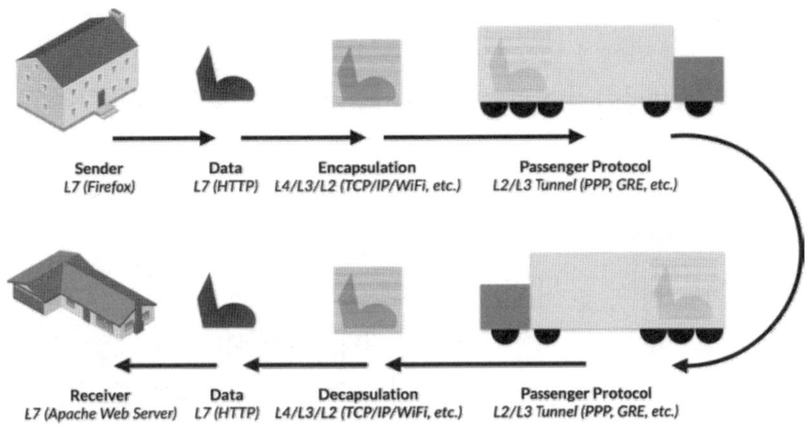

그림 1-268 Layring 처리 비유

OSI 7 Layer에서 보낼 데이터(예, 소파)가 있다면, L7(Layer 7)은 소파이고, 캡슐화(즉, 소파를 포장하고 상자에 넣는 것)는 L4/L3/L2에서 담당하고, 전송(즉, 소파를 차량에 실어서 목적지로 이동하는 것)은 L3/L2/L1이 담당한다.

목적지에 도달한 차량은 처음 데이터(즉, 소파)를 복원하기 위하여 상자에서 꺼내고, 포장을 벗기는 작업을 해서 원래의 소파를 배달 받는다.

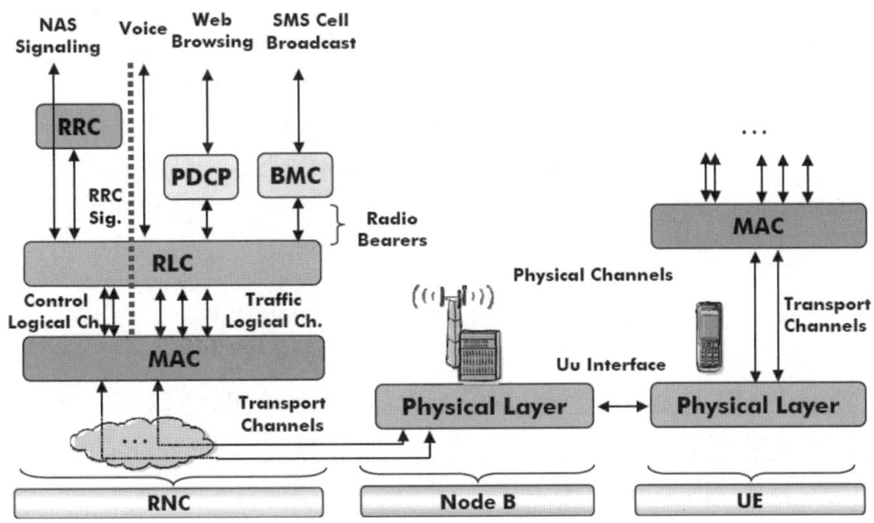

그림 1-269 LTE의 Layer 별 처리 주체

LTE에서 Layer 별 처리 주체를 보면, RNC에서 Layer 2, 3가 처리되고, NodeB에서 Physical Layer가 처리된다. 단말기는 Layer 1, 2, 3를 모두 처리한다. 일반적으로 Layer 3인 RRC 정보는 단말기와 코어망 연동으로 대부분 이루어지고, 일부 RRC 메시지가 단말기와 기지국 사이에 처리된다.

단말기와 기지국의 L2 이상의 Layer에는 전송대상에 따라 처리절차가 다를 수 있다. 예를 들면, L2에서 전송대상인 제어신호와 패킷 데이터(또는 사용자 데이터)의 처리 절차는 다르다.

(2) Control Plane, User Plane

LTE에서 호처리를 위하여 수직적인 구조로 Control Plane(또는 제어영역)과 User Plane(또는 Data Plane)으로 나누어서 처리된다. Control Plane은 제어 데이터(또는 Signaling)를 활용하여 송수신간 사용자 데이터 통신을 도와주는(또는 보조해주는) 정보가 교환되는 물리적인 통로이다.

User Plane은 인터넷 검색, 동영상 시청, 이메일 확인 등 사용자 데이터(즉, 사용자가 직접 활용하는 데이터)가 송수신되는 영역이다. 이렇게 Control Plane과 User Plane으로 구분하여 처리하는 이유는 Control Data와 User Data의 특성이 다르기 때문이다.

Layer는 수평적인 구조이고, Plane은 수직적인 구조의 논리적인 형상이다. 이렇게 Layer와 Plane을 나눠서 정의하는 이유는 통신처리 과정에서 각 Entity나 기능적 측면에서 처리되는 기능을 명확히 정의하기 위해서이다.

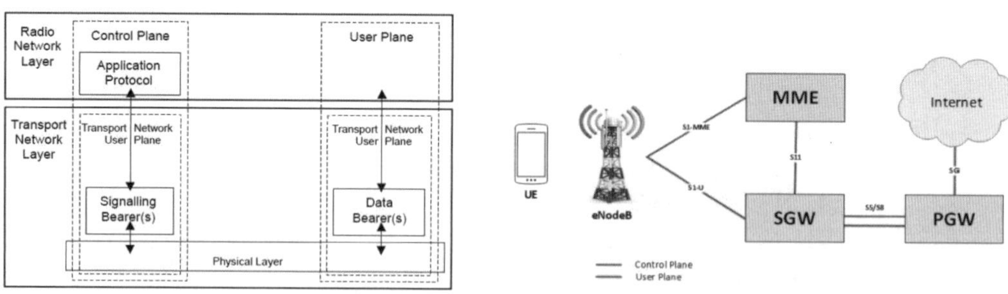

그림 1-270 Control Plane, User Plane 구분

Control Data는 단말기 등록, 인증과 같이 단말기와 이동통신망의 코어망 사이에 적용되는 것도 있고, 빠른 동작이 필요한 단말기의 전력제어, Handover 등과 같이 단말기와 기지국간 이루어지는 정보 교환도 있다.

Control Data는 크기는 작지만 빨리 처리되어야 하고, 오류가 발생될 경우 재전송을 통하여 오류를 복구해야 한다. 반면 User Data는 일반적으로 데이터 크기가 크고, ①오류가 발생되어도 문제가 없는 데이터(예, 동영상 시청)와 ②오류가 발생되면 안되는 데이터(예, 인터넷 검색, 메일) 등이 있다.

Control Data와 User Data를 도로와 차량으로 비유할 때, 실제 도로를 다니는 것은 차량인데 차량을 User Data로 볼 수 있고, 도로 옆에 아주 작은 길이나 선로를 통해서 차량 제어를 위한 정보를 Control Data로 볼 수 있다.

그림 1-271 Control Data와 User Data를 도로에 비유

Control Data는 실제 도로로 다니지는 않지만, 각 차량을 모니터링하고 필요시 버스 전용차선을 운용하여 버스를 빠르게 달리게 한다던가, 달리는 차량의 우선순위 결정(예, 응급차 이동) 등 교통정리 역할을 한다. 즉, Control Data는 도로에서 교통 표지판, 차선, 교통경찰 등의 역할을 한다.

UMTS에는 Control Data가 처리되는 영역에 따라서 AS(Access Stratum)과 NAS(Non-Access Stratum)로 구분되었다. 물론 LTE와 NR에는 이러한 용어(AS, NAS)가 많이 사용되지 않지만, 사실상 기본 원리는 동일하다.

Access Stratum은 단말기와 기지국간 연결되는 영역이고, Non-Access Stratum은 단말기와 코어망간 연결되는 영역이다. 물론, Non-Access Stratum은 기지국을 통해서 동작되지만 기지국은 단순히 데이터를 전달(또는 중계)하는 역할만 한다.

3GPP는 GSM부터 사용되던 용어인 'Bearer'를 많이 사용한다. Bearer는 End-to-End간 통신선로(Physical 또는 Logical Channel)를 의미한다. 예를 들어 RRC 메시지가 단말기와 코어망간 연결될 수 있는데, 이 경우 RRC Bearer라고 표현될 수 있다.

Control Data는 제어목적으로 데이터 사이즈는 작지만 빠르고, 정확하게 상대방에게 전달되어야 하고, User Data는 일반적으로 데이터 사이즈가 매우 크고, 필요시 데이터가 손실되거나 지연되어도 된다. 따라서 이 2개의 Data 특성은 다르기 때문에 처리되는 절차도 다르다.

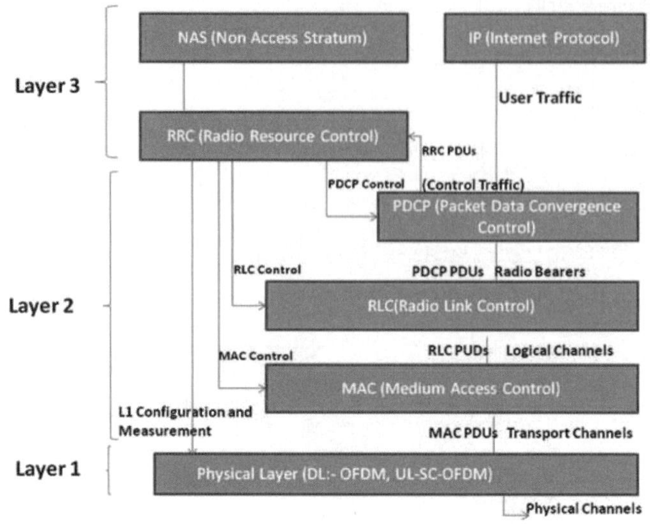

▌그림 1-272▐ LTE Protocol Stack

LTE의 경우(5G도 동일), Layer 1은 Physical Layer이고, Layer 2는 MAC, RLC, PDCP가 있으며, Layer 3는 RRC이다. 최상위 Layer인 RRC는 Layer 1, 2의 모든 절차를 제어한다.

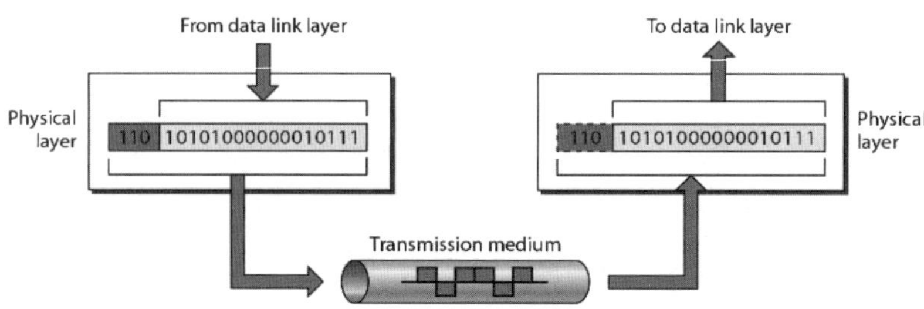

▌그림 1-273▐ Physical Layer 처리 과정

Physical Layer에는 상위 Layer인 Data Link Layer(즉, MAC, RLC, PDCP) 정보를 받아서 캡슐화(즉, 상대방 Physical Layer에서 해석 가능한 정보를 추가하는 것)를 통하여 전송 매체(이동통신은 전파)를 통하여 상대방에게 전송하는 역할을 한다.

RLC의 가장 큰 목적은 재 전송, 오류 정정 등을 통한 통신의 신뢰도를 증가시키기 위한 것이고, MAC의 목적은 각 사용자별 매체를 제어하는 역할을 한다. Layer 3인 RRC는 제어정보를 송수신하고 처리하는 역할을 하는 것으로 단말기 인증, 등록, Handover, User Data의 연결을 위한 정보(예, IP 연결) 등이 있다.

통신망의 정보처리는 상위 Layer에서 하위 Layer로 갈수록 순차적으로 데이터 크기가 커진다. 각 Layer에서 처리해야 할 정보를 각 Layer의 Header에 붙이기 때문이다. 이렇게 해당 Layer에서 상위 Layer 데이터에 자기 Layer의 Header를 붙이는 과정이 Capsulation(캡슐화 또는 Layering)이다.

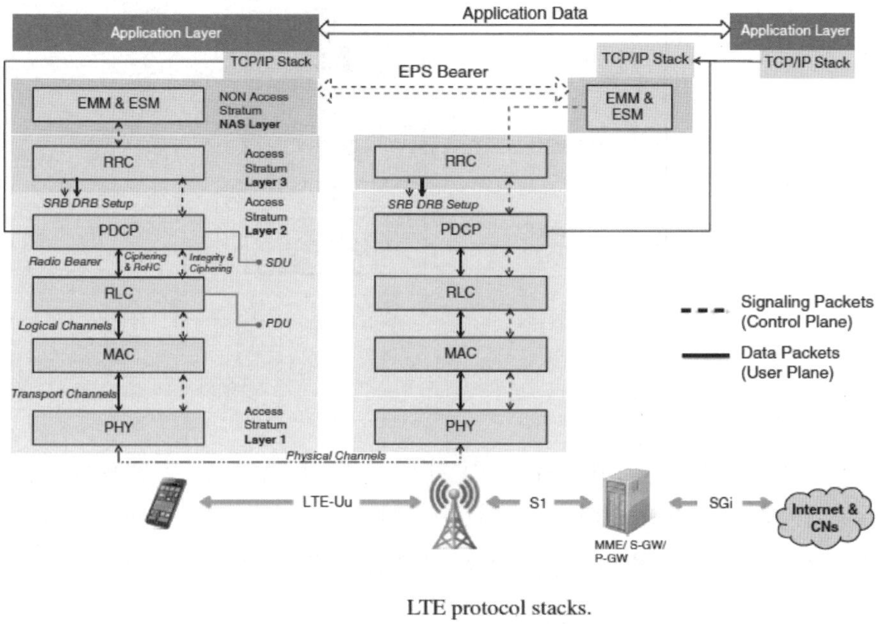

▌그림 1-274▐ LTE Protocol Stacks(출처 : Telecom Insights)

User Data를 통해서 상위의 인터넷 부라우징의 경우, HTML 등이 포함된 HTTP 데이터를 PDCP 계층에서 자신의 Header인 PDCP Header를 붙이고, 이 전체가 RLC Payload가 되고 RLC는 RLC Header 정보를 추가하고, 이런 형태로 MAC에서도 MAC Header를 붙인다.

즉, 통신에서 해당 Layer의 역할은 상위 Layer 데이터를 받아서 자기 계층에서 Capsulation하는 절차이다. Capsulation이란 상위 데이터를 받아서 하나의 상자에 넣은 다음, 자기 Layer의 Header(또는 Tag(꼬리표))를 붙이는 절차이다.

사과를 부산에서 서울로 보낼 때, 사과가 상자에 싸여지고(즉, Capsulation되고), 또 이 상자들이 화물트럭에 실려지고(이것도 Capsulation) 이런 절차로 Layering은 Capsulation의 연속으로 볼 수 있다.

무선구간에서 모든 Layer는 최상위 계층인 RRC에 의해 제어된다. 이때 RRC가 하는 역할은 각 Layer별 동작에 필요한 설정(카운터, 버퍼 크기 등)을 하거나 처리상태나 비정상적인 동작에 대한 리포트를 담당한다.

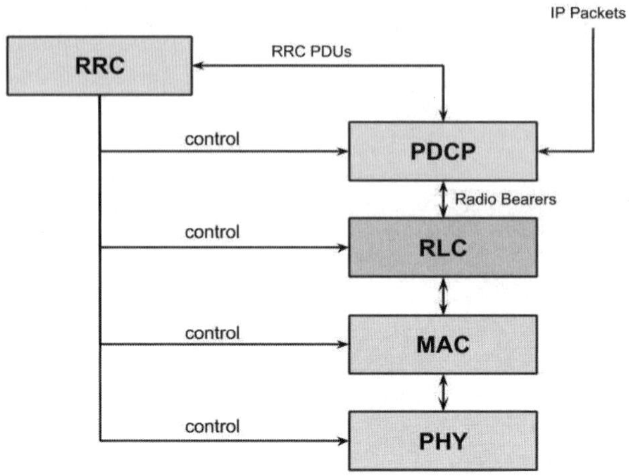

(3) 단말기 접속과 등록

이동통신 단말기에 전원을 인가할 경우, 단말기 자체 처리(예, 부팅)를 완료한 후, 기지국에 접속하여 가입한 사업자의 코어망 Entity(예, MME)에 등록(Registration)한다. 등록은 단말기가 이동통신망에 접속하여 원하는 서비스 제공 준비를 완료하는 절차이다.

<u>접속은 단말기가 기지국 주파수에 튜닝되어 관련된 정보를 송수신하는 것이고, 등록은 단말기에 내장된 USIM 정보(예, 전화번호, Key 등)를 활용하여 이동통신망과 인증을 수행하고, 현재 단말기가 위치한 장소를 통신망에 알려주는 역할이 포함된다.</u>

인증(Authentication)이란 "상대방이 진짜냐"를 확인하는 절차로 일반적으로 이동통신망이 정상적인 단말기인지 확인하는 절차를 우선적으로 처리하고, 필요시 단말기가 정상적인 이동통신망인가를 인증하는 절차를 수행한다.

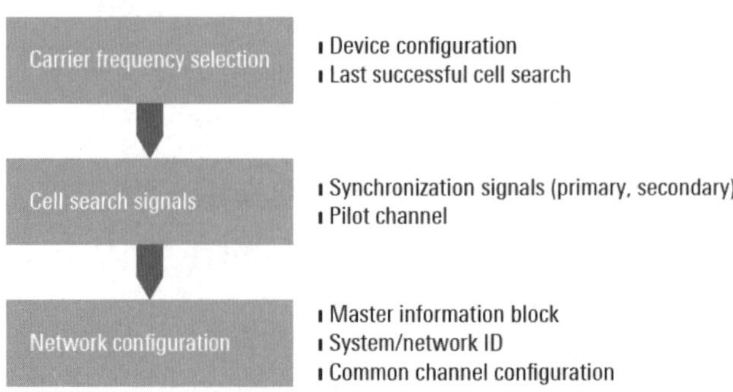

▌그림 1-275▐ 단말기의 통신망 접속 절차(출처: R&S)

단말기에 전원이 인가되면, 단말기는 USIM으로부터 가입한 사업자의 주파수 정보를 읽어와서 해당 주파수에 튜닝한 다음, 기지국 정보를 수신한다. 단말기는 기지국에서 방송되는 채널에서 더 세부적인 해당 사업자 주파수 정보, 사업자 정보 등을 수신하여 이동통신망에 등록을 준비한다.

기지국에서 단말기로 전송되는 정보는 수신 대상에 따라 Broadcasting Information(방송형 정보)과 Point-to-Point Information(하나의 단말기로만 전송되는 정보)이 있다. Broadcasting Information에는 단말기가 해당 주파수에 튜닝하도록 동기를 위한 추가 정보, Network Configuration 정보 등이 있고, Point-to-Point Information은 해당 단말기와 음성통화, 데이터 통신 등이 해당된다.

단말기는 전원이 인가된 이후, 자체적으로 상태(State) 관리를 한다. UMTS의 경우 다소 복잡한 State 단계가 있었지만, LTE부터는 단순하게 정의되었다. UE State Diagram이 복잡해지면 단말기 S/W 개발이 복잡하고, 단말기 동작에서 오류가 발생될 경우, 문제 파악에 어려움이 있다.

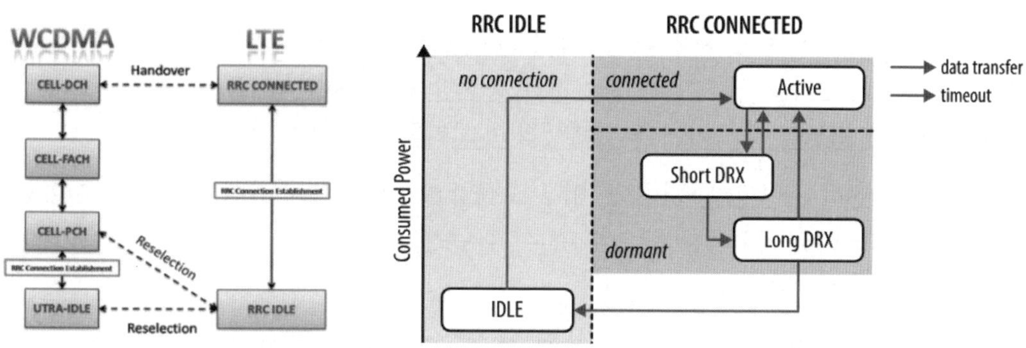

| 그림 1-276 | 단말기 State Diagram

UMTS의 UE State Diagram은 대부분 GSM에서 유래된 것이지만, LTE에는 UMTS에서 정의한 몇 개의 기능을 함축하여 State를 단순화시켰다. LTE에서 UE State Diagram은 RRC Connected와 RRC Idle로만 정의된다. UE State Diagram은 단말기가 무선통신과 관련된 동작에만 해당되고, 비행기 탑승모드 등에는 적용되지 않는다.

RRC는 제어정보(또는 Signaling)로써 Control Plane으로만 송수신되고, Layer 구조에서 최상위인 Layer 3에 해당된다. RRC Connected란 단말기가 기지국과 연결되어 정보를 송수신하는 상태를 의미하고, RRC Idle이란 단말기가 안테나와 RF 부품을 OFF하여 기지국으로부터 정보를 송수신하지 않는 상태이다.

단말기가 이동통신망에 접속하여 기지국으로 관련된 정보를 수신한 후, 단말기는 코어망과 연동되어 인증절차를 진행한다. 인증은 단말기의 USIM이 코어망 Entity인 인증센터(AuC)와 연동되어 관련된 Key를 활용하여 정상적인 단말기인지 확인하는 절차이다.

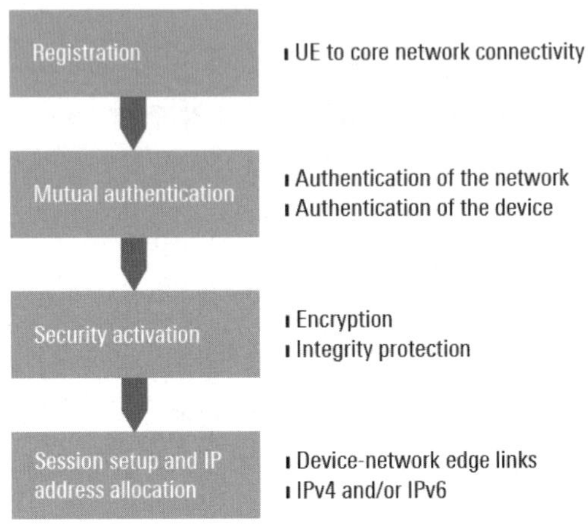

그림 1-277 단말기 등록, 인증 절차(출처: R&S)

1차적으로 이동통신망에서 정상적인 단말기인가를 인증한 다음, 2차적으로 단말기가 정상적인 이동통신망인가를 인증한다. 단말기가 통신망을 인증하는 이유는 가짜 통신망이나 장치가 단말기 정보를 획득하거나 비정상적인 처리를 방지하기 위해서이다.

인증처리와 관련하여 단말기, 기지국, 일부 코어망은 인증절차에 관여하지 않고, USIM과 인증센터간 연동으로 이루어진다. 3GPP는 ①단말기와 사용자 분리, ②H/W 보안기술 적용 등의 목적으로 USIM을 활용한다.

이후, 암호화(Ciphering) 절차를 거치는데, 단말기와 코어망 사이 송수신되는 일부 정보가 암화화되어 유선구간(예, Backhaul)과 무선구간(예, LTE)에서 발생될 수 있는 도청과 감청을 방지한다.

RRC Connected에는 Active 상태와 DRX(Discontinuous Reception) 상태가 있다. Active 상태는 통신과 관련된 단말기의 H/W와 S/W를 동작시켜 기지국과 연결하여 정보를 송수신하는 상태이다. 예를 들면, 인터넷 브라우징을 하거나 VOD를 시청하는 경우이다.

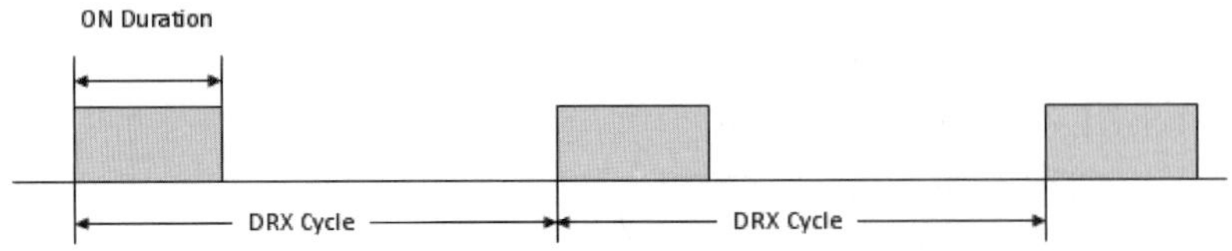

그림 1-278 DRX Cycle

DRX 상태란 단말기가 주기적으로 H/W와 S/W를 동작시켜 기지국으로부터 정보를 수신하는 상태이다. DRX 상태는 무선통신 측면에서는 대기상태로 볼 수 있다. DRX는 단말기의 H/W를 켜서 기지국과 연속적(Continuous)으로 연결된 상태는 아니고, 드문드문(즉, Discontinuous) 단말기 수신부를 켜서 기지국 정보를 수신하는 상태이다.

DRX 상태에서 단말기가 신호 수신부 H/W와 관련된 S/W를 동작시켜 정보를 수신하는데, 주된 정보는 전화 수신, Push 정보, 이동통신망의 상태 변경 정보 등이다. 따라서 DRX Cycle이 짧아서 단말기가 자주 깨어나는 경우, 단말기 배터리 소모량이 많아진다.

DRX 상태에서 단말기는 수신부만 켜서 정보를 수신하고, 송신은 하지 않는다. DRX는 특정한 시간 간격으로(주기적) 동작되기 때문에 단말기가 ON되는 시점에서, 다음 ON 시점까지를 DRX Cycle이라고 한다.

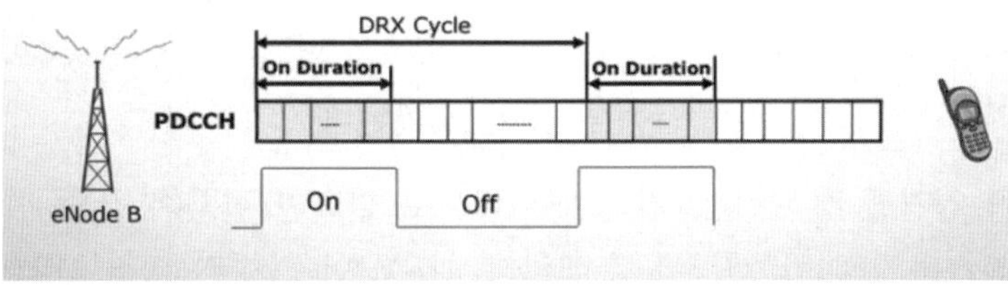

▌그림 1-279▐ DRX Cycle에 따른 단말기 ON/OFF

이동통신 사업자가 DRX Cycle을 결정하는데, 짧게 설정하면 단말기 배터리 소모가 많아지고, 길게 설정하면 전화받기나 Push 메시지 수신이 늦어질 수 있어서 최적의 값을 설정해야 한다. 단말기는 야간에도 DRX Cycle에 맞게 주기적으로 깨어나기 때문에 DRX Cycle은 단말기 배터리 소모에 결정적으로 기여하는 요소이다.

단말기가 부팅이 완료되면, 먼저 Cell Search Procedure를 진행한다. Cell Search Procedure는 가입한 사업자의 주파수에 동조(Tuning, 튜닝)하는 절차이다. 일반적으로 단말기는 바로 전에 등록된 주파수 대역을 저장하고 있다가 전원을 켜면, 그 주파수 대역에 접속한다.

이 주파수 대역이 없을 경우, USIM에 저장된 주파수 정보를 활용하고, 그 다음에는 단말기가 처리 가능한 주파수 대역을 처음부터 검색하여 특정 전계강도 이상이 되는 주파수를 선택하여 해당 사업자의 기지국과 통신한다.

단말기가 기지국 주파수에 동조되면, 기지국에서 방송되는 이동통신망 정보를 수신한다. 이 정보에는 주로 이동통신망 사업자의 정보가 들어있다. 이후, 단말기는 시스템 접속과 등록 과정을 거친다.

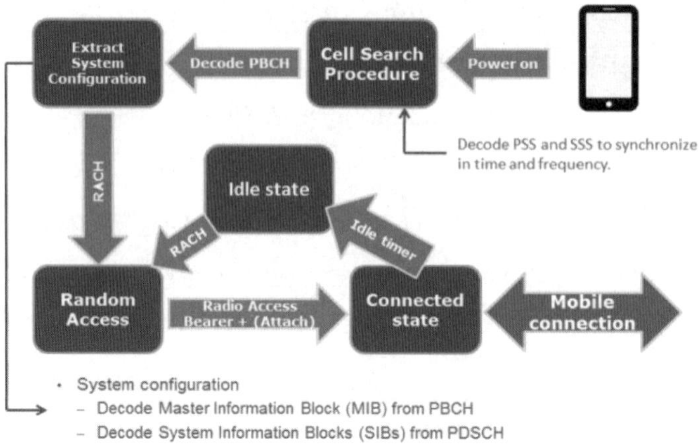

▌그림 1-280▐ 단말기에 전원을 인가한 이후, State Diagram

단말기 접속이란 단말기가 이동통신망에 연결되는 것을 의미하고, 단말기 등록이란 단말기 정보를 이동통신망에 알려주는 것이다. 이 과정에서 단말기와 이동통신망 간에 무선접속 세부사항, 인증, 가입한 서비스 종류 등이 교환된다.

단말기에 전원이 인가될 경우, 단말기는 내부적으로 필요한 절차(부팅 등)를 수행한 다음, 이동통신망에 접속하기 위한 절차를 수행한다. 가장 먼저, 단말기는 내부에 저장된 UE Capability 정보를 활용하여 기지국에 접속할 준비를 한다. UE Capability에는 주파수 밴드, 동기방법, 기지국과 접속하기 위한 사전 조건 등이 정의되어있다.

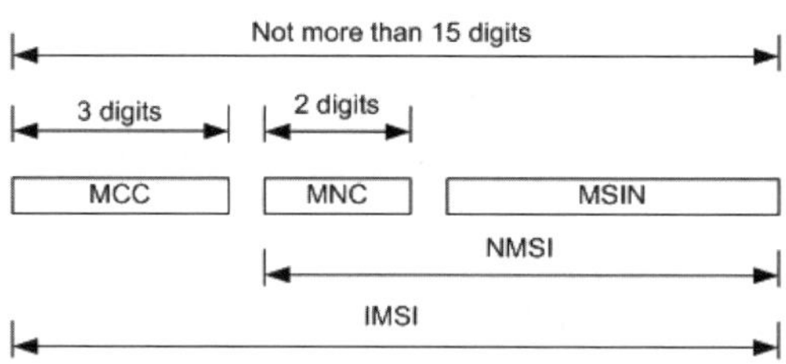

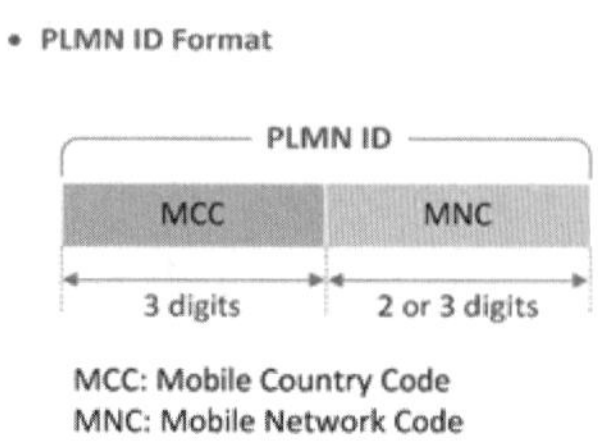

• Example: South Korea – KR

MCC	MNC	Brand Name	Mobile Network Operator
450	02	KT	KT
450	04	KT	KT
450	05	SKT	SK Telecom
450	06	LG U+	LG Telecom
450	08	Olleh	KT

▌그림 1-281▐ 이동통신 IMSI 체계

이동통신 단말기에는 호처리를 위하여 전세계에서 유일한 일련번호가 할당된다. 이러한 ID를 IMSI(International Mobile Subscriber Identity)라고 하며, IMSI는 MCC(Mobile Country Code), MNC(Mobile Network Code), MSIN(Mobile Subscription Identification Number)으로 구성된다.

여기에서 MCC는 국가번호(한국은 450), MNC는 해당 국가에서 사업자 번호(예, SKT는 05), 그 다음 MSIN은 단말기에 할당되는 단순한 일련번호이다. 이러한 구분으로 모든 단말기는 호처리를 위하여 고유의 번호가 사용된다.

3GPP에서 사용되는 IMSI는 호처리에 사용되는 ID로써 전화번호와는 무관하다. 전화번호는 별도의 ID인 MSISDN(Mobile Station International Subscriber Directory Number)을 사용하고 있다. 하지만, 많은 사업자는 혼선을 방지하기 위하여 IMSI를 이동전화 단말기 전화번호로 활용하고 있다.

3GPP의 ID 체계는 망에서 호처리에 사용되는 번호와 가입자 번호를 분리함으로써 보안을 강화시키는 방법으로 사용한다. 일반적으로 3GPP2는 호처리 번호와 가입자 번호를 동일한 ID로 사용했다.

또한, 3GPP는 USIM을 활용하여 이동통신 단말기 소유자와 가입자를 분리하는 정책을 사용하고 있다. 즉, 특정 사업자의 가입자는 USIM을 활용하여 다른 휴대폰을 쉽게 사용할 수 있다.

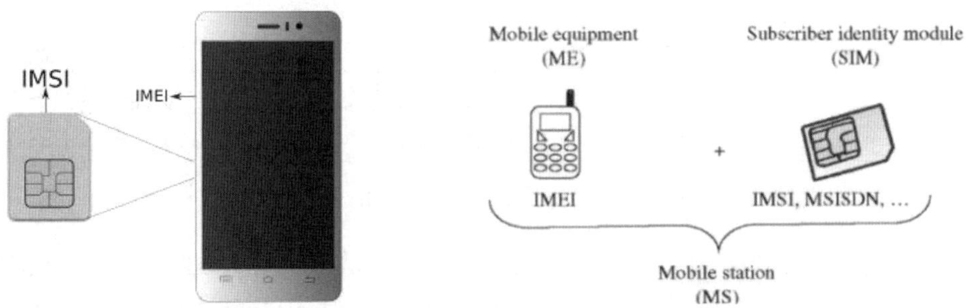

▌그림 1-282▌ 단말기 IMEI와 USIM의 IMSI, MSIDSN 관계

전화번호는 휴대폰 내부에 저장되는 것이 아니라 USIM에 저장되며, 호처리 과정에서 단말기는 USIM으로부터 관련된 ID를 불러와서 사용한다. 단말기 고유 H/W ID는 IMEI (International Mobile Equipment Identity)이며, IMEI는 일반적인 MAC Address와 유사하다.

3GPP의 코어망 Entity인 EIR(Equipment Identity Register)은 단말기 IMEI를 관리하는 요소로써 사업자 장려금이 지원된 단말기를 구분하기 위한 용도로 주로 사용된다. 따라

서 일반적인 의미에서 USIM Locking은 해당 USIM의 UICC ID와 IMEI를 매칭시켜서 불법적인 단말기 사용을 방지한다.

또한, 단말기는 USIM으로부터 기지국 접속에 필요한 정보를 가지고 온다. USIM은 ID 관리, 단말기 인증, 암호화 등이 주된 목적이지만 부가적으로 무선접속과 관련된 정보를 저장하고 있다. 대표적인 것은 사업자 번호(PLMN: Public Land Mobile Network)와 주파수 정보, 빠른 접속을 위하여 바로 전에 사용된 주파수 정보 등이 있다.

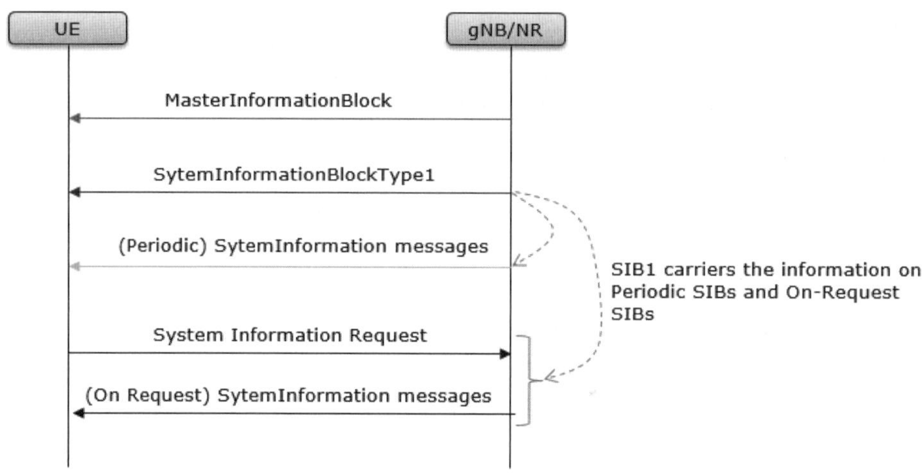

그림 1-283 기지국에서 SIB Information 방송

기지국은 짧은 주기로 단말기가 기지국 접속에 필요한 다양한 정보가 포함된 SIB(System Information Block) Information을 단말기로 전송한다. SIB Information은 단말기로부터 응답(ACK)없이 지속적으로 기지국에서 방송하는 정보이다. 따라서 모든 단말기(정상적으로 등록이 안된 단말기도 포함)는 SIB 정보를 수신할 수 있다.

단말기 등록에 예외사항이 있는데 119, 112 등과 같은 비상전화(Emergency Call) 번호는 단말기가 임의의 주파수에 동조하여 발신해도 코어망에서는 인증절차 없이 바로 119, 112 등에 연결된다. 심지어는 비상전화 번호 발신은 USIM이 없어도 통화가 연결된다.

SIB Information은 기지국인 RAN에서만 생성되는 정보로 주로 단말기가 기지국에 접속하기 위한 기술사항이 포함되어있다. 단말기는 SIB 정보를 수신한 이후, 이동통신망에 등록하기 위한 절차인 'Attach' 과정을 거친다. Attach란 용어는 CDMA에서 사용되는 'Registration'과 동일한 의미이다.

SIB	Content	Controlled by
SIB 1	the CN information, UE behavior related timers and counters	RNC
SIB 2	URAID of a cell	RNC
SIB 3/4	cell selection and cell reselection	RNC
SIB 5/6	common transport channels and common physical channels	RNC
SIB 7	parameters needed in the calculation of the PRACH preamble power	RNC/NodeB
SIB 11/22	cell measurement control information.	RNC
SIB 11bis	Compensation of SIB 11	RNC
SIB 15	Information for location service	RNC
SIB 18	the PLMN tag of neightor cell	RNC

그림 1-284 SIB Information 예

3GPP의 많은 용어는 3GPP2(CDMA 기반 기술규격 정의 단체)와 다르게 사용하고 있고, 3GPP의 대부분 용어 유래는 GSM/GPRS, UMTS에서 시작되었다. 단말기는 USIM의 주파수, 사업자 정보와 해당 주파수에서 방송되는 SIB 정보를 기반으로 'Random Access'를 시도한다.

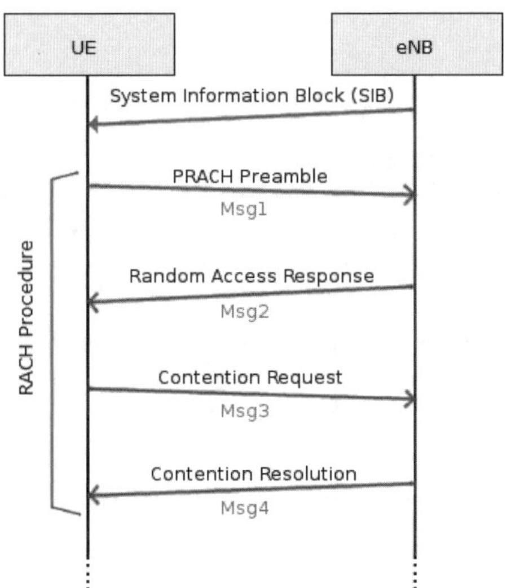

Random Access는 단말기가 기지국에 접속하기 위한 첫번째 단계로 기지국 접속에 실패할 경우, 임의(Random)의 시간이 지난 뒤에 지속적으로 접속을 시도하는 절차이다. 단말기가 기지국에 접속할 때는 정해진 시간이 있는 것은 아니기 때문에 한번의 접속으로 바로

기지국과 연결될 확률은 낮다.

하나의 리소스(기지국)를 대상으로 다수의 단말기가 Access를 시도할 수 있고, 전파환경이 나쁘거나 기지국의 리소스 여유가 없을 때, 접속에 실패할 수 있다. 따라서 단말기는 정해진 시간이 아닌 임의의 시간이 지난 뒤 다시 기지국에 접속을 요구한다.

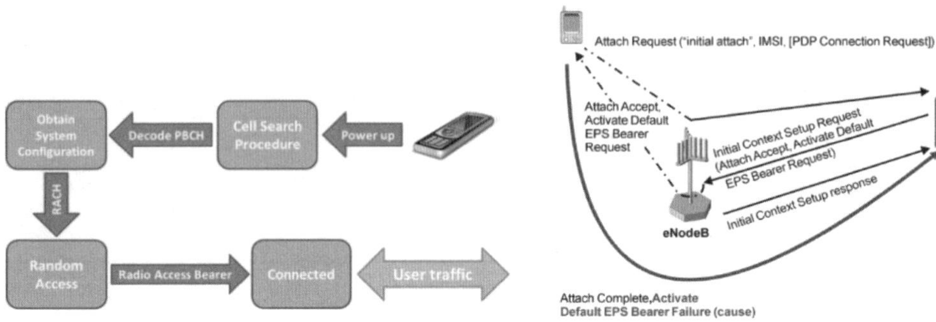

그림 1-285 단말기 Attach 절차

이동통신이 유선통신과 다른 특징 중에 하나는 코어망과 기지국에서 항상 단말기가 어디 있는지 위치를 파악하는 이동성 관리이다. 이동성 관리는 기지국에서 섹터가 변경되면 기지국에서 관리하지만, 다른 기지국으로 이동할 때는 코어망 요소인 MME((Mobility Management Entity)에서 관리된다.

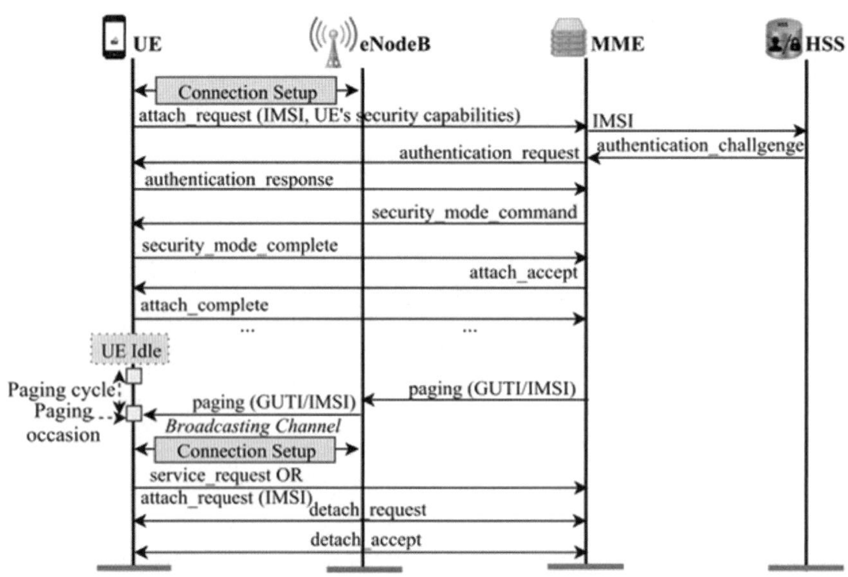

그림 1-286 LTE에서 Attach, Authentication, Connection Setup 예

단말기가 이동통신망에 접속하기 위해서는 RRC Message인 Attach Request Message를 보내서 MME와 HSS(Home Subscriber Server)에 등록되면서 시작된다. MME에 단말기 위치와 기타 정보가 등록되면, 인증과정을 거친다.

단말기에서 인증과 관련된 모든 사항(Key, 인증 알고리듬 등)은 USIM에 저장되어있고, 관련된 인증절차도 USIM에서 인증센터로 End-to-End로 연동된다. USIM에는 자체적으로 MCU, Flash Memory, RAM 등이 포함된 단독 컴퓨터 시스템이다.

USIM은 내부적으로 안전하게 Key를 보관하고, 인증이나 암호화 등의 요청이 있을 경우 저장된 Key 정보를 활용하여 내부적으로 알고리듬을 동작시켜 이의 결과값을 단말기와 기지국을 거쳐서 코어망의 인증센터로 전송한다.

USIM은 기본적으로 S/W 해킹공격과 H/W 해킹공격(예, 레이저로 회로 동작 패턴을 분석하여 해킹하는 방법)에도 방어가 가능한 구조이다. 예를 들어, USIM의 내부 정보를 획득하기 위하여 레이저나 열을 가할 경우, USIM은 동작불능 상태가 되어 더 이상 사용할 수 없다.

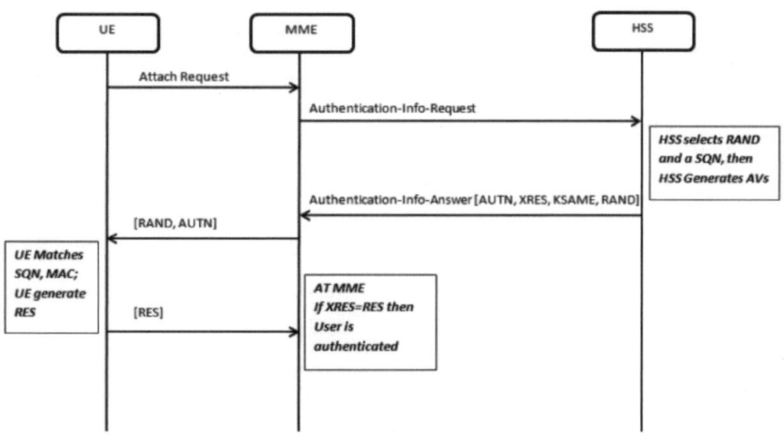

▌그림 1-287▐ LTE 인증절차

단말기가 무선망에 Attach한 이후, 인증절차는 USIM과 HSS간 이루어진다. 여기서 단말기, 기지국, 코어망 일부 장비는 단순히 정보를 전송하기 위한 역할만 한다. 일반적인 인증은 이동통신망에서 단말기를 인증하는 것으로 단말기의 부정사용을 방지하기 위해서이다.

이 경우, HSS는 인증과 관련된 파라메터(RAND, AUTHN 등)를 단말기로 전송하고, 단말기는 이 정보를 USIM으로 보내서 USIM이 인증알고리듬을 수행한 다음, HSS로 전송하여 적합한 단말기 여부가 결정된다.

추가적으로, 단말기가 통신망을 인증하는 절차가 있다. 이것은 망이 단말기를 인증하는 절차와 유사하게 반대로 처리되며, 비정상인 장치나 통신망이 단말기 정보를 탈취하여 단말기의 데이터 사용, 도청, 감청 등을 방지하기 위한 목적이다.

인증은 보안처리 절차 중에 하나인데, 인증처리 이후 추가적인 보안은 암호화(Encryption)와 무결성(Integrity)이 등이 있다. 암호화는 통신과정에서 정보(데이터나 음성)을 암호화하여 도청을 방지하는 기술이고, 무결성은 데이터의 변경이 있는지를 검출하는 방법이다.

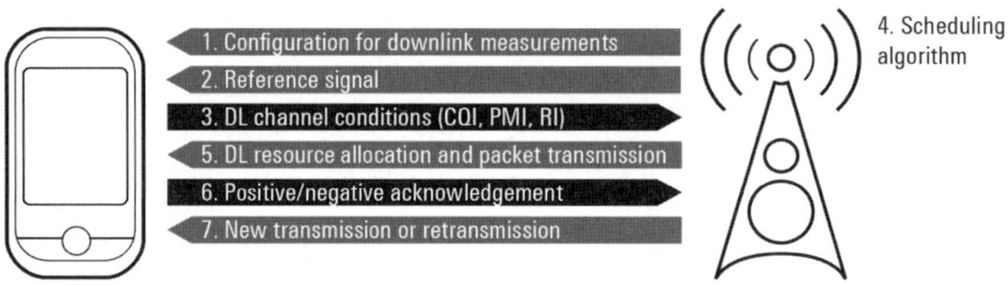

그림 1-288 다운링크 데이터 전송

몇 가지 보안절차를 완료한 후, 데이터 송수신을 위해서 기지국에서 단말기로 무선환경에 대한 정보를 요청하여 단말기가 응답하고, 적절한 전파환경이 될 경우, 기지국은 단말기로 데이터를 보내기 시작한다.

가입자마다 데이터 송수신 속도가 다를 수 있는데, 이것은 코어망 Entity에서 가입자의 데이터 속도를 확인 한 다음, Policy Server(폴리시 서버)에서 기지국 RRM(Radio Resoruce Management)으로 해당 가입자의 데이터 속도와 QoS를 설정하면 정해진 데이터 속도로 단말기에 전송된다.

이동통신은 최대한 Overhead를 줄이기 위하여, 기존 HTTP를 단순화시킨 QUIC을 많이 사용하고 있다.

단말기는 데이터 송수신 중이나 대기상태에서 현재 서비스 받고 있는 기지국의 전계강도가 약해져서 주변의 다른 기지국으로 연결을 바꿔야 하는 상황이 발생되는데, 이러한 절차를 Handover라고 한다.

<u>Handover는 하나의 기지국에 연결되어 서비스를 받고 있는 단말기가 전계강도가 약해져서 인접한 다른 기지국(전계강도가 강해짐)으로 연결을 바꾸는 절차이다.</u> 이동통신은 주파수 사용 효율을 극대화하기 위해 다수의 셀(하나의 기지국이 커버하는 영역)로 구성되므로 이동중인 단말기에 서비스를 제공해주는 셀이 바뀌게 된다.

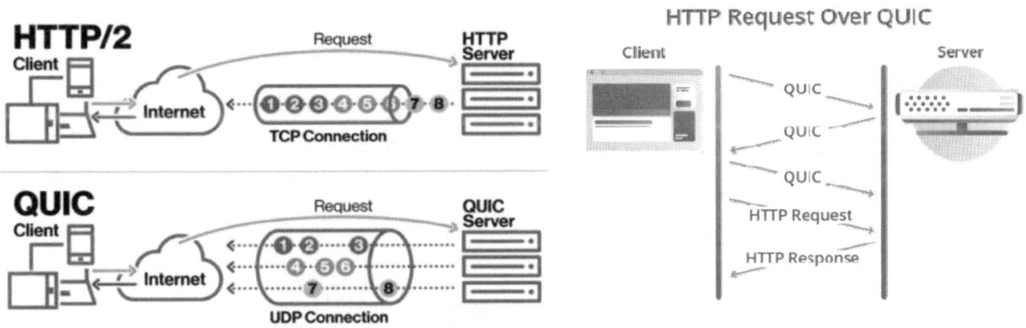

그림 1-289 QUIC 호처리 절차 예(출처: Verizon)

또한 하나의 기지국에서 전파 사용 효율을 높이기 위하여 보통 3개의 섹터로 나눠지는데, 섹터간 이동도 Handover에 해당된다. Handover가 발생되는 조건은 ①단말기가 서비스를 제공받고 있는 기지국으로부터 수신되는 전계강도가 약해지거나 ②잡음이 많아서 신호의 품질이 좋지 않는 경우이다.

이동통신이 유선통신과 가장 큰 차이점은 이동성 관리(Mobility Management)이며, 이동성 관리에는 Handover, 로밍, 등록 등이 있으나, 기술 구현 측면에서 Handover가 가장 복잡한 기능이다.

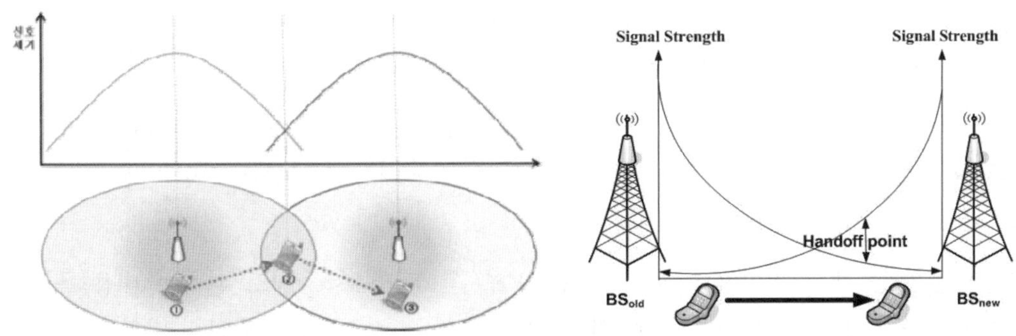

그림 1-290 Handover 절차

하나의 기지국이 커버하는 영역에서 단말기가 기지국에서 멀어질수록 전계강도는 약해지고, 단말기가 셀 경계지역으로 이동할 경우, 인접한 셀(즉, 다른 기지국)의 전파강도가 강해지기 시작한다.

현재 서비스 받고 있는 기지국(Serving RAN)을 A, 이동대상 지역의 기지국(Target RAN)을 B라고 가정할 때, 즉 단말기가 A 영역에서 B 영역으로 이동할 때 Handover가 발생된다. Handover는 대기상태(Idle Mode)나 통화상태(Connected Mode)에 발생될 수 있다.

이동통신망은 Centralized System(단말기는 관련 정보 제공하고, 모든 결정은 코어망과 기지국이 결정)으로 단말기가 Handover에 필요한 정보를 기지국에 알려주면, 기지국이 최종으로 Handover 시행을 결정한다.

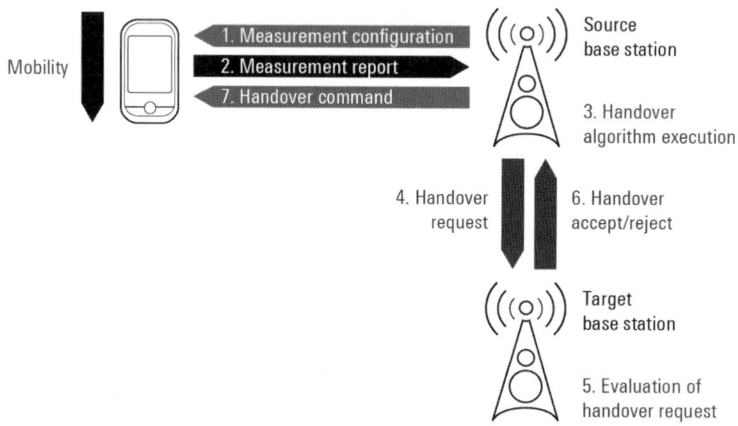

‖그림 1-291‖ Handover 처리 절차(출처: R&S)

단말기는 현재 서비스 받고 있는 기지국의 수신 전계강도가 특정값 이하가 될 경우, 단말기는 기지국으로 현재 수신 전계강도를 알려주고, 기지국은 'Measurement Report' 메시지를 전송하여 Handover 절차를 진행한다.

단말기는 Handover 절차에 진입하면, 이동 대상(Target) 기지국에 Handover를 요청(Request)한다. 이후, 이동 대상 기지국은 Handover 가능 여부를 판단한 다음, 단말기에 Handover를 해도 된다는 메시지를 보낸다.

단말기는 이동 대상 기지국으로부터 받은 정보(즉, Handover해도 된다는 내용)를 현재 기지국에 전송하고, 현재 기지국은 최종적으로 Handover를 명령해서 단말기는 이동 대상 기지국으로 통신채널을 바꾼다.

단말기에 전원이 인가된 이후, 단말기가 통신망에 접속하고 데이터 통신을 진행한 이후, 통신이 종료되고 대기 상태로 갈 때까지 전체적인 호처리 절차는 그림과 같다.

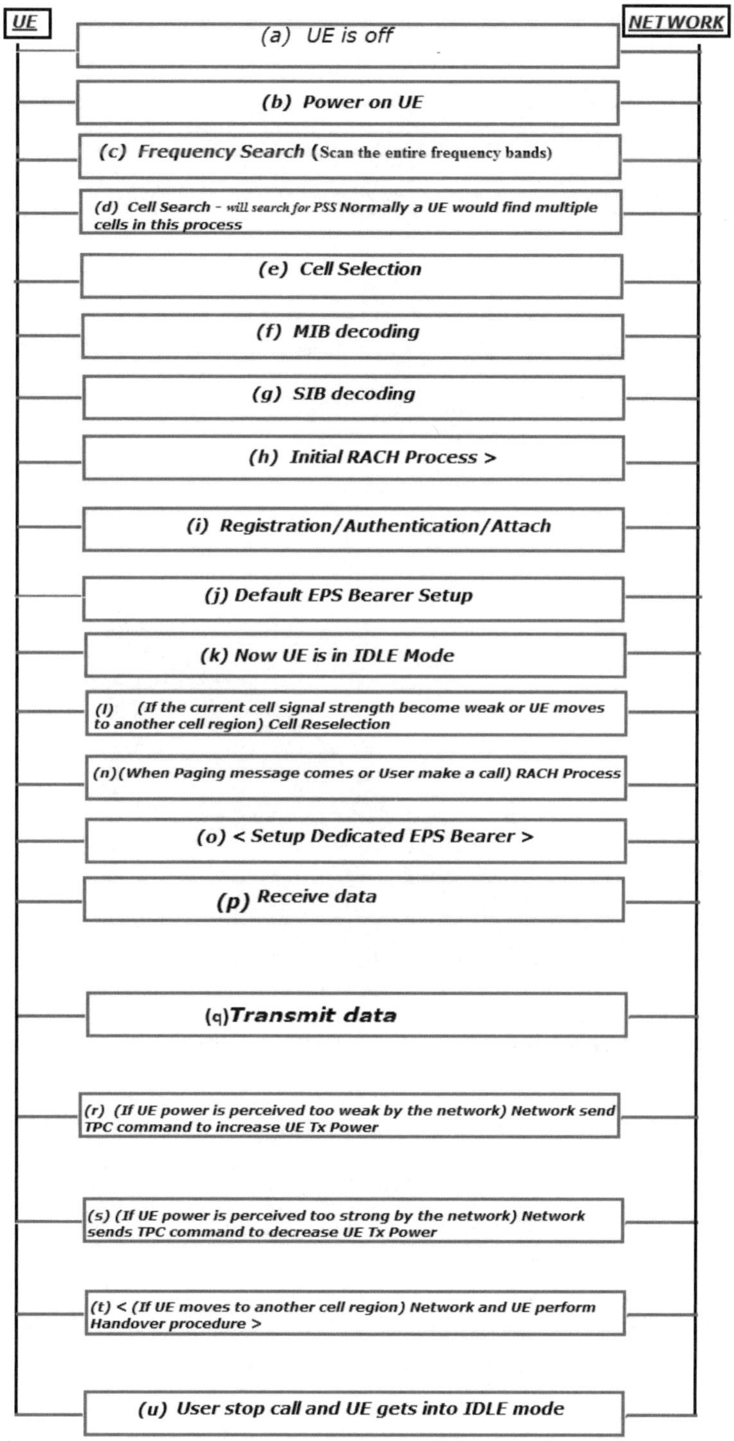

▌그림 1-292▐ 대표적인 호처리 절차 예

(6) VoLTE

LTE는 CS(Circuit Switched, 즉 음성통신) Domain은 없고, PS(Packet Switched) Domain 만 사용한다. LTE, NR(New Radio) 이동통신망은 고속 Packet 데이터 처리에만 중점을 두고 있어서 LTE 망에서 음성통신은 VoLTE(Voice over Long Term Evolution)를 활용한다.

VoLTE는 패킷망인 LTE에서 음성통화를 위한 기술이다. VoLTE는 음성신호 호처리를 위하여 SIP(Session Initiation Protocol)를 사용하며, 음성호는 실시간으로 처리되어야 하므로 LTE망에서 지연이 발생되지 않도록 최우선적으로 처리된다.

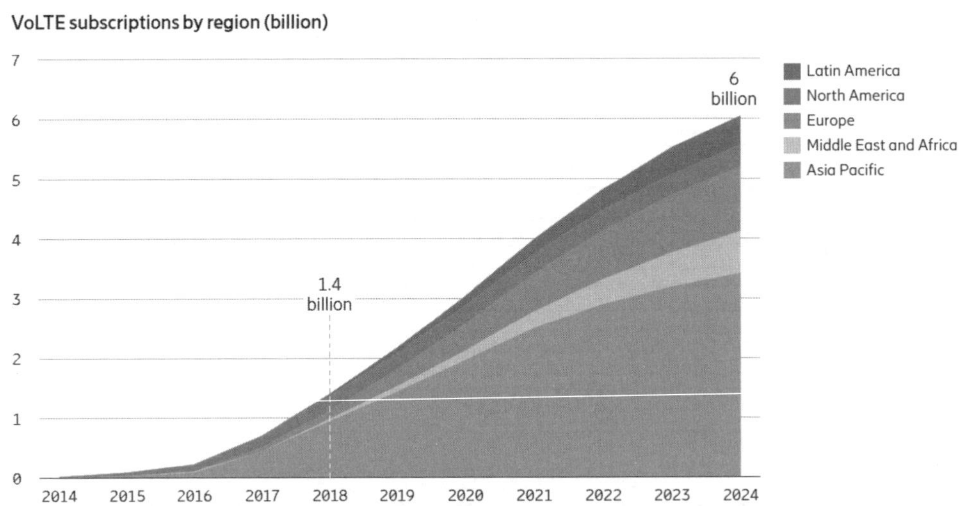

▌그림 1-293▐ 지역별 VoLTE 사용자 수 예측(출처: Ericsson)

VoLTE는 VoIP(Voice over IP)기술이며, LTE(4G), NR(5G) 등의 이동통신망은 패킷 데이터만 처리되기 때문에 VoIP는 필수적이어서 향후 지속적으로 사용자는 증가되고 있다. VoLTE를 위해서 코어망과 연동되는 SIP 관련 서버가 구축되어야 하고, 단말기에도 VoLTE Protocol Stack이 구현되어야 한다.

물론, LTE망에서 패킷 데이터는 실시간 처리가 보장되지 않지만, VoLTE호에 대하여 코어망과 기지국은 다른 데이터(인터넷 검색, 비디오 시청 등) 대비 전송에 우선순위를 부여하여 음성통화에서 최대한 음성 지연을 방지한다.

VoLTE는 코어망과 연동되는 IMS(IP Multimedia Subsystem) 망을 기반으로 동작된다. IMS는 SIP 호처리와 SIP 기반 부가서비스를 제공하는 서버의 집합이다. 따라서 IMS의 주된 역할은 LTE 패킷망을 활용한 음성통화, 화상통화, 관련된 부가서비스 등이다.

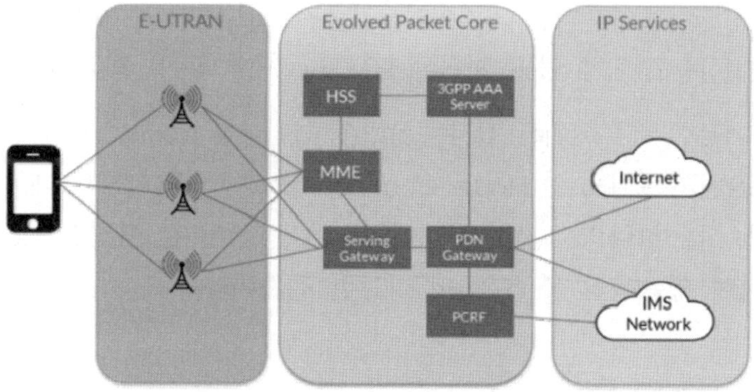

▎그림 1-294▎ VoLTE를 위한 망 구성도

UMTS 코어망은 크게 Circuit Switched Network, Packet Switched Network, IMS Network(또는 Sub System)으로 구성된다. LTE 도입시 대부분 이동통신 사업자는 IMS 도메인을 단독으로 구성하여 LTE만 사용하지 않고, 기존 UMTS 망과 공동으로 운영한다.

따라서 LTE로 음성통화를 하고 있는 도중에 LTE 신호가 약해질 경우, UMTS망과 음성신호가 연동되어야 한다. 즉, LTE망의 VoLTE와 UMTS망의 음성신호와 연동되어야 한다.

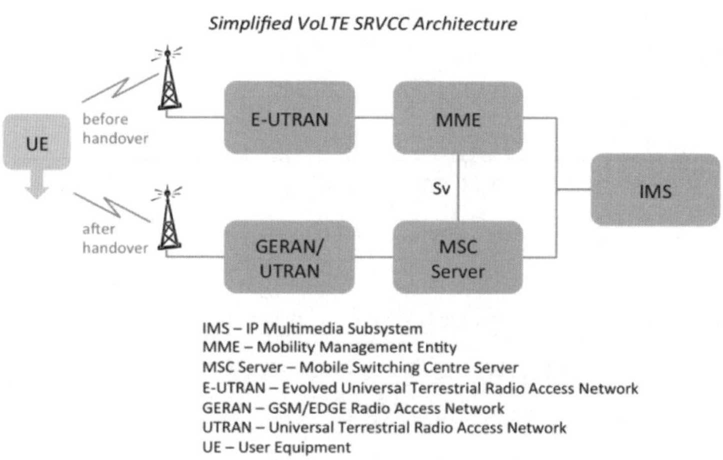

▎그림 1-295▎ LTE망의 VoLTE와 UMTS 연동

LTE와 UMTS를 운용하는 사업자는 기지국, 코어망은 다르게 운용하지만, 일반적으로 IMS망(또는 도메인)은 UMTS와 LTE를 공동으로 사용한다. 이 경우, VoLTE로 통화하면서 LTE 커버리지가 없는 지역으로 이동시 UMTS의 Circuit망으로 음성채널을 변경하는 기술이 CSFB(Circuit Switched FallBack)이다.

CSFB에서 'Circuit Switched'란 UMTS의 CS Domain이고, FallBack이란 '돌아간다'는

뜻으로 UMTS CS로 돌아간다는 의미이다. 일반적으로 LTE 커버리지보다는 UMTS 커버리지가 넓기 때문에 LTE가 없는 지역은 UMTS CS로 돌아간다는 내용이다.

이렇게 CSFB 기능이 이루어지는 절차를 SRVCC(Single Radio Voice Call Continuity)라고 하며, SRVCC는 Dual Mode Connectivity(예, UMTS+LTE)가 아닌 Single Radio(단말기는 늘 하나의 무선통신망에 접속) 방식이며, Hard Handover(LTE ⇒ UMTS)를 통하여 연속적인 음성통신이 가능한 절차이다.

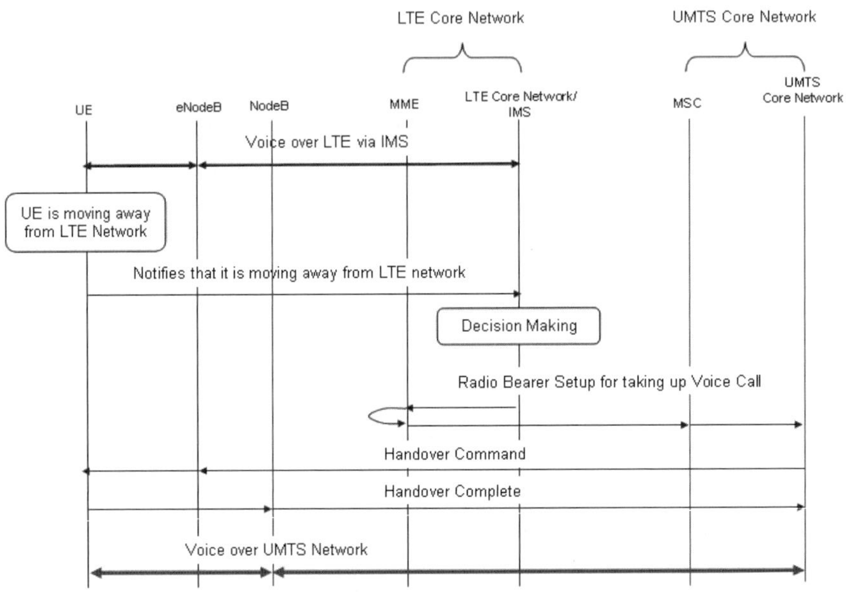

그림 1-296 CSFB 처리 절차

CSFB 처리절차를 보면, 단말기가 LTE망에서 VoLTE로 통화를 하면서 이동할 때, LTE 전파세기가 약해지면 EPC(코어망)에 이러한 상황을 알려주고, Handover 결정을 요청한다. EPC가 UMTS CS Domain으로 Handover를 결정하면 UMTS망에 이 사실을 알려주고, UMTS 무선망 채널(Radio Bearer) 설정을 요구한다.

LTE망은 단말기에 UMTS망 접속을 위한 정보를 제공해주고, 단말기는 UMTS와 관련된 H/W와 S/W를 구동하여 Handover 준비를 한다. 단말기에서 Handover 준비가 완료되면 UMTS망에 알려주고, UMTS망은 최종적으로 Handover를 결정한다.

단말기는 VoLTE를 끊고, 이미 알고 있는 UMTS의 Radio Bearer를 활용하여 UMTS로 음성통화를 시작한다. 이 과정에서 음성통화 단절이 있을 수 있는데, 다수의 실험을 통하여 음성단절이 20ms 이하로 음성통화에는 문제가 없는 것으로 알려져있다.

8) 특수 무선망

(1) 비면허 주파수 대역 사용

이동통신 모바일 트래픽이 증가됨에 따라 LTE와 비면허 대역의 무선통신 기술을 융합해서 사용할 수 있다. 예를 들어, LTE와 비면허 대역인 WiFi를 공동으로 사용하여 단말기에서 송수신되는 데이터 속도를 증가시킬 수 있다.

비면허 대역이란 서비스를 제공하는 회사나 개인이 국가로부터 주파수 사용 허가를 받지 않고 사용 가능한 주파수 대역으로 대표적인 비면허 주파수 대역은 2.4GHz, 5GHz, 5.8GHz 등 이다. 특히, 2.4GHz 대역에는 WiFi, Bluetooth, ZigBee 등이 사용된다. 이 주파수 대역에는 누구든지 특정 출력(전파세기) 이하로 전파를 송출할 수 있다.

비면허 대역을 사용하는 디바이스는 일반적으로 한 채널에서 주파수 간섭이 발생되면, 다른 채널로 자동으로 옮겨 충돌을 회피하는 LBT(Listen Before Talk) 방식이 사용되기 때문에 서비스 품질은 좋지 않다.

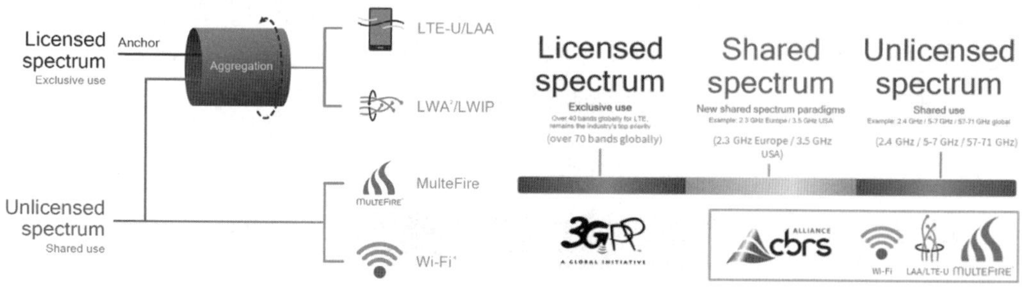

그림 1-297 면허대역, 비면허 대역 주파수를 공동으로 사용하는 기술 예(출처 : Qualcomm)

면허대역 주파수란 이동통신 사업자가 국가로부터 해당 주파수 대역 사용을 허가 받은 다음, 국가에서 정의한 서비스를 제공하는 대역이다. 따라서 면허대역 주파수는 해당 사업자가 체계적으로 트래픽(해당 주파수를 사용하는)을 관리하기 때문에 접속의 어려움이나 데이터 속도 저하 등의 문제는 적다.

LTE와 비면허 대역을 조합한 무선통신 기술은 LAA(Licensed Assisted Access), LWA(WiFi Link Aggregation)가 있고, 비면허 대역을 사용하는 기술에는 MulteFire(멀티파이어), WiFi 등이 있다.

LAA는 면허대역의 LTE와 비면허 대역의 LTE(LTE Unlicensed)를 동시(Aggragation)에 활용하여 송수신 속도를 높이는 것으로 면허대역의 채널용량이 부족할 경우 사용될 수 있다. LWA는 LTE와 WiFi를 조합하여 데이터 속도를 높이는 방법이다.

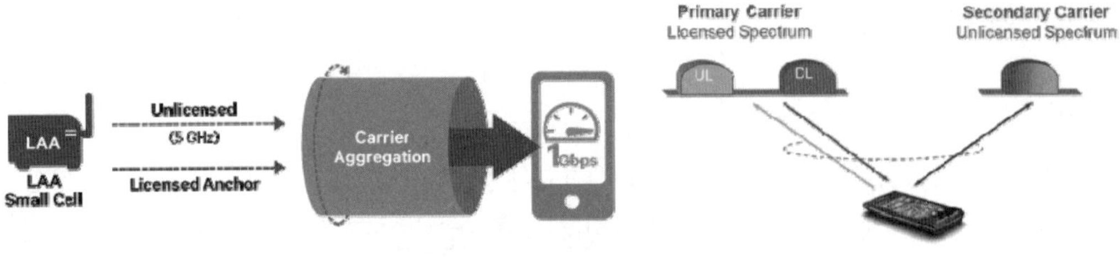

▌그림 1-298▐ LTE와 비면허 대역 기술을 활용한 속도 증대 방안

LAA와 LWA를 위해서는 코어망에 호처리 관리(세션, 패킷순서 등)를 하는 별도의 서버가 있어야 하고, 단말기에도 관련된 S/W가 구현되어야 한다. 단말기는 2개의 Radio(예, LTE + WiFi)를 모두 켜서 데이터를 송수신하고, 관련된 S/W가 2군데(LTE + WiFi)에서 송수신되는 패킷의 순서를 맞춰야 한다.

대부분의 경우, 기지국에서 단말기로 다운로드되는 데이터가 많기 때문에 다운로드 방향만 Aggregation(2개 이상의 신호를 합치는 것)하는 LAA나 LWA가 사용된다.

이렇게 LAA와 LWA를 활용하면 일반적으로 LTE를 단독으로 사용할 때보다 2배 이상의 송수신 속도를 높일 수 있지만, 통신망 관리가 복잡해지기 때문에 대부분의 이동통신 사업자는 사용하지 않고 있다. LAA와 LWA는 LTE-Advanced Pro에 정의된 기술로 기존 LTE 트래픽 포화에 대비하여 3GPP에서 규격을 만들었다.

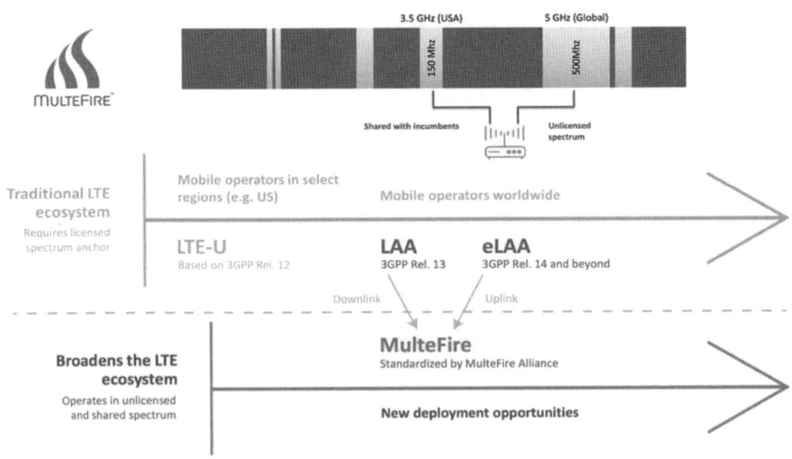

▌그림 1-299▐ MulteFire 설명

MulteFire(멀티파이어)는 이동통신 사업자가 아닌 제 3자(즉, 국가로부터 이동통신 사업 허가를 받지 않은 사람이나 회사)가 LTE 자체망을 구축하여 운용 가능한 기술이다. 주로 대규모 공장, 쇼핑몰 등에 LTE 전용망을 구축하여 직원이나 고객을 대상으로 서비스를

제공할 수 있다. 하지만, LTE 통신망을 구축하고 운용해야 하는데 기술이 복잡하고, 전문 운용직원이 필요하여 많이 활용되지 않는다.

MulteFire는 일종의 비면허 대역에 국가로부터 허가 없이 해당 주파수 대역에 LTE를 사용하기 때문에 기존에 있는 LTE 통신장비와 LTE 모뎀을 그대로 사용할 수 있다. 따라서 MulteFire는 이동통신 사업자에게는 불리한 기술이고 통신장비, 칩, 단말기 제조사에게는 유리한 기술이다.

CBRS(Citizens Broadband Radio Service)는 미국 위주로 진행되는 무선통신 방식으로 해당 지역의 주파수를 공동(Shared Sprecturm)으로 사용하는 방식이다. CBRS는 용어가 의미하는 것과 같이 시민에게 광대역 무선통신 서비스 제공이 목적이므로 제한된 주파수 자원을 최대한 활용하는 기술이다.

Spectrum Type	Licensed	Unlicensed	CBRS
Licnes Rights	Exclusive	Non-Exclusive	"Use it or Share it"
Licnse Area	Large, contiguous metro areas (MSAs)	N/A	Calculated in real-time based on exact location(50mH, 3mV) and comprehensive RF propagation models
Licnse Cost	$Billions in auctions	Free	Free with monthly fee for SAS, Option for additional local protection(PAL) for a fee at auction.
Enforcement	Legal/Regulatory	Power limits, LBT	Central coordination service(SAS)
Technologies	GSM, CDMA, LTE	Wifi, BT, MulteFire	LTE
Deployed by	MNOs	Anyone	Enterprises, MNIOs, or MSPs

‖ 그림 1-300 ‖ CBRS 개요

CBRS는 미국에서 공공 목적으로 이용 중인 3.55-3.7GHz 대역에서 총 150MHz 폭의 주파수를 사용하여 사용자의 권한, 간섭 보호수준 등에 따라 기존 이용자(Incumbent User), 우선접속(Priority Access, PA) 이용자, 일반 허가접속(General Authorized Access, GAA) 이용자로 구분되어 공동으로 사용된다.

기존 이용자가 시간과 공간적으로 미사용 중인 채널을 주파수 접속시스템(Spectrum Access System, SAS)을 통하여 우선접속, 일반 허가접속 이용자가 사용한다. 기존 이용자의 주파수 사용 여부는 ESC(Environmental Sensing Capability)를 통해서 파악되며, 파악된 정보는 주파수 접속시스템(SAS)에 전달된다.

주파수 접속시스템(SAS)은 ESC로부터 받은 정보를 바탕으로 우선접속과 일반 허가접속 이용자에게 채널을 할당하고, 우선접속과 일반허가접속 이용자가 사용 중인 채널에서 ESC가 기존 이용자를 감지했을 때는 다른 채널을 할당한다.

우선접속은 3.55-3.65GHz 대역 내에서 최대 70㎒ 폭까지 사용 가능하며, 일반 허가접속은 3.55-3.7GHz 대역 내에서 우선접속 이용자의 유무에 따라 최소 80㎒ 폭, 최대 150㎒ 폭까지 사용할 수 있다

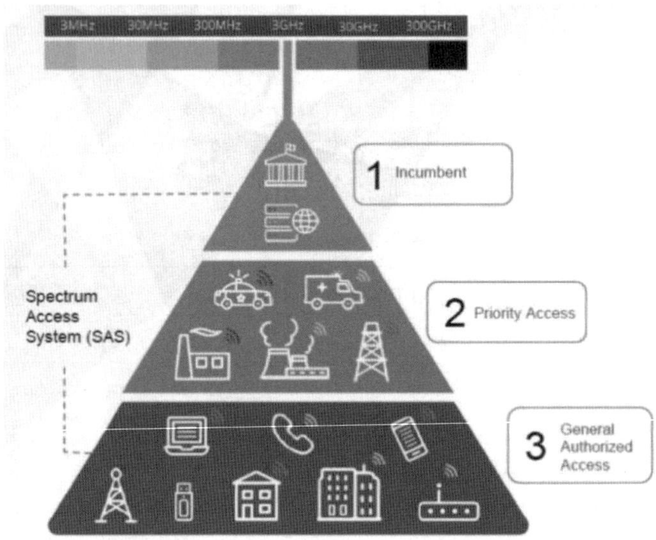

▌그림 1-301▌ CBRS 사용자별 우선순위

미국은 주파수 공동 사용에 대하여 적극적인 국가로, CBRS는 주파수 이용 효율성을 극대화시키는 방법이며, 혁신적인 서비스가 창출될 수 있다. 이러한 배경으로 CBRS는 비교적 주파수 이용환경이 자유롭고, 진입장벽이 낮아 이동통신 사업자가 아닌 Google, Qualcomm, Nokia 등에서 관심이 많다.

국내의 경우, 데이터 통신 니즈가 지속적으로 증가되고 있어서 모바일 트래픽을 셀룰라로 제공할 수 없어서 WiFi를 활용하는 Offload 방식을 많이 활용한다.

통신 사업자 측면에서는 증가되는 모바일 트래픽을 수용하기 위하여 LTE, NR 망을 활용하는 것보다 WiFi로 Offload시키는 방법이 더 경제적이기 때문에 왠만하면 가입자에게 WiFi 사용을 유도하고 있다.

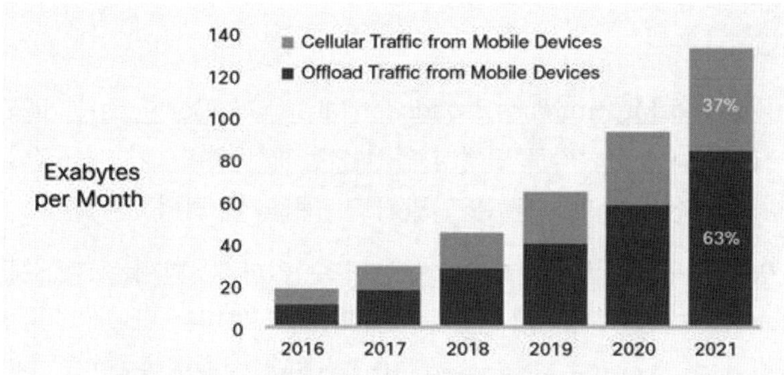

▎그림 1-302▎ Mobile Device에서 트랙픽 소스(출처 : Cisco)

(2) LTE D2D

LTE D2D(Device to Device)는 LTE 단말기가 이동통신망 호처리를 통하여 LTE 주파수 대역으로 단말기간(D2D) 직접 통신하는 방식이다. LTE D2D(또는 LTE Direct) 통신을 활용한 서비스는 디바이스간 온라인 게임, 정보교환, 대용량 데이터 교환 등이 있다.

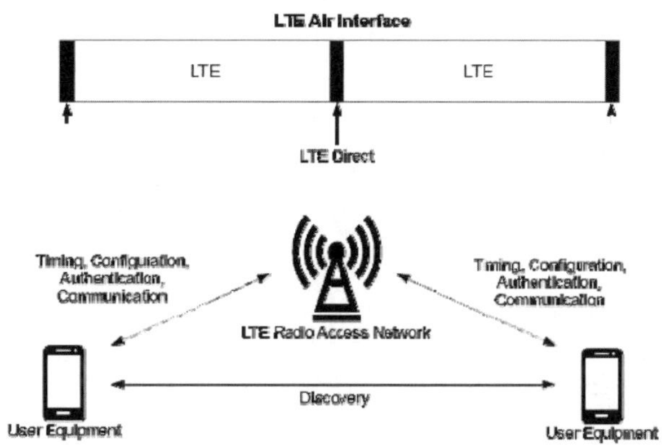

▎그림 1-303▎ LTE D2D 통신 예

LTE D2D 통신은 기지국에서 처리하는 절차가 복잡하고, 사업자의 LTE 주파수를 사용하기 때문에 주파수 용량 예측 등의 어려움이 있어서 많이 사용되지 않는다.

또한 이동통신 기술은 고속 데이터 송수신에 중점을 두기 때문에 신기술이 도입될수록 통신속도가 빨라져서 디바이스간 통신은 Cloud를 사용하는 것과 큰 차이가 없기 때문에 D2D가 활성화되지 않고 있다.

(3) LTE eMBMS

LTE eMBMS(Evolved Multimedia Broadcast Multicast Services)는 LTE망을 이용한 방송서비스로 기지국에서 단말기로 단방향 통신을 통해서 서비스가 제공된다. 방송서비스의 특징은 단방향 통신으로 매우 많은 단말기도 수용 가능하다.

이동통신에서 방송서비스는 크게 2가지로 구분될 수 있다. 첫번째는 SMS형태, 두번째는 응답(ACK)을 요구하지 않는 데이터 통신(즉, IP망)으로 보내는 방법이다. SMS는 전송방식에 따라서 Point to Point(즉, Message Center에서 하나의 단말기로) 전송과 모든 단말기가 수신할 수 있는 CBS(Cell Broadcasting Service)가 있다.

CBS는 LTE CB Message를 전송하여 해당 기지국에서 모든 단말기가 메시지를 수신할 수 있고 재난이나 긴급상황이 발생되었을 때, 특정 정보를 해당 지역의 많은 단말기로 보낼 때 사용된다.

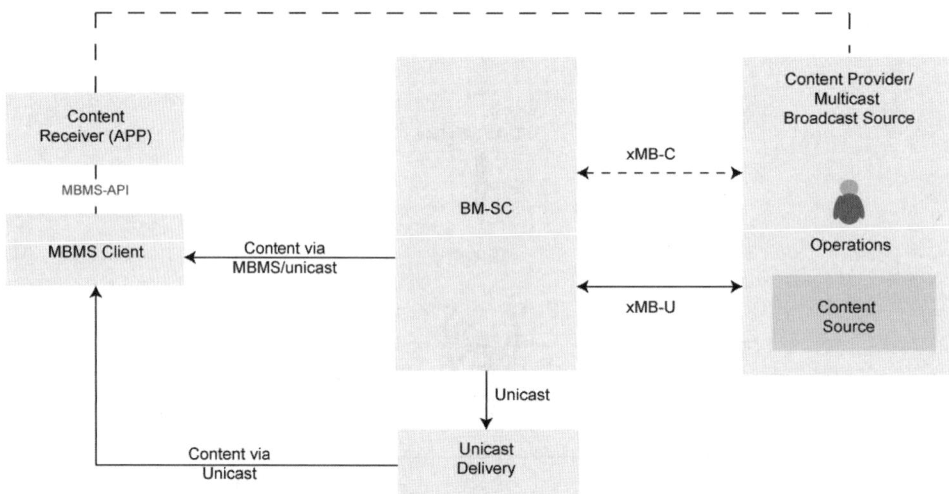

▮그림 1-304▮ eMBMS 서비스 제공 구성도(출처: 3GPP)

3GPP는 UMTS에서 데이터 방송 서비스인 MBMS 기술을 정의했고, LTE에는 개선된 eMBMS를 정의했다. eMBMS는 SMS 형태가 아닌 IP망을 활용하는 방송 서비스이다. eMBMS는 LTE나 NR을 활용한 스트리밍 서비스가 활성화되기 때문에 전세계적으로 많이 사용되지 않고 있다.

(4) PS-LTE

PS-LTE(Public Safety-LTE)는 공공안전에 관련된 사람들이 재난 예방, 대비, 대응, 복구를 수행할 때, 사용자간 의사소통을 위한 재난안전통신망(재난망) 기술이다. PS-LTE는 LTE 통신을 기반으로 재난 상황에서 몇 가지 필요한 기능이 포함되어 있다.

PS-LTE는 LTE의 IMS망을 활용하여 PTT(Push-to-Talk) 음성통신, 영상통신 등이 제공된다. 특히 PS-LTE에서 PTT를 MCPTT(Mission Critical Push-to-Talk)라고 하며, 이것은 재난방 통신으로 사용되고 있는 TRS(Trunked Radio Systems)와 연동되어야 한다.

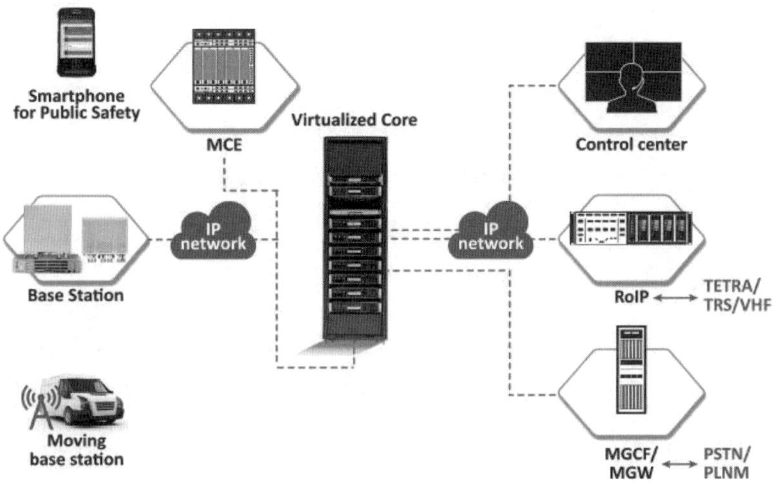

| 그림 1-304 | PS-LTE 장비 구성방법(출처: 삼성)

PTT는 무전기 기능으로 말을 할 때는 단말기에 있는 버튼을 누르고, 들을 때는 버튼을 누르지 않아도 된다. 이러한 의미에서 Push to Talk에서 해야 할 말(to Talk)이 있을 때 누른다(Push)는 의미이다.

PS-LTE는 LTE에서 추가된 몇 가지 기술이 있는데, ①Point-to-Point 통신시간이 500ms 이내, ②음성신호의 지연시간은 100ms 이내와 암호화 지원, ③Ad-Hoc Network(임의의 망 형태) 구성 가능, ④다른 망과 연동과 로밍 지원 등이다.

국내에서 추진하는 재난망은 700MHz 대역(상향 718~728MHz, 하향 773~783MHz)을 사용하며 재난망이 커버하지 않는 지역은 민간 이동통신 사업자와 협력하는 방안이다. 또한, 기존의 공공망은 각자 운용되었지만, 재난망 구축을 통하여 경찰, 군, 소방, 철도 등 주요 공공망이 연동되어 처리된다.

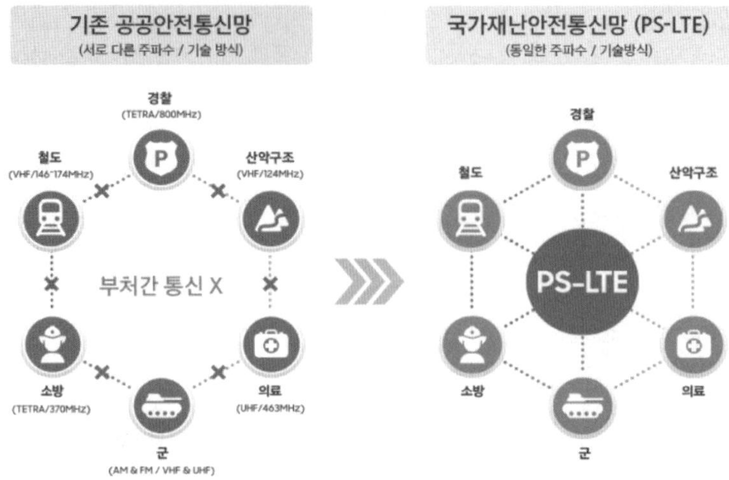

▌그림 1-305▐ PS-LTE 적용 목적(출처: 삼성)

(5) LTE-R

LTE-R(Railway, 철도통신)은 500Km/h로 달리는 기차 내에서 이동통신 서비스를 제공하는 것을 의미한다. 이동통신 단말기가 고속으로 이동할 경우, 중심 주파수가 변경되는 Doppler Shift를 겪게 된다. 따라서 철도통신을 위해서는 주파수 측면에서 Doppler Shift를 고려하여 설계되어야 한다.

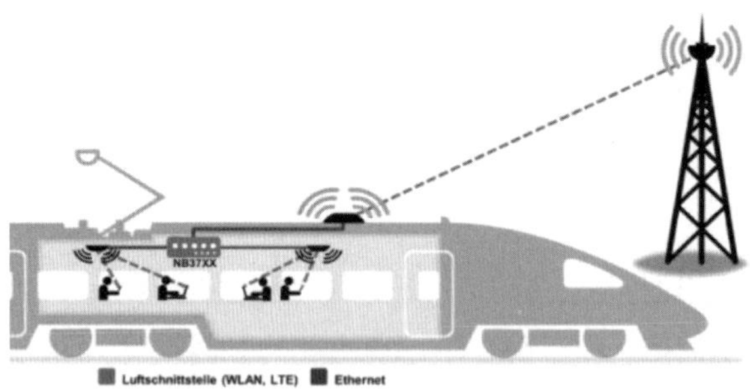

일반적으로 철도통신은 기차내 고객을 위한 통신서비스를 제공도 의미하지만, 기차나 선로제어, 기차 운행상태 모니터링 등의 서비스까지 포함된다. 또한 철도를 운영하는 회사는 고객을 위한 서비스로 외부의 LTE망을 활용하여 철도 내부에서는 WiFi로 인터넷 접속을 위한 서비스도 제공할 수 있다.

이동통신망을 활용한 철도통신은 철도 선로, CCTV를 활용한 감시, 직원간 PTT(Push To Talk) 통신 등의 기능을 제공하는데, 철도회사는 이를 위해서 별도의 IMS(IP Multimedia Subsystem) 기반 서버를 운용해야 한다.

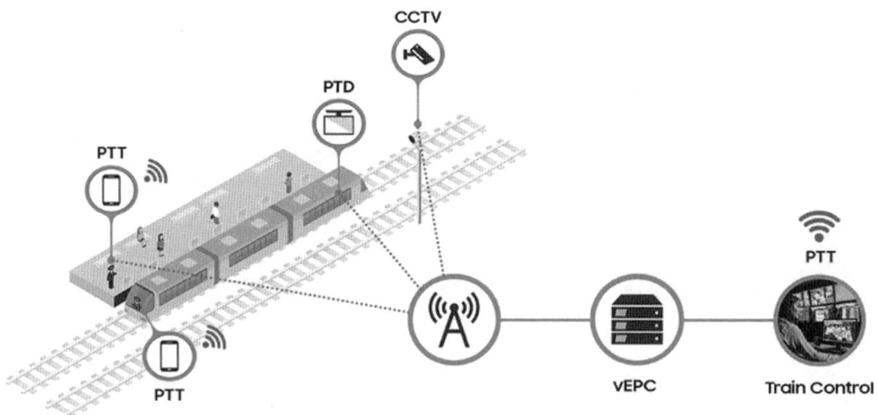

▌그림 1-306▐ 철도통신을 활용한 서비스 예

그 동안 유선통신 위주의 철도통신은 3GPP에서 고속으로 이동하는 차량을 대상으로 기술 규격을 정의했기 때문에 철도회사는 이동통신을 이용하여 통신방식을 하나로 통일할 수 있어서 관리, 서비스 제공 측면에서 유리하다.

9) 단말기 기술

(1) 개요

이동통신 단말기는 이동통신망에 항상 연결되어 음성통화, 인터넷 접속 등이 가능하고, 내장된 카메라를 활용하여 사진 촬영, 일정관리, NFC(Near Field Communication) 결제 등 생활에 필요한 기능을 제공해준다.

초기 이동통신 단말기(1세대, 2세대)는 단순한 통화 목적이었지만, 차츰 기능이 추가되어 멀티미디어 처리, 인터넷 브라우징, 동영상 시청, 카메라 등이 포함되면서 복합적인 디바이스로 발전하고 있다.

최근의 디바이스는 고성능 카메라와 디스플레이를 활용한 멀티미디어 처리, 생체인식, AI 등을 활용한 다양한 기능이 탑재되고 있다. 또한 스마트폰이 본격적으로 도입된 2010년 대비, 현재의 단말기 디스플레이 크기가 커지고 베젤(전면부에서 디스플레이를 제외한 부분)이 줄어드는 추세이다.

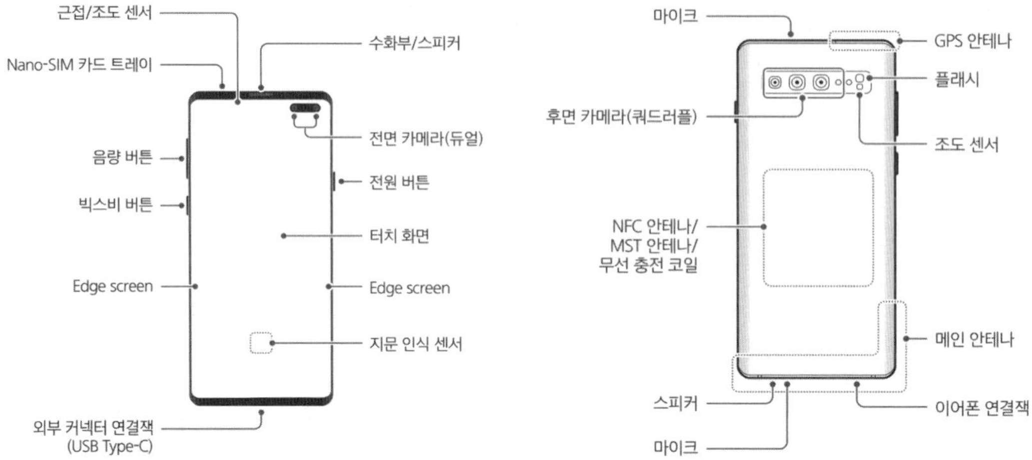

▌그림 1-307▐ 삼성 갤럭시 S10 단말기

최근의 단말기 발전방향은 크게 Computing Power 증가, 디스플레이(고해상도, 크기가 커지는 추세), 카메라(고해상도, 거리측정 기능) 기능이 향상되고, 다양한 센서가 추가되고 있다. <u>크게 보면, 단말기의 기능이 사용자의 편리한 사용을 위한 I/O가 강화되고 있다. 즉, 최근의 휴대폰은 각종 센서를 활용한 UX를 개선하는 방향으로 진화하고 있다.</u>

무선데이터 속도의 경우 WiFi나 LTE 정도로만 충분하기 때문에 단말기 경쟁력 강화를 위해서 더 큰 화면, 더 해상도가 높은 디스플레이, 성능이 좋은 카메라 기술이 필요한 상황이다.

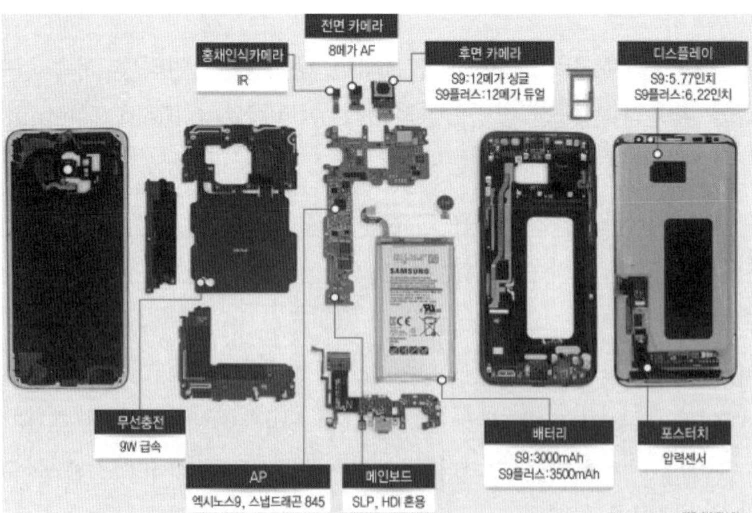

▌그림 1-308▐ 삼성 갤럭시 S9 분해도(출처: 전자신문)

특히, 휴대폰에서 생체인식 기능이 기본으로 탑재되는 추세여서 지문인식, 홍채인식, 얼굴인식 등의 기능이 추가되고 있다. 일반적으로 이러한 생채정보는 FIDO(Fast IDentity Online) 방식으로 동작된다. FIDO는 생체관련 인증키를 관리하고, 서버와 연동으로 인증하는 일종의 프로토콜이다.

이동통신 단말기 H/W는 크게 Baseband부와 RF(Radio Frequency)부로 나눌 수 있고, Baseband는 모뎀, 멀티미디어 처리, 각종 I/O 연동 기능 등이 포함된다. RF 부분은 모뎀과 연동되어 RF 신호처리, 안테나를 통한 전파 송수신 부분을 의미한다.

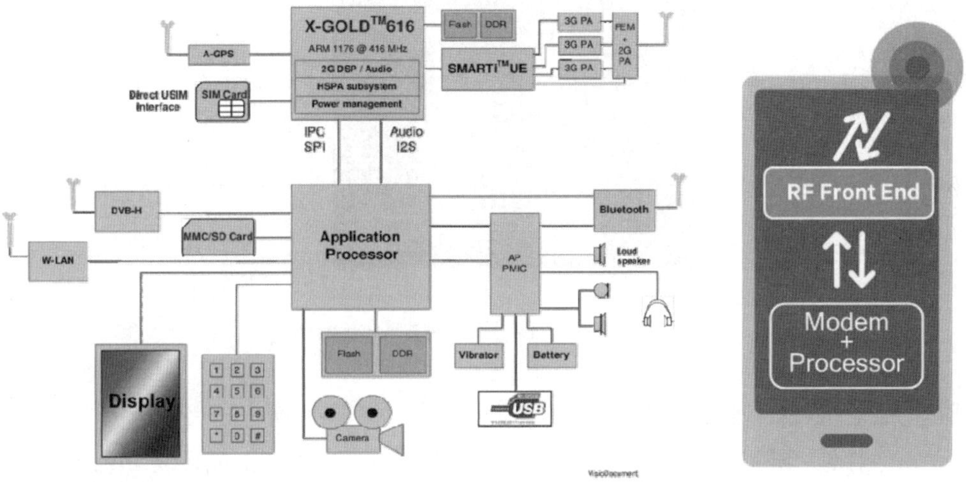

▌그림 1-309▐ 이동통신 단말기 내부 Block Diagram(출처: ResearchGate)

Baseband부와 RF 처리부로 나눠지는 이유는 각 신호(Baseband와 RF)의 특성이 다르기 때문이다. Baseband신호는 상대적으로 낮은 주파수로 처리되고, RF 부분은 높은 주파수로 처리되기 때문이다. 일반적으로 모뎀이란 무선통신을 처리하는 칩(또는 부품)인데, 모뎀의 정확한 의미는 통신을 처리하는 디지털 부분만 해당된다.

(2) AP, 모뎀

AP(Application Processor)란 휴대용 디바이스의 메인칩으로 CPU, Memory/Display Controller, Multimedia 처리, CODEC, 2D/3D Engine, ISP(Image Signal Processor), Camera, Audio, Modem, 보안 H/W, I/O Interface 등의 기능이 하나의 칩으로 구현된 SoC(System on Chip)이다.

AP의 유래는 3세대 이동통신 단말기부터 시작되었는데, 2세대 단말기까지 모뎀과 멀티미디어를 처리하는 칩이 분리되어있었다. 하지만, 3세대부터 칩 기술의 발전, 모뎀과 멀티미디어 칩의 긴밀한 연동, 많은 부품이 요구되어 하나의 칩으로 집적화가 요구되면서 주요 칩인 모뎀과 멀티미디어 칩을 합치면서 'AP'라는 용어가 사용되었다.

즉, AP는 기존에 많이 사용되었던 Microprocessor 기능을 확대한 것으로, 이동통신이 발전되면서 고속 데이터 처리와 단말기 배터리 소모를 줄이기 위해 AP에 이동통신 모뎀(Baseband만), 멀티미디어 처리, WiFi, Bluetooth, GPS 등의 Baseband 기능이 추가되면서 복합칩이 되었다.

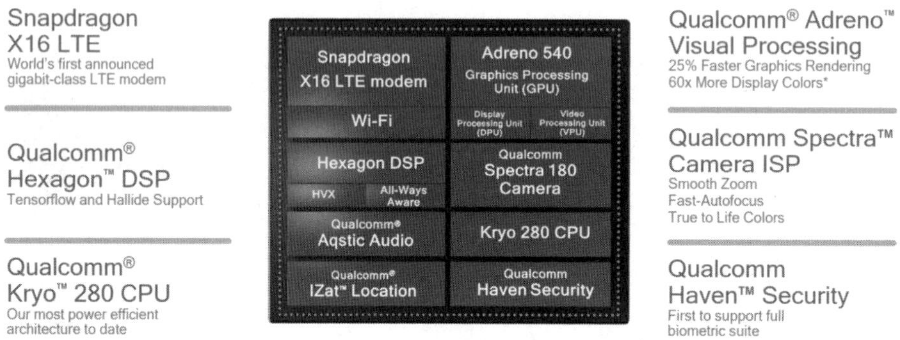

그림 1-310 AP 내부 구조 예(출처: Qualcomm)

AP(모뎀 포함)는 단말기에서 가장 핵심적인 부품으로 복잡도가 매우 높아서 전세계적으로 Qualcomm, 삼성, MediaTek 등 규모가 큰 회사에서 개발된다. Qualcomm의 경우 CDMA, UMTS, LTE, NR 등 무선통신 칩의 선두회사이며, Intel은 과거 독일의 Infineon사의 무선 모뎀 사업부만 인수하여 모뎀이 포함된 AP를 출시했지만 사업을 정리하고 있다.

AP칩은 단말기의 핵심 부품으로 단말기 경쟁력을 결정하는 요소이므로 주요 단말기 업체인 삼성, Apple, Huawei(자회사인 HiSilicon에서 개발) 등은 자체적으로 AP칩을 개발하고 있다. Apple은 모뎀이 제외된 자체 AP칩을 사용하고 있다.

휴대폰을 활용하여 금융거래, 미디어 시청, 기업용 이메일 등 보안이 필요한 서비스가 많이 사용되고 있기 때문에 AP는 자체적으로 H/W 보안기능을 가지고 있다. 휴대폰으로 금융거래를 위하여 인증서 저장, 미디어 시청에는 CAS(Conditional Access System), 기업용 이메일은 해당 기업의 인증서 등이 휴대폰에 저장되고 처리되어야 한다.

보안이 필요한 서비스를 제공할 때, S/W적으로 처리하는 것보다 H/W로 처리하면 보안강도가 월등히 높아진다. 따라서 AP에는 H/W로 처리되는 보안 기능이 있다. 주로 휴대용 디바이스 칩의 CPU를 공급하는 ARM사는 CPU 내부에서 H/W적으로 분리된 보안공간인 TrustZone을 제공하고 있다.

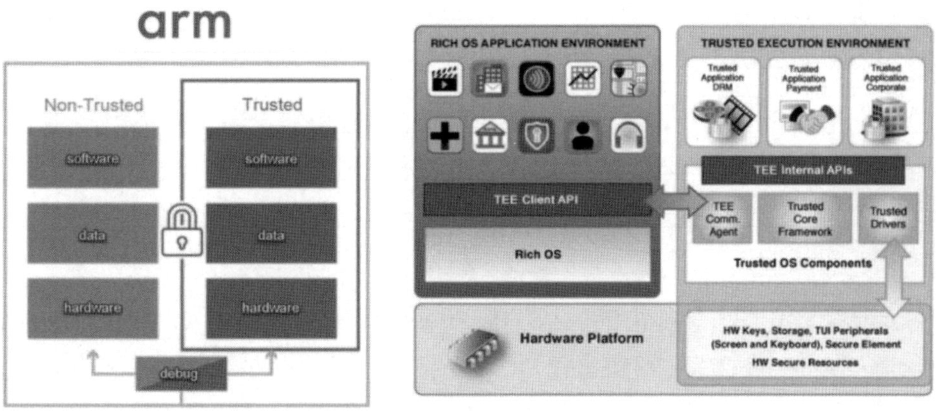

▌그림 1-311▐ ARM사의 TrustZone, Global Platform의 TEE

따라서 대부분 휴대폰 AP에는 ARM사에서 공급하는 CPU가 적용되고 있으며, 여기에 보안목적으로 TrustZone이 포함되어있다. 표준화 단체인 Global Platform(주로 스마트카드 기반 서비스 규격)은 TrustZone 보안 기반 서비스 제공을 위한 실행환경인 TEE(Trusted Execution Environment) 규격을 정의했다.

TrustZone은 ARM에서 공급하는 CPU내에서 H/W적으로 분리된 보안공간 이름이고, TEE는 TrustZone에서 동작되는 보안이 강화된 서비스를 위한 실행환경이다. 따라서 보안에 민감한 금융거래, 미디어, 기업용 이메일 등은 TEE에 보안과 관련된 정보가 저장되고, 실행될 수 있다.

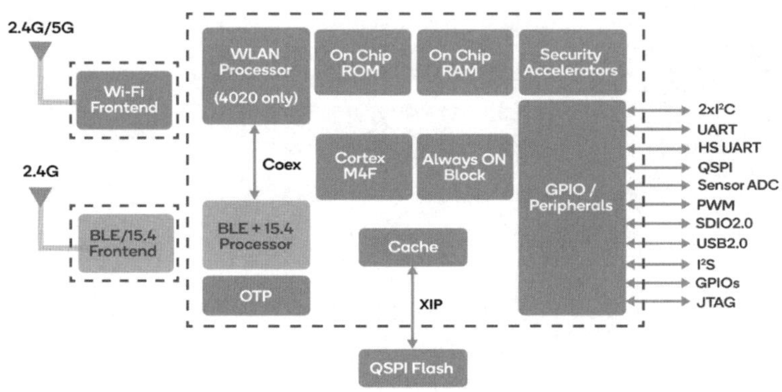

▌그림 1-132▐ 무선모뎀 구조(출처 : Qualcomm)

5G 이동통신 단말기 모뎀은 일반적으로 5G, 4G, WiFi, Bluetooth/BLE, GNSS(Global Navigation Satellite System) 등 다수의 무선통신 Baseband 처리 기능이 포함되어있

다. 특히 5G 모뎀에는 4G 모뎀이 기본적으로 포함되는데, 이것은 5G에서 정의하는 NSA(Non-Standalone) 동작을 위해서이다.

또한 대부분의 AP에는 WiFi, Bluetooth/BLE, GNSS, NFC 등의 Baseband 처리부분이 포함되어 있는데, 이것은 ①단말기에 들어가는 부품의 수를 줄이고, ②신호처리를 단순화 시켜서 전력소모를 줄이고, ③다수의 무선 프로토콜 스택간에 연계성을 강화하기 위해서이다.

무선 프로토콜 스택의 연계성이란 셀룰라 이동통신과 Wireless Connectivity(WiFi, Bluetooth, BLE, NFC 등), GNSS 등과 동시 동작이 많아서 상호 연관성이 높기 때문이다. 예를 들면 위치측위인 경우, 셀룰라와 GNSS가 동시에 동작되어야 하고, 4G와 WiFi를 CA(Carrier Aggregation)로 묶을 경우 4G와 WiFi 모뎀이 동시 동작되며 상위 프로토콜은 공동으로 사용된다.

(3) RF 신호처리 부분

RF 신호처리 부분은 크게 RF Front-end와 Transceiver로 나눠진다. RF Front-end는 Transceiver와 연동되어 신호증폭, 필터링(원하는 주파수만 처리), 스위치(원하는 주파수만 선택) 등의 기능을 하고, Transceiver의 대표적인 역할은 변조(Modulation)이며 일반적으로 Tranceiver를 RFIC라고도 한다.

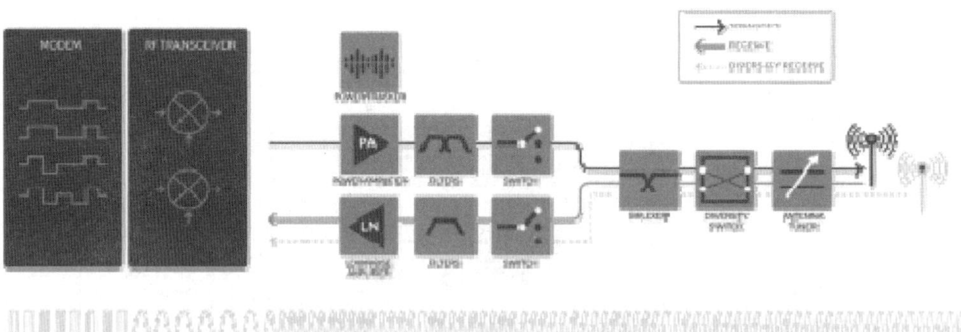

▌그림 1-313▐ 이동통신 단말기 RF 부 구조 예(출처: Qualcomm)

무선모뎀과 RF칩은 밀접하게 연동되어 신호가 처리되므로 모뎀을 개발하는 회사는 RF칩을 모뎀과 함께 공급하고 있다. 예를 들면, 5G 무선통신에서 MIMO(Multiple Input Multiple Output)를 처리할 경우, 모뎀의 신호처리와 RF 칩의 신호처리가 긴밀하게 연동되어 동작된다.

RF 칩 가격은 일반적으로 모뎀 대비 매우 저렴하다. 심지어는 모뎀회사가 RF 칩을 판매할 때, 모뎀을 사용하는 조건으로 RF 칩을 무료로 제공하기도 한다. 2000년대에는 RF칩을 만드는 회사가 많았지만, 차츰 단말기 제조사는 모뎀업체에서 공급하는 RF칩을 사용하는 경향이 강해지고 있다.

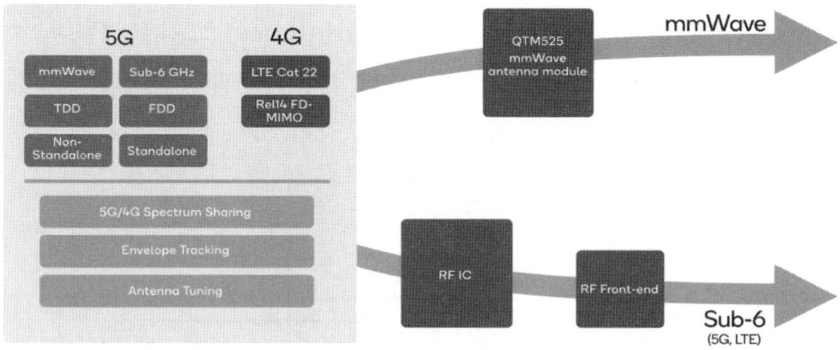

▌그림 1-314▐ 5G 단말기에서 RF 신호처리 방법 예(출처 : Qualcomm)

5G 단말기에서 RF 신호처리는 기존의 4G를 수용해야 하기 때문에 복잡하게 처리된다. 5G 단말기의 RF 부분은 Sub 6GHz, mmWave와 같이 2개 부분으로 나누어서 처리된다. 이렇게 분류하는 이유는 각 주파수 대역별 특성이 다르기 때문에 RF 회로설계, 부품(칩 포함)이 다르기 때문이다.

(4) AI 기능

최근에는 이미지 인식, 음성인식, 사진분류 등을 위하여 대부분 AP에 AI 기능이 탑재되고 있다. 먼저 몇 가지 용어를 정의해 보면, AI란 컴퓨터가 인간과 유사한 지능을 가지도록 인간의 학습, 추론, 지각, 자연어 처리 능력 등을 컴퓨터 프로그램으로 실현하는 기술이다. 다르게 표현하면, AI는 사람처럼 생각하고, 행동하는 기계/프로그래밍 또는 인간의 지능 원리를 규명하여 공학적으로 구현된 기술로도 정의될 수 있다.

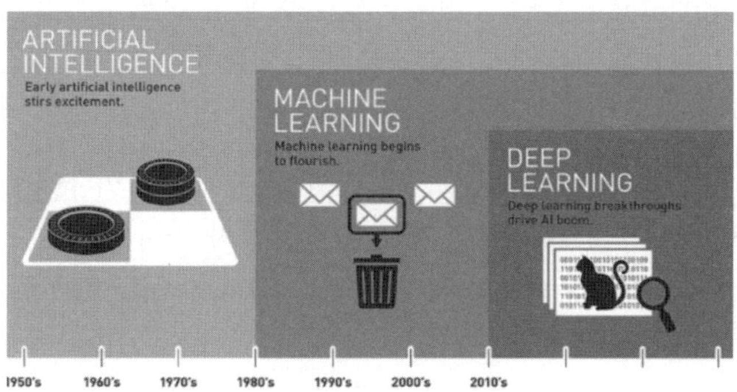

▌그림 1-315▐ AI, ML, Deep Leaning 정의(출처 : Nvidia)

ML(Machine Learning, 기계학습)은 컴퓨터에 명시적으로 프로그래밍하지 않고, 학습할 수 있는 능력을 부여하는 컴퓨터 과학으로 정의될 수 있다. 또한 ML은 데이터에 내재된 패턴, 규칙, 의미 등을 컴퓨터가 스스로 학습하여 새롭게 입력되는 데이터에 대한 결과를 예측하는 기술로도 정의될 수 있다.

Deep Learning은 크게 학습(Training)과 추론(Inference)으로 구성된다. 학습은 많은 데이터(즉, Big Data)를 기반으로 알고리듬이 최적화되는 과정으로 볼 수 있고, 추론은 입력항목을 뭔지 알아내는 과정이다. 즉, 추론은 고양이 사진을 입력할 때, 사전 학습내용을 기반으로 고양이로 인식하는 과정이다.

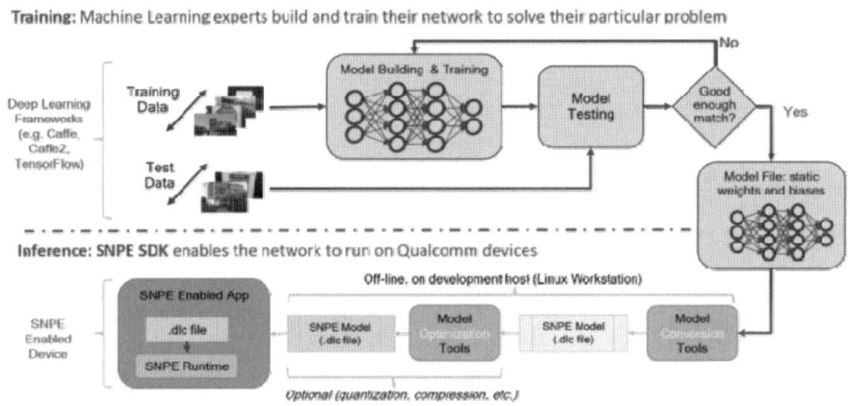

▌그림 1-316▐ AP에서 ML 처리 절차 예(출처: Qualcomm)

DNN(Deep Neural Network)은 인공신경망 모델에서 Input Layer(입력층)와 Output Layer(출력층) 사이에 다수의 Hidden Layer(은닉층)가 있는 구조이다. DNN에서 Deep은 다수의 Hidden Layer가 있다는 의미이며, Hidden Layer가 많을수록 학습성능은 높아지지만, 처리 속도가 낮아진다.

AP에 Machine Learning 기능이 추가됨으로써 영상처리, 음성처리, 기타 기능(실내측위, 문자 입력시 단어 추천, 보안기술)에 활용되어 효과적으로 처리되고 있다. AP내에서 AI 기능을 처리하는 부분을 일반적으로 NPU(Neural Processing Unit)라고도 한다.

그 동안 AI 기능이 Cloud에서 처리되었는데, 일부 기능이 디바이스에서 처리되면서 속도도 빨라지고, Cloud와 통신량과 횟수가 줄어들어 효율이 증대되고 있다. 이렇게 AI 기능이 디바이스에서 처리되는 기능을 ARM사는 'On Device Intelligence'라고 한다.

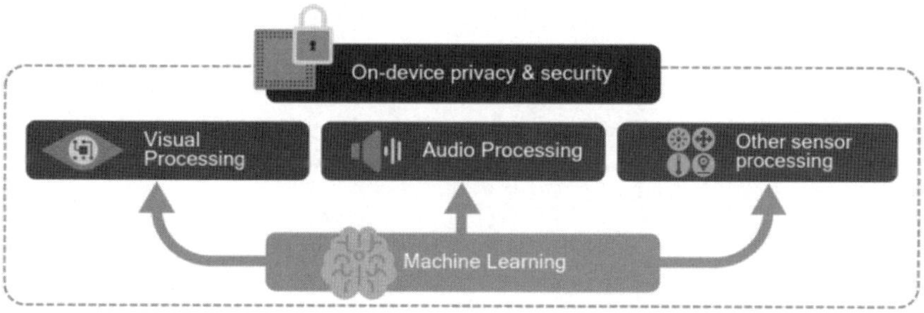

▌그림 1-317▐ 단말기에서 Machine Learning을 활용한 기능 예

(5) 카메라

휴대폰 카메라는 단말기 경쟁력 강화에 핵심적인 기능 중에 하나로 카메라 성능에 따라서 휴대폰 판매량에 영향을 미친다. 이렇게 휴대폰에 카메라 기능이 중요한 이유는 SNS(Social Network Service)를 통한 이미지와 비디오의 공유 니즈 증가, 기존 디지털 카메라 대체 등이다.

스마트 폰에 다수가 카메라가 탑재되는 이유는 일반 디지털 카메라 대비 렌즈 구경이 적어서(즉, 많은 빛을 받을 수 없어서) 선명한 사진을 촬영하기 어렵기 때문에 이를 보완하기 위하여 2개 이상의 카메라가 사용된다.

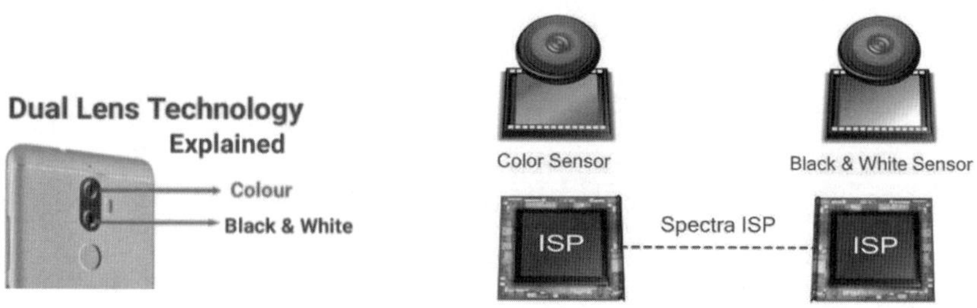

▌그림 1-318▐ 듀얼 카메라 휴대폰 예

듀얼 카메라(2개 렌즈 사용)를 사용할 때, 이미지나 영상의 선명도를 높이는 방법으로 2가지 방식이 있다. 첫번째는 컬러 카메라와 흑백 카메라를 사용하는 방식이고, 두번째는 일반 카메라 렌즈와 광각렌즈를 사용하는 방법이 있다. 이 중에서 일반 카메라 렌즈와 광각렌즈를 사용하는 방법이 더 많이 사용된다.

듀얼 카메라에서 1개 카메라는 컬러, 다른 1개 카메라는 흑백을 촬영할 경우, 단말기 AP 칩에서 영상처리를 하면 1개의 카메라를 사용하는 것보다 이미지가 더 선명하다. 이것은 사람의 눈 원리를 응용한 것으로 눈에는 원뿔세포(Cones)와 막대세포(Rods)가 있는데,

원뿔세포는 색깔을 인식하는데 강하지만 충분한 광량이 있어야 한다.

하지만 막대세포는 어두운 곳에서 빛을 포착하는 능력은 있고, 색깔 구분은 잘 못한다. 따라서 컬러와 흑백을 동시에 촬영하여 두개의 이미지를 합하면 밝기와 명암비가 최적인 상태의 영상이나 이미지를 만들 수 있다.

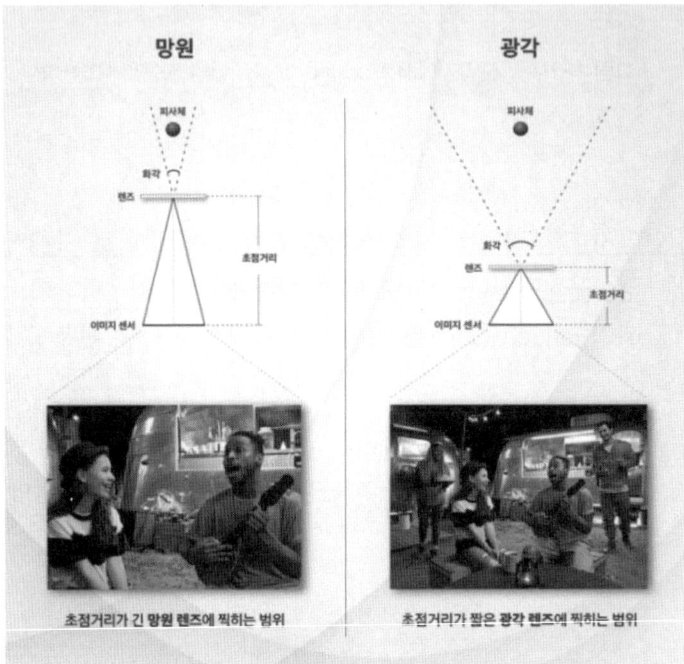

▌그림 1-319▐ 망원, 광각렌즈를 활용한 듀얼 카메라 원리(출처 : 삼성)

망원, 광각렌즈를 활용한 듀얼 카메라는 하나의 렌즈는 표준 화각(망원), 다른 하나는 광각렌즈가 사용된다. 표준 화각은 인물 사진을 촬영할 때, 광각은 넓은 시야를 통해 풍경을 찍을 때 유리하다.

따라서 2개의 렌즈를 거리에 따라서 선택해서 사용하는 방법으로 휴대폰의 AP(Application Processor)에 있는 ISP(Image Signal Processor)는 피사체(카메라에 찍히는 대상)의 거리에 따라서 사용하는 카메라가 달라진다.

휴대폰에 3개의 카메라를 활용하는 트리플 카메라 방식은 일반적으로 2가지 기술이 사용되는데, ①카메라에 망원, 광각, 초광각 렌즈를 사용하는 방법과 ②흑백, 망원, 광각렌즈를 사용하는 방법이 있다. 또한 트리플 카메라에 심도 카메라(Depth Camera)를 추가하는 방법이 있다.

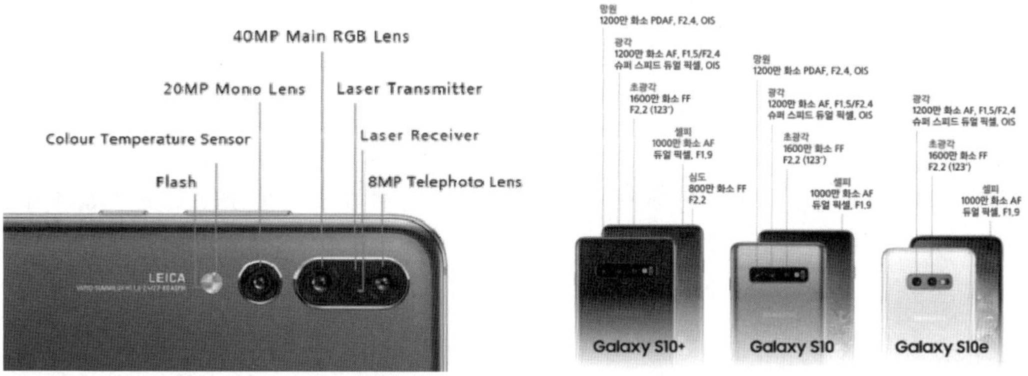

▌그림 1-320▐ 3개의 카메라를 사용하는 방법 예

심도 카메라는 피사체의 입체감을 파악할 수 있는 카메라로써 별도의 빛(Light)이나 레이저가 사용된다. 단말기 카메라 부분에는 LED 빛이나 레이저를 송출하는 부품이 있고, 피사체에서 반사되는 빛이나 레이저 신호를 수신하는 부분이 있어야 한다.

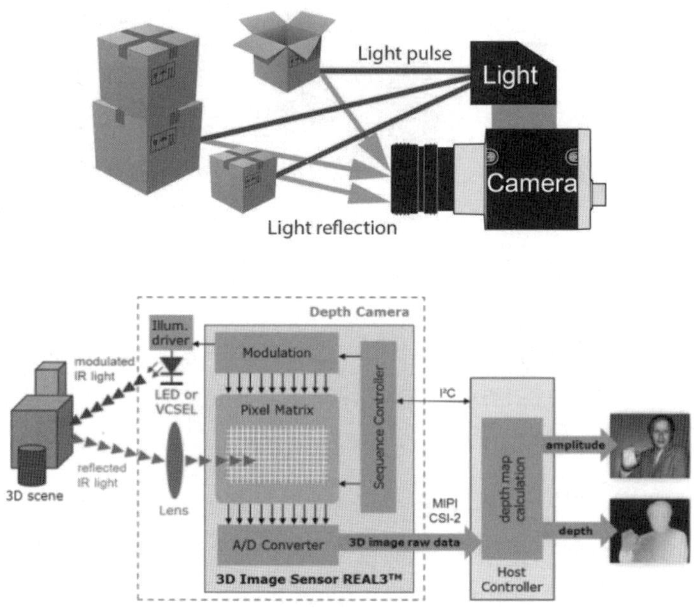

▌그림 1-321▐ 3D ToF 카메라 원리(출처 : Infineon Technologies)

카메라를 활용하여 심도를 측정하는 일반적인 방식으로 ToF(Time of Flight)가 많이 사용된다. <u>ToF는 빛이나 레이저는 송출한 다음, 수신부(즉, 피사체)에서 각 부분별 신호가 도착하는 시간차를 계산하여 피사체의 입체감을 파악하는 기술이다.</u>

최근 Mobile AR서비스 활성화와 전면 카메라를 활용한 얼굴인식이 일부 사용되는 추세여서 피사체의 입체감이 파악될 경우, 서비스나 기능적인 측면에서 품질이 높아지게 된다.

(6) 디스플레이

휴대폰 디스플레이는 카메라와 함께 단말기 경쟁력의 핵심적인 부품이다. 디스플레이란 전자 기기로부터 출력되는 전기신호를 화상 정보로 나타내어 다양한 정보를 사람이 시각적으로 볼 수 있도록 화면에 구현해 주는 영상 표시장치이다.

디스플레이 방식은 크게 LCD(Liquid Crystal Display), OLED(Organic Light Emitting Diode, 유기발광다이오드)로 구분되며, LCD는 BLU(Back Light Unit)에서 가해진 빛이 액정을 통과하면서 각기 다른 패턴으로 굴절하며, 이 빛이 필터를 통과하면서 각각의 색상과 밝기를 표시하는 방식이다.

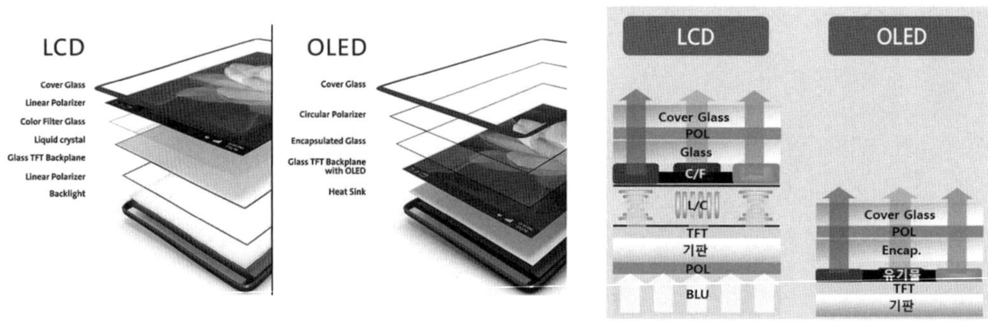

▌그림 1-322▐ 디스플레이 방식 비교 - LCD, OLED

OLED는 유기물을 이용하여 별도의 백라이트 없이 자체적으로 빛을 내는(발광) 방식이다. OLED는 LCD보다 상대적으로 조립이 간단하며, 레이어를 적게(백라이트가 없음) 구성할 수 있기 때문에 디스플레이를 더 얇게 만들 수 있다.

또한 각각의 픽셀에 인가되는 전원을 끌 수 있어서 전력 소모가 적고, LCD보다 검은 부분을 더 어둡게 설정 가능하여 명암비가 높다. 이러한 이유로 OLED는 빠른 동작의 영상을 재생하거나 플랙서블 디스플레이에 적합한 기술이다.

LCD는 자유자재로 휘어지거나 접거나 둘둘 말거나 섬유처럼 늘어나는 스트레처블 기능을 구현하기 어렵다. 하지만, OLED를 활용하면 화면을 유연하게 구부릴 수 있어서 플렉시블 디스플레이 구현이 가능하다.

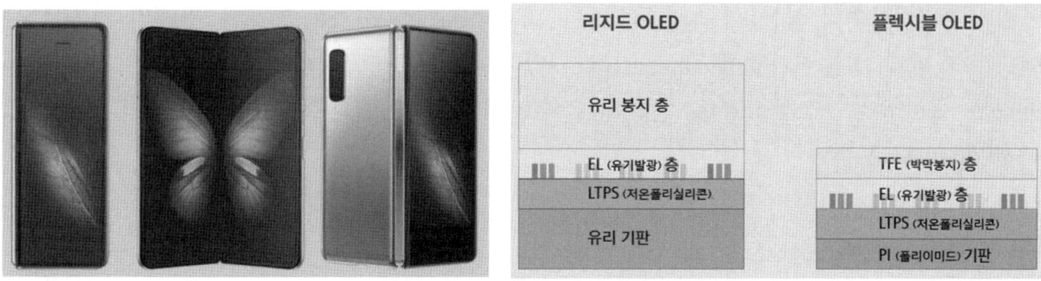

그림 1-323 플렉서블 디스플레이 구조(출처 : 삼성 디스플레이)

(7) 성능시험

이동통신 단말기 제조사는 반드시 무선 프로토콜 호환성 검증인 GCF, PTCRB 등의 검증을 받아야 한다. 이 검증은 H/W 성능(주로 3GPP Physical Layer)과 무선구간에서 호처리가 정상적으로 처리되느냐를 검증한다.

이와는 별도로 단말기의 CPU, GPU 등의 처리 성능(Benchmark Test)을 시험하는 사설 단체(또는 회사)인 AnTuTu, GeekBench 등이 있다. 이러한 Benchmark Test는 주로 단말기의 멀티미디어 처리 성능을 평가하는 방법이다.

그림 1-324 AnTuTu Benchmark Test 예

단말기의 칩 위주의 성능 시험인 AnTuTu, GeekBench 등과는 별도로 카메라 성능을 시험하는 카메라 성능평가업체 DxO 마크가 있다. DxO 마크는 카메라 평가를 위한 다양한 환경을 제시하며, 국제 표준을 엄격히 준수하여 전세계 카메라 성능 시험에서 공신력을 인정 받고 있다.

(8) USIM, eSIM

USIM(Universal Subscriber Identity Module)은 휴대폰 내부에 삽입되어 가입자 인증, 가입자 ID(예, 전화번호) 관리, 사업자 주파수 정보 등이 저장되고 처리되는 스마트 카드이다. 스마트 카드는 내부적으로 CPU, 메모리, 암호 블록 등을 가지고 있는 작은 컴퓨터이다.

스마트 카드는 1977년 프랑스의 'Bull'사가 개발했으며, 이후 Bull사는 Schlumberger사에 인수되었고, 이후 Schlumberger는 회사이름을 'Axalto'로 변경했다. 당시 스마트 카드 세계 1위 업체였던 프랑스의 Gemplus사는 Axalto사와 합병하여 현재의 Gemalto사가 되었다.

이러한 스마트 카드를 기반으로 최초로 이동통신에 적용한 회사는 독일의 G&D(Giesecke & Devrient)로 1991년에 핀란드 이동통신 사업자인 Radiolinja에 GSM용 SIM (Subscriber Identity Module)을 공급하면서부터 시작되었다.

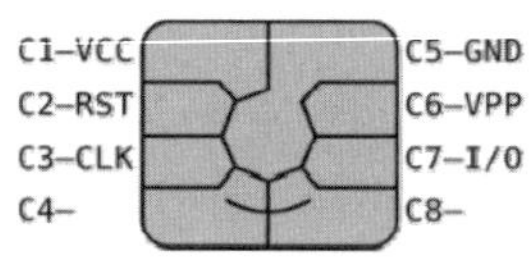

USIM은 GSM의 SIM에서 시작되었으며, 크게 2가지 목적으로 도입되었다. 첫번째는 독립된 H/W를 활용한 단말기 보안 강화, 두번째는 휴대폰 보유자와 이동통신 가입자를 분리하겠다는 의도였다.

사실상, USIM과 SIM은 동일한 것이고, UMTS가 도입되면서 GSM에서 없었던 화상통화, 다른 주파수 체계 등이 SIM에 추가되면서 UMTS 부터 SIM 명칭을 USIM으로 변경했다.

GSM 계열(UMTS, LTE, NR 등)은 기본적으로 단말기에서 보안을 담당하는 H/W 모듈인 UISM을 분리시키는 정책을 사용했는데, 단말기 내부적으로 H/W를 분리할 경우 보안 기능이 월등이 강화된다. USIM을 사용하지 않을 경우, 휴대폰 보안을 담당하는 S/W가 단말기 내부 칩과 메모리에 구현되어야 하기 때문에 해킹에 취약하다.

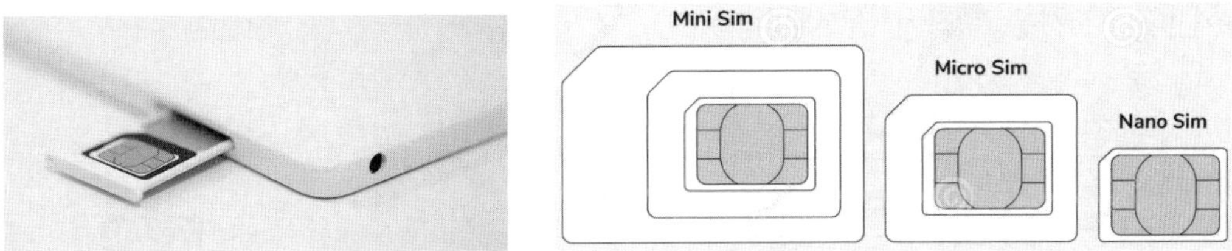

▍그림 1-325▍ 휴대폰에 USIM 장착, 다양한 크기의 USIM

CDMA 단말기의 경우, 내부 메모리(Flash Memory)에 보안과 관련된 정보, 이동통신 호처리 데이터 등이 저장되어 있어서 보안에 취약할 수 있었다. 물론, CDMA 진영에서도 CDMA2000에서 UMTS의 USIM과 유사한 R–UIM(Removable User Identity Module)을 규격으로 정의했었다.

USIM의 물리적 규격(크기, 핀 간격, 전원 등), 전기적 신호, 이동통신 단말기와 연동, 인증처리 등은 ISO(International Organization for Standardization), IEC(International Electrotechnical Commission), ETSI, 3GPP 등의 표준화 단체에서 정의한다. SIM은 GSM부터 시작되었기 때문에 기본적인 규격은 ETSI에서 정의하고 있다.

그 동안 USIM의 물리적인 크기는 ISO에서 정의한 표준으로 사용되었는데, Apple이 iPhone에 표준이 아닌 독자적인 크기로 사용하기 시작하여 이때부터 대부분 휴대폰에는 소형의 USIM이 사용되고 있다. Apple이 USIM 크기를 바꾼 부분은 칩 부분이 아니라 주위의 플라스틱 부분을 제거하여 작게 사용하고 있다.

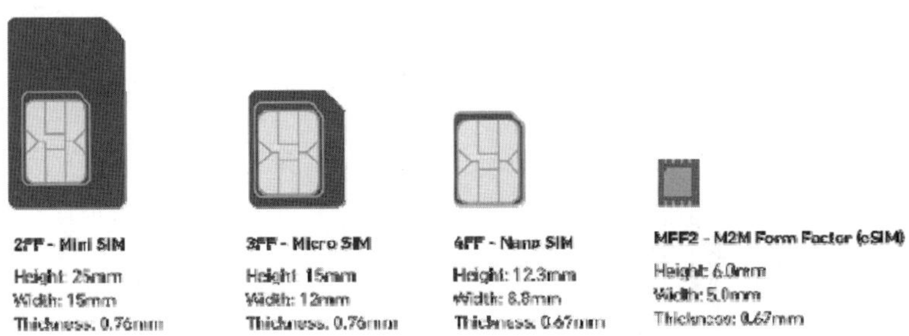

▍그림 1-326▍ 소형의 USIM 예

이렇게 Apple에서 시작된 소형 USIM은 칩의 금속부분 기구물을 더 줄여서 반도체 칩(이것을 Die라고 함)을 그대로 사용하는 사례가 증가되고 있다. 칩 다이(Die) 상태는 크기가 매우 작아서 스마트폰 기판에 납땜해서 사용하거나 소형의 IoT 디바이스에 사용된다.

USIM은 플라스틱 형태의 신용카드에 적용되는 스마트카드와 동일한 H/W로 스마트 카드(이것을 UICC라고 함)에 응용서비스로 통신기능을 탑재하느냐 신용카드 기능을 탑재하느

냐에 따라서 사용 목적이 결정된다.

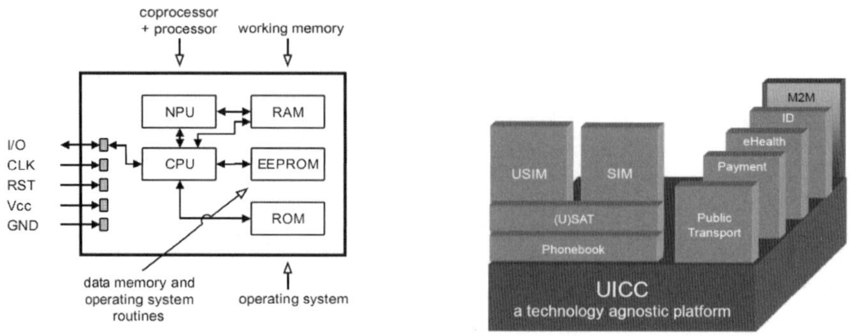

| 그림 1-327 | USIM H/W 구조와 S/W Stack

USIM의 H/W 구조는 ISO와 ETSI 표준에 정의된 UICC(Universal Integrated Circuit Card)이고, 이동통신과 관련된 UICC S/W는 산업체 표준단체인 Global Platform, ETSI, 3GPP 등에서 정의한다. UICC는 ISO에 정의한 스마트 카드로써 응용서비스가 구현되지 않는 카드 자체를 의미한다.

UICC의 응용(즉, Application)에 따라서 UICC 상위에 SIM이 구현될 수도 있고, USIM이 구현될 수도 있다. 스마트폰에 사용되는 대부분의 USIM은 통신기능 이외에 추가 기능인 금융, 미디어, NFC(Near Field Communication) 등의 보안처리는 S/W로 구현된다.

이동통신 단말기에 H/W로 구현된 보안장치를 SE(Secure Element)라고 하는데, USIM이 SE가 될 수 있고, 스마트폰 AP에 구현된 TEE(Trusted Execution Environment)나 MicroSD도 SE가 될 수 있다.

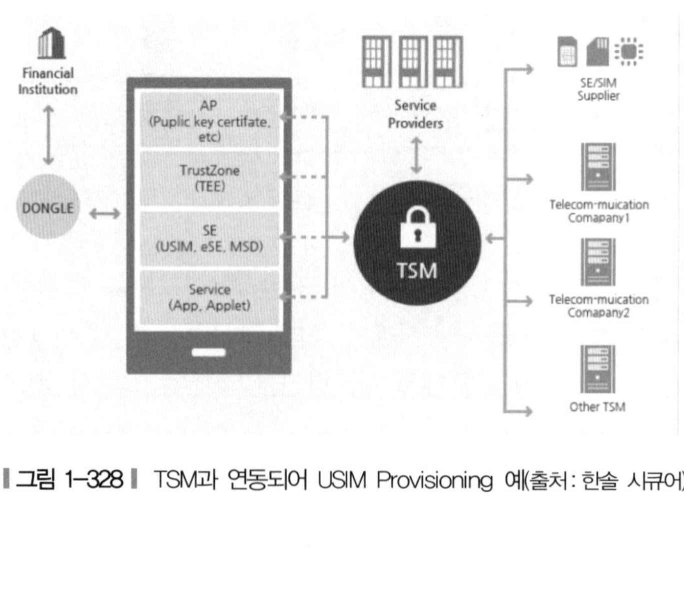

| 그림 1-328 | TSM과 연동되어 USIM Provisioning 예(출처: 한솔 시큐어)

신규 단말기로 이동통신 서비스를 받기 위하여 USIM 개통이 필요한데, 이 경우 일반적으로 사업자가 관할하는 TSM(Trusted Service Manager) 서버와 연동되어 USIM Provisioning을 한다. TSM 서버는 보안기능이 강화된 통신을 활용하여 USIM 개통에 필요한 정보를 입력하는 역할을 한다.

USIM Provisioning이란 TSM 서버에서 USIM의 저장공간에 필요한 정보를 저장하는 것을 의미하며, 이 과정에서 키를 교환하는 등 몇 가지 보안 기능이 활용된다. 결국 USIM을 정상적으로 사용하려면, TSM을 통한 Provisioning이 필요하므로 TSM 서버 운영주체에 따라서 사업권한이 달라진다.

USIM에 금융서비스가 구현될 수 있는데, 이 경우 1차로 통신사업자가 관리하는 TSM에서 USIM이 개통되고, 2차로 금융사 TSM이 금융서비스 S/W를 UISM에 Provisioning한다. 이러한 2차 TSM은 1차 통신사업자 TSM에 연동된다.

이때, TSM 주도권은 통신사업자에 있으므로 통신사업자와 금융사업자간 주도권 문제가 발생되고 있다. 통신사업자 TSM은 USIM의 금융앱을 설치하거나 삭제할 수 있지만, 내용은 알 수 없다, 하지만 경우에 따라서 통신사업자가 금융사업자의 USIM 앱을 삭제할 수도 있다.

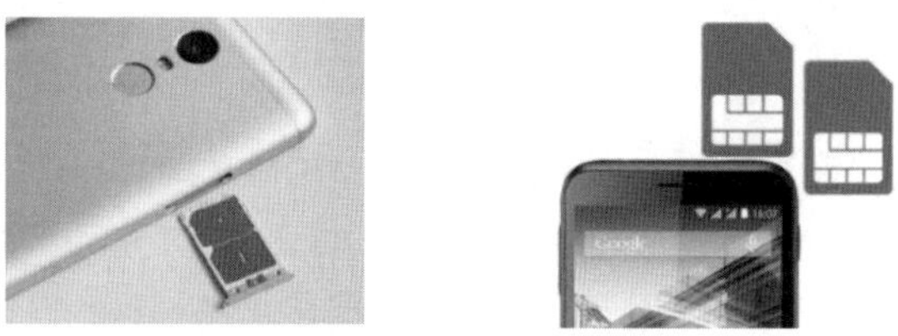

▌그림 1-329▐ Dual USIM 폰 예

하나의 스마트폰에 USIM 2개를 장착할 수 있는데, 이런 경우를 Dual USIM이라고 한다. 대부분 스마트폰 AP는 H/W적으로 2개의 USIM을 수용할 수 있는 구조로 개발된다.

Dual USIM을 사용할 경우, 사용자는 하나의 단말기에 2개 국가에서 USIM을 각각 사용하거나, 하나의 국가에서 2개의 사업자에 등록해서 사용할 수 있다. 대부분 Dual USIM 구조에서 1개는 국내에서 사용하고, 다른 1개는 해외에서 사용하여 통신요금을 절감하겠다는 목적으로 사용된다.

국내 SKT 가입자가 미국에 로밍하여 사용할 경우보다 미국의 Verizon에 가입된 단말기를 사용하는 것이 요금 측면에서 유리하다. 따라서 하나의 단말기로 국내에서는 SKT, 미국에서는 Verizon 서비스를 받을 수 있다.

eSIM

GSMA는 IoT 시장이 급성장함에 따라 이에 대처하기 위하여 표준화 단체인 Global Platform과 협력하여 eSIM(embedded SIM) 규격을 정의했다. eSIM은 탈착 가능한 SIM이 아니고, 단말기 회로기판에 부착되는 SIM이다.

eSIM을 사용하는 주된 이유는 소형단말기를 위한 것으로 별도의 USIM 슬롯을 만들 경우, 단말기 크기가 커지는데 eSIM을 사용하면 소형의 단말기 개발이 가능하다. 이렇게 eSIM을 사용하는 사업자는 기존의 TSM 절차가 아닌 단말기 제조사와 UISM Provisioning을 협의해야 한다.

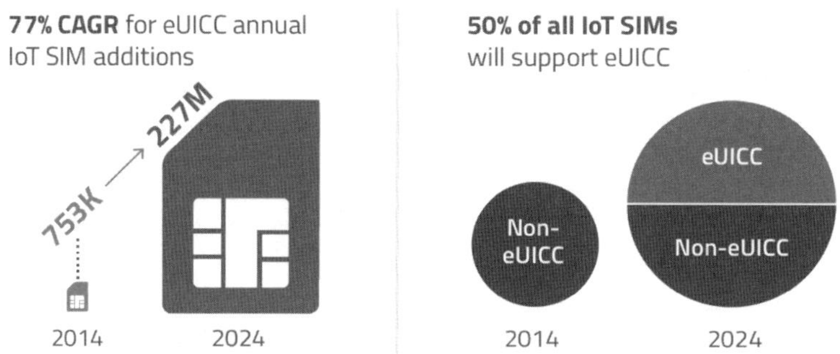

그림 1-330 eUICC 시장 예측(출처 : Machina Research)

Machina Research사는 eUICC(즉, eSIM) 시장이 2024년까지 연간 77% 성장될 것으로 예측했다. 또한 eUICC가 2014년에는 없었지만, 2024년에는 eUICC가 모든 IoT 디바이스의 50%를 차지할 것으로 예측했다.

UICC는 스마트 카드 자체를 의미하며, UICC에 UMTS가 구현되면 USIM이고, UICC에 신용카드 기능이 S/W로 구현되면 신용카드가 된다. Machina Research에서 언급한 eUICC란 eSIM과 같은 의미이다.

10) IoT 디바이스 수용

(1) IoT 개요

IoT(Internet of Things, 사물인터넷)는 각종 사물(또는 물건, 물체)에 센서와 통신기능 등이 내장되어 인터넷에 연결되는 기술이다. 좀 더 세부적으로 보면, IoT 디바이스는 다양한 장치나 물건에 탑재되며 항상 인터넷에 연결되어(Always Connected) 관련된 정보를 서버(또는 Cloud)와 교환한다.

일반적으로 이동통신망을 활용하는 IoT 디바이스와 서비스 특징은 ①저렴한 디바이스 가격, ②저전력 디바이스 동작(배터리 소모가 적음), ③넓은 서비스 영역(커버리지), ④서비스 비용(즉, 요금)이 낮아야 한다.

최근에는 IoT 디바이스 용어가 광범위하게 적용되는 추세로 사람이 가지고 다니는 디스플레이가 있는 디바이스 아닌 모든 장치(늘 인터넷에 연결되어 있고)를 IoT 디바이스라고 한다. 즉, 스마트폰, 타블렛 등을 제외하고, 사람이 휴대하거나 휴대하지 않는 장치는 모두 IoT 디바이스로 볼 수 있다.

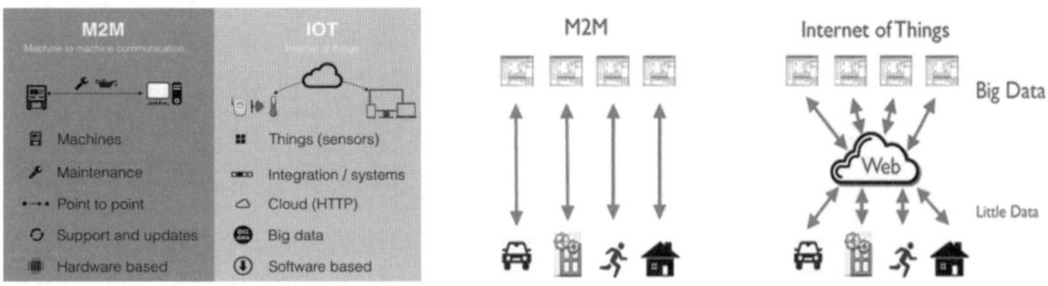

그림 1-331 M2M과 IoT 비교

IoT는 과거 M2M(Machine to Machine) 기술이 발전된 것으로 M2M은 해당되는 서비스와 디바이스가 1:1로 매칭되어서 동작되는 구조이고, IoT는 Web(즉, 인터넷) 기술 기반으로 디바이스를 유연하게 제어할 수 있고, 필요시 Big Data, AI 등의 기술이 조합되어 IoT 디바이스를 스마트하게 관리할 수 있다.

최근에는 IoT 서비스를 제공하는 플랫폼이 있어서 사용자가 쉽게 서비스를 개발하거나 운용상태를 확인할 수 있다. 또한 다양한 무선기술의 발전으로 IoT 기기를 활용하여 생활이나 업무효율을 증가시킬 수 있다.

대부분 IoT 디바이스에 적용되는 무선통신 기술은 이동통신망을 사용하지 않는 Bluetooth (BLE 포함), WiFi 등 인데, 이유는 요금이 없고, 디바이스를 저렴하게 구매할 수 있기 때문이다. 하지만 이동통신망을 활용하는 IoT 디바이스 가격이 낮아지고, 요금이 저렴해져서 이동통신망 기반 IoT 단말기의 성장이 높아지고 있다.

Ericsson은 IoT 디바이스 수를 예측하면서, 2015년 대비 2021년에 Celluar(이동통신) IoT는 27% 성장, Non-Cellular IoT는 22% 성장을 전망했다. 이처럼 Cellular IoT 비중은 낮지만 성장율이 높은 것으로 알려져있다.

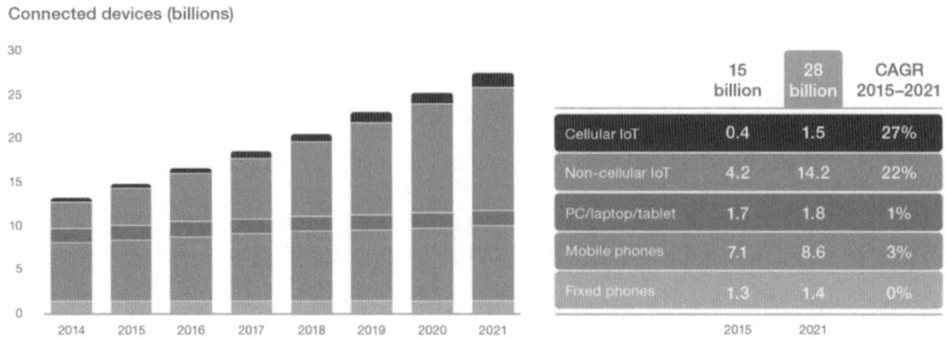

그림 1-332 IoT 디바이스 수 예측(출처 : Ericsson)

또한 GSMA를 포함한 다수의 단체나 시장조사 회사는 IoT 디바이스 수가 2015년부터 본격적으로 증가되기 시작하여 향후에도 지속적으로 성장될 것으로 예측했다. 이렇게 시장이 성장되면서 IoT 서비스를 위한 셀룰라 방식인 LPWA(Low Power Wide Area), 4G 망과 5G 망을 활용한 IoT 기술이 발전되고 있다.

LPWA 기술은 디바이스에서 소모되는 전력이 적으면서 먼거리 통신이 가능한 무선통신 방식으로 LPWAN(Low Power Wide Area Network) 또는 LPN(Low Power Network)이라고도 한다. <u>LPWA 기술은 이동통신 방식인 4G, 5G 등과 연동되는 것은 아니고, 독립적인 IoT 무선 통신망이다.</u>

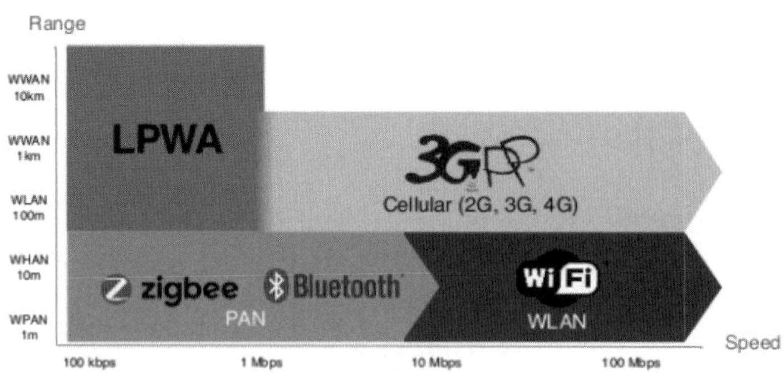

그림 1-333 LPWA, 셀룰라, WPAN, WLAN 비교

따라서 LPWA 기술은 단말기 전력소모를 줄이고 먼거리 전송이 목적이기 때문에 셀룰라와 비교시 전송속도는 매우 낮다. <u>대표적인 LPWA 기술은 LoRa, Sigfox이며, 이것은 표준단체에서 정의한 것은 아니고, 특정회사의 기술이다.</u>

LoRa는 미국의 Semtech사에서 개발한 기술이며, Eco System 확대를 위하여 LoRa

Alliance를 활용하고 있다. 이것은 특정회사(Semtech) 주도가 아닌 얼라이언스에서 추진한다는 것을 나타내기 위해서이다.

LoRa Alliance sigfox

Sigfox는 프랑스의 Sigfox사에서 개발한 기술로 플랫폼 사업을 지향하고 있다. 즉, Sigfox를 활용하는 모든 IoT 서비스는 항상 Sigfox 플랫폼을 활용해야 한다. Sigfox는 유연한 플랫폼 구성은 어렵지만, 서비스 제공자는 별도의 플랫폼을 구축할 필요없이 쉽게 Sigfox를 사용할 수 있다.

간단히 보면, LoRa와 Sigfox는 1990년대 후반에 개발된 양방향 무선호출(Two Way Paging) 기술과 유사한 측면이 있다. 양방향 무선호출은 간단한 기술을 적용하여 저전력, 저속 데이터를 처리하는 기술이다.

한편, ITU(International Telecommunication Union)는 통신이 가능한 거리 별로 무선통신 방식을 분류했는데, 전파 도달거리가 짧은 순으로 WPAN(Wireless Personal Area Network), WLAN(Wireless Local Area Network), WWAN((Wireless Wide Area Network) 등으로 구분했다.

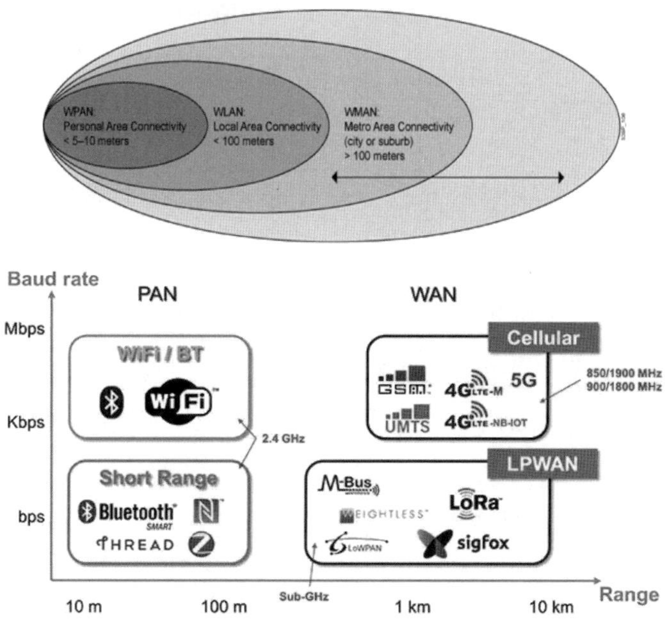

▌그림 1-334▐ 전송거리와 속도 별 무선통신 방식 구분

전송거리와 속도별 무선통신 방식의 대표적인 기술을 보면, WPAN은 Bluetooth, WLAN은 WiFi, WWAN(셀룰라 방식)은 4G와 5G, LPWA는 LoRa, Sigfox 등이 있다. 또한 다수의 IoT 서비스는 여러 개의 무선통신 기술이 복합적으로(Heterogeneous Connectivity) 적용된다.

3GPP는 LPWA에서 제공하는 IoT 서비스와 구분하기 위하여 셀룰라 기반 IoT를 cIoT(Cellular Internet of Things)라고 한다. 3GPP는 LPWA 급성장에 대응하여 Cat-0, Cat-1을 정의했으나 원하는 수준(저가, 저전력 디바이스 등)이 안되어서 Release 13에 Cat M1과 NB-IoT(Narrow Band IoT)를 정의했다.

즉, 3GPP는 IoT 시장이 확대되고, LPWA 기술이 많이 적용되면서 LPWA에 대응하기 위해서 LTE 통신망에 IoT 디바이스를 수용하기 위한 규격을 추가했다. LPWA와 관련된 회사가 IoT 시장을 확대하면서 3GPP 관련업체는 LPWA 회사에 대응하기 위한 목적이다.

| 그림 1-335 | IoT 관련 무선통신 방식별 적용 분야 예(출처: Qorvo)

3GPP는 LTE 규격인 Release 8에서 LTE Cat-1을 정의했으나 IoT 디바이스의 배터리 소모 문제, 고가의 모뎀 등의 문제로 LTE Cat-1이 활성화되지 못했다. 이후, Release 13에 IoT 기술이 보완된 LTE Cat-M1과 LTE NB-IoT 기술이 많이 사용되고 있다.

3GPP는 IoT를 MTC(Machine Type Communication)로 명명하여 기술규격을 발전시켜 왔다. LTE Cat-M1과 LTE NB-IoT가 기존 LTE와 다른 특징은 사용하는 주파수 폭이 좁다는 점이다. Release 13 이전에도 LTE 망으로 IoT 디바이스 적용은 가능했지만, IoT가 추구하는 방향(저가 단말기, 저전력, 저렴한 요금 등)과는 거리가 멀었다.

기존 LTE는 이러한 IoT의 기본 원칙이 아닌 고속 데이터 통신 위주로 기술이 개발되어서 IoT 목적으로 효율이 떨어진다. 따라서 3GPP는 Release 13부터 IoT가 추구하는 목적을 수용하기 위한 방향으로 기술을 정의했다.

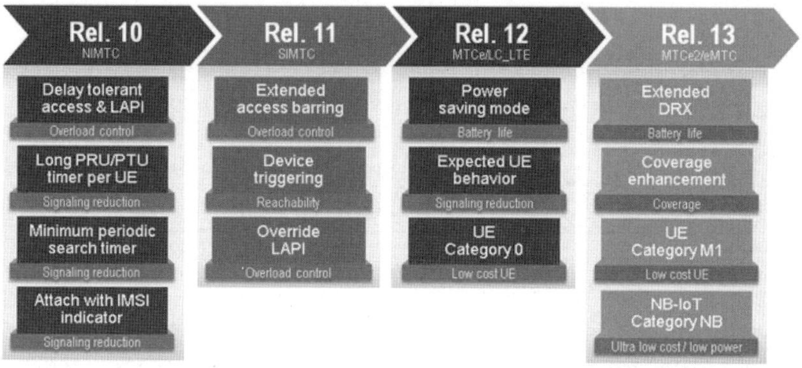

▎그림 1-336▐ LTE 기술규격에서 IoT 기능 추가 내역

<u>IoT 전용 무선통신 기술은 새로운 통신망을 구축하는 것보다 기존에 있는 통신망(예, LTE, NR)에 기능을 추가하는 것이 사업자 측면에서 구축비용이 낮고, 운용에 유리하다.</u> 따라서 대부분 이동통신 사업자의 경우 LTE, NR 망을 활용한 IoT 서비스를 제공하고 있다.

3GPP는 기존 LTE 규격에 IoT 디바이스를 위하여 다음의 주요 3가지 기능을 추가했다. <u>① 처리절차 단순화를 통한 저가 IoT 단말기 구현, ②IoT 디바이스의 배터리 소모를 줄이기 위한 방안, ③기지국이 서비스하는 커버리지를 넓히는 방법 등이다.</u>

3GPP에서 정의하는 Category는 기본적으로 전송속도의 차이를 의미한다. Release 13에 정의된 LTE eMTC Cat-M1(간단히, Cat-M1)에서 eMTC는 enhanced MTC를 의미하여 이전 버전(Release)의 MTC 대비 개선되었다는 의미이고, Cat는 Category, M1은 Machine Type 1을 의미한다.

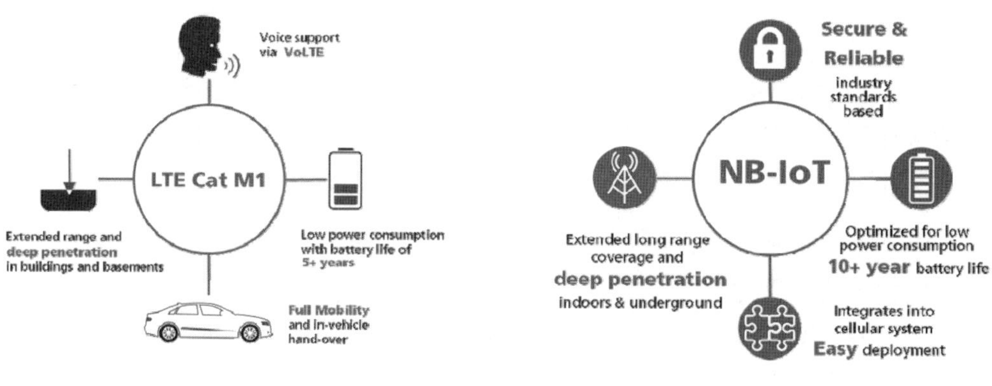

▎그림 1-337▐ LTE Cat M1과 LTE NB-IoT 특징(출처: U-blox)

3GPP에서 정의하는 MTC(Machine Type Communication)는 IoT와 같은 의미이다. 좀 더 세부적으로 볼 때, 3GPP에서 정의한 MTC는 기술적인 내용이 강하고, IoT는 서비스적인 측면이 강하다.

LTE Cat-M1은 주파수폭을 1.4MHz로 설정하여 전송속도는 최대 1Mbps까지 가능하며, LTE NB-IoT는 주파수 폭을 200KHz로 설정하여 전송속도는 최대 100Kbps로 서비스를 제공한다.

LTE Cat-M1은 기본적으로 기존 LTE 주파수 대역을 사용하며, VoLTE(Voice over Long Term Evolution)를 활용하여 음성통화까지 가능하다. 하지만, LTE NB-IoT는 LTE 주파수 대역에서 완전히 독립된 단독 주파수를 사용하여 IoT 디바이스 목적에 맞게 저가, 저전력 소모 단말기를 목표로 하고 있다.

NB(Narrow Band)-IoT는 단어가 의미하듯이 주파수 폭을 좁게 하여 IoT 목적에 맞게 설계되었고, 심지어는 Handover도 지원되지 않는다.

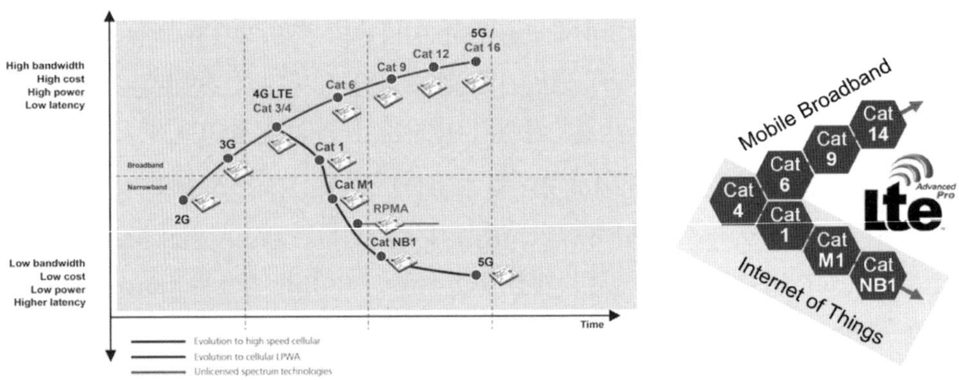

| 그림 1-338 | IoT 관련 3GPP 규격 진행 현황

3GPP의 IoT 규격은 Low Bandwidth, Low Cost, Low Power, Low Latency를 지향하면서 진행되고 있다. 따라서 3GPP 규격은 초고속 통신과 IoT 기술이 공존하고 있지만, 각각 추구하는 방향은 다르다.

LTE Cat-M1에서 사용되는 주파수 폭인 1.4MHz는 기존 LTE의 Physical Layer 최소 처리 단위로 기존 LTE장비에서 S/W적으로 구현 가능하다. 즉, 기존 LTE EPC, eNB의 H/W 변경없이 S/W를 보완하면 되고, IoT 디바이스는 일반적으로 저전력 동작을 위하여 스마트폰 모뎀이 아닌 별도의 모뎀이 사용된다.

하지만, NB-IoT는 기존 LTE망에서 H/W, S/W를 보완해야 하는 기술로써 Control Plane(제어신호 처리)과 User Plane(IoT 데이터 처리) 동작이 새롭게 정의되었다. 따라서 기존 LTE망에 미치는 영향이 크기 때문에 이동통신 사업자는 LTE Cat-M1을 주로 상용화하고, NB-IoT 도입은 신중히 검토하고 있다.

NB-IoT에 사용되는 주파수 폭인 200KHz는 GSM에서 유래되었다. GSM 채널폭은 200KHz를 사용하는데, 이전 GSM 사업자가 GSM 주파수 대역을 NB-IoT로 쉽게 변경할 수 있도록 하기 위해서이다. 이 경우, GSM 주파수 대역에 NB-IoT 서비스만 제공하는 것을 'Stand Alone' 모드라고 한다.

LTE망에서 IoT 지원을 위한 추가 사항을 보면, 기지국에서는 Cat-M1과 NB-IoT를 위하여 Physical Layer(Cat-M1은 S/W로 가능)에 보완이 필요하고, 코어망은 다음과 같은 기능이 추가되거나 보완되어야 한다.

코어망에는 eMBMS(Evolved Multimedia Broadcast Multicast Services) 지원이 되는 IoT 단말기를 대상으로 IoT 단말기에 eMBMS로 동일한 메시지를 전달하는 그룹 메시지 전송기능과 IoT 단말기가 최소의 시그널링으로 코어망을 이용하여 데이터를 전송할 수 있도록 최적화 기술이 필요하다.

또한, 코어망에서 IoT 단말기를 연결하는 'Dedicated Core Network 선택' 기술과 IoT 단말기에 정의된 특정한 상태가 변경되었는지를 감시하고 알려주는 'Monitoring Enhancement' 기술이 추가되어야 한다.

IoT 사업자의 어플리케이션 서버로 IoT 단말기가 사용할 이동통신 자원 한도, 요금 지불 주체 등의 IoT 단말기를 위한 Capability 정보를 IoT 사업자의 서버에서 설정할 수 있도록 'Service Capability Exposure' 기술도 코어망에서 지원되어야 한다.

(2) 단순한 처리

디바이스 측면에서 IoT는 저가, 저전력 동작이 되어야 하는데, 이를 위하여 3GPP는 무선 프로토콜 처리를 단순하게 했다. 처리절차를 단순화하기 위한 가장 좋은 방법은 저속으로 데이터를 송수신하는 것이다.

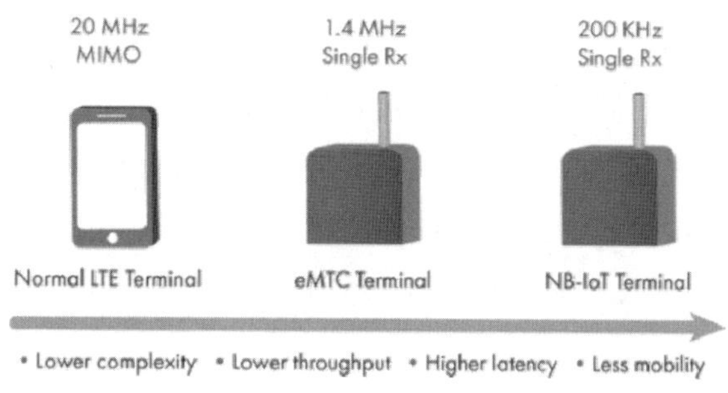

그림 1-339 LTE Cat-M1(eMTC)와 NB-IoT 단말기 특징(출처 : Ofinno)

저속 데이터 송수신은 ①간단한 변조방식, ②단말기에서 전파를 저출력으로 송출, ③단말기 모뎀과 RF 칩 동작 최소화, ④단말기 메모리 사용 최소화 등의 효과가 있다. 즉, 저속 전송은 처리를 단순화시키는 역할을 한다.

LTE NB-IoT의 경우, 좁은 주파수 폭 사용, 안테나에 MIMO 미적용, Half Duplex(동시 송수신이 아님), 단말기 송신출력을 스마트폰(23dBm)보다 낮은 20dBm으로 송출하여 IoT가 추구하는 목적을 달성하고 있다.

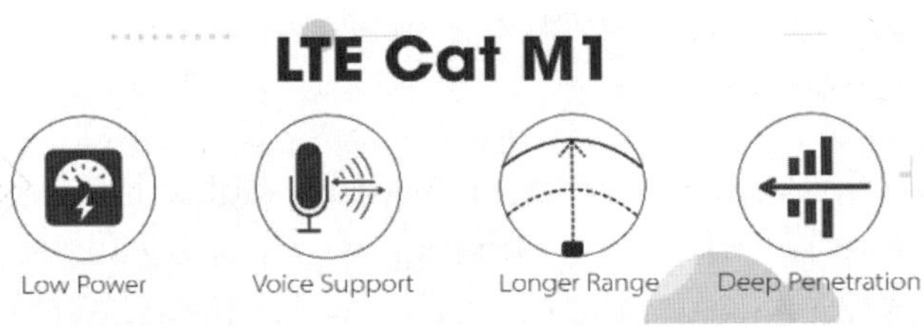

	LTE Cat-1 (Rel-8)	eMTC Cat-M1 (Rel-8)	NB-Io T Cat-NB1 (Rel-13)
Peak adta rate	Up to 10 Mbps	Up to 10 Mbps	〈100 kbps
Banwidth	Up to 20 MHz	1.4 MHz	200 kHz
Rx antenna	Dual Rx	Single Rx	Single Rx
Duplex mode	Full duplex FDD/TDD	Full or Half duplex FDD/TDD	Half duplex FDD
Mobility	Full mobility	Limited-to-full Mobility	Cell reselection only
Voice	VoLTE	VoLTE	No voice support
Transmit power	23 dBm	23, 20 dBm	23, 20 dBm

그림 1-340 LTE Cat-M1, NB-IoT 비교(출처: Qualcomm)

LTE Cat M1의 사용 주파수 폭은 1.4MHz이며, LTE NB-IoT의 사용 주파수 폭은 200KHz이다. 보통의 경우 LTE 주파수 폭은 10MHz(또는 20MHz)를 사용하지만, LTE Cat M1과 LTE NB-IoT는 좁은 주파수폭을 사용하여 단말기 배터리 절약을 포함하여 IoT의 원래 목적을 달성하겠다는 의도이다.

IoT 데이터는 대부분 크기가 작은 숫자나 문자 위주이다. 반면 LTE 트래픽의 60% 이상은 Video 데이터로써 IoT와 서로 속성이 다르다. 즉, LTE는 고속 통신을 위해서 기술이 정의되었지만, IoT 기술은 소량 데이터, 단말기 배터리 소모 절약, 간단하게 단말기 구현 등을 목적으로 정의되었다.

(3) 단말기 배터리 소모 줄임

많은 IoT 디바이스는 전원이 없는 지역에 설치되기 때문에 배터리로 동작된다. 따라서 IoT 디바이스는 저전력 동작이 필수이고, 길게는 3년 이상 배터리 교체 없이 동작되어야 한다.

3GPP Release 13에는 IoT 디바이스의 가장 큰 목적인 전력소모를 줄이는 방법으로 eDRX(Extended Discontinuous Reception)와 PSM(Power Saving Mode)을 도입했다. 이 두가지 기능은 LTE Cat-M1과 LTE NB-IoT에 적용되고 있다.

DRX(Discontinuous Reception)란 단말기가 드문드문 주기적으로 기지국 정보를 수신한다는 의미이며, 계속(Continuous, 즉 쉬지 않고) 정보를 수신하는 것이 아니다. DRX 주기에 기지국에서 단말기로 전송되는 정보는 크게 ①단말기가 튜닝해야 할 주파수, 채널 정보, ②등록이나 Handover 등을 위한 이동통신망 정보, ③전화를 받거나 데이터 Push 등이 있다.

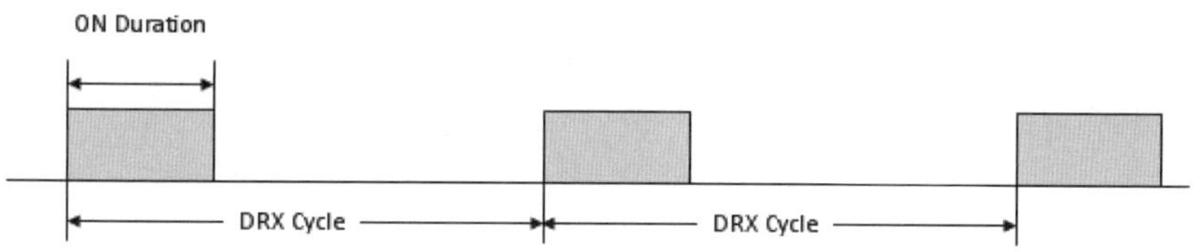

단말기가 ON Duration에서 Paging 정보를 수신할 때, 수신부(Rx)만 켜고 발신부(Tx)는 켜지 않는다. 하지만 단말기가 자주 깨어나는 경우, 수신부 H/W와 S/W가 동작되므로 배터리가 소모된다. 따라서 IoT 디바이스는 DRX Cycle 수신 주기를 길게 설정하여 배터리 소모를 줄인다.

단말기가 통신상태가 아닌 경우, 주기적으로 DRX 정보를 수신하므로 사용자가 단말기를 사용하지 않는 기간(예, 야간)에도 이러한 동작은 계속된다. 결국 DRX 주기는 단말기 배터리 소모에 결정적인 영향을 미친다.

이동통신에서 'Paging'이란 기지국(또는 이동통신망)에서 단말기로 단방향 정보 전송을 의미한다. 단말기는 단방향 통신으로 모든 Paging 정보를 수신하고 해석하지만, 단말기에 해당되는 정보만 수신하여 처리하고 다른 정보는 무시한다.

이동통신 단말기는 지속적으로 모든 H/W를 켜서 기지국과 정보교환을 하는 것은 아니고, 기지국과 사전에 약속된 주기로 단말기 H/W를 켜서 정보를 수신한다. 물론 인터넷을 검색하거나 동영상을 볼 때는 단말기의 모든 H/W가 동작된다.

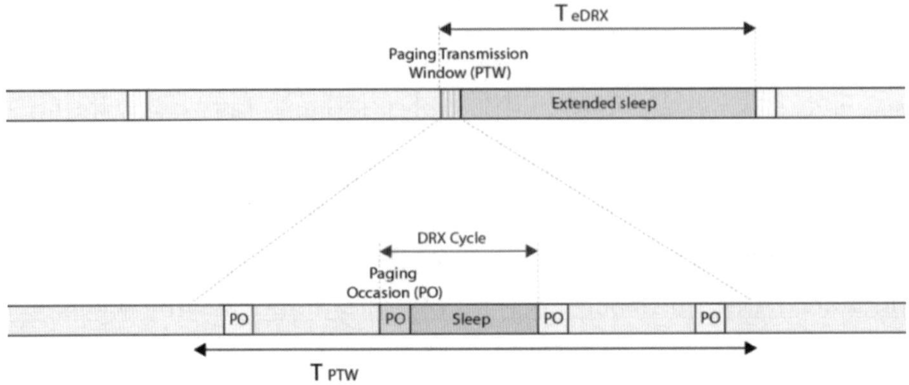

┃그림 1-341┃ DRX Cycle와 eDRX Cycle 구분

3GPP는 LTE Advanced부터 IoT 디바이스 수용을 위하여 eDRX(Extended Discontinuous Reception)를 도입했다. <u>eDRX은 IoT 디바이스를 대상으로 DRX Cycle을 길게 설정하는 방식이다.</u>

예를 들면, LTE 망에서 DRX 주기는 최대 2.56 초를 사용하여 빈번한 단말기 H/W 동작으로 단말기 전력 소모가 많지만, eDRX는 최대 약 3시간(2621.44초)까지 DRX 주기를 길게 설정하여 전력 소모를 획기적으로 줄이고 있다.

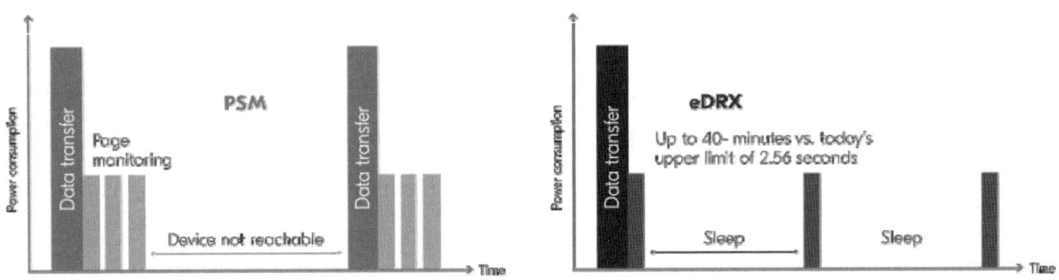

┃그림 1-342┃ LTE IoT에서 PSM과 eDRX 개요

하나의 DRX 주기에서 다음 DRX 사이는 단말기가 기본적인 동작 이외의 모든 H/W를 꺼서 배터리 소모를 줄이기 때문에 PSM(Power Saving Mode)라고도 한다.

(4) 커버리지 확대

IoT는 가정내 가스나 전기 사용량 검침, 농장에 있는 센서 제어 등과 같은 서비스는 먼거리 전송이 필요하다. 따라서 LTE IoT 규격에는 먼거리 전송을 위해 몇 가지 기술이 적용되고 있다.

대표적인 기술은 같은 데이터를 여러 번 전송하는 방법이다. 반복 전송은 데이터의 오류 발생확률이 급격히 줄어들게 되고, 결국 먼거리까지 전송할 수 있는 방법이다. 이러한 방법을 'Time Diversity'라고도 한다.

또한 변조방식을 16 QAM(Quadrature amplitude modulation) 이상과 같은 High Order(한번 보낼 때 많은 정보 전송) 방식이 아닌 QPSK(Quadrature Phase Shift Keying)만 사용하여 오류 발생확률을 줄인다. 이것도 결국 먼거리 전송이 가능하게 하는 기술이다.

IoT 디바이스를 대상으로 기지국은 LTE Cat-M1, LTE NB-IoT 주파수 대역에서 일반 LTE 단말기(예, 스마트폰)보다 더 강한 출력으로 전파를 송신하여 커버리지를 넓히는 방법을 사용한다.

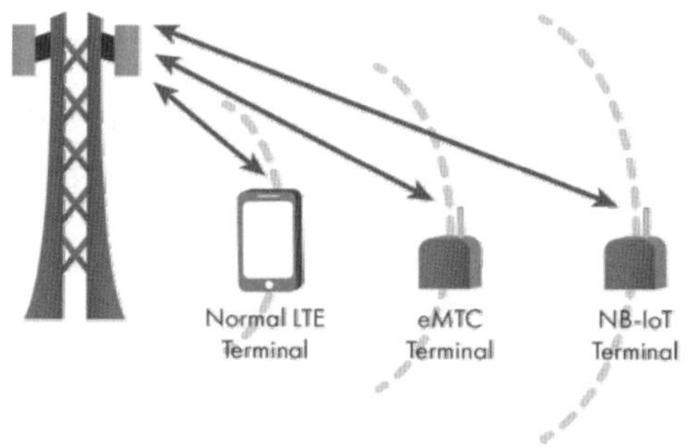

▌그림 1-343▐ LTE, eMTC, NB-IoT 별 신호도달 거리(출처: Ofinno)

따라서 하나의 LTE 기지국을 기준으로 데이터를 수신할 수 있는 거리를 보면, 짧은 순서로 일반 스마트폰, LTE Cat-M1, LTENB-IoT 단말기 순이다. 즉, IoT 디바이스의 사용 효율을 높이기 위하여 IoT 규격에는 먼거리 전송이 가능한 기술이 적용되고 있다.

(5) NB-IoT

LTE NB-IoT는 기본적으로 LTE 망(통신장비, 주파수 등)을 그대로 사용하지만, 주파수 폭이 좁기 때문에 기지국에는 NB-IoT를 위하여 새로운 기능이 추가되어야 한다. 즉, 추가적인 H/W와 S/W가 요구된다.

일반적으로 기존의 LTE 단말기로는 LTE NB-IoT 서비스를 제공 받을 수 없고, 새로운 칩과 디바이스가 필요하다. LTE NB-IoT 서비스를 제공하기 위해서 이동통신 사업자는 LTE 주파수 대역에서 NB-IoT 목적으로 3가지 방법으로 주파수를 할당해야 한다.

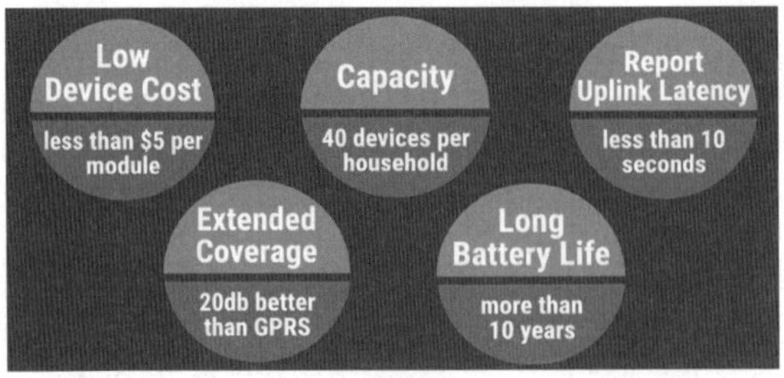

그림 1-344 LTE NB-IoT의 주요 특징

LTE NB-IoT를 위한 주파수 할당은 ①GSM(Global System for Mobile communications) 채널 주파수 폭인 200KHz를 GSM 채널에 할당하는 방법, ②기존의 LTE 주파수 폭(일반적으로 10MHz나 20MHz로 운용)에 중간에 200KHz를 넣는 In-Band 방식, ③ 그리고 LTE 주파수간 간섭을 방지하기 위하여 여유를 둔 Guard Band에 NB-IoT 채널이 할당될 수 있다.

NB-IoT를 기존 이동통신망에 구현할 경우, NB-IoT용 주파수 채널이 구현되어야 하므로 기존 통신장비에 영향을 미치게 된다. 즉, 기존 통신장비에 구현이 복잡해지고, 주파수 운용에 영향을 미친다.

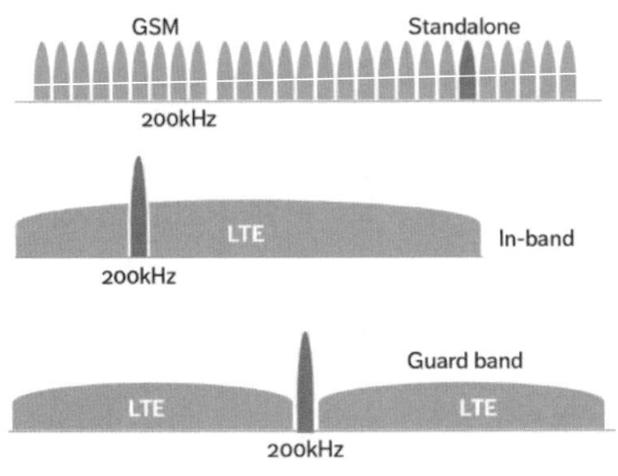

그림 1-345 NB-IoT 주파수 채널 구현방법

LTE NB-IoT 신호가 건물침투가 잘 된다는 의미는 기존 사업자가 허가 받은 LTE 주파수 대역을 사용하지만, 변조기법과 재전송 기법을 사용하여 장애물에 대한 오류 발생을 줄이는 방법이 사용되기 때문이다.

11) 단말기 호환성 검증

이동통신 단말기 제조사가 단말기를 시장에 판매하기 위해서는 ①각 국가의 전자제품 규제에 대한 검증(Regulatory Certification, 유럽의 경우 RED), ②이동통신망 호환성 검증(Industry Certification, 3GPP의 경우 GCF)은 반드시 거쳐야 한다.

이러한 2가지 기본적인 검증 이외에도 이동통신 단말기에 탑재되는 다른 무선통신 기술(WiFi, Bluetooth, NFC 등)에 대한 호환성 검증과 단말기를 구매하는 해당 사업자로부터 받는 사업자 검증(Carrier Certification) 등이 있다.

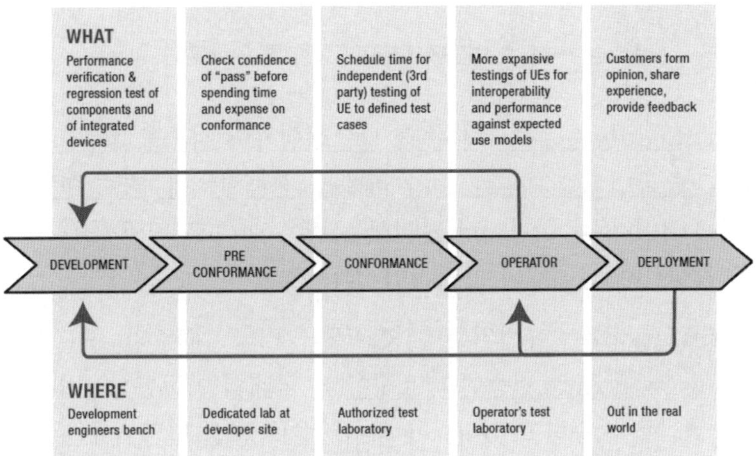

▌그림 1-346▐ 단말기 검증 절차(출처 : Keysight Technologies)

단말기를 판매하기 위하여 검증측면에서 절차를 보면, ①단말기 제조사가 단말기를 개발하고, ②자체적으로 측정장비를 활용하여 사전 검증을 하는 Pre-Conformance Test, ③이후 GCF(Global Certification Forum)에서 지정한 시험소에서 검증, ④해당 이동통신 사업자의 검증을 통과하면 단말기가 시장에 판매된다.

GCF에서 정의한 검증은 단말기가 하나의 국가에서 여러 사업자에 판매되거나 해외 다른 나라에서 판매될 수 있기 때문에 단말기 호환성(즉, 통신망과 연동)을 유지하기 위해서이다. 하지만 이러한 검증으로 인하여 단말기 검증에 시간이 필요하고, 검증비용이 요구된다.

단말기 판매를 위해서 Regulatory Certification(각 국가에서 정의한 전자제품 규제 검증), Industry Certification(산업체에서 정의한 통신 호환성 검증, 즉 GCF), Carrier Certification(사업자 자체 검증)과 같이 3가지로 분류할 때, 해당 검증을 수행하는 주체는 다음과 같다.

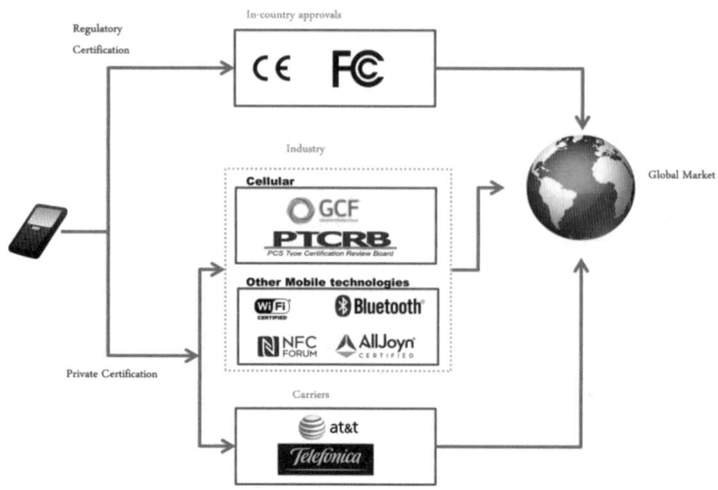

▌그림 1-347▐ 이동통신 단말기 판매를 위한 검증 항목

Regulatory Certification은 각 국가 주관으로 진행하며 검증을 통과할 경우 CE(유럽), FCC(미국), CCC(중국), KCC(한국) 등의 라벨을 전자제품에 붙일 수 있다. Industry Certification은 UN이나 각 국가에서 관리하는 것은 아니고, 이동통신 단말기와 관련된 회사가 모여서 진행하는 산업체의 자발적인 검증이다.

Industry Certification은 유럽위주의 GCF와 미국 위주의 PTCRB(PCS Type Certification Review Board) 검증이 대표적이다. 국내의 이동통신사업자도 단말기 제조사의 GCF 검증 결과를 요구하고 있다. 이 외에도 이동통신 단말기에는 다수의 무선통신(NFC, Bluetooth, WiFi 등) 기술이 적용되기 때문에 해당 무선기술에 대한 검증을 받아야 한다.

Carrier Certification은 이동통신 사업자가 단말기 제조사에 요구하는 사항에 대한 검증으로 사업자가 진행한다. 최근에는 범용 스마트폰의 활성화로 이동통신 사업자의 자체 검증이 줄어드는 추세에 있고 동남아시아, 남미, 아프리카 등의 일부 사업자는 자체 검증을 하지 않는다.

각 국가의 전자제품 규제사항에 대한 검증(Regulatory Certification)은 단말기가 해당 국가에서 정의한 전파규격으로 전파를 송출하는지 여부를 검증하는 것으로 불요파 방사시험, 단말기가 송출하는 전파가 인체에 미치는 영향 등을 검증한다.

불요파 방사시험이란 각 국가에서 정의한 전파송출 규격을 기준으로 불필요한 전파가 생성되는지 여부를 검증하는 시험이다. 어떤 나라는 규제사항 검증에 상세하게 단말기의 형태, 포장상태, 사용자 매뉴얼 등을 검증하는 경우도 있다.

▌그림 1-348▐ 이동통신 단말기 검증 항목별 주체

이 검증은 이동통신 단말기(실제로는 모든 전자제품)를 해당 국가에 판매하기 위해서는 반드시 통과해야 한다. Regulatory Certification은 해당 국가에서 직접 검증하는 것은 아니고, 그 국가에서 지정한 시험소에서 진행된다.

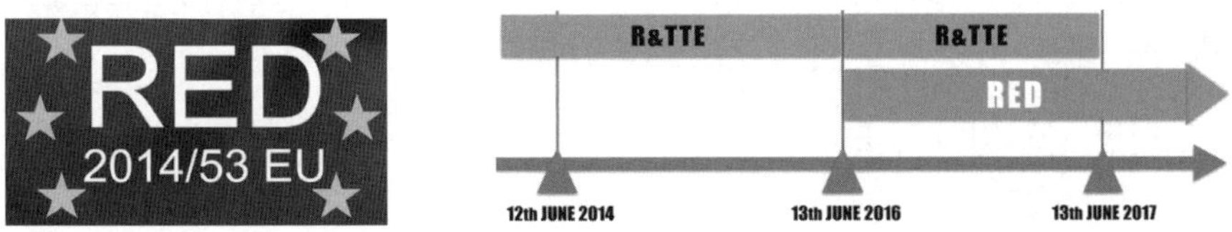

▌그림 1-349▐ 유럽의 전자제품 규제사항 검증인 RED

유럽의 경우, 규제사항에 대한 검증을 RED(Radio Equipment Directive)라고 한다. 이전에는 R&TTE(Radio and Telecommunication Terminal Equipment)라는 명칭을 사용했으나 2014년에 새로운 규격인 RED를 정의한 다음, 2016년부터 RED 기준을 적용하고 있다.

따라서 유럽에 이동통신 단말기를 판매하기 위해서는 RED 검증을 받아야 단말기에 CE 라벨을 붙일 수 있다. 단말기 검증에서 필수적인 각 국가의 규제사항에 대한 검증, 이동통신망 호환성 검증 이외에 다수의 추가 검증항목이 있다.

대표적인 검증항목은 WiFi, Bluetooth, EMVCo, NFC, 무선충전 등이 있다. 따라서 단말기를 시장에 판매할 경우 많은 검증을 받아야 하고, 이러한 검증을 받기 위해서는 단말기 제조사는 해당 시험소에 검증비용을 지불해야 한다.

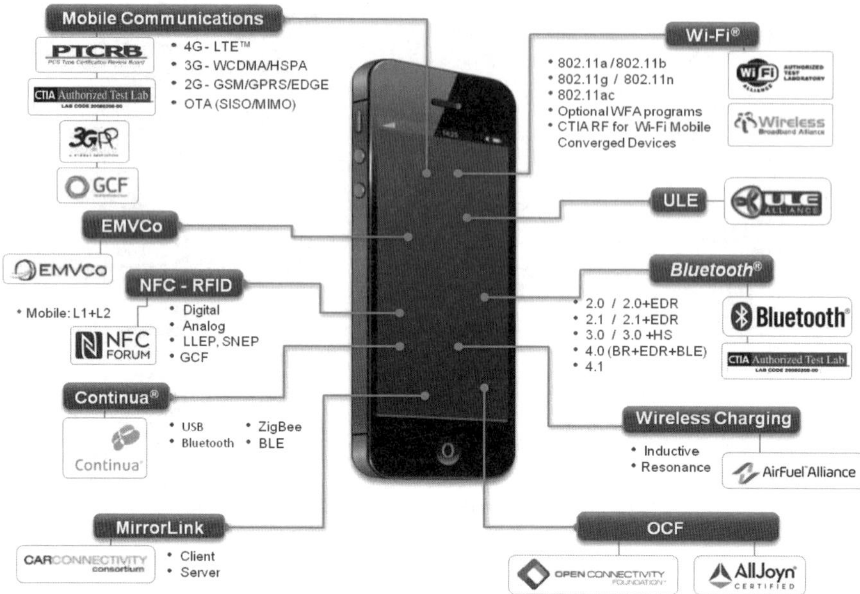

▌그림 1-350▌ 이동통신 단말기에서 검증이 필요한 추가 항목 예(출처: TRIANGLE)

이 중에서 GCF 검증은 3GPP 규격을 근간으로 단말기가 이동통신망에 연동이 잘 되는지를 시험한다. 대부분의 단말기 검증방법은 3GPP에서 정의하고, 이렇게 정의된 규격을 기반으로 GCF는 세부 시험방법 정의, 검증을 진행한다.

5G의 경우, 이전 규격인 4G, 3G 등이 수용되도록 3GPP는 Backward Compatibility(현재의 기술이 이전 버전 기술을 수용)를 위한 규격을 정의했다. 따라서 3GPP 규격이 진화될수록 시험항목은 많아지고 복잡해진다.

현재 3GPP 기술 규격은 이러한 Backward Compatibility를 위하여 처리절차가 복잡하고, 옵션이 많아서 호환성 시험이 필수적이다. 이동통신 장비 제조사는 몇 군데 안되지만, 단말기 제조사는 많기 때문에 대부분 호환성 규격과 시험은 단말기를 대상으로 정의된다.

▌그림 1-351▌ GCF의 시험항목 예

GCF는 이동통신 시스템에서 통신장비를 만드는 회사, 단말기를 만드는 회사가 각각 다르기 때문에 상호간 호환성을 검증하기 위하여 시험규격 정의와 인증을 해주는 단체이다. 따라서 GCF는 이동통신 규격을 정의하는 단체인 3GPP(특히, RAN WG5)와 긴밀하게 협력하여 호환성 시험규격, 방법, 기준 등을 정의한다.

GCF의 시험항목은 크게 Conformance Test, Interoperability Test, Field Test등으로 구분된다. Conformance Test는 주로 RF관련으로 정해진 규격으로 전파를 송수신하는 여부와 성능 시험(정해진 규격으로)이고, Interoperability Test는 주로 호처리 시험으로 기지국과 단말기간 상호 연동이 잘되는지 여부를 시험하는 것이고, Field Test는 실제 필드환경에서 이동하면서 단말기 동작을 시험하는 것이다.

GCF는 유럽의 GSM부터 시작된 것으로 이후 UMTS, LTE, NR 등에도 적용되면서 사실상 국제적으로 유일한 이동통신 단말기 검증 기관이다. 물론 이전 CDMA 이동통신에서도 CDG(CDMA Development Group)에서 단말기 검증을 했으나 지금은 없어진 상태이다.

또한, 북미와 남미지역 사업자 위주로 GCF와 유사한 PTCRB(PCS Type Certification Review Board)를 운영하고 있다. 이것은 북미와 남미지역 사업자가 유럽 사업자와 다른 주파수를 사용하거나 일부 무선 프로토콜을 다르게 정의하여 사용하기 때문이다. 하지만 최근에는 이 지역에서도 대부분 GCF 기준을 근간으로 단말기 검증을 주관한다.

	시험인증분야	주파수	주요사업자
GCF	GSM, GPRS, EDGE	900MHz, 1800MHz	Vodafone, Orange, TeliaSonera, Deutsche, Telecom, Ntt DoCoMo, Verizon Wirelesss
	WCDMA, HSDPA, HSUPA, HSPA+	FDD I ,FDD II,FDD III	
	FDD LTE	FDD 1, FDD 3, FDD 5, FDD 7, FDD 13, FDD 20	
	TDD LTE	TDD 38, TDD 40	China Mobile
PTCRB	GSM, GPRS, EDGE	850MHz, 1900MHz	AT&T, T-Mobile, Rogers
	WCDMA, HSDPA, HSUPA, HSPA+	FDD II, FDD IV, FDD V	
	FDD LTE	FDD 4, FDD7, FDD 12, FDD 13, FDD 14, FDD 17	

▌그림 1-352▐ GCF와 PTCRB의 기술적 차이점 예

호환성 시험을 위해서는 통신장비, 단말기 모두 해당되는데, 일반적으로 통신장비를 개발하는 회사는 몇 개 안되기 때문에 대부분 호환성 시험은 단말기에 집중되어있다. 통신장비의 경우, 측정장비와 칩 회사와 협력으로 자체 호환성 검증을 하지만, 단말기의 경우 GCF가 지정한 별도의 시험소에서 호환성 검증을 받아야 한다.

예를 들면, GCF에서 정의하는 시험항목을 통신장비 회사는 단말기 회사(또는 칩회사)와 함께 자체적으로 검증하지만, 단말기는 반드시 GCF에서 지정하는 시험소(Test House라고 함)에서 호환성 시험 성적표를 이동통신 사업자에 제출해야 한다.

일반적으로 GCF 시험은 단말기 회사보다는 모뎀칩 회사에서 사전에 검증이 완료된다. 이때 GCF의 정식(즉, 상용판매를 위한) 성적표를 받은 것은 아니다. 즉, 모뎀칩 업체는 측정장비 회사와 사전에 협의하여 관련된 GCF 시험(Pre-Conformance Test)을 완료한다.

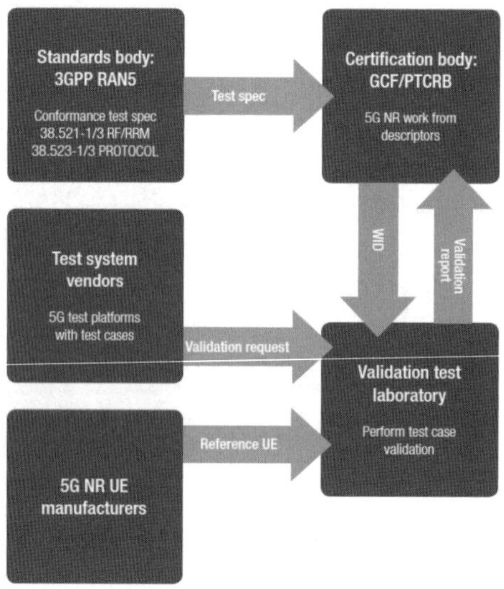

▌그림 1-353▐ GCT/PTCRB의 단말기 검증 절차

GCF는 1999년에 설립된 단말기 호환성 인증기구로 Vodafone, Deutsche Telekom, Telefonica, TeliaSonera 등과 같은 유럽 사업자를 중심으로 시작되었으며, PTCRB도 유사한 시기에 AT&T, T-Mobile USA 등과 같은 북미와 남미 사업자를 중심으로 구성되었다.

GCF에서 검증하는 시험항목은 모두 3GPP에서 정의되며 GCF는 검증절차, 시험방법, 평가지준 등을 정의한다. 하지만, 전자파 무반사실에서 진행되는 이동통신 단말기 전파 방사 시험 방법은 미국의 CTIA(Cellular Telecommunications and Internet Association)에서 규격을 정의한다.

전자파 방사시험 항목이 CTIA에서 정의되는 이유는 CDMA(Code Division Multiple Access)부터 CTIA에서 이 항목을 정의하기 시작해서 이후 UMTS, LTE, NR로 이어지면서 규격을 정의했기 때문에 지속적으로 CTIA에서 규격을 정의하고 있다.

GCF 검증을 전문으로 진행하는 시험소는 Cetecom, 7Layers, SGS, CGC, DEKRA 등과 국내의 TTA, KTL 등 다수가 있고, 최근에는 단말기 제조사(삼성, LG 등)에서 GCF로부터 시험소를 인가받아 자체적으로 단말기를 검증하는 비중이 늘어나고 있다.

GCF 시험소는 GCF에서 정의하는 기준(측정장비, 인력 구성 등)을 만족해야 하고, 시험소의 사업모델은 단말기 제조사로부터 검증을 의뢰받아서 시험을 시행한 다음, 수수료를 받는 모델이다. 단말기가 처리하는 3GPP 주파수가 많아질 경우, 수수료는 수억원 수준으로 증가하게 된다.

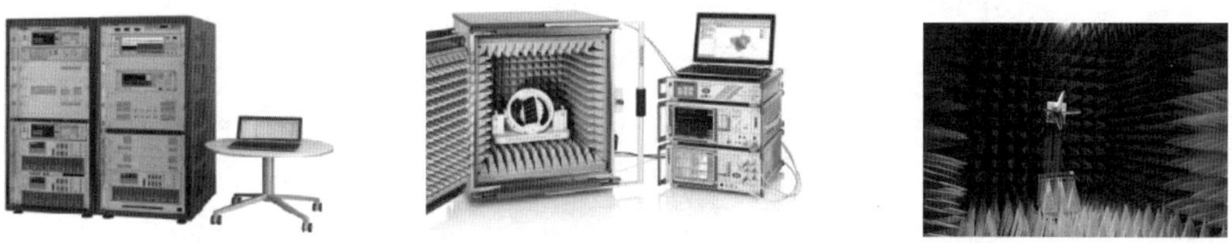

▌그림 1-354▐ GCF 검증을 위한 측정장비 예

GCF 검증은 크게 RF(Layer 1 또는 Physical Layer) 시험과 Layer 3의 호처리 시험인 RRM(Radio Resource Management) 시험(또는 Signaling 시험)이 있다. 이러한 2개의 시험은 모두 측정장비를 활용하여 자동으로 진행된다.

이 외에도 전자파 무반사실에서 진행되는 단말기 안테나 방사(OTA: Over The Air) 시험이 있다. OTA는 전자파 무반사실 챔버에서 자유공간과 실 사용 조건(즉, Fading 환경)에서 단말기의 전파방사 성능을 시험하는 것으로 CTIA(북미 이동통신협회)에서 정의한다.

OTA 시험은 유럽이 아닌 미국위주의 CTIA에서 기준을 정의하는 이유는 특별한 것은 없고, 관행적(과거에 했기 때문에 지금도 하는 것)으로 진행되었기 때문이다. OTA 시험은 단말기의 전파방사 전력 시험인 TRP(Total Radiated Power)와 단말기의 전파 수신성능 시험인 TIS(Total Isotropic Sensitivity)가 있다.

GCF 시험을 위한 주요 측정장비 회사는 R&S, Anritsu, Keysight Technologies 등이 있다. 이 회사는 측정장비 판매뿐만 아니라 3GPP와 GCF에서 이동통신 장비와 단말기 시험방법에 대한 표준 정의에도 많은 기여를 하고 있다.

4G 단말기까지는 무선 프로토콜 시험을 위하여 단말기와 측정장비 사이에 RF 케이블(Connected Mode)을 연결하여 전자파 무반사실이 아닌 일반 환경에서 시험이 가능하다. 따라서 무선 프로토콜 시험은 일반환경(사무실, 개발실 등)에서 진행되고, RF 성능시험(Radiated Mode)만 전자파 무반사실을 이용한다.

하지만, 5G 단말기의 안테나는 MIMO(Multiple Input Multiple Output)로 구성하기 때문에 단말기와 측정장비를 RF 케이블로 연결하여 시험할 수 없다. 따라서 무선 프로토콜 시험은 간이 전자파 무반사실이나 TEM(Transverse Electromagnetic) 셀(소형 기구물 박스로써 내부에 균일한 전파환경 제공)이 활용된다.

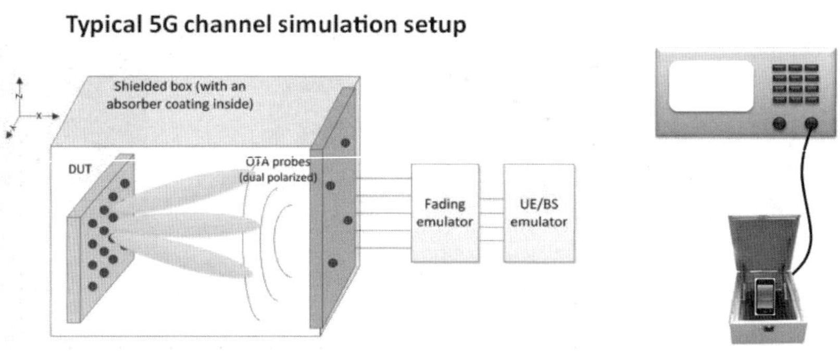

▌그림 1-355▐ 5G 단말기 성능시험(RF, Protocol 등) 방법(간이 챔버, TEM 셀)

따라서 5G 단말기 시험은 3G, 4G와 달리 RF 시험과 프로토콜 시험을 모두 Radiated Mode로 시험해야 되므로 시험 환경구성이 복잡하고, 장비 가격이 비싸다.

chapter 02

5G 이동통신 기술

02 5G 이동통신 기술

1 ITU 요구사항, 시장

1) ITU 요구사항

(1) 정의

5G 이동통신이란 4세대(4G) 대비 더 빠른 속도(초고속 데이터 통신), 서비스 면적당 더 많은 IoT 디바이스를 효과적으로 수용, 초 저지연(Low Latency) 통신 등이 가능한 차세대 이동통신 기술이다.

초고속 데이터 통신은 일반적으로 4K UHD Video를 60fps 이상 전송 가능한 수준이고, IoT 디바이스를 km^2당 100만개 이상 수용이 가능하며, 무선구간 신호(또는 정보) 지연(Delay)이 1ms 이하의 특징이 있다. 이러한 5G의 주요 3가지 특징을 초고속, 초연결, 초저지연으로 표현되기도 한다.

5G 명칭은 이동통신과 관련된 단체(3GPP가 주도)에서 정의된 용어이고, ITU(International Telecommunication Union, 국제통신연맹)가 2015년에 정의한 국제적인 공식명칭은 IMT-2020이다. 즉, 차세대 이동통신 공식명칭은 IMT-2020이지만 5G와 내용은 같다.

5G라는 용어는 차세대 이동통신 공식명칭인 IMT-2020보다 짧게 발음되고 쉽게 기억할 수 있고, 기존의 방식(4G) 대비 진화된 기술이란 의미에서 일반인들이 쉽게 이해할 수 있기 때문에 5G라는 용어가 많이 사용된다.

5G 상용화 관련, 논란의 여지는 있지만, 미국 이동통신 사업자인 Verizon이 2018년 8월에 시작한 이동성(Mobility)이 보장되지 않는 단말기를 사용하는 FWA(Fixed Wireless Access) 를 상용화했다

FWA란 외부 5G 기지국에서 무선통신으로 주로 가정이나 사무실에 설치된 고정용 단말기(CPE: Customer Premises Equipment)로 통신하는 것으로 단말기가 특정지역에 고정된 것이 특징이다.

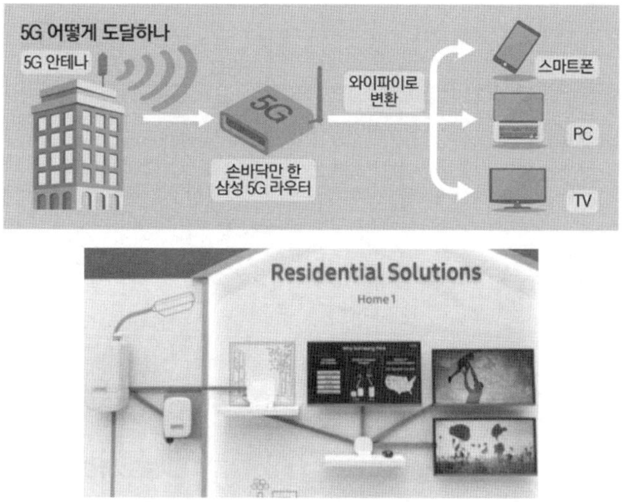

▌그림 2-1▐ 5G 이동통신의 FWA 서비스 예

FWA는 이동통신의 기본 특징인 단말기 이동성(Handover 등)이 없기 때문에 세계 최초 5G 서비스로 인정하기에는 문제가 있다. 따라서 2019년 4월 국내 SKT를 포함한 국내 사업자가 휴대폰으로 5G를 상용화한 것이 세계 최초로 인정하기도 한다.

▌그림 2-2▐ SKT의 5G 로고와 최초 상용 단말기

IMT-2020은 ITU의 일정상 목표는 2020년에 규격과 기술개발을 완료한 후, 2020년 이후에 상용화하겠다는 일정인데, 주요 국가(주로 한국, 미국, 중국)와 사업자간 경쟁으로 2019년 초에 상용서비스가 제공되었다.

5G 규격을 정의한 배경은 4G 기술로는 급증하는 Mobile Traffic을 감당할 수 없어서 향후 이동통신망(즉, 5G)은 유선망(특히, 광전송) 수준의 전송속도가 보장되어야 한다는 목표로 시작되었다. 스마트폰과 같은 스마트 디바이스의 활성화로 4K Video, 360도 Video, AR/VR 등의 대규모 Mobile Traffic이 요구되는 서비스가 향후 필요하기 때문이다.

5G 기술 도입 배경은 근본적으로 LTE 무선채널 용량 한계가 예측되어 새로운 기술을 도입하여 이 문제를 해결하기 위해서이다. LTE 채널 용량은 2022년에 고객의 요구사항을 만족시킬 수 없을 정도로 한계에 도달될 것으로 예측된다.

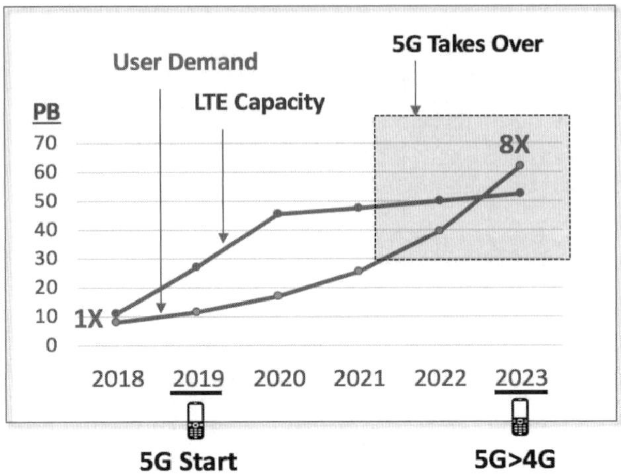

| 그림 2-3 | 기존 LTE의 용량한계로 인한 5G 도입

ITU는 이러한 LTE 용량 한계 도달을 예측해서 5G 요구사항을 정의하여, 각 국가에 5G 주파수 할당을 권고하고, 3GPP에 5G 기술 규격 정의를 요구했다. 초기 5G 규격정의는 초고속 통신과 Low Latency 강화에서 시작되었으나, 나중에 IoT 중요성이 대두되면서 하나의 기지국에서 대규모 IoT 디바이스를 수용하는 기술규격에 추가되었다.

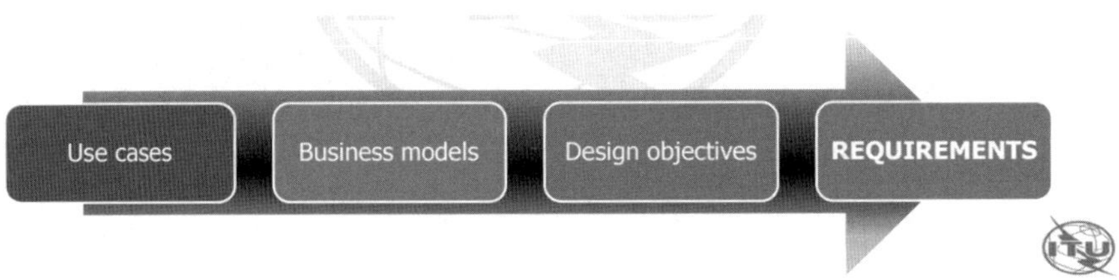

| 그림 2-4 | ITU의 요구사항 정의를 위한 단계

ITU에서 차세대 이동통신 요구사항 정의를 위한 단계를 보면, 초기 Use Cases(서비스 제공 사례), Business Models(수익모델), Design Objectives(기술개발 방향/목표)를 정의한 다음, 최종적으로 요구사항(Requirements)이 작성된다.

ITU에서 대략적인(High Level) 5G 기술과 서비스 요구사항을 정의하면, 이것을 기반으로 3GPP 주도로 관련된 세부 기술을 작성하여 ITU에 송부하고, ITU는 국제표준으로 확정한다.

(2) ITU 요구사항, 비전

ITU는 2016년부터 기존 이동통신 방식(4G)으로는 급증하는 모바일 트래픽, 자율 주행차 니즈 증가, 많은 IoT 디바이스 수용 등과 같은 시장 상황에 대응이 어렵다고 판단하여 새로운 이동통신(5G) 요구사항을 정의하기 시작했다.

이때, ITU는 차세대 이동통신을 "IMT for 2020 and beyond"라는 모토로 IMT-2020에 대한 Vision(원하는 목표)과 요구사항(Vision을 달성하기 위한 조건/기술사항)을 정의했다. 여기에서 IMT(International Mobile Telecommunications)는 ITU에서 주관하는 이동통신 방식을 의미하며, 5G 기술은 2020년과 그 이후의 이동통신 기술로 정의했다.

또한 ITU는 5G 이동통신 요구사항을 정의하면서 5G 이후(Beyond)의 전세계 이동통신(IMT) 수준과 대략적인 요구사항도 정의했다.

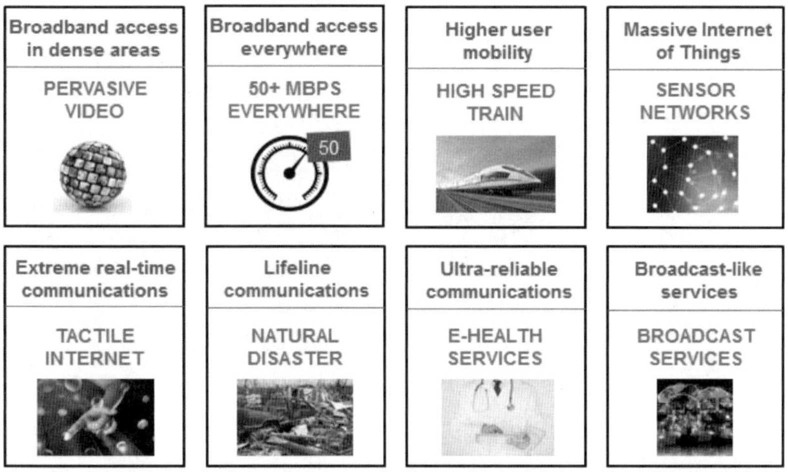

그림 2-5 NGMN에서 제시한 5G Use Cases(2015년)

이후, ITU는 주요 이동통신 사업자 협회인 NGMN(Next Generation Mobile Networks), GSMA(Global System for Mobile Communications Association) 등에게 차세대 이동통신이 제공해야 할 주요 기능과 서비스 시나리오를 작성을 요청했다.

ITU는 관련된 단체로부터 5G 기능과 서비스를 취합하여 IMT-2020을 다음과 같이 정의했다. "IMT-2020: systems, system components, and related aspects that support to provide far more enhanced capabilities than those described in recommendation IMT-2000."

여기에서 IMT-2000은 2000년에 기술개발 완료 목표로 정의된 3G 이동통신으로 UMTS(Universal Mobile Telecommunications System), CDMA2000 등을 의미한다.

3G 방식에서 유럽주도의 이동통신 기술 이름은 UMTS이지만, 무선구간 통신방식이 WCDMA(Wideband Code Division Multiple Access) 기술을 사용하여 일반적으로 WCDMA라고도 한다.

ITU의 IMT-2020 정의에서 'far more enhanced capabilities'는 기존보다 월등히 빠른 속도를 지원해야 한다는 의미로 5G 방식은 초고속 통신을 중점적으로 정의했다. 이를 위해서 기존 4G 주파수 대역을 사용하는 것이 아니고, 새로운 주파수 대역(NR: New Radio)을 할당하는 것으로 결정했다.

4G 이동통신은 OFDM(Orthogonal Frequency Division Multiplexing)을 사용하는 LTE(Long-Term Evolution)를 의미하며, ITU 용어로는 IMT-Advanced이다. IMT-2000, IMT-Advanced, IMT-2020 등은 ITU에서 사용되는 용어이고 3G(UMTS 또는 WCDMA), 4G(LTE 등) 등은 3GPP에서 사용되는 용어이다.

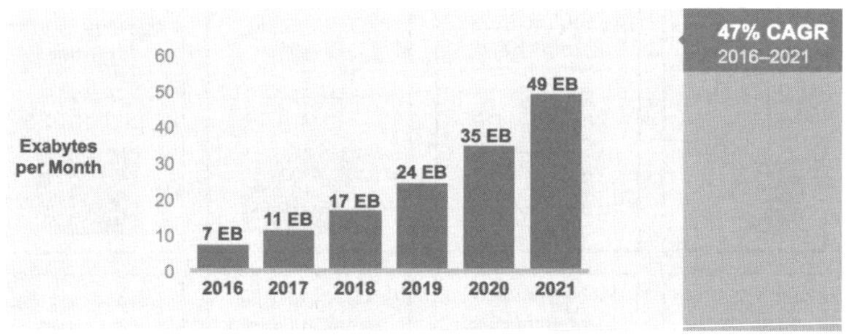

▌그림 2-6▐ 전세계 모바일 트래픽 예측(출처: Cisco)

Cisco사 보고서에 따르면, 전세계적으로 모바일 트래픽은 비디오를 중심을 2021년까지 매년 47% 증가될 것으로 예측했다. 따라서 모바일 트래픽 증가에 대응하기 위해서는 새로운 이동통신 방식이 필요하다.

트래픽이란 통신망을 통과하는 정보의 흐름 또는 통신망과 통신기기를 점유하는 특정시간의 데이터 양으로 정의될 수 있다. 즉, 트래픽이란 특정시간 동안 통신망으로 송수신되는 데이터의 양이다.

이러한 모바일 트래픽 증가 추세에 따라서 전세계적으로 5G 기술 규격에 대한 니즈가 증가되면서 관련된 업체와 ITU는 차세대 이동통신 전송속도 목표는 광통신 수준을 보장하는 것이라고 정의했다.

이동통신망에 접속되는 디바이스 별(예, 휴대폰, IoT) 연결 수와 관련된 Ericsson의 보고서에 따르면, 사람이 사용하는 Mobile Device도 꾸준히 증가되는 추세지만, IoT 디바이스 증가 속도는 2020년 이후 매년 50% 이상 성장될 것으로 예측했다.

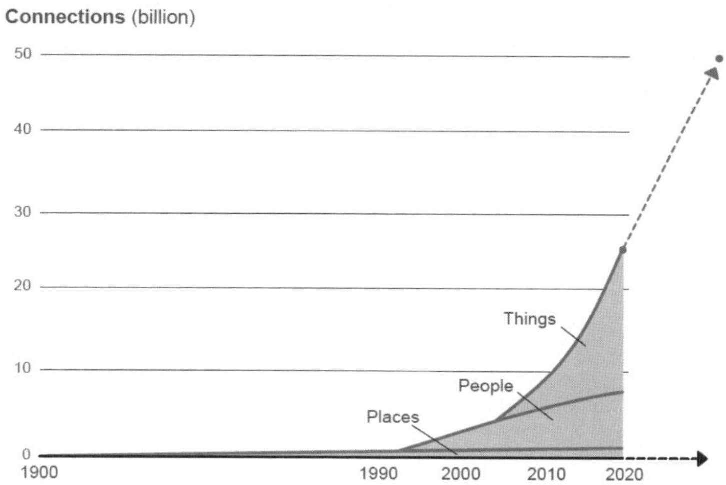

【그림 2-7】 이동통신 IoT 디바이스 수 예측(출처: Ericsson)

IoT는 2005년부터 본격적인 시장이 형성되어 2010년에 약 100억개 디바이스, 2020년에 약 250억개 디바이스로 급증될 것으로 Ericsson은 밝혔다. ITU는 이러한 모바일 트래픽, IoT 수요 급증, 자율주행차, 재난상황에 대한 대처 등의 서비스와 기능에 대응하기 위하여 5G 기술 개발을 주도하고 있다.

NGMN(Next Generation Mobile Networks)은 ITU의 요구사항 정립에 도움을 주기 위하여 5G 서비스 사용 시나리오(Use Case), BM 등과 함께 다음과 같은 '5G Vision'을 발표했다. "5G is an end-to-end ecosystem to enable a fully mobile and connected society. It empowers value creation towards customers and partners, through existing and emerging use cases, delivered with consistent experience, and enabled by sustainable business models".

5G는 이동성 기반의 초연결 사회를 실현하기 위한 End-to-End 생태계이다. 5G는 현존하는 서비스 시나리오와 앞으로 출현할 서비스 시나리오를 통해서, 일관되게 고객이 경험을 느끼고 지속 가능한 비즈니스 모델이 실현되어서 고객과 파트너들의 가치를 창출할 수 있도록 한다.

NGMN은 5G Vision을 발표하면서 이 Vision을 달성하기 위한 주요 요소는 Use Cases, Business Models, Value Creation으로 정의했다. Use Cases는 5G를 활용한 주요 서비스 사례이고, Business Model은 사업자의 역할을 3개(Asset Provider, Connectivity Provider, Partner Service Provider)로 분류하여 정의했고, Value Creation은 고객의 니즈를 만족할 수 있도록 서비스를 제공하는 것이다.

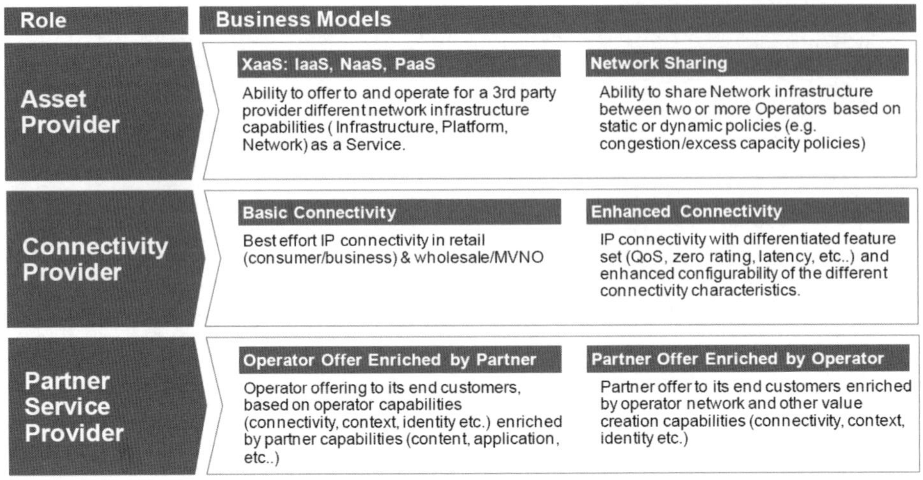

| 그림 2-8 | 5G Business Model(출처 : NGMN)

Asset Provider는 이동통신 사업자의 주된 자산이 통신망이므로 통신망을 서비스 제공 플랫폼으로 활용하는 것이고, Connectivity Provider는 기존 데이터 망에 다양한 QoS 처리가 가능하도록 가치는 제공하는 것이고, Partner Service Provider는 3rd Party의 컨텐츠를 전달하는 역할을 한다.

ITU는 관련된 국가와 단체(예, NGMN)로부터 Use Case(서비스 시나리오)를 반영하여 IMT-2020 요구사항을 정의했다. 요구사항은 원하는 목표로써 5G Capabilities 또는 5G Key Performance Indicators 로도 해석될 수 있다.

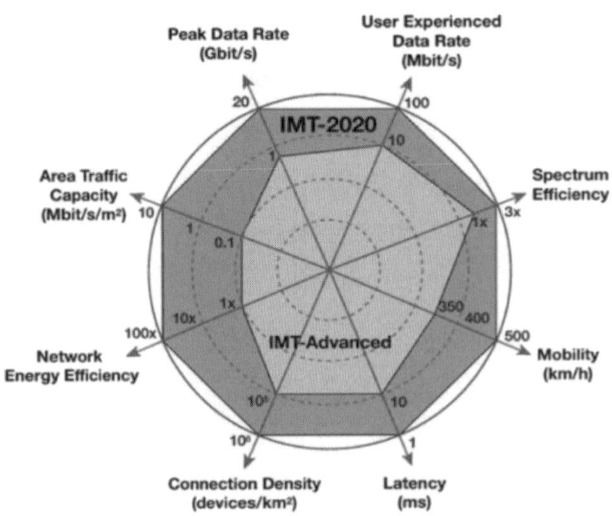

| 그림 2-9 | ITU에서 정의한 IMT-2020 요구사항

IMT-2020의 주된 특징은 ①고속데이터 전송(최대 20Gbps, 체감 100Mbps), ②하나의 기지국에서 많은 IoT 디바이스 수용(km^2 당 백만개 디바이스), ③데이터 지연시간은 1ms 이내, 500Km/h로 이동하면서 통신 가능 등이다.

ITU는 이러한 5G의 주요 3가지 특징을 다음과 같은 용어로 정의했다. 여기에는 eMBB(Enhanced Mobile Broadband), mMTC(massive Machine Type Communications), URLLC(Ultra-reliable and Low Latency Communications)이다.

기존 이동통신인 2G, 3G, 4G는 기본적으로 전송속도를 높이기 위한 방안으로 기술이 정의되었다. 물론 4G에서 IoT가 지향하는 저가, 저전력 등의 목표로 IoT 디바이스를 수용하기 위한 몇 가지 기술이 도입되었지만, 하나의 기지국에 충분한 개수의 디바이스 수용에는 한계가 있었다.

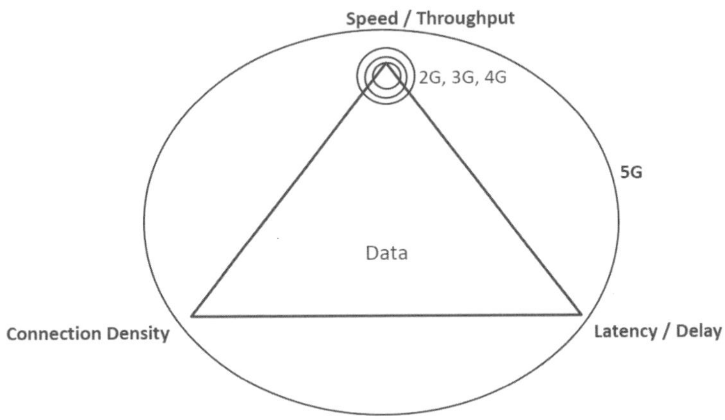

IMT-2020 요구사항에는 IMT-Advanced(또는 4G) 대비 최대 전송속도 측면에서 20배(1Gbps → 20Gbps), 수용할 수 있는 디바이스 수는 10배(10^5 → $10^6/km^2$), 통신 지연시간은 1/10(10ms → 1ms), 이동속도는 150Km/h 더 빠른 속도(350Km/h → 500Km/h)가 가능하다.

5G의 최대 전송속도는 8K 비디오를 수용하기 위한 것이고, 수용 가능한 IoT 디바이스 수는 스마트 시티, 스마트 홈, 자율 주행차 등이 활성화될 것으로 예측되어 정의된 것이며, 전송 지연시간은 Tactile Internet 서비스 제공을 근간으로 정의되었다.

전송속도 측면에서 4G의 사용자가 느끼는 속도는 10Mbps인데, 5G는 95%의 사용자가 체감하는 속도는 100Mbps로 5G는 4G 대비 사용자가 느끼는 속도는 10배 이상을 목표로 정의했다.

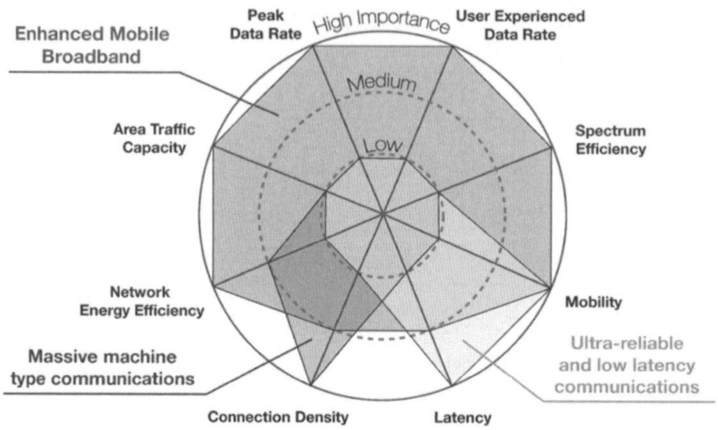

┃그림 2-10┃ ITU의 IMT-2020 서비스 시나리오 분류

ITU는 IMT-2020 요구사항을 크게 3가지로 분류하면서, 해당되는 서비스 예를 정의했다. 예를 들면, eMBB 기반 서비스(Usage Scenarios)는 Gigabytes in a second(초당 기가바이트 전송), 3D Video, UHD Screens 등이 있다.

mMTC에는 스마트 시티, 스마트 공장 등이 있고, URLLC에는 Self-Driving Car(자율주행차), Mission Critical Applications(재난과 같은 긴급사항 대처) 등이 있다.

ITU에서 정의하는 IMT-2020의 3가지 특징 중에 URLLC(초 저지연 통신)는 기존 4G대비 무선 프로토콜에 관련된 기능 추가로 성능이 개선되어 자율주행차, 비상상황 대처, Tactile Internet 서비스 등을 제공할 수 있다.

참고로 기존 4G 기술규격은 크게 고속통신과 IoT 디바이스 수용 등 2가지를 목표로 기술이 개발되었다. 4G의 고속통신은 CA(Carrier Aggregation)와 광대역 주파수폭을 활용했고, IoT 디바이스 수용은 Release 13부터 추가된 LTE Cat-M1, LTE NB-IoT 등으로 현재까지 지속적으로 규격이 보완되고 있다.

ITU는 이러한 요구사항과 서비스 시나리오(Usage Scenarios)와 함께 무선통신 방식, Network 구조와 동작에 대한 대략적인 요구사항(High Level Requirements)도 언급했다. 또한 IMT-2020 서비스 시나리오는 3각형 형태로 정의되어 일명 '3각형 시나리오'라고도 한다.

ITU는 IMT-2020 무선통신 방식을 'IMT Evolution + New RAT Revolution'로 정의하여 기존 IMT Evolution(IMT를 진화시키는 것)과 New RAT(Radio Access Technology) Revolution(새로운 무선통신 방식)을 같이 사용하는 것이다.

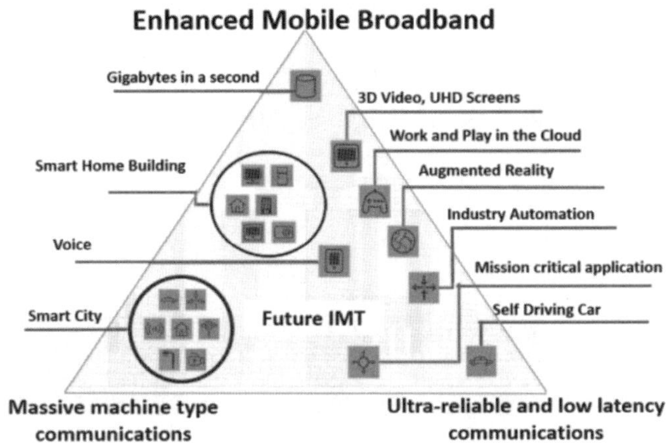

▌그림 2-11▐ IMT-2020의 사용 시나리오

여기에서 IMT Evolution은 IMT-2000(LTE-A, LTE-A Pro 등 포함)을 개선시킨 것이며, New RAT Revolution이란 무선구간에서 새로운 주파수 대역과 기술이 추가되었다는 의미이다. RAT란 3GPP에서 사용되는 용어로 무선구간 통신기술을 의미한다. 예를 들면, UMTS도 하나의 RAT가 될 수 있고, LTE도 하나의 RAT가 될 수 있다.

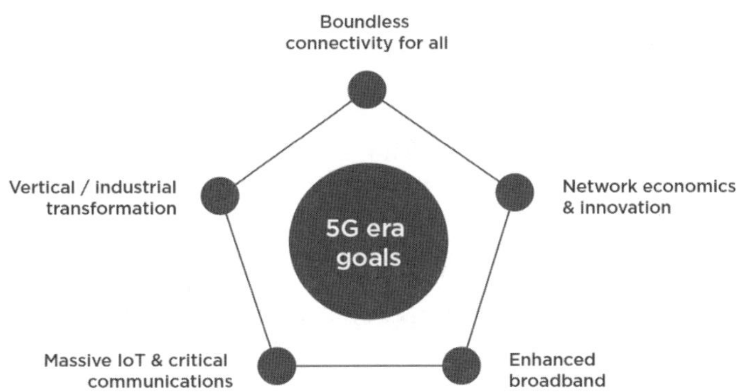

▌그림 2-12▐ GSMA에서 정의한 5 Mobile Industry Goals

GSMA에서 정의한 5 Mobile Industry Goals를 보면, eMBB, mMTC, URLLC 이외에 Vertical/Industrial Transformation과 Network Economics & Innovation 등을 추가했다.

<u>Vertical/Industrial Transformation이란 디지털 기술을 산업 전반에 적용하여 전통적인 산업 구조를 혁신시키는 것이며 스마트 물류처리, 스마트 공장, 스마트 시티 등이 있다.</u> Network Economics & Innovation은 5G 이동통신망이 SaaS(Software as a

Service) 방식으로 통신망 자체가 서비스를 제공하기 위한 플랫폼이 된다는 의미이다.

전체적으로 볼 때, IMT-2020 Network은 기존 대비 서비스 제공을 위한 유연한 구조, 확장성, 효율적인 트래픽 관리 등을 목표로 SBA(Service Based Architecture) 형태로 구현된다.

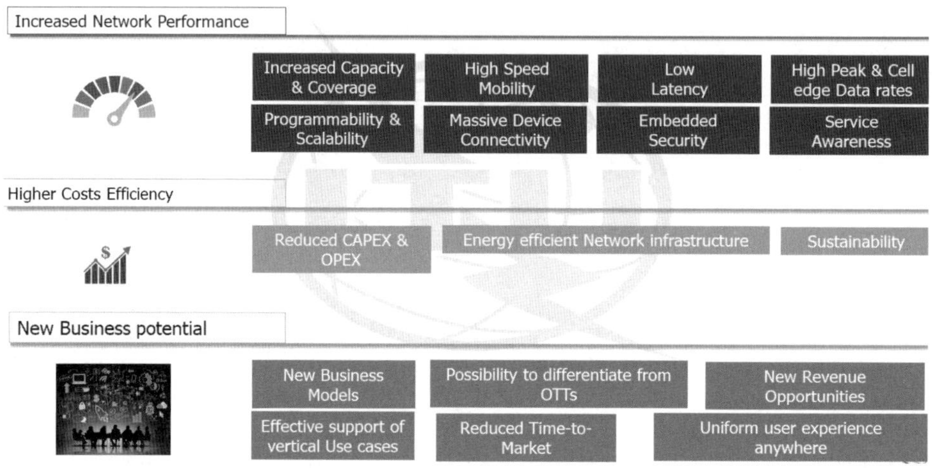

그림 2-13 IMT-2020을 활용한 성능, 효과, 서비스 모델

ITU는 IMT-2020의 요구사항, 사용 시나리오(Usage Scenarios), 기술사항 등을 정의하면서 이를 통하여 5G가 얻을 수 있는 효과를 이동통신망 기술적 측면, 통신망 비용측면, 사업과 서비스 측면 등에서 장점도 언급했다.

이동통신망을 운영하는 사업자는 더 빠른 속도의 데이터를 고객에게 제공, 유연한 망구성, 더 넓은 커버리지(Coverage), 투자비와 운영비 절감, 에너지 효율이 높은 장비를 활용할 수 있다. 이러한 통신망과 기술을 기반으로 새로운 서비스를 제공하여 신규 BM 창출이 가능한 환경을 제공해준다.

여기에서 커버리지는 “하나의 기지국 전파가 도달할 수 있는 거리”를 의미하여, 5G는 4G 대비 전파 감쇄가 더 많은 높은 주파수 대역을 사용하지만, MIMO(Multiple Input Multiple Output), Beam Forming 기술 등을 추가하여 커버리지가 작아지는 것을 어느 정도 보완할 수 있다.

이후, ITU는 무선구간에서 처리되는 통신기술의 성능에 대해서 좀 더 세부적인 기술 요구사항을 정의했다. ITU에서 정의한 기술조건은 대부분 무선구간 기술만 정의했고, 코어망은 이 기술조건을 만족시킬 수 있도록 3GPP에서 정의했다.

Metric	Requirement	Comments
Peak Date Rate	DL : **20 Gbps** UL : 10 Gbps	Single eMBB mobile in ideal scenarios accuming all resources utilized
Peak Spectral Efficiency	DL : **30 bps/Hz**(assuming 8 streams) UL : 15 bps/Hz(assuming 4 streams)	Single eMBB mobile in ideal scenarios accuming all resources utilized
User Experienced Date Rate	DL : 100 Mbps UL : 50 Mbps	5% CDF of the eMBB user throughput
Area Traffic Capacity	Indoor hotspot DL : 10 Mbps/m^2	eMBB
User plane latency	eMBB : 4ms URLLC : **1ms**	Single user for small IP packets, for both DL and UL(eMBB and URLLC)
Control plane latency	20ms(encouraged to consider **10ms**)	Transition from Idle to Active(eMBB and URLLC)
Connection Density	1M devices per km^2	For mMTC
Reliability	99.9999% success prob.	32 L2 bytes within 1ms at cell edge
Bandwidth	〉100 MHz; up to **1 GHz** in 〉 **6 GHz**	Carrier aggregation allowed

그림 2-14 ITU가 정의한 IMT-2020 주요 기술사항

ITU는 IMT-2020의 최대 다운로드 전송속도, 체감 전송속도, 데이터 지연시간, 하나의 기지국에서 수용할 수 있는 IoT 디바이스 수 등 좀 더 세부적인 요구사항을 확정했다. 최대 속도는 다운로드 20Gbps, 업로드 10Gbps이며, 사용자가 체감하는 속도는 다운로드 100Mbps, 업로드 50Mbps이다.

그리고, 사용자 데이터 지연시간(User Plane Latency)는 eMBB는 4ms, URLLC는 1ms와 데이터 송수신 성공율(Reliablity)은 99.9999%로 정의했고, 제어신호 지연시간(Control Plane Latency)은 20ms이다. IoT 디바이스는 km^2당 100만개를 수용해야 한다고 정의했다.

이후, 3GPP는 이러한 ITU의 High Level 기술 요구사항을 근간으로 세부 규격을 정의했다. 이를 위하여 3GPP는 2016년부터 Release 14 단계에서 5G 기술 연구를 시작했고, Release 15에서 5G 규격 Phase 1(1단계)을 2018년에 완료했다.

5G Phase 1 규격인 Release 15는 2018년 9월에 확정되었고, 3GPP는 이후 5G Phase 2 규격정의를 위한 기반 기술을 검토한 후, 2020년 초에 Phase 2 규격이 확정될 예정이다.

이러한 3GPP의 주요 기술을 기반으로 ITU 무선통신 분과인 ITU-R의 산하 협의체인 WRC(World Radiocommunication Conferences, 주로 각 국가의 주파수 정책 협의 기구)에서 IMT-2020에 필요한 주파수 대역 할당에 대한 협의를 완료했다. 주파수 대역할당은 ITU-R Working Party 5D(국제전기통신연합의 전파분야 이동통신 실무협의체)가 담당하고 있다.

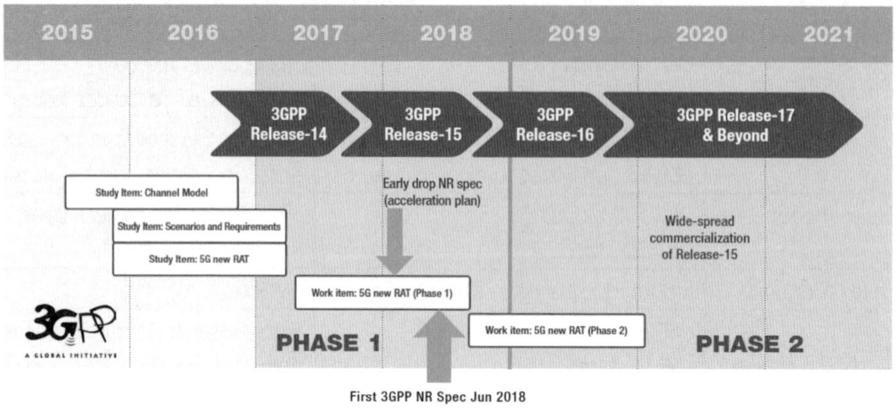

| 그림 2-15 | 3GPP의 5G 표준화 일정

5G 세부 기술을 정의하는 표준화 단체인 3GPP는 주파수 특성, 효율성, 각 국가에서 해당 주파수가 있는지 등에 대하여 검토한 후, ITU-R WRC에 해당되는 주파수 할당을 요청한다. 국내의 경우, ITU-R WRC의 권고사항을 기반으로 2018년에 사업자별 5G 주파수가 할당되었다.

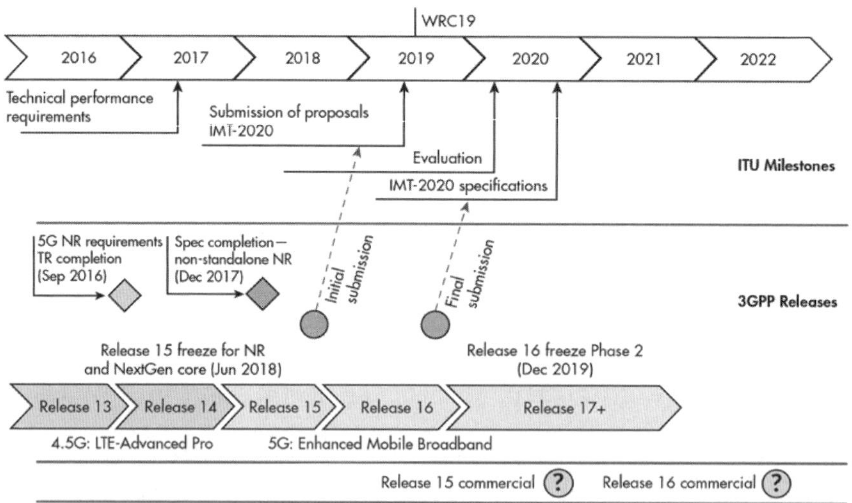

| 그림 2-16 | ITU와 3GPP의 협력으로 5G Phase 1 이후의 기술 정의 일정

3GPP는 2020년 초에 5G Phase 2 규격인 Release 16을 완료할 예정이고, ITU는 5G Phase 2 이후의 기술에 대하여 2019년에 관련된 정부, 업체, 단체 등으로부터 제안을 받고, 2020년에 3GPP에서 규격을 완료하도록 권고하고 있다.

즉, 3GPP는 2021년에 Release 17 규격을 완료할 예정이고, 추가로 ITU는 2021년부터

6G에 대한 초기 기술 검토를 시작할 것으로 예상된다.

▎그림 2-17▎ 5G Promotion Group 예

3GPP와 협력하는 기존의 Market Partner인 GSMA, 5G Americas 등 이외에 5G에는 5G PPP(유럽), IMT-2020(중국), 5G Forum(한국), 5G MF 등 새로운 Promotion Group이 만들어져서 5G 서비스 활성화에 기여하고 있다.

이러한 Promotion Group과는 별도로 주요 서비스별 협회가 만들어져서 5G 서비스 활성화에 기여하고 있는데, 대표적인 단체는 5G-Xcast, 5GAA(5G Automotive Association) 등이 있다.

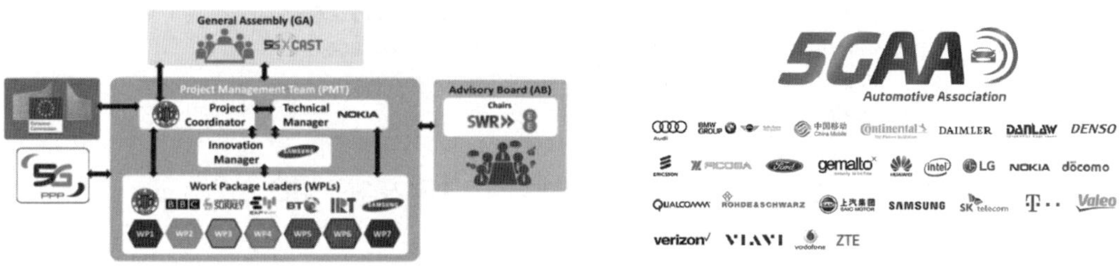

▎그림 2-18▎ 5G-Xcast, 5GAA 개요

5G-Xcast는 5G 망을 활용하여 방송 서비스를 제공하기 위한 기술 규격을 정의하는 단체이고, 5GAA는 5G 망을 활용하여 자율주행차 기술을 정의하는 단체이다.

2) 적용된 신기술

5G의 대표적인 특징인 eMBB, URLLC, mMTC 중에서 표준화 시작 단계에는 eMBB와 URLLC에 중점을 두고 진행되었으나, 이후 IoT 니즈가 중요시 되면서 mMTC가 추가되었다. 전체적으로 볼 때, 5G에 적용된 대부분 신기술은 eMBB에 중점을 두고 있다.

eMBB를 위하여 5G에는 새로운 주파수 대역(예, 3.5GHz, 28GHz)이 할당되었고, 주파수 폭을 광대역으로 사용하며, Massive MIMO를 사용하여 무선구간에서 속도증대를 위해 추가 기술이 적용되었다.

mmWave는 주파수 파장이 mm 단위의 주파수 대역을 의미하며, 일반적으로 20GHz~100GHz 사이 주파수 대역이다. 이 중에서 5G 주파수 대역으로는 주로 24GHz~30GHz가 사용된다. 주파수 대역이 높아지면 전파 성질에서 입자(즉, 직진) 성질이 강해져서 전파세기가 급격히 감쇄되며, 좁은 지역에 침투는 잘 되지만, 장애물이 있는 지역과 먼거리 전송이 안 된다.

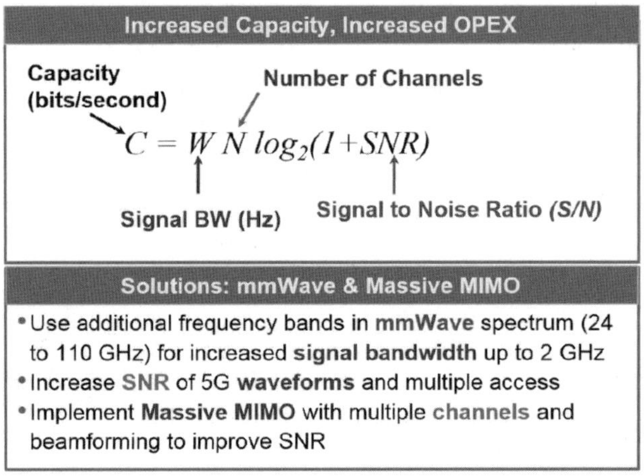

그림 2-19 5G에서 무선구간 용량을 높이기 위한 방안

ITU(실제로는 ITU-R의 WRC)는 각 국가별로 여유있는 mmWave 주파수 대역에 5G용으로 광대역 주파수를 정의했다. mmWave 이하의 주파수 대역은 각 국가에서 상업용, 군사용 등의 목적으로 많이 사용하고 있기 때문에 상대적으로 주파수 여유가 있는 mmWave 대역을 5G 대역으로 선정했다.

이동통신에서 무선구간 채널 용량을 증대시키기 위하여 이미 다양한 신기술이 적용되어 통신채널 용량을 정의하는 Shannon 이론의 한계에 도달했기 때문에 전송속도를 높이려면 결국 주파수 폭을 넓게 할당해야 된다. 예를 들면, 4G의 주파수 폭을 10MHz로 사용하면, 5G에서는 100MHz를 사용해서 전송속도를 높인다.

5G는 무선구간 용량(Capacity)을 증대시키기 위하여 주파수폭을 넓게 할당하고 추가적으로 Massive MIMO 기술을 적용하고 있다. 안테나 수를 많이하면 채널 용량이 증대되기 때문이다. 통신채널 용량은 주파수폭과 안테나 수에 비례한다.

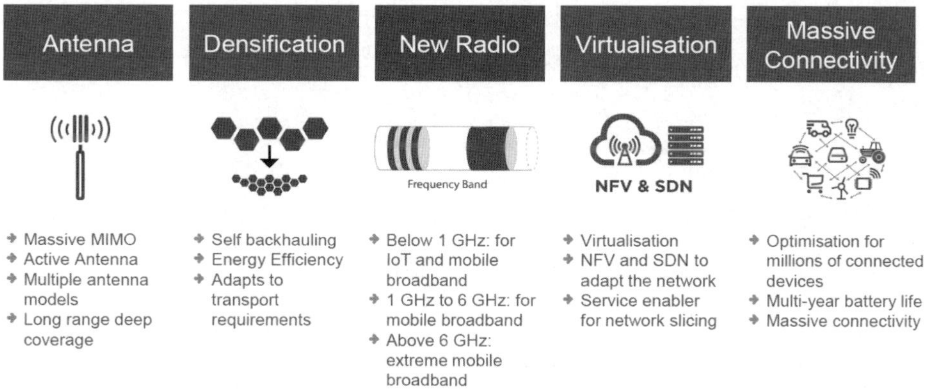

▌그림 2-20▐ 5G에 적용된 주요 기술 – #1(출처 : GSMA)

GSMA는 5G에 적용된 신기술로 Antenna(Massive MIMO), Densification(이동통신망 장비 구성을 분산화), New Radio(3.5GHz나 28GHz에 새로운 주파수 할당), Virtualization(코어망 장비 가상화), Massive Connectivity(많은 IoT 디바이스 수용) 등으로 정의했다.

Densification은 코어망과 기지국 장비를 분산시키는 것으로 코어망은 MEC(Mobile Edge Computing), 기지국은 Cloud RAN 구조가 대표적이다. 이렇게 장비와 기능을 분산하는 이유는 장비 가격을 낮추고, SBA(Service Based Architecture)를 구현하기 위해서이다.

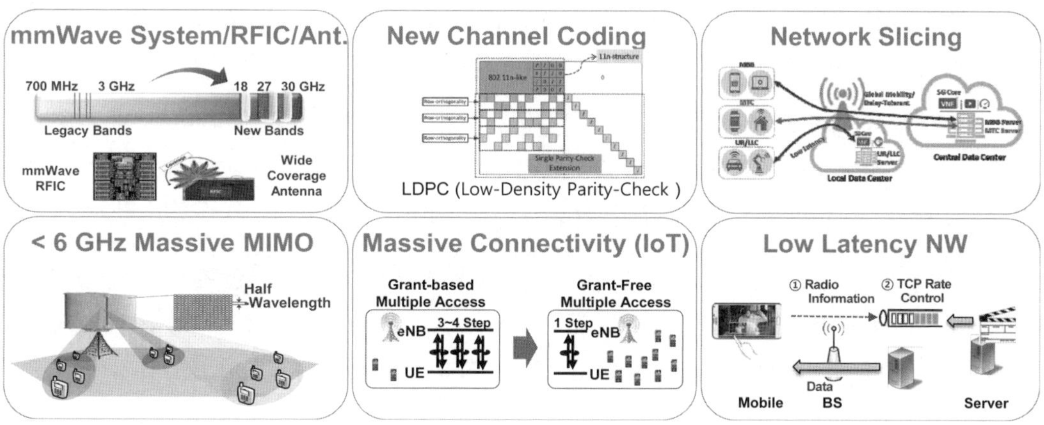

▌그림 2-21▐ 5G에 적용된 주요 기술 – #2(출처 : 삼성)

삼성은 5G에 적용된 주요 기술로 mmWave, Massive MIMO, New Channel Coding, Network Slicing, Massive MIMO, Massive Connectivity(IoT), Low Latency Network으로 정의했다.

Network Slicing은 코어망 장비에 적용되는 기술로 각 서비스 별(eMBB, mMTC, URLLC)로 코어망에서 QoS가 다른 데이터의 처리방법을 다르게 하여 효과적인 서비스를 제공하는 기술이다.

Low Latency는 송신측과 수신측 사이 데이터 전송에서 지연시간이 짧은 것을 의미하며, ITU의 권고안에 따르면 무선구간에서 1ms 이하를 정의하고 있고, 관련된 업체에서는 전체 End-to-End 통신지연을 5ms 이하로 고려하고 있다.

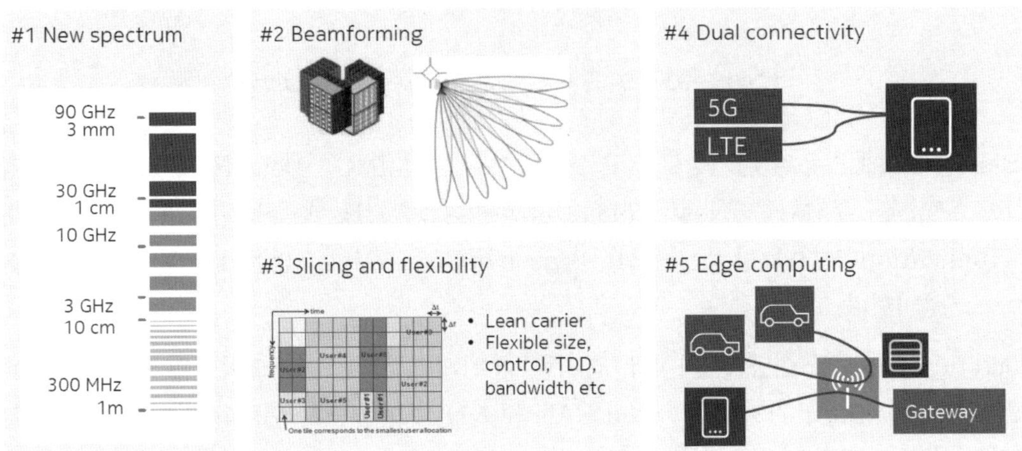

▌그림 2-22▐ 5G 이동통신 주요 기술 – #3(출처: Nokia)

Nokia는 5G에 적용된 주요 기술로 New Spectrum, Beam Forming, Slicing and Flexibility, Dual Connectivity, Edge Computing으로 정의했다.

여기에서 New Spectrum은 3.5GHz, 28GHz 대역 등 광대역폭의 주파수를 새로 할당하는 것을 의미하고, Slicing and Flexibility는 무선구간 Frame 구조를 가변적으로 변경할 수 있어서 유연한 서비스 제공이 가능하다는 의미이다.

Dual Connectivity는 단말기에서 4G와 5G를 모두 받을 수 있는 기술이며, 이동통신망도 4G와 5G가 상호 연동되어야 한다. Dual Connectivity는 사업자 측면에서 5G 망을 일부 지역에만 구축하고, 다른 지역은 기존 4G 망을 활용할 수 있어서 초기 5G 투자비를 절감할 수 있다.

Edge Computing이란 기존의 Cloud에서 제공되는 Cloud Computing 기능이 코어망, 기지국, 단말기까지 내려가는 것을 의미한다. <u>일반적으로 이동통신에서 Edge Computing은 기지국 가까이에서 기존의 코어망 기능이나 Cloud 기능을 처리하는 것을 의미한다.</u>

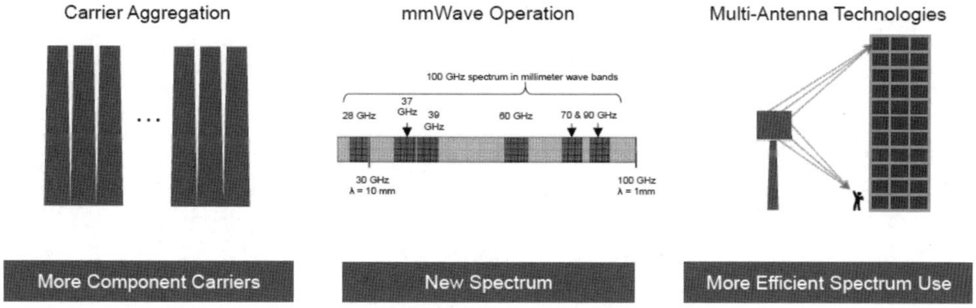

▌그림 2-23▐ 전송속도를 높이기 위하여 5G에 적용된 기술

5G의 가장 큰 특징인 초고속 전송(eMBB)을 위하여 CA(Carrier Aggregation), mmWave 대역, 다수의 안테나를 활용한 Massive MIMO 기술 등이 적용되고 있다. 실제로 5G에서 초고속 통신이 가능한 주된 이유는 광대역 주파수폭을 사용하기 때문이다.

CA는 LTE에도 적용된 기술로 단순히 다수의 물리적인 채널(주파수 폭을 의미)을 묶어서 사용하는 방법이다. 이론적으로 1개의 채널이 100Mbps가 지원될 경우, 2개의 채널을 묶으면 200Mbps가 된다.

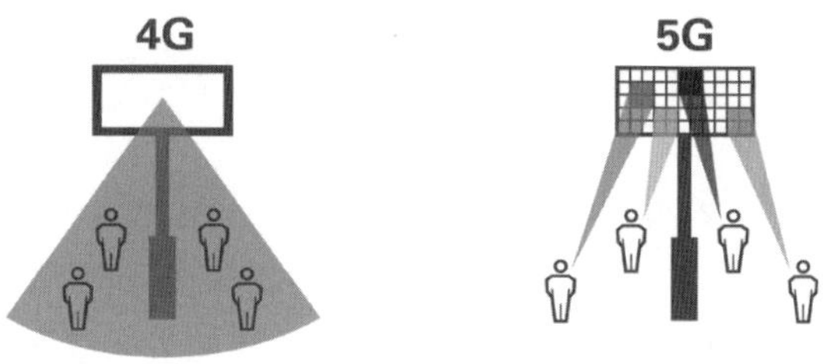

▌그림 2-24▐ Massive MIMO 적용 예

Massive MIMO는 다수의 안테나를 사용한다는 의미이고, 가장 큰 목적은 무선구간에서 채널 용량을 증대시키기 위한 방법이다. 또한 Massive MIMO는 하나의 기지국에 연결된 각 단말기별로 Beam Forming을 하는 기능이다.

Beam Forming이란 특정한 방향으로 전파 에너지를 집중해서 송신하는 방법으로 넓은 방향으로 전파를 송신할 때보다 해당 단말기와 더 빠른 데이터 송수신이 가능하고, 주변 기지국이나 해당 기지국의 다른 휴대폰에 Interference를 줄일 수 있다.

Ultra-lean 구조는 4G의 경우, 단말기는 항상 주기적으로 깨어나서 기지국 정보를 수신해야 하는데, 5G의 Ultra-lean 동작은 주기적이지 않고, 단말기는 변경사항이 있을 경우만 동작되는 구조이다.

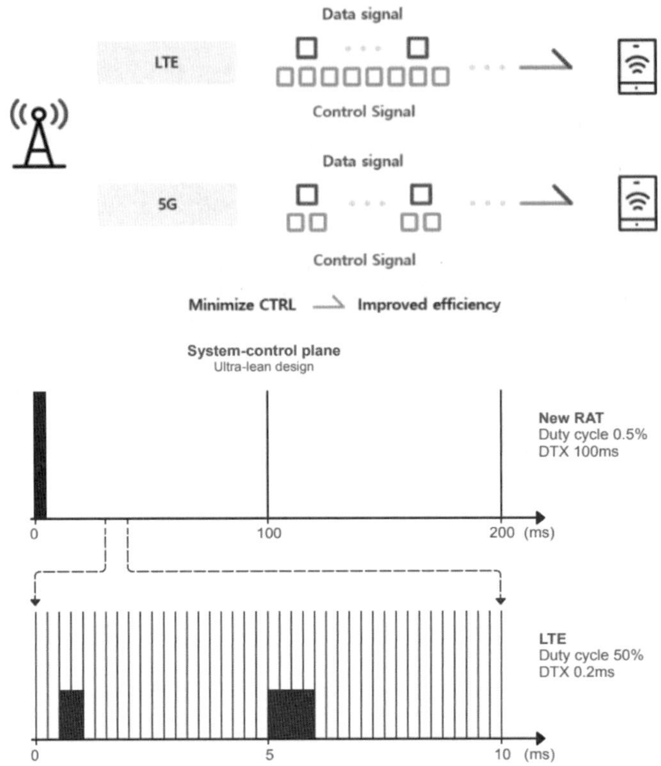

▌그림 2-25▌ Ultra-lean 구조

이동통신의 기본적인 원리 중에는 기지국이 다양한 정보(현재 기지국 번호, 사업자 번호 등)를 모든 단말기가 수신할 수 있는 방송채널로 주기적 송신한다. 하지만, 이 경우 단말기가 매번 H/W를 켜서 정보를 수신할 때, 배터리 소모량이 많아진다.

5G에서 Self-contained Architecture는 자신의 데이터를 보내는 Sub-frame에 응답데이터(ACK)를 같이 포함해서 전송하는 방법이다.

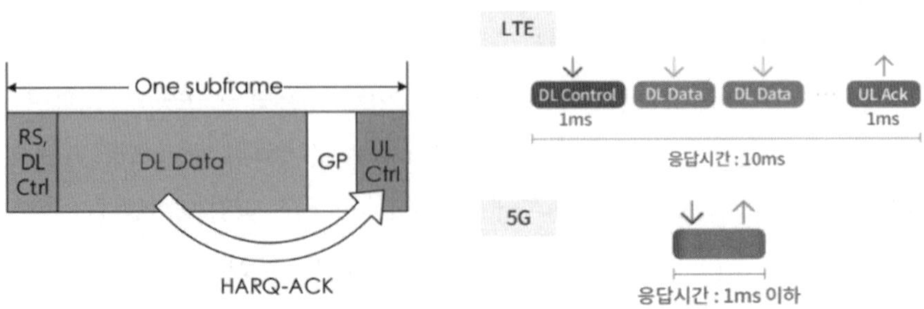

▌그림 2-26▌ Self-contained Architecture

LTE의 경우, 단말기는 기지국으로부터 받은 제어정보, 데이터 정보를 받은 후, 다음의 Uplink 프레임에 응답을 보내는 구조이다. 이때는 응답만 보내고 별도의 데이터가 포함되지는 않는다. 하지만, 5G Sub-frame에는 자신의 데이터와 함께 이전 프레임의 응답 데이터를 포함해서 보내기 때문에 ①응답시간을 빨리 할 수 있고, ②프레임 사용 효율이 증대된다.

3) 시장

전세계적으로 5G 이동통신 서비스는 2019년부터 시작되었으나, 본격적인 시장은 2022년에 시작될 것이라는 전망이 우세하다. 5G 세계 최초 서비스와 관련하여 한국, 미국, 중국 등이 경쟁했는데, 이것은 대규모 가입자를 확보하겠다는 목적이 아니고, 각 국가의 특성(해당 국가에서 사업자간 경쟁), Technical Leadership(신기술 주도)을 선점하기 위해서이다.

즉, 대규모 가입자를 모집하여 매출을 올리겠다는 계획보다는 5G 신기술을 상용화했다는 상징적인 의미와 이를 통하여 기반 기술을 확보하겠다는 목적이다. 국내의 경우, 5G 최초 상용화로 해당 기술을 조기 확보하여 국내 관련 산업을 발전시킬 수 있고, 관련된 제품이나 서비스의 해외 수출도 가능하기 때문이다.

문화적으로 볼 때, 아시아 지역 사업자는 신기술을 빨리 도입하여 상용화하는 경향이 강하고, 유럽 지역 사업자는 새로운 기술을 천천히 받아들이는 편이다. 일반적으로 유럽 이동통신 사업자는 신기술이 안정화되고, 통신장비와 단말기 가격이 하락했을 때 신기술을 도입한다.

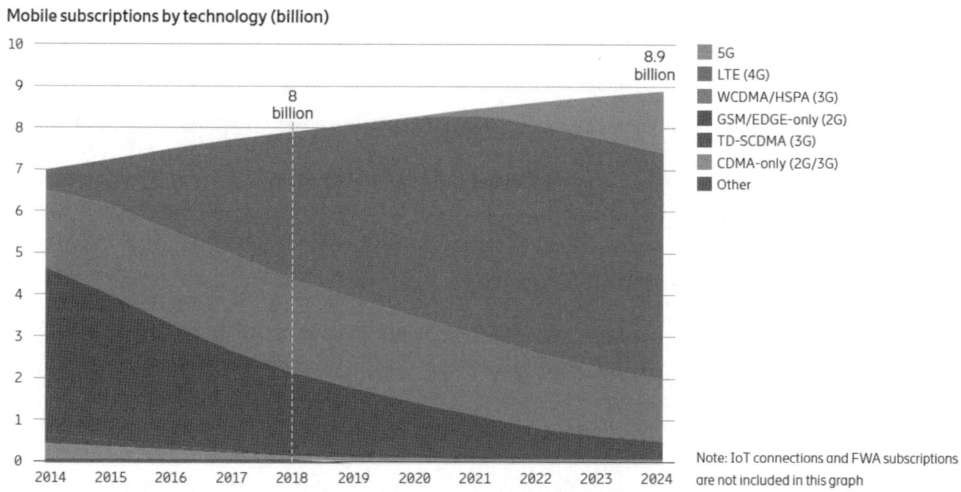

그림 2-27 5G 휴대폰 가입자 예측(출처: Ericsson)

Ericsson사의 보고서에 따르면, 5G 휴대폰 가입자(IoT와 FWA는 제외)는 2021년부터 본격적으로 증가될 것으로 예측하고 있다. 또한 2018년 기준으로 전세계 휴대폰 가입자는 80억명인데, 2024년에는 휴대폰 가입자가 89억명이 될 것으로 예측했다.

2024년에 운용되는 통신망 비중은 LTE가 60%, UMTS가 약 15%, 5G가 약 15%, 기타 10% 수준이다. 2014년에서 2024년까지 LTE, UMTS망 운용 비율은 비슷하지만, 이 기간에 GSM은 급격히 낮아지는 추세이다.

또한 5G 망이 도입된다고 해도 4G 망이 금방 없어지는 것은 아니고, 전세계적으로 볼 때 2020년에서 2030년까지는 여전히 대부분 국가에서 4G 망이 주력으로 사용될 것으로 전망된다.

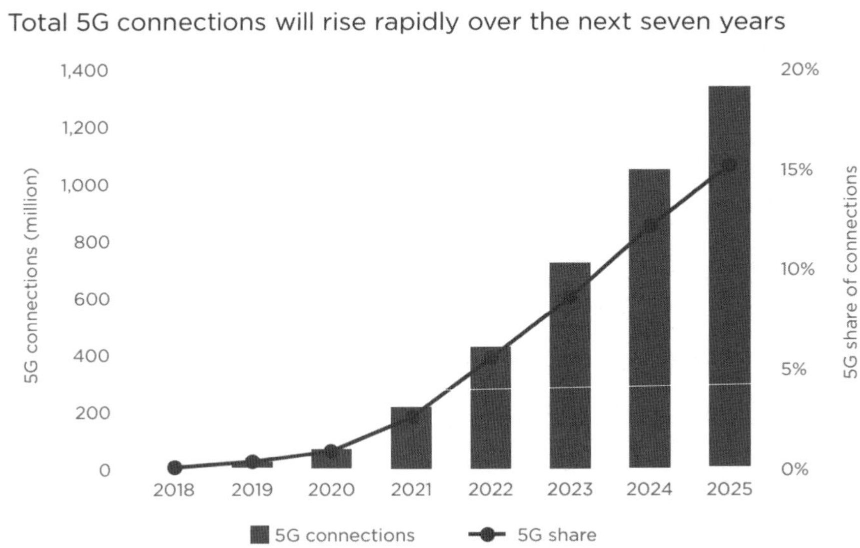

▌그림 2-28▐ 5G 가입자수와 커버리지 예측(출처 : GSMA)

GSMA의 5G 시장 예측보고서에 따르면, 2024년에 5G 가입자는 8억명, 전세계 5G 커버리는 29%가 될 것으로 예측했다. 5G 가입자와 커버리지는 2020년부터 본격적으로 증가될 것으로 GSMA는 예측했다.

또한 Gartner사는 전세계 이동통신 사업자의 2/3가 2020년에 5G를 도입할 것으로 예측했다. 유럽, 동남아시나, 남미, 아프리카 지역 등은 이동통신 신기술 도입이 느린 편인데, 2020년에 약 66%의 이동통신 사업자가 5G를 도입한다는 것은 과거 4G때보다 도입시기가 빠른 편이다.

5G 기술은 전세계 단일 표준으로 진행되고 있다. 4G의 경우 LTE, WiMAX, 중국 자체 표준 등 몇 가지 기술이 사용되었지만 5G는 하나의 기술로 통일되었다. 따라서 각 국가는

시장확보를 위하여 경쟁이 치열한 측면도 있다.

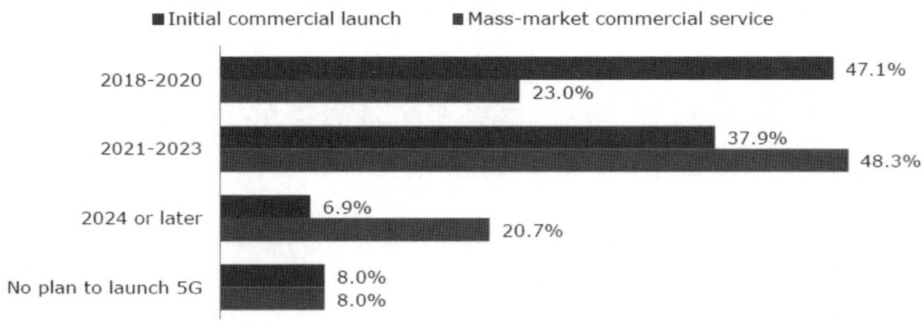

그림 2-29 5G 서비스 시작 시기에 대한 사업자 설문조사(출처 : InterDigital)

InterDigital사의 5G 서비스 시작 시기에 대한 사업자 설문조사를 보면, 초기 상용 서비스 제공시기는 2020년 경이 많고(2018년~2020년까지는 47.1%, 2021년~2023년까지는 37.9%), 대량 상용화 시기는 2021년에서 2023년 사이가 48.3%이다.

<u>따라서 전세계 이동통신 사업자의 대부분은 2020년 이후에 5G 대량 상용화 목표를 가지고 있다.</u> 이러한 5G 대량 상용화 일정은 기존 4G 규격완료 시기와 비교할 경우, 2년 이상 빠른 일정이다.

전세계 이동통신 사업자가 과거 대비 5G를 빨리 도입하는 이유는 모바일 트래픽 급증으로 기존망 포화, 통신장비 업체간 경쟁으로 장비 가격의 하락, 해당 국가에서 새로운 주파수 대역할당으로 주파수 사용 독려, 기존 장비의 노후화 등의 측면이 있다.

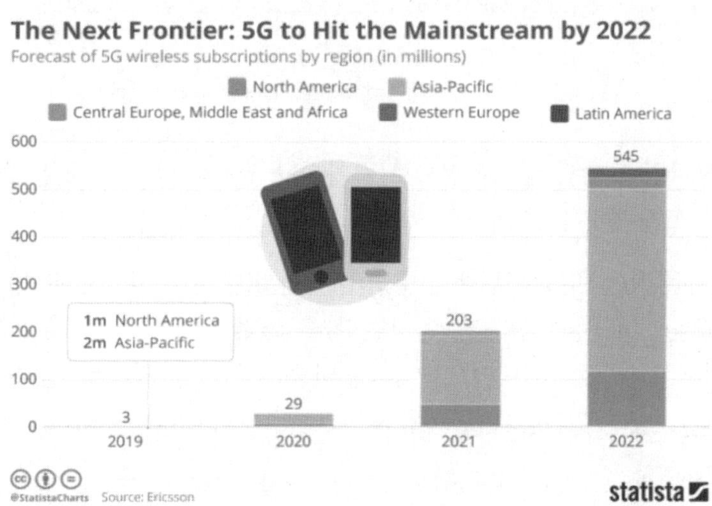

그림 2-30 5G 이동통신 가입자 수 예측(출처 : Statista)

Statista사 자료에 의하면, 2022년에 전세계 총 5G 가입자수는 5억 4천 5백만으로 예측했다. 2022년 기준, Statista 전망치는 GSMA가 예측하는 5G 가입자수 3억명 보다 많은데, Statista사 는 2021부터 5G 가입자가 급격히 늘어날 것으로 전망했기 때문이다.

지역별 5G 가입자수는 2022년에 5G 가입자 수는 아시아 지역이 절대적으로 많고, 그 다음으로 북미, 유럽 등의 순이다. 아시아 지역에 5G가 많은 이유는 중국의 가입자가 급증될 것으로 예측되기 때문이다.

이동통신 기술의 발전은 관련된 통신장비, 칩, 디바이스, 컨텐츠 등 다양한 분야의 연관산업이 폭발적으로 증가되는 추세이다. 예를 들면, 5G 기술을 도입하여 공장자동화를 통하여 로봇, AI, 물류 등이 동반 성장하게 된다.

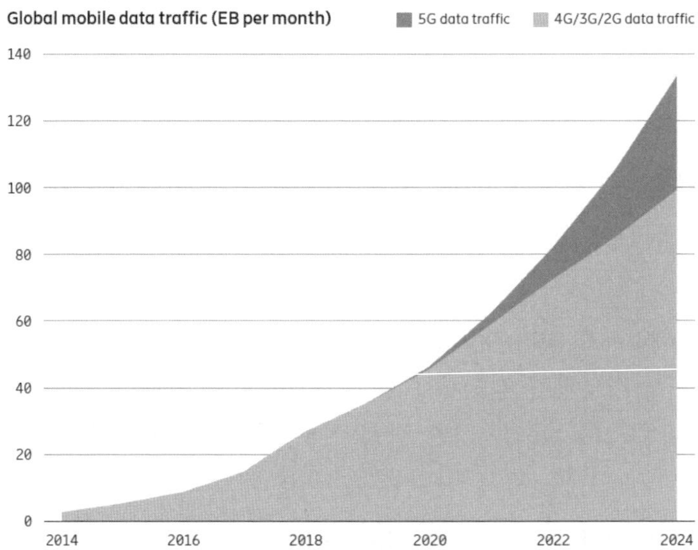

| 그림 2-31 | 5G 데이터 트래픽 예측(출처 : Ericsson)

전세계적으로 모바일 트래픽은 지속적으로 증가되고 있는데, Ericsson은 2024년 기준으로 전체 모바일 트래픽에서 5G가 약 20%를 차지할 것으로 예상했다.

또한 모바일 트래픽에서 비디오 트래픽이 2015년에 50%를 차지했으나 2021년에는 70%가 될 것으로 Ericsson은 예측했다. 이처럼 향후 모바일 트래픽은 YouTube, Netflix, 옥수수 등 비디오 트래픽이 절대적으로 많은 비중을 차지할 것으로 전망된다.

이동통신 사업자는 이렇게 급증되는 비디오 트래픽에 대비하기 위하여 CDN(Content Delivery Network)과 MEC(Mobile Edge Computing) 기술과 장비를 적극 도입하고 있다.

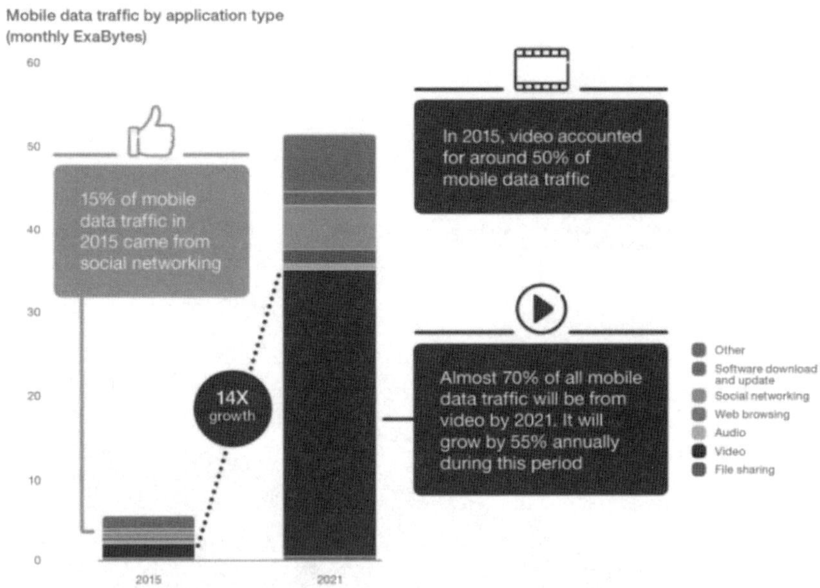

▌그림 2-32▐ 5G 데이터 트래픽 예측(출처 : Ericsson)

리서치 회사인 Counterpoint Research사는 5G 통신망 운용방식에서 이동통신 사업자는 2019년부터 NSA(Non Standalone)로 운용하다가 2023년부터는 대부분 사업자가 SA(Standalone)를 운용할 것으로 예측했다. 또한 2026년부터는 5G Evolution(즉, 3GPP Release 16이상)이 사용될 것으로 예측했다.

5G에서 SA는 5G 망만 사용해서 서비스 하는 것이고, NSA는 5G 단말기가 5G 망과 4G 망을 동시에 사용할 수 있는 방법이며, NSA 방식은 이동통신 사업자가 초기 투자비를 절감할 수 있는 방법이다.

▌그림 2-33▐ 주요 국가의 일정별 5G 운용 형태(출처 : 중앙일보)

Counterpoint Research사는 5G 초기 서비스로 2019년에 eMBB가 먼저 시작되고, 2021년에는 mMTC, 2025년에 URLLC가 활성화될 것으로 전망했다. 또한 5G 서비스는

2018년 하반기에 시작되어 2024년부터 본격적으로 전세계 사업자가 운용할 것으로 전망했다.

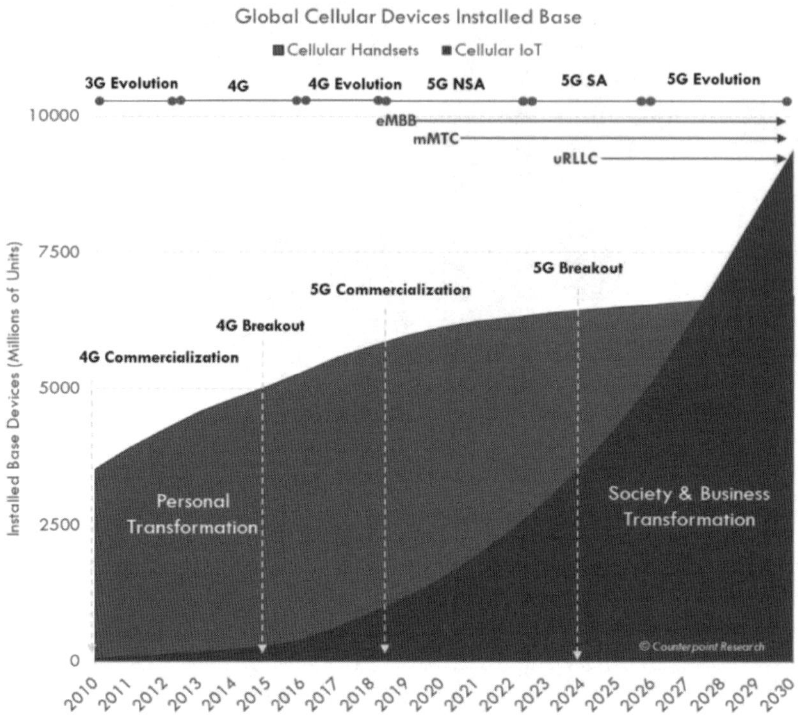

그림 2-35 5G 서비스 디바이스별 시장 예측(출처 : Counterpoint Research)

Counterpoint Research사는 Personal Transformation과 Society & Business Transformation이란 용어를 도입하면서 향후, Society & Business Transformation이 급격히 증가될 것으로 전망했다.

Personal Transformation은 개인이 스마트 디바이스를 활용하여 생활 전반에 변화를 일으키는 것을 의미하는 것이며, Society & Business Transformation은 기존의 산업이 디지털 기술이 도입되어 변화되는 것을 의미한다. 특히, 5G는 Society & Business Transformation에 결정적으로 기여할 것으로 예측된다.

이동통신망 장비는 시간이 지남에 따라서 노후화되고, 새로운 기능을 추가하기에 어려운 점이 많다. 따라서 이동통신 사업자는 기존의 4G 통신망으로 투자비를 회수할 단계가 되면 새로운 통신망을 구축하여 장비 사용 효율을 증대시킨다.

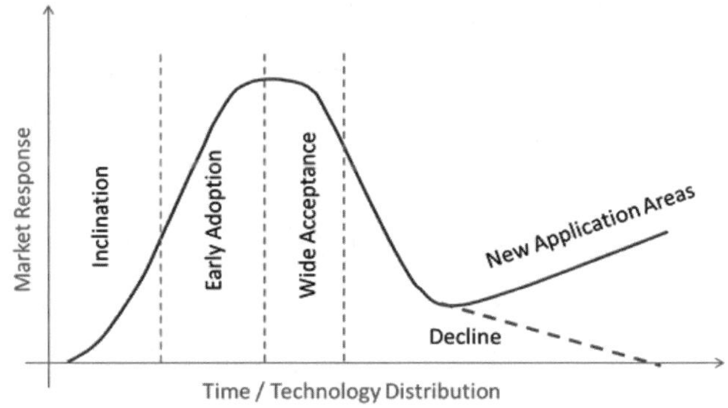

▌그림 2-36▐ 일반적인 상품과 서비스 수명

이렇게 이동통신망 장비 수명은 일반적인 상품이나 서비스의 수명(Life Cycle)을 따르고 있는데, 사업자 측면에서는 노후화된 통신망을 운용하는 것 보다 새로운 통신망을 도입하는 것이 비용이나 운용 측면에서 유리하기 때문에 대부분의 사업자는 조만간 5G 망 구축을 계획하고 있다.

이것은 오래된 차량을 운행하면, 고장이 잦고 성능에 문제가 발생되기 때문에 새로운 차를 구입해서 운행하는 것이 유리한 원리와 같다. 오래된 차량은 운용 유지비용(OpEx)이 크고, 새로운 차량을 구입할 때는 초기 투자비(CapEx)가 필요하므로 상호간 Trade Off(장점과 단점이 동시 존재) 관계이다.

5G 이동통신망 투자에 대한 해외 각국의 동향을 보면, 미국과 중국은 공격적인 투자를 하고 있는데, 미국의 경우 5G 무선망을 활용하여 일부 지역에서 유선망 대체, 중국은 Technical Leadership 확보라는 뚜렷한 목표가 있다.

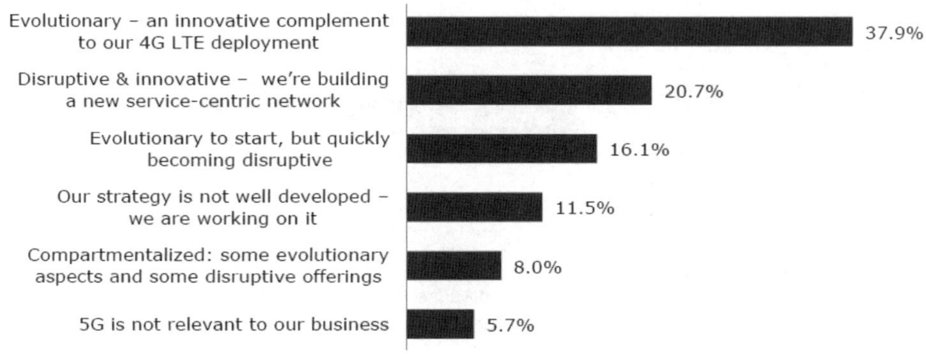

▌그림 2-37▐ 5G 서비스에 대한 사업자 전략 설문조사(출처 : InterDigital)

InterDigital사의 5G 서비스에 대한 사업자 전략에 대한 설문조사에서 기존 4G 대비 진화된 서비스에 대한 의견이 37.9%로 제일 비중이 크다. 즉, 5G 서비스는 초고속 데이터 전송을 우선적으로 제공한다는 의미이다. 그 다음으로는 5G가 혁신적인 서비스를 제공할 것이라는 의견이 20.7%로 어느 정도 4G와 다른 새로운 서비스 제공에 대한 의지가 있다.

미국의 경우, 주거지역이 밀집되어있지 않고 넓은 지역에 분산되어있어서 유선을 이용한 인터넷망 구축에 많은 비용이 소요된다. 이 경우, 무선망을 활용할 경우 기존의 이동전화 서비스와 함께 FWA(Fixed Wireless Access)를 활용하여 가정이나 사무실의 인터넷 망으로 활용할 수 있다.

5G 기반 FWA는 이동성이 없기 때문에 진정한 의미의 5G와는 차이가 있지만, 상용 서비스를 제공할 경우, 바로 실수요가 있어서 미국 이동통신 사업자가 적극 5G를 투자하고 있다.

중국은 조기에 이동통신 신기술을 확보하고 표준기술을 선점하여 향후 신기술을 활용한 수익 기반을 구축하겠다는 의지가 강하다. 중국 정부는 통신장비업체(Huawei, ZTE 등), 단말기 업체(Huawei, Xiaomi, Oppo/Vivo), 칩업체(HiSilicon, Uni SoC 등)에게 중국 내에서 충분한 경험을 쌓아서 해외시장 진출에 도움을 주기 위해서 5G 상용화를 강하게 추진하고 있다.

중국의 통신장비와 단말기는 동남아시아, 남미, 아프리카 등에서 절대적인 시장을 점유하고 있고, 이 지역에서 조만간 5G 망이 구축되기 때문에 중국에서 레퍼런스를 확보하기 위해서이다.

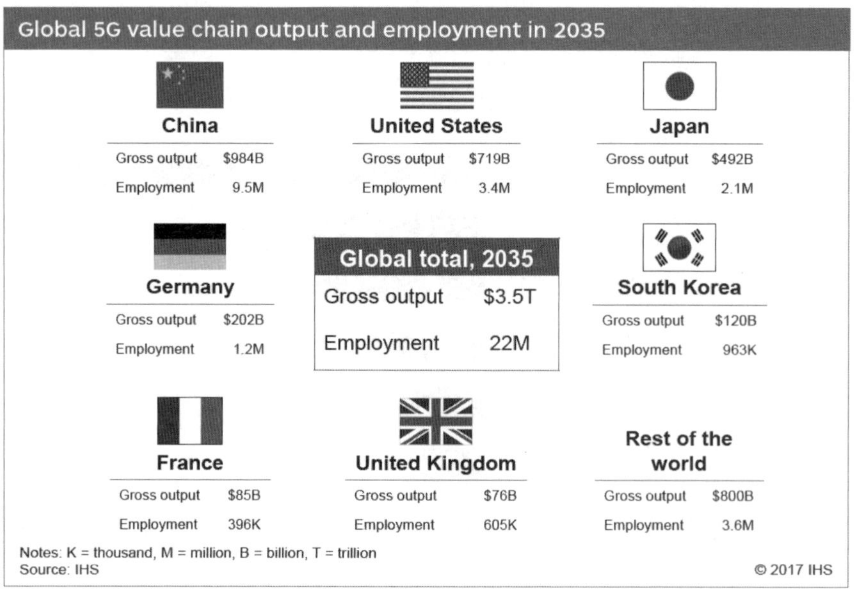

▌그림 2-38▐ 주요 국가의 5G와 관련된 산업매출, 인력수(2035년)(출처 : IHS)

유럽의 경우, 북유럽 국가들은 한국, 일본과 유사한 수준의 우수한 망을 보유하고 있어 5G로 당분간 업그레이드가 불필요하며 영국, 독일, 프랑스, 이탈리아 등 기타 주요 국가들은 4G 보급률이 아직 절반 수준에 머물러 있어서 5G 투자보다는 4G 망 확대 구축에 관심이 많다.

5G는 이전의 이동통신 기술과 다르게 통신분야가 아닌 다른 산업(제조, 공공안전, 차량, 미디어 등) 분야에 영향을 많이 미쳐서(즉, 디지털 혁신을 촉진시켜) 관련된 산업을 발전시키고 있다. 2035년에 전세계 5G 생태계와 직접적으로 연계된 생산유발 효과는 3.5조 달러로 예측되며, 총 2,200만명의 고용창출 효과가 있을 것으로 전망된다.

국내의 경우, 2035년에 통신장비와 단말기 제조, 컨텐츠 등 5G Eco System에서 1,200억달러의 부가가치가 창출되고, 96만명의 신규 고용이 발생될 것으로 전망된다.

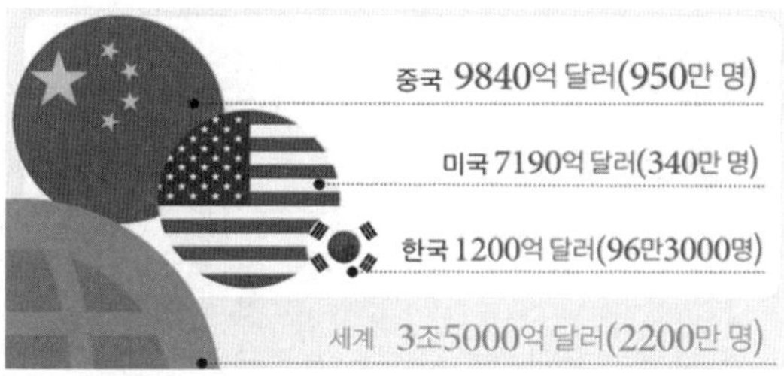

그림 2-39 주요 국가의 5G 경제효과(2035년)(출처 : 중앙일보)

이렇게 5G가 과거 이동통신 기술과는 다르게 다른 산업분야(예, 유통, 자동차, 공장)의 많은 기업이 5G 기술개발 초기부터 적극적으로 참여하여 공동으로 기술개발을 하고 있다.

GSMA는 이동통신 사업자를 대상으로 5G에서 사업자의 역할에 대한 설문조사 결과, 이동통신 사업자는 Platform Provider이나 Digital Services Provider가 되겠다는 의견이 절대적이다. 즉, 과거와 달리, 사업자는 통신 선로를 제공하는 역할에서 벗어나 이동통신과 관련된 Eco System을 장악하겠다는 의도가 강하다.

이전 4G에서 전세계적으로 이동통신 사업자는 통신망만 지원하는 역할을 했고 Google, Netflix, Amazon, Apple 등이 고속 이동통신망을 활용하여 자체 사업을 성장시켰다. 이 경우, 이동통신 사업자는 다른 OTT 사업자의 사업을 돕는 역할만 했고, 많은 수익은 창출하지 못했다.

이러한 학습을 기반으로 5G시대에서 이동통신사업자는 Platform Provider(예, 스마트 공장이나 스마트 시티에서 SaaS 형태의 플랫폼 사업), Digital Services Provider(통신 사업자가 직접 컨텐츠나 정보를 제공하는 것)를 원하고 있다.

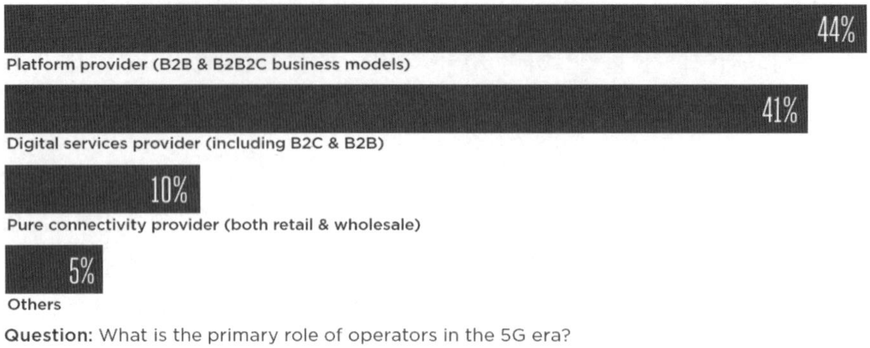

▌그림 2-39▐ 5G에서 이동통신 사업자의 역할에 대한 설문조사(출처: GSMA)

2 Core Network 기술

1) 5G 이동통신망 구조

5G 이동통신망 기술은 기본적으로 4G 망의 기본 골격을 유지하면서 효과적인 방법으로 다양한 서비스(특히, Vertical Service) 제공, 이동통신망 투자비용 절감, 향후 유연하게 확장 가능한 망 구조 등을 위하여 몇 가지 기능을 추가하는 방향으로 정의되었다.

5G 망 특징은 스마트폰 기반 일반인 대상의 서비스보다는 다양한 Vertical 서비스 제공을 목적으로 서로 다른 QoS를 가지는 eMBB, mMTC, URLLC 기반 서비스가 서로 융합되어 제공되는 구조이다. 이러한 다양한 서비스를 제공하기 위하여 5G 망은 SBA(Service Based Architectrue) 구조로 개발되고 있다.

5G 서비스에서 고객이 들고 다니는 디스플레이가 있는 모바일 디바이스 대상의 신규 서비스는 발굴이 어렵고, 이미 LTE망을 통하여 고객이 원하는 수준의 서비스 제공이 가능하기 때문에 5G에서는 mMTC, URLLC 기반 서비스가 부각되고 있다.

이러한 시장 트렌드에 따라서 5G 이동통신 기술은 4G 대비 무선구간에는 새로운 주파수 대역(즉, NR)를 사용하고, 이 대역에서 광대역의 주파수를 사용하며, 코어망에는 Service Based Architecture, Network Slicing, Data Storage Architectures, Mobile Edge Computing 등의 기능이 추가되었다.

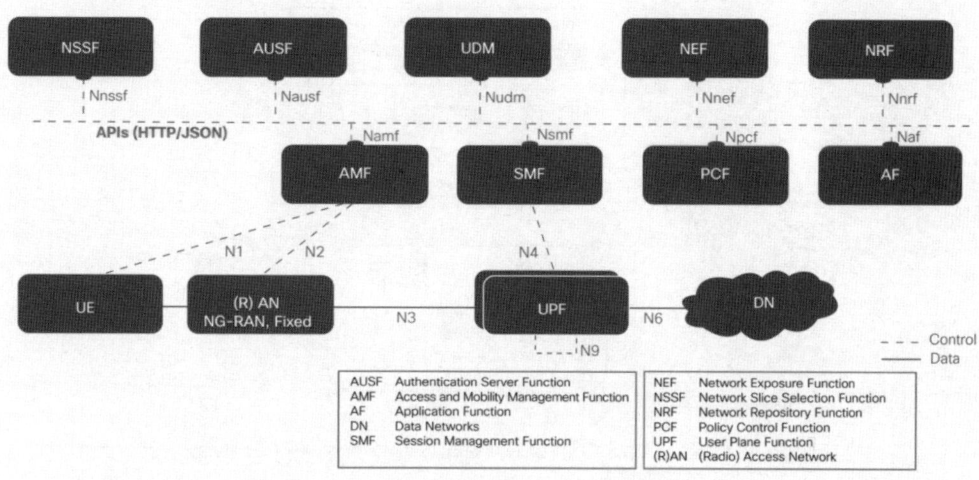

▌그림 2-40▌ 5G 이동통신망 구성도

5G는 이동통신망 자체가 서비스 제공을 위한 플랫폼(SBA) 역할은 4G 망에 없었던 개념으로 통신망 기능을 모듈화시키고, 통신망에 있는 Entity간 통신을 규격화된 인터페이스를 통해 이루어진다. 이러한 구조는 기본적으로 통신망의 유연성과 확장성을 강화하기 위해서이다.

5G 망 구성을 크게 보면, Control Plane과 User Plane(또는 Data Plane)을 처리하는 Entity로 구분될 수 있고, User Plane을 처리하는 요소는 UE(단말기), RAN(또는 AN, 기지국), UPF(User Plane Function)와 DN(Data Networks, 외부 인터넷망)이 있다. 물론 단말기와 기지국은 User Plane과 Control Plane을 모두 처리한다.

User Plane을 처리하는 Entity외에는 모두 Control Plane 정보를 처리하는 망 요소이다. Control Plane을 처리하는 AMF(Access and Mobility Function)는 주로 단말기 이동성 관리를 담당하고, SMF(Session Management Function)는 호처리에서 세션을 관리한다.

AMF는 단말기 단위로 접속과 이동성을 관리하기 때문에 하나의 단말기는 기본적으로 하나의 AMF에 연결되지만, SMF는 단말기가 여러 개 세션을 가지는 경우, 각 세션 별로 다른 SMF가 할당되어 각각의 세션이 관리될 수도 있다.

AUSF(Authentication Server Function)는 단말기의 인증과 관련된 데이터를 저장하거나 처리하며, UDM(User Data Management)은 사용자의 Subscription Data, Policy Data 등을 저장하고 관리한다.

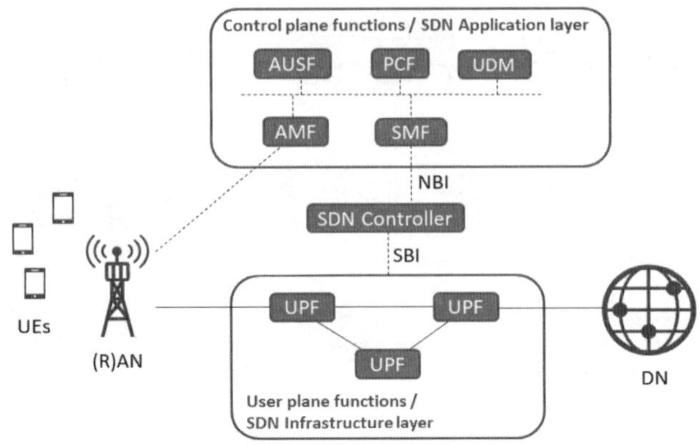

▌그림 2-41▐ 5G 망에서 Control Plane과 User Plane 처리 Entity로 구분

5G 망은 Control Plane과 User Plane을 처리하는 Entity를 구분해서 정의했다. 물론 4G 망에서도 각 Plane 분리가 가능하지만, 일부 중복된 기능(Control + Data)을 담당하는 Entity가 있다. 이렇게 Control Plane와 User Plane을 분리하는 것을 'CUPS'(Control and User Plane Separation)라고 한다.

Control Plane(즉, Signaling 처리)이 처리하는 것은 이동성, 세션 관리, 인증과 같은 제어신호 처리이고, Data Plane은 패킷 터널링, IP 라우팅과 같은 사용자 데이터를 처리한다.

Cisco사는 Control Plane에서 처리되는 기능을 사람의 머리(Head)에 비유했고, User Plane에서 처리되는 동작(또는 구조)을 Fabric(기본 구조를 이루는 사람의 뼈, 손, 발 등)으로 비유했다. 이처럼 CPUS를 통하여 기능을 명확히 구분함으로써, 5G 망이 추구하는 SBA를 구현할 수 있다.

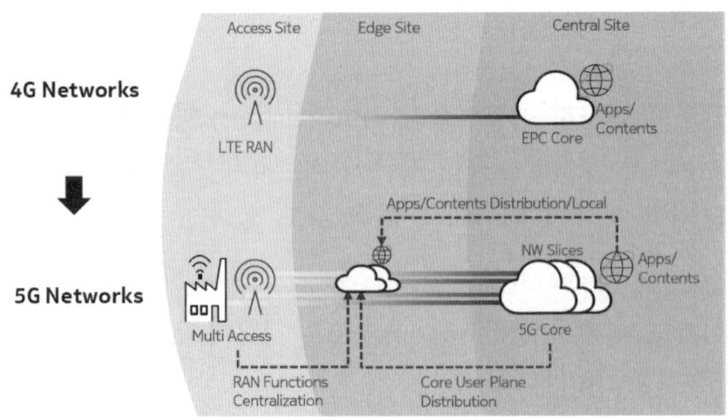

▌그림 2-42▐ 4G 망과 5G 망 구조 비교(출처: Nokia)

4G는 코어망인 EPC에서 단말기로 서비스 종류에 무관하게 모두 동일한 절차로 처리되지만, 5G 망은 서비스별(즉, 다른 QoS) 처리 방법이 다르고, 컨텐츠나 서비스를 처리하는 서버(즉, MEC)를 기지국 가까이 위치시켜 단말기로 전송되는 시간을 줄이고 있다.

LTE는 이전 버젼인 UMTS와 달리, All IP망 구조로 음성(즉, VoLTE)을 제외하고 모든 데이터(예, 비디오, IoT, 웹)는 동일한 QoS로 처리된다. LTE 음성통신의 경우, 음성 데이터 크기는 적지만 실시간으로 처리되어야 하므로 LTE 코어망과 기지국은 음성호를 최우선적으로 처리한다.

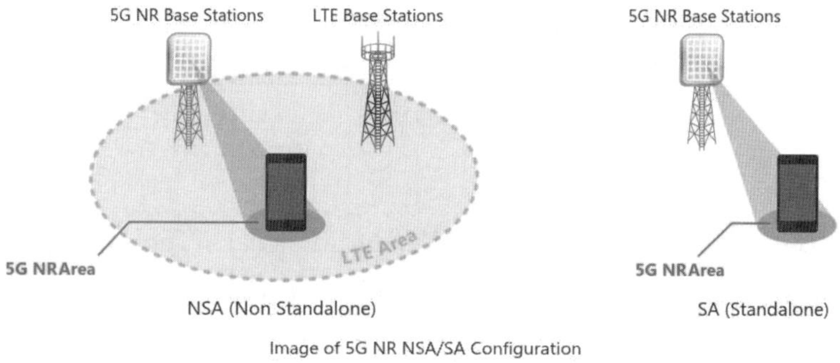

‖ 그림 2-43 ‖ 5G 망 구조에서 NSA와 SA

5G 표준에는 4G에서 5G로 점진적 진화를 위한 망구조인 NSA(Non Standalone)와 5G 망만 사용하는 SA(Standalone) 구조가 있다. NSA 구조는 단말기가 서비스 받을 수 있는 망이 4G와 5G가 모두 가능한 구조이고, SA 구조는 단말기가 5G만 사용한다.

NSA 구조에서 일반적인 동작은 4G 기지국이 넓은 영역을 커버(또는 서비스)하고, 이 지역에서 일부 Hotspot(강남역과 같은 트래픽이 많은 지역)에서 5G 기지국을 활용한다.

이렇게 많은 이동통신 사업자가 5G 단독망을 활용하지 않고, 점진적 진화방식인 NSA를 구축하는 이유는 통신망 장비 투자비를 절감하기 위해서이다. 국내 이동통신 사업자가 5G 전국망을 구축할 경우, 5G의 주파수 특성으로 4G대비 투자비가 최대 2배 많은 것으로 알려져있다.

또한 5G 서비스 초기에는 5G 코어망, 기지국 장비 등의 가격이 비싸고, 장비 안정성이 낮아서 운용시 장애가 발생될 수 있기 때문에 해외의 많은 사업자는 신기술 도입시 장비 투자에 매우 신중하여 통신장비를 천천히 도입하는 경향이 있다.

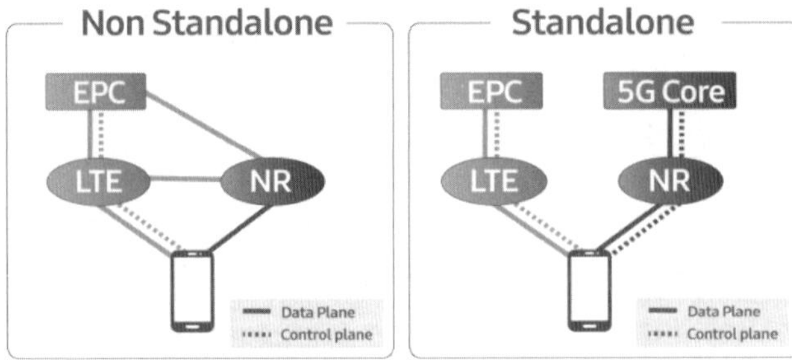

▌그림 2-44▐ NSA와 SA에서 Control Plane과 User Plane 신호처리

NSA 에서 Control Data(등록, 인증, Handover 등)가 처리되는 Control Plane은 4G 망을 이용하고, User Data가 송수신되는 User Plane은 5G 기지국을 이용하는 구조이다. 이렇게 NSA로 동작되는 단말기는 4G와 5G 기능 모두 가지고 있기 때문에 'Dual Connectivity' 단말기 라고도 한다.

Dual Connectivity란 단말기에서 2개의 RAT(Radio Access Technology)를 동시에 처리할 수 있는 구조로 2개의 기지국에 동시 접속되어 기지국으로부터 Radio Resource를 할당받아 통신한다. 이 경우, 단말기가 주로 사용하는 RAT를 Master Node(일반적으로 4G)라고 하고, 이 단말기를 지원하는 다른 기지국을 Secondary Node(일반적으로 5G)라고 한다.

SA 구조는 단말기가 Control Plane과 Data Plane을 5G 망만 활용하는 것이며, 경우에 따라서 4G/5G 기능이 있는 단말기가 4G 망으로 Control Plane과 Data Plane을 처리하는 것까지 포함된다.

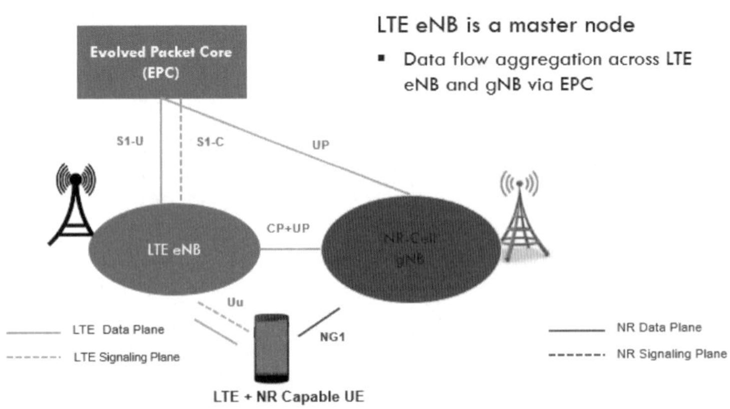

▌그림 2-45▐ NSA에서 Control Plane과 User Plane 동작

이동통신 사업자의 초기 5G 이동통신망 구축비용 절감을 위하여 3GPP는 NSA 규격을 정의했다. NSA는 5G 기지국이 기존의 4G 코어망과 연동이 가능한 기술로 Control Plane 정보는 4G 기지국을 거쳐서 EPC에 전달되고, User Plane 데이터만 5G 기지국과 4G 코어망(EPC)과 연동된다.

대부분 통신기술은 제어데이터(예, 송수신 속도 네고, 위치등록, 인증)가 전송되는 Control Plane과 사용자 데이터(예, 인터넷 검색, 비디오 스트리밍)가 전송되는 Data Plane이 분리되어 처리된다.

NSA 구조는 4G 망과 5G 망의 연동으로 이동통신 사업자 측면에서 통신망 구성이 복잡해질 수 있지만, 기술적인 구현보다는 상대적으로 5G 망 구축비가 매우 비싸기 때문에 NSA 방식이 초기 상용화에 사용된다.

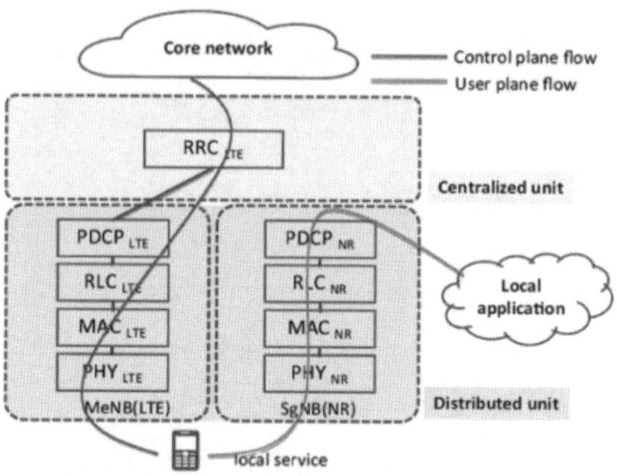

Figure 3. Protocol deployment in a local application scenario.

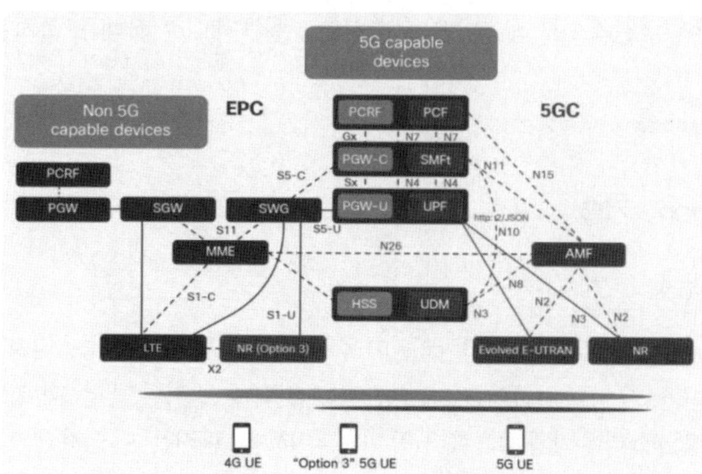

▎그림 2-46▎ 4G와 5G 코어망 연동 예(출처 : Cisco)

이동통신망 구축비용 측면에서 가장 많이 차지하는 부분이 기지국인데, 초기 기지국 구축 비용 절감을 위하여 5G 기지국은 일부지역에 작은 커버리지로 구축되어 기존 Macro Cell 위주의 4G 망과 연동되는 구조가 사용된다.

실제로 이동통신망 장비 비용과 구축비용을 보면, 코어망 장비 비용이 차지하는 비중은 미미하다. 대부분의 장비구매, 구축비용은 기지국 장비이다. 기지국 장비는 매우 많이 설치되고 통신회선, 전원, 기지국 장소 대여 비용 등으로 대부분 이동 통신망 투자비용은 기지국과 관련된 것이다.

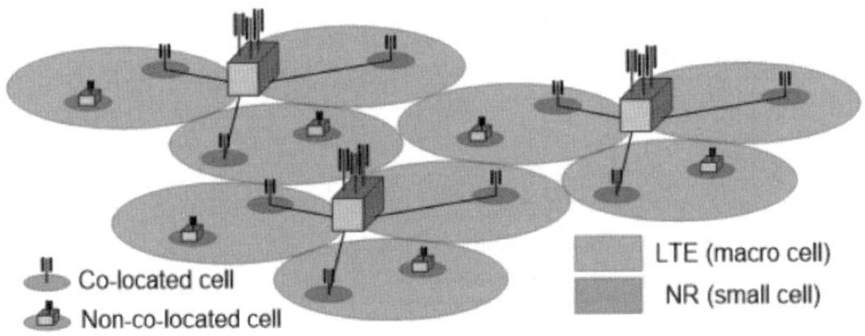

▌그림 2-47▐ 4G와 5G 기지국 설치 예

많은 5G 사업자는 초기 투자비 절감을 위하여 LTE기지국과 Co-location(즉, LTE 기지국이 설치된 장소에 5G 기지국 설치) 정책을 사용할 것으로 예상되며, 일부 트래픽이 많은 Hot Spot 지역 위주로 5G 단독 기지국이 설치된다.

이동통신 사업자가 초기 5G 이동통신망을 전국에 구축할 경우, 구축비용이 많이 들고, 서비스 초기에는 단말기 확산이 늦어져서 5G 가입자가 많지 않다. 따라서 사업자는 트래픽이 많은 지역에 우선적으로 5G 망을 구축하고, 순차적으로 확대 구축하는 것이 일반적이다.

2) Core Network 기술

(1) Core Network 구조

이동통신에서 코어망의 역할은 세션관리, 이동성관리, 보안기능(인증, 암호화 등) 등을 수행하는 망 구성요소(즉, Entity)이다. 세션관리는 전화를 걸거나 받을 때 호처리, 사용자가 데이터 접속을 할 때 라우팅과 ID 관리 등이며, 이동성 관리는 단말기가 이동하는 위치를 추적하는 것이고, 보안기능은 통신망이 사용자나 단말기 인증, 무선구간 암호화 등이다.

5GC(5G Core Network)는 4G EPC와 비교할 때 몇 가지 특징은 SDN, NFV, Network Slicing, MEC, Control Plane와 User Plane의 분리 등이 있다. 일부 통신장비 업체는 5GC의 가장 큰 차별점으로 Network Slicing이라고 밝히기도 했다.

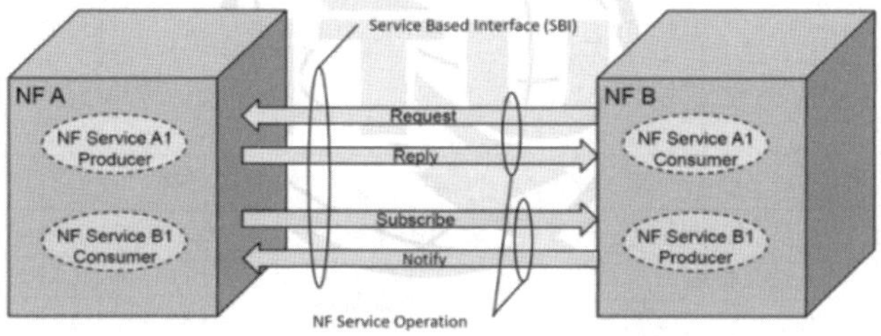

▌그림 2-48▐ 5G 코어망 Entitiy간 NF로 연동(출처 : Medium)

또한 가상화 기능은 5GC 자체가 서비스 제공을 위한 플랫폼 역할에 일부 기여하고 있다. 물론 4G에서도 SDN, NFV 기능이 도입되었지만, 3GPP는 5G 규격에 SDN과 NFV를 체계적으로 정의하여 통신망이 유연성과 확장성을 가지도록 했다.

5G 코어망은 기존의 LTE 코어망인 EPC를 개선시킨 것으로 두드러진 특징은 코어망을 서비스 플랫폼으로 활용하기 위한 SBA(Service Based Architecture)이다. 이러한 의미에서 5G 코어망을 EPC보다 개선되었다는 뜻으로 5GC라고 한다.

5G 코어망의 Entitiy간 통신은 일종의 인터페이스인 NF(Network Function)로 연동된다. NF의 기본 동작은 Request, Response(또는 Subscribe), Notify 구조로 간단하며, 일반적으로 사용되는 프로토콜은 HTTP이다. 이렇게 Entity간 NF를 사용하는 이유는 기본적으로 SBA 동작을 위한 것이다.

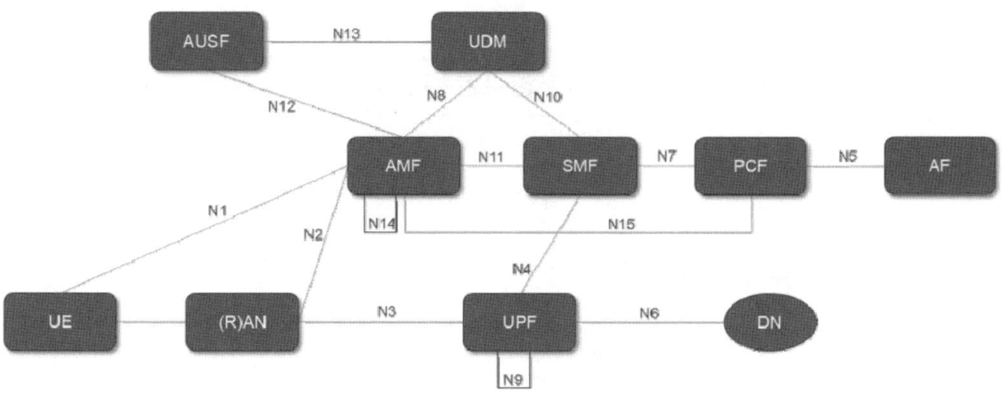

▌그림 2-49▐ 5G 코어망 구조도

5GC Entity에는 AMF(Access and Mobility Management Function, 접속과 이동성 관리), SMF(Session Management Function, 세션관리), AUSF(Authentication Server Function, 인증처리), NEF(Network Exposure Funtion, 3rd Party 연동), NFR(NF Repository Function, 등록처리), PCF(Policy Control Function, 동작 Policy 관리) 등이 있다.

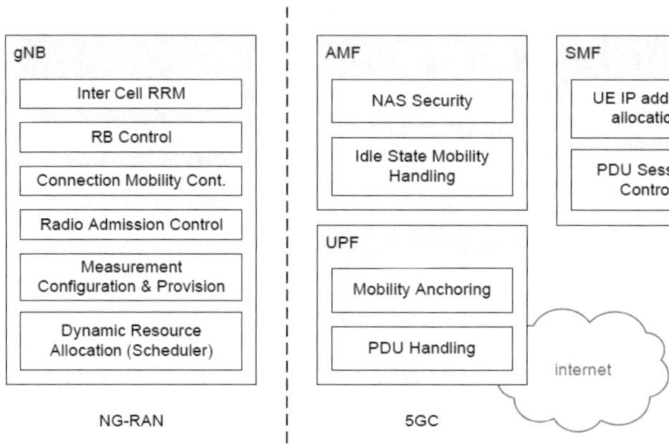

그림 2-50 NG-RAN과 5GC 기능 정의

5GC는 이러한 유연한 구조로 다른 무선기술을 수용할 수 있다. 예를 들면, 공통 NAS (Non Access Stratum, 코어망 처리영역)를 정의하여 WiFi와 같은 다른 RAT도 수용 가능한 구조이다.

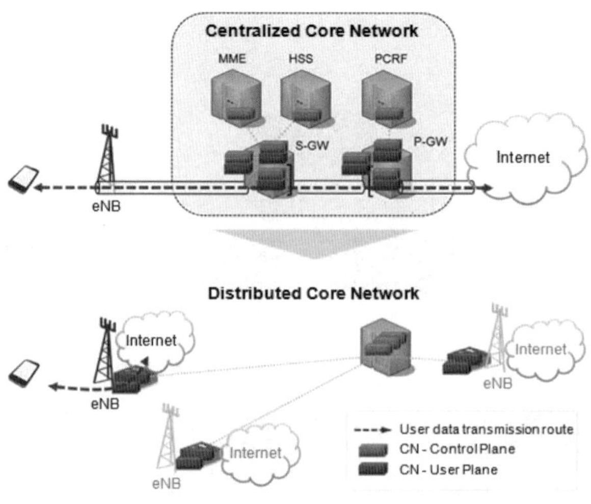

그림 2-51 Centrialized, Distributed 코어망 구조

3GPP의 5GC에는 Service Based와 Point-to-Point와 같이 2가지의 Represenation을 제공하고 있다. Service Based Represenation은 Control Plane 영역에서 동작이고, Point-to-Point는 User Plane에서 사용자 데이터를 처리하는 기능이다.

4G는 모든 트래픽이 EPC에서 처리되었으나 5G는 코어망 기능을 분산시켜 최대한 기지국 가까이 위치시켜 트래픽을 줄이는 방안을 사용하고 있다. 이것은 코어망의 트래픽을 분산시키고 다양한(심지어는 극단적인) QoS를 가진 서비스에 유연하게 대응하기 위해서이다.

(2) SDN, NFV

SDN(Software Defined Networking)은 네트워크 Entity(또는 Element, 노드, 장치)의 Control Plane(사람의 머리에 해당)과 User Plane(사람의 손발 기능)을 분리하는 기술이다. 주요 네트워크 Entity(예, 라우터)는 사용자 데이터 전송 기능만을 가지고, 제어 기능은 범용 서버를 사용하는 방법이다. 이렇게 하면 하나의 제어부(Control Plane)가 여러 개의 네트워크 Entity(User Plane)를 제어할 수 있어서 효과적인 운용이 가능하고, 장비 투자비가 절감된다.

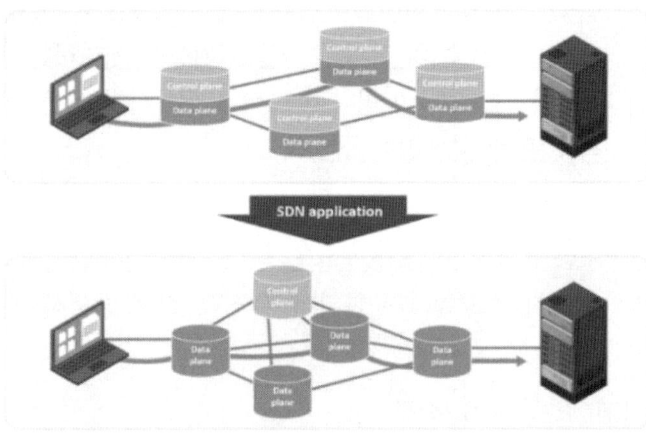

그림 2-52 SDN 적용시 구조(출처: SKT)

라우터를 예로 들면, 기존의 장비는 Control Plane과 User Plane을 모두 처리하는 구조였는데, SDN은 각 라우터 장비에서 Control Plane만 별도로 분리하여 상대적으로 저렴한 범용 서버에서 처리되는 구조이다.

SDN을 적용하게 된 배경은 데이터 전송기술이 발전하고 다양한 전송기술을 지원하기 위해서는 Control Plane 처리부가 복잡해진다. 이렇게 라우터가 처리해야 할 기능이 복잡해짐에 따라 관련된 장비 기능이 복잡해지고, 가격이 비싸진다.

이 경우, SDN을 적용하면 Control Plane은 저렴한 범용 서버로 처리되고, Data Plane을 처리하는 부분(즉, 전송부)이 분리된다. 이렇게 기능을 분리할 경우, 원하는 사양에 맞게 장비를 유연하게 구축할 수 있어서 효과적인 망 운용이 가능하고, 구축비용도 저렴해진다.

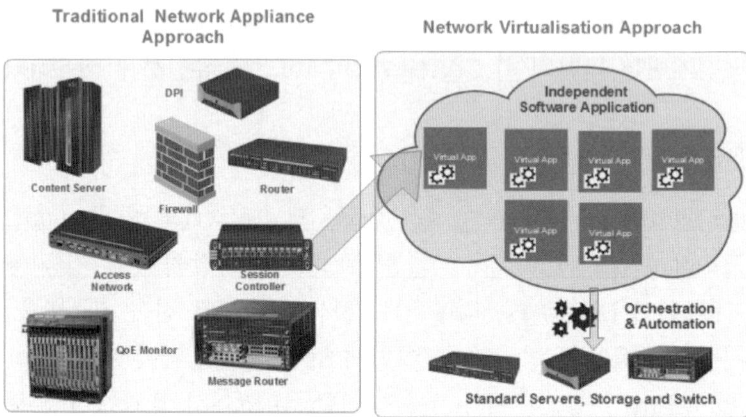

▌그림 2-53▐ NFV를 활용한 장비 구성 예

NFV(Network Functions Virtualization)는 각각 다른 기능을 하는 통신망 장비에 가상화 기술을 적용하여 하나(또는 소수)의 장비로 다양한 기능을 처리하는 기술이다. 기존 통신망 장비는 하나의 기능 처리를 위하여 하나의 장비가 필요하기 때문에 많은 장비가 사용되어 운용과 서비스 적용 등에 문제점이 있었다.

만약, NFV를 적용할 경우, 하나의 장비(H/W)로 인증센터, SMS 센터, 방화벽, 로드 밸런서 등을 동시에 구현할 수 있어서 운용, 구축, 장비 구입비 측면에서 유리하다. 하지만 NFV를 적용할 경우, 정교하게 S/W가 구현되어야 하고, 장애 발생시 대처가 복잡해질 수 있다.

NFV 기술을 도입하면, H/W와 S/W(즉, 응용기능)가 분리되어 장비구매, 구축 비용이 절감된다. 따라서 5G는 서로 다른 QoS를 가진 서비스가 동시에 제공되어야 하므로 각각 별도의 장비를 사용하는 것보다 NFV를 사용하는 것이 서비스 추가나 변경에 유연하게 대처할 수 있다.

NFV를 구현하기 위해서는 가상화(Virtualization)가 필수적인데, 가상화란 "실제 존재하지 않는 것을 실제로 존재하는 것처럼 보여주는 것"이라는 의미로, 하나의 물리적인 장비에 Virtual Machine을 적용하여 각 기능별로 분리해서 사용된다. 이렇게 할 경우, 여러 사용자가 하나의 물리적인 장비(또는 리소스)를 나눠서 사용하지만, 각 사용자는 마치 단독으로 전체 리소스를 사용하는 것처럼 느끼게 하는 기술이다.

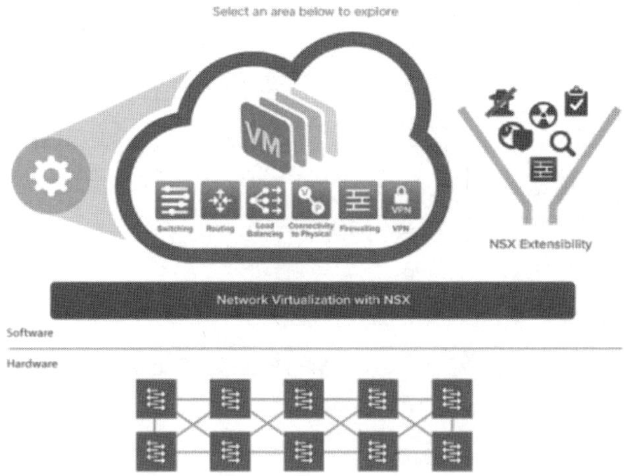

▌그림 2-54▌ 네트워크 장비 가상화 예(출처 : VMware)

실제 5G 코어망 구성측면에서 볼 때, SDN과 NFV가 동시에 구현되고 이들 기능은 하나의 서버나 가상화 기반 S/W로 제어되는데, 이러한 역할을 하는 기능을 'Orchestration'이라고 한다.

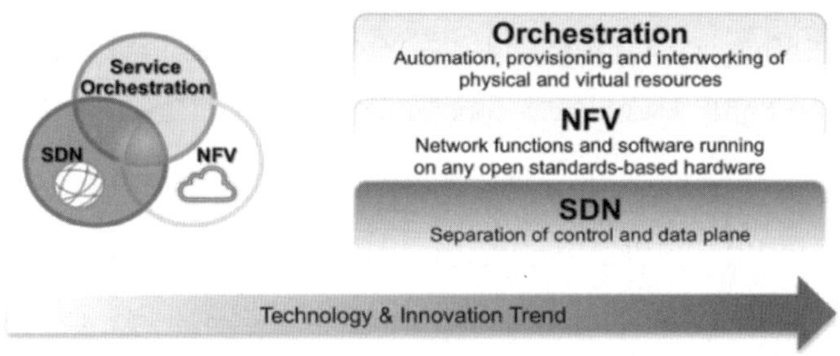

▌그림 2-55▌ SDN, NFV, Orchestration 관계

SDN, NFV 기능은 4G에도 표준에 정의된 기술이지만, 기존에 설치된 4G 코어망 장비에 추가로 업그레이드 해야 하므로 복잡했는데, 5G 코어망은 구축 초기 단계부터 대부분의 사업자가 적용하고 있다.

(3) Network Slicing

Network Slicing이란 하나의 Physical Network을 다수의 Logical Network으로 분할하여, 서비스 특성(KPI 또는 QoS)에 맞게 가상의 전용 네트워크를 제공해 주는 기술이다.

Physical Network이란 하나의 물리적인 장비를 의미하며, 4G의 경우 이 장비는 정해진 하나의 기능만 처리했다. Logical Network이란 하나의 Physical Network 장비에서

S/W적으로 서로 특성이 다른 다수의 기능(또는 서비스)을 처리하는 것이다.

Network Slicing은 말 그대로 코어망 기능을 쪼개는 것으로 4G 코어망은 트래픽 용량을 높이는 것에 주력한 반면, 5G 코어망은 다양한 QoS 서비스를 얼마나 많이 수용할 수 있느냐가 중요해지면서 등장한 개념이다. 즉, 하나의 네트워크를 분리해 각 서비스 특성에 맞게 전용 네트워크를 제공하는 기술이다.

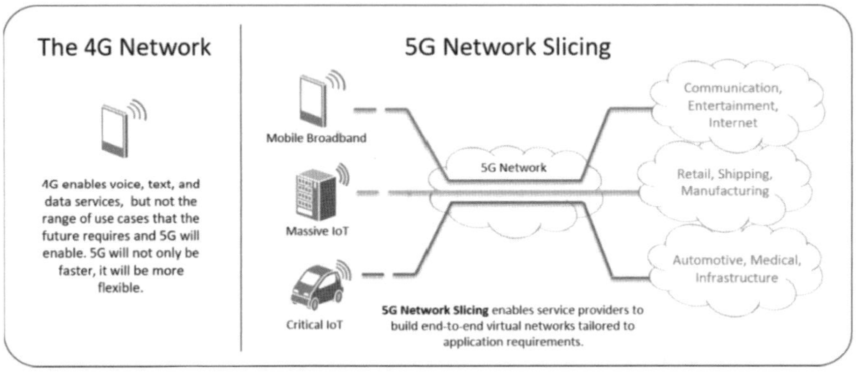

그림 2-56 Network Slicing 개념도

일반적인 의미의 Network Slicing은 다음과 같이 정의되고 있다. Network Slicing: A Logical Network That Provides Specific Network Capabilities and Network Characteristics.

즉, Network Slicing이란 서비스 종류에 따라서 해당되는 품질을 만족시킬 수 있는 필요한 네트워크 자원세트와 네트워크 기능세트(Network Functions; NFs)를 하나로 묶은 일종의 논리적 네트워크이다.

이렇게 독립적인 네트워크 자원할당을 통해 시간지연에 민감한 서비스(Mission Critical Service)의 품질을 보장하거나 초고속 비디오 서비스 등을 동시에 제공해 줄 수 있고, 이동통신 사업자는 각각 서비스에 대하여 별도의 과금체계도 적용할 수 있다.

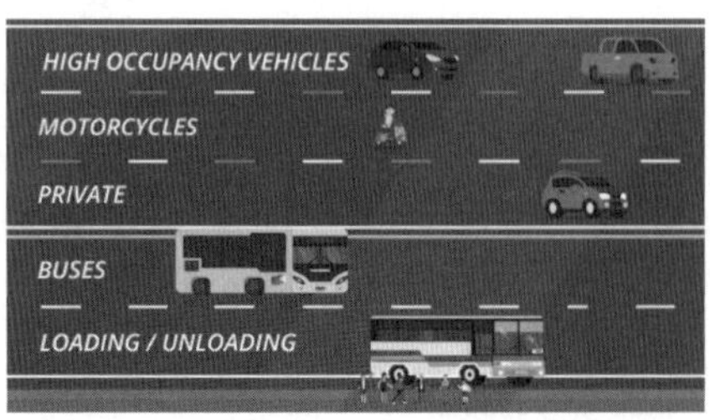

그림 2-57 Network Slicing를 도로에서 차량별 특성으로 비유

Network Slicing은 도로에서 각 차량의 특성에 맞게 차선이 별도로 지정된 것에 비유될 수 있다. Network Slicing 기술이 도입된 배경은 4G에서 제공되던 개인 대상의 스마트폰 성장이 정체되어 Vertical 산업(즉, 5G 기술로 개인에게 컨텐츠를 제공하는 것보다 스마트 시티, 스마트 공장, 자율주행차 등)이 부각되면서 이러한 니즈를 충족시키기 위한 것이다.

4G 서비스는 크게 2개(Voice와 Data)로 구분되어 Voice만 별도의 QoS를 제공했고, 나머지 모든 데이터 서비스는 동일하게 처리된다. LTE의 경우, VoLTE로 음성서비스를 제공하기 때문에 음성신호의 고유 특성인 실시간 처리를 위하여 코어망과 기지국에서 다른 데이터와 달리 우선적으로 처리된다.

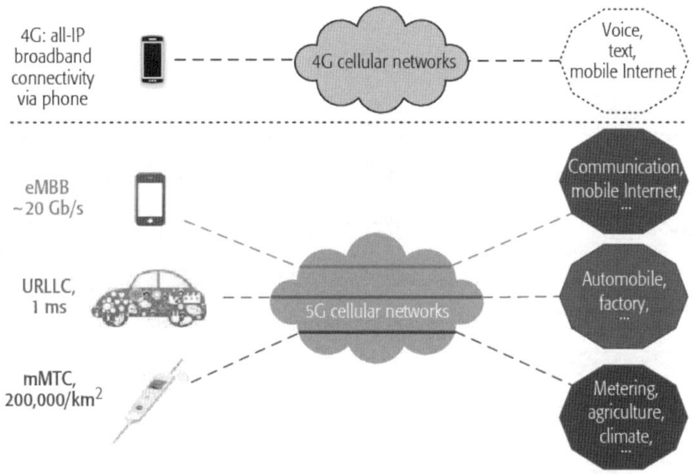

그림 2-58 4G 망과 5G 망 구조 차이

5G는 Network Slicing을 통하여 각각의 서비스가 독립적인 네트워크 자원을 할당받을 수 있어서, 다른 서비스에 영향을 받지 않으면서 품질을 보장받을 수 있다. 이동통신 서비스는 점진적으로 다양한 QoS 조합으로 제공되는 추세이다. 공장자동화를 예로 들면, 초고속 통신인 eMBB와 저지연 통신 기능인 URLLC의 조합으로 로봇이 동작되는 경우이다.

이렇게 QoS가 서로 다른 서비스를 조합해서 제공할 때, 5G 코어망에 이 기능을 제공하기 위해서 각 서비스 별로 별도의 H/W 장비가 사용되는 것은 아니고, Network Slicing 기술을 기반으로 S/W적으로 구현된다.

다르게 표현하면, Network Slicing이란 네트워크 자원과 기능(Network Function)을 개별 서비스에 따라 하나의 독립적인 Slice로 묶어 제공함으로써 네트워크 Entity 자원과 기능을 분리하여 맞춤형 서비스가 제공될 수 있다.

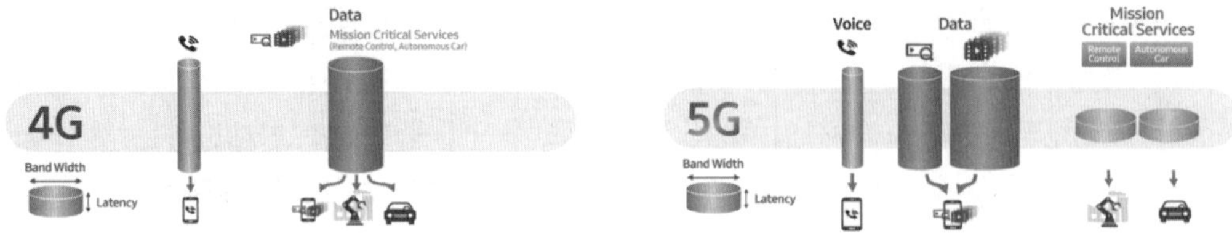

4G의 경우, 이동통신망에서 처리되는 모든 데이터는 코어망에서 공유(Shared)되고, 동일한 KPI(또는 QoS)로 관리된다. 하지만, 5G는 Network Slicing 기술을 도입하여 각 서비스별 KPI가 다르게 제공된다.

Network Slicing 기술을 이용하면 서비스, 사용자, 비즈니스 모델 등의 기준에 따라 5G 네트워크 기능을 선택하거나 조합할 수 있고, 각 기능별 독립적인 운용으로 유연한 서비스 제공이 가능하다.

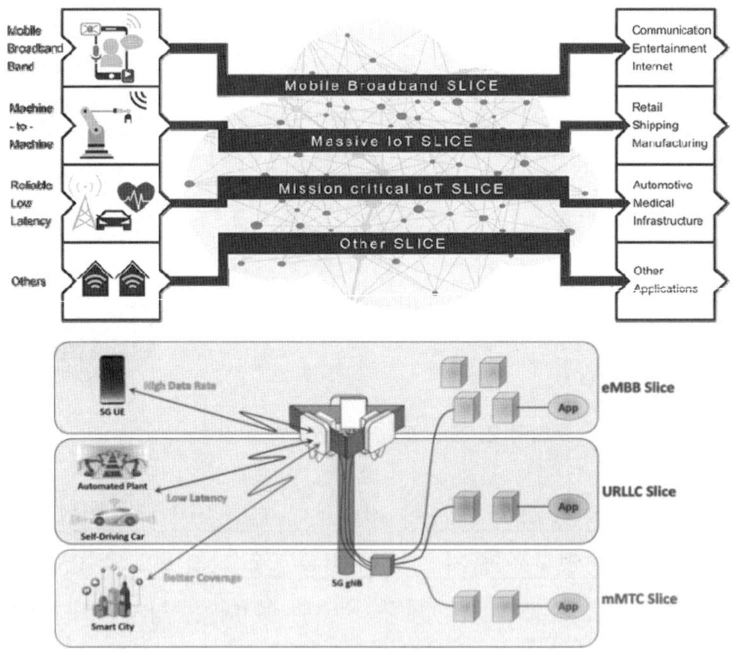

그림 2-59 5G의 Network Slicing 예

5G 망에서 Network Slicing 예를 보면, 5G 서비스 제공을 위한 주요 3개 기능인 eMBB, mMTC, URLLC가 통신망에서는 각각 다르게 처리된다. 즉, 주요 3개 기능은 QoS가 각각 다르기 때문에 해당 서비스에 맞는 QoS로 처리된다.

Network Slicing 은 각 서비스별 End-to-End간 논리적인 채널로 연결된다. 예를 들면, eMBB 서비스를 받고 있는 단말기의 앱과 이 앱에 서비스를 제공하는 서버가

End-to-End로 연결된다.

(4) Mobile Edge Computing

5G 망에는 코어망과 컨텐츠 서버 일부 기능, 컨텐츠(또는 앱)를 기지국 가까이 구현하여 단말기에 전송되는 데이터 속도를 빨리하고, 코어망 트래픽을 줄이는 Edge Computing 기술인 MEC(Mobile Edge Computing)가 적용되고 있다.

Edge Computing이란 Cloud에서 멀리있는 가장자리(Edge)라는 의미로 통신 서비스를 받고자 하는 사용자와 가까운 곳에 서버를 위치시켜 사용자에게 컨텐츠를 빨리 전송하는 기술이다. Edge Computing 서버에 있는 컨텐츠나 앱은 Cloud의 내용과 동일하다.

ETSI는 MEC를 다음과 같이 정의했다. MEC provides an IT service environment and cloud-computing capabilities at the edge of the mobile network, within the RAN(Radio Access Network) and in close proximity to mobile subscribers.

MEC 정의에서 Proximity(근접)란 모바일 이용자와 근접한 가까운 기지국에서 Cloud 기능을 제공하는 것이다. 이를 통하여 네트워크 통신 지연시간을 줄이고, Backhaul의 Bandwidth 등 자원 사용을 줄일 수 있다.

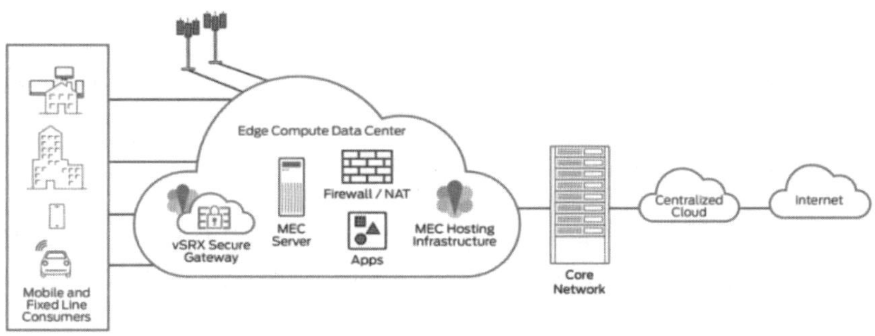

▌그림 2-60▌ 5G에서 MEC 구현 예

5G에서 Edge Computing 서버는 코어망과 연동되어 기지국 가까이 위치된다. MEC 기술이 필요한 이유는 서버(컨텐츠나 앱 포함)와 관련된 IT 기술(통신기술 포함)이 융합되는

추세이고, 5G가 도입되면서 대용량 비디오 컨텐츠 처리와 URLLC(저지연 처리) 기반 서비스가 요구되기 때문이다.

즉, 대용량 비디오는 다수의 통신노드를 거칠 경우 망 자원의 낭비가 있고, URLLC도 통신 경로가 많아지면 신호지연으로 목적을 달성할 수 없다. 그리고, 5G MEC 규격정의를 주도하는 ETSI는 MEC Orchestrator를 중심으로 기지국 가까이에 MEC Platform(또는 서버) 설치를 권고하고 있다.

기존 4G의 경우 대규모의 4G 코어망과 Application(또는 컨텐츠)이 중앙집중식으로 관리되고, 국내의 경우 수도권에서 지방으로 모든 데이터와 컨텐츠가 전송된다. 하지만, 5G MEC를 적용할 경우, 소규모의 5G 코어망과 Application이 지방의 주요도시에 위치하여 관련된 서비스가 제공된다.

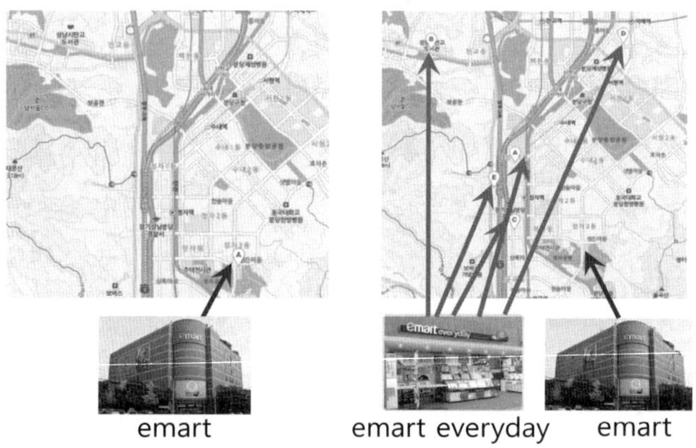

| 그림 2-61 | MEC를 대형마트와 소형지점으로 비유

MEC은 국내의 대형마트인 emart에 비유될 수 있는데, 주요 거점지역에는 대형마트인 emart를 위치시키고, 세부 지역별로 소형매장인 emart everyday이나 emart24(편의점)가 있다. MEC는 대형마트인 emart가 아니고, 소형 매장인 emart everyday이나 emart24에 해당된다.

이처럼 emart everyday이나 emart24에는 많은 상품이 판매되는 대형매장은 아니고, 자주 사용되는 생필품이나 식료품 등을 판매하는 매장으로 고객과 근접한 위치에 있어서 고객이 빠르고 쉽게 상품을 구매할 수 있는 환경을 제공해 준다.

따라서 MEC 개념인 emart everyday나 emart24는 고객이 근접한 주거지에 작은 규모의 매장으로 고객이 필요할 때, 멀리 대형마트를 가는 것보다 고객은 빠르고 쉽게 emart everyday이나 emart24에 가서 상품을 구매할 수 있다.

▎그림 2-62▎ emart(대형매장)와 emart everday(소형매장) 예

4G의 코어망과 Application은 중앙집중식으로 관리되어 모든 데이터와 컨텐츠는 수도권에서 지방으로 전송되어 대용량 Backhaul 장비가 필요하고, 고객이 Application을 받을 때 통신선로에서 신호지연으로 서비스 품질이 저하될 수 있다.

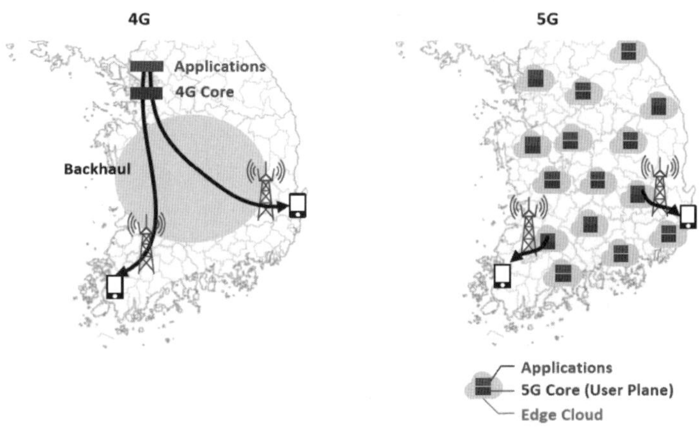

▎그림 2-63▎ 4G와 5G 이동통신망 구성 예(출처: KT)

하지만, MEC를 활용하면 각 MEC 서버가 바로 인터넷에 연동되어 관련된 Application이 사용자에게 제공된다. 물론 MEC 구조를 사용할 경우, 이동통신망 구성이 복잡해지고, 보안기술이 강화되어야 하며, 정교한 장비 운용이 요구된다. 이와 같이 소규모의 5G 코어망과 Application이 분산된 구조를 'Edge Cloud'라고도 한다.

공장 자동화를 위하여 로봇이 사용될 때, 로봇이 촬영한 비디오는 eMBB를 Network Slicing으로 전송하고, 빠른 동작이 요구되는 로봇 제어에 대해서는 MEC가 사용될 수 있다.

5G의 주된 특징 중에 하나인 URLLC 기반 서비스를 제공하기 위해서는 통신망에서 각 노드간 통신을 최대한 줄여야 한다. 이때, MEC 서버는 기지국 근처에서 단말기와 바로 연동되기 때문에 통신지연을 줄일 수 있다.

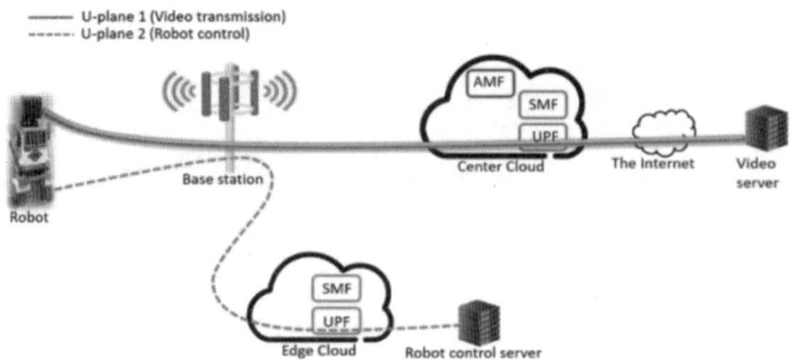

❙그림 2-64❙ URLLC 서비스를 위한 MEC 구조

MEC와 유사한 구조로 CDN(Content Delivery Network) 장비를 고객의 단말기 근처인 기지국에 위치시켜 컨텐츠를 효과적으로 전송하는 방법도 있다. 일반적으로 CDN은 비디오와 같이 용량이 큰 컨텐츠 위주로 4G 망에 적용되고 있다.

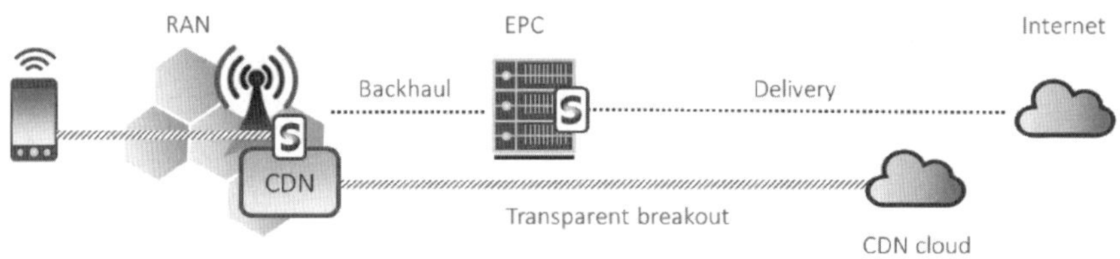

❙그림 2-65❙ RAN에 CDN 설치(출처 : Akamai)

<u>MEC와 CDN의 차이는 MEC는 용어가 의미하듯이 Cloud 기능을 Edge로 가지고 오는 것이고, CDN은 단순히 자주 사용되는 컨텐츠를 기지국 가까이 위치시키는 것이다.</u> 이런 관점에서 볼 때 MEC가 CDN을 포함하는 포괄적인 개념이다.

3 Access 기술

1) 5G 기지국 구조

3GPP에서 정의하는 Access 기술(또는 RAT: Radio Access Technology)이란 무선구간에서 이루어지는 Radio Interface(또는 Radio Protocol, Air Interface)이다. 일반적 의미에서 RAT란 이동통신 무선 방식(셀룰라)을 의미하며, 대표적인 RAT 예는 NR, LTE, UMTS 등이고, 의미를 확대하면 WiFi, Bluetooth, NFC 등 Wireless Connectivity 기술까지 포함된다.

이동통신에서 Access 기술 세부항목에는 기지국과 단말기간 무선구간에서 전파 송수신 방법, 안테나 구성방법, 변조, 채널 코딩, 오류가 발생했을 때 대처 방법, 무선구간 호처리 등의 기술이 있다.

3GPP의 Access 기술을 광범위하게 정의할 경우, ①무선구간 통신 프로토콜, ②기지국인 RAN(Radio Access Network)의 구조와 신호처리, ③단말기의 무선통신과 관련된 부분까지 포함된다.

3GPP에서 정의하는 RAN은 기지국 자체를 의미하고, UE(User Equipment)는 이동통신 단말기를 의미한다. 기지국과 단말기는 항상 쌍(Pair)으로 통신하기 때문에 무선통신 프로토콜은 기지국과 단말기의 처리 절차가 동시에 정의된다.

CDMA 기술을 정의했던 3GPP2는 기지국을 BS(Base Station), 단말기를 MS(Mobile Station)라고 표현했는데, 3GPP 용어의 RAN=BS, UE=MS와 동일한 의미이다. 3GPP는 3G 기지국을 RNS, 4G 기지국을 eNB, 5G 기지국을 gNB라고 한다.

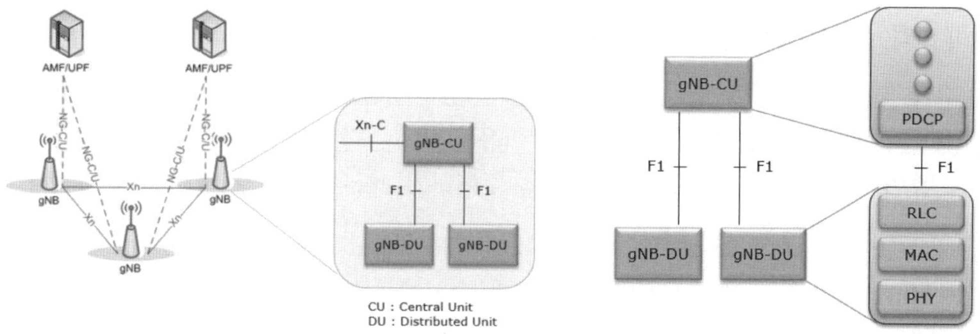

▌그림 2-66▌ 5G 기지국 구조

3GPP는 5G 기지국 명칭을 gNB라로 정의했다. gNB의 유래는 3GPP 표준화 과정에서 'NB BS', 'fNB', 'sNB' 등 다수의 명칭이 제안되었으나, Intel이 'ngNB(next generation Node B)'를 제안했고, 3GPP는 이 용어를 받아들여 5G 기지국 이름을 gNB로 결정했다.

gNB는 ngNB에서 영어철자 2자(ng)를 사용하는 것보다 1자(g)를 사용하는 것이 좋다는 의견으로 ngNB에서 'n'을 빼고 gNB로 결정되었다. 따라서 gNB는 'next generation NodeB'를 의미하고, giga-bit Node B를 의미하는 것은 아니다.

5G gNB는 크게 Layer 3를 담당하는 gNB-CU(Central Unit)와 Layer 1, 2를 담당하는 gNB-DU(Distributed Unit)로 구분된다. CU는 Fronthaul을 통하여 DU와 연동되며, Backhaul로 5G 코어망과 연동된다.

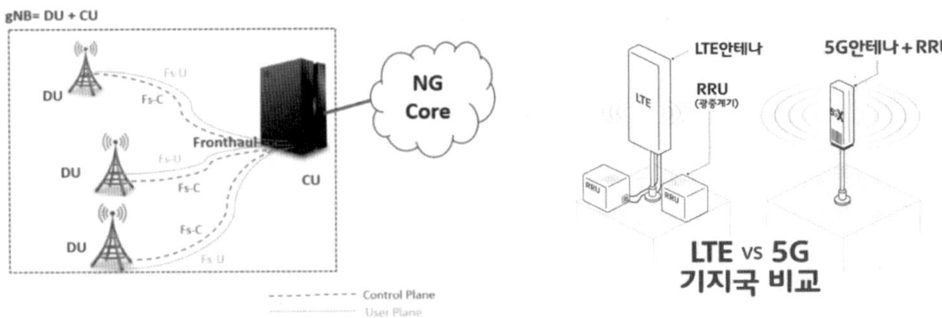

▌그림 2-67▌ 5G 기지국 구성요소(DU, CU)

5G 기지국(gNB)에서 CU는 4G의 BBU(Baseband Unit)와 유사하고, DU는 RRH(Remote Radio Head)가 포함된 기능이다. 이러한 구조를 사용하는 이유는 ①기지국 구축비용 절감, ②기지국의 유연한 확장, ③운용의 편리성 등을 위해서이다.

3GPP는 5G 규격을 정의하면서 CU와 DU의 역할(즉, Layer) 구분과정에서 의견이 많았지만, 최종적으로 DU에 L2, L1가 구현되는 것으로 결정되었다. 따라서 DU는 L1이 구현되기 때문에 전파를 처리하는 4G의 RRH 기능이 포함된다.

Layer 3를 처리하는 CU에는 복잡한 통신 프로토콜이 구현되어야 하고, 기지국 운용과 감시를 위한 기능도 추가되어야 한다. 이러한 이유로 CU는 가격이 비싸고 정교한 기술이 요구된다. 반면 DU는 단순히 수동적인 역할을 수행하기 때문에 CU 대비 가격이 저렴하다.

5G 기지국은 기본적으로 Massive MIMO(Multiple Input Multiple Output) 기능이 적용된다. Massive MIMO에서 MIMO는 송신과 수신에 다수의 안테나가 사용된다는 의미고, Massive는 '많다'는 의미로 하나의 기지국에서 MIMO 기능이 많이 구현되어있다는 의미이다.

▌그림 2-68▐ Massive MIMO 기지국 안테나 예(출처: Ericsson)

MIMO 처리를 위한 안테나는 막대기 형태의 다이폴 안테나가 사용되는 것은 아니고, RF 회로 기판에 작은 형태의 많은 소자 안테나(Array Antenna)로 구현된다. 주파수가 높을수록 파장이 짧아서 안테나를 소형으로 구현할 수 있다. 따라서 5G 주파수 대역은 4G 대비 상대적으로 고주파 대역이므로 대부분 Array Antenna로 구현된다.

2) 5G 주파수

5G 주파수 대역 관련, ITU(실제로는 ITU 산하조직인 WRC)는 5G 주파수 대역을 크게 Sub 6GHz(또는 Below 6GHz)와 Above 6GHz로 정의하여 각 국가에 할당을 권고했고, 이 주파수 대역을 근간으로 3GPP는 5G 기술을 정의했다.

6GHz 이하 대역 중에는 기존 3G나 4G에서 사용되는 주파수 대역이 포함되어 있고, 6GHz 이상의 대역에서 약 25GHz ~ 약 50GHz 대역을 mmWave(millimeter Wave)라고 한다. 이 대역의 주파수 파장 길이는 mm 단위(즉, 1Cm 미만)로 매우 짧다.

ITU는 급증하는 모바일 트래픽에 대응하기 위하여 5G 기술인 IMT-2020(ITU 공식 용어)을 연구하면서 기존의 주파수 대역(즉, 3G, 4G 대역)에는 주파수 여유가 없고, 향후 서비스(예, 초고속 통신)를 제공하기 쉽지 않아서 IMT-2020을 위해서 새로운 주파수 대역(NR: New Radio) 할당을 결정했다.

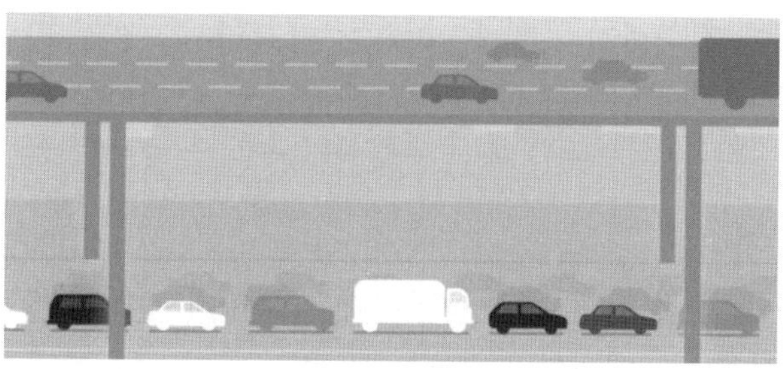

▌그림 2-69▐ 5G에서 새로운 주파수 대역인 mmWave 할당 비유

주파수 대역을 도로에 비유한다면, 기존에 사용하던 이동통신 주파수 대역은 이미 만들어진 좁은 도로(고가도로 1층)로 더 이상 도로 확장이 어렵기 때문에 5G 서비스를 위하여 새로운 도로(고가도로 2층, mmWave 대역)를 만드는 것과 같다.

기존의 도로(3G, 4G)는 이미 트래픽이 많고, 확장이 어렵지만(주파수 여유가 없어서), 새로 구축한 mmWave 대역의 도로는 매우 넓은 차선이 있고, 차량에 실을 수 있는 짐의 양을 많이 할 수 있어서 향후 요구되는 대용량 모바일 트래픽을 수용할 수 있다.

mmWave는 신호 감쇄가 심하여 그 동안 이동통신 목적으로 의문이 있었으나 여러 가지 실험결과 mmWave는 주위 장애물에 대한 반사비율(전파가 물체에 맞고 튕겨져 나오는 비율)이 높지만, 안테나에서 발사되는 전파의 빔 조절을 잘 할 경우, 이동통신으로 사용할 수 있음이 밝혀졌다.

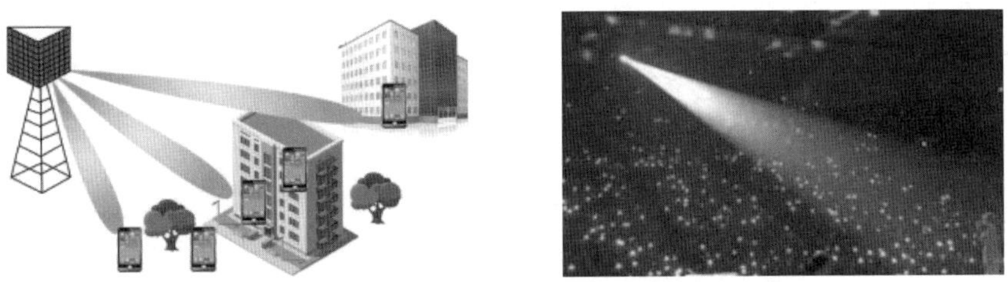

| 그림 2-70 | Beam Forming, Beam Tracking 기술

mmWave 대역에는 필수적으로 Beam Forming과 Beam Tracking이 사용되는데, 이것은 무대공연에서 사용되는 불빛에 비유될 수 있다. 무대의 어두운 곳에서 가수가 위치한 곳에 밝은 빛을 주고(Beam Forming), 가수가 움직일 때 마다 불빛이 같이 움직이는(Beam Tracking) 원리와 같다.

공연장 불빛에서 밝은 부분(즉, 빔)은 전파 에너지가 집중되고, 어두운 부분은 기지국에서 송출하는 전파 에너지가 매우 적다. 따라서 전파 에너지가 집중될 경우, 통신 상대방에게 고속 전송이 가능하고, 주변의 다른 기지국에 주는 전파의 간섭은 적다.

하지만, 전파 에너지를 집중시키기 위해서는(즉, 빔 폭을 좁게 전송) 안테나를 많이 사용해야 되고, 단말기가 빠르게 이동할 때는 정밀한 빔으로 단말기를 계속 추적해야 하는 기술이 필요하다.

mmWave 대역의 주파수는 ①손으로 휴대폰을 잡을 경우, ②주변에 전봇대나 나무가 있을 경우, ③차량이 지나갈 경우 등 주변환경이나 사용자의 행위에 따라서 전파 분포가 급격히 변화되는 특성이 있다. 이러한 특성(감쇄, 반사 등)을 극복하기 위해서 5G는 Beam Forming과 Beam Tracking이 필수적으로 사용된다.

심지어는 5G 기지국과 단말기에 LOS(Line Of Sight, 전파경로에 장애물이 없는 환경)가 아닌 환경에서 반사파나 회절파 등을 활용하여 Beam Forming과 Beam Tracking을 한다. 즉, 기지국과 단말기간 직선거리가 아닌 환경에서도 Multipath Fading 신호를 활용하여 전파 Beam을 관리한다.

또한 5G mmWave 대역의 주파수는 주변 장애물에 전파가 민감하게 반응하기 때문에 매우 잦은 Handover가 발생되므로 서비스 품질을 유지하기 위해서는 이동통신 사업자의 정교한 운용기술이 요구된다. 5G에서 Beam Forming을 하는 이유는 초고주파의 Path Loss가 심하기 때문에 이를 보상하기 위해서이다.

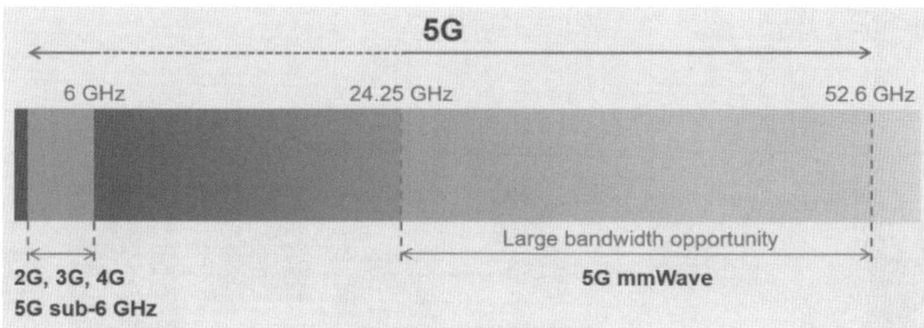

대부분 국가는 mmWave 대역(예, 28GHz)을 상업 목적으로 할당하지 않았기 때문에 이 주파수 대역은 여유가 있다(즉, 그 동안 비어있었음). 또한 많은 국가에서 28GHz 대역을 5G 주파수로 할당할 경우, 해외 로밍에 유리하고, 통신장비와 단말기에 공통부품을 사용할 수 있어서 개발이 간단해진다.

3GPP는 5G에서 비면허 대역(Unlicensed Spectrum)이나 공유 주파수 대역(Shared Spectrum)과 연동되는 규격도 정의했다. 특히, 5G는 LTE-A Pro에도 도입된 비면허 대역과 CA(Carrier Aggregation)를 통하여 전송속도를 높일 수 있다.

비면허 대역의 대표적인 무선통신 기술은 WiFi이며, 대부분 휴대폰은 WiFi칩이 내장되어 있어서 5G와 WiFi를 합쳐서 속도를 증가시킬 수 있다. 하지만 셀룰라와 WiFi를 합쳐서 통신하는 CA는 많이 사용되지는 않는다.

일반적으로 주파수가 높을수록 신호를 생성시키는 H/W와 무선구간에서 신호가 많이 감쇄된다. 이동통신 기술은 통신망(코어망, 기지국)의 리소스 문제보다는 대부분 단말기 리소스를 해결하는 방향으로 기술이 정의되고 있다.

28GHz의 RF(Radio Frequency) 부품을 사용하여 단말기를 개발할 경우, 단말기에서 기지국으로 신호를 보낼 때, RF 신호가 생성되는 변조기부터 신호 증폭기, 안테나 등을 거치면서 단말기 내부 H/W에서도 신호가 많이 감쇄된다.

예를 들어, Baseband 신호가 변조를 거쳐서 28GHz 대역으로 신호가 이동되면, 이때부터 '구멍이 많은 물 양동이' 수준으로 안테나까지 이동하면서 신호가 누수되는 손실이 있다. 반대로 단말기가 기지국으로부터 신호를 수신할 때도 안테나, 저잡음 증폭기 등을 거치면서 전자회로 상에서 신호가 많이 손실된다.

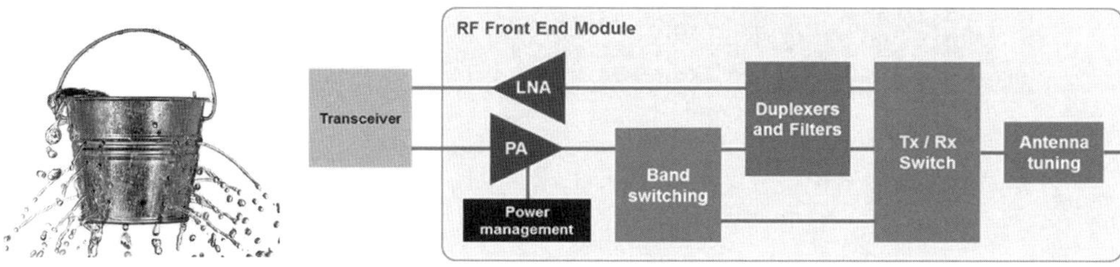

▌그림 2-71▐ 5G 스마트폰 RF Front-End 특징

따라서 28GHz 대역은 RF, 안테나 측면에서 매우 정교한 기술이 적용되어야만 신호 품질이 보장될 수 있다. 초고주파 대역에서 RF 신호가 감쇄되는 것은 물리법칙이 적용되므로 어느 정도 손실이 발생되지만 최소화시켜야 한다.

대부분 5G 이동통신 사업자는 전파의 감쇄 특성을 고려하여 6GHz 이하 대역에서 5G 대량 상용화를 계획하고 있다. mmWave 대역을 활용할 경우, 매우 많은 기지국이 필요하여 투자비(기지국 수에 비례하여 투자비 증가)가 많이 들고, 전파환경의 변동이 심하여 운용이 복잡하기 때문이다.

3GPP는 초기 5G 주파수로 mmWave 대역을 우선적으로 검토했으나 이 주파수 대역에서 여러 가지 실험한 결과 전봇대와 같은 작은 장애물에도 많은 영향을 받고, 건물 투과율이 좋지 않아서 단기간에 5G 서비스가 어렵다는 의견이 많아서 이후 Sub 6GHz를 추가했다.

5G 주파수 대역(Spectrum), 주파수 폭(Bandwidth), MIMO 구성에 따른 최대속도(Peak Data Rate)를 보면, 국내 기준으로 28GHz 대역에서 Bandwidth를 1GHz, 4x4 MIMO를 사용할 경우, 최대 데이터 속도는 20Gbps가 가능하다.

Spectrum	Bandwidth	MIMO		Peak rate
24-28 GHz	1 GHz	2x2 / 4x4	➡	10 / 20 Gbps
3.3-4.9 GHz	100 MHz	4x4	➡	2 Gbps
<1 GHz	20 MHz	2x2	➡	0.2 Gbps

▌그림 2-72▐ Spectrum, Bandwidth, MIMO 구성에 따른 최고 속도

3.5GHz 대역의 경우, Bandwidth를 100MHz, 4x4 MIMO를 적용할 경우, 최대 전송속도는 2Gbps이다. 또한 기지국에서 같은 조건(출력, Bandwidth 등)을 적용할 때, 28GHz 대역의 전파 도달거리는 3.5GHz보다 훨씬 짧다.

대부분 국가는 mmWave 대역에 주파수 여유가 많기 때문에 이동통신 목적으로 mmWave 대역에 넓은 주파수 폭을 할당한다. 28GHz 대역은 주파수 폭을 1GHz로 사용할 수 있지만, 3.5GHz 대역은 여유가 없어서 주파수 폭을 넓게 설정할 수 없다.

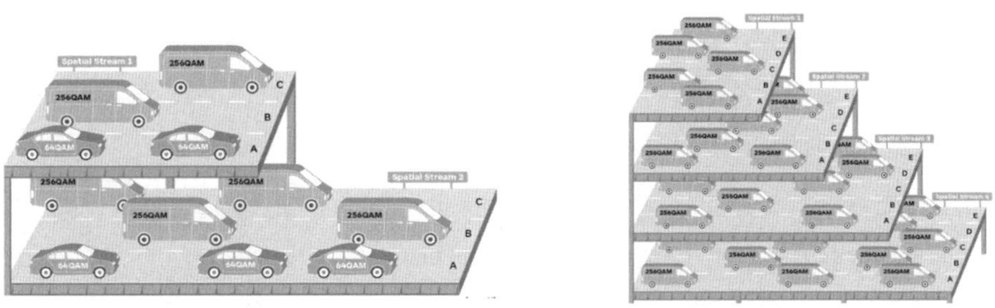

▌그림 2-73▐ 2x2 MIMO와 4x4 MIMO 비교(출처: HIS)

MIMO는 2X2, 4X4 등과 같이 안테나를 구성할 수 있는데, 2X2 MIMO는 송신 안테나가 2개, 수신 안테나가 2개라는 의미이다. 안테나 개수가 많을수록 전송속도는 높아지지만, 기지국과 단말기에 기술 구현이 복잡해지고, 부품이 추가되어 가격이 상승된다.

MIMO는 기존 도로 상위에 새로운 고가도로가 만들어지는 것과 같다. 2X2 MIMO의 경우, 위쪽에 같은 크기의 도로가 추가로 1개 있는 것과 같고, 4X4 MIMO는 위쪽에 추가로 3개의 도로가 있는 것과 같다.

또한 4X4 MIMO의 경우, 위쪽에 고가도로가 추가적으로 만들어지고, 256 QAM을 사용하면 도로에 다니는 차량이 짐을 많이 실을 수 있어서 전송효율이 더 높아진다. 물론 이 경우, 먼거리 전송은 어렵고, 짧은 거리에 고속 전송이 목적이다.

국내 5G 주파수 대역은 전파 경매를 통하여 3.5GHz 대역에 SKT(100MHz), KT(100MHz), LG U+(80MHz)가 할당 받았으며, 28GHz 대역에서는 3개의 사업자가 동일한 800MHz 주파수 폭을 할당받았다.

5G 주파수 경매 결과 (단위: 원)

대역	3.5GHz			28GHz		
이통사	SKT	KT	LGU+	SKT	KT	LGU+
할당폭(MHz)	100	100	80	800	800	800
경매가	1조 2185억	9680억	8095억	2074억	2074억	2074억
합계금액	2조 9960억			6223억		
총액	3조 6183억					

5G 주파수 3.5GHz 대역 경매 결과

280MHz 폭 (3.42 – 3.50 – 3.60 – 3.70GHz)

	LG U+	kt	SK telecom
대역(위치)	3.42~3.5GHz	3.5~3.6GHz	3.6~3.7GHz
대역 폭	80MHz	100MHz	100MHz
낙찰가	8095억 원	9680억 원	1조2185억 원

그림 2-74 국내 5G 주파수 경매결과(주파수 폭, 경매가)(출처: 서울신문)

5G 주파수 대역에서 전세계 대부분의 사업자는 Sub 6GHz대역에 3.5GHz를 사용하고, mmWave 대역은 28GHz 근처 대역을 사용한다. 각 국가에서 사용되는 주파수 대역을 비슷하게 할당하는 것은 기본적으로 단말기 개발(같은 부품사용)을 편리하게 하고, 로밍 서비스를 쉽게 제공하기 위해서이다.

이동통신 서비스를 제공하기 위한 H/W 장치를 크게 이동통신망 장비와 단말기로 구분할 때, 전체 시장 규모는 단말기 시장이 월등이 크다. 단말기는 물량도 많지만, 고객이 단말기를 주기적(예, 2년마다)으로 교체하여 새로운 단말기를 구매하지만, 이동통신망 장비는 한번 구축되면, 10년 이상 운용된다.

이렇게 단말기 대수와 주기적 교체 등을 고려할 때, 절대적인 시장은 단말기와 관련된다. 따라서 단말기 가격(저렴하게 구매)이나 규정된 성능(예, 전파 수신감도) 을 유지하기 위해서는 각 국가가 비슷한 주파수 대역을 사용하는 것이 유리하다.

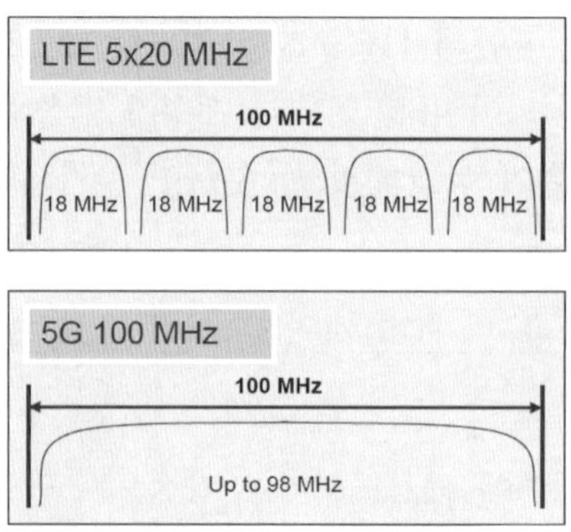

그림 2-75 4G와 5G의 주파수 폭 비교 예

4G의 경우, 대부분의 이동통신 사업자는 주파수폭을 10MHz 또는 20MHz로 설정하여 운용한다. 하지만, 5G는 주파수 폭을 최대 1GHz까지 사용하여 LTE 보다 훨씬 넓다. 주파수 폭이 넓다는 의미는 도로에서 차선이 많다는 의미와 동일하다.

심지어는 5G 규격에 운용하는 주파수 폭을 유연하게 변경할 수 있어서 'Fast Load Balancing'이 가능하고, LTE 대비 Guard Band가 적어서 주파수 사용 효율이 높다. 즉, 5G는 고정된 주파수 폭을 사용하는 것이 아니고, 트래픽 상황에 따라서 주파수 폭을 변경시킬 수 있다.

기존 4G에서 100MHz 주파수 폭을 사용하는 광대역 서비스(예, 광대역 LTE)도 가능하지만, 4G 규격 정의 당시, 해당 국가에서 보유하고 있는 주파수 자원의 한계와 당시 초고속 통신 니즈가 많지 않았다.

즉, 4G에서 100MHz 폭을 사용하는 기술규격 정의가 가능했지만, 기술적인 문제가 아니고 주파수, 정책, 시장의 문제였다. 이후 4G에는 초고속 통신의 문제를 해결하기 위하여 이미 할당된 주파수 몇 개를 묶어서 사용하는 CA(Carrier Aggregation) 방식이 사용되고 있다.

3GPP 규격에는 5G 주파수 대역별로 n1, n2,… 등과 같이 번호를 붙여서 사용한다. 여기에서 'n'은 NR의 첫번째 알파벳에서 유래되었다. 각 주파수 숫자를 사용하는 것보다 단순하게 일련번호를 사용하는 것이 편리하기 때문이다. 또한 5G 주파수 대역은 기존 GSM, UMTS 주파수 대역에도 할당되었다. 이것은 GSM, UMTS 망을 없애고, 그 주파수 대역에 5G 서비스를 위한 것이다.

따라서 GSM, UMTS를 운영하는 이동통신 사업자는 새로운 주파수인 mmWave 대역 보다는 기존의 주파수 대역(즉, 6GHz 이하)에 5G 서비스를 제공하는 것이 통신장비 투자비, 통신망 운영 측면에서 유리하다.

일반적으로 기지국에서 같은 출력으로 전파를 송신했을 때, 주파수가 낮으면 전파 도달거리가 멀고, 주파수가 높으면 전파도달 거리가 짧아진다. 이것은 주파수는 빛의 성질과 입자성질 2가지를 모두 가지고 있는데, 주파수가 높을수록 입자성질이 강해져서 전파가 전달되는 매질(주로 물, 산소)에 의하여 감쇄가 심해지기 때문이다.

NR operating band	Uplink(UL) *operating band* BS receive/UE transmit $F_{UL\_low}–F_{UL\_high}$	Downlink(UL) *operating band* BS receive/UE receive $F_{UL\_low}–F_{UL\_high}$	Duplex Mode	Region
n1	1920 MHz – 1980 MHz	2110 MHz – 2170 MHz	FDD	China
n2	1850 MHz – 1910 MHz	1930 MHz – 1990 MHz	FDD	
n3	1710 MHz – 1785 MHz	1850 MHz – 1880 MHz	FDD	China
n5 n7 n8	824 MHz – 849 MHz 2500 MHz – 2570 MHz 880 MHz – 915 MHz	869 MHz – 894 MHz 2620 MHz – 2690 MHz 925 MHz – 960 MHz	FDD FDD FDD	Taiwan China
n20	832 MHz – 862 MHz	791 MHz – 821 MHz	FDD	France
n28	703 MHz – 748 MHz	758 MHz – 803 MHz	FDD	Europe
n38	2570 MHz – 2620 MHz	2570 MHz – 2620 MHz	TDD	
n41	2496 MHz – 2690 MHz	2496 MHz – 2690 MHz	TDD	US/China
n50	1432 MHz – 1517 MHz	1432 MHz – 1517 MHz	TDD	
n51	1427 MHz – 1432 MHz	1427 MHz – 1432 MHz	TDD	UAE
n66	1710 MHz – 1780 MHz	2110 MHz – 2200 MHz	FDD	US
n70	1695 MHz – 1710 MHz	1995 MHz – 2020 MHz	FDD	
n71	663 MHz – 698 MHz	617 MHz – 652 MHz	FDD	
n74	1427 MHz – 1470 MHz	1475 MHz – 1518 MHz	FDD	
n75	N/A	1432 MHz – 1517 MHz	SDL	
n76	N/A	1427 MHz – 1432 MHz	SDL	
n77	3300 MHz – 4200 MHz	3300 MHz – 4200 MHz	TDD	Japan, China, Korea, Europe, US
n78	3300 MHz – 3800 MHz	3300 MHz – 4200 MHz	TDD	Europe, US, China, Korea
n79	4400 MHz – 5000 MHz	4400 MHz – 5000 MHz	TDD	Japan, China
n80	1710 MHz – 1785 MHz	N/A	SUL	China
n81	880 MHz – 915 MHz	N/A	SUL	China
n82	832 MHz – 862 MHz	N/A	SUL	France
n83	703 MHz – 748 MHz	N/A	SUL	Europe
n84	1920 MHz – 1980 MHz	N/A	SUL	China

▎그림 2-76▎ 3GPP의 Sub 6GHz 주파수 대역 예

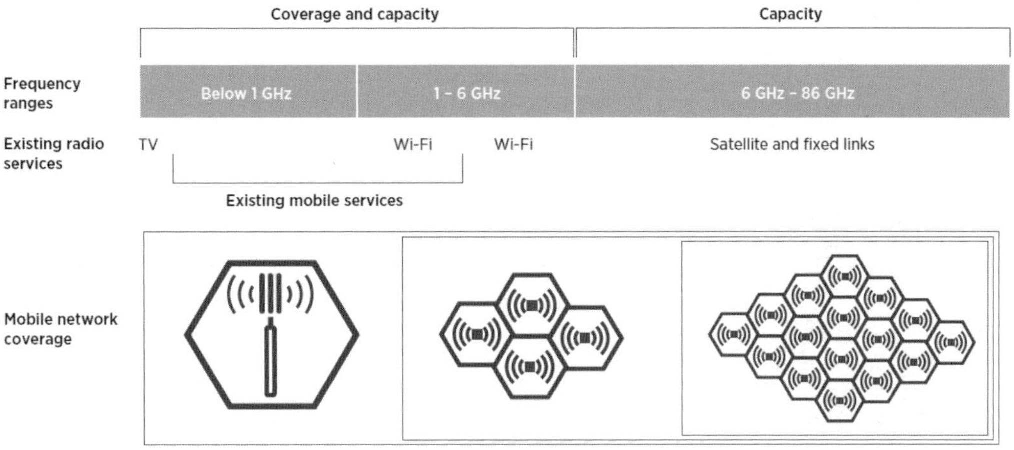

▌그림 2-77▐ 5G 주파수 대역별 커버리지(출처 : GSMA)

따라서, 5G 주파수 대역에서 3.5GHz 대역은 상대적으로 먼거리 전송에 사용되고, 28GHz 대역은 기지국에 가까이 위치한 단말기를 대상으로 고속 데이터 송수신할 때 사용된다. 대표적인 예로 28GHz 대역은 대도시의 Hot Spot 지역은 사용된다.

이동통신 사업자는 5G 기지국 운영을 기존 LTE 대역(예, 2.1GHz)은 상대적으로 전파감쇄가 적기 때문에 Macro Cell로 운영하고, 3.5GHz 대역은 중간크기의 Cell 그리고 28GHz 대역에서는 기지국 커버리지가 작은 Small Cell 형태로 운영한다.

하나의 기지국에서 먼 거리 전송이 가능하다는 이야기는 기지국이 커버하는 지역이 넓다는 의미와 같고, 이것은 기지국 수가 적기 때문에 이동통신 사업자 측면에서 투자비가 적게 든다. 즉, 이동통신 사업자의 주파수 대역은 통신망 구축, 운용 등 비용과 관련된다.

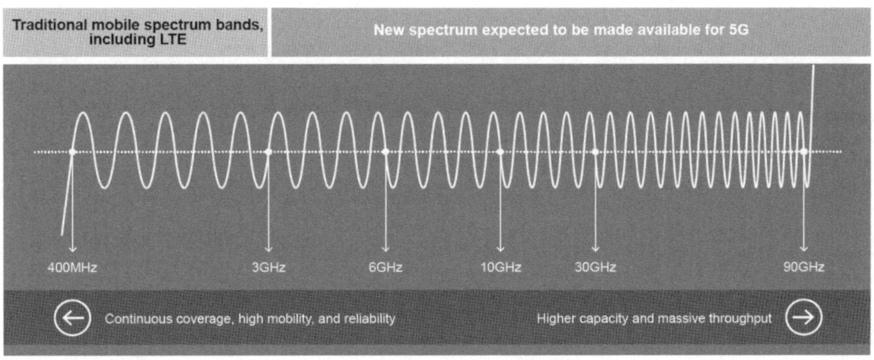

▌그림 2-78▐ 주파수 대역별 활용 목적(출처 : OVUM)

이동통신 사업자가 28GHz 대역을 활용할 경우, 기지국이 커버하는 지역이 좁아서 많은 기지국을 설치해야 하므로 설치시 기지국 자체 장비 가격, 전송선로 등 직접적인 투자비 증가와 운용이 복잡해지기 때문에 결국 비용 증가로 이어진다.

따라서 대부분의 5G 이동통신 사업자는 전국을 3.5GHz로 서비스하고, 인구 밀집지역에 고속 통신이 필요한 지역에 28GHz로 촘촘한 기지국을 구축한다. 시골지역(Rural Area)은 28GHz 기지국 없이 상대적으로 먼거리 전송이 가능한 3.5GHz가 주로 활용된다.

이러한 주파수 대역별 특성으로 5G 전국망을 구축할 경우, 4G 대비 구축비용이 일반적으로 1.5배 ~ 2배 상승되는 것으로 알려져있다. 4G의 경우, 국내 사업자(예, SKT)가 전국망을 구축하기 위해서는 약 4~5조원이 필요하지만, 5G는 전국망 구축을 위하여 거의 10조원이 소요된다.

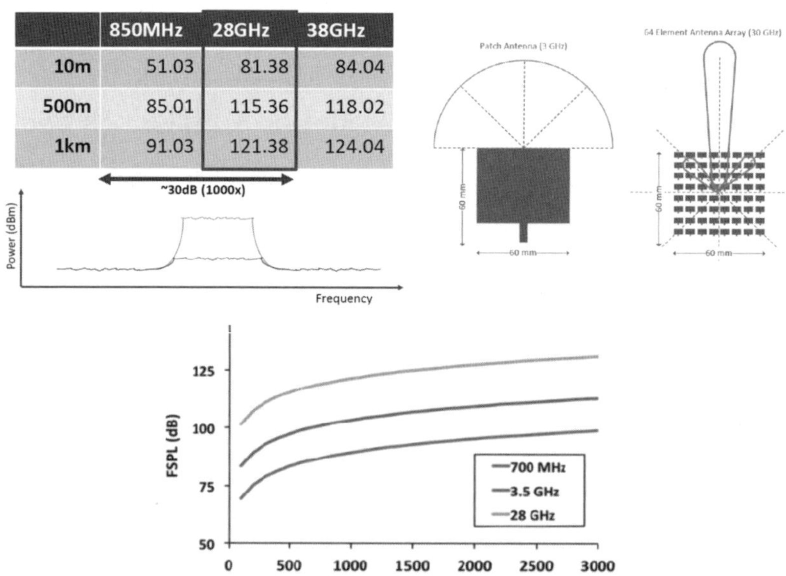

▌그림 2-79▐ 주파수별 전파감쇄와 Array Antenna

주파수 대역별 신호 감쇄 비교에서 850MHz와 28GHz의 경우, 500m 떨어진 거리에서 85.01dB(850MHz)와 115.36dB(28GHz)처럼 28GHz 대역의 전파감쇄가 850MHz 대역보다 30dB(십진수로 약 1천배) 많다. 그 만큼 주파수가 높을수록 전파세기가 급격히 약해지는 것을 알 수 있다.

3GPP는 이러한 전파 감쇄를 어느 정도 보완할 수 있는 방법으로 기지국과 단말기에 다수의 안테나를 활용하여 기지국에서 통신 대상인 단말기 쪽으로 전파 에너지를 집중해서 송출한다(Beam Forming).

기존의 방식은 기지국에서 전파를 360도 방향으로 송출하기 때문에 전파손실이 있지만, 5G는 통신 대상 단말기 방향으로만 전파 빔을 송출한다. 물론 이렇게 좁은 폭의 전파를 보내기 위해서는 기지국과 단말기 구조가 복잡해지고, 이동통신망이 정교하게 운용되어야 한다.

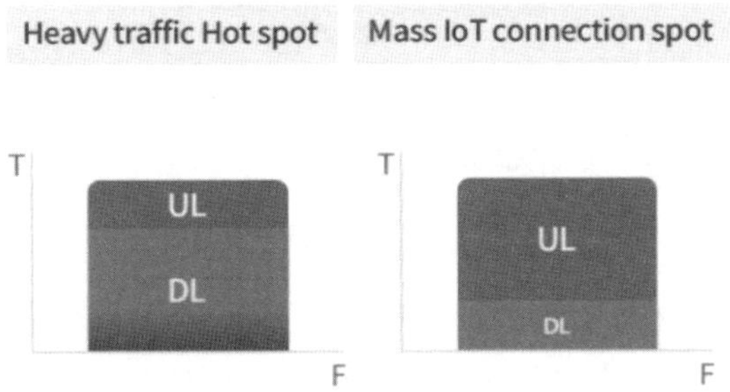

5G 이동통신 사업자는 28GHz 대역에서 일반적으로 TDD(Time Division Duplexing) 방식을 활용하고 있다. TDD 방식은 해당 주파수 대역에서 시간적으로 나누어서 송신과 수신하는 방법이다. 예를 들면, 지금 기지국에서 단말기로 데이터를 보내면, 1초 뒤에 기지국에서 단말기로 송신을 중단하고, 이번에는 단말기에서 기지국으로 데이터를 보내는 방식이다.

5G는 TDD의 하향링크(기지국 → 단말기) 시간과 상향링크(단말기 → 기지국) 시간을 조절할 수 있어서 하향링크 데이터가 많은 지역과 상향링크가 많은 지역(IoT 디바이스가 많을 경우)에 따라 각각 송수신 시간을 변경할 수 있다.

TDD 방식은 FDD 대비 전파사용 효율이 좋고 유연하게 운용할 수 있지만, 시간적으로 매우 정교하게 동작되어야 하므로 기지국과 단말기 구조가 복잡해진다. 하지만, 최근에 기지국과 단말기에 들어가는 칩과 S/W 기술이 발전되어 매우 정교한 제어가 가능해서 대부분 사업자는 TDD 방식을 사용한다.

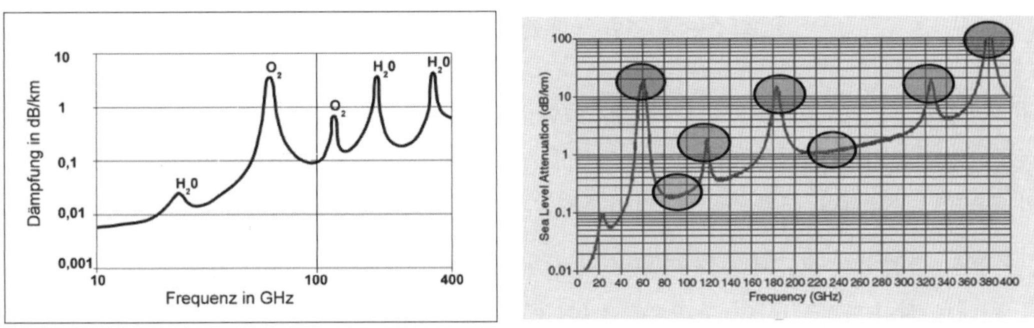

▌그림 2-80▐ 주파수 대역별 전파감쇄 정도

전파는 주파수 대역별 특성이 달라져서 전파가 진행되는 매질(주로 공기나 우주공간)에 따라 감쇄되는 정도가 다르다. 공기 매질인 경우, 전파를 감쇄시키는 요소는 대부분 H_2O(물), O_2(산소)인데, 전파(Radio Wave)의 전파(Propagation) 측면에서 전파가 물 분자를 뚫고 지나갈 수 없고, 물 분자를 만났을 때 반사, 회절 등으로 전파 에너지가 급격히 손실된다.

전파의 일부는 물 분자에 흡수되는데, 에너지 보존의 법칙(전파도 일종의 에너지임)에 따라 물 분자 안으로 들어간 전파는 흡수되지 않고, 내부에서 산란, 난반사되어 전파 에너지가 물 분자에 에너지를 주고 없어진다.

대표적인 예로 전자레인지가 있는데, 전자 레인지는 물의 공진 주파수인 2.45GHz 대역의 주파수를 발사하면, 음식물에 있는 물 분자들이 서로 공진하면서 물 분자끼리 부딪혀서 뜨거워진다. 이것은 전파 에너지가 물 분자의 운동에너지로 바뀐 것이다.

또한 주파수 대역별 전파감쇄 정도를 보면, 28GHz 대역은 어느 정도 평탄하게 감쇄하는 성질을 가지고 있어서 이동통신 목적으로 적합하다고 볼 수 있다. 불균일하게 전파가 감쇄될 경우, 무선망 운용이 복잡해진다.

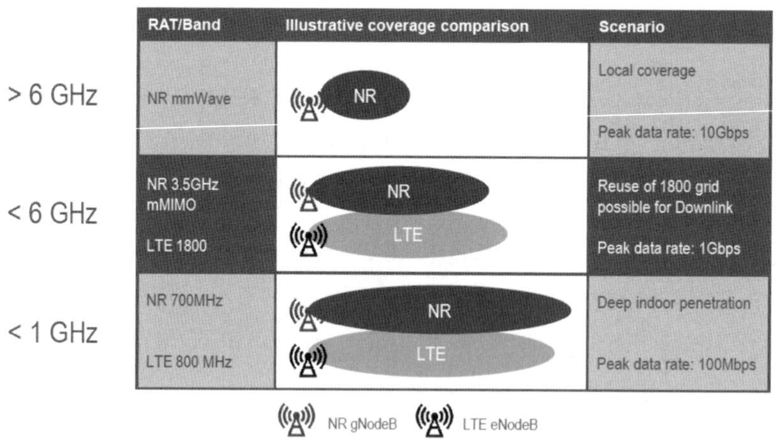

| 그림 2-81 | 주파수 대역별 커버리지 비교(출처: GSMA)

ITU-R WRC는 이동통신 사업자에게 28GHz 대역은 넓은 Bandwidth 사용을 권고했고, 3GPP는 이러한 요청에 따라서 해당 규격을 정의했다. 다수의 주파수 대역에서 같은 출력의 전파를 보낼 경우, 주파수 대역이 낮을수록 먼거리까지 전송된다.

이동통신 사업자는 5G 서비스 제공을 위하여 기존에 구축된 4G 망(기지국 장소, 장비 등)을 최대로 활용하기 위하여 주파수 특성이 좋은 4G 주파수 대역은 넓은 지역을 서비스하고, 그 다음 크기(커버리지)는 5G의 Sub 6GHz(예, 3.5GHz)를 활용하며, Hot Spot 지역은 5G mmWave 대역을 사용한다.

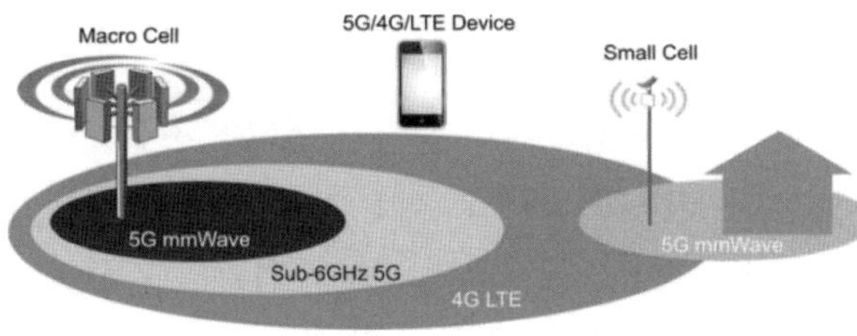

▌그림 2-82▐ 4G, 5G 기지국 설치 예

즉, 이동통신 사업자가 기존 4G 망과 5G 망을 Hybrid 형태로 운용할 경우, 4G 망은 넓은 지역을 서비스하고, 트래픽이 높은 지역에만 5G로 대응할 수 있다. 이렇게 운용하는 것은 기본적으로 투자비를 절감하고 고객에게 원하는 서비스 품질을 제공하기 위해서이다.

5G에서 Small Cell이 늘어날 것으로 예상되는데, Small Cell은 이전에 Femto Cell 이름이 변경된 것으로, 커버리지가 좁은 지역에 사용되는 작은 형태의 저렴한 기지국이다. Femto란 숫자 단위에서 10^{-15}를 나타내는 접두어로써 Nano(10^{-9}), Pico(10^{-12}) 다음의 낮은 숫자 단위이다.

Femto Cell이란 위의 숫자 의미와 같이 매우 작은 기지국이란 뜻으로 2015년 이전까지는 Small Cell을 Femto Cell이라고 많이 불리어졌으나, 그 이후부터는 Small Cell이란 용어를 일반적으로 사용하고 있다. 즉, Femto라는 용어가 맞지 않기 때문이다.

Small Cell은 Backhaul 선로를 전용망을 사용하지 않고, 인터넷을 활용한다. 따라서 가정이나 사무실에 통화품질이 좋지 않을 경우 쉽게 설치하여 사용할 수 있지만, 외부 기지국과 전파 간섭이 발생될 수 있다.

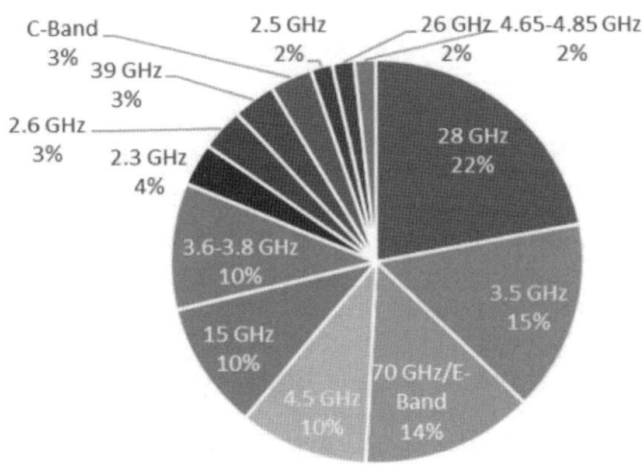

▌그림 2-83▐ 전세계 5G 주파수 대역 비중(출처 : GSA(2017년))

전세계 사업자별 5G 주파수 대역 현황을 보면, 28GHz 대역이 가장 많고, 그 다음으로 3.5GHz, 70GHz, 4.5GHz, 15GHz, 2.3GHz 등의 순이다. 각 국가별 주파수는 한정된 자원이기 때문에 국가별 할당 내역이 다르다.

ITU에서 5G 주파수 후보로 mmWave 대역 선정시 인체영향에 대한 이슈가 많았다. 주파수가 높을수록 인체에 미치는 영향이 커지기 때문이다. 하지만, 28GHz 대역의 경우, 인체에 침투하여 축적되는 성질보다는 피부표면으로 흡수되는 특성이 강하다. 따라서 일부 전파 전문가는 28GHz 대역이 인체에 미치는 영향은 미미하다고 주장하기도 한다.

3) Physical Layer

(1) Physical Layer 규격, 특징

5G NR(New Radio)의 Physical Layer 규격은 3GPP TS38.2xx 시리즈에 정의되어있다. 3GPP에서 정의하는 TS(Technical Specification)는 확정된 규격이고, 규격을 정의하기 위한 검토 단계의 기술문서를 TR(Technical Report)이라고 한다.

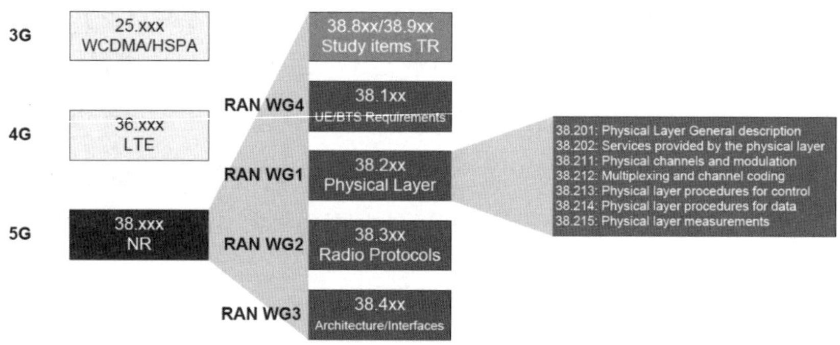

그림 2-84 3GPP Physical Layer 규격 체계

Physical Layer는 OSI 7 Layer에서 최하위 계층으로 주된 역할은 전기적 신호 규격이다. 전기적 신호 규격은 전송속도, 신호의 레벨, 정보 인코딩/디코딩, 부호화, 비트 동기 등이 포함된다.

이동통신은 무선구간 리소스의 제한으로 유선망에 적용되고 있는 7개의 Layer를 사용하는 OSI(Open Systems Interconnection) 7 Layer 규격을 따르지 않고, 신호처리를 간단하게 하기 위하여 3개의 Layer(PHY, MAC, RRC)만 사용된다.

차량이 다니는 도로를 예로 든다면, Physical Layer는 도로의 폭, 차선수, 최대 속도, 도로에 다닐 수 있는 차량의 종류(승용차, 버스, 트럭 등) 정의 등이 해당된다. 차량에 싣고 가는 화물의 종류와 수량, 차에 타고 가는 사람 등에 대한 정의는 상위 Layer에서 담당한다.

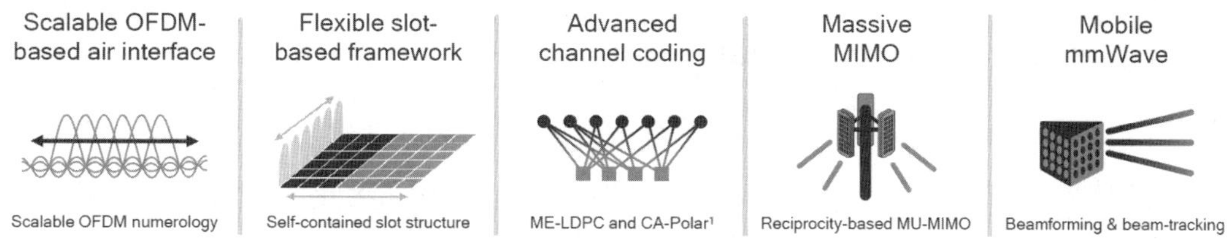

▌그림 2-85▐ 5G Physical Layer의 주된 특징(출처 : Qualcomm)

Qualcomm 은 5G Physical Layer의 주된 특징(즉, 기존 4G 대비)으로 Scalable OFDM (Orthogonal Frequency Division Multiplexing), Flexible Slot-baed Framework, Advanced Channel Coding, Massive MIMO, Mobile mmWave를 선정했다.

Scalable OFDM은 OFDM Sub-Carrier를 변경할 수 있는 기능이고, Flexible Slot-baed Framework은 Slot의 크기를 변경할 수 있는 기능이다. 즉, 서비스 종류나 전파품질에 따라 Physical Layer 구조를 유동적으로 변경할 수 있다.

Advanced Channel Coding은 다운링크와 업링크에서 채널코딩으로 LDPC(Low Density Parity Check Codes)를 사용하는 것을 의미한다. 채널코딩은 통신채널에서 데이터 오류가 발생되었을 경우, 오류를 정정하는 기술이다.

채널코딩 방법은 크게 2가지로 구분되는데, 전송되는 정보에서 ①패킷의 뒷부분에 오류정정 코드를 추가하여 정보를 보내는 FEC(Forward Error Correction), ②오류가 발생된 부분에 대하여 재전송을 요청하는 ARQ(Automatic Repeat Request) 방법이 있다.

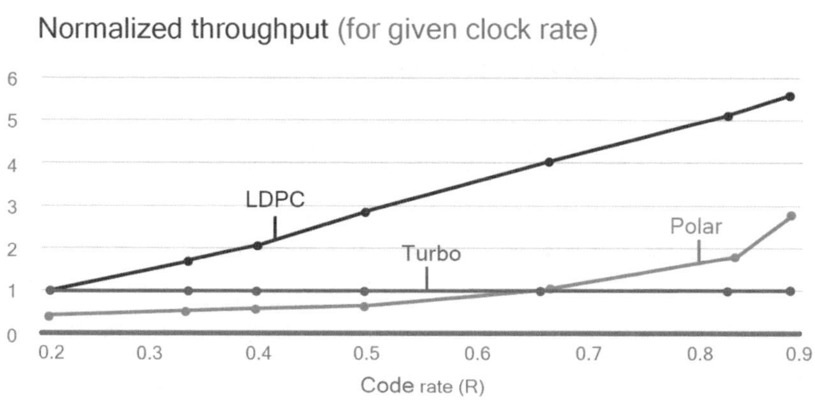

▌그림 2-86▐ Channel Coding 기술별 성능 비교(출처 : Qualcomm)

HARQ(Hybrid Automatic Repeat Request)는 FEC와 ARQ를 결합하는 방식으로, 패킷에서 에러가 발생되었을 때, 수신기에서 그 패킷 정보를 버리지 않고 저장하고 있다가 재전송된 패킷의 정보와 합산하여 신호를 복조한다. 이 경우, 동일한 정보(이전에 받은 정보, 재전송으로 받은 정보)를 두 번 받았기 때문에 Diversity(다이버시티) 효과를 볼 수 있어서 수신기에서 오류 정정 확률이 증가된다.

통신에서 Diversity는 같은 정보를 시간적으로 2번 이상 보내거나, 다른 주파수로 같은 정보를 보내는 기술 등이 있다. 예를 들어 정보를 1번 보낼 때 오류가 10개 발생되었다면, 같은 정보를 2번 보내면 오류 발생이 5개 이하로 줄어든다.

5G는 FEC 방식인 LDPC와 HARQ를 적용하고 있으며, 이것은 기존 4G에 적용된 채널코딩인 Trubo Coding과 HARQ와 비교시 성능이 좋은 것으로 알려져있다. 특히 Coding Rate(즉, 데이터 전송속도)가 증가될수록 Turbo Coding 성능에는 변화가 없지만, LDPC는 성능이 좋아지기 때문에 5G에 사용된다.

(2) Scalable OFDM, Flexible Slot

5G Physical Layer에서 추가된 기능으로 Scalable OFDM, Flexible Slot 구조 등이 있다. Scalable OFDM은 Subcarrier의 주파수 폭을 임의로 변경할 수 있는 기능이다. 즉, 서비스 지역(주로 전파환경)과 사용자가 원하는 데이터 속도에 따라서 각 사용자별로 OFDM 주파수 폭을 변경할 수 있다.

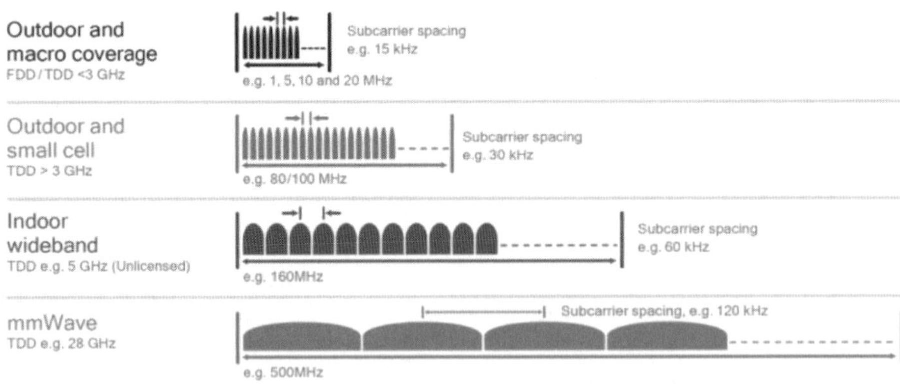

▌그림 2-87▌ 주파수 대역/폭에 따른 Subcarrier Spacing 예

5G 주파수 대역과 주파수 폭에 따른 SCS(Subcarrier Spacing) 예를 보면, 3.5GHz 대역에서 주파수 폭을 100MHz로 할 경우, OFDM의 Subcarrier Spacing을 30KHz 단위로 설정할 수 있다. 유사한 방식으로 28GHz 대역에서 500MHz의 주파수 폭을 사용할 때, Subcarrier Spacing을 120KHz로 운용할 수 있다.

OFDM은 다수의 Subcarrier와 시간이 조합되어 동작되는데, Subcarrier Spacing은 각 Subcarrier의 주파수 폭과 동일한 의미이다. 이렇게 주파수 대역에 따라 주파수 폭, Sub-carrier Spacing 등의 변경은 이동통신 사업자가 서비스 종류나 전파 환경에 따라 설정한다.

5G Physical Layer Frame은 10ms 단위로 동작된다. Physical Layer Frame를 10ms로 선정한 이유는 기존 LTE와 연동을 고려한 것이다. 음성처리 위주인 UMTS와 패킷 데이터만 처리하는 LTE의 Physical Layer Frame은 10ms 단위로 사용된다. 하지만 CDMA 이동통신은 Physical Layer를 20ms Frame으로 사용했다.

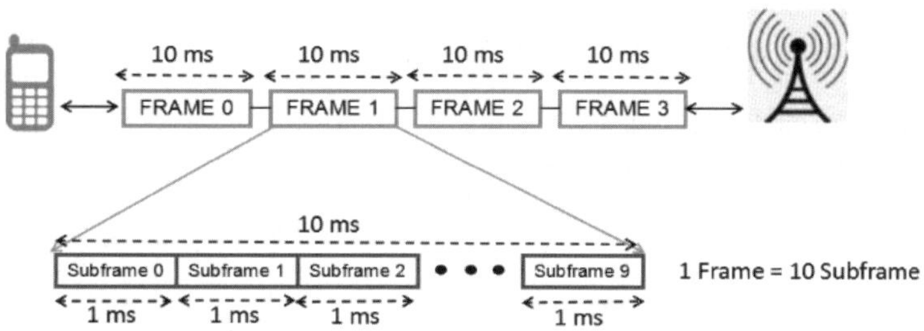

그림 2-88 5G Physical Layer의 Frame, Subframe 단위

음성데이터는 보통 20ms 단위로 처리되는데, 3GPP는 UMTS부터 Physical Layer를 10ms로 동작시켜 보통 12.2Kbps로 동작되는 UMTS 음성코덱인 AMR(Adaptive Multi-Rate) 처리를 위하여 여유를 두겠다는 의도에서 시작되었다.

사람은 100ms 음성지연에 대하여 감지를 못하는 것으로 알려져 있다. 따라서 Physical Layer를 10ms Frame 단위로 운용하면, 상위단의 코덱이나 코어망에서 신호 처리시 음성신호 지연에 대한 보상이 가능하다.

5G의 Subframe은 4G에서 유래된 기본 1ms Subframe을 기반으로 동작된다. 이것은 5G의 NSA(Non Standalone) 구조에서 4G 망과 연동을 쉽게 하기 위한 방법이다. 각 Subframe은 Subcarrier Spacing에 따라 구조가 달라진다.

OFDM 주파수 폭을 임의로 변경할 수 있는 것은 결국 하나의 Frame에서 Subframe 개수를 변경하는 것과 연관이 있다. 즉, SCS(Subcarrier Spacing)를 넓게 설정할 경우, 하나의 Radio Frame에 들어갈 수 있는 Subframe을 더 많이 설정할 수 있다.

5G Physical Layer는 OFDM 구조에서 주파수와 시간을 유연하게 변경할 수 있다. 따라서 하나의 Frame 내에서 eMBB, eMTC, URLLC 등의 서비스 목적에 맞게 가변으로 할당될 수 있다. 고속통신 목적인 eMBB는 OFDM 리소스에서 가장 많은 주파수와 시간을 차지한다.

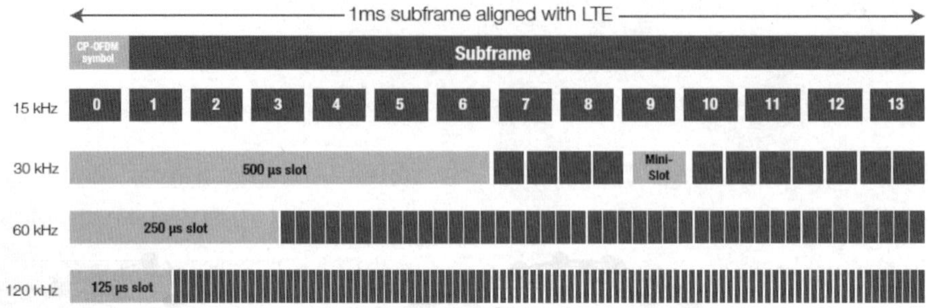

| 그림 2-89 | 5G Flexible Slot 구조 예

OFDM은 샤워기에서 다수의 물줄기로 비유될 수 있는데, 4G는 샤워기 물구멍 수, 물세기, 물줄기 시간 등이 정해진 구조인데, 5G는 샤워기의 물줄기를 유연하게 변경할 수 있다. 즉 5G는 샤워기 물구멍 개수, 물구멍 크기, 물줄기 길이 등을 임의로 변경할 수 있고, 하나의 물줄기에는 다수의 QoS를 가진 데이터가 동시에 전송될 수 있다.

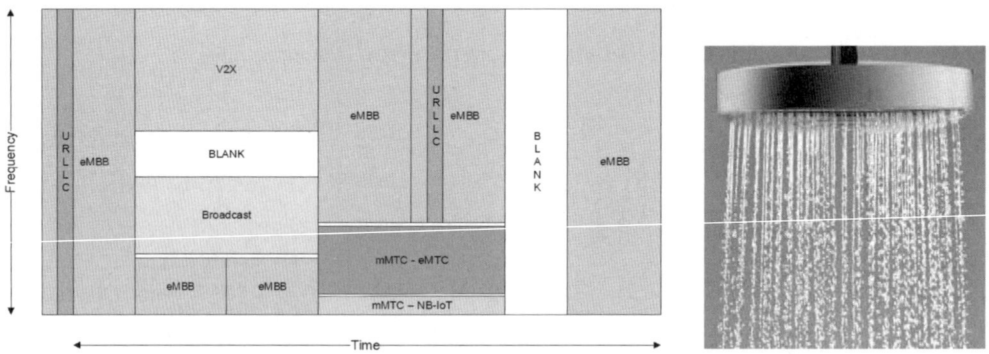

| 그림 2-90 | 5G OFDM Frame 할당, 샤워기 물줄기에 비유

예를 들어, 샤워기의 물줄기 굵기와 세기는 OFDM의 주파수 폭을 임의로 변경하는 의미와 유사하고, 하나의 물줄기에서 물줄기 길이(또는 간격)를 임의로 조절하는 것은 Slot 크기를 임의로 변경하는 것에 비유될 수 있다.

(3) Massive MIMO

Massive MIMO(Multiple Input Multiple Output)는 기지국과 단말기에 다수의 안테나(또는 다중 안테나)를 구현하여 통신채널 용량을 증가시키는 기술이다. 4G에도 MIMO 기술이 사용되었으나 적은 수의 안테나가 사용되어 빔이 예리하지 못하여 사용자 구분에 한계가 있었고, 1차원 안테나 배열로 자유도(Degree of Freedom)가 낮아 수평(Horizontal) 방향의 사용자만 구분했다.

Massive MIMO에서 'Massive'란 "매우 많다"라는 뜻으로 보통 100개 이상의 안테나를 의미하며, 4G의 경우 안테나 개수가 최대 4개로 정의되었다. 그러나 5G는 수십 개의 안테나를 2차원으로 배치해 수평(Horizontal)과 수직(Vertical) 방향으로 모든 사용자를 구분할 수 있어 더 많은 사용자를 동시에 지원할 수 있다.

Massive MIMO의 목적은 원칙적으로 사용자의 데이터 속도를 높이는 것 보다는 무선구간의 채널용량을 증가시키는 것이다. 무선구간 채널용량을 증가시킴으로써 트래픽이 많은 지역과 시간에 각 사용자가 채널용량을 나누어도 최소한의 속도를 보장해 줄 수 있다.

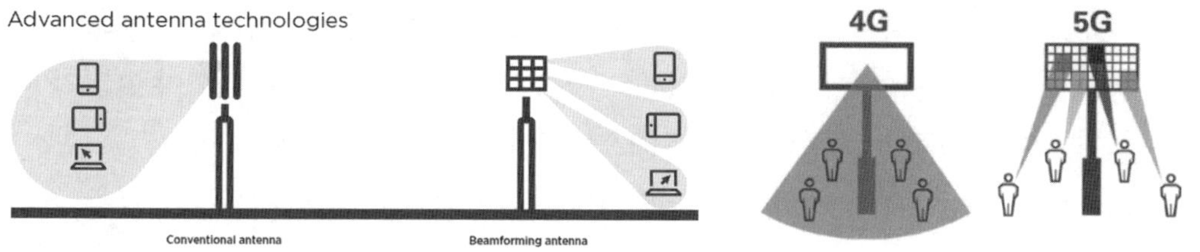

그림 2-91 28GHz 대역에 MU-MIMO 기술 적용 예

물론 크게 본다면, 무선구간 채널용량을 증가시키는 것은 개인별 전송속도를 높인다고 볼 수 있으나, 원래 Massive MIMO 목적은 최번시 트래픽을 각 사용자에게 나누겠다는 것에서 시작되었다.

LTE의 경우 일반적으로 하나의 기지국, 섹터에서 하나의 안테나를 사용하기 때문에 기지국이 송출하는 전파는 기지국 커버리지 내의 가입자에게 균일하게 도달되어 서비스된다. LTE부터 MU(Multi User)-MIMO에 대한 기술이 정의되었지만, 이것을 적용하는 사업자는 드물다.

또한, LTE의 MU-MIMO는 Physical Layer에 정교하게 기술이 정의되지 않아서 구현에 어려움이 있었고, 이동통신 사업자 측면에서는 기술구현의 복잡도가 높았으며, MU-MIMO 기술을 기지국이나 단말기에 구현하여 서비스를 제공할 만한 니즈가 낮았다.

4G에 정의된 SU(Single User)-MIMO와 MU(Multi User)-MIMO의 차이점을 보면, SU-MIMO는 기지국에 다중 안테나가 구현되고 하나의 단말기로 모든 데이터가 전송되는 것이고, MU-MIMO는 기지국과 단말기에 다중 안테나가 있어서 각각 다른 데이터를 보내는 방식이다.

따라서 Massive MIMO 개념에는 SU-MIMO와 MU-MIMO가 포함되며, 이동통신에는 일반적으로 리소스(전원, 공간, 크기 등)가 풍부한 기지국에 더 많은 안테나가 구현되고, 단말기에는 적은 수의 안테나가 구현된다.

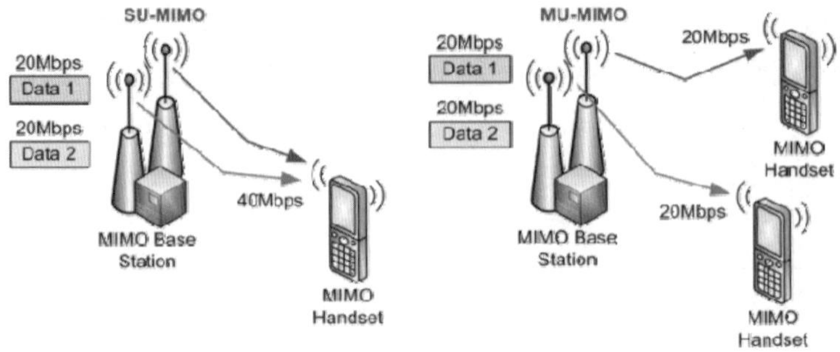

그림 2-92 SU-MIMO와 MU-MIMO 비교

또한 Massive MIMO는 Spatial Multiplexing으로 처리되므로 전체 안테나 어레이(Array)에서 각 안테나(Antenna Element) 사이 간격(공간적으로)이 넓어야 효과가 높으므로 단말기에 구현하는 것보다 기지국에 구현하는 것이 더 효율적이다.

Spatial Multiplexing(공간 다중화)이란 신호를 송수신하는 요소(Element)를 공간상에 최대한 분리하여 더 많은 정보를 송수신할 수 있는 구조이다. Spatial Multiplexing를 통하여 Spatial Diversity 이득 효과를 얻을 수 있다.

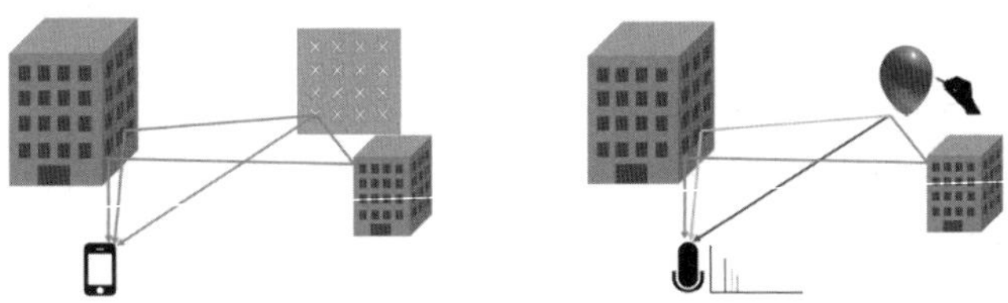

그림 2-93 다중 안테나를 사용을 풍선과 마이크에 비유(출처 : ADI)

이렇게 Massive MIMO를 적용하는 근본적인 이유는 채널용량을 증대시키는 것이고, 5G에는 추가적으로 Massive MIMO를 활용하여 Beam Forming과 Beam Tracking에도 사용하고 있다. Beam Forming을 할 경우, 기지국에서 해당 사용자에게만 전파 에너지가 집중되므로 다른 사용자에게 미치는 영향이 적어서 채널 용량이 추가로 증대된다.

이동통신 전파환경을 보면, 기지국에서 송출된 전파는 경로상에 다양한 환경(건물 반사 등)으로 인하여 Multipath Fading을 겪게 된다. 이 과정에서 단말기에 도달되는 전파는 각 경로에 따라서 전파의 세기와 도달 시간차가 발생된다.

동일한 원리로 지형지물이 있는 공간에서 풍선을 터뜨리면 마이크에 도달되는 소리가 시간차를 두고 수신된다. 이러한 원리로 다수의 풍선을 터뜨릴 경우, 하나의 마이크에 도달되는 소리는 각 풍선의 소리를 모두 감지할 수 있다. 이때 가장 신뢰도가 높은 신호는 풍선 터지는 소리가 가장 크게 들리는 경로이다.

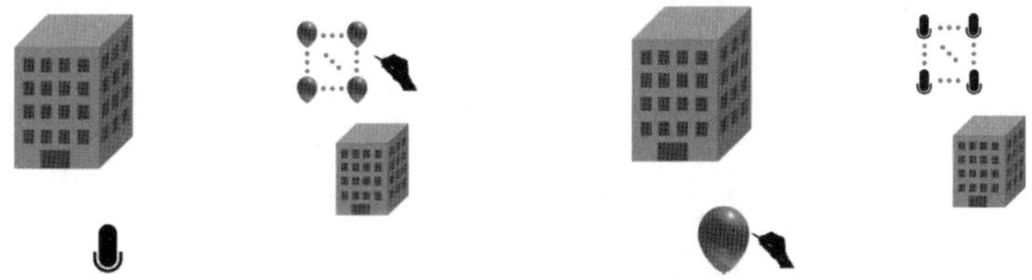

▌그림 2-94▐ Massive MIMO를 풍선과 마이크에 비유(출처: ADI)

기지국 위치에서 풍선이 4개 있고, 각 풍선을 시간을 두고 순차적으로 터뜨릴 경우, 마이크는 4개의 풍선 터지는 소리를 감지할 수 있다. 이때 풍선은 각각 다른 신호(또는 정보)인데, 무선구간에서 발생되는 Multipath Fading 정보를 정확하게 알 경우, 마이크는 4개의 풍선 터지는 소리를 분별할 수 있다.

이러한 원리를 확대하면, 4개의 풍선과 1개의 마이크를 동시에 사용할 경우, 이론적으로 채널 용량을 4배로 증가시킬 수 있다. Massive MIMO에서 중요한 요소는 무선구간 채널 특성인 CSI(Channel State Information)를 기지국과 단말기가 알고 있어야만, 4개의 풍선 터지는 소리를 1개의 마이크는 구분할 수 있다.

이처럼 CSI를 활용하여 하나의 기지국에서 4개의 안테나를 사용하여 채널용량을 4배로 높일 수 있다. 이 경우, 정교한 CSI 관리가 중요한데, 단말기가 계속 이동중인 상황이므로 실시간으로 CSI 정보는 변경된다.

단말기에서 수신되는 정보는 기지국의 4개 안테나에서 송신된 정보인데, 반대로 단말기가 기지국으로 전송하기 위해서는 단말기에 4개의 안테나가 구현되어야 한다.

Shannon 이론에 따라서 통신채널 용량을 높이는 방법은 ①주파수 폭을 넓게 설정하거나 ②송수신 안테나 수를 많이 해야 한다. 따라서 5G에서 채널용량을 높이기 위하여 이동통신 사업자는 추가 주파수를 할당받아 해당 주파수 대역에서 광대역 주파수 폭과 다수의 안테나를 적용한다.

4G의 경우, 새로운 추가 주파수를 할당받을 수 없어서(즉, 여유 주파수가 없어서) 전송속도를 높이기 위한 방법으로 주파수 폭을 넓게 하는 효과와 동일한 CA(Carrier Aggregation)를 사용했다. LTE에서 CA는 ①다수의 LTE 주파수 주파수를 동시에 사용하는 방법, ②LTE와 WiFi를 같이 사용하는 방법이 있다.

LTE와 WiFi를 같이 사용하는 방법(즉, CA)은 이동통신 사업자가 국가로부터 할당받은 주파수 대역을 사용하는 전용차선과 누구든지 사용할 수 있는 공유차선을 같이 사용하는 방법이다. 이 경우, 사용자는 전용차선(LTE)과 공유차선(WiFi)을 동시에 사용하여 데이터 송수신 속도를 증가시킬 수 있다.

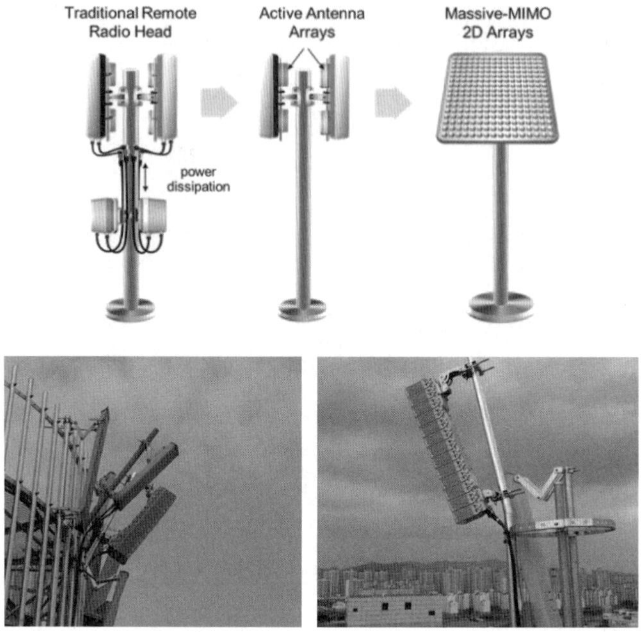

| 그림 2-95 | 기지국 Massive MIMO 안테나 구성 예

CA와 MIMO를 비교해 보면, CA는 고속도로에서 단순히 새로운 고속도로를 구축하여 용량을 증가시키는 방법이고, MIMO는 기존 고속도로 위에 새로운 고가도로를 만드는 것에 비유될 수 있다. 즉, MIMO는 추가 주파수를 사용하는 것이 아니고, 기존 주파수를 최대한 활용하는 방법이다.

| 그림 2-96 | CA와 4x4 MIMO 비교(출처: Sierra Wireless)

Massive MIMO는 여러 개의 안테나가 사용되고, 각 안테나 요소(Antenna Element)의 신호를 조절하여 Beam Forming을 할 수 있다. Beam Forming은 안테나 신호처리 기술이 적용되어 Multipath Fading의 영향을 최소화하고, 전파 에너지를 사용자에게 집중시켜서 통화품질(또는 데이터 속도 증대)을 증대시킬 수 있다.

Beam Forming은 기지국이나 단말기에서 S/W적으로 안테나에서 방사되는 빔의 형태를 조절할 수 있다. 기존의 이동통신 기지국은 안테나 빔의 방향을 바꾸기 위해서는 물리적으로 변경하는 Tilting 방법을 사용했다.

무선구간에 Beam Forming을 적용하지 않으면, 하나의 기지국에 2명의 사용자가 있다고 가정할 때, 각각 무선구간 채널용량의 50%씩 사용하게 된다. 하지만, Beam Forming을 적용할 경우, 기지국과 연결된 단말기에 기지국에서 송출하는 전파 에너지를 100% 받게 된다.

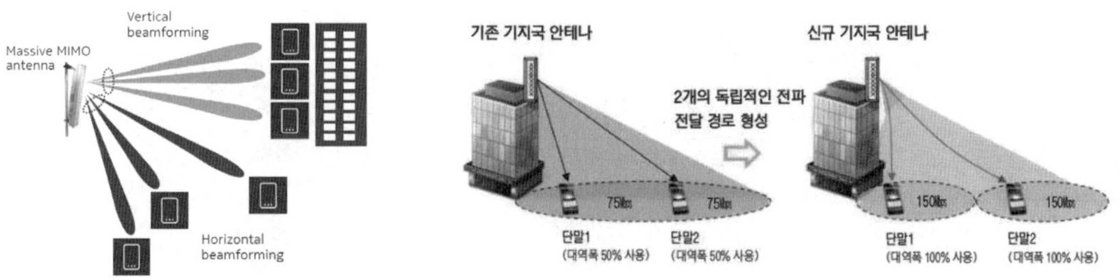

▎그림 2-97▎ Beam Forming 종류와 효과

Beam Forming은 기지국과 단말기에 다수의 작은 안테나(이것을 Array Antenna라고 함)가 설치되어 있고, Array Antenna가 만드는 각 사용자별 안테나 빔은 수직적으로 형성할 수도 있고, 수평적으로 형성할 수도 있다.

5G에서 Beam Forming을 효과적으로 적용하기 위해서는 2명의 사용자가 물리적으로 떨어진 위치에 있어야 한다. 만약, 안테나 빔이 중복된 위치에 2명의 사용자가 있을 경우, 2명 모두의 채널용량이 줄어들 수 있다.

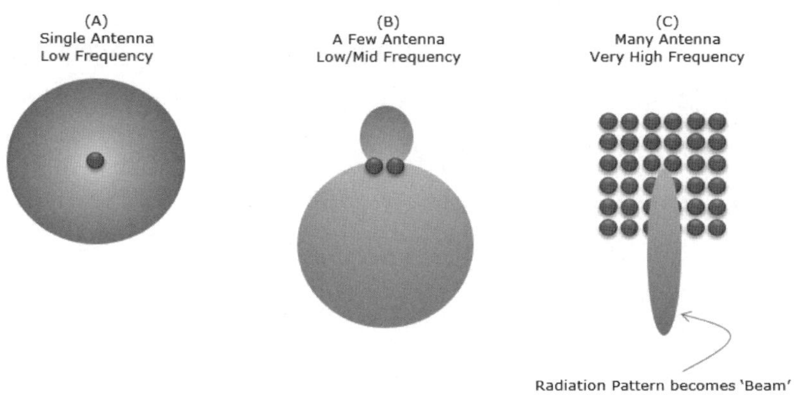

RF 신호에서 mmWave와 같이 주파수가 높은 대역의 신호는 기지국이나 단말기에서 안테나를 평면으로 구성할 수 있다. 즉, 저주파 대비 안테나를 평면으로 구성하여 쉽게 Beam Forming을 구현할 수 있다. 물론 2.1GHz를 사용하는 LTE 기지국 안테나도 평면으로 구성될 수 있지만, 주파수가 높으면 효과가 더 좋다.

단말기에서 MIMO 안테나 구현방법은 5G 모뎀에서 출력된 신호가 안테나 각 요소(Element)에 각각 RF Transceiver와 RF Front-end 회로가 있어야 한다. 이처럼 5G 단말기에서 원하는 성능을 달성하기 위해서는 RF 부분이 복잡해진다.

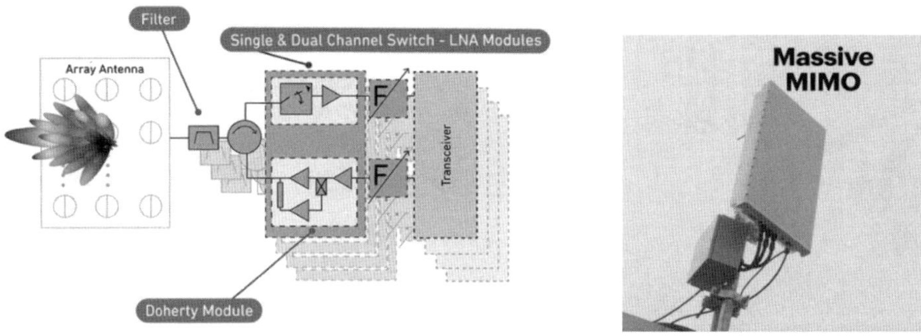

| 그림 2-98 | MIMO 안테나 구현방법(출처 : Electronic Design)

5G 단말기는 이러한 RF, 안테나 특성으로 개발, 검증, 인증 등은 단말기와 측정장비간 연결에 RF 케이블을 사용하는 것이 아니라 전자파 무반사실이나 간이 챔버를 사용해야 하다. 이러한 이유로 MIMO가 적용된 5G 단말기는 개발, 검증, A/S 등의 절차가 복잡해진다.

5G 기지국과 단말기가 MIMO로 통신하기 위해서는 제어신호를 활용하여 사전에 MIMO 조건을 협상한 후, 빔을 동기시키고 원하는 방향으로 안테나 빔을 송출하게 된다.

한편, 이러한 Massive MIMO의 활용은 전통적인 이동통신 무선망 관리에 변화를 만들고 있다. MIMO가 활성화될 경우, Beam Forming 기술 적용으로 기존 Cell 기반의 Cellular 방식에서 Cell이 없어지는 구조가 될 수 있다.

각 사용자별 안테나 빔을 사용하여 Cell의 경계지역이 없어지고, 더 나가서 Handover 시나리오가 달라질 수 있기 때문이다. 또한 Macro Cell을 주로 활용하는 4G 대비 5G는 셀 크기는 적고, Massive MIMO가 많이 사용될 수 있어서 Handover가 빈번하게 발생될 수 있다.

이러한 문제로 Handover 처리 과정에서 제어신호 트래픽이 증가하게 되어 이동통신망에 로드를 줄 수 있고, Handover 기간에 URLLC와 같은 Latency에 민감한 서비스를 처리할 때는 Latency가 길어지는 문제가 있다.

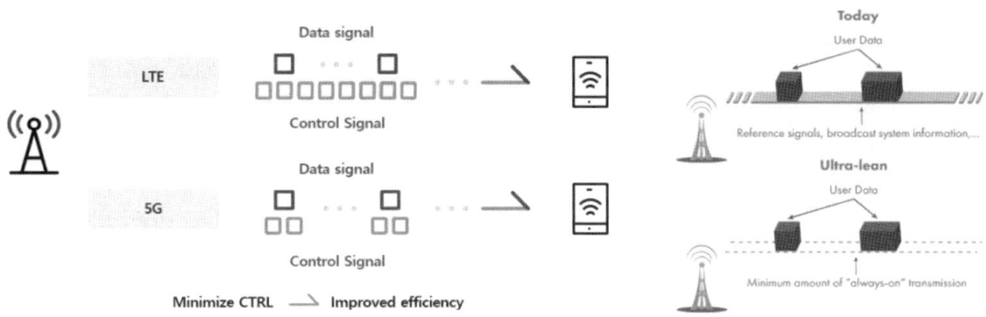

▌그림 2-99▐ 5G에서 Lean Design 구조(출처 : KT)

5G는 4G 대비 제어신호(또는 Signaling)을 효과적으로 송수신하여 채널 사용 효율을 증가시키는 방법이다. 4G의 경우, 단말기는 데이터 송수신이 없는 경우도 기지국으로부터 방송되는 정보(SIB: System Information Block) 수신해야 하는데, 5G는 데이터 송수신 기간에만 받을 수 있다.

<u>이러한 형태를 'Lean Design'이라고 하며, 궁극적으로 단말기 배터리 소모를 줄이는 역할을 한다.</u> 즉, 단말기는 방송정보 수신을 위해서 송수신 H/W를 켜서 기지국과 정보를 송수신해야 하는데, 데이터 전송이 있을 때만 방송신호를 수신한다.

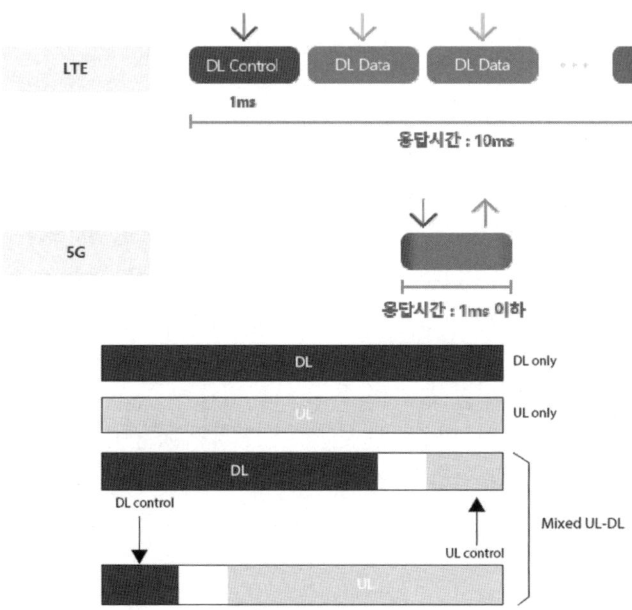

▌그림 2-100▐ Self-Contained 프레임 구조

LTE의 경우, 단말기는 데이터를 송수신하지 않을 때도 기지국에서 송신하는 방송신호를 늘 수신하는데, 5G는 기지국에서 단말기로 사용자 데이터를 보낼 때, 방송신호를 같이 보내는 방법을 사용하고 있다.

5G는 URLLC와 같은 빠른 응답이 필요한 서비스를 제공하기 위하여 'Self Contained 프레임' 구조를 활용하고 있다. Self Contained 프레임 구조는 하나의 프레임에 사용자 데이터와 응답이 동시에 전달되는 구조로 응답 속도를 빨리 할 수 있다.

LTE의 경우, 다운링크(기지국 → 단말기)로 제어신호와 사용자 데이터를 받은 다음, 응답(ACK)은 업링크로 10ms 이내에 이루어지지만, 5G의 경우 한 개의 Subframe에 제어신호, 사용자 데이터, 응답데이터가 모두 포함되어 전송되므로 응답 데이터가 1ms 이내에 전송된다.

5G는 하나의 Subframe에 사용자 데이터와 응답신호를 같이 보내는 Self Contained 구조와 함께, 4G 대비 TTI(Transmission Time Interval) 길이(또는 시간)를 줄여서 응답속도를 더 빠르게 한다.

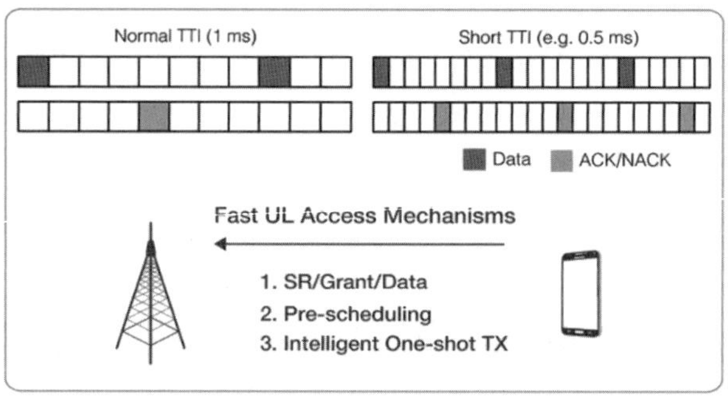

❙그림 2-101❙ Short TTI를 활용한 응답속도 개선(출처 : 삼성)

TTI는 3G부터 정의된 용어로 기지국에서 단말기로 데이터를 보낼 때(또는 반대로), 데이터 응답시간으로 볼 수 있다. 즉, TTI는 Subframe과 같은 의미이다. 3G나 4G의 경우, 단말기가 다운링크로 데이터를 받은 다음, 그 다음 Subframe에 응답 메시지를 보내지 않는다.

단말기는 하나의 Subframe을 받은 다음, 내부 처리 절차에 시간이 걸리기 때문에 몇 개의 Subframe 뒤에 응답을 보낸다. 4G의 경우, TTI는 1ms로 설정되지만, 5G는 1ms 이하로 TTI를 설정할 수 있다.

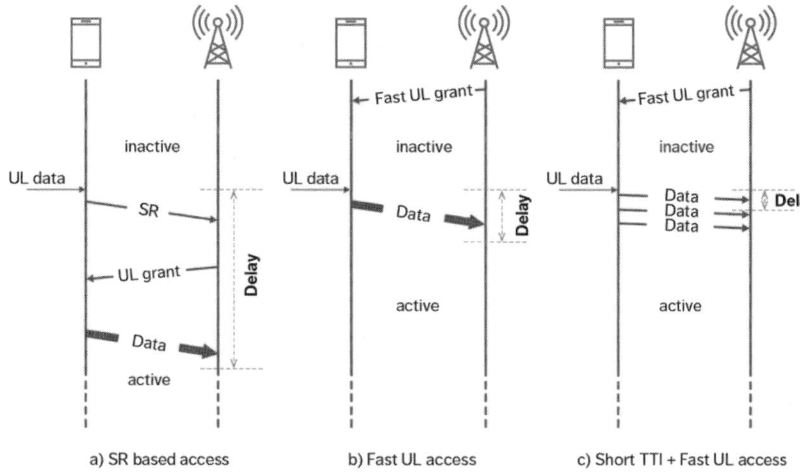

▌그림 2-102▐ URLLC를 위한 Short TTI + Fast UL Access(출처 : Ericsson)

이렇게 5G에서 TTI 시간(또는 길이)을 줄이는(이것을 shortened TTI라고 함) 이유는 응답속도를 빠르게 하기 위한 것으로 ITU에서 정의한 Latency 1ms 이하를 달성하기 위해서이다.

4) 무선구간 호처리

(1) 무선구간 Layering

이동통신에서 무선구간 Protocol Layer는 일반적으로 3개 Layer를 사용하고 있다. OSI(Open Systems Interconnection)에 정의한 7 Layer를 모두 사용하는 것이 아니라 절차를 단축시켜서 3개의 Layer를 사용한다.

OSI 7 Layer는 유선통신에 적합하도록 정의된 규격이지만, 무선통신에는 자원을 효과적으로 사용하기 위해서 3개의 Layer를 사용한다. OSI 7 Layer는 디지털 통신에서 Layer별 역할을 정의하여 효과적인 기술개발과 운용을 위한 표준기술이다.

5G 무선구간 Layer에서 송수신되는 정보(또는 데이터)는 ①제어신호, ②데이터(음성포함)와 같이 2가지로 구분되며, 이의 처리절차는 각각 다르다. 이렇게 분리하여 처리되는 이유는 각각의 데이터 특징이 다르기 때문이다.

①제어신호는 어느 정도 빠른 전송이 보장되어야 하고 오류가 발생되면 안되고, ②음성을 전달하는 데이터(Vo5G 또는 VoNR)는 오류가 발생되어도 무방하지만 실시간(즉, 빠른 송수신) 정보 교환이 중요하고, ③패킷 데이터는 지연은 있어도 무방하지만, 대용량 데이터의 고속통신이 요구된다.

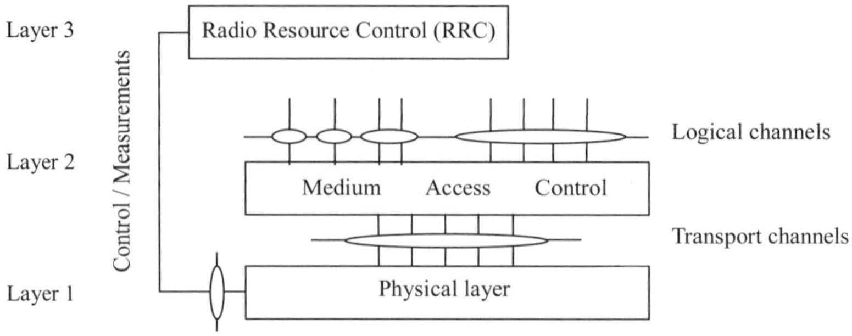

| 그림 2-103 | 3GPP 5G Radio Interface Protocol Stack

3GPP에서 정의한 5G 무선구간 Layering은 이전 UMTS, LTE에서 사용되던 방식과 동일하게 Layer 1(Physical Layer), Layer 2(Medium Access Control) 그리고 Layer 3인 RRC(Radio Resource Control)로 구성된다.

Physical Layer는 무선 송수신을 담당하는 부분으로 Multiple Access, Duplexing, RF 신호처리 등이 정의되고, Medium Access Control은 Information Multiplexing, Retransmission, Scheduling 등이 처리되고, RRC는 주로 단말기와 코어망간 제어신호 교환을 위해 사용된다.

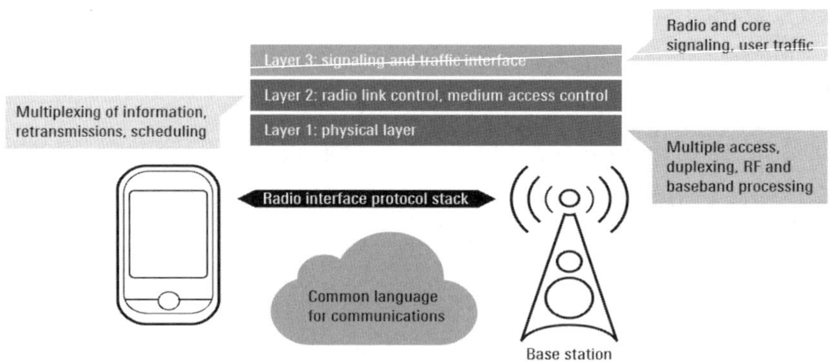

| 그림 2-104 | 이동통신에 사용되는 3개의 Layer 역할(출처: R&S)

이러한 Layering 구조는 통신을 체계적으로 하기 위한 것으로 5G에서 도입된 Network Slicing, MEC(Mobile Edge Computing), SDN/NFV 등과 같은 기능은 다양한 서비스 제공이나 빠른 처리를 위한 방법으로 Layering과는 관련성이 적다.

5G NR에서 다운링크 Layer 2 동작을 보면, 상위단부터 SDAP(Service Data Adaptation Protocol), PDCP(Packet Data Convergence Protocol), RLC(Radio Link Control), MAC(Medium Access Control)로 이루어진다. SDAP는 PDCP의 IP

Packet Data를 처리하는 부분이고, RLC는 패킷 재전송, QoS 관리 등을 담당하고, MAC은 Addressing 등의 역할을 한다.

SDAP, PDCP, RLC, MAC의 각 사이에는 Logical Channel이 있으며, SDAP 상위단에는 QoS Flow, PDCP 상위에는 Radio Bearer, RLC 상위에는 RLC Channel, MAC 상위에는 Logical Channels가 있다.

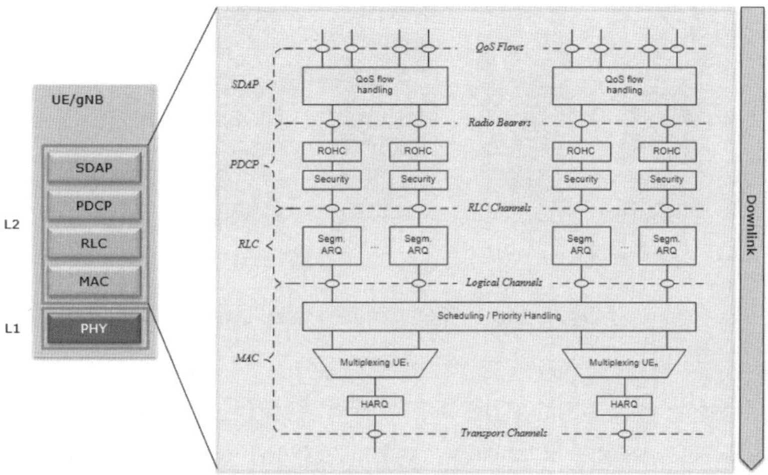

▌그림 2-105▐ 5G NR 다운링크 Layer 2 동작

5G Layer 2에서 각 처리 부분별 사이에는 Logical Channel이 있는데, 예를 들면, SDAP와 PDCP 사이에 Radio Bearers 채널이 있다. 이렇게 각 기능별로 정의된 Logical Channel은 단순히 API 집합으로 볼 수 있고, 이것은 개발관점에서 혼선을 방지하기 위해서이다.

3GPP는 데이터 송수신을 위하여 'Control Plane'과 'User Plane'을 나눠서 정의했는데, 이유는 Control Data와 User Data의 성질이 다르기 때문이다. 이렇게 Control Plane과 User Plane을 나누는 것은 유선통신에도 동일하게 사용한다.

Control Plane은 Handover, 등록, 인증, 전력제어 등 Control Data가 처리되는 부분이고, User Plane은 인터넷 정보검색, 동영상 시청 등 User Data가 송수신되는 부분이다.

Control Plane에서 단말기는 모든 Layer를 처리하며, ①단말기와 기지국은 PHY, MAC, RLC, PDCP, RRC가 Pair로 동작되고, ②단말기와 코어망간은 RRC(Radio Resource Control) 메시지에 포함된 NAS(Non Access Stratum) 정보가 교환된다.

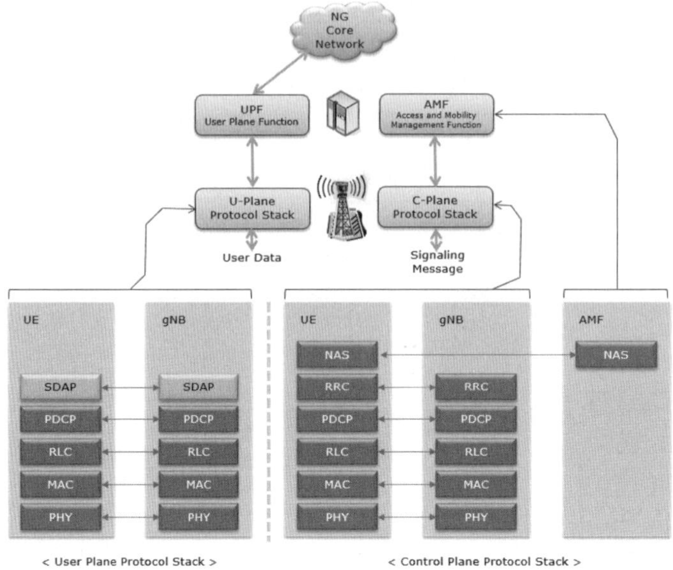

▌그림 2-106▐ 5G의 Control Plane, User Plane

Control Plane 동작 예는 단말기(UE)와 코어망의 AMF(Access and Mobility Management Function)와 연동되는 구조이다. AMF는 단말기 이동성을 관리하는 망 요소로써 무선구간의 Layer 3인 RRC를 통하여 단말기와 코어망간 NAS(Non Access Stratum)에서 처리된다.

NAS는 용어가 의미하는 바와 같이 기지국과는 상관이 없고(Non Access), 코어망과 단말기간 처리되는 정보이다. 이때 기지국은 단순히 NAS 정보를 전달하는 역할만 하고, 이 정보를 활용하지는 않는다.

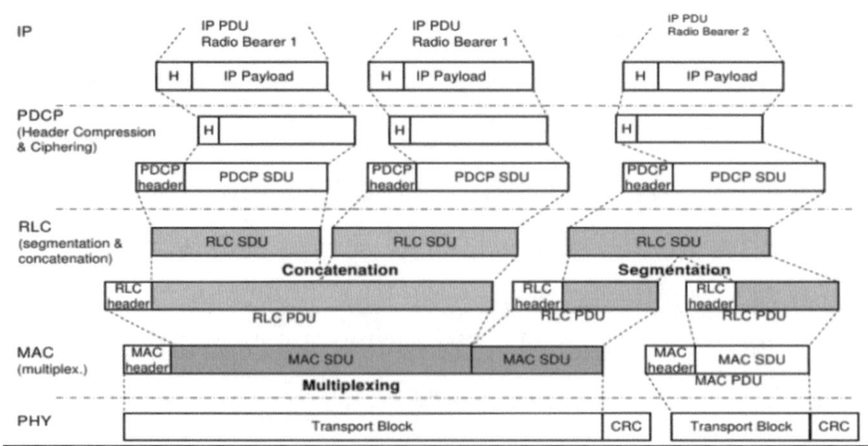

▌그림 2-107▐ User Plane 동작

<u>User Plane을 통하여 데이터가 전달되는 노드는 단말기에서 코어망 요소인 UPF(User Plane Function)을 거쳐서 외부 인터넷과 연동되며, 사용자는 관련된 데이터를 단말기에서 확인할 수 있다.</u>

User Plane를 Data Plane이라고도 하며, 도로를 예로 든다면 도로 자체와 차량에 해당된다. 즉, 실제 화물이나 사람이 이동하는 도구나 방법이 되고, 도로에서 표지판, 신호등, 차선 등은 Control Plane에 해당된다.

(2) 무선구간 호처리

통신에서 호처리(Call Processing 또는 Call Procedure)란 송신자와 수신자간 통신의 원래 목적(예, 음성, 데이터 통신)을 달성하기 위한 보완적인 절차를 의미한다. 이동통신에서 호처리는 단말기에 전원을 인가한 이후, 비 주기적으로 다양한 호처리가 이루어진다.

5G 단말기에 전원을 인가할 경우, 단말기가 부팅한 이후 AP(Application Processor)는 USIM(Universal Subscriber Identify Module)으로부터 이동통신망 접속을 위한 기본 정보를 읽어 온다. 이후, 단말기는 기지국에서 방송하는 이동통신망 정보를 수신하고, 이것을 활용하여 Frequency Search, Cell Search, Cell Selection 과정을 거친다.

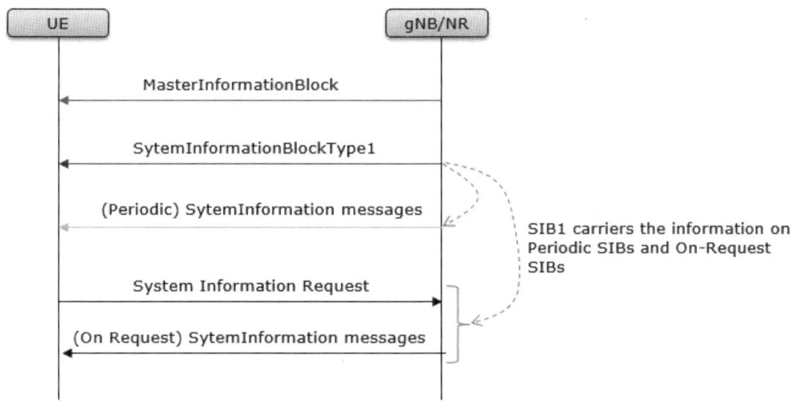

▌그림 2-108▐ 5G 기지국에서 방송하는 SIB 정보 예

기지국은 주기적으로 모든 단말기가 수신할 수 있는 방송 메시지로 이동통신망 정보(주파수, 사업자 등)를 주기적으로 방송한다. 이 방송 메시지는 MIB(Master Information Block)와 SIB(System Information Block)가 있는데, MIB와 SIB는 정해진 Time Slot에 고정되어서 방송되지만, SIB의 확장인 SIB 1, 2, 3 등은 선택적으로 기지국에서 방송될 수 있다.

5G 기기국과 단말기는 MIMO를 기반으로 Beam Forming 기능을 가지고 있다. 따라서 단말기는 초기 기지국에 접속시 Beam 설정을 위하여 관련된 파라메터를 정의해야 한다. 이 기능은 4G에는 없었던 기능으로 5G에서 도입되었다.

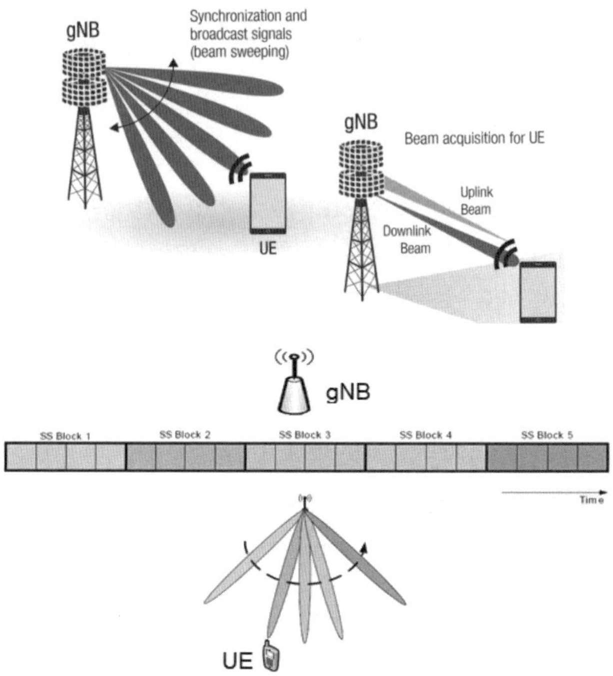

▌그림 2-109▐ 5G 무선구간 호처리 단계에서 Beam Forming 조건 협상

5G 무선구간 호처리 단계에서 Beam Forming 조건 협상은 단말기가 기지국에 접속(Attach), RRC Connection을 한 다음, Beam 설정과 관련된 파라메터를 협상한다. 이러한 Beam Forming 조건 협상은 단말기가 초기 기지국 접속시(Initial Access Procedure)에만 이루어진다.

5G의 무선구간 호처리는 대부분 4G와 유사하나 NSA 동작 호처리를 보면, 단말기가 4G에 접속한 상태에서 4G 기지국이 5G 기지국에게 단말기 접속을 문의한 다음, 4G 기지국에서 단말기에게 RRCConnectionReconfiguration을 요청한다.

단말기에서 RRCConnectionReconfiguration을 수용한 다음, 4G 기지국에서 알려준 정보를 기반으로 5G 기지국에 접속을 시도한다. 단말기가 5G 기지국과 접속이 완료되면 4G 기지국은 데이터 통로를 5G로 변경한다.

이러한 NSA 구조는 4G 기지국과 5G 기지국이 별도로 연결되지만, 코어망의 MME(Mobility Management Entity)는 호처리(즉, 4G에서 5G 기지국으로 통선선로 변경)를 담당하고, 4G와 5G의 User Data를 처리하는 Entity(SGW, PGW 등)는 공유된다.

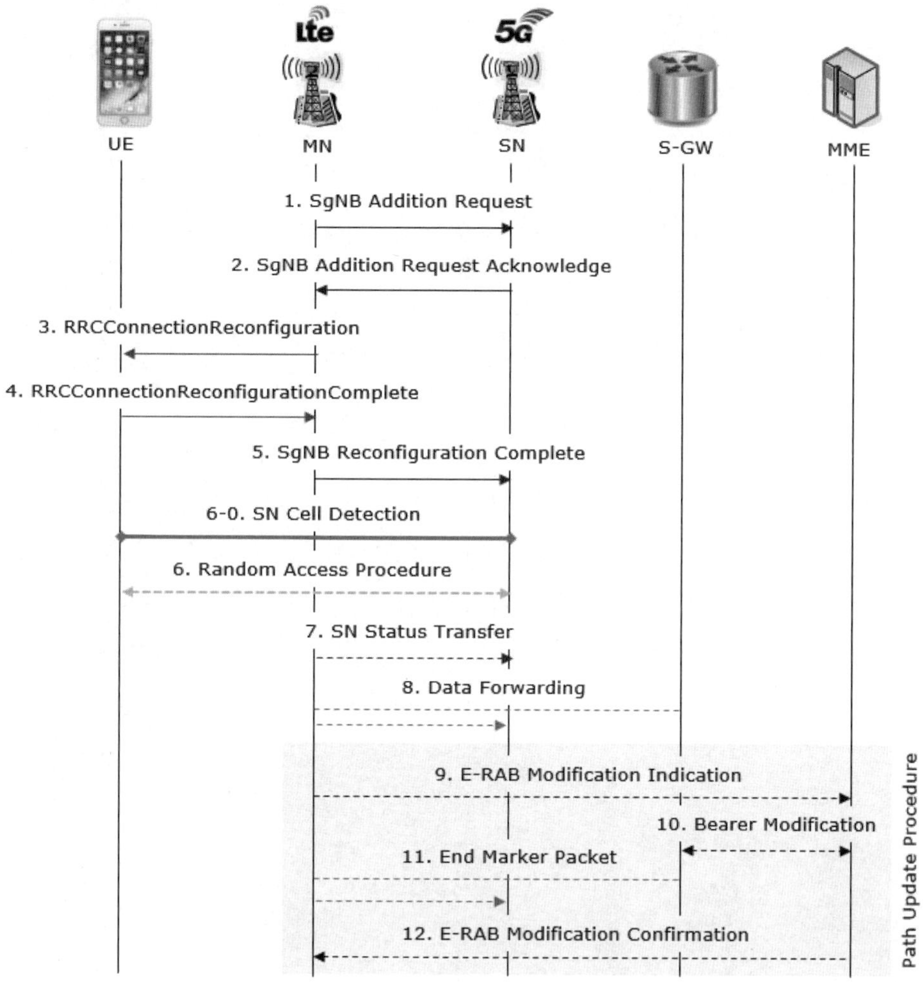

▌그림 2-110▐ 5G 대표적인 호처리 예

메모 memo

chapter 03

5G 이동통신 서비스

03 5G 이동통신 서비스

1 5G 이동통신 서비스 개요

5G 서비스는 ITU의 IMT-2020 요구사항에 따라 ①초고속 통신(eMBB: enhanced Mobile Broadband), ②서비스 면적당 많은 IoT 디바이스 수용(mMTC: massive Machine Type Communications, 또는 Massive IoT), ③저지연 통신(URLLC: Ultra Reliable and Low Latency Communications) 등을 기반으로 제공된다.

이동통신 서비스는 정보(또는 컨텐츠) 제공자에 따라 3가지로 분류될 수 있다. ①이동통신 사업자 자체 서비스, ②3rd Party 서비스 그리고 ③이동통신 사업자와 협력하여 3rd Party에서 제공하는 서비스이다.

대부분 이동통신 사업자는 기존과 달리 5G 서비스 제공을 자체 서비스와 사업자가 컨트롤할 수 있는 3rd Party 서비스 제공을 원하고 있다. 즉, 이동통신 사업자는 5G 망을 다양한 서비스 제공을 위한 플랫폼으로 활용하기를 원한다.

일반적으로 국내, 일본, 미국 등은 사업자가 주도하여 서비스를 제공하는 경향이 강하지만 유럽, 중동, 동남아시아 등의 사업자는 자체 서비스보다는 3rd Party에서 제공하는 서비스에 의존한다.

ITU의 IMT-2020 요구사항에서 eMBB는 최대속도 20Gbps, 전파세기가 약한 지역에서 최소 100Mbps 지원, mMTC는 km^2당 IoT 디바이스를 100만개 접속, IoT 디바이스는 저전력으로 동작되어 에너지 사용효율이 높아야 한다.

mMTC에서 'massive'는 많다는 의미이고, 'MTC'는 IoT와 동일한 의미이다. 따라서 mMTC 뜻은 특정지역에서 많은 IoT 디바이스를 수용할 수 있다는 의미이다. 일반적으로 MTC(즉, IoT) 디바이스는 사람이 들고 다니는 스마트폰이나 타블렛을 제외한 단말기를 의미한다.

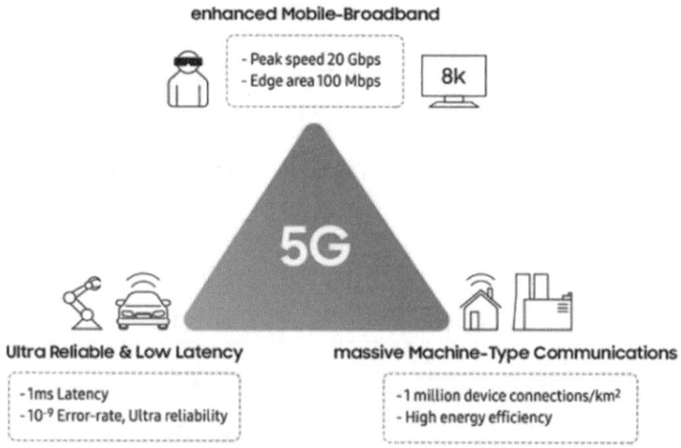

▌그림 3-1▐ ITU의 IMT-2020 요구사항 요약

URLLC는 무선구간에서 오류발생 확률이 10^{-9}이하로 신뢰성(또는 안정성)이 높고, 신호지연이 1ms(1/1000 초) 이하로 응답이 빠른 기능이다. Reliability(신뢰성)란 한번 데이터 전송시 오류발생이 거의 없는(안정성이 제공되는) 통신이며, Latency는 송신측에서 전송한 데이터가 수신측에 도달되는 시간지연이다.

통신 측정장비를 개발하는 미국의 National Instruments사는 ITU의 IMT-2020 요구사항(또는 KPI)을 재해석하여 eMBB를 Immersive Experience, mMTC를 For Everything, URLLC를 Instant Action으로 정의했다.

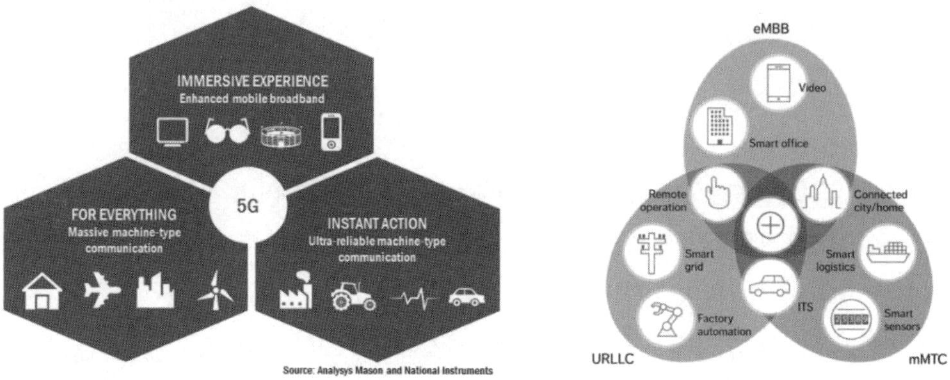

▌그림 3-2▐ ITU의 IMT-2020 요구사항 재해석(출처 : National Instruments, Ericsson)

Immersive Experience란 컴퓨터와 통신기술을 활용하여 가상의 정보를 현실환경에서 보고 듣는 것과 동일한 효과를 주는 경험이란 의미로 초고속, 저지연 통신이 되어야만 가능하다. Immersive란 뜻은 "어떤 것에 빠져든다"는 뜻으로 가상정보를 실제처럼 빠진다

(또는 느낀다)는 의미이다.

For Everything이란 모든 장치(즉, IoT 디바이스)가 인터넷에 연결되어있다는 의미이며, Instant Action은 데이터 전송에서 지연 없이 거의 실시간으로 반응한다는 의미로, 자율주행차와 같은 빠른 응답이 요구되는 서비스를 위한 기능이다.

실제로 5G 망을 이용한 대부분 서비스는 eMBB, mMTC, URLLC가 개별적으로 서비스되는 것이 아니고, 3개의 기능이 서로 합쳐져서 고객에게 제공된다. 예를 들면, Tactile Internet 서비스는 주로 eMBB와 URLLC가 합쳐서 제공된다.

Ericsson은 eMBB와 URLLC가 동시에 사용되는 서비스로 Remote Operation(원격수술), eMBB와 mMTC가 동시에 사용되는 서비스로 Connected City/Home, 그리고 URLLC와 mMTC가 공동으로 적용되는 서비스로 ITS(Intelligence Traffic Service)를 선정했다.

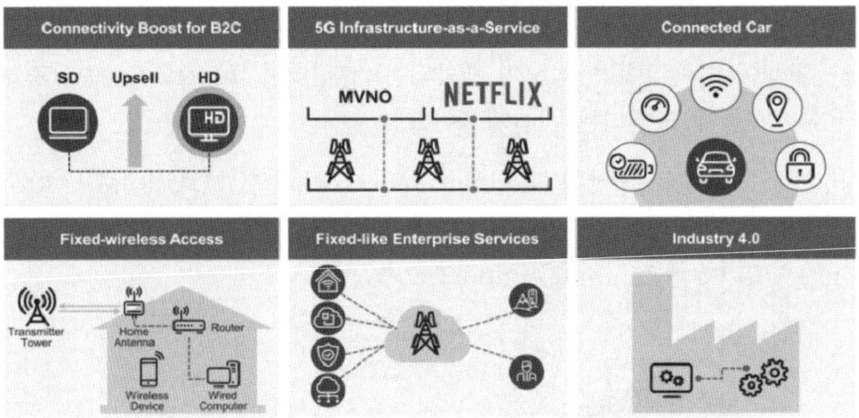

| 그림 3-3 | 5G 서비스 예(출처: TM Forum)

5G 서비스를 분석한 TM Forum의 보고서에 따르면, 5G 서비스 후보로 초고속 비디오 서비스, 5G Infrastructure-as-a-Service, Connected Car, FWA, Fixed-like Enterprise Services, Industry 4.0 등이 선정되었다.

FWA는 가정이나 사무실에서 유선인터넷 대신에 5G 망(무선)을 사용하는 것이고, Fixed-like Enterprise Services는 5G 망을 이용하여 유선망과 유사한 수준의 통신으로 기업활동에 필요한 서비스 제공, Industry 4.0은 스마트 공장, 스마트 시티 등을 의미하며 전통적인 산업 운영방식 대비 많은 분야에 디지털 기술이 적용되는 것이다.

특히, TM Forum은 다른 분석기관과는 달리 '5G Infrastructure-as-a-Service'를 정의하여 5G 망을 다양한 서비스 제공이 가능한 플랫폼으로 정의했다. 기존 이동통신망은 단순히 데이터 통신을 지원하는 역할(Dummy Pipe)만 했는데, 5G는 통신망 자체가 다양한 서비스를 제공하기 위한 인프라로 사용되어야 한다는 의미이다. 이를 위하여 5G 코어망은 다양한 서비스를 제공할 수 있는 유연한 구조(예, SBA)로 구축된다.

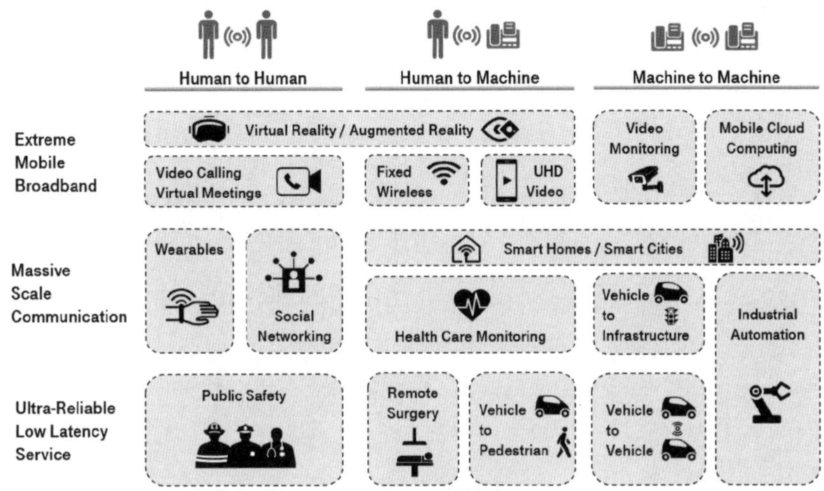

▎그림 3-4▎ 5G 서비스 예(출처: 5G Americas)

북미와 남미지역 이동통신 협의체인 5G Americas는 5G 서비스로 수평적으로는 Extreme Mobile Broadband, Massive Scale Communication, Ultra-Reliable Low Latency Service로 분류하고, 수직적으로는 Human to Human, Human to Machine, Machine to Machine으로 나눠서 서비스를 정의했다.

여기에서 Human to Machine 예는 FWA, Smart Home, Smart Cities, Healthcare Monitoring 등이 예가 될 수 있다. 즉, Human to Machine 분야는 대부분 사람과 Cloud간 연동으로 이루어지는 서비스이다.

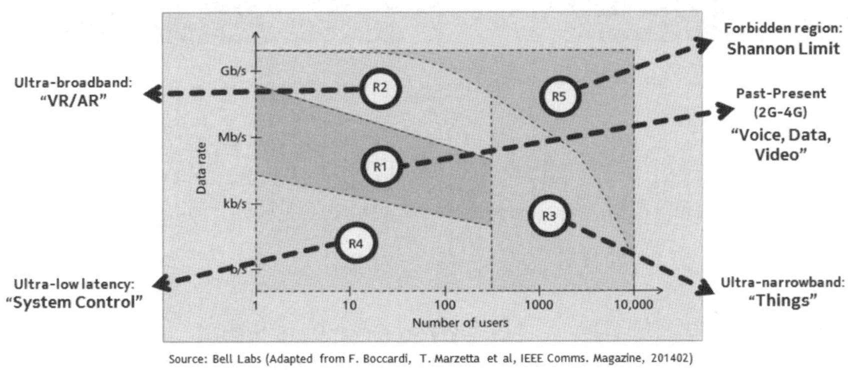

▎그림 3-5▎ 전송속도와 단말기 수에 따른 서비스 분류(출처: Nokia)

Extreme Mobile Broadband는 대부분 비디오와 관련된 서비스로 AR/VR, Video Calling, UHD Video, Video Monitoring 등이 있고, Massive Scale Communication에는 Wearable, Healthcare, 공장자동화 등이 있으며, Ultra-Reliable Low Latency Service는 Public Safety, Remote Surgery, V2X 등이 있다.

Nokia는 전송속도와 사용자(또는 단말기) 수에 따른 서비스를 5개의 영역(Region)으로 분류했는데, R(Region) 1은 기존의 4G에서 제공하는 서비스로 중간 정도의 전송속도와 수용할 수 있는 디바이스 수가 적다.

R2는 적은 수의 사용자를 대상으로 초고속 서비스를 제공할 수 있는 AR/VR, R3는 저속 통신으로 많은 디바이스를 수요할 수 있는 IoT 서비스, R4는 URLLC 기반 서비스이다.

R5 영역은 많은 사용자를 대상으로 고속통신 서비스를 제공하는 영역으로 통신 채널 용량을 정의한 Shannon 이론의 한계치를 넘어가는 영역으로 정의했다. 즉, R5 영역은 현재의 기술로는 구현할 수 없고, 수십 년이 지나야 제공 가능한 서비스이다.

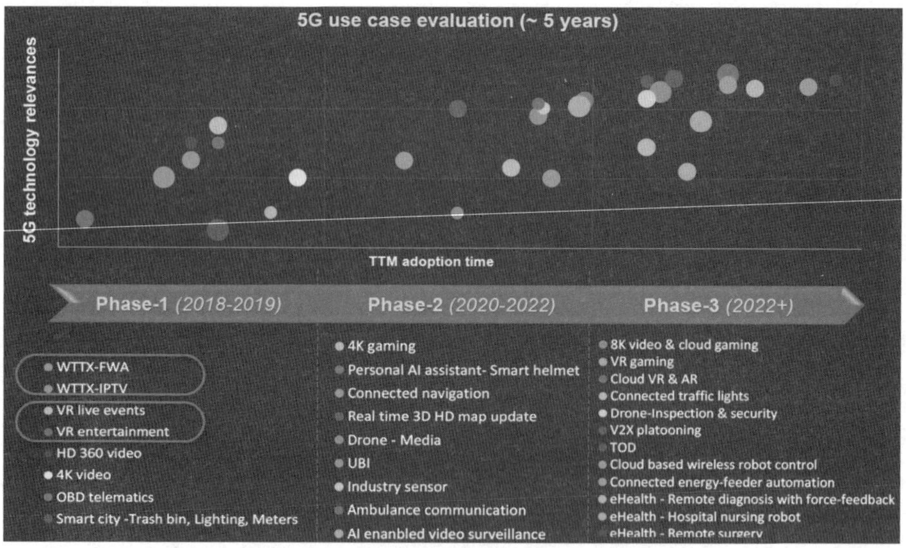

▌그림 3-6▌ 기간별 가능한 5G 서비스 예(출처 : Huawei)

Huawei는 기간별 가능한 5G 서비스 예로 단기간에는 FWA, Wireless IPTV, VR, HD 360 Video 등을 선정했고, 2020년에서 2022년에 가능한 서비스로는 4K Gaming, 3D HD Map Update, Industry Sensor 등을 선정했다.

2022년 이후에 가능한 서비스로는 8K Video, Cloud Gaming, Cloud AR/VR, V2X, Cloud Based Wireless Robot Control, eHealth 등을 언급했다. 즉, 2022년 이후가 되어야 초고속 통신과 저지연 특성 기반의 서비스가 활성화될 것으로 전망했다.

특히, Huawei가 eMBB와 URLLC가 동시에 적용되는 공장용 로봇, 원격수술(Remote Surgery), Cloud에서 제어되는 AR/VR 서비스 등을 2022년 이후로 예측하는 이유는 5G 통신망 기술과 함께 관련된 연관사업이 동시에 발전해야 되기 때문이라고 언급했다.

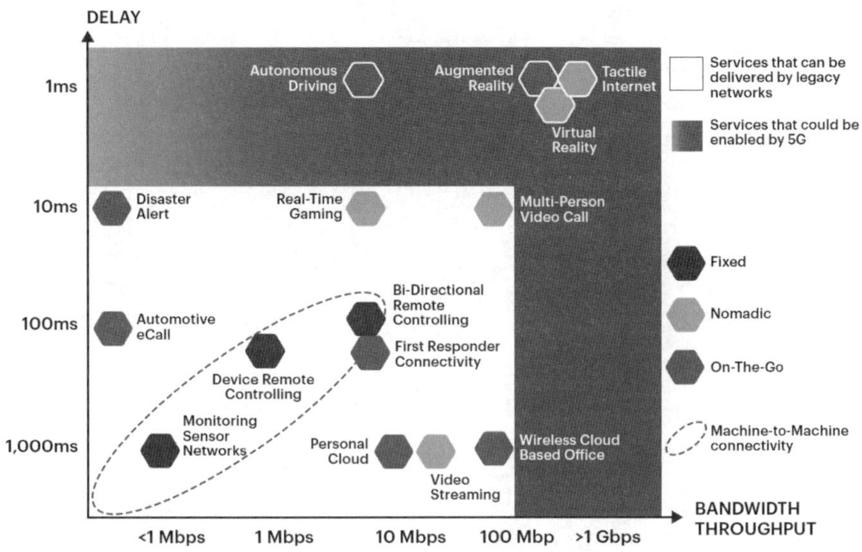

| 그림 3-7 | 전송속도와 응답시간 기준으로 서비스 구분(출처 : GSMA)

전송속도와 응답시간 기준으로 5G 서비스를 구분해 보면, 초고속 통신과 초 저지연 기능을 활용한 서비스가 5G의 핵심서비스가 될 수 있는데, 이러한 서비스는 다른 서비스 대비 통신망에 구현이 어렵고, 서비스 개발이 복잡하다.

자율주행차의 경우, 고해상도 지도 데이터를 활용하고, 빠른 지도 업데이트와 지연시간이 1ms 이하가 되어야 한다. 마찬가지로 AR/VR의 경우도 초고속 데이터 전송과 1ms 이하의 저지연 특성이 요구된다.

Tactile Internet란 눈으로 보거나 귀로 듣는 미디어 이외에 손으로 감촉을 느끼거나 냄새를 맡을 수 있는 정보를 동시에 제공 받는 서비스이다. 즉, 사람의 모든 감각을 동원해서 느낄 수 있는 서비스로 초고속 데이터 전송과 빠른 응답인 1ms 이하의 지연이 요구되는 서비스이다.

유럽 통신규격을 정의하는 협회인 ETSI(European Telecommunications Standards Institute)는 5G 관련 표준화 활동에서 활성화 정도에 따라서 5G 서비스를 Very Active, Active, Present, Low Activity로 나누어 정의했다.

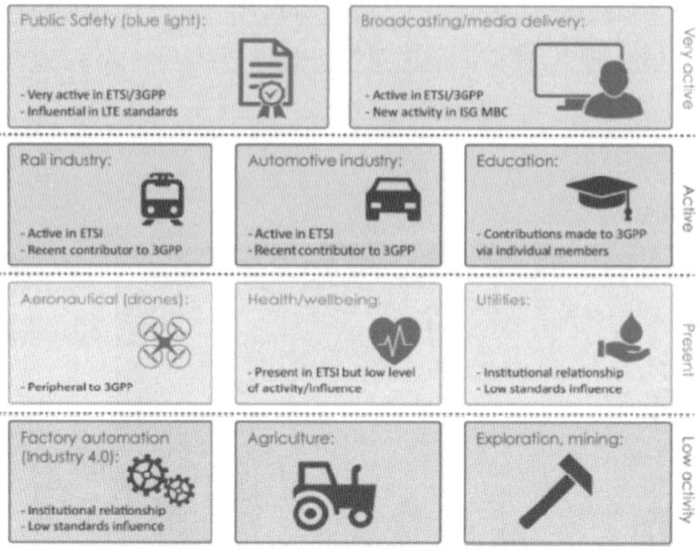

그림 3-8 5G 서비스 예(출처: ETSI)

이 중에서 Very Active한 영역은 Public Safety, Broadcasting/Media Delivery로 정했다. ETSI는 특히, Public Safety 영역을 최우선적으로 고려하고 있으며, 관련된 기술 정의(즉, 표준)도 매우 활성화되고 있다고 밝혔다.

그 다음으로 Active한 영역은 Rail Industry(철도망 통신), Automotive Industry(자율주행차), Education(교육)을 선정했다. 이 중에서 Rail Industry와 Automotive Industry는 표준화 진행 중에 있고, Education은 3GPP에 제안 중이다.

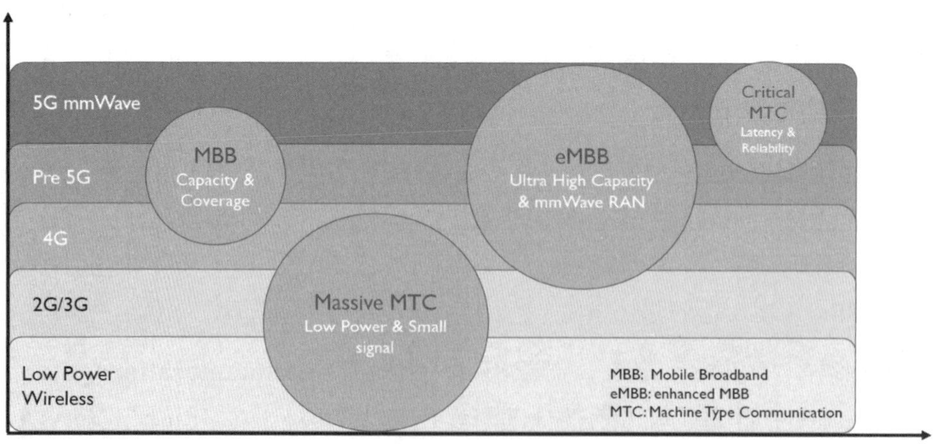

그림 3-9 기술/기간 별 가능한 서비스 예(출처: NXP)

칩 제조사인 NXP는 무선기술에 대하여 기간별 적용 가능한 서비스에 대하여 Massive MTC는 5G 뿐만 아니라 4G, 3G, LPWA도 가능하다고 정의했고, eMBB는 4G, 5G를 활용하여 서비스 가능하다고 밝혔다.

하지만, Critical MTC에 대해서는 5G만 가능한 기능이고 적용시기도 당장이 아니라 2020년 이후에 활성화될 것으로 전망했다. 또한 NXP는 Critical MTC를 5G 기술의 가장 두드러진 특징으로 정의했다.

Critical MTC에서 'Critical'이란 재난망, 자율주행차 등과 같이 시급하고 매우 중요한 서비스를 의미하고, MTC는 IoT와 동일한 뜻이다. 따라서 Critical MTC는 Public Safety, 재난망, 자율 주행차 등에 적용되는 IoT 기술이다.

▌그림 3-10▐ 5G Vertical 서비스 예(출처 : EU Commission)

5G PPP와 EU Commisssion은 5G에서 Vertical 서비스를 정의했는데, Vertical 서비스는 기존 이동통신에서 제공되는 음성통화, 브라우징, 미디어 서비스 등 이외에 주로 IoT 기술이 활용되어 기존 산업영역에 적용하여 효율을 높이는 서비스이다.

5G PPP는 스마트 공장, 스마트 에너지 관리, eHealth, 자율자동차, Media & Entertainment 등을 5G Vertical 서비스로 정의했다. EU Commission은 Vertical 서비스로 스마트 카, 스마트 홈, 스마트 그리드, eHealth, Entertainment 등을 선정했다.

다수의 리서치 회사는 5G의 Vertical 서비스가 4G 대비 경쟁력있는 서비스를 제공할 것으로 예측하고 있으며, 이러한 긍정적인 분석으로 많은 이동통신 사업자가 Vertical 서비스 제공을 위한 플랫폼을 구축하고 있다.

리서치 회사인 Analysis Mason사는 5G Vertical Service에서 사업성이 유망한 우선순위로 Agriculture, Banking/Finance, Business Services, Construction, Education, Healthcare, Logistics, Manufacturing 등의 순으로 발표했다.

#	Vertical	Example use cases
1	Agriculture	Sensor networks for tracking livestock and monitoring flood threats
2	Banking/finance	AR for visualising financial date
3	Business services	AR/VR for remote meetings
4	Construction	Sensor networks for monitoring heavy equipment
5	Education	VR for remote classes
6	Healthcare	Remote surgery, VR-based telemedicine
7	Logistics	Sensor networks for tracking containers
8	Manufacturing	Long-range remote control for factory robots
9	Media/entertainment	5G for cloud gaming
10	Military	Long-range remote control of drones in war zones
11	Oil & gas	Sensor networks for monitoring gas/oil pipelines
12	Retail	In-store digital signage
13	Smart cities	Sensor networks for monitoring air quality
14	Transportation	5G-based V2X for passenger/commercial vehicles
15	Utilities	Sensor networks for monitoring water pipelines

그림 3-11 5G를 활용한 유망한 Vertical 서비스 우선 순위(출처: Analysis Mason)

Analysis Mason사의 보고서 내용은 국내 상황에는 맞지 않을 수 있지만, Logistics와 Manufacturing은 어느정도 국내에서 사업성이 있다. 특히, 해외와 마찬가지로 국내의 온라인 쇼핑몰 사업이 지속적으로 성장되는 추세에 따라 Logistics(물류) 분야는 전망이 좋다.

Logistics 분야는 주로 5G의 IoT 기술, AI, Big Data 등이 결합되어 'Digital Transformation'이 가능한 영역으로 Amazon, Alibaba 등이 주도적으로 관련 기술을 개발하고 있다.

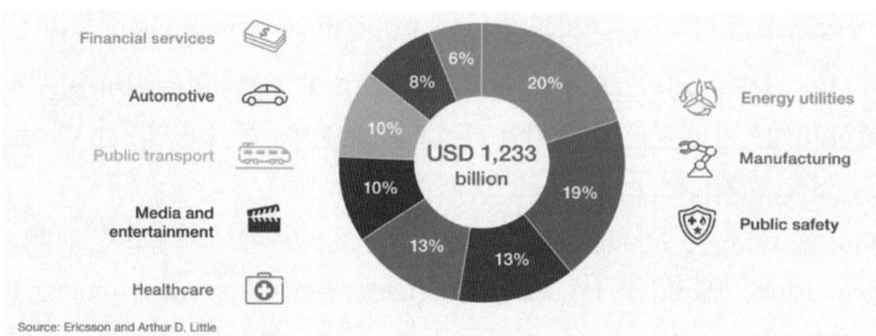

그림 3-12 2026년 5G 관련 시장 매출 예측(출처: Ericsson & Arthur D. Little)

2026년 5G 관련 시장 분야별 매출을 예측한 Ericsson과 Arthur D. Little사의 보고서에 따르면 매출이 많이 발생되는 순서로 Energy Utilities(20%), Manufacturing(19%), Public Safety(13%), Healthcare(13%) 등을 언급했다. 따라서 전반적으로 볼 때 에너지 관리, Smart City, Smart Factory 관련 산업분야가 5G 망을 많이 사용할 것으로 예상된다.

2026년 기준으로 5G 서비스는 Consumer 시장보다는 Enterprise(즉, B2B) 시장이 절대적으로 우세할 것으로 전망된다. 또한 2026년에 5G관련 연관산업이 전세계적으로 약 1,300조원으로 예측된다.

Energy Utilities란 전력생산, 배송, 소비를 위한 시설장치를 의미한다. 전기차 보급확대, 화석연료 사용 자제 등의 추세에 따라서 전기를 활용하는 제품이 많아지면서 스마트한 전기관리가 필요하기 때문이다.

전기는 기본적으로 저장이 안 된다는 개념에서 수요와 공급을 스마트하게 제어해야만 효율을 증대시킬 수 있다. 즉, 전기는 생산과 동시에 바로 소비되는 특성이 있다.

물론 ESS(Energy Storage Systems, 대용량 배터리를 사용한 전기저장 장치)를 활용하여 전기를 저장할 수 있지만, 저장 장치 비용이 비싸기 때문에 범용화에 시간이 많이 소요된다. 따라서 전기는 적기에 생산과 소비가 필요하므로 수요예측을 통한 스마트한 관리가 요구된다.

일반적으로 Utility란 전기, 천연가스, 상하수도, 석탄, 전화, 인터넷망, 교통 등 사람의 생활에 필수적인 사회적인 시설물(또는 장치)을 의미한다.

그 동안 Utility 분야는 신기술 도입 없이 지속적인 운영만 해왔지만, 최근에는 Utility 분야에 디지털 기술이 도입되어 장비투자에서 원가절감, 효과적인 운용 등을 추구하는 추세이다. 이렇게 고전적인 산업에 디지털 기술이 도입되는 것을 'Digital Transformation'이라고 한다.

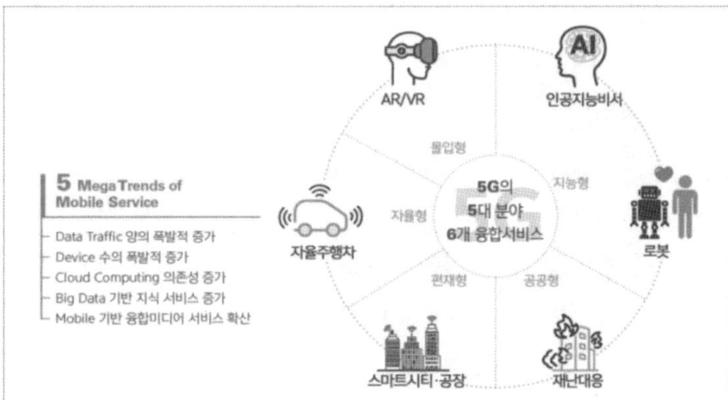

그림 3-13 5G Forum에서 정의한 6개 융합 서비스(출처: 5G Forum)

Digital Transformation은 기존 산업에 AI, Big Data, IoT, 5G 등의 IT 신기술이 적용되어 투자비 절감, 스마트한 운용 등을 통하여 효율이 개선될 수 있다.

국내 5G와 관련된 산업을 발전시키기 위한 단체인 5G Forum은 5가지의 5G 모바일 서비스 메가 트렌드를 선정했다. 여기에는 ①Data Traffic의 폭발적 증가, ②Device 수의 폭발적 증가, ③Cloud Computing 의존성 증가, ④Big Data 기반 지식 서비스 증가, ⑤Mobile 융합미디어 서비스 확산 등을 선정하여 5G를 활성화시켜야 한다고 언급했다.

이러한 메가 트렌드를 기반으로 5G를 활용한 5개의 유망한 서비스 분야는 몰입형(AR/VR), 지능형(인공지능 비서, 로봇), 공공형(재난대응), 편재형(스마트 시티, 스마트 공장), 자율형(자율주행차)을 선정했다.

국내 이동통신 사업자는 3.5GHz 대역을 주력으로 사용하고 있고, 대규모 트래픽이 요구되는 지역은 28GHz를 사용한다. 28GHz 대역은 전파도달 거리가 짧아서 기지국을 많이 설치해야 하기 때문에 이동통신 사업자 측면에서 많은 투자비가 요구된다.

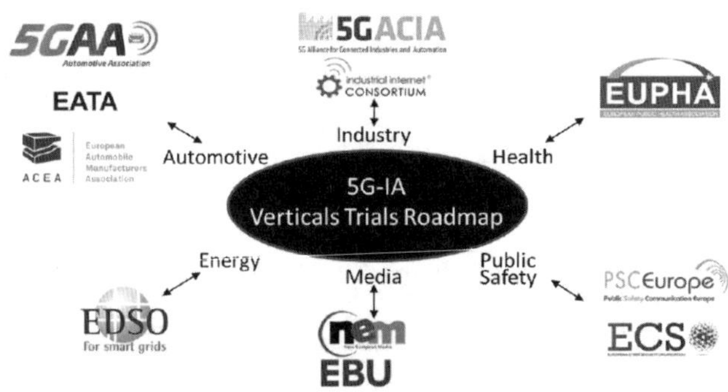

그림 3-14 5G를 활용한 Vertical Application 예(출처: 5G PPP)

유럽의 5G 활성화를 위한 단체인 5G PPP는 5G Vertical 서비스 확대를 위하여 주요 서비스 영역(Industry, Health, Public Safety, Media, Energy, Automotive 등)을 선정했고, 관련된 단체와 긴밀히 협조하고 있다. 여기에는 5GAA, 5GACIA 등이 있다.

GSMA는 이동통신 전문가 설문조사를 통하여 5G 망을 활용한 서비스 우선순위를 eMBB, Massive IoT, URLLC 순으로 발표했다. 즉, 대부분의 이동통신 사업자는 5G 망을 이용하여 초고속 통신에 중점을 준다는 의미이다. 하지만, eMBB는 개인서비스보다는 주로 B2B를 대상으로 이루어질 것으로 예측된다.

국내의 경우 LTE-Advanced, LTE-Advanced Pro 또는 WiFi를 활용하여 이미 개인 대상의 초고속 통신 서비스가 가능하기 때문에 5G 초고속 통신을 활용한 서비스에 대해서는 고객이 느끼는 체감품질에는 큰 차이가 없을 것으로 예상된다.

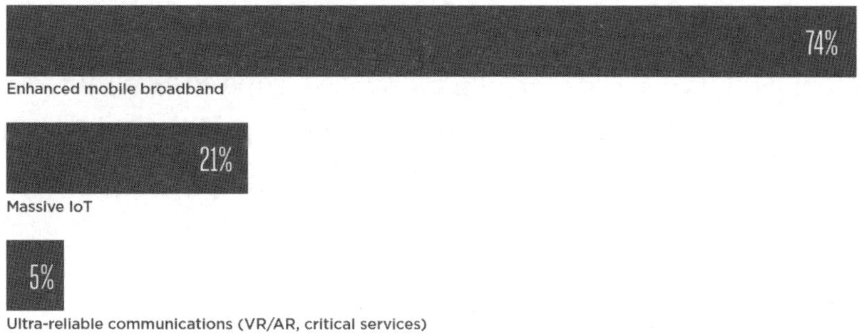

❙ 그림 3-15 ❙ 5G 망에서 서비스 우선순위(출처 : GSMA)

국내 5G 일반 가입자는 Mobile Device에서 FHD(Full High Definition)급 정도의 화면이면 충분하다고 생각하기 때문에, 국내 5G 사업자는 eMBB로 스마트 공장, 스마트 시티 등 B2B 서비스에 중점을 두고 있다.

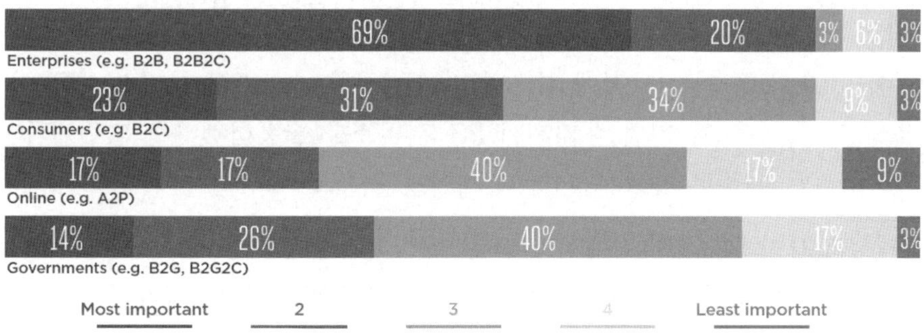

❙ 그림 3-16 ❙ 5G 망을 활용한 매출 발생 순(출처 : GSMA)

GSMA에서 5G 이동통신과 관련된 주요 CEO 설문조사 결과, 5G 망을 활용한 서비스 중요도(즉, 주요 매출이 발생되는 서비스)를 기준으로 볼 때 B2B(Business to Business)나 B2B2C((Business to Business to Consumer) 서비스에서 발생될 것이라고 밝혔다.

이동통신과 관련된 CEO의 설문조사에 따르면 B2B 서비스 중요도가 69%이지만, B2C 서비스 중요도는 23%로 주요 회사 CEO는 B2B 서비스 개발이 절대적으로 필요함을 인식하고 있다.

언론회사인 Medium사도 5G의 유망한 서비스로 개인서비스(Consumer Service)보다는 에너지 절감, Utility, 공장 자동화 등 B2B 서비스를 선정했다. 즉, 5G를 활용한 서비스로 개인을 위한 매력적인 서비스가 부족하다는 의미이다. 5G를 활용한 개인 서비스는 기존 LTE와 유사하기 때문이다.

B2B는 회사 대 회사 거래를 의미하는 것으로 예를 들면 SKT가 대형 사업장을 가진 삼성

전자의 공장에 공장자동화를 위한 5G 서비스를 제공하는 것은 B2B 사업이다.

따라서 이동통신 사업자는 4G 당시 통신망만 제공하는 Pipe 역할(데이터 전송만 제공하고 수익은 OTT 사업자가 발생시키는 형태)에서 벗어나 B2B 서비스를 제공하기 위해서는 이동통신망이 다양한 서비스를 제공하기 위한 플랫폼이 되어야 한다.

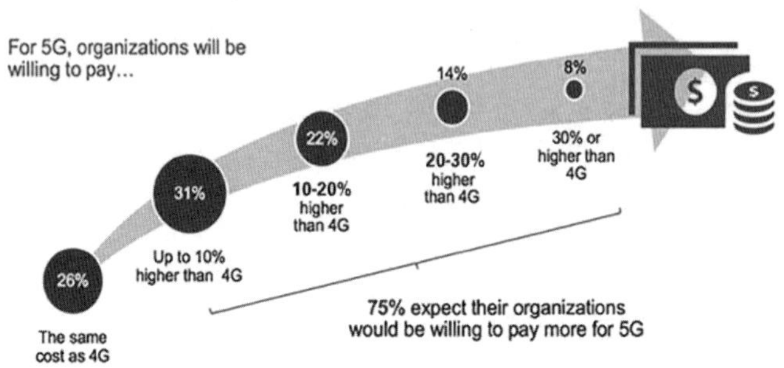

▌그림 3-17▐ 기업을 대상으로 5G 서비스 활용여부 설문조사 결과(출처: Gartner)

리서치 회사인 Gartner의 보고서에 따르면, 기업을 대상으로 5G 서비스 활용 여부에 대한 설문조사 결과, 75%의 기업은 기꺼이 5G 서비스를 활용하겠다는 답변이다. 이처럼 5G 서비스는 기업 위주로 새로운 시장이 개척될 것으로 예상된다.

Ericsson에서 발표한 5G 서비스 출시에 따른 고객의 기간별 사용 예측에 따르면, 5G 서비스 출시 이후, 1~2년내 주요 서비스로는 초고속 통신 서비스, 라이브 게임 등을 언급했다.

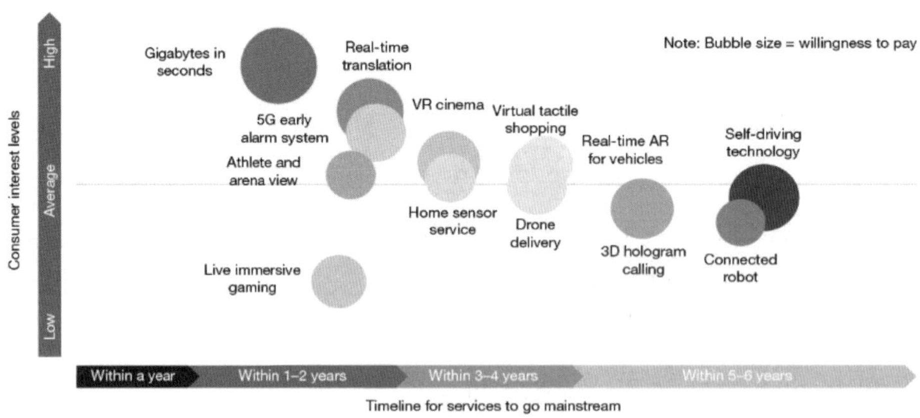

▌그림 3-18▐ 5G 서비스 출시에 따른 고객의 기간별 사용 예측(출처: Ericsson)

그리고 Ericsson 보고서는 VR, 드론, Virtual Tactile Shopping(가상으로 상품의 촉감을 느끼게 하는 쇼핑기술)은 3~4뒤에 많이 사용될 것으로 예측했고 3D Hologram, 차량에서 실시간 AR, 자율주행차, Connected Robot은 5~6년 뒤 일반화될 것으로 전망했다.

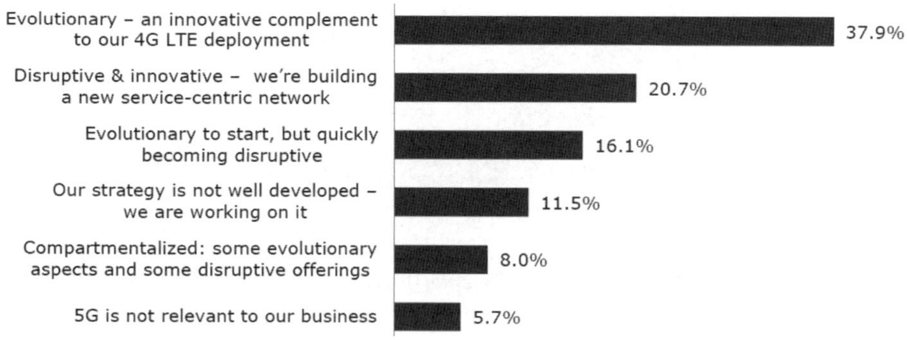

그림 3-19 5G 도입관련 사업자 설문조사(출처: InterDigital)

InterDigital사의 5G 서비스 도입관련 사업자 설문조사 보고서에는 많은 사업자(37.9%)가 5G 서비스를 4G에서 개선된 서비스로 인식하고 있으며, 20.7%의 사업자는 5G 기술이 혁신적인 서비스를 제공할 것으로 답변했다.

또한 16.1%의 사업자는 5G가 혁신적인 서비스로 빨리 시장에 정착할 것으로 예측했다. 이처럼 5G는 기존 4G에서 개선된 정도의 서비스라는 의견 보다는 혁신적인 서비스라는 의견 비중이 높다.

2 초고속 통신

1) 초고속 멀티미디어 서비스

초고속 멀티미디어 서비스는 Video Streaming, Video Game 등 해상도가 높은 비디오와 고품질의 오디오를 사용자가 시청하는 서비스이다. 고해상도에 대한 정의가 애매하지만, 일반적으로 5G에서 고해상도란 4K UHD(Ultra High Definition) 비디오를 의미한다.

SKT 자료에 따르면, 영화 한편(2GB)을 다운로드 받을 때, 4G LTE는 3분 38초가 소요되지만, 5G로 다운로드 받을 때는 13초가 걸린다고 밝혔다. 이처럼 5G는 주파수 폭을 넓게 하고, 안테나를 많이 사용하여 4G 대비 다운로드 속도가 빠르다.

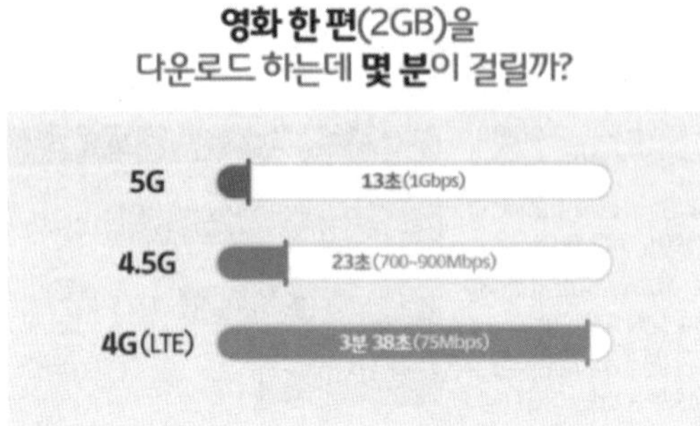

▌그림 3-20▐ 이동통신 방식별 2GB 비디오 다운로드 시간(출처: SKT)

비디어 품질은 크게 2가지로 결정되는데, 비디오 해상도(예, FHD, UHD)와 초당 프레임(Frame) 속도이다. 5G의 경우, 고해상도 비디오 서비스는 일반적으로 UHD(Ultra High Definition)급 Video를 60fps(frame per second)로 전송되는 것을 의미한다.

FHD(Full High Definition)와 UHD는 디스플레이 화면에 표시되는 픽셀(Pixel) 수를 의미는데, FHD는 1920×1080 픽셀, UHD는 3840×2160(UHD TV1) 또는 7680 × 4320(UHD TV2)이다. 초당 프레임 수는 화면에 표시되는 영상의 초당 화면 수(정확하게는 I-Frame과 P-Frame)를 의미한다.

화면 해상도가 높고, 표시되는 비디오의 프레임 수가 많을수록 비디오는 더 선명하지만, 데이터 량이 많아서 빠른 통신과 단말기(TV 포함)에서 비디오 신호 처리속도가 빨라야 한다.

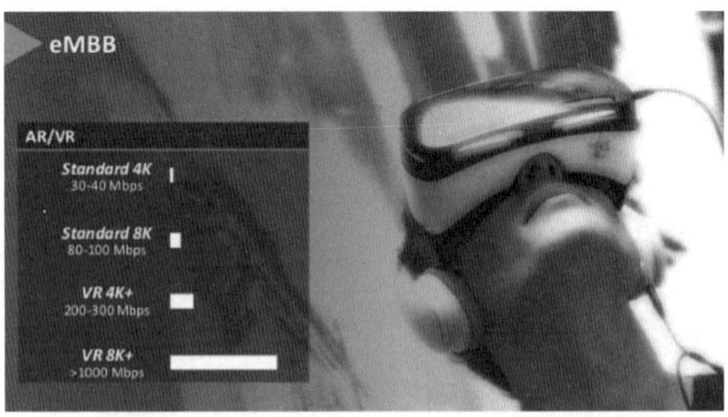

▌그림 3-21▐ eMBB를 활용한 Video 서비스 예

전송속도와 응답시간 기준으로 서비스 구분을 보면, 100Mbps 이상 1Gbps 이하의 속도를 기준으로 볼 때, 비디오 화상전화는 100Mbps 정도면 서비스가 가능하고, 100Mbps 이상

~ 1Gbps 이하의 속도로 가능한 서비스는 자율주행차, AR/VR, Tactile Internet 등이 있다.

5G의 eMBB 기능을 활용하여 와이드 뷰와 멀티 뷰 서비스가 가능하다. 와이드 뷰 예는 4K 비디오를 가로로 3개 합쳐서 12K로 전송하여 사용자는 3개의 화면을 왼쪽과 오른쪽으로 선택해서 시청할 수 있는 서비스이다.

멀티 뷰는 일반적으로 4개 이상의 비디오를 하나의 화면에서 선택해서 시청 가능한 서비스이다. 와이드 뷰와 멀티 뷰 서비스를 위해서는 전송속도가 1Gbps 이상이 되어야 한다.

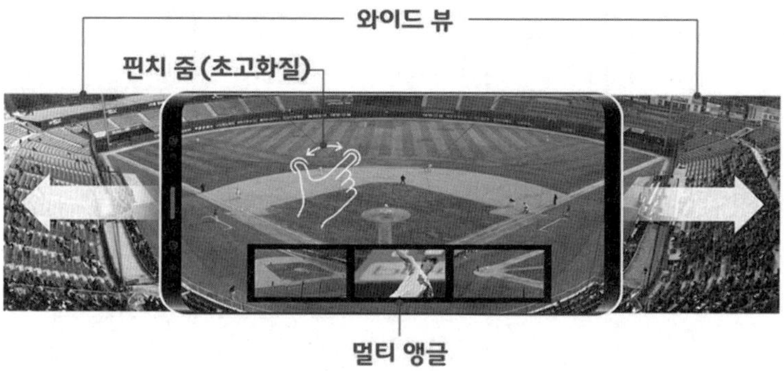

▌그림 3-22▐ 멀티뷰 서비스 예

3GPP는 5G를 활용한 멀티미디어 서비스로 ①4K 이상의 비디오 서비스, ②360도 VR 서비스와 ③양방향 VR 화상통화, ④방송서비스 등을 중점적으로 정의하고 있다. 일반적으로 비디오는 음향(Audio)이나 음성(Speech) 대비 월등히 데이터 량이 많기 때문에 전송속도가 빨라야 한다. 음향이란 MP3, MP4와 같은 노래 수준의 소리를 의미하고 음성은 통신목적의 저속 통신으로 가능한 정보이다.

특히, VR(Virtual Reality)을 4K 해상도 이상의 비디오로 서비스를 제공할 때는 200Mbps 이상이 되어야 하고, 8K 이상의 비디오는 1Gbps 이상이 되어야 한다. 5G에서 사용자는 멀티미디어 서비스에 대하여 Immersive(빠져드는 느낌)와 Interactive(원하는 화면으로 이동) 기능을 원하고 있다.

3GPP는 5G 단말기를 대상으로 단방향 비디오 서비스인 VOD(Video On Demand)에 대한 규격도 정의했다. 3GPP는 3G, 4G, 5G에서 VOD 를 PSS(Packet Switched Streaming)라고 한다.

PSS는 전송 프로토콜로 DASH(Dynamic Adaptive Streaming over HTTP)를 사용하여 PSS Server와 PSS Client간 통신하고, PSS 서버는 비디오 플레이 리스트인 MPD(Media Presentation Description)를 단말기로 전송한다.

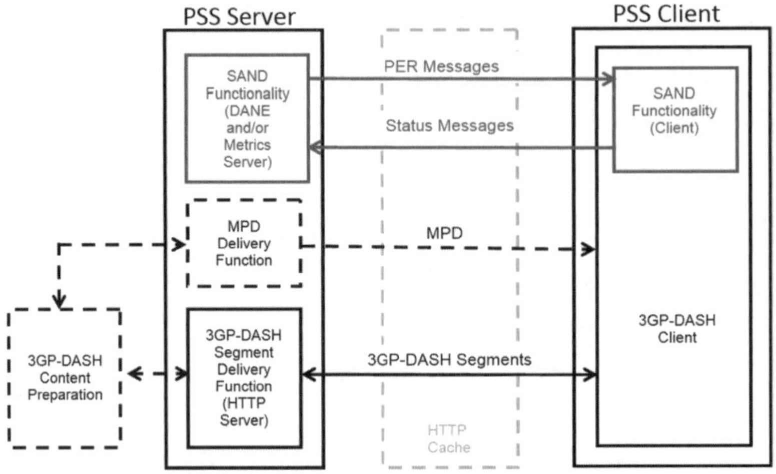

▎그림 3-23▎ 3GPP망에서 PSS 서비스 절차 예

PSS 컨텐츠는 DASH로 송수신되지만, 이동통신 환경을 고려하여 SAND(Server And Network Assisted DASH) 방식을 사용한다. 즉, 단말기가 있는 위치의 전파환경에 따라서 QoS를 제어하기 위해서이다. 단말기가 전계강도가 낮은 지역에 위치할 경우, PSS 서버는 비디오 해상도를 낮춰서 보내거나 프레임 수를 줄여서 보낼 수 있다.

이러한 SAND 정보를 기반으로 3GPP는 DASH 프로토콜을 약간 변경하여 3GP-DASH를 정의했는데, 3GP-DASH는 통신환경(즉, 전계강도 세기)에 따라서 가변으로 통신속도를 조절할 수 있는 방식이다.

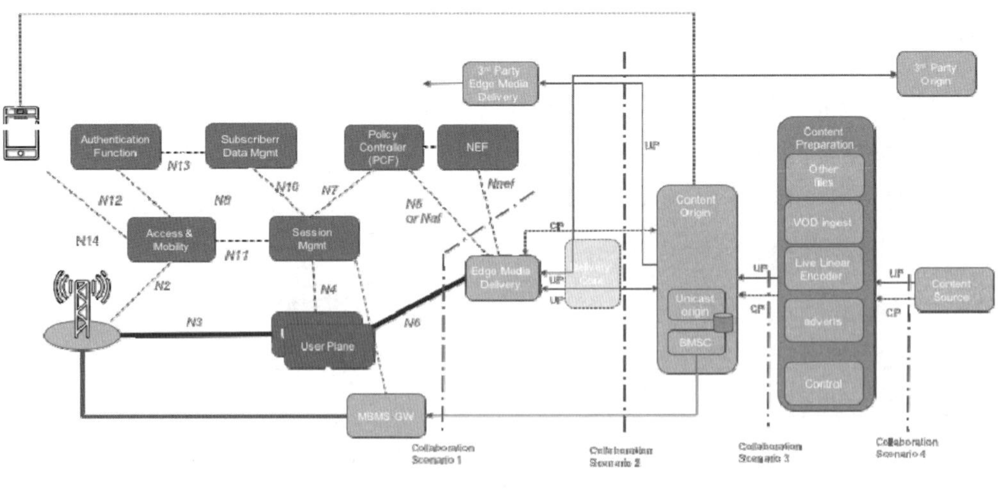

▎그림 3-24▎ Media on 5G System Architecture

3GPP는 5G에서 미디어 전송을 위한 망 구조도를 정의했는데, 여기에는 미디어 컨텐츠를 전송하는 별도의 플랫폼이 있고, 5G 망의 특징인 Edge Computing(즉, MEC)을 활용하는 구조를 제안하고 있다.

미디어 전송을 위한 5G 망 구조도는 컨텐츠 제작자, 방송사, 사업자가 공동으로 기술을 정의하고 있으며, 서비스는 크게 ①eMBB(enhanced Mobile Broadband)를 활용한 스트리밍 서비스와 ②eMBMS(enhanced Multimedia Broadcast/Multicast)을 활용한 방송 서비스가 있다.

이러한 5G 미디어 서비스 망 구조에서 360도 VR 서비스를 제공하기 위해서 3GPP는 별도의 규격을 정의하고 있다. 360도 VR 서비스는 기존 4G 기술로는 성능의 문제로 서비스 제공이 힘들지만, 5G에서는 충분히 가능한 서비스이다.

3GPP는 360도 VR 서비스에서 단말기 처리 절차를 Access Engine, File Detector, VR Render로 구분했으며, 각 처리단계에서 호환성을 위하여 VR DASH Profile, VR Media Profile, VR Scheme을 정의하고 있다.

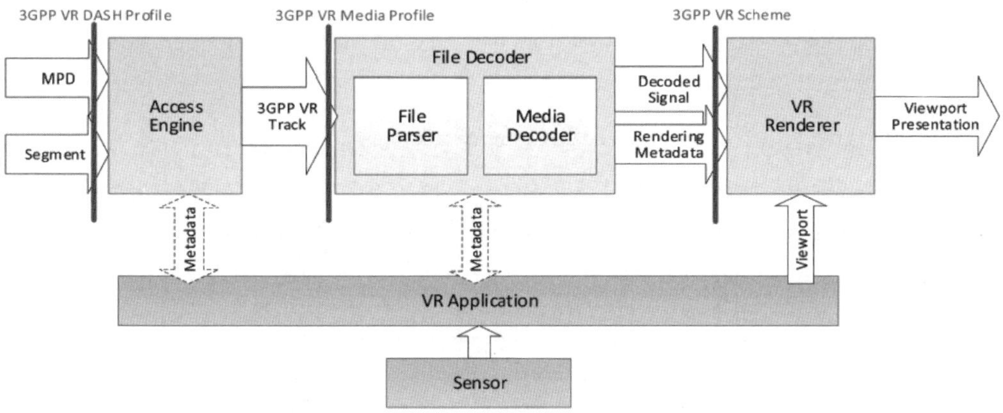

❙그림 3-25❙ 360도 VR 서비스를 위한 3GPP 규격 예

VR DASH Profile은 3GPP에서 정의한 3GP-DASH File Format에 맞게 정의되어 Access Engine에 입력되고, VR Media Profile은 비디오와 오디오를 해당 File에서 추출하여 디코딩하는 단계이며, VR Scheme은 디코더에서 렌더링하는 절차이다.

3GPP는 VR 기기를 활용한 양방향 실시간 화상통화 규격도 정의하고 있는데, 이것은 IMS(IP Multimedia Subsystem) 도메인에서 동작되며 MTSI(Multimedia Telephony Service over IMS) 서비스라고 한다.

양방향 VR 화상통화에 사용되는 비디오 코텍은 일반적으로 HEVC(High Efficiency

Video Coding)가 사용되며, 음성통화를 위해서는 기존의 EVS(Enhanced Voice Services)를 개선한 IEVS(Immersive Voice and Audio Services)가 사용된다.

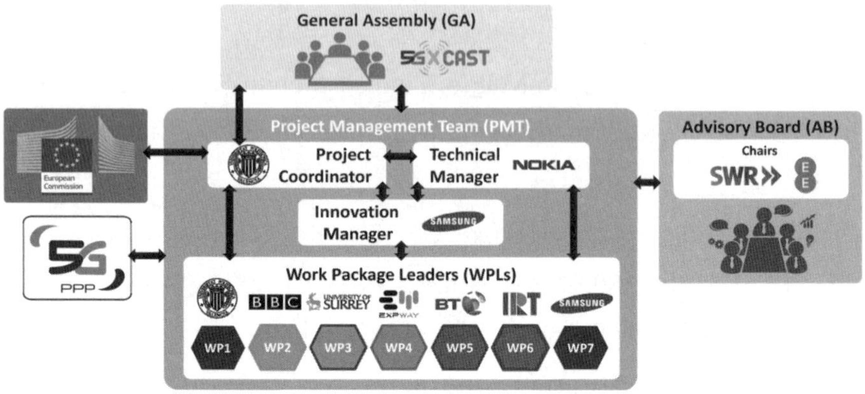

Ⅰ그림 3-26Ⅰ 5G-XCAST 조직 구성도

유럽위주로 5G 활성화를 위한 단체인 5G-PPP(5G Infrastructure Public Private Partnership)의 산하조직인 5G-XCAST는 5G 망을 활용한 방송서비스 관련 기술과 서비스 개발에 기여하고 있다. 5G-XCAST는 조직이름을 뜻하기도 하지만, 방송 서비스도 의미한다.

5G-XCAST는 멀티미디어 방송을 이동통신에만 정의하는 것이 아니고 기존 방송시스템, 유선통신 등으로도 방송 기술을 정의하고 있다. 특히, 5G는 장소에 상관없이 방송 서비스 제공이 가능하므로 5G-XCAST는 5G 망을 활용한 서비스에 대한 기술과 서비스 시나리오 정의에 집중하고 있다.

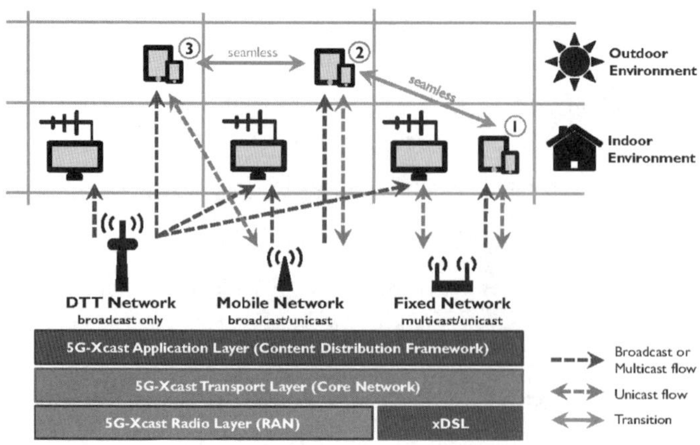

Ⅰ그림 3-27Ⅰ 5G-XCAST 기반 방송 서비스 예

5G-XCAST 기술은 5G의 eMBMS 활용을 기본으로 정의하고 있다. 따라서 5G-XCAST를 활용하여 서비스를 제공하고자 하는 통신 사업자는 eMBMS 인프라가 구축되어야 한다. 하지만 일반적으로 휴대폰에서 스트리밍을 활용한 비디오 시청이 활성화되어서 eMBMS를 제공하는 사업자는 많지 않다.

2) AR/VR/MR/XR 서비스

(1) 정의

이동통신망을 활용한 서비스는 사람의 감각(특히, 눈, 귀, 촉감)을 최대한 활용하는 방향으로 진화하고 있다. 현재 대부분 서비스는 Smart Device를 활용하기 때문에 디스플레이, 터치입력, 스피커를 통하여 화면과 음성/음향 서비스 위주로 제공되고 있다.

디바이스와 통신망의 발전으로 고객은 몰입감(Immersive)이 강화된 서비스를 받고 싶어하는 추세에 따라서 AR, VR 등과 같은 기술이 범용화될 것으로 기대된다. 즉, 별도의 디바이스를 활용하여 가상환경이지만, 사용자를 현실환경처럼 느끼게 만들어 준다.

먼저, VR(Virtual Reality)의 정의는 시야가 밀폐된 디바이스를 사용하여 컴퓨터에서 생성되는 가상환경만 볼 수 있고, 현실환경과 Interaction은 없는 기술이다.

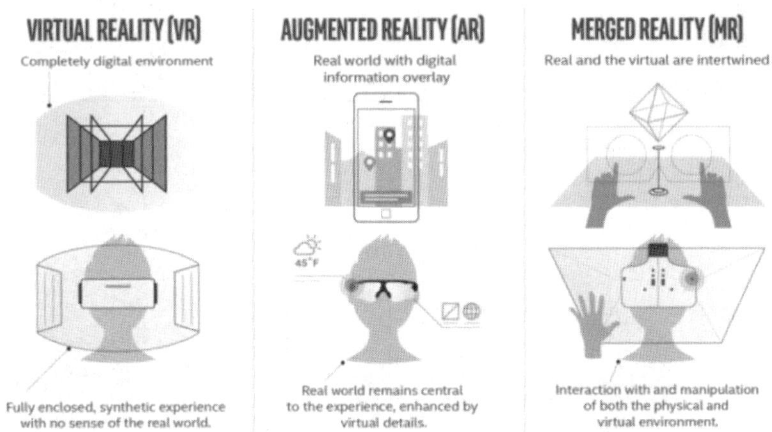

▌그림 3-28▌ AR, VR, MR 비교

AR은 현실 이미지와 가상 이미지를 결합하여 실시간 상호작용(Interaction)이 가능하고, 3차원 현실공간에 놓인 가상정보를 제공하는 기술이다. AR 기능을 제공하기 위한 디바이스는 스마트폰, Tablet, Smart Glass 등이 있으며, Mobile AR은 스마트폰이나 Tablet을 이용하여 AR 서비스를 제공하는 방법이다.

Ronald Azuma 박사는 AR 서비스 정의를 "현실 이미지와 가상 이미지를 결합하여 실시간으로 상호작용(Interaction)이 가능하고, 3차원 공간에 놓인 정보"라고 정의했다. 즉, AR은 현실환경에 가상으로 사물이나 정보를 합성하여 원래의 환경에 존재하는 사물처럼 보이도록 하는 컴퓨터 기술로 정의될 수 있다.

MR은 일반적으로 카메라가 탑재된 시야가 밀폐된 VR 디바이스가 사용되며, 디바이스 센서를 이용하여 손을 이용한 Gesture Control 등을 통하여 현실과 가상 정보간 상호 Interaction이 가능한 방법이다.

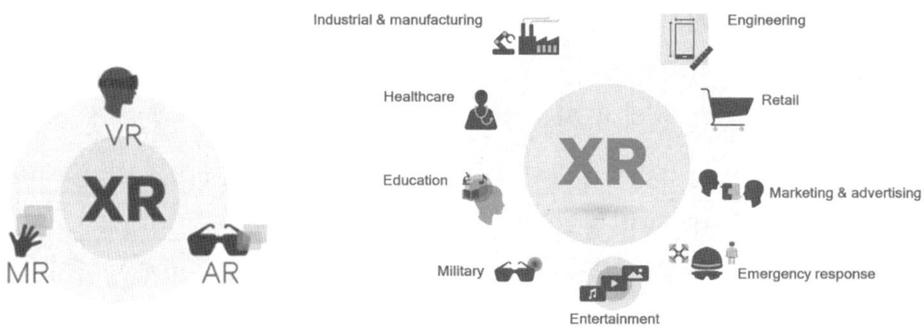

▌그림 3-29▐ XR 정의, 활용분야

XR은 현실환경과 실제환경이 융합된 것으로 AR, VR, MR 전체 기능이 포함되어 있다. XR은 기존방법보다 더 넓은 시야각(예, 좌우 190도, 상하 130도), 더 빠른 속도 등이 지원된다. AR, VR, MR, XR은 가상환경이지만, 사용자를 현실환경처럼 느끼게 만들어서 빠져들게 하는 'Immersive Experience'를 제공한다.

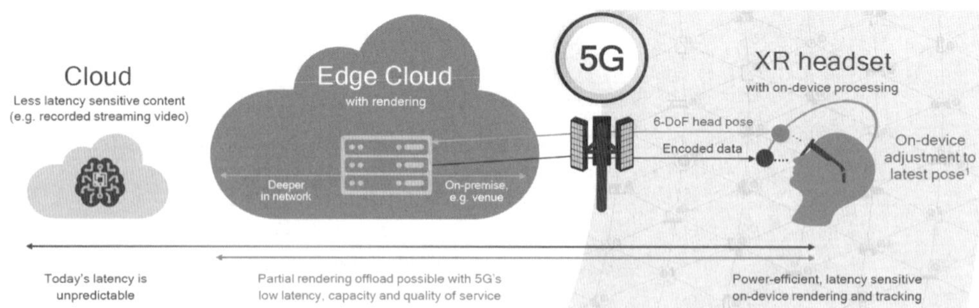

▌그림 3-30▐ 5G MEC를 활용한 XR 서비스 예

XR 등의 서비스는 Cloud에 있는 컨텐프가 디바이스로 빠르게 전송되어야 하기 때문에 5G의 MEC(Mobile Edge Computing)를 사용해야만 효과적으로 제공될 수 있다. MEC는 Cloud에 있는 컨텐츠나 앱을 사용자가 근접한 기지국 가까이 위치시키는 방법이다.

AR 기술은 VR과 MR 대비 전용 디바이스 없이 스마트폰을 사용하여 쉽게 서비스를 제공할 수 있어서 조기에 빠른 확산이 가능하다. 또한 현실환경에 가상의 정보를 추가하여 현실환경에서 표현하기 어려운 정보를 추가할 수 있어서 마켓팅 목적으로 사용될 수 있다.

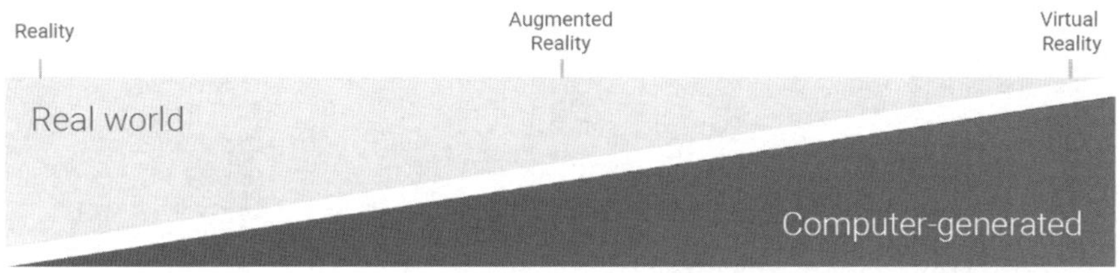

그림 3-31 현실환경과 가상환경 관계

VR은 모든 정보가 컴퓨터에 의해서 생성되는 정보를 시청하는 기술이지만, AR은 현실환경에 가상의 정보를 겹쳐서 표시하기 때문에 현실(Reality)과 가상현실(Virtual Reality)의 중간에 해당된다.

따라서 AR 시장은 VR 시장보다 월등히 큰 것으로 알려져있다. 특히, Apple과 Google이 스마트폰을 활용하여 쉽게 AR 서비스를 제공할 수 있는 환경을 제공해주기 때문에 서비스 확산이 VR 대비 빠르다.

2020년 기준으로 전세계 AR 시장은 약 100조원, VR 시장은 약 35조원으로 AR시장이 VR보다 약 3배 크다.

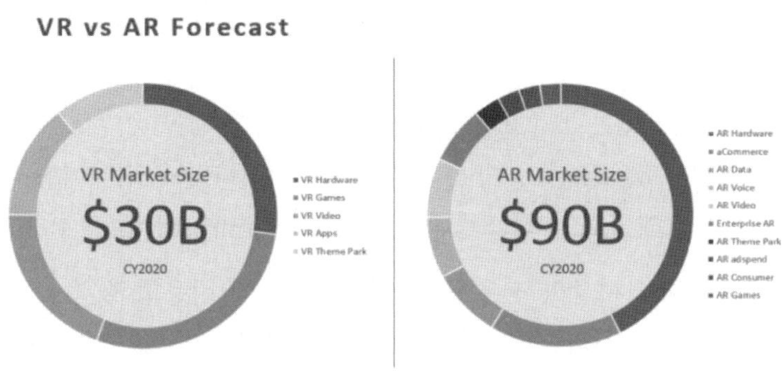

그림 3-32 AR과 VR 시장 예측

(2) VR

VR은 별도의 디바이스가 필요하고 여전히 어지러움증이 있어서 범용으로 상용화하는 데는 문제가 있다. 하지만, AR은 Mobile 디바이스를 사용하여 쉽게 구현할 수 있다.

특히, VR 디바이스는 화면 해상도, 미디어 처리속도, FOV(Field Of View), Motion to Photon 등의 성능이 좋아야 고품질 서비스 제공이 가능하므로 현재까지 성능적인 문제로 활성화가 되지 않고 있다.

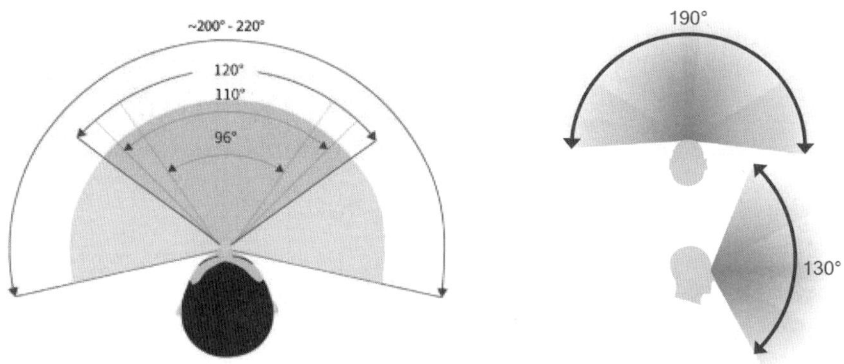

▌그림 3-33▐ FOV 정의

AR, VR 성능지표 중에 FOV는 사람의 시야로 볼 수 있는 화면각도를 의미한다. 예를 들면 사람은 120도 정도의 시야를 볼 수 있지만, 물고기나 비둘기 등은 약 180도 시야를 가지고 있어서 뒤쪽의 사물도 볼 수 있다.

VR은 Immersive Experience(몰입하면서 현실과 같은 환경)를 제공하지만, 어지러움증 때문에 쇼핑, 멀티미디어 등의 목적으로 적용하는 데는 아직 한계가 있다. VR에서 어지러움증은 사람의 눈으로 보는 환경을 가상으로 생성해주기 때문에 우리 눈에는 익숙하지 않아서 발생된다.

VR 디바이스는 화면 해상도는 4K(3840×2160 픽셀) 이상, 4K 비디오를 120Hz 이상 처리, FOV가 180도 이상, Motion to Photon이 5ms 이하로 동작되어야만 어지러움이 없는데, 이를 위해서 초고해상도의 디스플레이, 강력한 Computing Power가 요구된다.

따라서 VR 디바이스는 4K 이상인 작은 크기의 디스플레이 상용화에 좀 더 시간이 필요하고, 4K 비디오를 고속으로 처리할 수 있는 칩, 모션센서의 이동을 감지하여 빠르게 화면을 옮겨야 하는 기술 등이 필요하다.

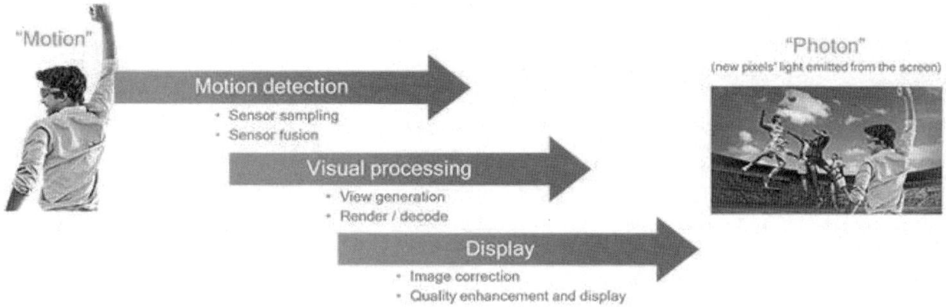

▌그림 3-34▐ Motion to Photon 처리 절차(출처 : Qualcomm)

Motion to Photon은 디바이스의 모션센서가 움직임을 감지한 이후, 이동한 위치에 빠르게 비디오를 표시하는 성능을 의미한다. 일반적으로 5ms 이하로 처리되어야 자연스럽게 화면이 표시되고 어지러움증이 최소화되는 것으로 알려져 있다.

(3) AR

AR은 현실환경에 가상으로 사물이나 정보를 합성하여 원래의 환경에 존재하는 사물처럼 보이도록 하는 컴퓨터 기술로 정의될 수 있다. AR 기술은 현실환경에 가상의 정보를 추가하여 현실환경에서 표현하기 어려운 정보를 추가하는 서비스에 사용될 수 있다.

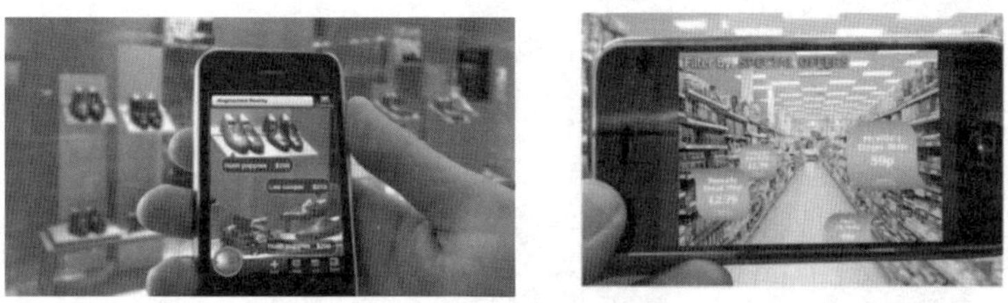

▌그림 3-35▐ Mobile AR 서비스 예

Ronald Azuma 박사는 AR 서비스를 좀 더 세부적으로 ①현실(Real World Elements) 이미지와 가상 이미지를 결합, ②실시간으로 Interaction이 가능, ③3차원 공간에 놓인 정보라고 정의했다.

AR 서비스를 제공하기 위한 디바이스는 Smart Glass, 스마트폰/Tablet, Smart Mirror, Projection, PC 등이며, eCommerce 서비스 제공을 위한 AR 디바이스는 스마트폰/Tablet, Smart Glass, Smart Mirror 등이 될 수 있다.

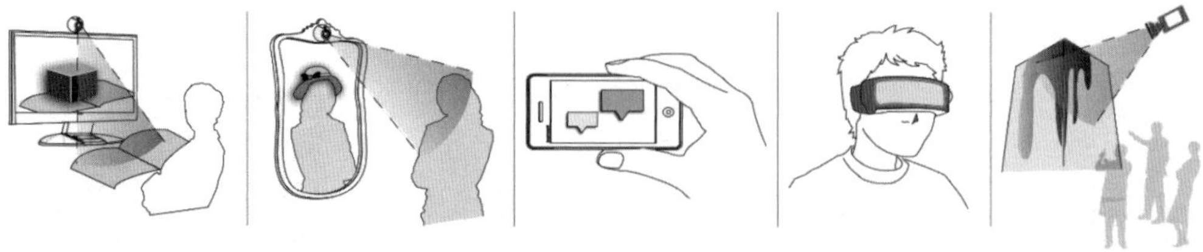

▌그림 3-36▌ AR 서비스를 위한 디바이스 종류

일반적으로 AR 서비스는 Mobile Device 앱을 활용하거나 Smart Glass를 사용하여 구현된다. 최근 Mobile Device의 Computing Power, Graphic Processing, Motion Sensor 등의 기술이 발전되어 충분히 AR 서비스를 제공할 수 있는 환경이 구축되었다.

스마트폰이나 Tablet을 활용한 Mobile AR 기술은 디바이스의 카메라, 모션센서 등을 활용하여 주변 사물을 Detection하고, 디바이스의 움직임이나 이동상태를 검출하여 사용자가 원하는 가상의 정보가 현실 환경에 겹쳐서 표시되는 방식이다.

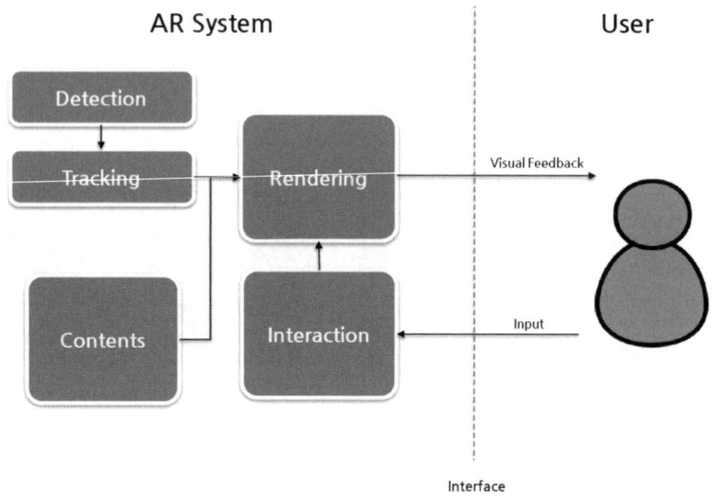

▌그림 3-37▌ Mobile AR 디바이스 구성요소

Smart Glass를 이용한 대표적인 AR 기술은 Google Glass이며, Google Glass는 2013년에 Google에서 개발자 버전을 배포했고, 2014년에 일반인을 대상으로 판매했다. <u>하지만 Google Glass는 고가, 사용의 불편함, 서비스/컨텐츠 부족, 사생활 문제 등으로 활성화되지는 않았다.</u>

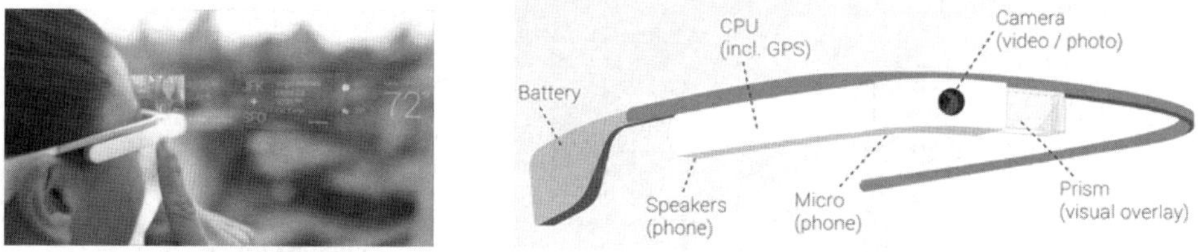

그림 3-38 Google Glass

Smart Glass는 안경형태의 디바이스를 사용하여 현실환경에 가상의 정보가 소형 디스플레이에 표시되는 방법이다. 일반적으로 소형 디스플레이에 표시되는 정보는 무선 또는 유선으로 스마트폰 등에서 제공된다.

Google, Apple, Amazon 등 주요 IT 업체는 기존의 문제를 개선하는 차세대 Smart Glass를 개발 중인 것으로 알려져 있다. Smart Glass는 일반적인 사용 이외에 물류센터, 공장 등에서 유용하게 사용될 수 있다.

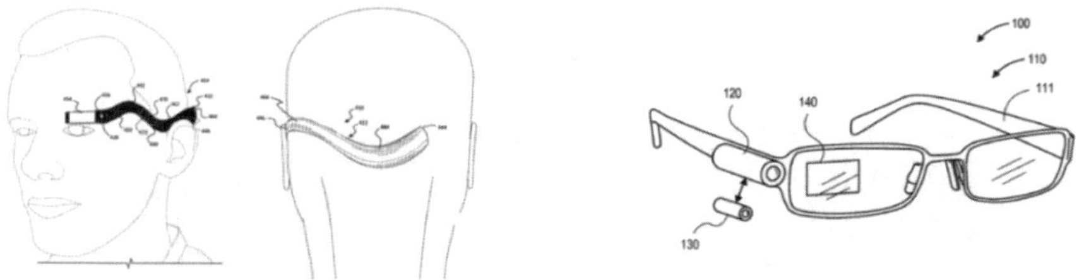

(a) Google 특허 (b) Amazon 특허

그림 3-39 Google, Amazon의 차세대 Smart Glass 특허

AR 서비스는 현실환경에서 정해진 위치에 가상의 정보를 표시해야 하므로 현실환경의 특정사물 위치를 파악하는 방법으로 Marker 방식과 Markerless 방식이 사용된다. 최근의 대부분 AR 서비스는 위치 파악 기술이 적용된 Markerless 방식이 사용된다,

Marker 방식은 디바이스 위치파악과 Tracking을 위하여 별도의 물리적인 Marker를 활용하는 방식으로 사전에 정해진 이미지(특정사진, QR 코드 등)를 카메라로 촬영하여 이미지를 인식하여 구현된다. 즉, Marker를 인식한 후, Marker 위에 가상의 정보(이미지, 문자정보 등)가 겹쳐서 표시된다.

Markerless 방식은 현실환경에 정의된 Marker 없이, 디바이스에 탑제된 모션센서, 카메라 등을 이용하여 가상의 정보가 표시될 위치를 디바이스가 파악하고 추적하는 기술이다.

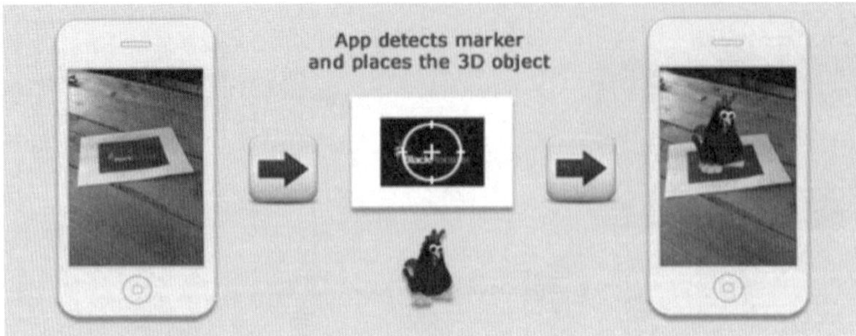

그림 3-40 Marker 방식을 활용한 AR 서비스 예

AR 서비스를 구현 위하여 Smart Glass가 사용될 수 있지만, 현재까지 이 방식은 고가, 사용의 불편함, 제한된 서비스 등의 원인으로 활성화되지 않고 있다. 예를 들면, Google은 안경을 사용하는 AR 서비스인 'Google Glass'를 2013년에 출시했지만, 2017년에 모든 개발을 중단하고 새로운 방법을 연구하고 있다.

AR 서비스는 현실환경에 가상의 이미지를 겹쳐서 표시하기 때문에 3D 모델링(Modeling), 3D 렌더링(Rendering) 등 3차원 이미지 처리 기술이 필요하다.

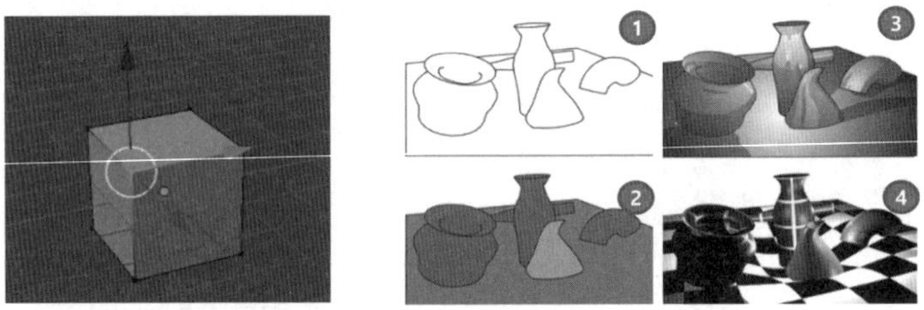

그림 3-41 3D 모델링, 3D 렌더링 예

3D 모델링은 가상의 3차원 공간에 원하는 정보가 재현될 수 있는 수학적 모델을 만드는 컴퓨터 그래픽 기술로 CAD(Computer Aided Design), CG(Computer Graphics) 툴을 활용하여 3D 데이터를 생성하는 기술이다. 3D 모델링은 3D 데이터 표현(프레임, 다각형, 화면, 솔리드 등), 3D 형상 표현(돌출, 회전, 로프트 등)의 조합으로 만들어진다.

3D 렌더링은 컴퓨터 그래픽에서 제작한 모델에 색과 질감을 입히고, 카메라 앵글로 구도를 잡아서 음영처리(빛 효과)를 한 후, 최종 결과 이미지를 생성하는 기술이다. 즉, 3D 렌더링은 3D 모델을 3차원 이미지로 변환(①3차원 모델, ②색깔추가, ③음영추가, ④상세한 윤곽처리)하는 것이다.

ARCore by Google ARKit 2

Google과 Apple은 AR 서비스 개발을 위한 Platform인 ARCore와 ARKit을 각각 제공하고 있다(양사 모두 2017년에 처음 발표). 따라서 AR 앱 개발시 Markerless 방식을 활용하여 현실환경에서 사물추적 기술, 3D 모델링, 3D 렌더링을 위하여 별도의 절차없이 쉽게 구현할 수 있다.

ARCore와 ARKit은 사실상 유사한 기술이며, 크게 보면 Device Tracking, 현실환경 이해, 렌더링의 절차로 이루어진다. 즉, 디바이스의 카메라와 모션센서를 동시에 동작시켜 현재 위치를 파악한 후, ①이동 위치를 Tracking, ②현실환경의 이미지를 분석하여 상황인식, ③현실환경에 가상의 이미지를 겹쳐서 표시(디스플레이)한다.

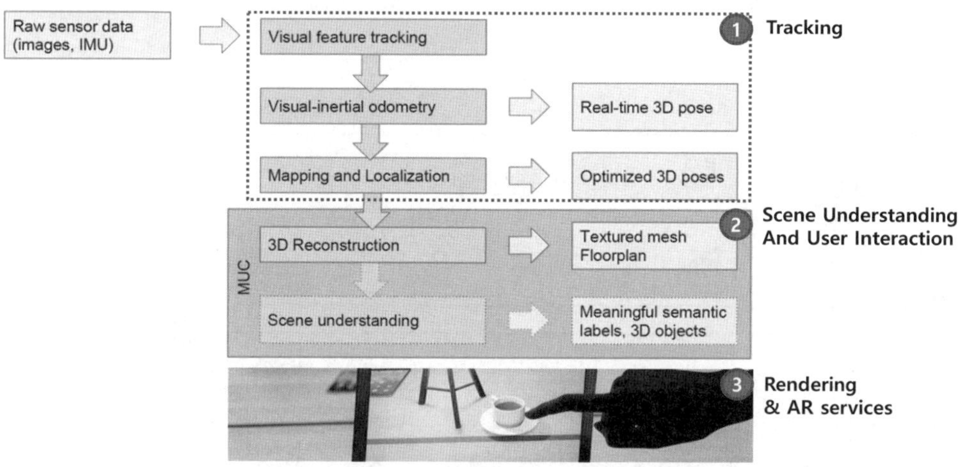

▌그림 3-42▌ Mobile AR 처리 절차

Mobile AR 처리절차에서 핵심적인 기술은 Device Tracking과 사물인식(평면정보 검출 포함)이며, Device Tracking은 주로 VIO(Visual Inertial Odometry) 기술이 사용된다.

VIO 는 Mobile 디바이스의 카메라와 모션센서를 동시에 적용시켜 카메라에 촬영되는 사물을 중심으로 디바이스의 이동방향과 거리를 Tracking하는 기술이다. 디바이스에 탑재된 모션센서는 Accelerometer(가속도계), Gyro(각속도계) 등이 포함되어있는데, Accelerometer는 이동거리, Gryo는 이동방향을 감지하여 디바이스 이동위치를 파악하고 Tracking한다.

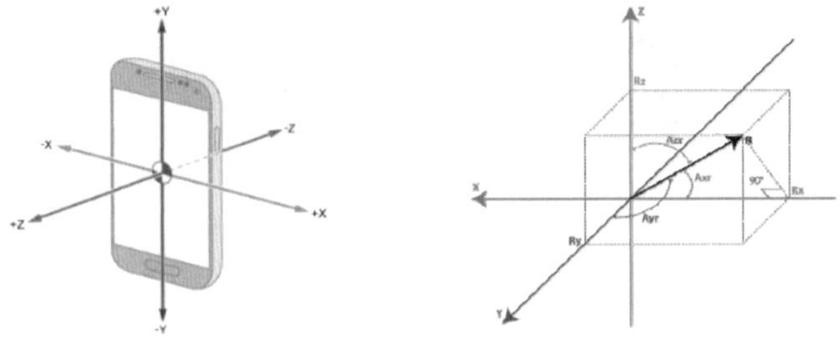

▎그림 3-43▎ 모션센서를 활용한 위치 파악

Mobile Device에 내장된 Accelerometer, Gyro 등은 일반적으로 하나의 칩에 구현되어 모션센서 또는 관성센서(Inertial Sensor)라고 한다. Accelerometer의 출력은 가속도인데, 가속도를 적분(Integral)하면 속도가 나오므로 속도는 이동거리를 시간으로 나눈 값이기 때문에 Acceleromter를 활용하여 디바이스의 이동거리를 산출할 수 있다.

Gyro는 각속도를 측정하는 것으로 각속도를 적분하면 이동방향을 알 수 있다. 따라서, <u>Accelerometer, Gyro 출력값을 산출하면 초기 위치 X, Y = (0, 0)에서 X, Y = (x1, y1) 값을 산출할 수 있다.</u>

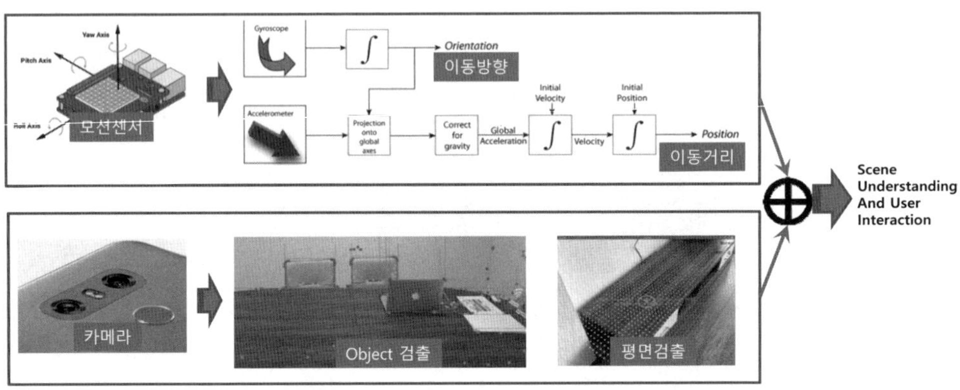

▎그림 3-44▎ Device Tracking과 사물인식

카메라는 촬영되는 환경에서 특징점을 추출하여 사물의 형태를 파악한다. 추가적으로 가상정보가 표시되는 평면(Plane) 정보 검출은 사물의 색상/밝기가 급격히 변화하는 부분을 경계선으로 설정하여 평면정보 획득한다.

과거의 스마트폰을 활용한 Mobile AR 서비스는 Browser의 WebGL 기술을 활용하여 구현했다. 이 경우, Computing Power가 많고, Browser의 Webkit을 동작시키기 위한 H/W 사양이 디바이스마다 달라서 호환성 문제로 범용화에 어려움이 많았다.

하지만, Google의 ARCore, Apple의 ARKit은 Native 방식으로 Motion Tracking, 현실환경 이해 등의 기술을 적용하여 3rd Party에서도 쉽게 AR 앱을 개발할 수 있다.

▌그림 3-45▐ ARCore 지원 환경

또한 Unity, Unreal 등 3D 엔진 라이브러리가 앱 개발 환경에 적용되어 3D 이미지 기반 앱을 쉽게 개발할 수 있다. ARCore의 경우, Google Studio(Android 앱 개발 툴)에 Unity나 Unreal 등의 라이브러리를 쉽게 적용할 수 있다.

이러한 배경기술을 기반으로 Amazon은 Google의 ARCore, Apple의 ARKit Platform을 활용하여 Mobile에서 제공하는 AR 서비스인 'AR view'를 제공하고 있다. AR view 서비스는 몇 가지 제한된 상품(예, 가구, 전자제품, 가정용 제품)에만 적용되고 있지만, 적용되는 상품의 범위를 확대하고 있다.

Apple ARKit은 iOS 11이상에서 지원되는 AR 서비스 개발을 위한 개발환경이며 Device Tracking, Scene Understanding, Rendering 등의 기술요소로 구성되어 있다.

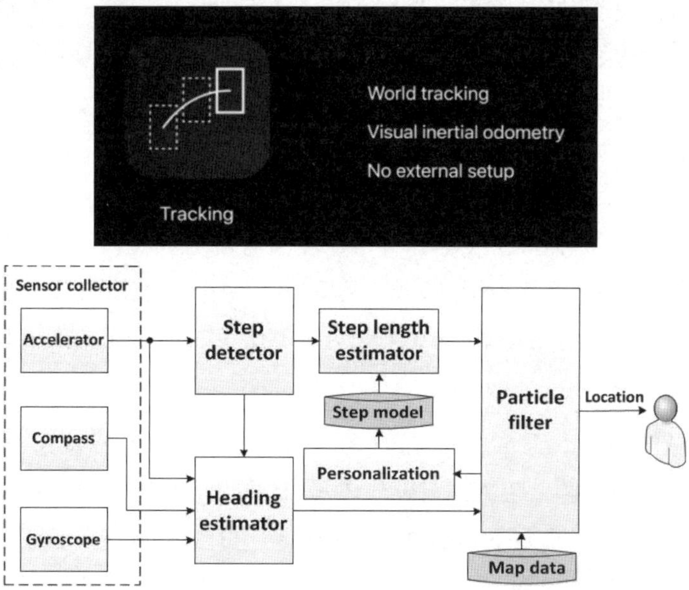

▌그림 3-46▐ ARKit의 Device Tracking, 관성센서 기반 측위

Device Tracking은 공간에서 Device의 위치를 실시간으로 파악하는 VIO(Visual Inertial Odometry) 기술이 사용된다. VIO는 스마트폰에 탑재된 카메라와 관성센서(Inertial Sensor 또는 Motion Sensor) 등을 동시에 활용하여 실시간으로 위치를 파악하는 기술이다.

iOS는 카메라 정보(30fps)로 Device 이동에 따른 이미지의 변경을 계산하여 위치변화를 파악하고, 관성센서로부터 초당 1000개의 데이터를 수집하여 이전 지점으로부터 이동한 위치(X, Y, Z축)를 Tracking하여 공간상의 위치를 파악한다.

관성센서는 일반적으로 Accelerometer(가속도계), Gyroscope(각속도계), Compass(나침반) 센서를 의미하며, Accelerometer는 바로 이전 지점에서 현 위치로 이동된 거리측정, Gyroscope는 이동방향(각도) 측정, Compass는 지구 자기장을 이용하여 정북, 정남 측정에 사용된다. 즉, Accelerometer, Gyroscope, Compass를 활용하여 기준지점으로부터 이동한 상대적인 위치를 파악한다.

ARKit의 Scene Understanding은 카메라에 촬영되는 사물을 좀 더 정확하게 파악하기 위한 기술로 평면검출, 광량(빛의 양) 검출/예측 등의 기술이 사용된다.

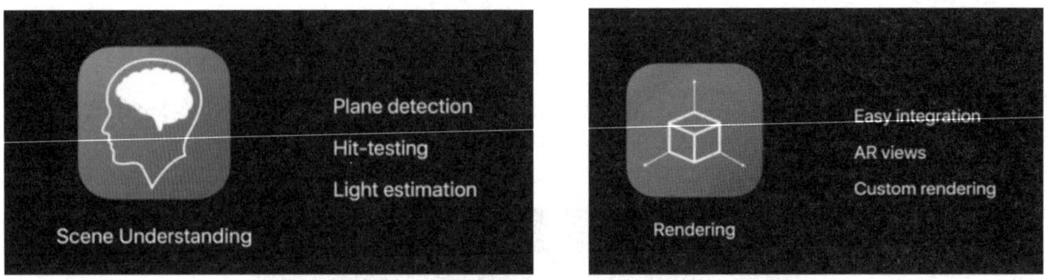

그림 3-47 ARKit의 Scene Understanding, Rendering

AR 서비스는 일반적으로 평면이 있는 사물 위에 가상의 정보를 겹쳐서 표시하기 때문에 평면검출이 중요하다. 광량검출/예측은 카메라에 촬영되는 사물이 빛의 양에 따라서 사물의 형태가 달라질 수 있으므로 광량 보정이 필요하다. Apple은 ARKit이 빠르고 안정적으로 사물 추적, 평면검출, 광량추정 등이 가능하고 Unity, Unreal, SceneKit 등이 지원된다고 밝혔다.

Google은 기존 AR 서비스를 위한 Tango 기술(별도의 H/W가 포함된 전용폰으로 구현)을 보완하여 일반 스마트폰으로 AR 서비스 제공이 가능한 ARCore Platform을 발표했다(2017년 8월). Google Tango를 지원하는 스마트폰은 Lenovo, Asus에서 개발되어 판매되고 있지만, 디바이스가 제한적이고 지원되는 서비스가 부족하여 범용화되지 않았다.

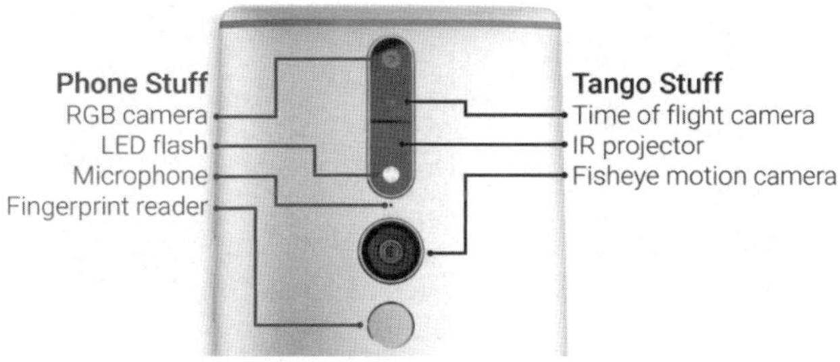

▌그림 3-48▐ Tango 지원을 위한 스마트폰 구조

Tango를 위한 Mobile Device는 ①Time of Flight Camera, ②IR Projector, ③Fisheye Motion Camera 등 별도의 H/W가 필요하다. Tango 디바이스는 디바이스와 사물간 거리측정을 위한 IR Projector와 Time of Flight Camera가 필요하고, 광각의 사진촬영을 위한 Fisheye Motion Camera가 사용된다.

ARCore의 주요 기술요소는 Motion Tracking, Environmental Understanding, Light Estimation이며, 대부분 기술요소는 Apple ARKit과 유사하다.

▌그림 3-49▐ ARCore에서 Motion Tracking, Environmental Understanding

Motion Tracking은 COM(Concurrent Odometry and Mapping)이라고 불리는 절차를 수행하는 것으로 카메라와 센서를 활용하여 지속적으로 디바이스의 위치를 추적하는 기능이다. 카메라는 사물에서 Feature Points를 추출하고, 관성센서는 기준점을 중심으로 상대적인 이동거리, 방향을 추적하여 카메라와 센서 데이터를 합해서 Motion Tracking한다.

Tango는 Depth Camera를 사용하여 디바이스와 사물간 정밀한 거리측정이 가능했지만, ARCore는 일반 스마트폰 사용으로 Tango 대비 성능이 떨어질 것으로 예측된다.

Environmental Understanding은 ARCore가 사물의 특징점(Feature Points)과 평면(Planes)을 추출하여 실제환경을 이해하는 기능으로 ARCore는 카메라의 위치가 바뀌는 것을 인지하게 된다. AR 서비스에서 가상 정보는 일반적으로 평면에 표시되므로 ARCore는 탁자, 책상, 소파 등의 수평평면을 인지하여 가상의 정보를 평면에 표시한다.

ARCore의 Light Estimation은 카메라 이미지로부터 밝기 정도를 파악하여 사물의 형태를 구별하는데 사용된다.

▌그림 3-50▐ ARCore에서 Light Estimation

3) FWA

FWA(Fixed Wireless Access)는 이동통신망을 사용하여 특정 지역에 고정된 단말기(주로 가정)를 활용한 고속통신 서비스(인터넷 연결) 제공을 의미한다. 일반적으로 FWA는 가정이나 사무실에 고정용 단말기인 CPE(Customer Premise Equipment)가 설치되며, 이 CPE가 Router 역할을 하여 주로 WiFi로 다른 디바이스와 연결되는 구조이다.

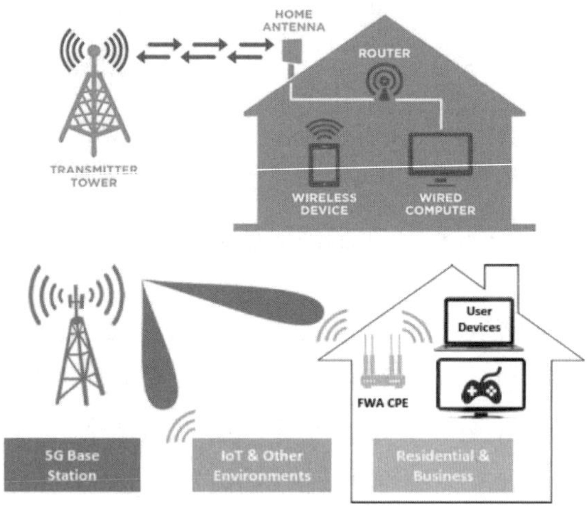

▌그림 3-51▐ FWA 서비스 구조

미국과 같이 영토가 넓고, 인구밀도가 낮은 지역은 각 가정에 인터넷 서비스를 제공하기 위하여 광케이블을 설치하는 것 보다 FWA를 활용하면 구축비용과 운용비가 저렴하다. 즉, 미국에서 유선 인터넷보다 5G FWA가 더 효율적일 수 있다.

이런 측면에서, 미국 5G 이동통신 사업자는 FWA로 가정용 인터넷 서비스를 제공하겠다는 계획이다. 미국은 기존 케이블 사업자가 제공하는 유료방송과 인터넷 서비스의 영향력이 커서, 이동통신 사업자가 유선을 이용한 인터넷 망을 구축하기에는 많은 비용과 시간이 소요된다.

OVUM사의 보고서에 따르면, 5G 기반 FWA와 FTTH(Fiber To The Home, 가정용 유선 광인터넷)를 비교할 때, 통신망 구축비(CAPEX)는 FWA가 FTTH보다 약 50% 저렴하지만 통신망 운용비(OPEX)는 FWA가 5배 많다.

CAPEX는 장비구매 비용과 구축비용으로 Build(망 장비, 구축비용), Connect(통신선로 연결비)가 있고, OPEX는 일종의 인건비로써 통신망 운용비용(Run)이다.

5G-FWA (mmWave) vs FTTP: cost per connection, urban deployment				
5G-FWA	42%	22%	40%	104%
FTTP	78%	14%	8%	100%
	Build	Connect	Run	TCO
	CAPEX		OPEX	TCO

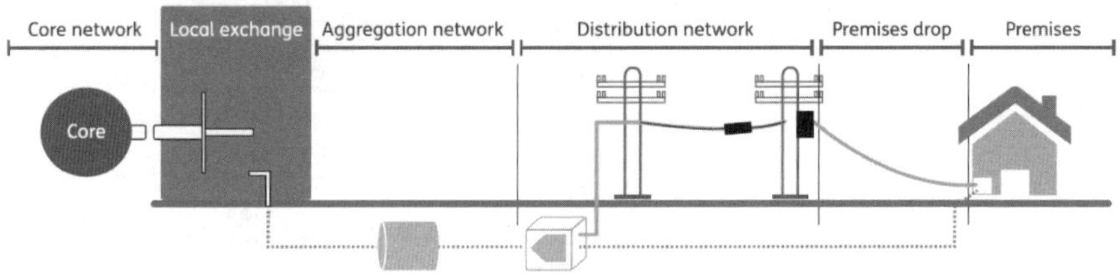

그림 3-52 FWA와 FTTP구축비, 운용비 비교(출처 : OVUM)

전체적으로 볼 때, FWA와 FTTH의 TCO(Total Cost of Ownership)는 비슷한 결과를 볼 수 있다. 따라서 미국의 경우 5G FWA가 초기 구축비용이 저렴하기 때문에 가정용 무선 인터넷 시장이 있다. TCO는 총 소유비용으로 PC를 100만원에 구매했다면, S/W 비용, Cloud 비용, 유지보수 비용 등 전체비용(TCO)는 300만원이 된다.

OVUM사 보고서에는 영국에서 5G FWA가 기존 광인터넷 수준의 속도가 나올 수 있고, FWA 구축비용이 광인터넷 구축비용보다 50% 저렴하며 기존의 실패한 WiMAX 대비, 5G의 Eco System이 많기 때문에 FWA를 위한 망 장비, 단말기를 저렴한 가격에 안정적으로 공급받을 수 있다고 밝혔다.

3 IoT 서비스

1) Massive, Critical IoT

(1) 개요

IoT(Internet of Things, 사물인터넷)는 각종 사물에 센서와 통신기능이 내장되어 인터넷에 연결되는 기술이다. 좀 더 세부적으로 보면, IoT는 다양한 장치나 물건 등에 통신모듈을 추가하여 항상 인터넷에 연결되어(Always Connected) 관련된 정보를 송수신할 수 있는 기술이다.

최근에는 IoT 용어가 광범위하게 적용되는 추세로 사람이 늘 가지고 다니는 디바이스가 아닌 장치가 인터넷에 연결된 것을 IoT라고 한다. 즉, 스마트폰, Tablet 등 사람이 휴대하지 않는 장치는 모두 IoT 디바이스라고 볼 수 있다.

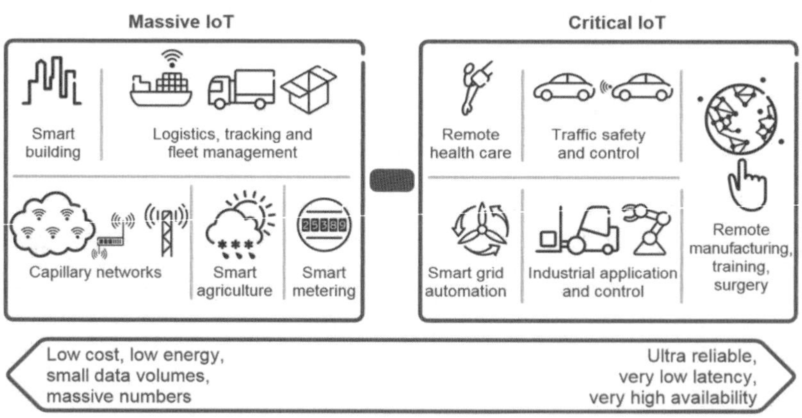

▌그림 3-53▐ Massive IoT와 Critical IoT 서비스 예

5G에서 정의하는 IoT 서비스는 크게 Massive IoT와 Critical IoT로 구분된다. Massive IoT는 대량의 IoT 디바이스 대상의 서비스로 저가의 단말기와 서비스 요금, 적은 데이터 송수신(예, 전기 검침 데이터)을 의미하고, Critical IoT는 저지연 통신과 신뢰성이 높은(즉, 오류가 거의 발생되지 않고) 통신 기반의 IoT 서비스이다.

Massive IoT는 스마트 빌딩, 스마트 미터링, 물류 등이 있고, Critical IoT는 자율주행차, 안전관리, 차량 안전, 헬스케어, 스마트 그리드, 스마트 공장 등이 해당된다.

IoT를 도입하는 회사는 제품개발과 판매, 관련 서비스 제공에서 비용절감, 처리절차 최적화, 추가 수익창출, 고객경험 강화로 충성도 확보 등을 목표로 하고 있다. 이동통신 사업자 측면에서 IoT 서비스는 새로운 수익창출, 기존 서비스의 보완 역할(예, 기존 가정용 인터넷 사업에서 스마트 홈 추가), Vertical 서비스 제공을 위한 플랫폼 사업 기반 구축 등에 목적이 있다.

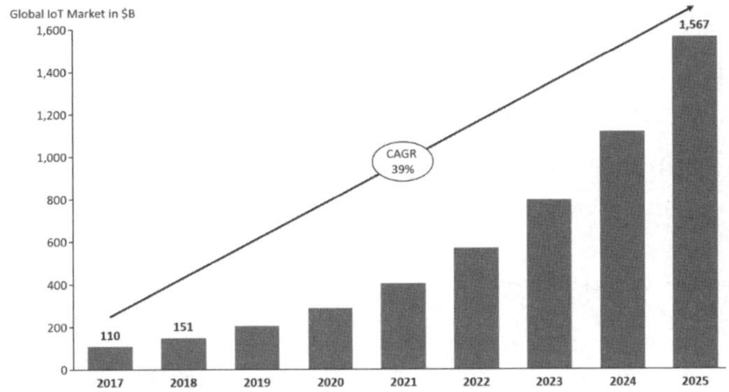

❙ 그림 3-54 ❙ 전세계 IoT 관련 시장 규모, 성장 예측(출처 : IoT Analytics)

IoT Analytics사의 보고서에 따르면, 전세계 IoT 관련 시장은 2019년에 약210조원($200B)에서 2025년에는 약 1, 800조원($1,567B)이 된다고 예측했다. IoT 시장(매출기준)은 연간 성장률이 39%로 향후에도 높은 성장이 기대되는 분야이며, 5G가 전세계적으로 활성화되는 2022년 이후에도 높은 성장이 예측된다.

전세계 IoT 디바이스 수를 보면, 2019년 83억 개 디바이스에서 2025년에는 215억 개로 예측되고 있다. 연간 성장률은 17%로 예상되며, 2022년부터는 5G를 활용한 IoT 디바이스가 본격적으로 확산될 것으로 예상되고 있다.

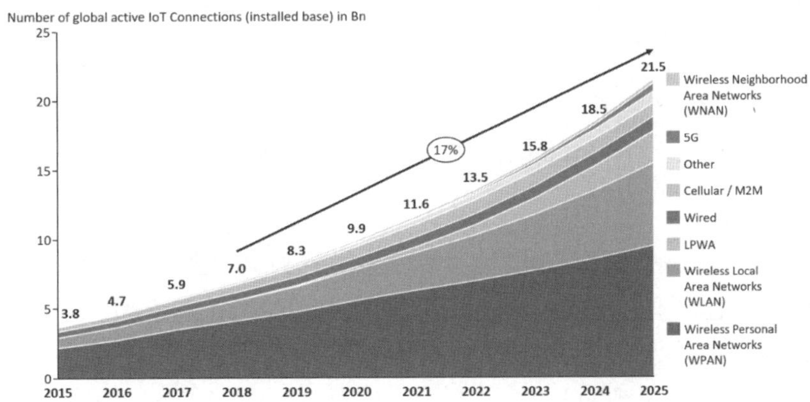

❙ 그림 3-55 ❙ 무선통신 방식별 IoT 디바이스 수 예측(전세계)(출처 : IoT Analytics)

여전히 IoT 시장은 WPAN(주로 Bluetooth)을 활용한 디바이스가 절대적으로 많고, 그 다음으로 WLAN(즉, WiFi)를 활용한 IoT 디바이스가 많은 편이다. Bluetooth(BLE 포함)의 경우, 저가의 단말기와 배터리 소모가 적어서 Wearable Device, Home 장치, Retail 매장 등에 대규모로 사용될 예정이다.

전체 IoT 디바이스에서 셀룰라(5G 포함) 디바이스 비중이 낮은 이유는 일반적인 IoT 디바이스는 Bluetooth/BLE나 WiFi를 사용하기 때문에 저가 단말기, 서비스 요금이 없기 때문이다. 셀룰라를 활용한 IoT 디바이스는 가격이 상대적으로 비싸고, 규칙적으로 서비스 요금을 지불해야 되기 때문이다.

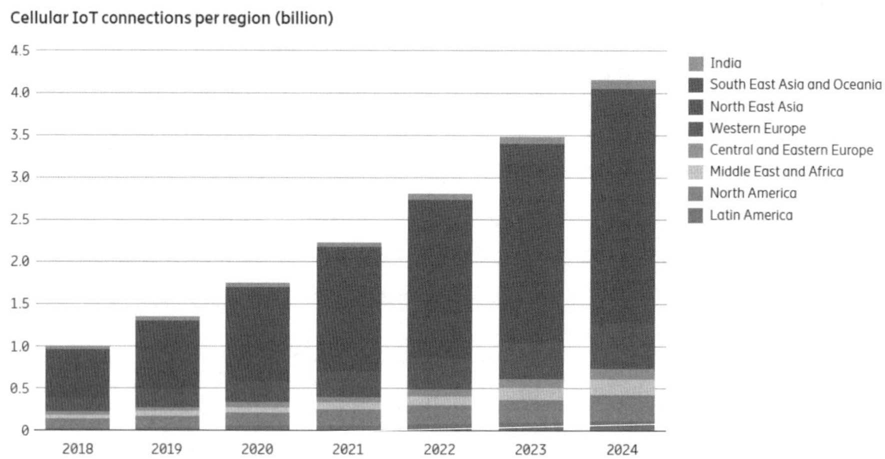

┃그림 3-56┃ 전세계 지역별 셀룰러 IoT 디바이스 수(출처: GSA)

GSA(Global mobile Suppliers Association)의 보고서에 의하면, 지역별 셀룰라 IoT 디바이스 수를 보면, 아시아 지역이 절대적으로 많고, 그 다음으로 서유럽, 북미 등의 순이다. 아시아 지역에서는 인구가 많은 중국, 인도에서 IoT 디바이스가 많기 때문이다.

또한 GSA는 IoT 디바이스 수 측면에서 연간 20% 성장되는 것으로 밝혔다. GSA의 IoT 성장 예측(연간 20%)는 IoT Analytics사의 39%보다 낮지만, 20% 수준의 성장도 속도가 빠른 편이다.

리서치 회사인 McKinsey는 2025년에 유망한 IoT 서비스 9개를 선정하면서 비중이 큰 순서로 Factories(스마트 공장), Cities(스마트 시티), Human, Retail 등의 순으로 선정했다. McKinsey 이외에도 다수의 리서치 회사에서 향후 유망한 IoT 응용분야로 스마트 공장과 스마트 시티를 선정했다.

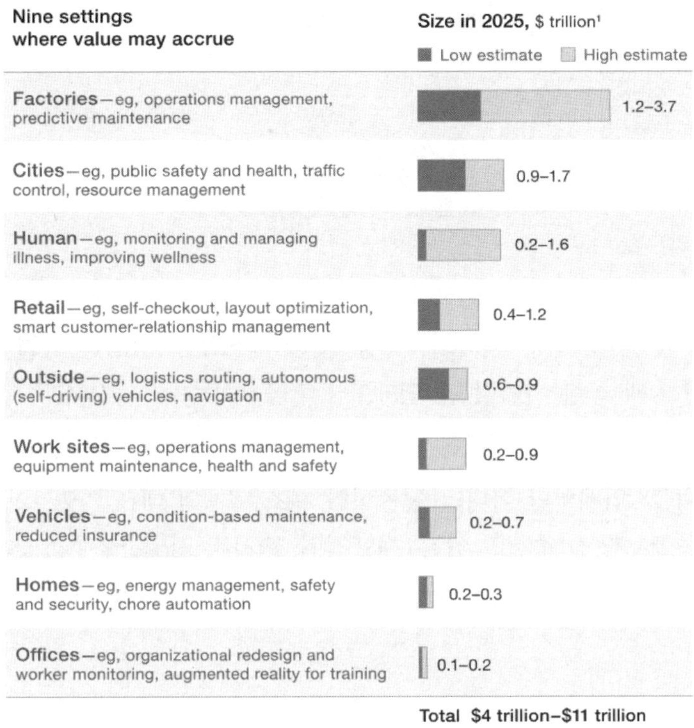

▌그림 3-57▐ IoT 서비스 예측(2025년)(출처 : McKinsey)

특히, 공장 자동화는 다른 IoT 응용분야보다 월등히 성장 가능성이 높은데, 이것은 기존 공장에 Digital Transformation을 적용하여 효율을 높이고, 운영비용을 절감할 수 있기 때문이다. 공장자동화는 스마트 팩토리, 스마트 공장 등과 동일한 의미로 사용된다.

Factories는 IoT를 도입하여 공장자동화를 통한 효율을 높이고, 비용을 절감하는 것이고, Cities는 공중 안전, 차량 트래픽 관리 등을 의미하고, Human은 사람 몸에 부착하거나 들고 다니면서 건강, 운동정도 등을 체크하는 서비스이다.

(2) 공장 자동화

기존 공장에서 Digital Transformation을 위하여 5G 기술 도입을 적극 추진하고 있다. 공장 자동화는 센서, 통신, 로봇, AI 등의 기술이 접목되어 생산성이 증대된다. 예를 들어 공장 자동화는 사람이 필요한 분야에 신기술 접목과 로봇을 자동 동작시켜 인건비를 절약할 수 있다.

공장자동화 기술정의 관련 대표적인 단체인 독일전자산업협회(ZVEI)는 5G 기반 공장자동화를 위하여 5G-ACIA(5G Alliance for Connected Industries and Automation)를 주관하고 있다. 5G-ACIA는 5G를 활용하여 공장자동화에 필요한 기술규격을 정의하는 협회이다. 최근, Industry 4.0 추세와 5G 서비스 시작으로 많은 나라에서 5G-ACIA의 공장자동화 기술에 관심이 높다.

5G ACIA
5G Alliance for Connected Industries and Automation

5G-ACIA는 제조업 공장에서 자동화를 위하여 5G 기술을 활용하고, 5G 표준에 공장자동화 관련 요구를 반영하기 위하여 독일 업계 주도로 2018년 4월에 시작되었다. 5G-ACIA는 5G 망과 공장 자가망 간 연계, 기존 공장의 통신 기술과 5G간 호환, 산업융합 테스트 베드와 실증, 5G에 공장자동화를 위한 기술 추가 등을 주관하고 있다.

5G-ACIA 에는 ICT 업계뿐만 아니라 전통적인 제조 업계의 대표 기업, 기관 등이 참여하고 있다. 5G-ACIA에 참여하고 있는 대표적인 회사는 Bosch, Deutsche Telekom, Vodafone, Intel, Siemens, Ericsson, Nokia, Huawei, 독일 인공지능연구소(DFKI) 등이 있다.

Use Case(High Level)		Availability	Cycle Time	Typical Payload Sizw	# of Devices	Typical Service Area
Motion control	Printing machine	〉99.9999%	〈2 ms	20 bytes	〉100	100m×100m×30m
	Machine tool	〉99.9999%	〈0.5 ms	50 bytes	~200	15m×15m×3m
	Packaging machine	〉99.9999%	〈1 ms	40 bytes	~20	10m×5m×3m
Motion control	Cooperative motion control	〉99.9999%	1 ms	40~250 bytes	100	〈1km^2
	Video-operated remote control	〉99.9999%	10~100 ms	15~150 bytes	100	〈1km^2
Motion control panels with safety functions	Assembly robots or milling machines	〉99.9999%	4~9 ms	40~250 bytes	4	10m×10m
	Mobile cranes	〉99.9999%	12 ms	40~250 bytes	2	40m×60m
Process automation (process monitoring)		〉99.999%	〉50 ms	Varies	10,000 devices par km^2	

▎그림 3-58▎ 5G를 활용한 공장자동화 관련 Criteria 예(출처 : 3GPP)

3GPP는 5G를 활용한 공장자동화의 기술적인 기준(Criteria)을 정의했는데, 크게 Motion Control, Mobile Robots, Mobile Control Panels with Safety Functions, Process Automation과 같이 4가지로 분류했다.

Motion Control은 고정된 장소에서 동작되는 일종의 자동화 로봇으로 적은 데이터가 송수신되지만, 반응시간이 빠른(즉, Low Latency) 특징이 있다. Mobile Robots은 이동하는 로봇으로 몇 개의 로봇이 협력해서 동작되는 시스템으로 반응시간이 빨라야 하고, 비디오를 활용하기 때문에 로봇에서 송수신되는 데이터 양이 많다.

Mobile Control Panels with Safety Functions는 위험한 동작을 하는 밀링머신, 크레인 등을 리모트에서 동작시키는 것이다. Process Automation은 공정(Process) 자동화로 매우 많은 디바이스를 제어하는 기술이다.

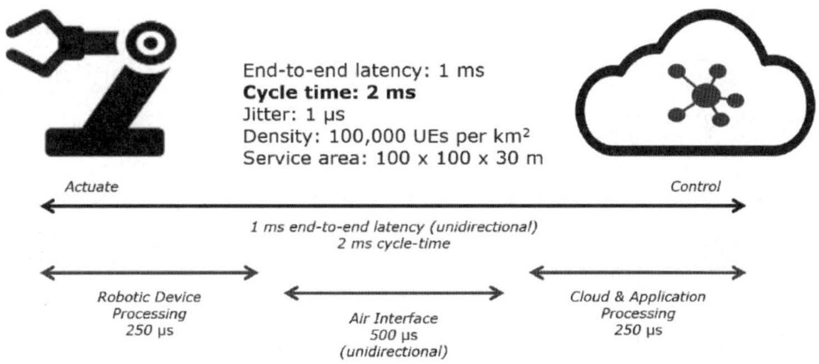

그림 3-59 공장자동화에서 로봇 제어 예(출처 : Heavy Reading)

공장자동화에서 로봇 제어 예를 보면, End-to-End Latency가 1ms, Cycle Time(동작주기)이 2ms 등 실시간 동작이 요구되고 있다. 이러한 성능을 만족시킬 수 있는 무선기술은 5G가 적합하다.

5G 기술은 WiFi, ZigBee, Bluetooth 등과 달리 사업자가 해당 주파수를 관리하기 때문에 공장내에서 전파혼신이나 트래픽 혼잡없이 동작되므로 다른 무선통신 기술보다 안정성이 높다.

공장자동화에서 5G가 사용되는 이유는 ①URLLC의 저지연 특성, ②면허대역의 주파수를 사용하여 주파수 혼신이 없고, ③공장외부와 내부에 무선통신이 가능하며, ④무선 시스템의 안정성과 보안이 보장(Guarantee)되기 때문이다.

독일의 ZVEI는 ITU의 5G 요구사항을 공장 자동화 분야로 재해석하여 주로 eMBB와 URLLC를 활용하는 방안을 제시했다. eMBB와 URLLC 기능을 조합하여 eMBB 특성이 강한 기능은 넓은 지역에서 통신망을 연결해야 하는 운송관리, 물류관리, AR 등이 있다.

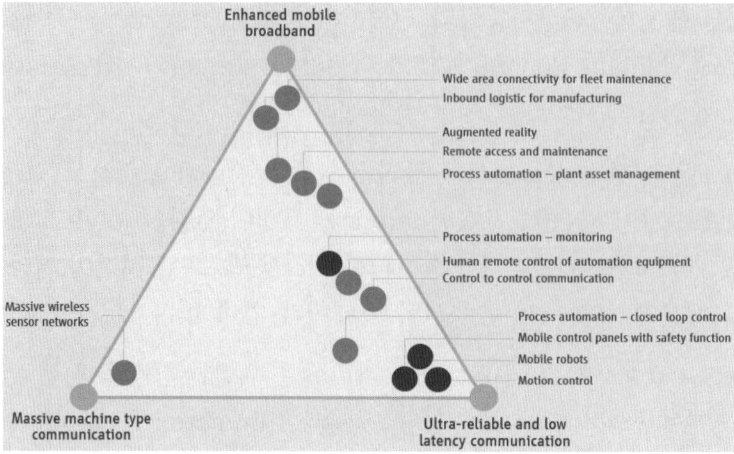

▎그림 3-60 ▎ 5G 기술별 스마트 공장에 적용 가능한 기능/서비스(출처: ZVEI)

URLLC 기능이 강한 분야는 Motion Control, Mobile Robots(이동하는 로봇), Safety Function(안전기능) 등이다. eMBB와 URLLC의 중간지점에는 Monitoring(자동화 진행 상황 파악), 제어를 위한 통신 등이 있다.

공장자동화에 WiFi, LoRa, Bluetooth 등이 활용될 수 있지만, WiFi는 저지연 성능이 떨어지고, LoRa는 대량 데이터 송수신을 할 수 없고, Bluetooth는 단거리 전송만 가능하기 때문에 몇 가지 단점이 있다. 또한 WiFi와 Bluetooth는 같은 주파수 대역을 사용하기 때문에 트래픽이 많을 경우, 혼잡제어(Congestion Control)에 문제가 있다.

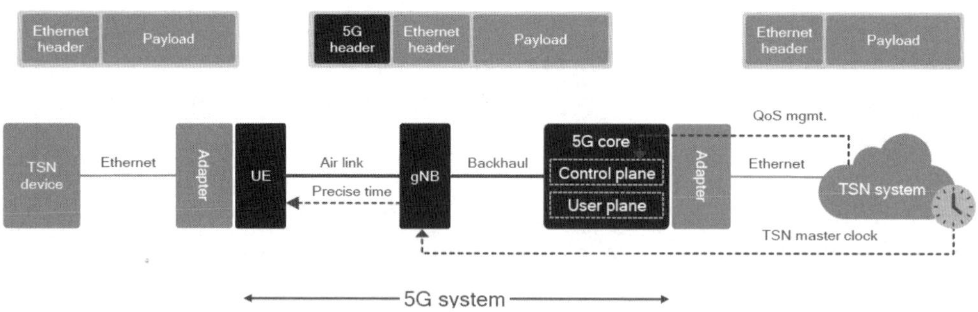

▎그림 3-61 ▎ 공장자동화에서 TSN 지원을 위한 구성도(출처: Qualcomm)

공장자동화에서 TSN(Time Sensitive Networks)은 필수적이며, 이를 위해서 3GPP와 5G-ACIA에서는 Cloud의 TSN Clock을 gNB와 연동하는 방안을 제시하고 있다. 즉, 공장에 있는 로봇의 빠른 동작을 위하여 전체 시스템을 제어하는 Cloud에서 5G 기지국에 직접 Timing 정보를 전송하는 방법이다.

ZVEI는 5G를 활용하여 공장자동화를 위한 레퍼런스 시나리오를 정의했는데, 특히, MEC(Mobile Edge Computing), Network Slicing 활용을 적극 권고하고 있다.

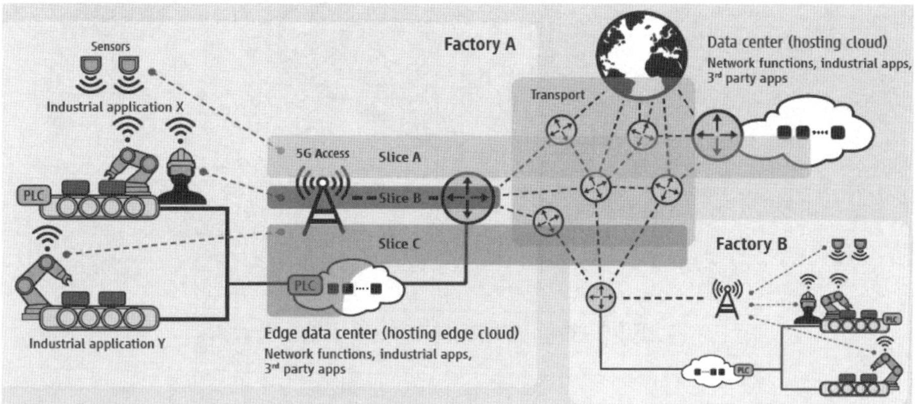

▌그림 3-62▌ 5G 기술을 활용한 Smart Factory 동작 시나리오 예(출처 : ZVEI)

5G 기술을 활용한 Smart Factory 동작 시나리오 예를 보면, 공장자동화 동작(Industial Application) X는 센서를 활용한 동작이고, 다른 동작 Y는 로봇팔을 활용한 물류처리인 경우, 각각은 5G의 Network Slicing으로 서로 다른 QoS로 처리한다.

공장자동화 동작 중에 일부는 MEC를 활용하여 더욱 빠른 동작을 할 수 있는데, 이 MEC는 Host Cloud와 연동된다.

국내의 경우, SKT 주도로 5G 스마트팩토리 얼라이언스를 출범(2018년 12월)했고, 여기에는 SKT, 스마트제조혁신센터, 삼성전자, MS, 보쉬, 지멘스 등이 참여하여 관련 기술 규격 정의, 범용 솔루션과 사업 모델을 공동으로 개발하고 있다.

(3) 스마트 시티

스마트 시티는 다양한 형태의 센서를 통하여 데이터를 수집하고 AI, Big Data, 무선기술 등을 조합하여 자산과 자원을 효율적으로 관리하는 데 필요한 정보가 제공되는 도시 지역이다. 스마트 시티는 도시 운영, 서비스 효율을 최적화하고, 시민과 무선망으로 연결된 다양한 IoT 기기와 정보통신 기술이 필요하다.

스마트 시티가 관심을 받는 배경은 전 세계적으로 도시화에 따라서 자원과 인프라가 부족해지고, 교통 혼잡과 에너지 부족의 가속화 등으로 각종 도시문제가 심화될 것으로 전망되어서 이에 대한 해결책으로 도시 인프라 확충 대신 기존 인프라의 효율적 활용을 통해 저비용으로 도시문제를 해결하고자 하는 니즈가 있기 때문이다.

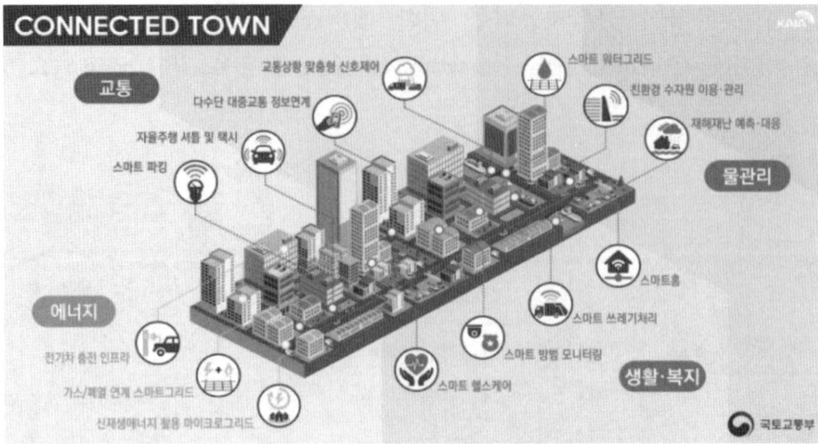

| 그림 3-63 | 스마트 시티 예(출처 : 국토교통부)

국토교통부는 스마트 시티를 "도시에 ICT, 빅데이터 등 신기술을 접목하여 각종 도시문제를 해결하고, 삶의 질을 개선할 수 있는 도시모델"로 정의했으며, 여기에 다양한 혁신기술을 도시 인프라와 결합해 구현하고 융·복합할 수 있는 공간이라는 의미의 '도시 플랫폼'으로 활용을 제시했다. 또한 정부는 스마트 시티에서 주요 대상은 교통, 물관리, 에너지, 생활/복지로 정의하여 추진하고 있다.

Mark Deakin(마크 디킨)은 스마트 시티를 위해 ①스마트 시티에 다양한 디지털 기술 적용 필요, ②정보통신 기술이 적용된 지역에서 작업환경의 변화, ③정보통신기술을 정부 시스템에 연동, ④기술이 제공하는 혁신과 지식을 향상시키기 위해 기술과 사람을 하나로 모으는 관습의 제공이라는 네 가지 실행 항목을 제시했다.

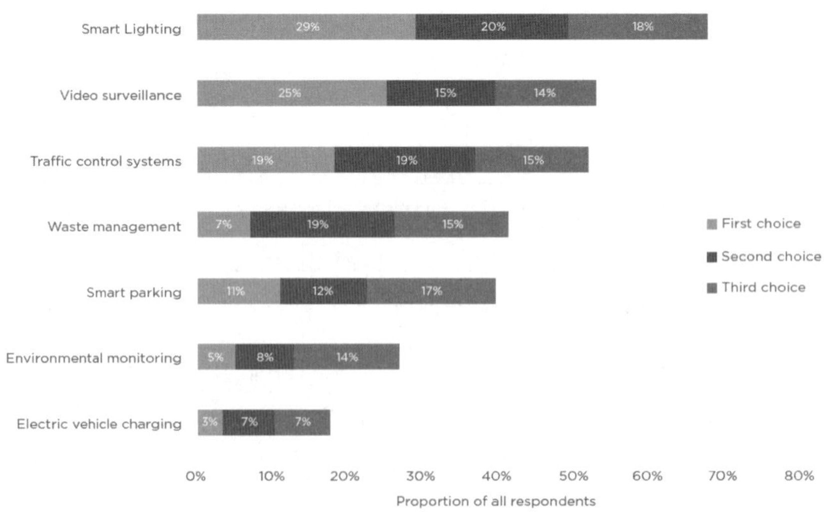

| 그림 3-64 | 스마트 시티에 적용 항목 설문조사(출처 : InterDigital)

InterDigital사의 스마트 시티에 적용 가능한 서비스에 대한 설문조사에 따르면, 우선 순위가 높은 항목은 Smart Lighting, Video Surveillance, Traffic Control Systems, Waste Management 순이다.

Smart Lighting이란 적절한 시간(어두워지기 시작)에 가로등을 켜고, 밝으면 자동으로 가로등이 꺼지거나 사람이 있을 때만 가로등을 켜는 방법 등이 해당된다. Video Surveillance는 각 지역에 CCTV를 설치하여 보안이나 감시 목적으로 사용되는 것을 의미한다.

Traffic Control Systems은 도로에서 차량 트래픽을 스마트하게 제어하는 것으로 차량이 많을 때와 적을 때 신호등 ON/OFF가 다르다. 또한, Waste Management는 쓰레기 처리를 의미하는 것으로 센서를 활용하여 주기적 방법이 아닌 수거해야 할 쓰레기가 있을 때 수거하거나 분리수거를 통하여 환경을 보존하기 위한 것이다.

| 그림 3-65 | 스마트 시티에서 5G의 역할(출처 : Accenture)

리서치 회사인 Accenture는 스마트 시티에서 5G가 기여해야 할 분야는 다양한 IoT 디바이스나 센서와 통신, 초고속 통신, 특정 서비스에 대한 우선적으로 처리, 5G 기반 저전력 디바이스를 선정했다.

2) Intelligent Connectivity

GSMA는 기존의 IoT에서 5G, AI, Big Data 등의 기술이 결합된 지능형 IoT라는 의미에서 'Intelligent Connectivity'를 정의했다. GSMA는 Intelligent Connectivity의 슬로건을 "Intelligently Connecting Everyone and Everything to a Better Future"로 정의하여 기존 IoT 대비 더 좋은 서비스 제공이 가능함을 강조하고 있다.

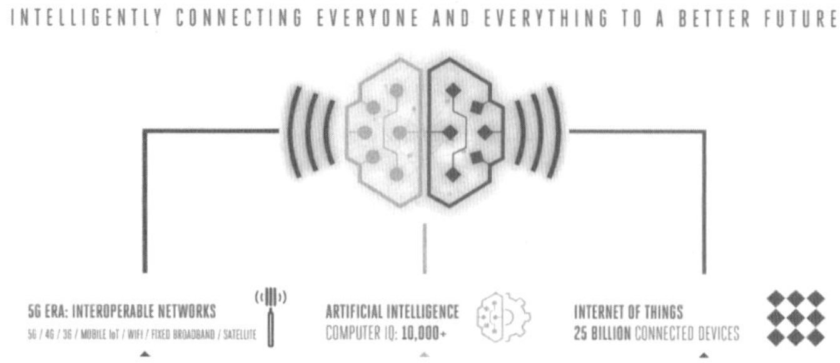

▌그림 3-66▐ GSMA에서 정의한 Intelligent Connectivity 개념도

Intelligent Connectivity는 5G(주로 mMTC, URLCC), AI(데이터 기반 학습), Big Data(데이터 수집, 저장, 분석) 등의 기술을 활용하는 것으로 기존의 IoT 보다 진화된 개념이다. GSMA는 이러한 Intelligent Connectivity에서 5G가 도입되어야 가능하다고 언급하면서 5G의 중요성을 강조했다.

IoT Analytics사는 Intelligent Connectivity 응용분야를 언급하면서 크게 Transportation & Logistics, Industrial & Manufacturing Operations, Healthcare, Public Safety & Security를 선정했다.

Transportation & Logistics는 AI를 기반으로 자율주행, 트래픽 모니터링, 자율주행차를 이용한 무인배송 등을 의미한다. Industrial & Manufacturing Operations는 공장자동화 관련으로 리모트에서 로봇 제어, 원격으로 공장 시스템 제어 등이다.

Healthcare는 원격진료, 원격수술 등을 의미하고, Public Safety & Security는 AI 기반으로 비디오를 활용한 감시, 보안, 재난이나 비상사태시 모니터링과 대응, 국경감시 등이 해당된다.

4 저지연 통신 기반 서비스

1) URLLC 개요

5G에서 URLLC(Ultra Reliable Low Latency Communication)는 고신뢰도와 저지연 통신 기능을 의미한다. 고신뢰도(Ultra Reliable) 통신이란 End-to-End 데이터 전송에서 데이터가 상대방에게 전달될 확률이 99.999% 이상을 의미한다.

Low Latency 기반 서비스란 5G에서 제공하는 저지연 특성을 활용한 다양한 서비스를 의미한다. 5G 망에서 Low Latency 특징은 통신 지연시간이 1ms(즉, 1/1000초) 이하로 기존 4G의 지연시간인 10ms(Release 14의 경우, 4ms)보다 10배 개선되었다.

URLLC 기능은 전송대상 정보가 상대방까지 확실하게 전달되고, 통신지연이 매우 짧은 서비스에 적용된다. 예를 들면, 자율주행차, 공장자동화 로봇, 원격 수술 등과 같이 송수신 데이터가 안정적(Ultra Reliable)이고, 실시간(Low Latency) 전송으로 제어되는 서비스에 적용된다.

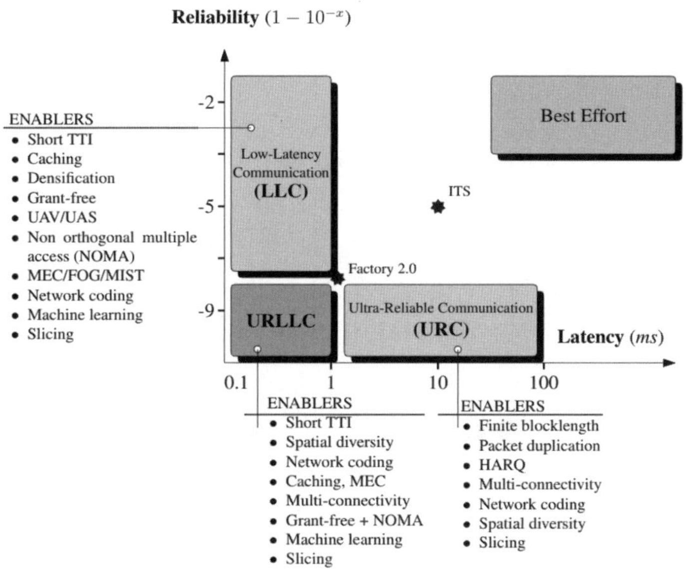

그림 3-67 URLLC 정의

URLLC는 URC(Ultra Reliable Communication)와 LLC(Low Latency Communication)가 조합된 것으로 3GPP Release 15부터 포함되었으나, 그 동안 LTE에는 기술적으로 URLLC 구현이 쉽지 않았다.

5G 규격은 초기부터 URLLC를 위한 기술이 추가되어 유무선 구간 프로토콜에 저지연 통신 기술을 적용했고, 추가적으로 MEC(Mobile Edge Computing)를 활용하여 End-to-End 통신 지연을 줄이고 있다.

URLLC는 Mission Critical 서비스에 대한 니즈가 많아서 5G 규격에 추가되었으며, 일부 이동통신 전문가는 URLLC가 사실상 5G의 가장 두드러진 특징이라고 언급했다. 5G 규격에는 서버에서 단말기까지 End-to-End Latency를 1ms로 정의하고 있지만, 실제 서비스에는 통신지연이 약 5ms로 예측된다.

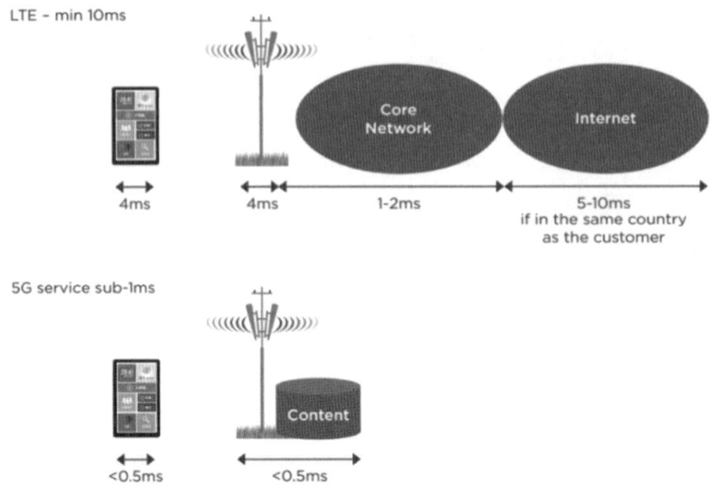

▌그림 3-68▐ 4G와 5G의 통신 지연시간 비교(출처 : Quora)

4G와 5G의 End-to-End 통신 지연시간을 비교해 보면, 4G는 10ms지연이지만, 5G는 1ms 지연으로 대폭 개선되었다. 추가적으로 5G 단말기는 4G 대비 Computing Power가 좋기 때문에 단말기 내부적으로 데이터를 처리하는 시간도 짧다.

Industry Vertical	Application
Smart Factory/Industrial Automation	Industrial Control Robot Control Machine to Machine Process Control
Healthcare Industry	Remote Diagnosis Emergency Respones Remots Surgery
Entertainment Industry	Immersive Entertainment Online Gaming
Transport Industry	Driver Assistance Applications Enhanced Safety Autonomous Driving Traffic Management
Manufacturing Industry	Motion Control Remote Control AR and VR Applications
Energy Sector	Smart Energy Smart Grid

▌그림 3-69▐ URLLC를 활용한 서비스 예(출처 : 5G Americas)

5G Americas(북미, 남미의 이동통신 협의체)의 보고서에는 URLLC 기능을 활용하는 서비스로 Smart Factory(스마트 공장), Healthcare, Entertainment, Transport, Manufacturing, Energy 분야를 선정했다.

각 분야별 서비스 예를 보면, Smart Factory는 공장에서 실시간 로봇제어, Healthcare는 원격수술, Entertainment는 온라인 게임, Transport는 자율주행차, Manufacturing은 원격제어, Energy는 스마트 그리드 등이 있다.

이처럼 URLLC를 활용한 서비스는 B2C보다는 B2B가 많을 것으로 예측된다. 5G Americas는 URLLC 기반으로 가장 유망한 서비스는 공장자동화를 언급했다.

2) 자율 주행차

자율주행차는 사람의 도움 없이 자동차가 스스로 운행하는 차량, 즉 운전자가 차량을 조작하지 않아도 스스로 주행하는 차량이다.

좀 더 기술적으로 보면, 자율주행차는 사람의 조작없이 컴퓨터 S/W, 인공지능, 통신, 센서 등의 기술이 융합되어 자동차가 스스로 주변환경을 인지하고, 위험요인을 판단하여 스스로 주행경로를 결정하고 운행하는 자동차이다.

자율주행차를 위한 기술요소를 크게 3가지로 분류될 수 있는데, ①사물이나 도로형태 등을 인식하는 인지기술, ②다양한 데이터와 정보를 활용한 판단기술 ③그리고 주변차량이나 Cloud와 연동을 위한 통신기술 등이 있다.

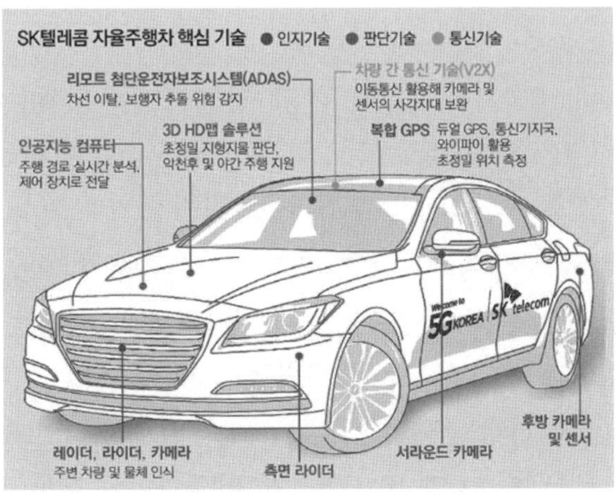

▌그림 3-70▐ 자율주행차를 위한 기술 요소 예(출처 : SKT)

자율주행차는 사람이 담당했던 인지, 판단, 제어 등의 절차를 관련된 센서를 활용하여 스스로 주행한다. 카메라, 라이다, 레이더, 초음파, 측위센서 등으로 주행환경에 대한 데이터를 수집하며, 각종 인식기술, 지도정보 등을 종합해서 경로를 판단하고 최종적으로 조향, 가감속을 제어하여 자율주행을 수행하게 된다.

인지단계에서는 카메라, 레이다, 라이다 등 다양한 센서로부터 짧은 시간에 많은 데이터를 수집하여 장애물이나 도로상태와 같은 주행환경을 인식하고, 판단단계에서는 인식결과와 차량상태, 지도정보 등을 활용하여 주행경로를 판단한다.

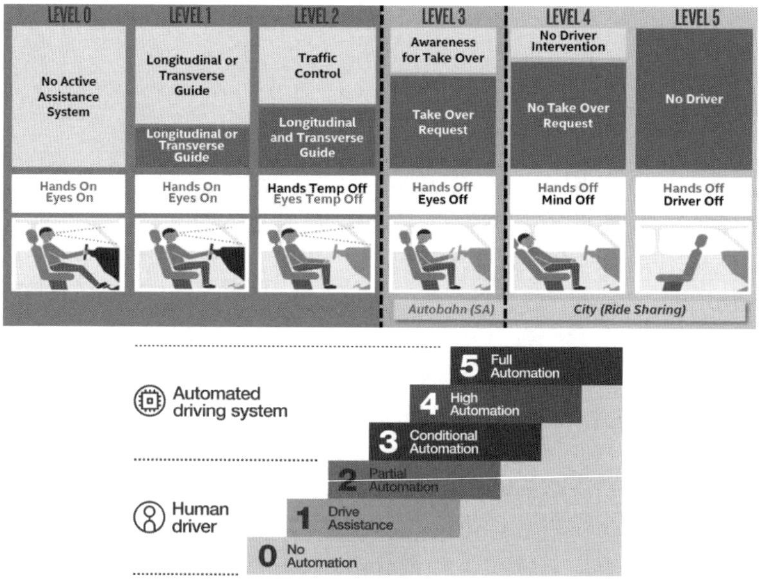

| 그림 3-71 | 자율주행차 단계별 기능(출처: SAE)

미국 자동차공학학회(SAE)는 자율주행의 단계를 Level 0에서 Level 5까지 6단계로 분류했다. Level 0에서 Level 2까지는 사람이 주행환경을 모니터링해야 하는 반자동화(Hand Off 가능 단계) 수준인 반면, Level 3부터는 자율주행 시스템이 자동으로 운전하며 최종적으로 운전자없이 주행할 수 있는 완전 자율자동차인 Level 5가 있다.

전세계적으로 자율주행차 시장은 2030년부터 급격히 성장될 것으로 예측된다. 전체적으로 볼 때, 자율주행차 시장은 2020년부터 시작되어 2030년까지는 서서히 증가되지만, 2030년 이후부터는 급성장될 것으로 알려져있다.

자율주행차 기술은 도로에 다니는 차량에만 적용되는 것이 아니라 물류공장의 이동형 로봇, 작은 차량 형태의 무인 배송차량, 군사용, 건설 등 다양한 분야에 적용될 것으로 예측되기 때문에 대부분의 주요 IT 업체는 자율주행차 기술 확보에 주력하고 있다.

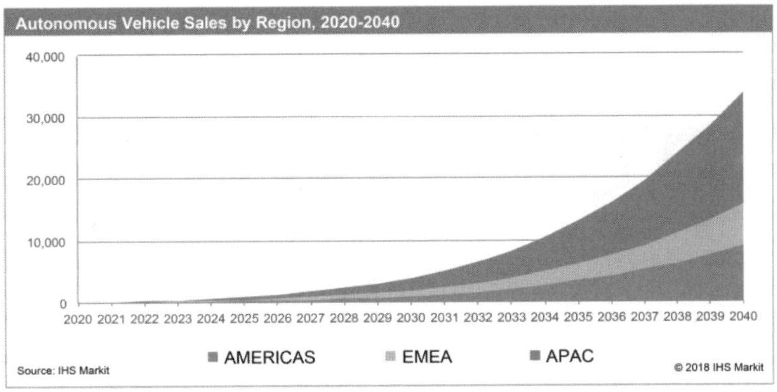

▎그림 3-72▎ 전세계 지역별 자율주행차 성장 예측(출처 : HIS Markit)

자율주행차에 적용되는 무선통신 기술은 크게 IEEE802.11p와 셀룰라(4G, 5G 등) 방식이 있다. IEEE802.11p(정확하게 WiFi는 아님)를 DSRC(Dedicated Short Range Communications)라고도 하며 기존의 WiFi 표준을 변경한 것이고, 셀룰라 방식을 C-V2X(Cellular-Vehicle to Everything)라고 한다.

C-V2X는 LTE부터 정의되었으며, 5G가 되면서 고속통신과 저지연 통신이 가능하여 C-V2X에 적합한 것으로 알려져있다. V2X에서 'X'는 'Everything'을 의미하는 것으로 해당 차량(Vehicle)이 다른 차량, 사람, 기지국 등 다수를 대상으로 통신하는 방식이다.

	DSRC	C-V2X
Frequency Range	5.9 GHz band	5.9 GHz band
Current State	IEEE 802.11p technology used for several years	C-V2X new technology
Network Presence	Covers V2I and I2V services	Leverages cellular domain; covers V2I and I2V services
Security and Privacy on V2V/V2I/V2P	As per IEEE Wave and ETSI-ITS security services	As per IEEE Wave and ETSI-ITS security services
Can Operate Without Network Assistance?	Yes	Yes

▎그림 3-73▎ 자율주행차 무선통신 기술 종류(출처 : Qorvo)

즉, C-V2X는 V2V(Vehicles to Vehicles), V2I(Vehicles to Infrastructure), V2N (Vehicles to Internet-based Networks), V2P(Vehicles to Pedestrians) 등 차량과 다른 Entity와 통신을 포함하는 포괄적인 개념이다.

자율주행차 기술에서 C-V2X는 DSRC 대비, 서비스 커버리가 넓고 5G가 도입되면서 자율주행차를 위한 기술이 추가되어 경쟁력이 좋은 것으로 알려져있다. 하지만, C-V2X가 기술적, 서비스 측면에서 유리하지만 부품가격, 통신요금 등의 문제로 가격은 DSRC 대비 비싼 편이다.

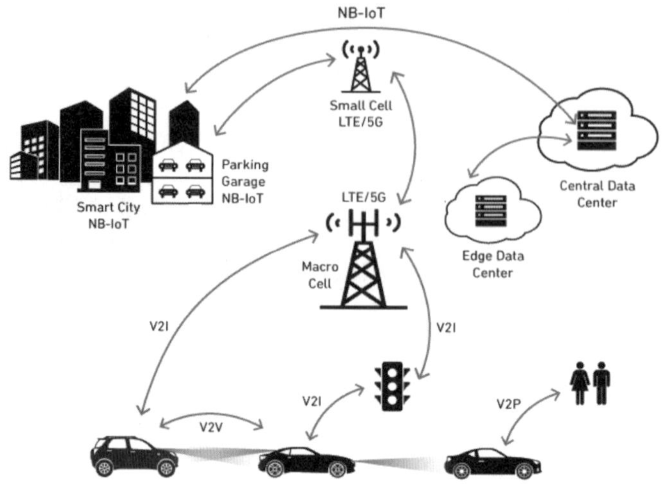

▌그림 3-74▐ 이동통신 기반 V2X(출처 : Qorvo)

3GPP는 5GAA(5G Automotive Association)와 협력하여 5G 규격에 자율주행차 기술을 추가했다. 특히, Release 16에는 기존보다 개선된 방식의 C-V2X를 정의하고 있으며 NR-V2X라고도 한다.

5GAA의 역할은 "5GAA brings together the automotive and telecommunications industries to accelerate the global deployment of Cellular Vehicle-To-Everything(C-V2X) as a first step towards a fully integrated intelligent transport system with 5G"이다.

즉, 5GAA는 자동차회사와 통신회사 등과 협력하여 5G 망을 활용한 자율주행차 기술 개발을 주관하고 있다. 5GAA는 자율주행차를 위한 기술을 정의하고, 3GPP는 5GAA 요구사항을 5G 무선기술에 추가하는 역할을 한다.

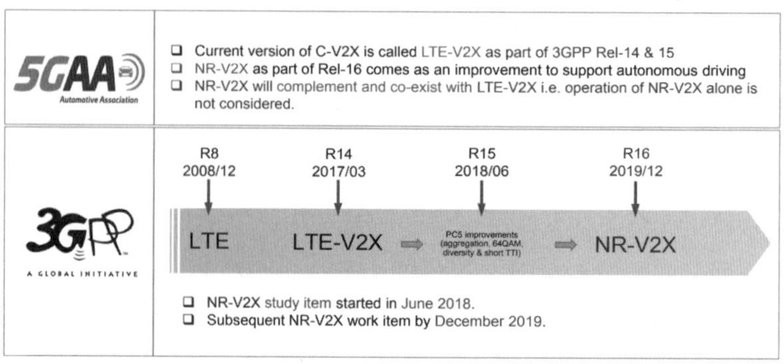

▌그림 3-75▐ 5GAA와 3GPP간 협력으로 C-V2X 기술 정의

자율주행차를 위한 기술에는 ADAS(Advanced Driver Assistance System), V2X, 정밀지도, 주행결정 알고리듬 등이 있다. 여기에서 ADAS는 자율주행차를 위한 기술요소의 하나이며, 지금도 다수의 차량에 적용되고 있다.

ADAS는 운전 중 차량이 스스로 주변 환경을 인식하고 판단함으로써, 운전자의 조작을 최소화하면서 운전을 도와주는 기술이다. ADAS는 운전자를 지원하고 보조하는 역할을 하는 것이 목표이지만, 자율주행 기술은 운전자를 완전히 대체하는 것이 목표이다.

ADAS를 위해서는 카메라, 레이더(Radar), 라이다(LiDAR) 등 다수의 센서가 필요하며, 이중에서 카메라는 전방 사물, 차선, 신호등, 표지판 등을 인식하여 사람의 눈과 뇌와 같은 역할을 하는 센서이다.

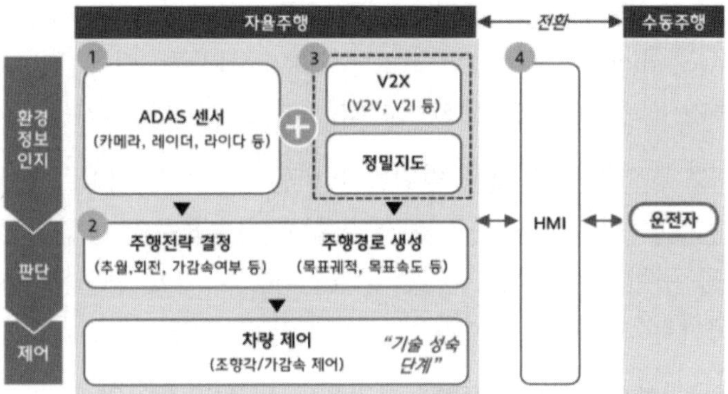

▌그림 3-76▐ 자율주행차 기술 요소(출처 : Suresofttech)

레이다(Radar)는 자율주행을 위해서 사용되는 신뢰도 높은 센서로써 차량의 전방, 측방, 후방 등 다양한 위치에 장착된다. 레이다는 전자파를 발사한 다음, 반사되어서 돌아오는 전파의 시간과 위상을 측정하여 주변사물의 거리와 속도를 탐지한다.

반면, 라이다(LiDAR) 센서는 레이더와 달리 고출력의 펄스 레이저를 사용해서 차량과 물체(또는 다른 차량)와 떨어진 거리를 측정한다. 라이다는 평면적 정보인 2D와 공간적 정보인 3D로 구분되며, 3D의 경우 다수의 레이저 광원을 모터로 회전시켜 360도로 탐지한다.

자동차가 100km/h로 달리면서 자동으로 정지를 감지하고 브레이크를 밟을 때, 통신방식별 차량 이동거리를 보면, 4G는 81~135Cm를 이동한 후 정지하고, 5G로 정지 신호를 넣으면 2.7Cm를 이동한 후 차량이 정지한다. 앞 차가 갑자기 브레이크를 밟았을 때, 뒷차에 빨리 신호가 전달되어야 위험성이 줄어들기 때문에 초저지연 기능이 중요하다.

▌그림 3-77▐ 4G와 5G의 자동차 제동거리 비교(출처 : SKT)

자율주행차를 위한 무선통신 기술은 몇 가지 있지만, 일반적으로 이동통신망을 활용하는 C-V2X(Cellular Vehicle to Everything)가 많이 사용될 것을 전망된다. C-V2X는 DSRC 대비 먼거리 전송, 안정된 통신, 5G의 eMBB, URLLC 기능 등으로 유리하다.

C-V2X는 DSRC보다 2배 정도 넓은 범위를 커버할 수 있고, 자율주행에 필요한 저지연(Low Latency) 특성을 감안하면 향후 5G에 5GAA 기술표준이 통합될 것으로 예상된다. 완전 자율주행차를 구현하기 위해서는 20~30m 이동 이내에 중요한 데이터를 송수신하고 판단하여 대응하는 과정이 1초 이내에 이루어져야 한다.

또한, 자율주행 성능 향상을 위한 차량과 클라우드 컴퓨터 사이의 고속 데이터 전송도 필수적이다. 5G 통신이 가진 1ms 이하의 전송지연 특성과 고속데이터 전송 기능(최대 전송속도 20Gbps)은 이러한 자율주행차 구현에 적합하다.

3) Tactile Internet

Tactile이란 손이나 몸으로 느끼는 촉감(또는 감촉)이다. 현재 대부분 인터넷 서비스는 디스플레이를 활용하여 눈으로 보는 것과 스피커를 활용하여 귀로 듣는 미디어 서비스가 대부분이다. 하지만, Tactile은 눈, 귀를 포함하여 촉감이 추가된 개념으로 Tactile 의미를 확대 해석하면 냄새, 바람 등을 느낄 수 있는 감각까지 포함된다.

Tactile Internet이란 Tactile 정보를 인터넷으로 주고 받는 기술이다. ITU는 Tactile Internet 서비스를 제공하기 위하여 다음과 같은 특징이 요구된다고 정의했다. "Extremely low latency in combination with high availability, reliability and security will define the character of the Tactile Internet."

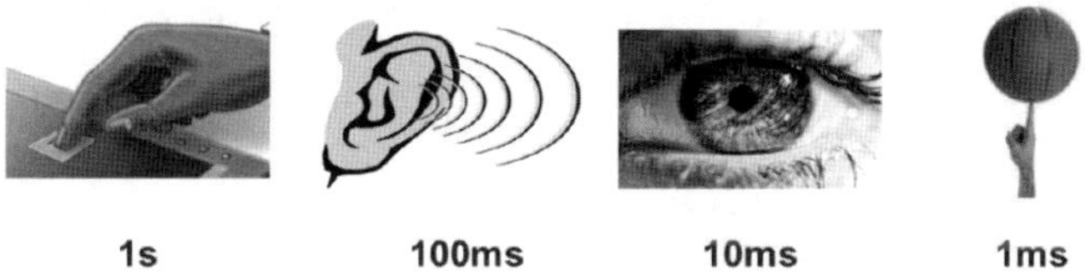

▌그림 3-78▐ 사람의 감각별 인지시간 비교

이처럼 Tactile Internet 서비스를 제공하기 위해서는 'Low Latency'(또는 Extreme Real-time Communications)가 핵심적인 기능이다. 사람의 감각을 보면, 손으로 휴대폰 화면을 누른(즉, Touch) 다음, 화면에 표시되는 정보를 느끼는 감각은 1초, 귀로 듣는 것은 100ms, 눈으로 보는 것은 10ms의 지연에도 큰 문제는 없으나, 촉각(Tactile)은 1ms 이내를 느낄 수 있다.

따라서 Tactile Internet를 활용한 서비스는 통신지연에 매우 민감한 기능을 활용하는 것으로 리모트(즉, 먼거리)에서 공장 자동화 로봇 제어, 원격 수술(Operation), 실시간 가상현실 서비스 등이 있다.

리서치 회사인 Accenture는 Tactile Internet 서비스를 5G 망에서 제공하려면, 1Gbps 이상 속도와 1ms 이하 Latency가 되어야 한다고 정의했다. 또한 Accenture는 Tactile Internet은 Normadic(걸어다니는 수준의 속도) 사용자 위주(즉, 차량이동은 안 됨)로 서비스될 것으로 예측했다.

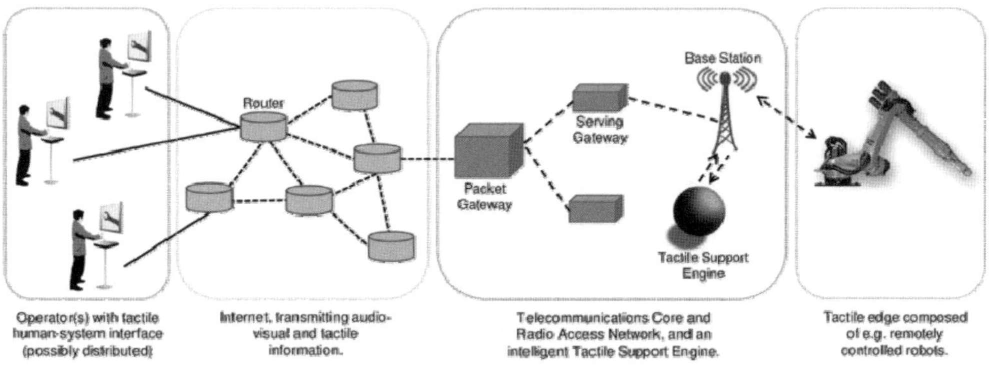

▌그림 3-79▐ Tactile Internet 서비스 제공을 위한 시스템 구성 예

Tactile Internet 서비스 제공을 위한 시스템 예를 보면, 운영자(Operator)가 리모트에서 5G 망을 활용하여 공장의 로봇을 실시간으로 제어하는 것이다. Tactile Internet 서비스가 확산될 경우, 통신 사업자는 5G 통신망의 MEC(Mobile Edge Computing)와 연계되는 'Tactile Support Engine'을 활용할 것으로 예측된다.

Tactile Support Engine은 Tactile Internet 서비스를 제공하기 위한 Cloud로 볼 수 있으며, 코어망에는 Network Slicing으로 트래픽 처리 우선순위를 높게 설정되고, 무선구간에는 저지연 통신으로 처리된다.

〈저자소개〉

김 현 욱

경북대학교 전자공학과(학사, 석사)를 졸업한 다음, SK Telecom ICT 기술원에 입사하여 20년 이상 이동통신 신기술, 이동통신 부가서비스, 단말기 기술 등을 개발하여 상용화했으며(연구위원), 이후 SK Planet에서 신기술 기반 사업을 개발하고 있습니다.

그 동안 이동통신(2G, 3G, 4G, 5G), 멀티미디어(화상통신 등), 보안기술, 실내외 측위, IoT, 해외 로밍, AR/VR, DMB, WiBro, RFID, eCommerce, O2O, Wireless Connectivity(WiFi, BT 등), Blockchain, USIM/eUICC, AI 기반 서비스 등 다수의 기술을 상용화하면서 실무경험을 보유하고 있습니다.

주요 저서로는 '재미있는 CDMA 단말기', 'IMT-2000 이동통신 원리'가 있고, SK Telecom 사내 직원 교육용으로 다수의 교육자료, 논문이 있습니다. 신기술 개발 과정에서 특허를 작성하여 국내 특허 약 200개, 해외 특허 25개를 보유하고 있습니다.

본 서적과 관련된 문의사항이 있으시면, 저자에게 연락 부탁드립니다.

(김현욱 메일 주소 : hwkim7@gmail.com)

5G 이동통신 기술과 서비스

발 행 / 2020년 10월 22일

저 자 / 김 현 욱
펴 낸 이 / 정 창 희
펴 낸 곳 / 동일출판사
주 소 / 서울시 강서구 곰달래로31길7 (2층)
전 화 / (02) 2608-8250
팩 스 / (02) 2608-8265
등록번호 / 제109-90-92166호

ISBN 978-89-381-1267-5-13000
값 / 25,000원